宋　荷花蜻蜓图

宋　腊嘴桐子图

宋　荔枝图

宋　蛱蝶图

宋　芙蓉锦鸡图

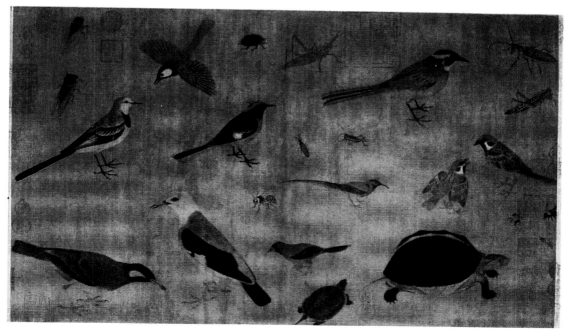

五代　珍禽图

明　苍鹰攫兔图

清　松鹤图

卢嘉锡　总主编

中国科学技术史

生物学卷

罗桂环　汪子春　主编

科学出版社
北京

内 容 简 介

　　本书由中国科学院自然科学史研究所、微生物研究所、动物研究所和北京林业大学的数位学者合作写成。书中主要论述了从远古时代到近代西方生物学传入前后不久的中国古代生物学发展的历程，顺带也介绍了近代生物学早期在中国的传播状况。第一章概论，简单介绍了我国古代生物学的特点和发展阶段。随后各章分时期分别论述了生物的分类、形态、遗传育种、生物资源保护等诸方面知识的积累过程。

　　本书资料比较丰富，论述也有不少新意，可供自然科学和社会科学研究者阅读，也可供高等院校相关专业师生参考。

图书在版编目（CIP）数据

　　中国科学技术史·生物学卷/罗桂环，汪子春主编. —北京：科学出版社，2005

　　ISBN 978-7-03-012841-6

　　Ⅰ.中…　Ⅱ.①罗…②汪…　Ⅲ.①自然科学史-中国②生物学史-中国　Ⅳ.N092

　　中国版本图书馆 CIP 数据核字（2004）第 006314 号

策划编辑：孔国平／文案编辑：邱　璐　李俊峰／责任校对：包志虹
责任印制：徐晓晨／封面设计：张　放

科学出版社 出版
北京东黄城根北街 16 号
邮政编码：100717
http://www.sciencep.com
北京厚诚则铭印刷科技有限公司 印刷
科学出版社发行　各地新华书店经销

*

2005 年 1 月第　一　版　　开本：787×1092　1/16
2022 年 4 月第五次印刷　　印张：28 3/4　插页：2
字数：657 000
定价：235.00 元
（如有印装质量问题，我社负责调换）

《中国科学技术史》的组织机构和人员

顾　问（以姓氏笔画为序）

王大珩　王佛松　王振铎　王绶琯　白寿彝　孙　枢　孙鸿烈　师昌绪
吴文俊　汪德昭　严东生　杜石然　余志华　张存浩　张含英　武　衡
周光召　柯　俊　胡启恒　胡道静　侯仁之　俞伟超　席泽宗　涂光炽
袁翰青　徐苹芳　徐冠仁　钱三强　钱文藻　钱伟长　钱临照　梁家勉
黄汲清　章　综　曾世英　蒋顺学　路甬祥　谭其骧

总主编　卢嘉锡
编委会委员（以姓氏笔画为序）

马素卿　王兆春　王渝生　孔国平　艾素珍　丘光明　刘　钝　华觉明
汪子春　汪前进　宋正海　陈美东　杜石然　杨文衡　杨　熺　李家治
李家明　吴瑰琦　陆敬严　罗桂环　周魁一　周嘉华　金秋鹏　范楚玉
姚平录　柯　俊　赵匡华　赵承泽　姜丽蓉　席龙飞　席泽宗　郭书春
郭湖生　谈德颜　唐锡仁　唐寰澄　梅汝莉　韩　琦　董恺忱　廖育群
潘吉星　薄树人　戴念祖

常务编委会

主　　任　陈美东
委　　员（以姓氏笔画为序）

华觉明　杜石然　金秋鹏　赵匡华　唐锡仁　潘吉星　薄树人　戴念祖

编撰办公室

主　　任　金秋鹏
副 主 任　周嘉华　杨文衡　廖育群
工作人员（以姓氏笔画为序）

王扬宗　陈　晖　郑俊祥　徐凤先　康小青　曾雄生

总　序

中国有悠久的历史和灿烂的文化,是世界文明不可或缺的组成部分,为世界文明做出了重要的贡献,这已是世所公认的事实。

科学技术是人类文明的重要组成部分,是支撑文明大厦的主要基干,是推动文明发展的重要动力,古今中外莫不如此。如果说中国古代文明是一棵根深叶茂的参天大树,中国古代的科学技术便是缀满枝头的奇花异果,为中国古代文明增添斑斓的色彩和浓郁的芳香,又为世界科学技术园地增添了盎然生机。这是自上世纪末、本世纪初以来,中外许多学者用现代科学方法进行认真的研究之后,为我们描绘的一幅真切可信的景象。

中国古代科学技术蕴藏在汗牛充栋的典籍之中,凝聚于物化了的、丰富多姿的文物之中,融化在至今仍具有生命力的诸多科学技术活动之中,需要下一番发掘、整理、研究的功夫,才能揭示它的博大精深的真实面貌。为此,中国学者已经发表了数百种专著和万篇以上的论文,从不同学科领域和审视角度,对中国科学技术史作了大量的、精到的阐述。国外学者亦有佳作问世,其中英国李约瑟(J. Needham)博士穷毕生精力编著的《中国科学技术史》(拟出 7 卷 34 册),日本薮内清教授主编的一套中国科学技术史著作,均为宏篇巨著。关于中国科学技术史的研究,已是硕果累累,成为世界瞩目的研究领域。

中国科学技术史的研究,包涵一系列层面:科学技术的辉煌成就及其弱点;科学家、发明家的聪明才智、优秀品德及其局限性;科学技术的内部结构与体系特征;科学思想、科学方法以及科学技术政策、教育与管理的优劣成败;中外科学技术的接触、交流与融合;中外科学技术的比较;科学技术发生、发展的历史过程;科学技术与社会政治、经济、思想、文化之间的有机联系和相互作用;科学技术发展的规律性以及经验与教训,等等。总之,要回答下列一些问题:中国古代有过什么样的科学技术?其价值、作用与影响如何?又走过怎样的发展道路?在世界科学技术史中占有怎样的地位?为什么会这样,以及给我们什么样的启示?还要论述中国科学技术的来龙去脉,前因后果,展示一幅真实可靠、有血有肉、发人深思的历史画卷。

据我所知,编著一部系统、完整的中国科学技术史的大型著作,从本世纪 50 年代开始,就是中国科学技术史工作者的愿望与努力目标,但由于各种原因,未能如愿,以致在这一方面显然落后于国外同行。不过,中国学者对祖国科学技术史的研究不仅具有极大的热情与兴趣,而且是作为一项事业与无可推卸的社会责任,代代相承地进行着不懈的工作。他们从业余到专业,从少数人发展到数百人,从分散研究到有组织的活动,从个别学科到科学技术的各领域,逐次发展,日臻成熟,在资料积累、研究准备、人才培养和队伍建设等方面,奠定了深厚而又广大的基础。

本世纪 80 年代末,中国科学院自然科学史研究所审时度势,正式提出了由中国学者编著《中国科学技术史》的宏大计划,随即得到众多中国著名科学家的热情支持和大力推动,得到中国科学院领导的高度重视。经过充分的论证和筹划,1991 年这项计划被正式列为中国科学院"八五"计划的重点课题,遂使中国学者的宿愿变为现实,指日可待。作为一名科技工作者,我对此感到由衷的高兴,并能为此尽绵薄之力,感到十分荣幸。

《中国科学技术史》计分 30 卷,每卷 60 至 100 万字不等,包括以下三类:

通史类(5 卷):

《通史卷》、《科学思想史卷》、《中外科学技术交流史卷》、《人物卷》、《科学技术教育、机构与管理卷》。

分科专史类(19 卷):

《数学卷》、《物理学卷》、《化学卷》、《天文学卷》、《地学卷》、《生物学卷》、《农学卷》、《医学卷》、《水利卷》、《机械卷》、《建筑卷》、《桥梁技术卷》、《矿冶卷》、《纺织卷》、《陶瓷卷》、《造纸与印刷卷》、《交通卷》、《军事科学技术卷》、《计量科学卷》。

工具书类(6 卷):

《科学技术史词典卷》、《科学技术史典籍概要卷》(一)、(二)、《科学技术史图录卷》、《科学技术年表卷》、《科学技术史论著索引卷》。

这是一项全面系统的、结构合理的重大学术工程。各卷分可独立成书,合可成为一个有机的整体。其中有综合概括的整体论述,有分门别类的纵深描写,有可供检索的基本素材,经纬交错,斐然成章。这是一项基础性的文化建设工程,可以弥补中国文化史研究的不足,具有重要的现实意义。

诚如李约瑟博士在 1988 年所说:"关于中国和中国文化在古代和中世纪科学、技术和医学史上的作用,在过去 30 年间,经历过一场名副其实的新知识和新理解的爆炸"(中译本李约瑟《中国科学技术史》作者序),而 1988 年至今的情形更是如此。在 20 世纪行将结束的时候,对所有这些知识和理解作一次新的归纳、总结与提高,理应是中国科学技术史工作者义不容辞的责任。应该说,我们在启动这项重大学术工程时,是处在很高的起点上,这既是十分有利的基础条件,同时也自然面对更高的社会期望,所以这是一项充满了机遇与挑战的工作。这是中国科学界的一大盛事,有著名科学家组成的顾问团为之出谋献策,有中国科学院自然科学史研究所和全国相关单位的专家通力合作,共襄盛举,同构华章,当不会辜负社会的期望。

中国古代科学技术是祖先留给我们的一份丰厚的科学遗产,它已经表明中国人在研究自然并用于造福人类方面,很早而且在相当长的时间内就已雄居于世界先进民族之林,这当然是值得我们自豪的巨大源泉,而近三百年来,中国科学技术落后于世界科学技术发展的潮流,这也是不可否认的事实,自然是值得我们深省的重大问题。理性地认识这部兴盛与衰落、成功与失败、精华与糟粕共存的中国科学技术发展史,引以为鉴,温故知新,既不陶醉于古代的辉煌,又不沉沦于近代的落伍,克服民族沙文主义和虚无主义,清醒地、满怀热情地弘扬我国优秀的科学技术传统,自觉地和主动地缩短同国际先进科学技术的差距,攀登世界科学技术的高峰,这些就是我们从中国科学技术史全面深入的回顾与反思中引出的正确结论。

许多人曾经预言说,即将来临的 21 世纪是太平洋的世纪。中国是太平洋区域的一个国家,为迎接未来世纪的挑战,中国人应该也有能力再创辉煌,包括在科学技术领域做出更大的贡献。我们真诚地希望这一预言成真,并为此贡献我们的力量。圆满地完成这部《中国科学技术史》的编著任务,正是我们为之尽心尽力的具体工作。

卢嘉锡

1996 年 10 月 20 日

目　　录

第一章　概　　论

第一节　中国古代生物学史研究的简单回顾

在长期的社会发展进程中，我们的祖先为了自身的生存和发展，在探索自然的过程中，积累了丰富的生物学知识。由于古代各种知识和形成的各种学问大都是综合性的，只是到了后代才逐渐产生一些分化，因此，相对近代而言，各种"专著"较少，大量的这类知识也就散布在汗牛充栋的相关史籍之中。

要对它们进行整理、研究，工作量是很大的。诚如已故的邹树文先生在《中国昆虫学史》一书中指出的那样，"中国是世界文明古国，文献积累，汗牛充栋。搜集有关昆虫学科的材料，不啻披沙拣金，零星散乱，拾之不尽，整理尤难"。更由于"中国古书的写作出自多方，作者往往有其特殊目的，或缪为异说，或误解前人，或窜乱修改，或托古作伪等。凡所得各种素材，必须细加分析，应可稍免于批评失当及厚诬古人之讥"[1]。他的这番话，在很大的程度上道出了昆虫学资料整理的艰辛，其实整理其他生物学的资料何尝不是这样呢！

对我国古代生物学进行探讨是比较晚才出现的事情，20 世纪中叶起，我国一些生物学家开始了这方面的探讨，做了一些开创性的工作。除上面提到的邹树文写过《中国昆虫学史》[2] 之外，张孟闻写过《中国生物分类学史述论》[3]、陈祯写过《关于中国生物学史》[4]，周尧写过《中国早期昆虫学研究史》[5]，苟萃华等编写过《中国古代生物学史》（科学，1989），汪子春等写过《中国古代生物学史略》[6]、周肇基写过《中国植物生理学史》[7]、郭郛等写过《中国古代动物学史》（科学，1999）。在国外，李约瑟和鲁桂珍及黄兴宗合作写过《中国古代的生物和生物技术》（第一分册，植物学，剑桥，1986）。法国汉学学者梅太黎也在中国古代植物学史的研究方面做了不少工作。他们的工作或者是这一领域的开拓性作品，或者是在某一专门方面做了较为深入的探讨，都对我国古代生物学遗产的整理方面做出了重要的贡献，为我们后来对中国古代生物学史这个领域做进一步的探讨提供了有益的经验和很好的借鉴。当然，尽管很多前辈在这个领域做了大量的工作，但正如邹树文先生所说的那样，检阅资料、整理资料还是非常费时间的，比起传统的农医、天数等学科来，生物学史的研究还有相当的差距。因此我们的这本书还是显得相当粗糙的，有很多东西尚缺乏比较全面而深入的探讨。

---

①　邹树文，中国昆虫学史·导言，科学出版社，1982 年。

②　邹树文，中国昆虫学史，科学出版社，1982 年。

③　张孟闻的文章见 1945 年科学各期。

④　陈祯，关于中国生物学史，生物学通报，1955 年。

⑤　周尧，中国早期昆虫学研究史，科学出版社，1956 年。

⑥　汪子春，中国古代生物学史略，河北科技出版社，1992 年。

⑦　周肇基，中国植物生理学史，广东高等教育出版社，1998 年。

第二节 中国古代生物学的特点

古人在利用生物资源时，首先要辨别生物，因此传说中伏羲"始制人伦鸟兽之名，神农始制土石草木之名"①，实际反映了先民在开始渔猎生活和采集、种植植物的时候逐渐开始给动植物命名。后来《尚书·帝舜篇》中记载曾为舜帝任"虞"②一职的伯益大约是当时对野生动物有许多了解的一个著名人物。但由于缺乏记载，所以也很难判定他的事迹。到后来随着文字的发明，"舜造笔以漆书于方简"③，人们便开始将有关动植物的名称记录下来。从有甲骨文字的商代开始，古人逐渐以多种形式积累生物学知识，服务于生产和生活实践。

一 以"多识"为基础的生物学知识积累

在春秋时期，儒家学说的创始人孔丘提到读《诗》可以"多识于鸟兽草木之名"④。由于儒家学说在后来占有统治地位，因此孔子的这句话也成了读书人（儒生）的一条座右铭。对《诗》中的动植物进行注释，以使人们更好地掌握这些生物，成为古代学者重视的一项工作。随着时间的推移，孔圣人的"多识"一词涵义的外延被不断地延伸，相应地，认识更多的动植物⑤，成为"博物君子"也是古代读书人所追求的目标。

《尔雅》可能是最早受孔子言论影响的一本有关"多识"的作品。这个著作主要是为解释经典而作的，是"字典"性质的著作。由于它在经典学习方面起着如此重要的作用，以至于后来它也成为儒家经典之一。此书解释了大量的动植物名称，而且又涉及动植物按"草木鸟兽虫鱼"的分类，因此，它对中国古代生物学发展的影响是很大的。东晋时期著名的博物学家郭璞在为《尔雅》作《序》时指出："若乃可以博物不惑，多识于鸟兽草木之名者，莫近于《尔雅》……"就足可以证明这一点。

在三国的时候，吴国的陆机⑥写了《毛诗草木鸟兽虫鱼疏》这样一本以解释《诗》中动植物为内容的作品，堪称我国第一部纯粹的古代生物学著作。稍后的东晋时期，郭璞又根据自己积累的知识对《尔雅》作了注释，同时作了《尔雅音图》。他对数百种生物的注释简明易懂，加上有配图，因此对后人学习有关的生物学知识有很重要的意义。他的注文不但经常为后来的类书和本草学著作所引录，而且也为唐代编《新修本草》添加插图提供了直接的启发。

这种为深刻领会《诗》和其他经典而编写生物学书籍的努力在后代一直风行。因为"经"是古代学者必须学习的基本典籍，是掌握人生准则和精神修养的不二法门及各种知识的重要来源，因此不断有人解释它们。同样对其中生物的解释自然也就不会轻易完结，其中

---

① 明·罗颀，《物原》，丛书集成初编，商务印书馆，1937年，第5页。
② 《史记·五帝本纪》有类似的记载。
③ 明·罗颀，《物原》，丛书集成初编，商务印书馆，1937年，第24页。
④ 《论语·阳货第十七》。
⑤ 哪怕仅仅是书本上的。
⑥ 以前的文献也作陆玑，这里采用夏纬英的观点，见其1982年所作《毛诗草木鸟兽虫鱼疏》的作者——陆机，载《自然科学史研究》1卷2期。

比较出色的作品是宋代的《埤雅》和《尔雅翼》，乃至《通志·昆虫草木略》，以及清代的《毛诗名物图说》。这类作品的作者一般都是学术功底比较好的学者，除经学功底外，大多亲身考察过不少自己描述的动植物，所以常有新见解。因为这类著作与学习儒家的经典密切相关，因此对古代的读书人影响很大。另外，这种学术著作在汉文字圈中都有一定的影响，如日本学者冈元凤也编写过很出色的《毛诗名物图考》。

从曹魏时期，我国即出现类书。这种分门别类排比资料的著作主要是为统治者或有关学者查阅相关资料用的，多少可能受点《尔雅》这种百科式"字典"的影响。曹丕当政时曾命刘劭和王象编写了类书《皇览》，但已不可见。现在可见最早的类书是隋代末年秘书郎虞世南（538～638）所编的《北堂书钞》。从那时开始，存留下来的类书很多，它们一般都有大量的生物学内容，以鸟兽、草木、蔬果、虫鱼等篇目编写，如现存最大的类书《古今图书集成》就有"博物典"，有引自各种文献的大量动植物方面的内容。

到了宋代，由于学术的发展和人们对园林植物的喜爱，以及满足当时学者"格物"的需求，还出现植物类书《全芳备祖》，后来更出现某种花卉植物的类书，如《海棠谱》。这种类型的类书在明清时期也得到进一步的发展，出现了《群芳谱》、《广群芳谱》和性质类似的作品《虫荟》等。这类著作的特点是创新较少，主要是资料汇编。

上述两种著作都是古代读书人学习生物学知识的重要读本。尽管当时的读书人是不大看得起农民和郎中的，但是因为有孔老夫子的"多识"遗训，因此他们还是在乎动植物知识的。到后来更有所谓"一物不知，儒者之耻"这样的说法，于是乎养花、种草、观鱼、看鸟也就无可非议了。

二　本草学的影响

本草学即古代的药物学，因为主要是草本植物（草），故称本草。从其内容来看，也不难发现它与古代生物学的密切关系。更为值得重视的是，由于它的编写目的在于治病，也就是与人的生命紧密联系，因此一般对动植物的辨异比较重视，在社会生活中有着广泛的影响。后来这种类型的著作在唐代由政府组织编纂后，不但有比较细致的形态描述，而且还开始附有插图，以便于使用者确定所记载的药用动植物。这种编辑方式逐渐成为一种传统，在古代博物学发展史上有重要的意义。

这类著作中，已知最早的是《神农本草经》，约成书于东汉时期，书中提到了200多种动植物。其后南北朝时期的著名学者陶弘景又将原来的内容扩充了一倍，使涉及的动植物大幅度增多。到空前统一和强盛的唐代，由于药学著作对社会的巨大影响，政府开始注意这件事，并组织力量编写了《新修本草》，记载药物多达800多种。为了使用药者有所依据，该书附有药物的形态说明及插图。书出版后不久，本草学家陈藏器就根据自己所见，对《新修本草》未收录的药物进行了大量的补遗，其中大量是南方出产的经济动植物。

两宋时期，政府对医书，尤其是本草著作的编写十分重视。组织编写了《开宝本草》、《嘉祐本草》、《图经本草》等。特别值得一提的是，《图经本草》是仿唐代《新修本草》的"图注"和"图经"而作，不过该书将两部分合二为一。其主要目的就是为了辨识药用的动植物和矿物等。对所记载的药用动植物不但有较多的形态描述，而且还有根据产地而进献的图谱。特别值得注意的是，当时主管药材辨验的官员寇宗奭编写了一本名为《本草衍义》的著作，书中对各种动植物的形态习性有独到的观察描述。此后不久，本草学家唐慎微又将《嘉祐本草》和《图经本草》二书合并，并添加不少医学内容编成《经史证类备急本草》（简称《证类本草》），此书影响很大。到了明代政府也曾组织专家编辑过大型的本草学著作《本草品汇精要》，但由于各种原因没有发行。后来李时珍以《证类本草》为蓝本，并增添了大量的资料，写成了著名的《本草纲目》一书，该书记载了大量的动植物资料。清代又有赵学敏作了《本草纲目拾遗》，收集了大量《本草纲目》未收的内容，并对其中的谬误进行了纠正。

　　本草学著作记述的内容主要为动植物和矿物，因此常被近代的学者目为古代的"博物学"。它们的主要特点在于系统完整，最重要的是其中的描述比较准确。有些版本的插图学术价值比较高，如《绍兴本草》（《证类本草》的一个版本）、《本草原始》等。一般学者都比较尊崇其中对生物的描述。宋代著名学者郑樵（《通志》的作者）认为：本草学的发展，在古代生物学知识的积累方面很有意义。这是因为"惟本草一家，人命所系，凡学之者，务在识真，不比他书只求说也"。清代著名学者吴其濬也认为："经生家言，墨守故训，固与辨色、尝味，起疴、肉骨者，道不同不相谋也。"也从另一个角度指出本草学注重实践的重要意义。这些著作的分类也很有特色。李时珍的分类系统就曾被某些西方学者认为是林奈之前最先进的。后来的一些应用植物学著作和普通植物学著作如《救荒本草》、《植物名实图考》都明显受《图经本草》这部著作的深刻影响。

　　另外，这类著作还有一个很重要的特点，就是后代的综合性本草学著作也带有类书的性质，内容丰富，一般后面的著作基本上都把以前作品的资料收录在里面。如《证类本草》将《嘉祐本草》和《图经本草》合并。后来它的一个版本《政和本草》又将《本草衍义》的内容收录在内。

三　地方性生物资源著作

　　先秦的地理学著作如《禹贡》、《山海经》都有一定的篇幅涉及动植物分布的描述。秦汉的大一统，使南方更多的地区归入了版图，那里许多新奇的动植物很快引起了中原学者的兴趣。从东汉开始，随着编地方志的盛行，对南方各地动植物资源的记述也成为一时的风尚，这类著作通常以"异物志"、"水土记"为名。

　　这种著作以东汉杨孚的《南裔异物志》最早。后来三国时期又有沈莹的《临海异物志》和万震的《南州异物志》。尤其是后二书留下的内容不少，人们可以窥出其大概状况。后来类似的著作很多，如陈祁畅的《异物志》、顾微的《广州记》、徐衷的《南方草物状》、刘恂的《岭表录异》等。这类著作的重要性在于，它们是资源调查性质的作品，包括大量前人没有记述过的新物种。而且记述详细而有条理。有些作品如《南方草物状》的记述方式还有一定的规范①。因此，一方面，它们在对动植物记述方式上，为后世提供了很好的范例；另一方面，也为后来的农学著作和本草著作等实用的作品提供了相当丰富的编写素材。从《齐民要术》和《本草拾遗》我们可以很容易看出这一点。实际上，我们今天能看到它们中的许多内容正是由于农学、药学著作乃至类书收录其内容的结果。从性质上看，它们与近代地理大

---

　　①　石声汉辑，《南方草物状》，农业出版社，1990年。

发现时期产生的大量博物学著作有相似之处。

这类著作在宋代的时候又产生了一些分化，出现了更为纯粹的生物学著作或博物学著作，如《益部方物略记》、《南方草木状》和《桂海虞衡志》。明清时期更产生了《闽中海错疏》、《谭子雕虫》、《记海错》等。一些专门门类动物或花木的著作也部分受到这类著作的影响，包括《洛阳花木记》、《荔枝谱》、《淮扬芍药谱》、《天彭牡丹谱》、《林泉结契》、《菌谱》、《吴蕈谱》等。

这种类型的著作的作者很多都是地方官，他们深受儒家"经邦济世"的影响。诚如冯友兰指出的那样，在封建社会中，遵循《大学》中所谓"治国、平天下"的格言不一定得当帝王，"他仅仅需要作为国家的一分子，为国尽力而为……他就是尽到了治国平天下的全部责任"[1]。另外，《礼记·礼运》中有"货恶其弃于地也，不必藏于己"的言论，受这种信条的灌输，是这些学者把各地物产记下来，推荐给社会的直接原因。在农业社会中，生物资源尤其是植物资源向来为统治者所重视，宋真宗和康熙都曾关注过水稻等粮食作物的品种。

受这类著作以及本草著作的影响，产生了一些更加纯粹的生物学著作，这就是《救荒本草》和《植物名实图考》等。其中《植物名实图考·叙》有这样一段话："先王物土之宜，务封殖以宏民用，岂徒入药而已哉！衣则桑麻，食则麦菽，茹则蔬果，材则竹木；安身利用之资，咸取给焉。群天下不可一日无，则植物较他物为特重。"这段话很好地表明了这本植物学著作写作时的一个很重要的价值取向。当然，作为一本后期里程碑式的著作，它吸收了众多前人的优秀成果，因此它也同时被认为是本草学上别开生面的著作。

四　园林花卉著作发展的影响

进入汉以后，我国的私家园林已经有了较大的发展。南北朝时期，由于政治的黑暗和社会的动乱，老庄的出世思想很快开始蔓延，从自然山水中寻求思想慰藉的方式在士大夫中颇为盛行。经营山居园林和修建寺庙都是一般士大夫所乐于从事的事情。从那时开始，我国出现了《魏王花木志》这样专门记载园林花卉的作品。另一方面，当时社会上重视家族门第，修谱之风盛行，这种风气竟然也影响到一些学者对植物著作的编写，开始出现了《竹谱》这样专门记载各种竹子的作品。这两部著作都是很有特色的古代生物学著作。

受《魏王花木志》的影响，唐代出现王方庆《庭园草木疏》和李德裕的《平泉山居草木记》。而受它们的启发和方物著作的影响宋代又出现《洛阳花木记》，明代出现《长物志》，以及清代出现了《花镜》、《北墅抱瓮录》等一批很有影响的园林动植物著作。

而受《竹谱》和上述园林著作的影响，唐代出现了《茶经》，宋代出现了《荔枝谱》、《桐谱》和《菊谱》、《梅谱》、《蟹谱》和《促织经》等著作。到了元代则有《打枣谱》，明清时期又有《蠵经》、《鹌鹑谱》、《蛇谱》、《药圃同春》、《水蜜桃谱》、《月季花谱》和《凤仙花谱》等。

还有一类著作除受这类著作的启发外，还与"多识"类的著作直接相关，这就是一些"自命"经典。典型的有题称浮丘公的《相鹤经》，宋代出现的《禽经》、《花经》、《草经》[2]

① 冯友兰，中国哲学简史，北京大学出版社，1996年，第158页。
② 此书后来似乎失传，但在郑樵的《通志·昆虫草木略》中提到。

和明代的《兽经》、《鱼谱》① 等。

　　总体而言,我国古代的生物学与资源和医药、园艺有着密切的关系。这可能是农业社会的特点。秦始皇虽焚书坑儒,但对属于实用方技的医药、种树之书也网开一面。儒家学说是非常入世的一种学问,因此作为意识形态的主流当然决定了学术的性质。但也有比较纯的生物学著作,如《毛诗草木鸟兽虫鱼疏》、《尔雅翼》和《禽经》、《谭子雕虫》等。大概因为物质生活固然不可或缺,园林花卉也必须欣赏,但文章谈资、学术探讨,为可能有用的东西留下些"线索"、"伏笔"也同样重要,这点我们从《齐民要术》的最后一章、《王祯农书》的"百谷谱"及本草著作中的"有名未用"及众多的笔记作品和《植物名实图考》等作品中不难发现这一点。

第三节　中国古代生物学的发展历程

　　作为一种杂食性而且具有较高智力的动物,人类从诞生之日开始,就利用周围的动植物作为自己的食物和其他所需。出于这样一种原因,古代的人们从未间断对周围动植物的探索,以找寻出有资源价值或潜在资源价值的东西。具体地说就是了解哪些生物可以食用,哪些动植物可以当药用,或可用于遮风挡雨等。并渐渐地根据方便记忆的原则给它们命名,如根据蜘蛛"织网"而且身体呈圆形的特性管它叫"织蛛",也叫"蜘蛛";根据蚊子形态像"文"字命名其为"蚊"。同时考察它们通常生长在什么地方,以及它们的生长发育特点。这个过程就像儿童通常爱打听周围的植物的花果叫什么名称,能不能吃,有什么用一样。传说中的神农尝百草反映的就是这样一种生活实际。因此,辨识生物,利用生物来为人类的生存和发展服务,就成为人类历史上最古老的学问之一。在漫长的社会发展进程中,这类知识逐渐成为古代早期学问中的重要组成部分。

一　先　秦　时　期

　　众所周知,我国有数千年的文明史,传说中的人类始祖伏羲氏发现龙图(即河图)、鱼书(即洛书)而画八卦、作易经。《易·系辞下》有一段话,描述他的事迹。这段话是这样的:"古者包牺氏之王天下也,仰则观象于天,俯则观法于地,观鸟兽之文,与地之宜,近取诸身,远取诸物,于是始作八卦,以通神明之德,以类万物之情。做结绳而为网罟,以佃以渔,盖取诸离。"探索自然界的奥秘,服务人类的生产和生活。而传说中的农业和医药的发明者神农氏更是草木辨别的始祖。以后历代的人们也从来没有停止过对自然、生物的探索和利用进程。

　　由于年代久远,先秦时期流传至今的文献已经非常之少,从这有限的文献中留下的有关我国生物学知识的叙述来看,主要体现在生物物候学、生物分布及动植物分类等方面。这些虽难以确切反映当时的全貌,但也在相当程度上反映了当时我国生物学知识的积累是与农业生产和人们生活资料的获得密切相关的。甲骨文中已经有了不少的动植物名称,从中可以看出人们有了初步的生物分类思想。当然从包含的内容的丰富和广博程度而言,影响比较深远

① 此书为明末人所作,今已不存。参见王毓瑚,中国农学书录,农业出版社,1979年,第193页。

的无疑是由孔子编订的《诗》一书。

（一）《诗》在古代生物学上的意义

《诗》当然不是纯粹的生物学著作，这部著作据说是由我国古代著名的思想家和教育家孔子根据以前的民歌和祭祀的乐曲等编定的，至今已有 2500 多年的历史。它作为古老的、纪实性很强、反映我国早期农业社会生活各个方面的作品，提到黄河流域地区和长江中游地区当时人们熟悉的动植物种类，换言之，其中包含了丰富的生物学知识。其中记有动物数十种，植物 100 多种，主要是黄河流域分布的种类。其中不但大体包括了以前所谓的"五谷"，亦即包含了美洲传入作物之前的我国主要粮食作物种类，而且包含棉花引进栽培以前的主要纤维植物，以及不少蔬菜水果和其他许多经济作物。此外，也有许多常见的动植物。出于这样一种原因，孔子指出，学习这本书，可以"多识草木鸟兽虫鱼之名"。也就是说，它可以当作基本生物学知识的一个重要来源。后来由于孔子所创的儒家学说成为中国封建社会组织的纲领性学说，《诗》又是儒家的经典，孔子的上述说法在很大程度上被奉为至理名言，对后世产生了深远的影响。更由于孔子是古代儒家的一代宗师，因此他提倡的"多识"的涵义又被进一步延伸，成为后来的学者追求的重要目标，并逐渐引申出另外一个意义相近的词——博物。

（二）生态学知识的积累

春秋战国时期，我国的学术出现了百家争鸣的繁荣景象。各诸侯国学者间广泛的学术交流促进生物学知识的迅速积累。《禹贡》、《管子·地员》、《周礼》和《山海经》、《吕氏春秋》等著作中都包含了众多的生物分布和生态学方面的知识。这当是当时各地物产（主要是生物产品）相互交融的结果。而《庄子》、《荀子》等著作则包含当时人们对生物变化、生物之间关系的思考。

我们知道生态学指的是生物与环境之间关系的一门学科。古代的人们很早就注意到生物与周围环境之间的密切关系。还在远古的时候，人们就注意到生物发育和迁徙与气候的关系，于是通过观测物候来安排自己的生产活动，以得到较好的收成。被认为可能是根据夏代时期农业政事记述的著作[①]《夏小正》就有这方面的记载。另外，人们要采集和捕猎动植物资源时，慢慢就会注意到它们的生长地点、分布区域及其周围的环境，以便此后有目的地到合适的地点采集或猎取理想的生物。长期的近海捕捞，还使人们逐渐注意到海洋动物与月亮光周期的关系，以及一些动物间存在的相互关系。总而言之，在相当长的历史时期中，古人不断地积累各种生态学知识，服务于生产和生活的需要。

1．物候观测

对物候进行观测无疑是人类最早进行的自然探索活动之一。由于渔猎和农业生产实践的需要，使人们很早就开始注意动植物的生长、发育和活动的变化对气候的反应。也就是何时动物在什么地方出没、什么时候换毛、在什么场所繁殖、发出什么样的声响；各种植物什么

[①]　夏纬英，夏小正经文注释，农业出版社，1981 年，第 80 页。历史学家杨向奎认为，夏的这种推断"不远于史实"，并作了进一步的补充说明。参见杨向奎等，中国屯垦史，上册，农业出版社，1990 年，第 21～23 页。

时候开花结果。在经过一段时间的积累后，人们进一步发现动物的出没，草木的生长、枯荣等物候变化是周期性的。如一些果树在春天开花，夏天结果，秋天果实成熟，冬天便落叶。一些鸟类如大雁在秋天的时候从北方飞往南方越冬，春天又飞到北方等。后来更注意到，不仅动植物的物候的变化，而且自然界的其他现象，如刮风的风向变化、下雨的雨量变化，闪电打雷，寒暑往来都是周期性的。这样一来，人们就发现了最早的"自然历"。正如晋代著名诗人陶渊明诗中表述的那样："草荣识节和，木衰知风厉。虽无纪历志，四时自成岁。"[①]古人通过物候的观测来把握季节的变化，以便合理地安排相关的生产活动。古籍《夏小正》、《诗·豳风》和《吕氏春秋》等都有大量的物候记载。

上述古籍记载的大量物候中，其中重要的一个方面就是关于动物迁徙的规律记述。在早期的著作中，尤以《夏小正》一书记载这方面的内容为多。书中提到了动物如下一些迁徙活动：正月（夏历）的时候，大雁向北飞行，雉鸡振羽鸣叫，鱼类上升到水的表层活动，一些鸟类飞走了，另一些鸟类出现了等。到了二月，昆虫开始活跃起来的时候，燕子飞来了，黄鹂不断鸣叫。而到了三月的时候，田地里鹌鹑多了，斑鸠鸣叫也非常引人注意。四月的时候，蛙声阵阵。五月有伯劳鸣叫。六月的时候，小鹰长成，开始学习飞翔搏击。八月的时候，寒蝉鸣叫，群鸟飞翔，鹌鹑不见了。九月雁南飞，燕子也飞走了；熊等动物穴居过冬。雀鸟飞走，海中贝壳动物蛤大量出现，等等。从中不难看出，为了狩猎和捕捞等实际生产需求，我国古人很早就对动物的迁徙活动有了相当的观察。

与观察动物迁徙的情形相似，古人对植物群落外貌季节性变化也有不少的观察。在温带地区，植物群落在不同的季节里，它们的外部形态是在不断变化的。这就是植物的季相。以柳树为例，早春它微吐鹅黄嫩叶，如烟似带，透露出春天柔媚多姿的信息。夏日来临，它开始变得叶长深绿，随风摇曳，非常楚楚动人。到秋天，它的叶子逐渐转黄，随后落叶缤纷。寒冬降临，则只有枝条依旧，叶片全无。在古代它是人们把握季节的重要标志。《夏小正》中记载，正月，柳树长出柔长的花絮；果园中梅、杏、桃等树木开花了。二月份田野芸苔开花，白茅抽蘴。三月份的时候梧桐树开花。四月的时候果园中的杏开始成熟等。

当然，由于古人观察生物现象不细致，《夏小正》记载"鹰则为鸠"、"雀入于海为蛤"等生物发生变化的说法，反映了人们认为一些动物可以由另一些动物转变而来的思想。这种不正确的归纳和后来人们对昆虫的变态及真菌繁殖的误解，产生了古代不正确的"化生说"。

动物受光周期的影响而产生的生理反应很早就被古人注意了，其中最典型的例子就是"鸡鸣司晨"的利用。可能由于长期进行捕捞活动的缘故，我国古人很早就注意到海洋生物与月亮光周期有着非常密切的关系。《吕氏春秋·精通》有："月也者，群阴之本也。月望，则蚌蛤实，群阴盈；月晦，则蚌蛤虚，群阴亏。"指出了蚌、蛤等海洋中贝壳类动物在月圆的时候，壳里面的肉质充盈饱满，而在月亮残缺的时候，壳内的肉质便空虚消瘦。我们知道，一些海洋动物的生殖活动受月亮光周期的影响，在月亮光越来越强的时候，它们的生殖腺便会膨大，出现肉质充盈的情况，相反，在月光越来越弱的时候，随着生殖过程的完成，它们也变得消瘦。

---

① 汉魏南北朝诗选，北京出版社，1979年，第296页。

2．生物分布

从春秋战国时期开始，由于生物分布和地理界线逐渐为人所注意，各地生物种类差别很自然就被关注。《山海经》中就曾罗列了不同地域所分布的动植物的种类，可以看出当时人们已有初步的生物分布观念。其中"南山经"、"中山经"和"东山经"中记载的生物显示了热带和亚热带的特色，而"西山经"中记载的生物则有温带地区的特色。此外，《尚书·禹贡》和《周礼·大司徒》中等古籍都有植物分布的记载。

从春秋战国时期开始，人们除对生物分布已有所认识外，还注意到一些大的山脉和河流构成一些动植物的分布的地理界线。这种认识的产生除直接观察之外，还可能与人们从事的作物引种有关。因为作物引种的成功与否，与气温有密切的关系。我们知道，我国东部的淮河和秦岭一线，以及南岭是地理上的重要界线。我国所谓的南方和北方是以淮河一线为界的。而南岭则是划分南亚热带和中亚热带的重要界线。在《周礼·考工记》中指出柑橘类果树不分布在淮河以北，过了淮河就只有枳而没有橘了，这是因为淮河两边的地理环境存在差异。动物中鸲鹆（八哥）的分布也有类似的情况。这是当时人们较早注意到淮河这条生物分布界线的例子。

众所周知，随地形高度的不同，地下水位、气温和降水等也会发生相应的变化，导致其上分布的植物的种类也不一样。我国古人很早就注意到这种情况。约成书于战国年间的《管子·地员篇》就很生动地记述了这方面的例子。书中在一处列举了12种植物随地势高低顺次分布的情况，从这些叙述中可以看出，在2000多年前，我国人民已经比较准确地观察到植物垂直分布现象，反映了这一时期我国植物生态学知识积累方面的巨大成就。

另外，当时的人们还注意到生活环境对人体的影响。《吕氏春秋·尽数》："轻水所多秃与瘿人"，注意到水质影响人体的正常生长，并导致病变。这类的记载在当时的医药著作中还有一些。

3．生物之间的关系

在地球上，各种生物不是孤立地生活在自己的领域内的，而是与周围的生物互为环境，构成复杂的关系。它们有时互相竞争，有时却也能大体相安无事地共同生活在一个群落中。公元前400多年的《禹贡》等古老文献中记载有"鸟鼠同穴"的情况是动物共栖一个很好的例子。有时也常产生一种不平等的寄生，寄生动物从寄主身上强取各种营养物质，导致寄主产生各种疾病甚至死亡等。如我国很早就发现寄生蝇在蚕上寄生的情形，《黄帝内经》、《尔雅》等书则记载了各种寄生虫的寄生现象等。

（三）普通生物学知识

战国末年成书、由汉初学者写定的《尔雅》，虽然是解释名物、词语的著作，但其中大部分的内容是注释生物种类的，所涉及的动植物种类达500多种，堪称蔚为大观。它应当是当时学人已知的日常生活中比较常见的生物种类。其分类形式大体就是根据"草木鸟兽虫鱼"的自然特征分类的，奠定了古代生物分类的基础，因此它被认为是古代"博物"、"多识草木鸟兽虫鱼"的重要作品，是对先秦生物分类学知识进行过总结或集成的重要书籍，当然后来就成为人们获取生物学知识的重要来源。《尔雅》给出的鸟兽"定义"："二足而羽，谓之禽（即鸟）"；"四足而毛，谓之兽"，把这两大类动物的特征都给定格出来了。这种观念至今犹为人们沿用。

先秦时期，人们对生物的生长发育已经做过不少思考。《管子·水地》篇中，已经记载人们所认为的人体胚胎的成长过程。另外，人们也在日常生活中，观察新的生物个体的生长发育过程，很早就从大的方面注意到动植物适应季节气候的生长发育的一些周期性的规律。春天各种生物开始萌发，古人称之为"春生"；夏天它们生长旺盛，所以就称为"夏长"；秋天各种动物已经逐渐繁殖完毕，已经可以收取植物的果实或动物的成熟个体，因此号为"秋收"（古人常把秋天当作收获的季节）；冬天，植物通常停止生长，甚至落叶，不少动物开始冬眠，因此古人称为"冬藏"。古人的生产实践也根据上述规律安排相应的生产活动。

《庄子》中"庖丁解牛"的故事则深刻地揭示了早期人们在长期的生活实践中曾大量地解剖动物，在这基础上积累了我国早期的动物解剖学知识。另一方面，《黄帝内经》等医学著作还包含了一些人体解剖学方面的知识。

（四）遗传育种等知识

遗传总是与繁殖相联系的。在古人所能看见的生物中，主要是高等动植物，它们通常由不同性别的个体组成，通过有性生殖的方式繁殖后代。在世界文明古国中，中东的两河流域文明和中华文明是比较早就认识到植物存在性别的古文明。两河流域的人们很早就开始对栽培的枣椰（也叫伊拉克蜜枣）进行人工授粉，以提高这种重要作物的产量。

在我国，人们很早就认识到大麻的植株有雌雄之分。《诗经》中记载，当时人们把雄的植株叫做枲。枲只开雄花，它的植株不结实，也叫花麻，只有雌的植株才结实，结实的植株叫苴，也叫种麻。另外，生物通过不断地延续自己的后代，将自己的性状在下代表现，这种现象就是遗传。有关遗传现象的认识，大概在古代是很早的，因为这种现象很容易从人类本身的繁衍和周围其他生物的繁衍过程中看出。当农作物开始被栽培的时候，人们已经有了最初的遗传观念，即所谓的"种瓜得瓜，种豆得豆"。

通过不同品种甚至不同种类生物的杂交，通常会产生出一些具备某些优良性状的新品种，这就是所谓的杂种优势。早期的例子是在公元前500多年的春秋时期，人们利用马和驴杂交得到骡这种著名的杂种动物，这可以从《吕氏春秋》中看出。《吕氏春秋·爱士》记载："赵简子有两白骡，而甚爱之。"这条史实表明人们已知通过马、驴的远缘杂交，产生更为方便役使的骡。充分说明杂交在生产实践中已经充分应用到杂交育种技术。

在商周时期，我国的先民可能已经掌握了嫁接技术，传说古公亶父"始接果木"[1]。现在虽然没有发现那样早的文献，但是从出土的战国时期的荔枝和《尔雅·释木》等文献有梨的记载来看，嫁接技术的产生当在战国之前。

大约在西周的时候，人们已经有了初步的优生观念，传说中周公制订了"同姓不婚"的礼制[2]。这种说法虽然不一定可靠，但是至迟在春秋战国时期已经有这样的"礼"了。《左传·僖公二十三年》上记载："男女同姓，其生不蕃。"《礼记》中也有不娶同姓的女子为妻的规定。这些都是很好的说明。

---

[1]　明·罗颀，《物原》，商务印书馆，1936年，第30页。
[2]　明·罗颀，《物原》，商务印书馆，1936年，第25页。

免疫学虽然是近代微生物学形成并得到充分发展之后，才出现的一门崭新的学科，但免疫的思想在我国很早就存在了。《黄帝内经·素问·四气调神大论》记载："是故圣人不治已病治未病"，"正气内存，邪不可干"、"邪之所凑，其气必虚"。大意是说，如果一个人，他的身体健康而具备强的抵抗疾病能力的话，那么他是不容易受到疾病的侵袭的；如果一个人感染上疾病了，那一定是他的抵抗力太弱。显然，这里包含着今天免疫的概念。

（五）生物的来源和发展观念

对于人类和万物来源的问题肯定是一个很古老而且长期吸引人们兴趣的问题。我国古人也和世界上其他民族一样，有自己的相关传说和"创世纪"，这在第二章还要具体介绍，这里先不展开。在此只是先介绍古人关于生物种类的发展变化的观念，这种观念早在先秦的时候就产生了。

在《庄子·寓言篇》中有这样一段话："万物皆种也，以不同形相禅。始卒若环，莫得其伦，是谓天均。"① 根据胡适的解释，"这十一个字竟是一篇'物种由来'。他说万物本来是一类，后来才逐渐地变成'不同形'的物类。却又并不是一起首就同时变成了各种物类，这些物类都是一代一代地进化出来的，所以说'以不同形相禅'"。这位学者的解释显然是很有见地的。另外，胡适还举了《庄子·至乐篇》的"种有几"的一段话，认为也是表述生物"一层一层地进化，一直进到最高等的人类"②。这表明当时人们的确考虑过生物的发展变化的问题。

（六）环境保护思想和实践

在我国古代，虽然存在人为万物之灵③，人在生物中为最高贵这类思想，但古代思想家也非常强调与动物和平相处，以构成一种和谐、安宁、祥和的生存环境。战国时期，极富灵性的庄子曾经幻想过人与万物不分尊卑地和平相处。认为那是一种"至德之世"。庄子的思想对于后代国人追求自然美，造园讲究山水园，感受"鸟兽禽鱼，自来亲人"的意境，把理想的社会想像成那种隔离尘世纷争的山间"桃花源"有深远的影响。

在长期的生产和生活实践中，我国古人积累了众多的保护自己生存环境和合理利用资源的经验。这也可能是我们这个古老的文明得以延续至今的一个重要原因。他们根据实际情况，尽可能地保护森林，合理地利用自然资源，以求资源的永续利用。在森林保护方面，如《孟子》、《礼记》等书提出，上山伐木要有时间的限制，狩猎时不能在山上放火焚林驱赶动物，不合适砍伐的树木禁止在市场上出售等。对于动物资源也要合理利用。此外，在农业上，古人非常强调通过施肥保持农田的土壤肥力，使土地保持粮食的高产出；在作物栽培方面，古人强调作物栽培的多样性，防止突发的病虫害给农业带来毁灭性的灾害。在水利工程的建设方面，讲究兴利与除害并举，如四川的都江堰，不但消除了当地的水害，还因水利的发展造就了"天府之国"。

从上面简单的论述我们不难看出，先秦时期我国古人在生物学的许多方面都有很丰富的

① 支伟成，庄子校释，中国书店，1988年，第221页。
② 胡适，中国哲学史大纲，东方出版社，1996年，第228、229页。
③ 《尚书·泰誓》。

知识积累，因此，可视为我国古代生物学的萌芽时期。

二　汉晋南北朝时期

（一）各种"异物志"

秦统一中国后，很快就为刘邦建立的汉朝所取代。随着国家的统一和版图的扩大，对新地域资源的了解和考察极大地丰富了人们的生物学知识，出现了一些影响深远的著作。其中一类是地方官员在新地域作考察时，对当地生物资源和社会风俗进行记叙的作品。它们通常以"异物志"、"水土记"等为名。所谓"异"就是不同于以前史籍如《尔雅》等书描述过的东西，或者说是中原地区学者所未知的产物。这类著作由于介绍的是前所未见的新资源，因此，在介绍具体的各种新生物时，经常包含对这些生物形态、习性和分布特征的细致描述，从而起了很好的传播生物学知识的效果。东汉时期，杨孚的《南裔异物志》开启了记述南方珍奇动植物种类和用途志书之先河。稍后万震的《南州异物志》、沈莹的《临海异物志》也都有不少南方生物的记述。进入晋代和南北朝时期，则有分别由顾微和裴渊作的《广州记》、分别由刘欣期和陈祁畅作的《异物志》、魏完的《南中八郡志》，以及郭亦恭的《广志》和周处的《风土记》等。虽然这些著作大多未能完整地流传下来，但其相当部分的内容保存在《齐民要术》和各种大型的类书当中。

这些著作的突出特点是所记生物一般具有动植物颜色、大小、形状、性状描述，而且经常用类比，并形成一定的风格。因此这些著作的出现不仅使人们认识的生物种类大为增加，眼界迅速开阔，而且也为后人对生物进行描述时提供了很好的范例。例如，三国时期万震的《南州异物志》是这样记述"甘焦"（即香蕉）的："甘焦，草类，望之如树。株大者，一围余。叶长一丈，或七八尺，广尺余。华（距今 1500 多年的南北朝以前称花为华，以后才直接称花）大如酒杯，形色如芙蓉。茎末百余子（即果实）……此蕉有三种，一种子大如拇指，长而锐，有似羊角，名羊角蕉，味最甘好。一种子大如鸡卵，有似牛乳，味微减羊角蕉。一种蕉大如藕，长六七寸，形正方，名方蕉，少甘，味最弱。"从中可以看出，作者首先描述植物的外部整体形态，茎的大小，叶子的粗细，花的大小和颜色，以及根的形状和果实的形状等。古代学者描述植物大体都是以类似的方式进行的。又如徐衷的《南方草物状》是很有特色的一本博物学著作，其中记载植物的方式很规范①。还有非常重要的一点是，它们比以前类似的作品《禹贡》等有关生物的内容更加具体而丰富了，换言之，它们更像博物学著作了，并且一直影响着后人朝这一方向发展。

（二）我国的第一本生物学著作和郭璞的工作

另一类是对《诗》中出现的生物种类的别名、形态、习性和产地作解说的著作。这是因为，孔子的话导致人们格外重视其中生物的解说。《诗》是古代社会重要的教化启蒙著作，其中的生物学知识当然也就成为人们必须掌握的基本常识。另外，因为随年代的逝去和生物名称的变化及文字的进化，这种注解式的作品是非常必要的，它可以使人们在学习《诗》的时候更好地掌握其中的生物学内容。三国时期陆机作的《毛诗草木鸟兽虫鱼疏》是其中的代

---

① 石声汉辑，《南方草物状》，农业出版社，1990 年。

表。它不像《尔雅》那样简单而内容宽泛。它把诗中涉及的动植物辑录出来，加以解释，秉承孔子的"多识"思想，为学习生物学的读者提供了具体的课本。同时也为古人学习《诗》，更好地了解《诗》的含义提供了一本良好的工具书。这个著作可以看作是我国古代第一本纯正的综合性生物学著作。其描述生物的方式显然吸收了前人的长处，并对后代生物学产生了比较深远的影响。根据有关学者考证①，陆机可能到过黄河流域的许多地方。罗振玉对相关资料进行收集，制作了一个辑校本②。这当然不可能是原先的全部内容，但内容也很可观。全书分为上下二卷。上卷解说植物，共计 90 余种；下卷解说动物，共计 60 余种。其中鸟类 20 多种，鱼类、爬行类及兽类动物 20 多种，昆虫等近 20 种。作者先将《诗》中提到生物的句子罗列出来，然后按一定的顺序编排，逐条解释其中的生物，不注释"草木鸟兽虫鱼"以外的内容。形式简练、明晰，颇有点辞典的意味。

《毛诗草木鸟兽虫鱼疏》的显著特点是解释联系实际，对有关生物的描述具体、形象，有较高的科学价值。各种生物解说的侧重点有所不同，详略不一，内容包括《诗》中述及各种动植物对应于当时可知的名称、各地的别名、生活环境、习性、形态特征、生长节律、产地、用途诸方面。《毛诗草木鸟兽虫鱼疏》以自己翔实的内容对后世产生了深刻影响。后代许多学者是都以此书作为考订生物的重要参考史籍。考订《诗》字义的著作，如唐代孔颖达的《诗正义》等自不必说，其他一些著作如《太平御览》、《一切经音义》、《玉烛宝典》、《康熙字典》也多见引用。它还是古代农医著作如《齐民要术》、《证类本草》编辑者的重要参考书。陆机的著作方式也为后人所推重，如清代徐鼎的《毛诗名物图说》，日本天明年间（公元 1886 年前后），本草学家冈元凤作的《毛诗品物图考》，其中一些格式就是模仿《毛诗草木鸟兽虫鱼疏》一书。此外，书中用以描述生物的若干形态和分类术语，如"蔓生"、"科生"、"赤节"、"毛刺"等也都为后人沿用。不难看出这部著作对古代生物学的发展所起的重要作用。

陆机之后，东晋时期的著名博物学者郭璞为《尔雅》中有关生物所作的详细说明，不但在一定程度上反映了他对这一时期人们积累的生物学知识的总结，无疑也为后人学习相关的生物学知识提供了极大的便利。前面已经提到，他曾作《尔雅音图》，给《尔雅》一书涉及的动植物配上插图。这种举措无疑对人们更好地辨识动植物提供了条件。因为有图可以很容易看出描绘的是何种生物，不用添加很多的说明。他的工作对后世博物学的发展产生了重要的影响。

上面两类著作是我国已知最早对大量生物个体进行直接描述的作品，这是当时生物学进步的一个重要标志。第三类就是中国古代的药物学和农学著作。药物学体现了当时人们对药用动植物的辨识。对这类知识进行全面总结的作品就是各种"本草"。已知最早的作品是写成于东汉年间的《神农本草经》。由于我国古代药食同源，因此这类著作集中记述可用于治病和食用的动植物，而且随时间的推移生物种类不断增多、内容不断充实，在古代的生物学知识的积累方面有重要的意义。南北朝时期我国的本草学也很发达。这一时期陶弘景的《本草经集注》是历史上著名的药物学著作，其中包含不少作者的生物学观察，如作者注意到土蜂将卵寄生在捉到的蜘蛛体中。

---

① 夏纬英，《毛诗草木鸟兽虫鱼疏》的作者——陆机，自然科学史研究，1982，1（2）：176～178。
② 光绪丙午（1906 年），上海聚珍仿宋印书刊本。

　　两汉时期的农学著作如《氾胜之书》、《四民月令》等涉及的生物种类要少一些，但还是涉及不少农作物及相关的生理和遗传育种知识。另外，南北朝时期的《齐民要术》中也包括大量的生物学内容，其中提到北方各种类型的农作物，作物的变异和发酵的温度控制等。特别值得注意的是，《齐民要术》中第十章收集了大量由方志著录的植物，对后世的本草学和农学著作保持相关资料，留供后人参考起了良好的示范作用。

　　两晋南北朝时期，由于社会动乱、政治腐败，使人们普遍丧失了安全感，为了保全自己的生命，这一时期崇尚清谈的新道家以寄情山水的方式来逃避现实，无形中与大自然有更亲密的接触，对自然的生物的观察方面体现出很高的兴致。典型的特征是这一时期有关动物的小赋很多，其中不乏很有生物学价值的作品。此外还出现一些很有特色，并对后世产生过深远影响的作品。

　　历史学家都知道，两晋时期统治阶级极端重视出身门第，修家谱之风盛行，这也在一定程度上影响了人们对专门植物的记述方式。当时的学者戴凯之就是一个明显的例子。他的《竹谱》以非常具有时代特色的文体（骈体），对我国南方各地普遍分布（以南方种类居多）、在生产和生活中用途极为广泛的一类植物——竹子作了系统的介绍，共计 36 种。在某种意义上类似于一种便利的专门类型的生物学知识手册，开启了我国古代专门植物著作之先河。

　　另一方面，在南北朝时期，伴随园林艺术的发展和学术的深化，又开始出现一些比较专门类型的生物学著作，其中重要的是《魏王花木志》（作者不详）。该书记载的是园林花卉，原书没有保存下来①，但见于当时的农书《齐民要术》等的引用。它是这种类型著作的嚆矢。

　　此外，《淮南子》等著作还包含有当时思想家的原始进化思想和有关遗传和变异的思考。而《说文》、《广雅》等字典性质的书籍，也体现了这一时期人们的一般生物学知识有了更多的积累。另外，当时一些笔记类型的著作也记有不少生物学方面的内容，如《博物志》、《古今注》。其中晋代崔豹的《古今注》是一本很有影响的著作，书中分鸟兽、鱼虫和草木几个方面介绍了大量常见的动植物形态和习性方面的知识。另外，佚名的《三辅黄图》、《西京杂记》记述了不少汉代园林植物。

　　当然汉代人们除了在生物分类知识的积累方面取得了相应的成绩之外，在海洋动物岁光周期变化而产生的生理变化，以及遗传变异等的研究方面也取得了一定的成果。其中，《论衡·奇怪篇》提出"物生自类本种"，注意到遗传稳定性的论说，对当时的一些唯心的、附会生物变异现象的不经邪说进行了有力的批评，在生物学发展史上有重要意义。

　　这一时期的人对植物的形态有新的术语，《广韵》解释花的各部时提到，"华外曰萼，华内谓蕊"，将如今的雌雄蕊，统称为蕊。《尔雅注》中则有不少关于叶形的描述。《齐民要术·种麻》首次将花粉称为"勃"，将花粉传播称为"放勃"。《盐铁论·散不足》中提到"茂林之下无丰草"，表明人们已经注意到光照对植物生长的影响。

　　根据《汉书·王莽传》记载，汉代太医曾通过解剖犯人的尸体，"量度五脏，以竹签导其脉，知所终始"，借此获得人体内脏和血管的知识。这显示出当时的解剖学有了新的发展。而葛洪《肘后备急方》记有"疗瘈犬咬人方"，提到用疯狗的脑敷治狂犬咬伤，体现了免疫思想。

---

　　① 《说郛》中收录的《魏王花木志》显然是唐以后人胡乱拼凑的东西，绝非原著。

　　当时的人们对环境条件于人类体质的影响也给予一定的关注，《淮南子·坠行训》列述了不同地域人群体质的差别。对生物适应环境的习性又有了新的认识。委托晏子编的《春秋外编》记载："尺蠖食黄则黄，食苍则苍"注意到动物与食物颜色的相一致（保护色）。连同上述陶弘景对昆虫寄生现象的观察，不难看出这期间人们对昆虫的观察是很细致的。不仅如此，当时的人们还注意到当时动物的一些异常现象。三国时《四时食制》载："东海有大鱼如山，长五六里，谓之鲸鲵；次有如屋者，时死岸上，膏流九顷。"①记载了鲸自杀的现象。

　　此外，这一时期人们对有关的农业生物学技术也作了相当细致的总结，其中比较突出的是植物的嫁接技术。嫁接是农业上用途非常广泛的技术，它可用来提高作物的产量或改变作物和果树的性状。我国古人早就知道梨树、苹果、柿子、荔枝、龙眼等果树一般都必须嫁接，才能结出理想的果实。一些著名的花卉也常用嫁接培育优良品种。这是我国古老的一项农业技术，在发明这项技术之前，古人可能很早就发现一些树木的枝条，如柳树、木槿都可通过插条这种营养繁殖的方式来人工繁殖。《诗经》和《战国策》等古老的文献中都有插柳条来围菜园和柳树很容易成活的记述。可能由此启发人们考虑将一种植物的枝条插到另一植物的茎干上，而形成所谓嫁接这种移花接木技术的。通常的做法是将产品优良的枝条（接穗）插接在长势强劲和抗病虫害能力好的树桩（砧木）上。在西汉的《氾胜之书》中，已经提到农作物的嫁接。南北朝时期的《齐民要术》一书中，已经有成熟的嫁接技术记载。

　　农业选种是古人通过选择性状优良的种子，使生产获得更大收益的一个过程。这种做法很是古老，前面说过《诗经》中一些关于良种的记述就说明了这一点。而西汉的《氾胜之书》中记载的，在麦子成熟的时候，选择穗大、籽粒饱满的麦子作为种子的选种方法，更是对后世有深远的影响。

　　两汉和魏晋时期，人们对经济昆虫有了更多的认识。晋代的时候，张勃在其《吴录》一书中开始记载了紫胶虫的一些习性和紫胶生产情况。而养蜂事业在此时已有相当规模。皇甫谧《高士传》中记载：东汉延熹（158～167）年间，姜崎"以畜蜂豕为事，教授者满天下，营业者三百余人"，明确记载东汉养蜂已成一种产业。此外，当时柞蚕也逐渐为人们所利用。

　　另外，《盐铁论·散不足》提到当时有"冬葵温韭"，表明我国已经出现温室的利用，通过它栽培出经常食用的蔬菜。此外，当时的人们对大型的真菌的生长环境也有一定的认识。《列子》中有所谓："朽壤之上，有菌芝者"的记述。《本草经集注》则记载南北朝时期人们已经开始人工栽培大型真菌茯苓。

　　在汉代，人们仍然非常注意生物资源的保护，沿用先秦时期保护环境的一些礼法。《淮南子·主术训》中极力主张"畋不取群，不取麛夭；不焚林而猎，不涸泽而渔"。其后的皇帝诏令中也多有这类的内容。

　　这一时期产生的众多方物著作有些包括大量的生物学内容，但并非纯正的生物学著作。还有其他包含较多动植物资料的作品，如"本草"（约略相当于后代西方的博物学著作）。有些则是纯正的生物学著作，如《竹谱》等。而且我国古代的生物学大体是沿着上述脉络发展的，因此可以认为这一时期是我国古代生物学的分化孕育时期。

---

　　①　《太平御览》卷九三八转载。

三　隋唐宋元时期

　　隋唐时期是我国历史上社会经济空前繁荣的一个朝代，学术上也别有一番新气象。唐初社会强盛，在人们生活中有重要地位的医药事业也逐渐开始为朝廷所重视。因此当时不但儒家的经典被很好地刊行，在医生苏敬等人的建议下，政府还选定一批官员和学者进行本草的编写。最终编写出内容空前丰富的《新修本草》。这部著作配有插图，对后世本草著作的编著影响很大。其后不久，医生陈藏器又编写了带有补遗性质的《本草拾遗》，其中包括大量前人没有记述过的新种药用动植物。

　　唐代也有不少记述地区性动植物的博物学著作。其中段成式的《酉阳杂俎》、段公路的《北户录》、刘恂的《岭表录异》等都是著名作品。由于园林艺术发达，这一时期涌现了一些专门记述园林植物的著作。其中著名的有前面提到过的王方庆的《园庭草木疏》、李德裕的《平泉山居草木记》等，堪称为某类型的植物名录。

　　隋唐时期，人们对人体的胚胎发育有了比前人更深刻的认识。著名医生巢元方在他的《诸病源候论》中认为：一个月的胎儿刚刚成形，因此叫"始形"。到四个月的时候，胎儿的主要脏器已经形成。到五个月的时候，四肢就长出来了。到六个月的时候，胎儿的口、眼等器官也都长出。到七个月的时候，胎儿的皮毛也长好了。到八个月的时候，胎儿的各种器官更加完善等。很显然已经根据实际观察对胎儿的发育进行描述。当时人们对各种疾病原因进行探讨时产生的一些认识也很出色。同一书中讨论了多种人体寄生虫，还讨论了"戾气（病源微生物）"，认为："岁时不和，温凉失节，人感戾气而生病，则病气转相易染，及至天门延及外人。"已经开始注意传染病的病因的探讨。

　　作为一个以农立国的古老国家，防治病虫害始终是我国古人关心的一个大问题。值得注意的是，我国在 1000 多年前就知道利用害虫的天敌来控制病虫害，也就是通常所说的生物防治。根据唐代的《岭表录异》记载，当时岭南地区的百姓已经知道有一种黄蚁可以防治柑橘树上的害虫。因此他们经常在市面上成窝（连同蚁巢）交易这种比通常蚂蚁大一些的黄蚁（即黄猄蚁）。把这种蚁放养在柑橘树上可以有效防除害虫（可能是天牛），保护树上的果实。如果不放这种蚁，果实经常被严重危害。后来这种行之有效的方法一直为国人所保持。

　　宋元时期是我国历史上科学文化十分繁荣的一个时期，许多重要的学术理论和技术发明都产生在那个年代。生物学方面同样取得了令人瞩目的成就。当时不但在动物化石的认识、人体解剖学和金鱼育种方面都有突出的成果，而且凭借生物学知识的广泛积累，有关生物的学问已逐渐从原来更为广泛的知识门类中分离，开始形成一门关于"鸟兽草木之学"的学问，或许我们可以称之为古典的生物学。

（一）北宋时期有关生物学专著的涌现

　　宋代生物学发展的一个特征，就是这一时期有更多的生物学著作涌现，而不像以前那样，有关生物的论述主要寓于医学和农学等著作中。这一时期不但出现的生物学著作很多，而且涉及的生物层面更为广泛，内容更为深刻。它们大体可以区分为三个类型。

　　第一种类型是记述各地有经济或观赏性生物资源的相关著作，比较著名的有宋祁（998~1061）撰写的《益部方物略记》。当时属于这种类型的著作还有《益州草木记》①、《郊居草木记》②，诚如我们上面指出的那样，与前人的作品相比，宋代的这些著作具有很鲜明的特色，就是他们记载的都是动植物，或绝大部分是动植物。宋祁的著作共记载了 65 种动植物，是现存关于我国西南的第一本动植物专书。从中不难看出，宋代的学者把注意力更多地集中在具有地域特色的"草木鸟兽虫鱼"身上，因而产生了专门的生物学著作。这是我国古典生物学进步的一个重要标志。

上述类型的著作还有另外一个类别，那就是记述当地突出的生物资源，尤其是带有地区特色的花卉果木的著作，即后人常说的动植物"谱"、"录"。它们是宋代开始大量涌现而极具我国古代生物学特色的著作。这类作品极大地促进了人们对地区性的著名动植物认识的深入，加速了人们生物学知识的积累。其中记载一个城市花卉的著名著作首推周师厚的《洛阳花木记》。该书记载了洛阳各类花卉 500 个种和品种。类似的书还有张峋的《洛阳花谱》等。在北宋，除《洛阳花木记》这类效法前人，但在内容广度加以扩充的地区性综合型花卉植物专著外，为某类属（或某种）著名的植物作记（谱）而成的专著更多。著名的有欧阳修的《洛阳牡丹记》，刘攽、王观、孔武仲的《淮扬芍药谱》，沈立的《海棠记》，陈翥的《桐谱》，刘蒙的《菊谱》（1104 年成书）等。这类著作大多记有植物种或品种的名称、特征、性状和繁殖方法等，包含较为丰富的生物学内容。

除园林花木的专著外，其他带有地方特色的动植物专著还有不少。著名的有赞宁的《笋谱》，蔡襄（1012~1067）专记闽南佳果荔枝的《荔枝谱》，张宗闵的《增城荔枝谱》，傅肱的《蟹谱》和王纲的《猩猩传》③ 等。

第二种类型是伴随当时各种生物学知识尤其是观赏动植物知识的大量积累，一些学者为扩大影响而编写的一些大类别的动植物著作，包括张宗诲的《名花木录》、《木谱》④ 以及一些学者造的"经"。"经"有《草经》、《花经》、《鹰经》、《禽经》等。这些所谓"经"的编著，大约有点自诩为某一方面知识经典的味道。其中也确有内容比较丰富的作品，如堪称我国第一本鸟类著作的《禽经》。从这些著作的编写意图中不难看出当时人们试图"经营"一门新学问的努力⑤。

第三种类型是综合性的生物学著作，它与经学有关。也就是说一些学者从经学解释名物的角度出发，分门别类地对各种生物的名称、习性和形态进行描述、解说。这种著作无疑由以前百科全书式的《尔雅》分化、发展而来。与《益部方物略记》一样，从中可以看出"鸟兽草木之学"从先前更加笼统宽泛的学问中脱胎而来的轨迹。代表性作品是陆佃的《埤雅》，此书记述了 270 多种动植物，由于其内容与解读经书有关，因此在学者中有广泛的影响。

（二）郑樵等为"鸟兽草木之学"张目

北宋时期生物学著作的大量涌现，及其在学术上和实际生活中显示的重大意义，促使南

---

① 原书不存，但《全芳备祖》引有"虞美人"等植物的内容，从"虞美人"的描述看，它与《益部方物略记》（记有娱美人）肯定不是一种书。

② 原书不存，见《通志·艺文略》著录。

③ 同②。

④ 同②。

⑤ 《草经》、《鹰经》在郑樵的《通志·昆虫草木略》等处提到，这两本书似未流传下来。

宋初期的学者更加深入地思考有关"鸟兽草木之学"的重要性。如果说北宋时期只是出现众多学者刻意撰写生物专门著作，有营造一门学问的倾向的话，那么到了南宋初期，则较为清晰地出现了为创立"鸟兽草木之学"的理论说明。

最早提出这一问题，明确强调"鸟兽草木之学"非常重要，并且致力使之发展的学者是著名史学家郑樵（1103～1162）。郑樵是南宋初期一位知识非常渊博的学者，受当时学术风气的影响，他非常重视生物学知识的获得和传播。值得注意的是他从治学的角度而不是从资源的角度出发强调动植物知识的重要性。他举学习《诗》为例，认为："若曰'关关雎鸠，在河之洲'，不识雎鸠，则安知河洲之趣与关关之声乎。"① 他认为汉代的学者不了解这一点，因此"鸟兽草木之学"就停滞不前了，即所谓"汉儒之言诗者，既不论声，又不知兴，故鸟兽草木之学废矣"。他认为，三国时期的陆机认识到掌握生物知识的重要性，所以撰写了《毛诗草木鸟兽虫鱼疏》，但陆机记述的知识不够系统，后来能加以发展的很少，原因在于"大抵儒生家多不识田野之物，农圃人又不识诗书之旨，二者无由参合，遂使鸟兽草木之学不传"。但是本草学的发展，在古代生物学知识的积累方面还是很有意义的，这是因为"惟本草一家，人命所系，凡学之者，务在识真，不比他书只求说也"。在这里郑樵提出了他对宋以前生物学未能很好发展的原因分析，同时强调实践对获取生物学知识的必要性。值得注意的是，他不认为本草直接属于"鸟兽草木之学"范畴。

基于自己的分析，这位学者采取行动，在实际观察和资料整理两方面同时下工夫，以实现其发展"鸟兽草木之学"的目的。郑樵在《昆虫草木略·序》中曾写到："臣少好读书，无涉世意，又好泉石，有慕弘景心。结茅夹漈山中，与田夫野老往来，与夜鹤晓猿杂处。不问飞潜动植，皆欲究其情性。于是取陶隐居之书，复益以三百六十以应周天之数而三之。已得草木鸟兽之真，然后传《诗》，已得诗人之兴，然后释《尔雅》。今作《昆虫草木略》为之会同。……物之难明者，为其名之难明，名之难明者，谓五方之名既已不同，而古今之言亦自差别。是以此书尤详其名焉。"从序中可以看出，他崇尚本草学家陶弘景的处世态度和治学精神，试图通过实际观察，在尽可能了解各种生物的基础上，对包括解释《诗》、《尔雅》以及本草在内的生物学内容进行总结，将"鸟兽草木之学"作一番发展。

经过居于山林中30余年的读书、探索和请教"农圃之人"，郑樵终于写下了在古代生物学发展史上有重要价值的《昆虫草木略》一书。这本书郑樵自视甚高，把它列为自己巨著《通志》的"二十略"之一。《通志》的"略"相当于以前史书中的"书"或"志"，如《史记》中的"河渠书"、《汉书》中的"律历志"。郑樵在《通志·总序》中对其"二十略"有这样的解说："今总天下之大学术，而条其纲目，谓之略，凡二十略，百代之宪章，学者之能事，尽于此矣"。作为"大学术"之一端的《昆虫草木略》，其意义在于帮助人们治学时识别"名物之状"。对此同《序》有这样的表白，说："语言之理易推，名物之状难识。……五方之名本殊，万物之形不一。必广览动植，洞见幽潜，通鸟兽之情状，察草木之精神，然后参之载籍，明其品汇。故作《昆虫草木略》。"由感于鸟兽草木之学的重要性，从而努力创作《昆虫草木略》，把它当作重要的学术的一个方面，确实是他创造性的构建。

《昆虫草木略》大概郑樵自己认为是在发展"鸟兽草木之学"方面的奠基性著作，因此，原先设想的内容框架应当是比较大的，即上面所说"取陶隐居之书，复益以三百六十以应周

---

① 宋·郑樵，《通志》卷七十五，万有文库本，商务印书馆。

天之数而三之"。但不知何故,《昆虫草木略》中并没有达到这个数目。不过所包括的动植物种类还是相当丰富的,记有植物约 340 种,动物 130 余种。作为展示学术的一个方面,或者作为一门学问的基本著作,就当时而言,还是说得过去的。从书中的记述来看,郑樵显然认识不少动植物。在解释动植物名称方面,他历述了各生物名称的源流,各书所提及的辨识和相似植物的互辨,确有不少精彩独到之处。在生物分类方面,郑樵的书显然受陶弘景《本草经集注》的影响,区分动植物为草类、蔬类、稻粱类、木类、果类、虫鱼类、禽类和兽类。郑樵的著作与上述《埤雅》有所不同。在《昆虫草木略》中,除《埤雅》也大量引用的《诗》、《尔雅》、《毛诗草木鸟兽虫鱼疏》、《尔雅注》外,也引证一些唐代的本草著作《新修本草》和《本草拾遗》,以及北宋的本草著作《图经本草》的内容。此外,还引用了《齐民要术》等其他一些著作的内容。这说明郑樵对以往的鸟兽草木知识确曾做过考查研究,并根据自己的意愿予以总结继承。这体现了他试图博采众家之长,在构建"鸟兽草木之学"方面进行了丰富的资料准备。

为使自己构建的"大学术"基础更加牢靠,郑樵还投入大量精力编写"动植志"等其他生物学著作。受北宋学者重视给生物著作(包括本草)插图的启发,郑樵也很强调在生物学著作中加上插图这种方法的先进性。他在《通志·图谱略》中写道:"图,经也,书,纬也",又说"别名物者,不可以不识虫鱼草木。而虫鱼之形,草木之状,非图无以别"[①],生动地说明了插图对于辨别生物、传播知识方面的重要意义。

郑樵强调"鸟兽草木之学"的重要性,在这门学问的建构方面确实下了很大功夫。但他关于生物知识重要性的说明虽然冠冕堂皇,但未免失之偏颇,不足以为当时类型众多的生物著作杂彩纷陈提供合理的理论依据。当时有些学者以一种更为宽泛的理论强调动植物知识的重要性,其基本观点正如著名学者程大昌(1123~1195)在《演繁露》中所表述的:"大学致知,必始格物。圣人之教,初学亦期多识鸟兽草木之名。"他们认为治学要"格物"[②] 以提高认识,首先就应多掌握有关生物学方面的知识,从对外部世界认知的需要强调生物知识的重要性,因而显得更加圆满和具说服力,并为不少学者所认同。

理学家朱熹(1130~1200)也提出:"天地中间,上是天,下是地,中间有许多日月星辰,山川草木人物禽兽。此皆形而下之器也。然这形而下之器之中,便各自有个道理,此便是形而上之道。所谓格物,便是要就这形而下之器,穷得那形而上之道理而已。"[③] 后面我们还要提到的一些生物学著作的作者,常用"格物"所需为自己作品的创作提供理论依据。如《尔雅翼》的作者罗愿(1166 年进士)在《尔雅翼·序》中阐述自己撰写这本生物学著作的缘由时说:"惟大学始教,格物致知。万物备于我,广大精微,一草木皆有理,可以类推。"王贵学的《兰谱·序》中,也有种兰是"格物非玩物"的表白。此外,韩境在《全芳备祖·序》中指出,《全芳备祖》是部"独致意于草木蕃庑,积而为书"的作品,因为"大学所谓格物者,格此物也";"昔孔门学诗之训有曰:多识于鸟兽草木之名。"因此,陈景沂编的书是有意义的。陈氏自序中也认为:"大学立教,格物为先;而多识于鸟兽草木之名,亦学者当务。"

---

① 宋·郑樵,《通志》卷七十五,万有文库本,商务印书馆。
② "格物"一词,出于《大学》,原文为"致知在格物,物格而后知"。
③ 宋·朱熹,《朱子语类》,四库全书 701 册,台湾商务印书馆,1986 年,第 225 页。

（三）南宋"鸟兽草木之学"的发展

郑樵等人对"鸟兽草木之学"重要性的强调和论说，显然很好地代表了当时的学术时尚，当然其学术观点可能也影响了一批学者。这充分体现在南宋有更多的学者致力于拓展这门学问，并编撰种类更多、知识内涵更加丰富的生物学著作，以培植"鸟兽草木之学"。其中最引人注目的作品就是冒嵇含之名编的《南方草木状》一书。毫无疑问，由于当时的小朝廷偏安江南一隅，南宋的人们对华南等地的地区性动植物资源比以往更加重视，而《南方草木状》的出现正代表了这种学术风气。从原书的题记中可以看出，这是出于帮助人们了解华南植物，刻意编出的一本著作，满足了人们对华南生物的好奇。另外，由于编者有一种"弘扬学术"的目的，因此也为"鸟兽草木之学"充实了基础。许多学者都曾指出它成书于南宋，从历代有关南方的方物著作中摘取材料编成。笔者也持此种观点。它很可能是《益部方物略记》、《益州草木记》、《禽经》影响下的产物。《南方草木状》托名嵇含与《禽经》托名师旷一样，无非也是为了宣扬这门学问的古老和源流深远。诚如已故著名学者石声汉等指出的那样，编者具有较高的文史水平，所撮史料编排之精当，叙述所提大多岭南植物文字之贴切，都显示出作者有很高的技巧。就内容而言，堪称是一部纯正的植物学著作。该书虽系伪书，收录的内容还是很丰富的，不失为一本对前人知识进行提炼、总结性质的专著。

在《益部方物略记》、《南方草木状》等著作的影响下，南宋著名田园诗人范成大在华南的广西为官两年后，也于1172年"追记其登临之处与风物土宜，凡方志所未载者，率为一书"，这就是《桂海虞衡志》。《桂海虞衡志》是一部内容丰富的博物学著作。

具有地方特色的动植物作品在南宋时也不少，性质如《郊居草木记》的著作有王质的《林泉结契》。作者根据自己在山中居住所见，分别以"山友"、"水友"为名记述了73种动植物。书中记述了竹鸡、啄木鸟、杜鹃、画眉、白头翁、鹧鸪、鸳鸯、野鸭、红鹤（朱鹮）、池鹭等43种鸟类，枸杞、合蕈（香菇）、蓴菜等20多种可供食用的植物，还有少量的兽类、两栖爬行类和昆虫等动物。书中记述动植物的颜色、大小和生长环境，鸟类还包括鸣叫的特征。书中每一种生物都配有一首诗歌，是一部很具有当时文化特色的动植物专著。从书名看，显然表达了人与自然协调相处的良好愿望。

记述各地名产的著作也不少，典型的如韩彦直的《永嘉橘录》和陈仁玉的《菌谱》等。其中《菌谱》是世界上最早的一种菌类专著，《永嘉橘录》则是有很高植物学价值的作品。《橘录》是韩彦直于淳熙五年（1178），在著名的柑橘产地温州（永嘉）任知州时写的。柑橘树是原产我国南方的著名果树，历代关于它们的记载很多，但直到韩彦直才写下了这类果树的第一本专著。全书共三卷，分柑、橘、橙三类记载了真柑、海红柑、黄橘和橙子等27个柑橘类果树种和品种，对它们的形态、味道、栽培管理和病虫害防治都有较细的记载。在形态描述方面，作者重点突出对果实的记述，包括大小、形状，果皮的色泽、香气、厚薄，果瓣的数目、味道和种子的多寡等。他也是依据果实的这些差异来区分当时柑橘的不同种类的，是一种比较科学的方法。

南宋学者对花木"谱"、"录"的编写更加热衷，成就更为突出。这一方面也是由于当时园林艺术非常发达，花木自然成为人们研究和乐道的对象，因此，各种花谱自然就多。比较著名的如范成大的作品《范村梅谱》、《范村菊谱》，史正志的《菊谱》，陆游的《天彭牡丹谱》，赵时庚、王贵学等人的《金漳兰谱》和《兰谱》，及陈思的《海棠谱》等。这些作品有些是新类型的花卉专著，有些是对前人著作进行补遗的作品。其中不少是以自己的花园为中心记载的，相应地体现了作者更多的观察和实践，包含的生物学知识比北宋同类著作充实。

另一方面，南宋时期养宠物之风盛行，这种情形促进了人们对相关鸟兽虫鱼的饲养和深入观察，对动物知识的积累也有重要作用，并进而导致一些专门动物谱、录的出现。据《西湖老人繁胜录》记载，当时流行"赛诸般花虫蚁，鹅黄百舌、白鹅子、白金翅……秦吉了、倒挂儿、留春莺，宠尤非细"，而且还盛行"斗鹌鹑"。很显然，养鸟作为宠物是当时社会上层的普遍爱好，此外养"狮猫"、养金鱼也是一般达官贵人的喜好①。

金鱼是我国古人培育出来的一种重要观赏鱼类。它由通常所谓的红鲫鱼变异培育而来，大概在宋代的时候已经培育成功。北宋著名诗人苏东坡在一首游西湖的诗中写道："我识南屏金鲫鱼。"②"金鲫鱼"大约是一种比较原始的"金鱼"。到了南宋，已经培育出一些著名的金鱼品种。根据《梦粱录》记载，当时的金鱼，已有银白色或玳瑁色的，钱塘门外有很多人养殖这种鱼类，并将它们拿到城里出售。

当然，养蟋蟀也许更为普遍，因为斗蟋蟀是当时流行的一种风尚。

蟋蟀是我国常见的一种昆虫，很早就为我国古人注意。古人因其发声像急促织布声，也称之为促织③。《诗》中已有一些关于其习性的记述。据《开元天宝遗事》记载，从唐代开始，斗蟋蟀的游戏在宫中就非常盛行。到了南宋更成为社会上各阶层的官僚富豪所钟爱的娱乐和赌博方式。《西湖老人繁胜录》记载："六月六日……促织盛出，都民好养。或用银丝为笼，或作楼台为笼，或黑退光笼，或瓦盆竹笼，或金漆笼，板笼甚多。每日早晨，多于官巷南北作市，常有三五十火（伙？）斗者。乡民争捉入城货卖，斗赢三两个，便望卖一两贯钱。头生得大，便会斗，便有一两银卖。每日如此。九月尽，天寒方休。"正因为如此，钻研蟋蟀也成了学问，出现了专门描述蟋蟀的《促织经》。这本书题贾似道撰。贾是历史上祸国殃民的奸臣，大约也是一个玩蟋蟀的行家里手。史籍记载，他"尝与群妾踞地斗蟋蟀"④。这本书是否确由他作已难查考，现在流传的本子（《夷门广牍》本）经明代周履靖增添过。书中内容很丰富，包括蟋蟀的生活环境、历史上的各种名称、生活习性、形体特征与能斗的关系，及其饲养方法和有关注意事项等，可以说包括了当时人们认识到的这种昆虫的各种知识。

当时众多有关园林"生物学"和各地资源、特产动植物专著的涌现，终于促使一些学者去编写综合性的生物学类书。约于1253年，浙江人陈景沂有感于缺乏专门辑录"生植一类"的类书，于是通过多年的查阅，将240种植物（自提400余门，主要是栽培植物）的资料分花、果、草、木等8类收集罗列在一起，名之曰《全芳备祖》。每种植物的资料分事实祖、赋咏祖和乐府祖三部分。此书收有不少前人有关植物典故和利用方面的经验知识，但作为文人作品，更重视的是诗词歌赋。其撰写的主要目的当然也是增进文人的博物学知识。从中也可看出当时人试图完善"鸟兽草木"学问的努力及其学术倾向。

南宋学者对"鸟兽草木之学"的重视，还体现在他们编写了许多解释经典学术著作的书

---

① 宋·吴自牧，《梦粱录》，中国商业出版社，1982年，第159页。
② 宋·苏轼，《东坡全集》卷十八，"去杭十五年复游西湖用欧阳察判诗"，四库全书1102册，台湾商务印书馆，1986年，第271页。
③ 参见晋·崔豹，《古今注·虫鱼》。
④ 元·脱脱等，《宋史·列传·奸臣》，中华书局，1977年，第232页。

籍，成为了传播生物知识的专门著作。罗愿《尔雅翼》就是这方面的典型。

罗愿的著作仅从名称看，就能看出是与《埤雅》性质相似、从《尔雅》派生而来的作品。在《尔雅翼·序》中他写道：自己以"《尔雅》为资，略其训诂、日月星辰，研究动植，不为因循。观实于秋，玩华于春，俯瞰渊鱼，仰察鸟云……有不解者，谋及刍薪，农圃以为师，钓弋则亲。用向参伍，必得其真"。从中可以看出，他把"动植"作为一个专门的门类分离出来，使自己的著作成为名副其实的动植物学专著。从以上引文可以看出，他试图通过追求生物的知识来满足认识进步的需要。作者和郑樵一样，强调通过实际调查获得第一手资料的重要性。

《尔雅翼》共32卷，记述的全部是生物，分"释草木"、"释鸟"、"释兽"、"释虫"、"释鱼"等部分，共记述生物415种。所记述的都是以前经书史籍比较常提到或生活中接触较多的生物，其中对昆虫的变态和鸟类的行为习性都有比前人更加细致的观察记载。

上面的史实表明，南宋的学者发扬了北宋的学术传统，在古代生物学方面做出了许多杰出的成就。就相同类型的著作而言，不论从内容显示的科学性还是所达到的深度和广度都有长足的进步。很显然，在阐明"鸟兽草木之学"重要意义的同时，他们做了更多的知识积累方面的工作。无论是致力于编撰有关地域性的生物学（或博物学）著作，抑或是编撰各种与日常生活密切相关的花卉果木和玩虫的作品，使之成为重要的"休闲学问"[①]，都很好地体现了这一点。尤其值得注意的是罗愿刻意在经学著作（《尔雅》）"动植"的基础上，通过实际调查获取资料编写出纯粹的生物学著作《尔雅翼》，为更好地使有关生物的学问成为学术的基础部分做出了贡献，而陈景沂编写的专门（植物）类书是古代最重要的工具书之一的出现，体现了当时人们为发展一门学问而进行了深入的基本建设。

（四）鸟兽草木之学产生的原因

从上面论述我们可以看出，宋代的"鸟兽草木之学"，开始以一种专门记录和传播生物学知识的学问，逐渐从原来更为广泛的学问中分化和独立出来。这种情况在北宋时期已露端倪，南宋的学者进行相关的理论说明，并进一步完善了这门学问的系统建设。这种情况的出现主要有如下一些原因。

首先是当时的经济和文化中心的进一步南移，对南方开发的深化，导致了南方丰富的生物资源作为一个专门的类群引起了更为广泛而深刻的注意。虽然前人的方志著作为人们认识那里的生物打下一定的基础，但农医和园林艺术的发展，需要更加专门的动植物资源著作的出现，这导致《益部方物略记》、《益州草木记》、《南方草木状》以及《桂海虞衡志》等区域性动植物志类型著作的出现。这种情形体现了从传统"博物学"向动植物学的自然发展，也反映了人们对有关专门知识的探求和认识的深入。

其次是由于对地方特产的重视和园林艺术的空前发达，以及当时与此相关的文学艺术的发展。宋代之所以出现如此众多的花卉果木的专著，这种状况得益于统治者的提倡和一般官僚的喜好园林情结。园林多了，作为园林主体的花木和相关的观赏性鸟兽虫鱼自然就受到人们的重视。实际上，宋人对"鸟兽草木"的重视，在很大程度上是从关注园林动植物方面推动的。

---

① 当然也有少数有很强农业实践意义的作品，如《橘录》。

　　园林花卉作为人类重要的观赏对象和美化环境的主要物品，在我国向来受到重视。有关的专门著作出现得比较早，如上面提到的《魏王花木志》等。宋代文人学者受传统的影响，非常热心记述各地的特色花卉，如欧阳修记述洛阳牡丹，强调这里由于气候等原因，所产的牡丹天下第一，因此不能不加以记述；王观等人也以扬州的芍药天下第一必须加以记述；蔡襄以荔枝"果中第一"，过了一定的地理界限就没有分布为由写下《荔枝谱》。翻开当时的这类著作，大多可以从中看到作者强调类似的原因。

　　宋代之所以出现这种情况，就本质而言，是由于文人官吏所处的经济地位优越，对观赏花草虫鱼方面投入大量精力的结果。这些人并不太在乎一般的经济作物和粮食作物，认为那些是俗务，关注花草和美果可以得到更多的精神享受，在他们认为这是雅事。而且还可以用"多识鸟兽草木之名"为自己这方面的所作所为找一个冠冕堂皇的借口。因此当时的士大夫对各地的园林花卉果木情有独钟，并愿意记述下来供后人知晓、欣赏和激励他们更好地发展这方面的工作。于是为名花和果木作谱成为一时风尚，涌现出大量相关著作。这客观上促进了文人学者之间就这类动植物的有关问题进行交流。这又进一步导致托名为师旷草创的《禽经》和所谓的《草经》、《花经》的出现，为草创一门学问造势。

　　之所以说还与当时的文学发展的形式有关，是因为花卉果木是当时诗词，尤其是词的重要吟咏对象。这从当时的"谱"、"录"著作中常常收集相关的诗词内容中也很容易看出。有些花谱，如陈思的《海棠谱》实际上相当于胪列海棠史料、诗歌的类书。既然有单种花卉果木的类书，很自然就促成《全芳备祖》这样花卉果木为主体的植物类书的出现。特别值得一提的是，被称为"物推其祖，词掇其芳"（韩《序》语）的《全芳备祖》是试图使园林植物著作完成由具体到一般这一过程，为完善某一学问（即关于植物的学问）刻意编辑的著作。另一方面，它又是从以往内容更广泛的类书分离和发展而来的作品。宋代出现这种情况，一方面突出反映了当时上层社会对园林花鸟情有独钟，耽于虫、鱼娱乐等注重精神享受的一种萎靡的社会风气，另一方面也在一定程度上反映了当时学术的繁荣。

　　第三，是宋代儒学发达的结果。虽然和历史上其他国家一样，我国古代对生物的认识，以及把对生物的认识当作一门学问来发展，是与农医、园林艺术实践的发展密切相联系的，然而它也有自己的明显特点，那就是与我国古代的经学也有很密切的关系。

　　出于这样一种原因，我国古代文人尽管可以看不起农夫和郎中，但却不得不为更好地钻研学术，为了成名而尽可能多地掌握些"草木鸟兽虫鱼"的知识，即古人所谓："多识于鸟兽草木之名，一物不知，儒者之耻，遇物能名，可为大夫。"北宋经学发达，因而还出现了一些学者以一种正规的学术探求，考释《尔雅》等"经"文中动植物的名称和记述它们形态、生态方面的知识，并对原书动植物的种类加以扩充，最终导致从以往的《经》（或具体地说《尔雅》等名物著作中）分化出一种新类型的生物学著作。陆佃的《埤雅》就是这种产物。陆佃是北宋对经学颇有研究的经学家，曾注《尔雅》，作《诗讲义》及《礼家》和《春秋后传》等，《昆虫草木略》和《尔雅翼》的写作都有同样的影响因素在内。当然，郑樵的著作不但强调生物学知识的学术价值，而且也注重资源的利用开发，从更广的角度着眼为这门学术的重要意义造舆论。另一方面，南宋的一些理学家如朱熹也确曾用生物学现象，来阐述自己的理论①。

---

① 　宋·朱熹，《朱子全书·性理一》，四库全书 241 册，台湾商务印书馆，1986 年，第 260 页。

　　综上所述，宋人在认识生物方面的种种努力，包括记下各地有特色的生物资源，对各种旧的和新的生物知识进行系统整理，以更好地完善整个知识体系结构，并使生物学知识得到广泛的传播，促进人们对外部世界认识的深入（格物致知），编写出了大量各具特色的生物学著作，服务于改善人类的物质生活和精神生活等。一言以蔽之，就是以充实生活为目的，以"多识草木鸟兽鱼虫之名"为动力，不断地通过地方生物资源的记述收集生物学知识，编书传播知识，充实经典，这就是宋代的"鸟兽草木之学"。当然，它主要还是以经验知识积累为特征，对生物生长发育规律的探求较少，更谈不上对生命本质的探寻。

　　宋代的"鸟兽草木之学"对后世产生了深远的影响。在学术方面它们引发产生了大量类型相似的著作，如《荔枝谱》后来就有很多种，而且带动明清时期内容更加广博而深入的著作的出现，如《打枣谱》、《水蜜桃谱》、《兽经》、《蛇谱》、《异鱼图赞》、《群芳谱》、《花镜》等。同时，它们的内容迅速被后来的著作引用，如《荔枝谱》的内容很快就被《图经本草》等著作引用。另外，它们叙述生物的方法为后世所发扬，如陆佃和郑樵在自己的作品中为生物解释名称的做法，被李时珍在《本草纲目》中发展为"释名"。宋代学者对生物"名物"考证的注重对后来《植物名实图考》等生物学著作的出现的促进作用也是明显的。因此，它确曾极大地推动了我国古代生物学的发展。当时的一些生物学著作如《荔枝谱》、《橘录》、《促织经》等，在世界生物学发展史上也占有重要的一席之地[①]。

（五）宋元时期其他有关生物学的著作

　　宋代是我国历史上本草学最为发达的时期之一，这个时期由政府组织编写的综合性本草著作特别多。其中以辨识药物为目的的《图经本草》及纠正前人谬误和补遗性质的《本草衍义》二书与生物学关系最为密切。由苏颂编写的《图经本草》为根据当时各地所产的药用动植物标本绘图，并配有相应比较写实的描述文字，叙述动植物的名称、形态、习性及产地等。它不像《唐本草》那样图文分开，因此其编写方法更为方便图文对照，更为实用，这是一个明显的进步，其主要内容见于《证类本草》，其中数百种动植物的插图也得以保存，对古代动植物形态学的发展有深远的影响。

　　《本草衍义》是北宋政和年间的"通直郎添差充收买药材所辨验药材"寇宗奭所作。这部著作是作者见当时官修的两部大型本草著作《嘉祐本草》和《图经本草》存在不少疏误，于是花了十多年的时间"并考诸家学说，参之实事"，对它们进行纠正而写就的。这位学者在长期的工作实践中，积累了丰富的动植物的形态和解剖学知识，在纠正前人不足方面做出了很大的贡献。

　　除本草著作之外，当时资源调查性质的著作除上面提到的比较纯粹的生物学著作之外还有一些，如《岭外代答》等，也记述了不少华南的动植物。此外《清录异》、《山家清供》等笔记类型的著作，以及元代的《竹谱》和《饮膳正要》等专门的植物著作和饮食专著也都包含比较丰富的生物学知识。此外当时利用温室进行鲜花培养的技术（唐花）也得到很大的发展。

　　宋代在前人生物学知识积累的基础上出现了各种很有特色的生物学著作，如带有区域生物志特色的《益部方物略记》、《南方草木状》，带有普及一般生物学知识的著作如《埤雅》、

　　① Reed H. S. A Short History of the Plant Sciences. New York: The Ronald Press Company, 1942. 50, 51. Sarton G. Introduction to the History of Science. Vol. II. Washington: Cargie Institution of Washington, 1953. 651～652.

《尔雅翼》，带有集成性质的《昆虫草木略》，带有专志性质的《禽经》、《草经》以及《洛阳花木记》、《桐谱》、《橘录》等，带有工具书性质的《全芳备祖》等，形成了著名学者郑樵称为"鸟兽草木之学"的古典生物学，同时他认为它是当时的 20 门主要学问之一。这一时期的本草著作如《新修本草》、《图经本草》和《本草衍义》也在很大的程度上反映了当时人们在生物形态描述和绘图方面所达到的水平。这一时期可以视为我国古代生物学的形成时期。

四　明　清　时　期

明清时期是我国古代生物学进一步发展时期，这期间原有的各个分支的生物学探讨都有很大的发展。出现的生物学著作不仅更多，而且涉及的面更广，内容比以前更为丰富，篇幅也因此大得多。更值得注意的是这些著作的作者调查比前人深入，认识水平更高。对各类生物的描述更加真实、准确。

（一）植物学著作

在明代，这类著作比较突出的是一批记述可以食用的野生植物作品。主要有《救荒本草》、《野菜谱》、《茹草编》、《野菜博录》和《野菜赞》等。这些著作相当于应用植物学著作，它们中带有从本草著作分化出来的痕迹，另一方面也带有地方植物资源调查的性质。这些著作大多有图和相关的文字说明，颇为方便实用。在这些著作之中，《救荒本草》是其中最早和最为出色的一部著作。此书的《序》写道："植物之生于天地间，莫不各有所用。苟不见诸载籍，虽老农老圃亦不能尽识。而可亨（烹）可茹皆蹢躏于牛羊鹿豕而已。"因此，作者非常注意新植物的调查，不但记载的新种比较多，达 270 多种（全书记载植物 400 多种），而且插图比较准确，解说文字详明，在古代生物学史上占有重要地位，国内外学者都曾给予高度的评价。美国著名科学史家萨顿称之为"可能是中世纪最优秀的本草书"。

当然这一时期最为出色的植物学著作是清代著名学者吴其濬撰写的《植物名实图考》。该书收录了 1700 多种植物，是历史上收录植物最多的植物学著作。此书的最大特点是作者见多识广，具有很强的求实精神。书中的插图准确[①]，是我国古代生物学著作中插图最准确的作品，大部分的图都很逼真。文字说明也相当详细，代表着古代植物学的最高峰。时人陆应谷在为《植物名实图考》写的序中，指出该书"包孕万有，独出冠时"之成就的取得是很不容易的，认为此前"求专状草木，成一家言"这类的著作"殊不易得"。他分析一般的学者写不出这样的作品的原因，"其识有所短，而材力有未逮"，或者"拘于其业，囿于其方，未尝游观宇宙之赜，品汇之庑，而知其切于民生日用者，至利且便也"。吴其濬之所以能完成这个著作，是因为他"具希世才，宦迹半天下，独有见于兹，而思以愈民之瘼"，通过不断阅读文献资料和根据考察询问实证所得的结果。

《植物名实图考》所涉及的植物不但远远超出以前的植物学作品（如《南方草木状》、《全芳备祖》），而且所涉及的地域也非常广，加上作者进行了长期的资料准备工作，对前人的工作进行了空前的总结，充分反映了当时人们的植物学知识水平。

除上面这些突出的作品之外，明清期间还有一些非常出色的园林植物的专著，著名的有

---

① 　该书的插图是笔者所见的相关古籍中最准确的。

《亳州牡丹述》、《学圃杂疏》、《药圃同春》、《花镜》、《北墅抱瓮录》、《花史左编》、《植品》、《茶花谱》、《荔枝谱》、《菊谱》、《菊说》、《花镜》、《凤仙花谱》等。其中《学谱杂疏》记载了大量的花卉园艺植物，详细地提到了它们的配置。《北墅抱瓮录》则对很多园林观赏植物的形态特征作了详细的描述。特别是各种花卉的观赏价值、特点都有很深刻的阐述，颇具我国古代学术的入世特点。

这一时期主要以资料汇编为主的植物学类书有《群芳谱》、《广群芳谱》。比起宋代的《全芳备祖》来，这两部书不但收录的植物种类要多很多，而且内容丰富得多。《群芳谱》共收载植物 275 种，分为"谷谱"、"蔬谱"、"果谱"、"药谱"、"木谱"等若干部类。书中的内容除录自前人的著作外，也有部分是作者自身经验的总结。书中收录了植物的栽培、育种、嫁接等方面的丰富资料。《广群芳谱》全书 100 卷，收录植物约 1400 种。这些数字能从一个侧面反映出人们积累的园艺生物学知识比以前丰富得多。

（二）动物学著作

这一时期产生了不少很有特色的动物学著作如《见物》、《闽中海错疏》、《谭子雕虫》、《记海错》、《朱砂鱼谱》、《白蜡虫谱》、《虫天志》、《鸽经》、《鸡谱》等。其中比较出色的是《闽中海错疏》和《谭子雕虫》，前者是专门记述鱼类等水产动物的专著，首次记述了 250 多种福建水产动物，所记涉及形态、生存环境、产地等，有些记载非常清楚、准确。《谭子雕虫》全书记述了 62 种"虫"，连同附录中的共近百种。它们不像此前的一些谱录性质的著作，如《蟹谱》或《促织经》仅涉及范围很窄的动物类型，篇幅也比《禽经》等动物学著作大得多。更为突出的是，作者对描述对象有很细致的考察，特别是《闽中海错疏》一书，与此前的植物学著作《救荒本草》相似，很少引经据典，主要根据自己的考察，简明地将有关动物加以描述。这些都清楚地反映出人们已经深入到某些比较大的专门领域开展有成效的研究。

这一时期类似于类书的动物学著作也不少，如《兽经》、《蠕范》、《虫荟》等。王世懋的《兽经》记载收录各种兽类约 50 种。《蠕范》全书分为 8 卷，记载了"禽属"101 种，"兽类"106 种，"鳞类"（包括鱼、蛇、两栖类）105、"介类"（包括两栖、节肢动物和软体动物）19 种、"虫类"87 种，总共记载动物 400 多种[①]。《虫荟》更达 1000 多种。这说明，人们对动物学知识给予了更多的重视，并且有了相当的积累。虽然，这些著作类似于工具书，其学术价值也远不能和同一时期的《植物名实图考》等植物学著作相提并论，但应该看到此前很少有这类大量记述动物的专门作品出现，充分显示了这一时期动物学的进步。

（三）一般生物学著作

明清期间有关解释经典中所及生物的著作也出现了一些有功力的作品，比较出色的是《毛诗名物图说》。此书充分利用了前人相关的研究资料，并加入一些自己对《诗》中动植物的见解，所附的图也有一定的学术价值。全书记载动植物共计 255 种，堪称是对前人对《诗》中动植物研究的一项有意义的总结。另外，由各种花卉专谱、专录发展而来的综合性作品也颇值得称道。其中作为观赏园林动植物的专门著作，《花镜》是出类拔萃的。

---

① 《丛书集成初编》。

《花镜》全书共六卷，分别为花历新栽，课花十八法，花木类考，藤蔓类考，花草类考，养禽鸟、兽畜、鳞介、昆虫法。记述了观赏植物的花事月令、形态特征、生态环境等。此外还涉及一些庭园设计、植物配置、插花技艺等方面的内容。书中记载了观赏植物352种，还记载有各类观赏动物40种。书中还有不少植物和动物的插图，这些插图艺术价值较高，而且比较准确。

作为地域性的一般生物学著作，《海错百一疏》是很有特色的一本。它的作者郭柏苍似乎是一个颇为留心福建生物资源的人，除本书外，他还写过《闽产录异》，其中记述了大量的各种福建产的生物。《海错百一疏》的全书5卷中，记载的主要是动物，其中包括福建水生动物200多种，以及不少水鸟，也记载了一些水生植物；尽管记载的水生植物不是很多，只有数十种，但仍是很值得注意的，因为这类植物在以前很少见于古人记述。

在地区性大型真菌的调查利用方面，明清较宋元时期又有了进一步的发展。如清代的《吴蕈谱》就是一部有重要科学价值的作品，记载各种食用菌40多种。记载的各种菌相对详尽明晰，考订诸品名实，也时有新见，不论科学性和实用价值皆超出宋代的《菌谱》[①]。

除上述类型的生物学著作外，明代还出现类似博物学著作的《华夷花木鸟兽珍玩考》等。《华夷花木鸟兽珍玩考》也是以前比较少见的博物学类型的著作，此种著作比较接近于资源调查性质，作者也大力表白这一点，但可以看出，其求实方面远无法与《救荒本草》、《植物名实图考》，抑或《闽中海错疏》等相提并论。更多的是靠撮集前人的资料拼凑成书，尽管如此，该书还是颇值得注意的，主要是其内容相当丰富，全书12卷，近20万字，收有动植物记述1400多条。清代也有更为典型的生物学类书，如吴宝芝的《花木鸟兽集类》等。

上述生物学著作中除记述了大量的植物种类之外，还包含着大量其他生物学知识。如明代夏之臣的《亳州牡丹述》中提到，"牡丹其种类异者，其种子忽变者也"，注意到植物的突变。《朱砂鱼谱》中记述了金鱼的形态、品种、遗传变异、人工选择和生活习性等。另外，《鸡谱》中也包含着丰富的生物遗传知识的实际应用。这些在遗传学史上有重大的意义。

从上面简单的论述中，我们不难看出，明清时期生物学发展是非常显著的。当然这一时期还有众多的其他相关著作也反映了类似的情况。

（四）明清的本草学著作

明清期间产生了众多的本草学著作，其中以李时珍的《本草纲目》影响最大，包含的动植物知识也极为丰富。这部著作的一个突出特点是在动植物的分类方面，打破以往的功能分类法，而更换为以形态、性味、生境和用途为依据的分类方法。文字中关于动植物的名称来源，以及形态、习性和生态，乃至遗传等方面的描述都比以前的本草著作详细得多。就其所处的时代而言，其表现的生物学成就在国际上也是比较突出的。另外，像卢和编的《食物本草》、李中立的《本草原始》都是图文并茂，在生物学上有一定价值的作品。

在明清期间，一些重要的科学技术著作中也包含有丰富的生物学内容，如《天工开物》中就包含着丰富的家蚕育种和应用微生物方面的知识。而《农政全书》则有关于蝗虫的生长发育和习性及危害地区的细致记载，其中对白蜡虫生活习性的记述也比以前的著作更深刻。

此外，《湖南方物志》、《广志怿》、《岭南方物志》、《滇海虞衡志》、《闽产录异》等方物

---

① 陈仕瑜，吴蕈谱提要，中国科学技术典籍通汇，2~748。

志性质的著作也包含有大量生物的记载。一些笔记性质的著作如《草木子》等，以及一般的类书如《三才图汇》、《格致镜原》和《古今图书集成》也都包含着大量的生物学内容。

叶子奇在他的《草木子》一书中写到："草木一核（即种子）之微，而色香臭味、花实枝叶，无不具于一仁之中。及其再生，一一相肖。"清代著名学者戴震也认为生物的性状是由遗传决定的，而植物中包含遗传物质的是种子。

在明代，有不少学者对遗传现象做过讨论，其中以思想家王廷相的言论最有代表性。他在《慎言·道体篇》中认为，人的形貌遗传具有连续性。还说："人有人之种，物有物之种。……草木有草木之种，各个具足，不相凌犯，不相假借。"指出遗传的稳定性和独立性是由"种"（遗传物质）决定的，在一般的情况下不受其他物种的影响。他还指出，万物大小、软硬不一，作用不同，声音、颜色、气味，诸种性状都有差异。这种现象能历千年而不变，也是由"气种"（遗传物质）决定的。他认为在遗传过程中，如果有人不像他的父亲，就会像他的母亲。经常可以看到这样的情况，经过数代之后，会出现与祖先具有类同体貌的子孙，这些都是遗传物质使后代恢复祖先本来的样子。当然，这些都只是古人通过观察得出的推论，他们并没有通过科学实验来证明自己的假说。

明清时期，我国在免疫学和解剖学方面都取得了相当的成就。明代隆庆年间，安徽宁国已经出现预防天花的种痘技术，而清代的《医林改错》一书则对前人在解剖学存在的错误作了不少纠正，这里就不一一表述了。

（五）明清时期生物学成就的要点分析

明清时期生物学的一般成就已如上述，这里再综合论述一下其成就的深度所在。上面我们讲到明清时期的作品体现了更高的学术价值，除对前人的学术方法和优良的传统进行继承之外，更加严谨、有效的观察方式的利用，更加系统和细致的资料收集方式及著作方式的利用和更加专业的学者的合理搭配，以及充分利用野外的观察资料等，是这一时期的生物学著作，尤其是植物学著作的学术水平得以大幅度地提升的重要原因，其具体方式表现为下列几种情况。

1．植物园的利用

我国古代很早就有种植花卉和药物的园子，它们主要是作为栽培观赏植物和药材而建立的，实际上是菜园的变型。但在明清时期，却出现了为学术著作的编写而产生的植物园。其中最典型的就是朱橚在组织编写《救荒本草》时，设立的"圃"。由于有这样一个圃，朱橚可以将400余种植物栽培在一起，"躬自阅视"，通过近距离的细致观察后，再在此基础上绘图和写出文字说明。以这种方式写出的著作当然要比以前的学者凭文献和野外的不确定考察，或凭印象写出来的东西要准确得多。在学术价值方面当然出类拔萃。据说清代植物学家吴其濬也设立有一个东墅植物园[①]，而药物学家赵学敏也有其父为儿子习医开设的类似药圃。

值得指出的是，植物学家吴其濬作为一个注重求实的学者，除在家乡设立园子之外，还经常随任所的迁移在各地栽培植物观察植物的形态和习性。如为了更好地观察李时珍认为

① 张桂远等，吴其濬的家族世系与东墅植物园考，见：河南省科学技术协会编，吴其濬研究，中州古籍出版社，1991年，第1～13页。

"今人不复食"的葵菜，特意"课丁种葵两三区"，收种散播，享其美味，并对其形态进行了细致的描述①。类似的例子还有"甘蓝"②等。明代学者谭贞默也似乎养殖过一些昆虫如蟋蟀、蚕等，对蟋蟀的繁殖特性，蚕的寄生蝇等也都有非常出色的观察和记述。

正因为这些学者注意实物的观察，因此他们的描述当然就比前人的准确和详尽得多，尤其是有活生生的植物在园中的情况下，图的绘制当然也更方便。朱橚等人著作的插图比前人的更逼真也就很易理解了。

2. 注意实地调查和野外考察

我国古代的学者在记载各种植物时，有不少实地观察的记载，尤其以地方官记载的各地方物为多。历代的大型本草著作的作者亲自采药，并记载其形态的并不多见，像《新修本草》和《图经本草》编写所据的都是各地送来的药物标本及所附的描述和图形，编者对动植物的活体了解得并不多。倒是一些带有补遗性质的作品根据实物作的观察多一些，唐代陈藏器和宋代寇宗奭的工作都很好地表明了这一点。

在明清时期，这种情况有了很大的改观。《华夷花木鸟兽珍玩考》的作者曾表白自己为了编好这本著作，如何云游考察之类的话，尽管其说法和著作结果还有一段距离，但另一些学者所做的工作却是显而易见的。不但本草学家李时珍在野外采药的过程中做过大量的植物形态和习性的调查工作，作为地方官员的屠本畯在福建沿海对鱼类的调查也是很出色的，这充分体现在他对带鱼、鲨、鲂和鳝等众多的鱼类的记述当中。这也是他能够与《救荒本草》的作者一样，不用对所描述的对象做很多的文献考证，只是根据所见的形状直接描述出来的一个重要原因。

植物学家吴其濬在野外考察中所做的工作尤为突出。有时他觉得做得不理想，还耿耿于怀。譬如，他曾记载在赣南的时候，"闻其山多奇卉灵药，余累至，皆以深冬，山烧田莱，搜采少所得，至今耿耿"③。有时未得新鲜标本，则设法弄到干的标本进行观察④。在区分形态相近的两种柑橘类植物时，他曾有这样一段话，说："夫一物不知，以为深耻，余非……屡使南中，亦仅尝远方之殊味，考传记之异名，乌能睹其根叶，熏其花实，而一一辨别之哉。"⑤ 因为具备这样一种求实精神，他们即使囿于己见，也比前人高明得多。另外从他对楮、柞、槲的变异来看，由于有实际观察为依据，与以前"小学家转相训诂"相比，的确高明很多。又如，蔬菜中的蔓菁和芥形态很相似，一些学者常将这两种植物混淆，吴其濬清楚地将这两种植物分开。他还曾指出："日用饮食，非必忽焉不察，殆地宜之囿人矣。"⑥ 客观地道出了未能广泛调查造成的认识局限。又如关于薇的习性，他是从牧童那里调查得到相关知识的。

另一方面，由于经历的地方很多，广泛的调查确实对生物学家知识的积累是极为重要的。这点在李时珍和吴其濬的作品中都有突出的体现。首先，他们对生物的地方名称的了解比前人多，而且准确可靠。如玉米，《植物名实图考》中有这样的记述："玉蜀黍一种，于古

---

① 清·吴其濬，《植物名实图考》，（台北）世界书局，1974 年，第 46、47 页。
② 书中指茎蓝，不是今天人们指的包心菜。
③ 清·吴其濬，《植物名实图考》，（台北）世界书局，1974 年，第 141 页。
④ 清·吴其濬，《植物名实图考》，（台北）世界书局，1974 年，第 143 页。
⑤ 清·吴其濬，《植物名实图考》，（台北）世界书局，1974 年，第 732 页。
⑥ 清·吴其濬，《植物名实图考》，（台北）世界书局，1974 年，第 71 页。

无征，今遍种矣。《留青日札》谓为御麦；平凉县志谓为番麦，一曰西天麦；《云南志》曰：玉麦；陕、蜀、黔、湖南皆曰包谷。"这方面的工作对于生物学知识的积累和提高都是很有意义的。其次，很多具体的生物知识很容易从实际中发现。譬如南北方同种植物生态型的差别，如芥菜，吴其濬指出："南芥辛多甘少，北芥甘多辛少。南芥色青，北芥色白；南芥色淡绿，北芥色深碧，此其异也。"[①] 此外，诸如作物类型和生产的地域特征也很容易从旅行中感悟到，吴其濬就指出："大抵江以南皆富冬蔬。"[②] 这说明这位学者在游历了广阔的地域后，注意到南方气候比较温和，适合蔬菜的发育。他还指出，甘蔗分布以淮河为限。甚至他在考察植物的同时，也指出了动物分布的一些特征，如指出"北地少虺蝎"[③]。

由于有比较丰富的野外观察经验，因此吴其濬等学者有比较敏锐的植物分布常识。因此当以前的学者说藜蒿多生在江岸，吴其濬马上指出可能有误。他还总结出这样一个结论："多识下问，固当不妄雌黄。"[④] 因为重视调查和考察，因此他比较少犯前人那种望文生义、简单以今套古的毛病[⑤]。譬如，在记述草石蚕时，他指出陈藏器记述的同名植物是还魂草（卷柏），而《本草会编》记载的草石蚕才是今天的"甘露子"。此外，吴其濬在考察古代典籍上关于粮食作物名称的注释时，还进一步考察了当时学者的生活地区，提出"汉儒多家西北"[⑥] 这样一个特点，及这种生活地域的局限可能带来的影响。

由于见多识广，吴其濬也体现出较强的概括能力，他能准确地指出云南的一种"根红而花"的芋，它的形状与海芋和天南星同类。他还注意到云南的草木特别丰富[⑦]，虽然他在解释其原因时，今天看来有点幼稚。

此外，明清期间的一批探讨生物的学者比较注意实验探讨有关生物的性质，如《救荒本草》的作者曾通过试验来确定野菜的食用方法。而徐光启和吴其濬都尝过很多野生或古人食用、当时的人们已经不大享用的蔬菜，如藜、藿等。

3. 具有更多的批判精神

对前人的错误进行纠正，是我国历史上本草学的一项优良传统，明清期间这种传统明显被发扬了。李时珍在自己的《本草纲目》专门设有"正误"，对前人的谬误进行纠正。而在这一点上，吴其濬的表现甚至更为突出，对前人的批判更加直接而广泛。如上面提到的"葵菜"，吴其濬指出，李时珍的"断言"殊误。他还进一步写道："王世懋云'菜品无葵，不知何菜当之'"是"随笔浪语，不足典要"。"李时珍博览远搜，厥功甚巨。其书已为著述家所宗，而乡曲奉之尤谨。乃亦云今人不复食之，亦无种者。此语出……遂使经传资生之物，与本草养窍之功，同作庄列寓言，岂不惜哉！……呜呼！以一人所未知，而曰今人皆不知，以一其关于天下之人生死又何如耶？""郭景纯……注《尔雅》，所不识则云'未详'。不以一己

---

① 清·吴其濬，《植物名实图考》，（台北）世界书局，1974年，第70页。
② 清·吴其濬，《植物名实图考》，（台北）世界书局，1974年，第92页。
③ 清·吴其濬，《植物名实图考》，（台北）世界书局，1974年，第22页。
④ 清·吴其濬，《植物名实图考》，（台北）世界书局，1974年，第97页。
⑤ 现代一些生物学家在研究生物学史时常犯此种毛病。
⑥ 清·吴其濬，《植物名实图考》，（台北）世界书局，1974年，第26页。
⑦ 清·吴其濬，《植物名实图考》，（台北）世界书局，1974年，第83页。

所见概天下，诚慎之也。本草之注，昔人所慎，一语之误，乃至死生。"① 强调做学问要严谨、认真和细致，体现了这位学者的求实态度。

在"穬麦"条中，吴其濬指出："《天工开物》谓穬麦独产陕西，一名青稞，即大麦，随土而变，皮成青黑色。此则糅杂臆断，不由目睹也。"显然无论从产地抑或形态变化，吴的批评都切中要旨。在辨别古代的稷与粟这二者名称之间的关系时，吴其濬也比李时珍更加注意考证，在学术上表现得更严谨。指出："后世以谷为粱，以粟为粱之细穗者，此自俗间称谓，不可以订古经也。"② 类似的对以前著名学者李时珍等的批评不少。

吴其濬还指出："古音义，胡多训大，后世辄以种出胡地附会，皆无稽也。"③ 吴在这里指出了前人治学的一些粗枝大叶的毛病④。

4. 专业人士的利用

明清时期的许多生物作品和本草作品的图都是比较准确的，其中比较突出的是《救荒本草》、《野菜博录》、《植物名实图考》和《食物本草》，其中尤以前三者为突出。生物学著作中图的重要性是不言而喻的，古人很早就认识到一个准确的插图胜过大篇幅的形态描述而起到按图索骥的效果。这也是郭璞注《尔雅》加上插图的原因，当然也是唐、宋两代政府在组织编写大型综合本草时要求各地送来药物标本，并附绘图以供编书之用的缘故。但是明初朱橚在组织编写《救荒本草》时采用了一个更为有效的方式，那就是利用"画工"根据实物的形态绘制插图，其结果是集中由专业人士绘的插图显然比一般的作者要准确得多。

由于朱橚开了一个好头，肯定导致了其他作者的效仿。《救荒本草》对《野菜博录》和《植物名实图考》的影响是显而易见的⑤，虽然笔者没有考察过《植物名实图考》插图的来源，但很有可能也有非常专业的人士参与。在《植物名实图考》的"番荔枝"条中，作者提到："有粤人官湘中者为余画荔枝图，而并及之"⑥。从荔枝图和番荔枝图的准确程度而言，确有相当专业水准。我们可以推想作为"封疆大吏"的吴其濬，他是有条件找人完成类似的工作的。

《救荒本草》对《食物本草》的影响也是存在的，这一方面表现为都是为食物编写的作品，另一方面还体现在，《食物本草》的编排基本上沿用了其"母本"《本草纲目》的顺序，但插图只有极少的雷同，《食物本草》的插图比《本草纲目》的要准确得多。这也是这一时期的生物学著作的插图明显高出前人的缘故。

5. 资料的准备

这一时期的学者对编写学术著作资料的重视似乎也是非常引人注目的，其中朱橚为编写学术著作，打下了"开封周邸图书甲他藩"的坚实基础。而《植物名实图考》图考的作者更是为了编写此书，先进行了踏实的资料准备工作，考察了大量的文献资料，写出了《植物名

---

① 清·吴其濬，《植物名实图考》，（台北）世界书局，1974年，第46、47页。
② 清·吴其濬，《植物名实图考》，（台北）世界书局，1974年，第9页。
③ 清·吴其濬，《植物名实图考》，（台北）世界书局，1974年，第38页。
④ 有趣的是美国学者劳费尔以同样的理由斥责贝勒，见《中国伊朗编》。
⑤ 罗桂环，朱橚和他的《救荒本草》，自然科学史研究，1985（3）。
⑥ 清·吴其濬，《植物名实图考》，（台北）世界书局，1974年，第737页。

实图考长编》。由于有了前期的资料准备工作，因此不但为要编写的作品打下了良好的基础，也为制订要进行的调查工作提供了依据。如朱橚通过向民间人士调查，就取得了相关植物分布的第一手资料。吴其濬在进行具体植物的调查时，也曾根据有关记载到相关地域查询，如他在云南元江调查荔枝、在广东化州调查橘子时就是这样做的①。有些不适于编入著作的资料就存留在《长编》中，"以广见闻"②。正是这种细致、艰苦和有效的工作方法和严谨求实的良好的学术态度，终使这批学者做出了高出前人一筹的工作，达到了一个崭新的学术境界。

6. 更多的人文关怀精神

明清时期的生物学者体现出更多的人文关怀精神，《救荒本草》仅书名就不难看出作者编书的崇高精神，当然，书中的《序》更好地阐明了这一点。他的长史卞同在《序》中这样写道：

> 殿下体仁遵义，孳孳为善，凡可利人济物之事无不留意。尝读孟子书，至于五谷不熟，不如荑稗。因念林林总总之民，不幸罹于旱涝、五谷不熟，则可以疗饥者恐不止荑稗而已也。苟能知悉而载诸方册，俾不得已而求食者不惑于荼荠，取昌阳弃乌喙，因得以裨五谷之缺，则岂不为救荒之一助哉！

从上面的言论中，我们不难看出作者的动机是颇具"仁"意的。这也是他被西方学者尊为"伟大的人道主义者"的原因。医术在古代被人们称为"仁术"，因此我们没有必要在此深入探讨李时珍、赵学敏的"仁心"。我们在此愿意进一步指出的是清代作为封疆大吏的吴其濬在这点上也是非常突出的。这位著名的学者在"燕麦"条下有这样一段议论，颇能反映出其慈悲之怀：

> 甚矣，瘠土之民之苦也，《博物志》谓食燕麦令人骨软，《救荒本草》录之，亦谓拯沟壑耳。……维西③苦寒，其人力作，几曾病足哉！蓼之虫、桂之蠹，生而甘之，乌知其辛？彼浆酒藿肉酣酣然甞食者，其亦幸而不生雪窖冰天得以填其欲壑耳！然而醉生梦死，与圈豕槛羊同其肥腯，冥然罔觉，以暴殄集其殃，其亦不幸也已。

从《植物名实图考》的"东廧"条中，也可以看出，古代的人们，无论是最高统治者，还是一般的大臣，对食物资源的发掘和利用都是非常在意的。所谓"仰观俯察，纤芥不遗"确能体现作者的良苦用心。

当然，毋庸讳言，当时的一批学者如朱橚、屠本畯、吴其濬，甚至慎懋官等都有较优越的政治和经济条件，他们在进行相关的科研时可以组织学者或使唤仆人去做很多具体的工作，可以做细致的分工，这些都是他们能取得比前人更为突出的成就的重要原因。

① 清·吴其濬，《植物名实图考》，（台北）世界书局，1974年，第721、747页。
② 清·吴其濬，《植物名实图考》，（台北）世界书局，1974年，第12页。
③ 在云南。

第二章　中国古代生物学的萌芽

第一节　远古人类对动植物的利用和认识

一　古人的狩猎和采集活动

我国古代生物学知识的积累，是古人在对周围自然环境认识过程中逐渐形成的。因为人类为了自身存活的需要，必须首先寻找食物，辨别出哪些动植物适于当作食物，哪些是在生活中有用的。而哪些生物又是对人类有危害的，必须避开它们；哪些生物是有毒的、不能食用的等等。毋庸置疑，早期人类由于认识水平低下，生物学知识积累的过程是相当缓慢的。

众所周知，我国是人类的重要发源地之一。在这片广袤的土地上很早就有古人类的活动。我国古人类学家在安徽的繁昌发现了距今约 220 万年前的人字洞旧石器时代遗址。考古发掘还表明，从距今约 200 万年前开始，西南一些地方也陆续出现了古人类的活动。先是在四川盆地东缘，长江南岸的巫山大庙龙骨坡发现了人类的活动，我国现代人类学家把在那里活动的人类叫"巫山人"。他们是已知生活在我国最早的直立人类（猿人）。随后，在距今约 170 万年的时候，云南也出现了古人类，他们生活在周围气候温和而湿润的元谋盆地中。那里山中有森林，河边有草地，环境宜人。生活在其中的古人类靠采集野果、捕鱼捉蟹为生；同时制造工具，服务生活，经历了漫长的发展过程。虽然世界已经发生了沧海桑田的变迁，但留存在此的人类门齿化石，用石头或动物骨骼制成的刮削器等各种生产工具，以及有过的用火痕迹，依然可以让我们在一定程度上了解这里曾经有过的故事，并推想人类在这里经历的磨炼和走过的历程。

在距今约六七十万年的时候，位于今天我国西北的陕西蓝田又有不止一处有古人类的活动。当时的人们在周围的山林和河边采集植物果实、种子、嫩芽和肉质根茎，以及捕捉小鱼、小虾和青蛙等其他一些小动物，以维持日常生活。他们以石英岩和黑色燧石等石材为原料，打制砍砸器、尖状器和石球等生产工具，使用它们进行较大食草动物的狩猎等生产活动。在他们生活地点的附近，还发现过炭末，可能是他们用火的遗迹。

当然，在我国已知的众多古人类遗址中，最为著名的无疑是蜚声中外的北京古人类遗址，它向我们展示了更多的远古人类的生活场景。我国学者在这里发现的大量资料表明，他们与更早（距今约 100 万年前）生活在河北阳原县的东谷坨的古人类有传承关系，早在 40 多万年前，就开始在周口店一带活动。

周口店古人类遗址在今北京西南约 50 公里的房山县周口店龙骨山，1921 年被发现。根据古人类学家裴文中 1929 年发现的"北京人"头盖骨，以及相关的研究表明，"北京人"已经有了一些现今黄种人的特征，其中包括颅骨正中出现矢状脊、上门齿特别是侧门齿呈铲形、肱骨的三角肌非常粗壮等[1]。就体质特征而言，北京人是典型的猿人，他们一方面已具

---

[1]　黄兴仁，中国的直立人类，见：吴汝康等，中国远古人类，科学出版社，1989 年，第 9～23 页。

备人的性质，另一方面仍保留着一些猿的特征。具体体现在他们的头盖骨低平，颅骨骨壁较厚，脑容量较小；另外他们的牙齿比较粗大，下颏很小等，这些也都是原始的特征。

根据我国学者的研究，他们在那里生活了 20 多万年[①]。当时周口店的地理环境与现在差别不太明显，气候与现在差不多，山脉也大体相似。山上分布着松、胡桃揪、榆、桦等树木构成的丰富的森林。山前虽不是现在的堆积平原，但也是地势平缓、由一些低岗、缓丘和宽浅的河谷构成，并长着丰富的各种草本植物的原野。

北京猿人的生活来源靠采集和渔猎。他们采集周围的各种野果、植物根茎充饥。常见的植物果实包括朴树子等。同时也在附近的湖泊、河流捡拾贝壳类软体动物和捕鱼，还利用各种形制的石球、石块去打猎。北京猿人一般集体狩猎，狩猎的对象主要是一种大角鹿和一种斑鹿，此外还有一些三门马、双角犀、貉和各种鼠兔、豪猪。狩猎除获得肉食外，他们还利用兽皮缝制衣服，并用动物的骨骼制造工具和装饰品。

在北京猿人遗址中，发现有厚厚的灰烬和烧骨等遗迹。这表明北京人已经知道用火和保留火种。这在人类社会发展史上有重要意义。因为知道用火，人类可以食用熟食。不但从此结束了茹毛饮血的历史，而且食物中一部分有害的微生物被杀死，使食品提高了卫生质量，营养状况得到了改善。这对人类体质的发展有很大作用，使人类与动物相比变得更加聪明。火的使用使人类的生活条件得到改善。它使人类能在黑夜领略到光明，在寒冬可以得到温暖，同时也使生存环境变得更加安全。北京人生活的周围环境多有鬣狗、狼、熊和虎等猛兽，可以设想，有了火堆，这些猛兽就不敢轻易进攻人类，人们还可以用火驱赶野兽以帮助狩猎。此外，火的应用，对改造生产环境和推动技术革新，也是极为重要的。具体体现在清除住处周围的杂草和林木，以及后来农业发展起来的刀耕火种等，从而使人类适应外界自然环境和抵抗自然灾害的能力大大加强了。

在距今约 13 万年前后，生活在我国陕西大荔、山西阳高的许家窑和广东韶关马坝的古人类，经过长期的进化，在体质形态上已经进化到原始特征更少的一种介于猿人和现代人之间的类型，即所谓的早期智人。他们被认为是现代人种的原始代表。他们与直立人的最大区别在于面部形态，据说它与分节语言的发展有很密切的关系。这主要体现在咽部变长，头颅底部下扩而变圆，面部后缩，鼻子和下颌相应地向前突。其他体质上存在的差别还有：直立人的脑量较小，平均为 1000 立方厘米左右，而智人的脑量为 1470 立方厘米左右；直立人的颅形扁平，并且上有骨脊，而智人的颅形是圆的；直立人的颅壁厚一些，平均约为 10 毫米，智人颅壁较薄，平均只有 5~7.5 毫米；直立人的眉脊大而突出，智人的眉脊相对要小一些。根据我国古人类学家的研究，上述智人中，许家窑的智人与北京猿人有不少相近的特征，可能是北京人文化的直接继承者[②]。

在长期的采集、渔猎生产实践中，我国的古人还通过不断地改革和发明新的工具，来提高生产效率，以期得到更多的收入，提高生活质量。其中特别值得一提的是距今约三四万年前弓箭的发明。这是具有划时代意义的一项重要发明。弓箭的发明表明人们已经具备了生产更复杂、效率更高的工具的能力，有了更高的生产技能。弓箭有助于人类在远处攻击动物，对于提高人类的狩猎收获和有效地保护自己有非同寻常的意义，被认为是技术史上的一次重

---

① 黄兴仁，中国的直立人类，中国远古人类，第 9~23 页。

② 贾兰坡，中国最早的旧石器时代文化，见：吴汝康等，中国远古人类，科学出版社，1989 年，第 80 页。

要飞跃。我国旧石器时代晚期的这项发明对中华文明的发展有很重要的促进作用。它在很大程度上使我国古人的经济由采集为主，变成狩猎为主。当时生活在山西（朔县）的峙裕人就以擅长猎取野马和野驴著称，而被称做"猎马人"。与其年代大体相近或稍早的"河套人"也以狩猎经济为主，其狩猎对象包括各种食草动物，其中以羚羊为多。弓箭的出现使人们有可能获得更多的活的受伤动物，从而对畜牧业的出现，有重要的推动作用。

　　不言而喻，人们在采集、狩猎过程中首先逐渐积累了作为获取对象的各种动植物的形态方面的知识，及其分布和生长发育的知识，以辨识可供利用的各种动植物和掌握它们活动、成熟的状况，从而有效地猎取和采集它们。国内外一些旧石器时代的崖画，都很生动地体现了这一点。在我国古代传说中，中华民族的先祖伏羲教民众如何捕鱼狩猎，就包含这类知识的积累过程。《易·系辞下》载："古者包牺氏之王天下也，仰则观象于天，俯则观法于地，观鸟兽之文，与地之宜，近取诸身，远取诸物，于是始作八卦，以通神明之德，以类万物之情。做结绳而为网罟，以佃以渔，盖取诸离。"也就是说，伏羲通过仔细地观察自然，以便很好地适应环境，同时根据掌握的知识，制作绳子，织成渔网，以捕鱼捉蟹。这里顺便说一句，这里的"通神明之德"、"类万物之情"表白的是对"神明"意志的领悟，以及对万物性情的理解，实际上无疑包含着对有关自然规律的探索、掌握和利用，当然也包括在与自然界打交道过程中所得的灵感。古人对自然认识的能力还比较低下，因此不免把许多自然现象都归结为"神明"的"德性"、意志，而对自然规律的掌握，自然就成为对神的意志的领会的一部分。长期的生产活动，逐渐使古人积累了不少关于动物形态、结构方面的知识，同时还从自然现象中得到启发，进行有关的发明创造，改善自己的生产工具，提高生产效率。据说伏羲（即包牺）发明渔网就是受蜘蛛织网捕捉小飞虫的启发[①]。甚至他发明的八卦也可能受蜘蛛"八卦阵"的启发。

二　自然历（物候学）知识的掌握

　　由于生产实践的需要，早期人们在"通神明之德"的一个重要方面就是注意生物的习性，及与此密切相关的物候变化，也就是何时动物在什么地方出没，在什么场所繁殖，发出什么样的声响；各种植物生长在什么地方，什么时候开花结果。即古诗所谓："草荣识节和，木衰知风厉。虽无纪历志，四时自成岁。"[②] 这种知识的掌握，显然对人们更有效地进行狩猎、采集，以便更有效地得到各种所需的生活用品的重要性是不言而喻的。在经过一段时间的积累后，人们进一步发现动物的出没、草木的生长、枯荣等物候变化是周期性的。

　　我国地处欧亚大陆的东部，太平洋的西岸，是一个季风气候很明显的国家。在冬季受西伯利亚高气压的影响，迅猛的寒风由北到南穿行我国，带来寒潮。冬季普遍干燥而寒冷，是世界上同纬度较冷的国家之一。在夏季，大陆变成低气压，而海洋上的空气压力加大，暖风从潮湿的海洋吹向大陆。所以我国夏季受从东南方太平洋高压和西南印度洋带来的气流的影响，大部分地区吹着来自太平洋方向的东南风和来自孟加拉湾与印度洋方向的西南风，这给我国带来了丰沛的雨水，因此夏季我国是同纬度雨水量较多而且较热的国家之一。不仅如

---

①　明·谭峭，《谭子雕虫》卷一，中国科学技术典籍通汇·生物学卷（2 册），河南教育出版社，1994 年。
②　邓魁英等，汉魏南北朝诗选注，北京出版社，1981 年，第 296 页。

此，由于我国大部分地区地处温带和亚热带，一年之中春、夏、秋、冬四季分明。尤其中华文明发源的中心黄河中下游和长江中下游一带的植物季相的变化非常明显，如一些果树在春天开花、夏天结果、秋天果实成熟、冬天便落叶等。后来更注意到，不仅动植物的物候的变化，而且动物迁徙活动也很分明。自然界的其他现象，如刮风的风向变化、下雨的雨量变化、闪电打雷、寒暑往来也都是周期性的。这样一来，人们就发现了最早的"自然历"，并利用它来为狩猎和采集生产服务。

第二节　古人对动植物的驯化和生物知识的积累

一　栽培植物的出现

由于气候的变迁和生产技术的进步，到距今约 10 000 年前的时候，我国进入了通常所谓的新石器时代。新石器时代最显著的特征是人类的生产方式发生了重要的变化，产生了农业。也就是说生产方式从原先的采集、狩猎这样一种带有"掠夺型"的经济，进入了养殖和种植为主的"生产型"经济，开始了我国传说中的伟大神农时代。众所周知，我国有非常优越的地理环境，在这里分布着众多的生物种类，为人类在这块辽阔的土地上生存和发展提供了良好的外部条件。在长期的植物果实和根茎的采集过程中，古人发现，一些原先丢弃在居地周围的植物种子和果核，又重新发芽、长大、开花、结果。受这种现象的启发，我国古代的人们逐渐把一些野生植物培育驯化为栽培植物，其中有粮食、果树、蔬菜、纤维植物等。很多考古资料表明，在经历了长期采集生活之后的新石器时代，我国各地居住的远古先民已经利用周围自己熟悉的植物，开始了农作物的驯化和栽培工作，同时也还采集植物补充食物的不足以及充当药物使用。

在我国古代的传说中，华夏民族的祖先神农氏看到采集渔猎的艰辛和危险，以及食物生产缺乏保障，所以就开始教人们开垦荒地、种植庄稼。《淮南子·修务训》有这样的文字："古者民茹草饮水，采树木之实，食蠃蚌之肉，时多疾病毒伤之害。于是神农乃始教民播种五谷；相土地宜燥湿肥硗高下。"大约是因为传说中的神农发明或总结了放火烧荒，而后再用刀具、棍棒在烧出来的地面挖穴播种的"刀耕火种"的农作方法，所以神农也被称为炎帝。传说中还有神农尝百草的传说，很显然神农是我国传说中的农业和医药的奠基人。他大约是一个对农业和医药曾做出巨大贡献的部落的化身。

原始农业的发展、栽培植物的起源，对促进人们深化对周围的动植物的认识具有非常重要的意义。

我国新石器早期遗址发现的资料表明，我国的农业确实发端很早，并在不同的地域中由于环境的不同而呈现各自明显的特色。这种差别尤其以适应南方的湿润多水、种植水稻的"泽农"，和适应北方干燥气候的谷子（稷、粟）、高粱及后来的小麦等种植的"旱作"显得鲜明。

长江上游山区的人们可能很早就利用当地野生的植物资源，驯化了一些栽培作物，其中有在人类社会发展史上起过重要作用的葫芦（*Lagenaria siceraria*），包括小葫芦（*L. siceraria* var. *microcarpa*）和小豆（*Phaseolus calcaratus*）。葫芦是我国古代人们生活中非常重要的一种作物。它的嫩果可供食用，成熟的果实可用做各种容器并充当浮水用具，还可用来制作乐器（笙）。正因为它在生活中的用处是如此突出，以至我国云南和四川的一些民族至今崇拜葫芦①。它的种子在我国长江中下游的一些著名的新石器遗址中，如湖北的大溪文化遗址和浙江河姆渡遗址都有发现。小豆是我国古代一种重要的食物，它的种子在湖北大溪文化遗址中也有发现②。

长江中游的洞庭湖和鄱阳湖两大湖区及其边缘地区可能是最早的农业发源地之一。这里的人们在长期采集野生稻的过程中逐渐地选择了适合栽培的品种，开始了水稻的栽培。在距今约1万年前的湖南道县玉蟾岩文化遗址中曾经出土过栽培的水稻③。这说明在我国现代的农业生产中，占粮食生产第一位的水稻，其栽培历史非常久远。它的培育和驯化与中东古埃及的小麦、两河流域的巴比伦的枣椰，以及后来南美洲秘鲁一带培育成功的玉米一样，在人类发展史上有着极为重要的意义。

根据野生水稻的现代分布，以及各地的考古资料表明，这种作物原产我国长江流域的中游两大湖区（洞庭湖和鄱阳湖）。除道县玉蟾岩遗址外，后来，我国的学者又进一步在湖南澧县的八十垱、彭头山等新石器遗址中找到了距今约八九千年的栽培稻的稻粒。它很可能很早就传播到淮河流域和长江下游。在长江下游的浙江河姆渡文化遗址中找到了距今约7000年的碳化水稻粒。更有意思的是，在具有南方典型特征的河姆渡新石器时代遗址中，人们还发现绘在陶盆上的稻穗纹（图2-1）④。这个生动的艺术图形表达了当时人们对水稻的看重，以及企盼丰收的美好愿望。这说明当时的人们已经进入把水稻当作粮食的时代。后来人们又在湖南的澧县八十垱的一些新石器遗址中发现了菱（*Trapa bispinosa*）和芡（*Euryale ferox*）、

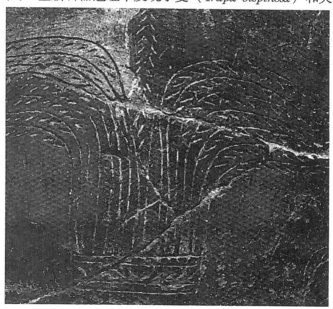

图 2-1

① 李根蟠，卢勋，中国南方少数民族原始农业形态，农业出版社，1987 年，第 515 页。

② 严文明，中国稻作农业和陶器的起源，见：远望集，陕西人民美术出版社，1998 年，第 50 页。

③ 严文明，长江流域在中国文明起源中的地位和作用，见：农业发生与文明起源，科学出版社，2000 年，第 91 页。

④ 梁平波，浙江七千年，浙江人民美术出版社，1994 年，第 10 页。

莲（*Nelumbo nucifera*）等其他一些农作物的遗存。这表明上述水生植物也被人们长期采食甚至栽培了。

长江下游的人们可能在很早的时候就开始采集竹笋和利用竹子做各种用具。因为在浙江钱山漾的新石器遗址中，考古学工作者曾经发现过竹编的器物。当地人可能当时已经栽培了具有我国特色的纤维植物苎麻（*Boehmeria nivea*），因为在那一带的新石器遗址曾经出土过苎麻织品。

此外，和上述葫芦同属葫芦科的甜瓜等具有多汁大果的一些瓜类植物，也在新石器晚期被栽培。浙江吴兴钱山漾曾发现这一时代的甜瓜籽。另外有着肥大根茎的薯芋、葱蒜，长期被我国古人采集食用，甚至在同一时期可能也已经开始栽培了。

在淮河流域中的一些新石器遗址中，也可以发现人们很早就开始了农业生产活动，积累了丰富的动植物知识。在河南舞阳的距今约八九千年的贾湖遗址中，出土了大量的稻谷遗存。生活在那里的古人还采集野生大豆（*Glycine soja*）食用[1]。在舞阳的新石器遗址中还发现当时的人们采集黑枣（君迁子 *Diospyros lotus*）。很可能是因为经历的长期采集，导致了后来这两种植物进一步被驯化。

我们知道，中华民族是由古代众多部族长期融合而来的。在黄河流域，人们也很早在渭河上游的黄土高原和秦岭之间的盆地开始植物的驯化工作和农业生产。这里地处富有森林的秦岭北坡，又处黄土高原南面，而且处在渭水的上游，既有森林可以作为庇护所，并从中采集、狩猎各种生物资源，又可以在干旱的黄土高原这里得到莠（粟的野生种 *Setaria viridis*）等适合当地干旱和黄土等气候和地质条件的一年生禾本科作物的籽实，满足食物的需求，同时具有充足的水源，还可以在河中捕捞鱼虾补充生活所需。

长期的采集，使人们对莠的周期性迅速繁殖留下了深刻的印象，逐步地人们开始了粟的栽培和果树的管理和繁殖，因此出现了《周书》中所说："神农之时，天雨粟，神农遂耕而种之。作陶冶斤斧，为耒耜鉏耨，以垦草莽。然后五谷兴助，百果藏食。"[2] 开始了农业生产。他们早期的农作方法，《国语·鲁语》是这样写的："昔烈山氏之有天下也，其子曰柱，能殖百谷百疏。夏之兴也，周弃继之，故祀以为稷。"[3] 这里的烈山氏可能指的是放火烧荒，柱可能指的是早期用木棍点播的一种栽培方式，形象地道出了神农驯化粟的"棍耕火种"过程。

黄河上游距今约七八千年的甘肃秦安大地湾及中游的距今 6000 多年的陕西西安霸河河畔的半坡新石器遗址出土的粟（稷）粒（图 2-2（引自《西安半坡》））表明，在距今七八千年前，我国北方黄河流域很早就已经开始了谷子（粟）的种植，并把它培养成一种适应干旱地区普遍栽培的农作物。除小米之外，在我国西北地区甘肃和陕西一些地方的人们同时栽培大麻，收获种子作为粮食，并用它的纤维织布。在后来的属于齐家文化新石器遗址中曾发现有大麻的种子。这表明这里的人们很早就驯化和利用了这种纤维植物。在西安半坡的新石器遗址中，还曾发现有芜菁的种子，以及栎的果实和板栗（*Castanea mollissima*），后者可能是我国古人很早就开始栽培的另一种坚果。这里的考古遗存显示了对本地的植物的驯化工作也是

---

① 中国科学院植物研究所孔昭宸先生所告。
② 转引马骕，《绎史》卷四，文渊阁四库全书本，台湾商务印书馆（365 册），1986 年，第 86 页。
③ 《国语》四，《鲁语》上，四部备要本，商务印书馆，第 33 页下。

卓有成效的。首先它表明芜菁这种芸苔科的耐旱蔬菜的种植，早在 6000 年前，就在黄河流域开始了。小米和芜菁这些作物都具有明显的地方特色，那就是有适应干旱的特点。这里值得指出的是，芜菁是古代世界许多地方都食用的一种蔬菜，可能与它容易栽培的特性有关。

图 2-2

地处我国黄河下游距今约 8000 年的河北武安磁山和裴李岗等新石器遗址的植物遗存表明，当时这里的人们栽培粟、核桃（*Juglans* sp.）、枣（*Ziziphus jujuba*），采集酸枣、榛、山茱萸、黄芪、栎、朴树种子、紫苏和葎草等植物。这些植物中很值得人们注意的是：其中包括后来的药用植物如黄芪和山茱萸；有些则后来进一步成为栽培植物，如紫苏（既是药用植物，也是油料作物）[1]。值得一提的是，在河北容城，曾发现了距今 9000 多年的核桃[2]。野核桃在我国西北和西南不少地方都有分布，核桃无疑是那些地方古人经常采集的重要坚果。从容城发现的核桃外形来看，它与现在栽培的果实非常相似，有可能是栽培果树上结出的果实。

二　家畜饲养的发端

在长期的狩猎过程中，我国古人很早就关注一些与生活有密切关系的特殊动物类群。从他们的崇拜中可以看出这些动物的本土性和多样性。其中典型的如把凤凰（当是野鸡的代表）、麒麟（鹿的代表）和乌龟（龟鳖的代表）、鲤鱼（鱼类的代表）作为重要的吉祥动物。

---

[1]　上面的结果均采自中国科学院植物研究所孔昭宸的研究。
[2]　周国兴，人之由来，海燕出版社，1995 年，第 292 页。

我国古人的这种做法，很好地从一个侧面反映出我国古人最先获得较多知识的动物种群。对凤凰的崇拜突出反映我国雉类之多，和这种大型的鸟类在古人生活中占有重要地位这样一种实际。众所周知，我国当今拥有世界上最丰富的雉科（野鸡）鸟类。而对麒麟的崇拜反映了在我国古人的猎物中，鹿类和羚羊类占有的重要地位，这点从我们前面提到的旧石器时代的"北京人"和"河套人"已初见端倪。而且时至今日，我国仍然是世界上鹿的种类最多的国家[①]。这些受到重视的动物的一部分，逐渐地被驯化成为饲养动物，如鸡和鲤鱼等。

动物驯养的过程一般认为是这样的：由于狩猎工具的进步，相应技术的改善，所得的猎物日益增多，一些被拘禁和暂时饲养的伤、幼动物逐渐成为驯化的动物。这样一来，也就出现了原始的畜牧业。由于饲养便于观察，从而对动物的认识也在相当程度上得以深化。我国大约在新石器时代早期，开始出现了各种家养动物。

众所周知，狼是在我国分布很广的一种野兽。狼的一些种类很早就可能被人驯化成狗。狗有很出色的嗅觉和听觉，有快速的奔跑速度，而且灵活勇敢，因而它是人类杰出的狩猎帮手。它的出现不但使人们更容易得到较多的猎物，而且还使得到活的猎物的机会增多了。打猎的帮手——狗的出现，对畜牧业的产生和发展有着极为深远的意义。距今约8000多年前的我国河南舞阳贾湖遗址曾发现家狗的骨骼，河北武安的磁山、河南的裴李岗，以及距今约7000多年的浙江河姆渡等遗址都发现有狗骨，充分说明这种动物已被普遍驯养，这说明狗作为一种家畜在我国的出现是非常早的。

我国在新石器早期驯化的另一种重要牲畜是猪。野猪同样是在我国各地普遍分布的野兽。人们狩猎这种动物历史非常悠久，后来它逐渐也被驯养成家畜。从河南新郑裴李岗和浙江河姆渡新石器遗址发现的陶猪模型以及陶器上绘的猪图（图2-3（引自《浙江七千年》））来看，大约在七八千年前，我国各地就开始了野猪的饲养，使它逐步成为我国大部分地区主要的肉类供应动物之一。另外，在浙江河姆渡、半坡等新石器遗址出土的大量牛骨骼表明，至迟在六七千年前，我国就可能开始了牛的饲养。同一时期，羊的驯养也在我国北方和南方出现。

图 2-3

① 盛和林，中国鹿类动物，华东师范大学出版社，1992年。

与家畜的驯养情况相类似，家禽的驯养在我国的出现同样是很早的。前面提到我国如今是雉科动物种类最多的国家。它们大多体型大，羽毛漂亮醒目，狩猎容易，无疑是我国古代最重要的狩猎动物门类之一。后来，野鸡中的原鸡逐渐被驯养家化，成为当今家鸡的祖先。原鸡至今在我国云南的一些地方仍有分布。我国家鸡饲养的确切日期尚不得而知。江西的仙人洞和陕西的半坡等早、中期的新石器文化遗址都出土过它的骨骼，这说明这种动物早就被人们食用，并进而成为家养动物。

在长期对动物的驯化过程中，无疑使人们积累到更多关于动物的形态和生长发育方面的知识。

随着土地利用水平的不断提高和深化，以及人们驾驭动物能力的提高，在我国的新石器时代晚期，也就是距今约五六千年的时候，人们可能已经利用驯服的动物来帮助耕种。传说舜帝曾用大象来耕田，可能就是这种情况的真实反映。而且我国确曾发现有这一时期的石犁。当然，当时是否曾用家畜来拉犁还是有疑问的。另外，受气候条件等因素的影响，我国后来用来帮助耕种的动物主要是牛。

从上面对家畜的驯养可以看出，当时人们对鸟兽有关知识的积累与古代其他文明一样，是以利用为基础实现的。同样的在我国文明的发展中，对昆虫的认识和利用也非常引人注目，尤其是对蚕这种经济昆虫的利用，充分显示了古人对一些昆虫的观察和习性的掌握。

野蚕是古代华北地区分布的一种常见昆虫。养蚕是我国人民对昆虫认识和利用方面取得的一项伟大成就。在古代的传说中，这项伟大的发明被归功于黄帝的妃子嫘祖。众所周知，传说总是带有很大的想象成分。各文明通常都有将本文明的许多发明归于本民族的伟人的特点。实际上，养蚕的发明者当然不一定是嫘祖。可能在新石器时代的早中期，人们在采集桑葚和桑树嫩芽时，发现了树上的野蚕蛹，并取食它们。后来人们发现蚕丝柔软坚韧，可供纺织之用，从而发明了丝织。开始人们只是采集野蚕，后来为了满足生活的需要和供给的稳定，人们便想法将野蚕收回家中养殖。如此一来一项对世界文明有着重大贡献和深远影响的发明就开始了。从有关考古资料可以很清楚地看出，养蚕在我国约有近6000年的历史。

1926年，我国考古学家在山西的中条山北麓，深水河南边的夏县西阴村距今约5600多年前的新石器遗址中，曾发现半个人工割裂过的茧壳[1]。后来，我国考古工作者又在浙江吴兴钱山漾的新石器遗址中发现了丝绸残片。这些史料都充分表明，我国古人在距今五六千年前就在一定的程度上掌握了蚕的习性，并把蚕丝当作纺织材料。当时人们可能已经开始桑的种植和蚕的饲养。

三 其他经济植物的应用

我国生长着众多的能生产涂料的植物，其中最著名的一种就是漆树。这种树木在长江中游的湖北，陕西的汉中等地都有不少分布。漆树分泌的漆液含有一种叫漆酚的有毒物质，它会与血液起反应，使人皮肤生疮奇痒。但奇怪的是，在新石器时代，我国的先民已经开始知道化害为利，有效地使用这种优良的涂料，这是我国古代一项非常著名的发明。在距今六七千年的时候，生活在长江下游浙江的人们已经知道从漆树中割取这种树液，制成带颜色的涂

① 陈文华，中国古代农业科技史图谱，农业出版社，1991年。

料涂在器具表面，以使器具更加美观和耐用。这说明我国古人在认识和利用植物方面确实经历了悠久的过程，并取得了很高的成就。

当然，我国新石器时期的人们利用的动植物资源远不止这些，因为在原始农业阶段，种植业和养殖业要供给全部的生产和生活资料是不可能的，采集打猎还是人们获得日常生活必需品的重要手段。另外，人们肯定也在利用动植物和矿物作为医药，由于资料的欠缺，现在我们很难了解当时人们在这些方面所积累的经验和知识。

总之，在长期的驯化动植物的过程中，古人逐渐地增添了有关生物的生长发育知识，并用在农业生产实践中，以达到更好的收成，改善生活条件。

第三节　新石器时期器物等反映的生物学知识

图 2-4

毫无疑问，新石器时期为发展农业和医药而进行的作物和家养动物的驯化，包含着人们对生物形态和生态以及相应的分类学知识的积累过程，而其中新石器时代的众多陶器上刻画的大量动植物图（图 2-4（引自《浙江七千年》））、纹，以及一些陶质和石质的动物模型最集中体现了这方面的情况。

一　陶器上的各种动植物图纹

诚如上面说过的那样，为了得到食物，人们很早就开始了动植物形态的区分，以及某种形式的动植物分类工作。古人很早就有所谓的"方以类聚，物以群分"[1]。根据唐代学者孔颖达的《正义》："方以类聚者，方谓走虫禽兽之属各以类聚不相杂也。物以群分者，谓殖生若草木之属各有区分自殊于薮泽者也。"根据上述解释，方似乎有各种动物的意思，物有各种植物的涵义。

新石器时代的岩画和陶器上刻画的大量动植物图、纹，无疑以纪实的形式给我们展现了他们在这方面的知识积累。这些古老的图画都有直接反映生活现实的朴实特点，有很强的写实性，比较客观地反映了当时人们对各类动植物形态特征的把握。典型的如在浙江河姆渡、西安半坡遗址发现的陶器上有各种形象生动的植物和动物图形。其中包括与人们日常生活最为密切的狩猎和养殖对象，如鱼、鸟、鹿、猪、狗、青蛙、娃娃鱼、壁虎（图 2-5（引自《西安半坡》））和水稻，以及一些常见的野生植物如车前草、眼子菜等。另外，当时的以鱼、鸟、龟（浙江良渚出土）（图 2-6（引自《浙江七千年》））、猪、狗、羊等动物为表现题材的木雕、陶塑和玉雕等艺术品，也以它们的典型特征突出，各个局部颇具质感而逼真的丰富表现力，极好地反映出当时人们对周围动植物形态特征的把握。

---

① 《礼记·乐记》卷三十七，十三经注疏本（阮刻本），另外《易·系辞上》（北京大学出版社，1996年，第89页）也有同样的文字。

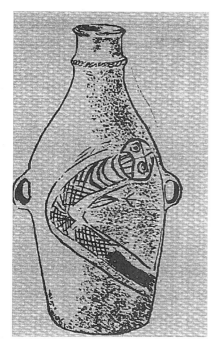

图 2-5

图 2-6

当时人们对动物的形态已经有了一定的观察，还体现在不少工艺水平较高的器物中，如陕西宝鸡北首岭出土的鱼鸟纹细颈壶，河姆渡遗址出土的猪纹陶钵，半坡人面鱼纹彩陶盆上的绘画以及河姆渡出土的艺术品人头相和陶猪及陶马、陶狗等。

此外，人们对自身的认识也在不断地提高。从陕南出土的骨雕人头像来看，人们对头颅的外部形态已有明确的认识；在辽西考古发现的女神头像（图 2-7）[1]，形态也非常生动。这些都表明 5000 多年前，人们对头部各器官之间的相对位置有清晰的认识。更值得人们注意的是，根据我国考古工作者在山东广饶富博所进行的大汶口中期的遗址考古发掘表明，在 5000 多年前，我国古人已经成功地进行了开颅手术[2]。这说明，当时的人们对头颅内部构造也有一定的认识。

值得注意的是，由于不同的地方根据不同的作物发展具有本地特色的农业，这种利用生物的方式的差异，也在一定的程度上体现在不同地区陶器上的动植物纹饰中。像河姆渡出现

图 2-7

①　苏秉琦，中国文明起源新探，三联书店，1999 年，第 110 页。
②　我国五千年前即成功实行开颅手术，人民日报，2001 年 6 月 28 日，第 2 版。

的陶器雕塑和纹饰多有鸟、鱼、猪、水稻等纹饰，半坡遗址的陶器则多鱼、鹿、车前等动植物的图案。受国外有关考古事实的启发，有的学者还认为，中国古代的文化遗址发现的陶器

也存在一些独特的动植物图案，如仰韶文化的特征包括彩陶器上的玫瑰（或月季）和菊花及鱼、鸟两种动物，其中半坡有较多的鱼纹彩陶，庙底沟类型有比较突出的鸟纹彩陶和玫瑰花纹[①]。从相关的图案看，这位学者的见解可能是值得注意的。另外，就鸟的图饰看，不同的地区其形态也存在一定的差别，如长江下游河姆渡遗址出土的鸟图与庙底沟的鸟图及半坡的鸟图在形态上是存在差别的。

　　古代人们关于生物与环境关系的认识，在这些古老的艺术品当中也有很好的体现。其中包括生物之间相互关系的反映，如上述河姆渡文化遗址中出土的一些陶器中刻有鱼和水草的图案；仰韶文化遗址中出土的陶壶和陶盆中就有鸟叼鱼和人面鱼纹的装饰。在河南临汝阎村出土的同一时期的彩陶缸上鹳鱼图案更是栩栩如生（图2-8）。这说明人们已经把日常观察到的、存在于自然界中的一些生物的

图 2-8

生活习性，以艺术的形式生动地表现出来。

二　生态学知识的积累等

　　在农业社会，人们由于栽培植物，因而对季节的掌握有更高的要求，这在很大程度上促进了对物候观测的进一步深入，以便更好地安排生产和生活。其中重要的一点就是根据每年谷物的成熟来确定年的周期。这方面的资料在我国的陶器和古代的岩画中是否存在尚不大清楚，但从后来的一些文献中也可看出其古老的渊源。《说文》中有："年，熟谷也。"反映出早期人们年的概念的由来。另外，《左传》中"齐公孙无知之乱"中记载齐襄公派遣部队驻守某地时有"瓜时而往，曰'及瓜而代'"。意思就是，在瓜成熟的时候前往，等到第二年瓜成熟的时候，再派人接替原来的部队。这表明不仅谷物，甚至其他农作物也是人们用来确定年周期的标尺。这就是古人所谓的"月令以动植志气候"[②]。这种以作物的成熟周期作为"年"的观念显然出现在农业社会。

　　当时人们似乎也曾考虑过自身的来源，亦即人类的由来。古人大约有人与动物有共同的起源，但人在动物的基础上发展进化而来这样一种朴素的思考。传说我国渔猎的始祖伏羲、人类的祖先女娲都是人首蛇身，农业的祖先神农氏也是牛首人身大概就是这种思想折射出来的图像。后代文献中有所谓"天降玄鸟，降而生商"（《诗·商颂·玄鸟》），禹母吞薏苡而生禹（《论衡·奇怪》）等文字反映出对于人类起源的一种推测。"绵绵瓜瓞，民之初生"（《诗·大雅·绵》）也反映出早年人们想像人类初生"瓜腹"的假象。

　　① 苏秉琦，中国文明起源新探，三联书店，1999 年，第 25～27 页。
　　② 明·慎懋官，《华夷花木鸟兽珍玩考》卷四（2～351），引范至能《菊谱》（笔者所见范成大的《范村菊谱》）似无此语。

当然，由于总体认识水平的局限，当时人们在思考人与动物之间的关系时，前面说过，古人经常把一些与自己生活有密切关系的动植物当作图腾崇拜的对象。认为这种行为有助于自己更好地趋利避害。这些动植物有些是现实中存在的，除上面提到的外，还有如河姆渡出现的水稻、鸟等。而在河南澄阳发现的蚌壳砌成的龙则可能是由鳄鱼幻化而来的虚拟动物（这是很有可能的，根据张孟闻所说，古代扬子鳄分布非常之广，从江浙到蒙古都有分布[①]；另一方面，在我国华南地区则有马来鳄的分布）这也很好地解释了为何古代龙图腾在我国分布是如此之广，而在同一地点发现的"蚌虎"显然是真实的动物[②]。后来人们崇拜的动物龙和吉祥动物凤都是早期这种图腾崇拜的延续和发展。这些都折射出人们观念中人与周围生物间的重要关系。

第四节　甲骨文等反映的生物学知识的积累

大约在距今四五千年的时候，我国人民发明了青铜的冶炼和铸造，从而进入了使用青铜工具的时代，也就是通常所说的奴隶社会时代。金属工具的使用极大地推动了水利工程的发展和生产技术的进步，同时也出现了我国历史上的第一个奴隶制国家——夏朝。伴随农业生产的发展，人们的生物学知识又有了进一步的积累。

传说在我国夏代的时候，禹曾经铸造铜鼎。《左传·宣公三年》载："昔夏之方有德也，远方图物，贡金九枚，铸鼎象物，百物而为之备，使民知神、奸。"这段文字表明，各地的地方首领曾经将他们所有的物产通过绘图的形式向最高首领汇报。夏王曾经将各地进奉的青铜铸成鼎，并在鼎的表面铸有各地的山川和动植物等，其目的据说是为了帮助人们更好地掌握各地有关的自然环境知识，远行时不至于遭到意外的伤害。目前考古发现的夏代青铜器很少，还没有发现这种类型的夏代铜鼎。不过，从现今发现的商代的铸有动植物形状、纹饰的青铜器物，或者直接按动物形态制作的青铜器来看，这种情况是很有可能的。

一　《夏小正》中记述的生物学知识

在夏代，人们为了更好地掌握生产季节，更有效地利用生物资源，对生物物候学和生态学知识不断地加以积累。当时，已经有不少这方面的资料流传下来。这里需要指出的是，到现在为止，还没有发现夏代的文字，因此有关这方面的资料，还得从反映当时史实的后代文献中去找寻。

根据我国古农史专家的研究推断，古籍《夏小正》被认为可能是根据夏代时期农业政事记述的著作[③]。书中已经记载了不少生物物候方面的知识，现胪列于下：

正月：

---

①　中国大百科全书·生物卷，大百科全书出版社，第 1704 页。

②　苏秉琦，中国文明起源新探，三联书店，1999 年，第 135 页。

③　夏纬英，夏小正经文注释，农业出版社，1981 年，第 80 页。历史学家杨向奎认为，夏的这种推断"不远于史实"，并作了进一步的补充说明。参见杨向奎等，中国屯垦史，上册，农业出版社，1990 年，第 21～23 页。

　　动物物候

　　　雁北乡（雁北飞）

　　　雉震呴（振羽鸣叫）

　　　鱼陟负冰（鱼上到水的表层活动）

　　　田鼠出

　　　獭祭鱼（水獭捕鱼并排列在水滨）

　　　鹰则为鸠（鹰去鸠来）

　　　鸡桴粥（鸡开始产卵）

　　植物物候

　　　囿有见韭

　　　柳稊（柳树长出柔荑花序）

　　　梅、杏、柂桃则华（梅、杏、桃等树木开花）

二月：

　　动物物候

　　　昆蚩（昆虫蠕动）

　　　玄鸟来降（燕子飞来）

　　　有鸣仓庚（黄鹂鸣叫）

　　植物物候

　　　荣堇（堇菜开花）

　　　荣芸（芸苔开花）

　　　时有见稊（白茅抽薹）

三月：

　　动物物候

　　　毂则鸣（蝼蛄鸣叫）

　　　田鼠化为鴽（田地里田鼠少了，鹌鹑多了）

　　　鸣鸠（斑鸠鸣叫）

　　植物物候

　　　拂桐芭（梧桐树开花）

四月：

　　动物物候

　　　鸣札（麦蚻即春蝉鸣叫）

　　　鸣蜮（蛙鸣叫）

植物物候

固有见杏（果园中的杏开始成熟）

王葍秀（香附子草开花）

秀幽（狗尾草抽穗）

五月：

动物物候

浮游有殷（蜉蝣大量出现）

䴗则鸣（伯劳鸣叫）

良蜩鸣（彩蝉鸣叫）

鸠为鹰（鸠去鹰来）

唐蜩鸣（马蝉鸣叫）

六月：

动物物候

鹰始挚（小鹰长成，开始学习飞翔搏击）

七月：

动物物候

狸子肇肆（狸猫长成，开始猎物）

寒蝉鸣

植物物候

秀雚苇（芦苇开花）

湟潦生苹（池塘出现浮萍）

荓秀（扫帚草开花）

八月：

动物物候

群鸟翔

鹿从（鹿相逐交配）

駕为鼠（鹌鹑不见，田鼠活跃）

植物物候

栗零（栗子果实成熟，壳斗开裂脱落）

九月：

动物物候

遰鸿雁（雁南飞）

　　　陟玄鸟（燕子飞去）

　　　熊、罴、貊、貉、鼶、鼬则穴（熊、罴等动物穴居过冬）

　　　雀入于海为蛤（雀鸟飞走，蛤大量出现）

　植物物候

　　荣鞠（菊开花）

十月：

　动物物候

　　豺祭兽（豺捕猎过冬食物）

　　黑鸟浴（乌鸦高飞）

　　玄雉人于淮为蜃（燕子飞过淮海不见了，贝类又增多了）

十二月：

　动物物候

　　鸣弋（鸢高飞鸣叫）

　　陨麋角（麋角脱落）[1]

　　从上面的史实可以看出，由于长期的观察实践，早在 4000 多年前，我国古人已经掌握了异常丰富的动物生长发育、繁殖冬眠、活动迁徙等方面的知识。其中对动物的观察比对植物的还要多一些，这可能因为当时狩猎在人们的生活资料的收集方面不但有重要的地位，而且捕获猎物更加困难，需要下的功夫也就更多。从上面的内容我们不难发现，古人用于物候观察的动植物都是相当常见的物种。除泛泛的昆虫在春天暖和的时候开始活跃起来等少数条目外，软体动物包括人们采集的重要种类各种贝；昆虫中包括习见的害虫蝼蛄，不同月份鸣叫的春蝉、彩蝉、马蝉和寒蝉，短命的蜉蝣。两栖类有常见的爱叫唤的"鸣虫"——青蛙。鸟类的种类更多一些，主要是各种候鸟如燕子、大雁，鸣叫引人注意的斑鸠、黄鹂、伯劳、雀，常在天空中游荡的老鹰，常在田野觅食的鹌鹑、乌鸦等，以及各种鸟类在不同季节中的迁徙、出没和鸣叫活动。兽类更多，包括在水中和山林疯狂猎食的水獭、豺，以及其他食肉动物熊、貊（豹?）、貉、鼬、狸猫，还有当时人们重要的狩猎兽鹿（梅花鹿和麋）等的行为习性及繁殖情况。同时还对植物生长、开花结实等生理生态方面的知识也有相当的积累。书中对园中的韭菜、梅、桃、杏和板栗等栽培植物的开花和结实，以及各地常见的柳、梧桐等树木和菊花、白茅、狗尾草的发芽、生长、开花情况的描述，乃至人们经常采集的浮萍、芦苇等野草的兴盛和枯萎都有细致的观察。

二　商代（约公元前 16～前 11 世纪）玉器和铜器中反映的生物学知识

　　古人当时积累的有关生物学知识不仅体现在那一时期人们关于物候的把握方面，还体现在殷商时期制作的各种器物和艺术品中。

---

[1]　夏纬英，夏小正经文注释，农业出版社，1981 年，第 70～72 页。

商代一些青铜器上的动物形态的逼真程度的确令人叹为惊止。当时人们在青铜器上进行的艺术创作，有很强的写实意义。说明人们对日常生活中常见动物的形态和习性的把握是很准确的。青铜器中习见的动物造型，包括一些人面雕塑，形象生动、栩栩如生。其中不但有典型特征的突出体现，还有特定环境气氛的烘托。如双象尊[①]、虎食人卣以及伏鸟铜虎[②] 及莲鹤方壶等，都是对此很好的说明。

更加典型地反映这一时期人们对动物形态的认识的也许是当时的玉器雕塑，其中尤以河南安阳殷墟妇好墓出土的玉雕为典型。

妇好墓是 1976 年由我国考古工作者在河南安阳小屯村西北发掘的一座商代后期的奴隶主贵族墓葬。墓中出土了大量艺术水平很高的玉石器，包括许多立体浮雕的人体和动物形象，都非常逼真。特别是与我国古人生活密切相关的众多动物，在墓里的玉雕和骨雕动物中堪称有很好的展示，所含种类涉及各个等级的动物群体。在某种意义上而言，称得上是我国古代一处“动物模型标本馆”。其中以脊椎动物最多，大体情况如下。

神话动物

　　龙、凤和怪鸟。

脊椎动物

　　哺乳纲

　　　　灵长目：人、猴；

　　　　鳞甲目：穿山甲；

　　　　兔形目：兔子；

　　　　食肉目：狗、熊（图 2-9）、虎（图 2-10）；

图 2-9

图 2-10

　　　　长鼻目：象（图 2-11）；

　　　　奇蹄目：马（图 2-12）；

　　　　偶蹄目：鹿、牛（图 2-13）、羊；

　　鸟纲

　　　　鹈形目：鸬鹚（图 2-14）；

　　　　雁形目：鹅（图 2-15）；

①　朱凤瀚，古代中国青铜器，图版十，南开大学出版社，1995 年。

②　《新干殷商大墓》彩图三八。

隼形目：鹰（图 2-16）；

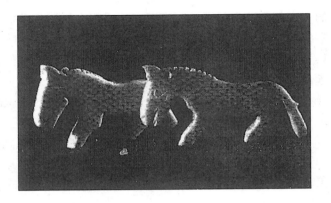

图 2-11　　　　　　　　　　　　　图 2-12

图 2-13

图 2-14　　　　　　　　图 2-15　　　　　　　图 2-16

　　鹤形目：鹤；
　　鸽形目：鸽子（图 2-17）；
　　鹦形目：鹦鹉；
　　鸮形目：鸮；
　　雀形目：燕子；
爬行纲
　　乌龟、鳖；
两栖纲
　　青蛙（图 2-18）；
鱼纲

图 2-17

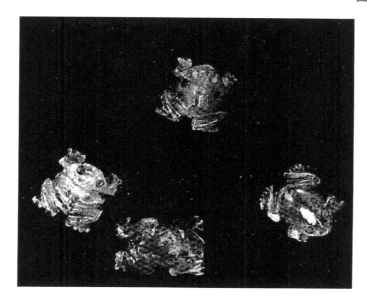

图 2-18

鱼（图 2-19）。

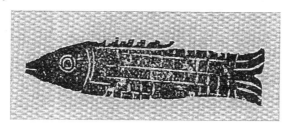

图 2-19

无脊椎动物
　　蝉（图 2-20）、螳螂（图 2-21）[1] 等。

---

①　中国社会科学院考古所，殷墟妇好墓，文物出版社，1980 年.

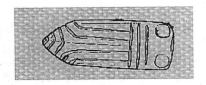

图 2-20

图 2-21

上述动物可以说也是当时人们习见的动物。其中穿山甲和大象可能由于气候变迁和植被破坏的缘故，在当地（今河南安阳）已经没有分布，但当时象肯定是有的，因为殷墟曾经发现过一具小象的遗骸。上述动物玉雕的造型形象活泼生动而逼真，各部分比例大体适当，很好地体现了各种动物的形态特征，极具写实性。同时还很好地表现了我国古代艺术品重视神韵的特点，通过突出各具体动物的主要特征和习性，以给人留下深刻的印象。可见当时人们对周围常见动物的形态特征及其各部分的比例关系，已经有很好的掌握。对比良渚文化遗址出土的动物雕塑，可以发现这里不但表现的动物种类更多，而且刻画也更加细腻、复杂，体现了人们这方面认识的深入。

三　甲骨文中反映的生物形态和分类学知识

当时人们在生物学知识方面的积累更多地体现在我国古老的甲骨文中。甲骨文是在我国河南安阳发现的一种殷商时期的古老的象形文字。它们大都是人们记载在兽骨和龟甲上的占卜卜辞，其中包含了大量当时社会生活各个方面的史实。自从 1899 年甲骨文被人们发现以来，迄今为止考古专家已经发现甲骨 10 万片以上。其中单字约有 4600 个，现今认识的文字（知道其意思的）约有 1000 字左右，包括许多动植物的名称或反映动植物形态和特征及生长发育的文字。从这种"象形"的文字中，我们能在一定程度上看出古人对当时动植物外形的认识，以及关于分类及其他一些相关知识的认识和思考。

从甲骨文中包含的大量动植物名称和术语来看，其中不少名称都勾勒出其外部大体形态。老虎显然是古人经常遭遇的一种猛兽，在上面提到的蚌壳虎的形态中，就可以看出那是最为人们敬畏的动物之一。进入青铜时代，这种情况又有进一步的发展。青铜时代有很多虎的雕塑以及老虎食人的各种浮雕器物，上面我们提到的新干大墓和殷墟妇好墓等地出土的雕塑都是很好的说明。若用虎字和龟字的形态与上述地点出土的相关文物比较，我们不难发现，它们实际上就是根据自己所认识的动物形态的简笔画。同样的情况也存在虫（꘏꘏）、蚕（꘏）、蝗（꘏ 此文字下的解释放在人们对之习性认识和防治的段落中）鼍、（꘏即蛙）、鱼（꘏）、鼉（꘏）、龟（꘏）、蛇（꘏）、熊（꘏）、鸟（佳꘏）、马（꘏）、牛、象（꘏）、猱（꘏）等其他许多动物的名称中[①]。顺便提一下，从文物和文字的这种对应关系我们甚至可以推测殷人与南方的部落（东夷？）有某种关联。

这些文字都是象形字，非常逼真，如蝗字把蝗虫的触角、翼、肢足的各部分都很好地表现出来了。甲骨文中还有（火蝗）字，字像火烧蝗虫之形。可见当时的人们已经知道采用火

---

① 周尧，中国昆虫学史，昆虫分类学报社，1980 年，第 10 页。

烧灭蝗的方法。

　　另外，从甲骨文中，我们还可以看出，当时的这种文字虽类似简笔画，但创造文字的"仓颉"似乎很注意同类之间不同种动物间典型特征的差别，如虎身上的条形斑纹通过虎（🐅）字身上的横道得到很好的体现，而豹（🐆）身上的圆形斑纹则在豹字的斑点中很好地体现出来。

　　植物的名称同样存在这种对应关系。甲骨文中的禾字就像成熟下垂的谷穗，较好地体现了禾本科植物的形态特征。又如桑字也像一株简笔画的小树。禾字（𥝤）就像一株结实的粟。

　　甲骨文中有关动植物名称的文字，还非常生动地反映出当时人们的动植物分类的意识。在植物中，凡是木本植物大多有木字（朩）偏旁，如杉（彩）、枞、桤、桑、柳、柏、李、杏、栎都从木等。凡是草本植物大多有草字（屮）偏旁。有趣的是造字者似乎故意把竹字的形态造成介于草木之间。在粮食植物中，如黍、稻、穄（稷之本字）都从禾。

　　动物名称中，我们也可看到类似的情况。在兽类动物中，狗及与狗相似的动物显然很为古人所重视。犬字在甲骨文中写作（犭），而加上适当的猎物就成了狐（㹨）。很显然，造字的人是把这两种外形相似但有差异，且习性等方面不同的动物看作是一类的（从犬）。对当时人们的重要狩猎对象鹿类的相关名称的创造，也很能给我们一些这方面的启发。我们从鹿（麤）、麂（麜）、麋（麜）、麈（麜）[1]四个字中，可以看出，这四种鹿类动物因其外形相似而有共同的基本字"鹿"，但存在角的有无、或分枝、长短等的差别，因此它们的字形也相应地存在差异，但它们都有一个共同的"鹿"字作为基础。这充分说明，甲骨文中利用同偏旁、部首的字，来反映同一类型的动植物。

　　鸟（隹[2]）类在甲骨文中也是典型的例子。如凤、翟（𩾌 即白冠长尾雉）、鸢（𩿆）、鶒、雉（𨿅）、鸿（𪆁）、雀（𨿅）、崔等。从字形可以看出，当时的人们已经将鸟类"定义"为二足具二翅能飞的动物。

　　另外，由于当时的人们经常捕食龟等爬行动物，并把龟甲当做书写和占卜的材料。因而很可能已经把它当作"灵物"之一。因为对它们的注重，认识的种类不断增多。甲骨记载的卜辞有雨龟、南氏龟、西龟等[3]。

　　在甲骨文中，反映出人们对昆虫也有类似的认识。蝗、蜂、蚕等字形都有相似之处，充分反映了商代人们对这些与人类生活关系密切的昆虫已有相当的认识。在甲骨文中发现了大量的"蚕"字和"丝"字。虽然类似简笔画的蚕字不是很逼真，但不难看出还是非常生动的。另一方面，从甲骨文中祭祀蚕神的卜辞来看[4]，当时人们对蚕的习性认识已相当深入，养蚕已成为那个时候农业生产的一个重要组成部分。

　　此外，在商代的时候，人们除了知道养蚕之外，可能也已经开始对蜜蜂有了一定的认识。据周尧教授的考证，甲骨文中有大量的"蜂"字[5]。他认为在周初的时候，我国人民已经开始养蜂。同样，在蜂、蝗等动物名称中也都有类似的虫字头。

---

① 即麜，今通常作獐。
② 此字的本意就是鸟字，古书尤其指短尾鸟。
③ 于省吾，甲骨文字诂林，文物出版社，1996年，第1829页。
④ 周尧，中国昆虫学史，昆虫分类学报社，1980年，第11页。
⑤ 周尧，中国昆虫学史，昆虫分类学报社，1980年，第38页。

　　上述情况充分说明，当时的人们已经开始根据动植物就其形态特征进行归类。植物已经有了树木和草丛的区分。动物有了虫、鱼、犬、鹿、鸟等大的类别。尤其是"马"字充分体现了"四足而毛"（《尔雅》语）的特征。当然，从牛、羊、犬、矢、狐、马、兕、象、鼠、虎等文字也可看出四足这一点。此外，从甲骨文众多的祭祀文字中，人们发现很多各种颜色的猪和马的名称，这一方面反映了当时畜牧业的发达情形，另一方面，也反映了古人也根据颜色对家畜进行分类的实际情况。

　　同样有意义的是，甲骨文字有时还反映了人们对动物生态环境的理解。其中，如麇（即獐）就真实地反映出这种鹿类动物在河谷禾草中活动的习性。前述的雨龟也可能有类似的含义在内。

　　在甲骨文中，多有木、佳（鸟）、鱼命名或以这些字为偏旁构成的地名。这似乎也反映了人们对动植物各产地的重视，同时也从一个侧面反映出人们对动植物分布的了解和掌握。

　　从甲骨文中，还可发现一些反映有关生物学行为、动作方面的文字。如生（Ψ）有如小草出土。甘（ᄇ）有如口中感觉很好。又如见（𦥑）表示看见等。

　　另外，在甲骨文中，已经有不少关于人体的名词。如面（◌）、目（◌）、口（ᄇ）、身（◌）。很好地体现了人们对这些器官形态特征的认识。

　　此外，从甲骨文的许多文字中，我们还可以看出，殷商时期的人们对解剖学知识和生理学知识也都有一定的积累。在我国古代，这种知识的来源，可能主要是观察祭祀时宰杀的动物和人类，以及处决的人犯所得。《庄子·胠箧》中载，"昔者龙逢斩，比干剖，苌弘胣（剖肠），子胥靡。"就反映出商代确实存在剖人的残酷刑法。人们当然也从这种解剖中得到一些新的知识。传说比干的心比常人的多一窍，因而他比一般的人聪明，这当然有可能为不实之词，或者以讹传讹。不过从甲骨文的"心"字来看，它明确反映出心脏的形态，表明当时的人们对心脏的形态确有明确的认识。

　　在甲骨文中还有不少字反映出当时人们解剖动物和割裂其器官的记载。如甲骨文中的攽，写作（◌），有古文字专家指出，"攽字像以朴击蛇之形"，"它"即古代的蛇字，"它"形左右有点点，像血滴淋漓之状[①]。另外，"它"与胣同意，有剖肠的意思。这些史实充分说明，人们在长期的生活实践中曾大量地解剖动物，在这基础上积累了我国早期的动物解剖学知识。

四　菌类的利用

　　采集蘑菇当作食物，可能与采集其他植物的历史一样古老。在长期的生产和生活实践中，人们还开始利用其他菌类。其中最早被利用的菌类之一就是酒曲。随着农业的发展，我国的酿酒技术也有了相当的发展。我国酿酒技术的发明在原始社会就开始了。传说禹的一位臣子仪狄开始酿酒。在夏朝的时候，一位叫少康的国王又进一步发明了秫酒的酿制方法。到了商朝时期，农业生产的发展，统治者可用于酿酒的粮食进一步增多，我国的酿酒技术又有了发展。当时酿酒业的兴盛不但从大量出土的商代酒具中得到很好的说明，而且《尚书·说命下》也有"若作酒醴，尔惟曲蘖"，表明当时已经发明用微生物形成的曲蘖酿酒。

---

①　于省吾主编，甲骨文诂林，中华书局，1996 年，第 1796~1797 页。

曲蘖早先指的是发霉和发芽的谷粒，也就是天然的曲蘖。它的培养物在水里，如果提供合适的气温条件，就会使谷物中的淀粉糖化和进行酒精发酵，人工制的曲蘖正是由此发展而来的。曲蘖酿酒是我国特有的一种酿酒方法。我们知道，用各种谷物酿酒，谷物里的淀粉物质需要经过糖化和发酵两个步骤。糖化过程是通过微生物的糖化作用把淀粉转化为葡萄糖，发酵是由酵母菌把葡萄糖转化为乙醇（酒精）。曲蘖里同时含有这两种成分，能使这两个过程连续交叉进行。如今把这种方法叫复式发酵法，可以酿出质量很好的酒。它是我国古人一项杰出的发明。

第五节　《诗》所反映的生物学知识

一　《诗》与古代生物学的关系

《诗》是我国的第一部诗歌总集，共有诗歌 305 篇。据说由儒家的代表人物孔丘编辑而成，后来又被列为儒家经典，因此又称《诗经》。诚如有些学者指出的那样："先民草昧，词章未有专门。于是声歌雅颂，施之祭祀、军旅、婚媾、宴会，以收兴观群怨之效。记事传人，特其一端，且成文每在抒情言志之后。赋事之诗，与记事之史，每混而难分。此士古诗即史之说，若有符验。……谓史诗兼诗与史，融而未划可也。"[①]《诗》正是这一类"未有专门"的"词章"，因而在我国历史上有很高的史料价值。

《诗》所反映的历史时期，为公元前 11 世纪至公元前 6 世纪前后，也就是西周初期至春秋中期。其产生的地域大致在今黄河中下游的陕西、山西、河北、河南、山东各地，大约在公元 544 年前就编成了[②]。其中有许多是民歌，有些是史诗，有些是祭祀的颂歌。它虽然不是专门的生物学作品，但由于这部古老的诗集用非常淳朴真实的语言再现了当时农业生活的各个方面，包括大量与人们生活密切相关的生物知识。诗中记述到的动植物种类相当可观，计有动、植物各 100 多种，尤其是孔子说过："诗，可以兴……多识于鸟兽草木之名。"[③]

为什么孔子要人们多识于鸟兽草木之名呢？因为正如我们前面说到的那样，我国的文字是象形文字，它的构成有"象形"、"指示"等直观的方式，因此生物名称不仅仅是一个代表符号。从名字中往往可以获得该生物的一些具体的知识，也就是其中包括着许多形态、构造、习性等诸多方面的高度概括。像"李"，一望便知这是树木的果实。虎、竹虽与最初的甲骨文的简笔画似的文字有所不同，要更抽象一些，但大体还能反映出这种猛兽和经济植物的大体形态。也就是说当时的动、植物名在反映生物的实际意义方面很突出。因此鼓励人们多识"名"，实际是鼓励多获得有关生物的知识。当然，更重要的也许是，诗中所言及的实际上是古代人们日常生活中最为常见的生物，在一般的情况下，人们会经常接触到。只要知道它的名字，并在生活实践中加以注意，一般就能掌握名称所指的具体生物，即了解其"义"。

由于《诗》后来成为我国的经典，诗中所涉及的生物历代都有学者不断地加以注释，以

---

① 钱钟书，谈艺录，中华书局，1998 年，第 38 页。
② 金启华，《诗经全译》，前言，江苏古籍出版社，1991 年，第 1 页。
③ 《论语·阳货第十七》。

便读者更好地理解，也使后人在相当长的时间之后仍然能够知道远古人们所了解的一些生物学知识。从这个角度而言，孔丘的提倡确实对后世学者产生了深远的影响。

《诗》这部古老的诗歌集，广泛地反映了当时那些地区人们的生产、生活的各个方面，因此其中包含的生物知识是多方面的。

二　《诗》中包含的生态学知识

像今天许多仍流传的民歌一样，《诗》中的不少作品在开头的时候常常用习见的景物起兴（开头），它本身不一定在作品的构成中有重要的意义，只是通过某些叙述来引出或烘托即将要进一步表述的情感或思想，以及产生相关的联想等，因此其中许多涉及动植物的形态、色泽和习性、行为特征和生态分布诸方面。尽管这些描述也许是漫不经心和无意识的，我们还是可以从中粗略地看出古人在这方面的某些认识，虽然它可能不算窥豹一斑。

《诗》中关于景物摹写的一个重要方面，就多有涉及动植物的分布。在其第一篇著名的《周南·关雎》中就有"关关雎鸠，在河之洲"，这里的雎鸠，东晋著名的博物学家郭璞解释为鹗[1]，即鱼鹰。因此这个诗句生动地反映了鱼鹰在河中小沙滩栖息的情景。而《曹风·候人》有"维鹈在梁"的记述；这里的鹈，根据三国时期的博物学家陆机的注释即鹈鹕[2]，因此这个诗句描述的就是鹈鹕停在鱼梁觅食的神态。《邶风·匏有苦叶》有"有弥济盈，有鷕雉鸣"，则记述雌鸡在沼泽草丛鸣叫的情况。在《周南·葛覃》中，诗人又写到："黄鸟于飞，集于灌木"。黄鸟也叫仓庚，即黄鹂[3]。这句诗把黄鹂鸟在灌木丛中飞来飞去的活动情况很形象地表述了出来。另外《唐风·鸨羽》有"肃肃鸨羽，集于苞栩"，这里的鸨即大鸨[4]，我国就这一种鸨。诗中生动地记述了大鸨歇息小柞栎丛中。《小雅·鸿雁》有"鸿雁于飞，肃肃其羽"，"集于中泽"，"哀鸣嗷嗷"等诗句。非常生动地描绘出我国各地常见的候鸟大雁栖息在湿地，以及在栖息地扇动翅膀及鸣叫的行为特性。《诗》中的类似描述还有不少，如"有鹙有梁"、"鸳鸯在梁"、"凫（野鸭）鹥（鸥）在泾"等。

诗中对动物之间的关系和行为特征也有一些生动的表述。《召南·鹊巢》中写到："维鹊有巢，为鸠居之。"诗中描述的鸠会占领鹊类窝巢。这也是我国古代"鹊巢鸠占"这个成语的出处。通常杜鹃是以占领其他鸟类的窝巢著称的，但这里的鸠古人也叫鸣鸠，是一种冬去春来的候鸟。当是春夏来我国繁殖的红脚隼（也叫青燕子 Falco vespertinus），它有占领喜鹊和乌鸦等别的鸟类窝巢的习性特征。《匏有苦叶》记载了"雄鸣求其牡"的求偶行为。《郑风·大叔于田》的"两骖雁行"描述了大雁结队飞行的集体行为。

《诗》中也有多处提到植物分布方面的内容。在《周南·葛覃》中有"葛之覃兮，施于中谷，维叶萋萋"。很形象地写出了葛[5] 这种很早就被人们利用的豆科植物，蔓延在山谷，而且生长茂盛这样一种习性和生长状况。另外，《邶风·简兮》还记载："山有榛，隰有苓。"道出了长期被古人采食的野生坚果树榛树（Corylus heterophylla）生长在山坡，而当时叫做

① 东晋·郭璞，《尔雅注》。
② 吴·陆机，《毛诗草木鸟兽虫鱼疏》（罗振玉辑本）。
③ 同②。
④ 参见郭璞的《尔雅注》中的形态描述。
⑤ 葛即今天豆科的葛，根据《毛传》的形态描述不难得出这一结论。

"苓"（古人解释为虎杖）①的一种植物，生长在低洼湿地里。较好地描述了这两种植物的生态环境。类似的还有《鄘风·墙有茨》的"墙有茨"，这里的茨即蒺藜②，这是一种耐干旱而带刺的草本植物。这句诗写出了蒺藜有时长在墙上。《郑风·山有扶苏》还记有："隰有荷华"、"山有桥松、隰有游龙"；《唐风·山有枢》有"山有枢，隰有榆"、"山有栲，隰有杻"、"山有漆，隰有栗"、"山有蕨薇，隰有杞棕"等诗句。这里的隰即低洼湿地或沼泽。游龙也叫过塘蛇、荭草③，是一种水生的蓼科植物，枢即刺榆④，杞古人也称泽柳⑤，即大叶柳。因此，上述的诗句描述了松树、刺榆、漆树、栲等向阳树种通常分布在山坡，榆树、杻、板栗、柳树和荷花及过塘蛇分布在较低洼和沼泽地。另外，《诗》中反映植物分布方面的记述还包括记有薁⑥长在山坡上；荣苢（即车前⑦）和卷耳（即苍耳⑧）等我国常见的田间杂草长在田野路边，芹（水芹）长在水边等。

在农业社会中，物候观测一直是农民把握农时重要的一环。其中涉及大量生物随节令变化而出现的一些行为特征。这在《诗》中也有所反映。著名的西周农事诗《豳风·七月》一篇中就生动地记载了不少生物物候知识。其中"四月秀葽"，道出了四月的时候，远志在开花；"五月鸣蜩"、"五月斯螽动股"说的是五月蝉开始鸣叫，螽斯用腿在擦翅发声。"六月莎鸡振羽"，则道出了六月时纺织娘颤翅争鸣。"七月流火……有鸣仓庚"，"七月鸣鵙"，则说明炎热的七月中，黄鹂鸟和伯劳在歌唱这一当地显眼的物候。"八月萑苇"，说明八月的时候，当地的芦苇长得正茂盛；"十月陨箨"提醒人们，要注意十月树木开始落叶这样一个时节。"七月在野，八月在宇，九月在户，十月蟋蟀入我床下"，更是生动地记述了不同时间蟋蟀这种昆虫的迁徙情况。

除此之外，《诗》中还有些涉及生物习性的记述。如"南有樛木，甘瓠累之"；生动地记述了葫芦科植物攀援缠绕在其他植物之上的生长特性。《邶风·旄丘》"旄丘之葛兮，何诞之节兮"，记述了高坡上的葛具有长长的节间这一特点。在《诗·小宛》有"螟蛉有子，蜾蠃负之"，说的是蜾蠃蜂（细腰蜂）会把螟蛉虫（桑天牛的幼虫）提回窝里等。反映人们在日常生活中，对动物和植物的一些有趣的观察。

三 《诗》中包含的其他生物学知识

《诗》由于其歌谣性质，不可能有太多琐碎的生物细节描述。但偶尔也提到一些生物的形态，其中不乏可靠的记载。如《周南·汝坟》"鲂鱼赪尾"等。《周南·桃夭》有"桃之夭夭，其华灼灼"、"其叶蓁蓁"等等。

《诗》一书中提到了人们当时应用的一些有关生物的术语。比如诗中人们将树木区分为

---

① 古人（孙炎）将其释为甘草，与生境不符，这里不予采用。
② 《尔雅·释草》。
③ 《毛传》。
④ 东晋·郭璞，《尔雅注》。
⑤ 《尔雅·释木》及郑樵《通志·昆虫草木略》。
⑥ 即野葡萄。
⑦ 同②。
⑧ 《朱子集传》，根据陶弘景的《本草经集注》也叫常思菜（因怀念亲人而联想到的菜）。

乔木、灌木。把树木的花称为"华"、"英"（不结实的花），桑树的果实叫"椹"，把今壳斗（山毛榉）科植物的壳斗称作枹，以及穗、实等花、果术语。此外，把雄的动物称作牡；还出现兽、百卉、柔木等其他一些生物学名称和术语。其中乔木、灌木、穗等术语一直被后人沿用，对后世影响颇为深远。

此外，《诗》中的一些内容还反映了当时在农业的遗传育种方面有了相当的进步。《鲁颂·閟宫》中有"黍稷重穋"，道出了当时的小米已经有了多个品种。《大雅·生民》中则有"种之黄茂，实方实苞"；"诞降佳种，维秬维秠、维穈维芑"。这里的"黄茂"、"佳种"[①]都是优良品种。

四　《诗》中述及的动植物种类

《诗经》中提到了大量人们生活中常用或当时周围习见的大量动植物种类。在一定程度上反映出人们熟悉的动物和植物类型，现在分述如下。

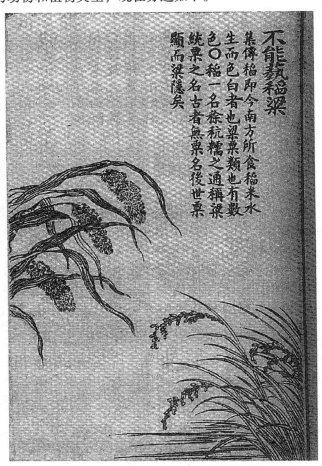

图 2-22

---

① 参见梁家勉主编，中国农业科学技术史稿，农业出版社，1992 年，第 67 页。

在植物方面，《豳风·七月》一诗中就提到当时人们利用的许多植物种类，尤其是农作物已经相当丰富。诗中提到"播百谷"就是很好的例子，这里的百不是确数，只是多的意思。《诗》中提到的粮食作物不但有黄河流域广泛栽培谷子（粟，即稷 *Setarla italica*）[①]、黍（*Pantcum miliaceum*）、粱（图 2-22）、小麦（*Triticum aestivum*）、菽（大豆 *Glycine max*）、苴（麻子）、牟（*Hordeum satium* 大麦），还有主要栽培在长江及淮河流域的稻（*Oryza sativa*）等。大体包括了以前所谓的五谷，亦即包含了美洲作物传入之前的我国主要粮食作物种类。这里的谷除有今天谷物的意思之外，还包括着大豆及麻子（即当时视为粮食作物的种类）。

纤维植物既有采集野生的葛（*Pueraria lobata*）、也有栽培的麻（图 2-23 *Cannabis sativa*）、苎（*Boehmeria nivea*）、菅（*Miscanthus sinensis*）等，可以说在棉花引进栽培以前的主要纤维植物几乎都包含了。

图 2-23

图 2-24

---

① 存在不同的观点，这种观点是作者赞同的一种。

在水果植物中，《诗》中所提到的种类，包含了现今分布在我国黄河和汉水流域的主要温带落叶果树，其中有蔷薇科的桃（*Prunus persica*）、梅（*P. mume*）、李（*P. salicina*）、木瓜（*Chaenomeles sinensis*）、樲（可能是梨或豆梨 *Pyrus calleryana*）、棠（白棠）、杜（赤棠）、唐棣、郁（郁李 *P. Jopanica*）、甘棠（杜梨 *Pyus betulaefolia*）。重要的干果壳斗科的栗（*Castanea molissima*）、榛（*Corylus heterophylla*）；鼠李科的枣（*Ziziphus jujube*）[①]、棘（酸枣 *Z. Spinosus*）。另外还有野生的蘡（山葡萄 *Vitis amurensis*?）、葛藟（*Vitis flexuosa*）、苌楚（即猕猴桃 *Actinidia* sp.）、枸（枳椇[②] *Hovenia dulcis*）等。

在《诗》中出现的蔬菜植物也颇为不少，其中有当时人们很重视的叶用类蔬菜如韭菜（*Allium tuberosum*）、葵（冬寒菜 *Malva verticillata*），还有非常具有我国特色的竹笋，以及如今属葫芦科的数种很重要的蔬菜，象瓠（甘瓠 *LagenarIa sicera* var. *hispida*）、匏（壶 *L. siceraria* var. *tubinata*）、瓜（甜瓜 *Cucumis melo*），此外还有在新石器时代就为人们所重视的一些十字花科植物，包括葑（芜菁 *Brasica rapa*）、菲（萝卜 *Raphanus sativus*）。当然《诗经》中出现的蔬菜远不止这些，它还记有芹（*Apium graveolens*）等富含挥发油的蔬菜植物，以及用作香料的椒（花椒 *Zanthoxylum simulans*）。

除上述栽培种类之外，《诗》中还提到一些人们经常采集的蔬菜种类，如荇菜（苦菜 *Nymphoides peltatum*）、蘩（*Artemisia sieversiana*）、蕨菜（*Pteridium aguilinum* var. *latiusculum*）、蒌（*Artemisia vulgarius*）、薇（*Vicia angustifolia*）、荼（茶）、荠（*Bursa bursapastoris*）、芰（菱）、唐（菟丝子）、蒲（菖蒲 *Pytha latifolia*）、蓼（*Poligonum hydropiper* 图 2-24）；以及野菜卷耳（苍耳 *Xanthum sibiricum*）、芄兰（萝藦 *Metaplexis japonics*）、蘋（田字草 *Marsilia quadrifolia*）、苹（*Anaphalis margaritacea*）、藻（*Hippuris vulgaris*）、游龙（*Polygonum orientale*）、蓷（益母草 *Leonurus sibiricus*）。药物蝱（贝母 *Fritillaria thunbergii*）、苓（*Polygonum reynoutria*）、艾（*Artemisia argyi*）；蘩、蒿、芑、蓫（羊蹄 *Rumex crispus* 抑或酸浆?）、萧（*Anaphalis yedoensis*）、葇（*Descurainia sophia*）、荼（苦菜 *Sonchus arvensis*）[③]、茆、蕾（小旋花 *Calystegia hederacea*）、蕑（泽兰 *Eupitorium chinensis*）、芩（*Phrigmites Japonica*）。

《诗》中还提到大量的经济林木，其中一些属于重要的栽培种类，如养蚕用的桑（图 2-25 *Morus alba*）、涂料植物漆（*Toxicodendron verniciflnum*）。还有一些是当地分布的重要用材树种或人们用于绿化改善生活环境的植物。其中包括椅（*Catalpa ovata*）、桐（*Firmiana simplex*）、梓、杞（枸杞 *Lycium chjnense*）、柳（*Salix matsudana*）等。同时还述及在我国各地分布颇为广泛并为人们所习用的松柏科植物，如松（图 2-26 *Pinus tabulaeformis*）、柏（*Platycladus orientalis*）、桧（圆柏 *Sabina chinensis*）、及各类竹子（*Phyllostachys*? spp.）和我国优质木材树种楠（楠 *Phoebe nanmu*）。《诗》中提到的其他黄河流域较常见树木还有榆（*Ulmus pumila*）、杨（*Populus* sp.）、樗（臭椿 *Ailanthus altissma*）、常棣（青杨 *Populus cathayana*）、朴檄?（*Quercus dentata*）、檀（*Petrocetis tatarinowii*）、栩（麻栎 *Quercus acutissima*）、栲（*Euscaphis japonica*）、杻（*Tilia mandshurica*）、构、椴（女贞

图 2-25 战国时代嵌错铜器上的采桑图（四川博物馆收藏）

图 2-26

Ligustrum lucidum）榛、楷、灌、栵、柽（柽柳 Tamarix chinensis）、椐（Viburnum tomentosum）、柘（Cudrania tricuspidata）、柞、枢（刺榆 Hemlpteled davidii）等。此外还有苞栎、苞棣、枌、械、灌木楚（荆条 Vitex chinensis）、棘、杞（杞柳 Salix cheilophila）、六駁（Actinodaphne lancifolia）、栲（Castanopsis sclerophylla）、檿（山桑 Morus mongolica）等。

值得注意的是，《诗》中还提到一些重要的染料植物，如我国古代用于染红色的重要植物茹藘（茜草 Rubia cordifolia）以及蓝（Polygonum tinctorinum）。

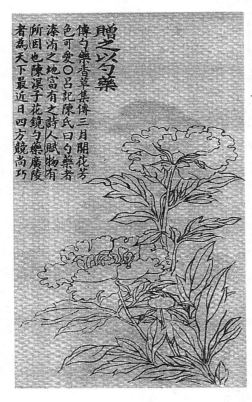

图 2-27

《诗经》中提到人们喜爱的美丽花木也不少，其中许多显然已被栽培。除上面提到的桃、李外，谖草（萱草 Hemerocallis fulva）、舜（木槿 Hibiscus syriacus）、勺（芍）药（图 2-27 Paeonia lactiflora）、荷华（荷花 Nelumbo nucifera）、苕（凌霄 Campsis grandiflora）等也是当时人们生活中有非同寻常意义的种类。

日常生活中习见的杂草在"诗人"的笔下更是多有提及，种类包括各地常见的阳性杂草白茅（Imparata cylindrica）、莠（狗尾草 Setaria viridis）、稂（狼尾草 Pennisetum alopecroides）、虉（音意，即绶草 Spiranthes aristotelia）、莫（酸模 Rumex acetosa）、绿竹（扁蓄 Polygonum aviculare）、堇（Ranumculus sceleratus）、萑（音环，即益母草）、蔹（Colummella japonica）及莪蔚（牡蒿 Artemisia japonica）。沼生植物葭（芦苇 Phragmites communis）、藚（音续，即泽泻 Alisma plant-goaquatica）、苇、莞（Scirpus tibernaemontani）、耐旱的蓬（蓬蒿 Erigeron acris）、葽（远志）、茨（蒺藜 Tribulus terretris）。后来成为绿肥植物的苕（紫云英 Astragalus sinicus），以及药物的蓍（音嗜，即蓍草 Achillea sibirica）、果蓏（瓜蒌 Trichosanthes kirilowii）、茑（Loranthus yodoriki）、女萝（Usnea longissima）、莱（Chenopodaum album）、台（Carex dispalata）、芣苢（车前草 图 2-28）等。

在动物方面：重要的家畜在《诗》中有充分的体现，如狵（狗 Canis familiaris）、豕（猪 Sus scrofa）、马（Equus caballus）、牛（黄牛 Bos taurus 和水牛 Bubalus bubali）、羊（山羊 Capra hircus、绵羊 Ovls aries）、鸡（Gallus gallus domestica）等。值得注意的是《诗》中没有出现鸭子，这似乎也表明早年它不是黄河流域家畜。

《诗》中多次提到人们当时重要的狩猎兽类，包括我国广布的豝（野猪 Sus scrofa）、狐狸（Vulpes vulpes）、貉（Nyctereutes procyonoides）、猫（可能为豹猫 Felis bengalensis）、兔（野兔 Lepus tolai），常见的有害兽类提到鼠（家鼠 Mus musculus 或仓鼠 Cricetulus barabensis），以及自古以来就是人们的重要狩猎对象鹿（即梅花鹿 Cervus nippon）、麋（今俗称四

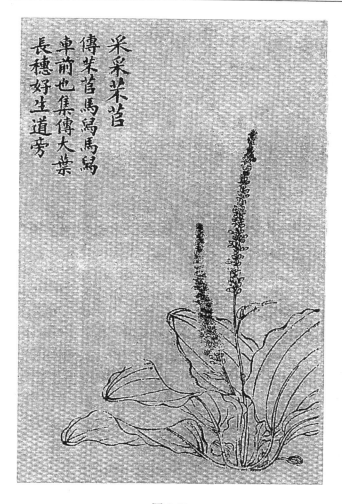

采采芣苢
傳芣苢馬爲爲爲
車前也集傳大葉
長穗好生道旁

图 2-28

不像 *Elaphurus davidianus*）、獐（*Hydropotes inermis*），还有古人视为强悍象征的兕（羚牛 *Budorcas taxicolor* 或野牛 *Bos gaurus*）、灵活象征的猱（猕猴 *Macaca mulatta*）。《诗》中还曾多处提到对人类颇为危险的猛兽，包括虎（*Panthera tigris*）、豹（金钱豹 *P. pardus*）、狼（*Canis lupus*）、熊（黑熊 *Selenarctos thibetanus*）、罴（棕熊 *Ursus arctos*）、豺（*Cuon alpinus*）、貙（可能是猞猁 *Felis lynx*）。另外，诗中述及象（亚洲象 *Elephas maximus*）、犀（印度犀 *Rhinoceros unicornis*）、貘（可能是大熊猫 *Ailuropoda melanoleuca*）等引人注目大型兽类和祥瑞动物麐（即麒麟，可能是藏羚羊，俗称一角兽 *Pantholops hodgsoni*）。

　　《诗》中提到的鸟类很多，包括黄河流域各地常见的候鸟和留鸟。其中有与人伴生或在人类居住区周围活动的留鸟，包括雀（麻雀 *Passer montanus*）、乌（乌鸦 *Corvus* spp.）、鹊（图 2-29 喜鹊 *Pica pica sericea*）、䴗（音居，即伯劳，可能是我国比较常见的棕背伯劳 *Lanius schach*），人们希望不要啄食其桑椹的鸠（鵻当是山斑鸠 *Streptopelia orientalis*），以及鹡鸰（当是白鹡鸰 *Motacilla leucopsis*）和以营巢精巧著称的桃虫（鷦鷯，俗称巧妇鸟 *Troglodytes troglodytes idius*）。也有在人居处营巢的候鸟如燕（《诗》中有的地方叫玄鸟，即家燕 *Hirundo rustica*），还有迁徙规律十分明显，每年早春即来，以叫声洪亮催人"布谷"

图 2-29

图 2-30

而引人注目的鸤鸠（布谷，即杜鹃 *Cuculus canorus*）。有以巧取豪夺人家巢穴而为人注意的鸠（红脚隼）。有各地常见的鸣禽黄鸟（《诗》中也称莺、仓庚，即黑枕黄鹂（*Oriolus chinensis diffusus*））、有以羽毛漂亮、叫声婉转而动人的桑扈（蜡嘴雀，又称小桑嘴 *Eophona*），有喉囊发达的大型游禽鹈（鹈鹕 *Pelecanus roseus*）。有在高树和石崖上筑巢的鹳（黑鹳或白鹳 *Ciconia nigra* or *ciconia*）和鹭（可能是大白鹭图 2-30 *Egretta alba*）、有早为人

图 2-31

们作为观赏鸟类养殖的鹤（丹顶鹤 *Grus japonicus*）。有人们狩猎的大型经济鸟类，它们包括鸡形目羽毛漂亮的雉（《诗》中也叫翟，当是环颈雉 *Phasianus colchicus*）、翟（白冠长尾雉 *Syrmaticus reevesii*）、鷮（古人认为比白冠长尾雉小的一种雉[①]）、如鸾（当是红腹锦鸡 *Chrysologhus pictus*）、神话鸟类凤凰（红腹锦鸡可能是其原形之一）；短翼好斗的鹑（鹌鹑 *Coturnix coturnix*）；雁形目中常见的凫（野鸭，可能即斑嘴鸭 *Anas poecilorhyncha*）、雁（豆雁 *Anser fabalis*）、鸿（鸿雁 *A. cygnoid*）、体态优美的鹄（天鹅 *Cygnus cygnus*）、因成对栖息而引人注目的美丽游禽鸳鸯

（*Aix gulericulata*）。还有栖于我国北方草原荒地、在能飞的鸟中体重最大的鸨（大鸨 *Otis tarda*）、雒（斑鸠一种），以及常见的猛禽隼（隼的一种，可能是游隼 *Faleo peregrinus leucogenys*）。常在乡村周边游荡觅食的鹰、鸢（老鹰 *Milvus korschun*），和在北部高山栖息的鹫（秃鹫 *Aegypius monachus*）。有常在河中、湖泊等水域捕鱼的雎鸠（鹗，也称鱼鹰 *Pandion haliaetus*），还有形状奇特，叫声凄厉，尽管为人类消灭鼠类，但仍招人讨厌的夜行性猛禽鸮（猫头鹰 *Asio otus*）、鸱鸮（可能是号角鸮 *Otus bakkamoena ussuriensis*），以及其他一些鸟类，如鹭（鸥，可能是燕鸥 *Sterna hirundo* 或凤头燕鸥 *Thalasseus zimmermanni*）、晨风、鸡（图 2-31）等。

在《诗》中，常见的爬行动物也在相关地区的诗歌中有所体现。主要有古人常捕食、并用其龟甲占卜的龟（乌龟 *Geoclemys reevesii*），以及另一种人们经常捕食的爬行动物鳖

---

①　已故鸟类学家郑作新认为是锦鸡，见本书第五章。

（*Amyda sinensis*），还有我国各地常见的小爬行动物蜴（蜥蜴，当是麻蜥 *Eremias argus*），还有古人一向厌恶的虺（古代通常指毒蛇，诗中指的可能是指在我国分布很广的蝮蛇 *Agkistrodon halys*）以及与龙的形象有密切关系的鼍（扬子鳄 *Alligator sinensis*）等。

我们还可以在《诗》中看到当时人们熟悉或喜爱的种种鱼类，这之中有我国江河中最大类型的淡水鱼类鳣（中华鲟 *Acipenser chinensis*）和鲔（音为，即白鲟 *Psephurus gladaus*）等；还有传说中的巨鱼鲲①，有我国各地最常见的鱼类鲤（*Cyprinus carpio*）和鲢（白鲢 *Hypophthalmichthys molitrix*）；有肉味鲜嫩的鲂（*Megalobrama terminalis*）和鳟（赤眼鳟 *Squaliobarbus curriculus*）；生性凶猛分布在我国黄海和渤海的鲨（鲨鱼 *Notorhynchus platycephalus*）；此外还有各地湖泊河川均产的凶猛鱼类鳢（乌鳢 *Ophiocephalus argus*）、鲿（黄颊鱼 *Pseudobagrus fulvidraco* 或沙锤鱼 *Abbottina rivularis*）、鰋（即鲇鱼 *Silurus asotus*）、鲦（小白条）、鳏（古人指一种大鱼）、嘉鱼（一种产于岩洞的鱼）等。

昆虫是人类日常生活中经常会遭遇到的一大生物类群，在《左传》和《春秋》中都有不少螟虫和螽（蝗）等害虫发生的记载。春秋时期著名的政治家管仲指出，善于治理国家的人，必须清除虫害②。战国末年的《吕氏春秋》还有通过采取合适的耕作技术来防止虫害发生的记述③。再加上它们有些擅长鸣叫，有些具有漂亮的颜色，因此引起人们的注意是很自然的事情。在这部古老的诗集中还提到日常生活中常遇到的多种昆虫。其中包括田野中常见的草虫（可能是油葫芦 *Gryllus testaceus*）、斯螽（螽斯 *Holochlora nawae*）、莎鸡（纺织娘 *Mecodona elongata*）、阜螽（音中，蚱蜢 *Acrida chinensis*）；在屋檐上结网的蟏蛸（蜘蛛，可能是圆网蛛 *Aranea*）；在树木中钻洞的蝤蛴（可能是星天牛 *Anoplophora chinensis* 的幼虫）；头形美观的蜩（一种体型较小的蝉 *Terpnosia*?）；触角优美的蛾（这里指的是粉蝶 *Papilio*）；叫声引人产生联想的蟋蟀（古代也叫促织 *Gryllulus chinensis*）；夏天不耐寂寞的蜩（音条，蝉 *cordyceps sobolifera*）；螗（蚱蝉 *Cryptotympana atra*）；房前屋后常闻其声的蜂（胡蜂 *Mandarinia* 或蜜蜂 *Apis cerana*）；把螟蛉④ 捉回窝里的蜾蠃（细腰蜂）、被捉的螟蛉（当是稻螟蛉 *Naranga aenescens*）；向来招人讨厌的作物害虫螟（应为粟灰螟 *Chilo infuscatellus*）、螣（蝗虫，可能是东亚飞蝗 *Locusta migratoria manilensis*）、蟊（可能是蝼蛄，《方言》称杜狗，俗称土狗子 *Gryllrinae*）⑤；污染食物的苍蝇（*Musca domestica vicina*）、青蝇（丽蝇 *Calliphora erythrocephala*）等家庭害虫。《诗》提到的还有短命的蜉蝣（*Ephemerida*），和在屋里潮湿地爬行的伊威（鼠妇，也叫潮虫 *Porcellio* sp.）。此外，《诗》还记载了各地常见的有毒节肢动物虿（音砭，即蝎 *Buthus martensi*）等。

上面列出的史实表明，有着大量朴实民歌的《诗》，其中不但包含了当时人们认识到的许多生物学知识，而且也包含了人们在农业生产、园艺观赏和药用某方面接触到的及与日常生活关系密切的丰富的动植物种类。其中有植物 140 多种，动物的种类也有 100 多种。加

---

① 古人也常用这个字表示幼鱼。

② 《管子·度地》有：管仲对曰："……故善为国者，必先除其五害，人乃终身无患害而孝慈焉。"桓公曰："愿闻五害之说。"管仲对曰："水，一害也；旱，一害也；风雾雹霜，一害也；厉，一害也；虫，一害也。此谓五害。五害之属，水最为大。五害已除，人乃可治。"

③ 《吕氏春秋·任地》有所谓"其深殖之度，阴土必得。大草不生，又无螟蜮"。

④ 古人认为是危害桑树的一种青虫。但如今的学者有其他看法，见下文。

⑤ 周尧，我国古代害虫防治方面的成就，载，中国古代农业科技成就，农业出版社，1979 年，第 184 页注 1。

之，由《诗》记载的这些动植物，有生动的诗句作为载体，因而由它传播的有关生物形态、习性等诸方面的知识，非常生动和易于记忆，有利于普及。因此，孔子提倡读《诗》，认为读《诗》可以掌握生物学的一些基本常识，是很有道理的。

从《诗》中我们还可看出，伴随着周代农业生产的发展，防治病虫害的事务必然被人们提到日常的生产工作中来。治虫的过程中，人们逐渐了解了更多的关于昆虫习性等方面的知识。我们知道，在农业生产比较落后的当时，人们防治病虫害的工作可能主要依靠人工防治，并且还有一种对昆虫危害等自然灾害惧怕，从而祈求上天给予帮助的心理。在《礼记·郊特性》中记载当时人们祭祖时用的蜡辞中，有"土反其宅，水归其壑，昆虫毋作"这样的句子。体现的就是人们对平和环境的一种企盼，希望虫害不要发作而危害人类。而《诗·小雅·大田》中的有关诗句，则表明人们对昆虫的治理似乎有了一定的信心。诗中写道：

去其螟螣，	译文：除去吃苗和吃叶的害虫，
及其蟊贼！	以及吃茎和吃根的害虫！
无害我田稚	（音至），不让它们危害我们田中的庄稼，
田祖有神，	田祖爷真有灵，
秉畀炎火。	把它们投入焰火之中[①]。

从文中可以发现，人们似乎已经知道利用昆虫的趋光特性，将害虫加以消灭。另外，在《春秋》中记有许多关于由害虫造成的灾害，这表明当时人们对虫灾是十分重视的。约成书于战国时期的《周礼·秋官·司寇》载有"庶氏"："掌除毒蛊，以攻说禬之，嘉草攻之，凡驱蛊则令之比之"；"翦氏"："掌除蠹物，以攻禜攻之，以莽草熏之，凡庶蛊之事"；"赤友氏"："掌除墙屋，以蜃炭攻之，以灰洒毒之，凡隙屋除其狸虫"；"壶涿氏"："掌除水虫，以炮土之鼓驱之，以焚石投之，若欲杀其神则以牡橭午贯象齿而沉之，则其神死，渊为陵"。《周礼》成书虽然较晚，但所言史实当为周代所施行。这些史料说明那个时代人们已经有各种负责治理虫害的官职，他们被要求根据害虫的生长环境，制定相应的措施清除它们。很显然，当时那些"掌除毒虫"的官员，当是有一定昆虫知识的人。

第六节　春秋战国时代的生态学认识

大约在春秋战国的时候，我国开始进入了大规模使用铁器工具的时代。伴随着这种空前有效的工具的应用，社会生产力得到了迅猛的发展。许多原先荒芜的山林沼泽被开垦成农田，粮食产量大幅度提高，各诸侯国的人口不断增加，从而变得更加强大。这又近一步促进了社会的深刻变革。当时的奴隶社会生产关系已经不能适应生产力的发展。新兴的地主阶级为维护日益增大的利益，日益向旧的统治关系提出挑战。在这种形势的影响之下，社会意识形态也发生了深刻的变化。原先由统治者独掌学术的局面已经不复存在。《左传·昭公十七年》记载，当时"天子失官，学在四夷"，各种政治力量及其学术代表人物纷纷就社会政治、生产发展和教育、伦理道德和人与自然的关系等诸多方面提出自己的见解，推行自己的主张，同时还通过旅行游说、互相诘难，以使自己的观点得到社会的认可和赞同。为了发扬和

---

① 这里的译文参考了周尧《中国昆虫学史》（昆虫分类学报，1980 年）第 55 页的译文和金开诚《诗经全译》（江苏古籍出版社，1991 年）中的第 545 页的译文。

倡导自己的主张，他们还开展授徒讲学、组建学术派别的活动，以实现各自的政治抱负。由官府垄断学术的局面已经难以为继，出现了历史上少见的"百家争鸣"局面，结果促使学术出现了空前的发展，呈现一派蒸蒸日上的繁荣景象。在这样一种形势下，人们对生命现象和相关问题的探索又有了进一步的深入。

在春秋战国时期，随着人们视野的开阔，在地理学知识的积累方面有了明显的进步。长时间的纷争局面，逐渐使人们产生了一统的思潮，适应当时一统思潮的需要，产生了"大中国"的地理观念。在此基础上，一些学者根据东南西北和中原所在的"中"提出了所谓"五方"概念。根据"五方"土壤的差异，又产生了五方有五种不同颜色的概念。然后根据各地产物的差异，如就陕、豫一带为中心而言，东方是森林地带，所以其代表物质为"木"，而它郁郁葱葱的绿色也就成了东方的主色；西方是铜、铁等古代重要金属的主要产地，古人所谓"金玉之域，砂石之处"①，因此，那里的代表物质就是"金"，茫茫沙丘和砾石似乎给人印象深刻，因此砂石的白色也被用来代表西方的颜色。南方炎热，使人联想到的是火和太阳（就是"日南"一类的想法），因此火成了那里人们心目中的典型特征，它所连带的红色就是人们认定的主要颜色。在北方天气寒冷，人们将它与冰水相连，因此就把水当作北方的典型物质，而其阴沉寒冷就被用黑色来形容。而当时中部所在的黄土，就成了当地的典型物质，黄色也就当然地成为了当地的代表颜色。这五种物质当时被认为是一切物体的构成元素，谓之"五行"。《国语·郑语》中有："故先王以土与金木水火杂，以成百物。"②当时的人们还根据白天、黑夜这一自然现象形成的阴阳概念，与"五行"相结合，形成对后世影响深远的"阴阳五行"哲学思想。它对古人的生物分类思想也有过一定的影响，这从我们前面提到过的《周礼》等书中可以看出。

除当时的阴阳五行思想对生物分类产生过一定的影响外，生物循环转化思想也给后来的生物认识带来一些的影响。这种思想的产生可能源于对昆虫的观察，从昆虫生长过程中的蜕皮变态，以及真菌的产生等古人无法观察到的现象中引申出的错误判断。它集中体现在《庄子·至乐篇》的一段话中："种有几，得水则为㡭。得水土之际，则为鼃蠙之衣。生于陵屯，则为陵舄。陵舄得郁栖，则为乌足。乌足之根为蛴螬，其叶为胡蝶。胡蝶胥也，化而为虫，生于灶下，其状若脱，其名为鸲掇。鸲掇千日为鸟，其名为干余骨。干余骨之沫为斯弥，斯弥为食醯。颐辂生乎食毈。黄軦生于九猷。瞀芮生乎腐蠸。羊奚比乎不箰久竹，生青宁。青宁生程，程生马，马生人。又反入机。万物皆出于机，皆入于机。"③邹树文在研究这段文字时，曾经指出："《庄子》中许多人名以及人言都是假托的，则此处虫名岂能没有臆造，必欲求解则古人今人已有注解可供参考。……我们只须论其大意以探索其循环相生的论点所在。"④他的见解是很有道理的。庄子的论点无非就是说万物都是变化的，这种变化有系统性和循环的特点，各种生物按一定的程式进行转化。这就是古代所谓"化生说"的思想缘由之一。当然它与后来佛教传进后所说的："无所依托，欻尔而生"的"化生"还有所不同。

①　《内经·素问异法方宜论篇第十二》，陈璧琉等编，灵枢经白话解，人民卫生出版社，1963年。
②　四部备要本，第101页。
③　支伟成，庄子校释，中国书店，1988年，第135～136页。
④　邹树文，中国昆虫学史，科学出版社，1982年，第28页。

一　植物地理分布描述的开始

在当时的社会条件下，各诸侯国之间的往来不断增多，各国的学者在到各地鼓吹自己的学术观点的同时，也在很大的程度上促进了各地的学术交流。在学术的推动下，与当时农业生产和经济发展有密切关系的动植物资源和生态学知识受到人们的重视。在上面的论述中，我们已经指出，在青铜时代，人们已经积累了一定的这方面的知识。进入春秋战国时期，随着生产技术水平的提高和学术的发展，古人积累的生态学知识迅速增多。这些充分体现在当时成书的《禹贡》、《周礼》、《管子》和《山海经》等著作中。

《禹贡》是一部托言大禹治理好洪水之后，划定中国九州地界，再根据各地地理条件，审定各地土壤的肥瘠，同时根据物产情况制定"贡"——赋税的著作。它的出现反映了我国春秋战国时期，人们为了发展生产，对各地的自然条件加以评价的一种客观现实。历史学家大多相信这是一部成书于战国时期的著作。全书只有1000多字，记述了九州、山川、土壤、草木、贡赋等，就性质而言大体可以认为是一本地理学著作。

在《禹贡》中，有部分内容涉及对当时我国东部地区的兖州、徐州和扬州等地的土壤和植被的记述。书中说：兖州（今山东西部、北部、和河南东南部一带）的土壤和植被为："厥土黑坟，厥草为繇，厥木为条，厥田惟中下。"也就是说那里的土壤是灰棕壤，草生长得很茂盛，树木长得非常高大，土壤肥力中下。往南到徐州（山东南部、江苏北部和安徽北部等地）则是："厥土赤埴坟，草木渐包。"亦即土壤为棕壤，大地草质藤本丛生，木本植物主要是灌木。再往南到长江下游的扬州（今江苏、浙江、安徽南部、江西等地）就是："筱（音晓）荡既敷，厥草惟夭，厥木惟乔，厥土惟涂泥。"说那里的土壤是粘质湿土，长着大小各种竹类植物，它们生长茂密，草本植物繁盛，更有许多高大的乔木。此外，还"厥包橘柚、锡贡"，就是说当地以橘、柚等水果作为贡品。这是我国最早的大规模植被水平地带性的一般描述，地区范围从北到南涉及黄河流域和长江流域。

除上述三个州外，作者还记述了荆州（湖南、湖北一带）的贡品中，包括栝（音瓜，可能为桧）、杶（音春，即香椿）、簳（可能是柘）、青茅及各种竹子，提到豫州（今河南）出产各种纤维植物。

二　关于生物与环境关系和生态系统的认识

在先秦时期，《周礼》是另一本记有丰富生态学知识的著作。虽然《周礼》传说是周公所作的关于周的礼法，但实际上它大约是成书于战国时期的著作，甚至包括一些汉代人加入的内容。尽管它是礼法方面的著作，但它在试图指导人们更好地进行生产和规划国计民生时，提出了不少关于农业管理和生物资源开发利用的理想方法和行为准则，从中反映了不少前人为了发展农业而积累的生物与环境关系方面的丰富知识。

《周礼》一书在许多地方强调了对各地自然环境和生物认识的重要性。《周礼·地官·大司徒》中记载："以土会之法，辨十有二土之名物，以相民宅而知其利害。以阜人民、以蕃鸟兽、以毓草木、以任土事。辨十有二壤之物而知其种，以教稼穑树艺。"这里的记述表明，当时的人们已经通过辨识各地的生物等资源，来为农业生产的发展服务。

正因为如此,《周礼》中有许多内容涉及生态学知识。书中提到"土方氏"以"辨土宜土化之法",对土壤与植物的关系加以了解。"草人""掌土化之法,以物地,相其宜而为之种",也就是说,在种植庄稼时,先调查土壤的情况。"山师"掌管山林的类型划分,分辨各类林中的产物及利害关系。"川师"掌管各种河流、湖泊和各有关的利害关系。

在春秋战国时期,人们对生物地理有了更深刻的认识。在《周礼·考工记》中还注意到动植物的分布界限。书中写到:"橘逾淮而北为枳,鹠鹆(音浴)不逾济;貉逾汶则死,此地气然也。"① 指出柑橘类果树不分布在淮河以北,动物中八哥的分布也有类似的情况。这当是人们长期观察自然和从农业生产引种实践中总结出来的结果。

《周礼》中还写到:"凡斩毂之道,必矩其阴阳。阳也者,积理而坚;阴也者,疏理而柔。"这表明当时的人们已注意到树木的木材结构与光照等环境因子的密切关系。向阳面的木材纹理细密,向阴面的木材纹理疏柔。这一观察实际上已经涉及生态学和生理学的问题。《吕氏春秋·土容》篇中也指出,如果不在恰当的时间伐木,则木材的材质就不坚硬②。另外,在《周礼》的一些章节中,作者也对植物与水分因子的关系给予了一些关注。

特别引人注目的是《周礼·地官·大司徒》中的一段记载。这段记载对不同地方的地形情况、动植物特点、人的群体特征进行了系统的叙述,体现了人们对生物与环境关系认识的系统观念。原文是这样的:"以土会之法,辨五地之物生:一曰山林,其动物宜毛物,其植物宜皂物……二曰川泽,其动物宜鳞物,其植物宜膏物……三曰丘陵,其动物宜羽物,其植物宜核物……四曰坟衍,其动物宜介物,其植物宜荚物,其民皙而瘠……五曰原隰,其动物宜嬴物,其植物宜丛物……因此五物者民之常,而施十有二教焉。"以上这段文字用现在的话来表述是这样的:在山地森林里,分布的动物主要是兽类,植物主要是柞栗之类(带壳斗果实)的乔木;在河流湖泊中,动物主要是鱼类,植物主要是水生或沼泽植物,如莲、芡等;在丘陵地带,动物主要是鸟类,植物主要是梅、李等核果类果树;在冲积平地,动物以甲壳类为主,植物以结荚果的豆科植物为主,那里的居民白皙而消瘦;在高原低洼地(相当于沼泽化草甸),动物以蚊、蝇一类昆虫为主,植物则以丛生的禾草和莎草为主。……不同的地方有不同的生物,这对于百姓而言是很平常的事,要根据实际情况施以相应的教化。

从上述这段话中可以明显地看出,《周礼》的作者受阴阳五行学说的深刻影响,叙述各地的生物分布和类别套用"五行",带有非常呆板的机械论色彩。但从中也可以看出,在2000多年前,我国古人已经通过不断地辨识各地"名物"、"辨五地之物生",积累了不少关于生物地理方面的知识,并有了初步的生态系统概念。

比较而言,《周礼》一书中有关生态学知识的记述,比起《禹贡》中的有关记述来,显然更加细致和全面。它不但对各类生物资源有明确的划分,而且还述及严密的资源管理设置。其中反映的生态学知识更为具体、丰富并且层次分明,在深度和广度方面都有了新的进步。

当然,实际上人们已经掌握的生物学知识可能远远要比上面这种机械的、带有很大想像成分的描述丰富得多。《礼记》中有关记载表明人们已经知道鹦鹉和猩猩这类分布在华南乃

---

① 当然说貉过汶水则死是不正确的。
② 夏纬英,《吕氏春秋》上农等四篇校释,农业出版社,1979年,第87页。

至中南半岛的动物，同时知道它们具有一定的语言能力^①。因为时间是如此久远，历代能保留下来的文献极为有限，以致我们现在很难再现原先的情形。

在动物的生长发育方面，《礼记》中也有些涉及这方面的记载。书中说鹿（梅花鹿）在夏天的时候脱角，而麋鹿在冬天的时候脱角。我们知道：前者一般在 6 月份，后者一般在 11～12 月脱角^②，这表明古人确有这方面长期观察积累的知识。

三　关于植物的垂直分布和生态序列

上面我们提到，《禹贡》这本地理学著作对生物的一些平面分布现象有了一些粗略的记述。另外，《周礼》对生物和环境之间的适应关系也出现了明确的记述。而这一时期的《管子·地员》篇中，则对局部环境中生物分布序列和植物的垂直分布有了很好的记述，体现了当时人们对生物与环境之间关系的考察。

《管子·地员》是先秦著名古籍《管子》中的一篇，它的作者也不可考。它反映的是当时齐国的一个学术流派（稷下学派）对政治和经济等方面的见解。众所周知，我国古人早就认识到各地的地势有高低之分，地形有平原、丘陵和山地等多种类型。在《禹贡》中，作者已将各地的土壤差别和植被的变化联系起来讨论。而《管子·地员》的作者则进一步将各地区土地的地形、土壤质地、地下水位等与其上生长的植物联系起来分析，借以指导农业生产实践。这是我国古代一篇著名的生态学著作。

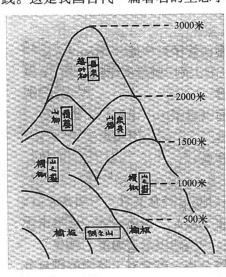

图 2-32　《管子·地员篇》植物垂直
分布示意图
（自夏纬英《管子·地员篇校释》）

根据已故夏纬英先生的考证，《地员》篇全文可分为两大部分。前一部分以一种叫做"渎田"的土地开始，论述了五种土地由于土壤不同、高度不一样以及地下水位深浅的差异，因而适合生长的植物和粮食作物就有差别。在这部分中，作者对于植物的垂直分布和生态序列现象有很精彩的描述。具体体现在作者把山的高度和地下水位的状况与典型植物综合在一起加以叙述。文中写到："山之上，命之曰县泉，其地不干，其草茹茅与芦，其木乃樠；凿之三尺而至于泉。山之上，命之复吕；其草鱼肠与茹，其木乃柳；凿之三尺而至于泉。山之上命之曰泉英，其草蕲、白昌，其木乃杨；凿之五尺而至于泉。山之嶔，其草牵菜与蕾，其木乃橙：凿之二七十四尺而至于泉。山之侧，其草蓍与蒌，其木乃枢榆；凿之三七二十一尺而至于泉。"^③ 在这里，作者从高到低分述了五种山地的植被分布，以及与之相关联的地下水位情况。其中最高的是"县泉"，在这部分山地生长有可成纯林的落叶松

①　卷一，第 2 页。

②　寿振黄等，中国的经济动物（兽类），科学出版社，1962 年，第 464 页。

③　夏纬英，《管子·地员篇》校释，农业出版社，1981 年，第 90 页。

（槠）；次高的是"復崟"，在这种山地上，生长着灌木性的山柳；第三高的是"泉英"，生有常常长成纯林的山杨；第四高的是"山之嶅"，在这种高度上，长着杂木树林，生有櫄、揪之类的树木。第五高度是山麓地带的"山之侧"，这部分山地长有刺榆（枢榆）。贯穿起来就是说最高的山上生长着纯林的落叶松，在比它低的山地上长着灌木性的山柳、在更低的山地上生长着山杨，在山的中部长着揪树等杂木林，山麓生长着刺榆。已故的夏纬英先生认为这些情况与今天华北山地的植被垂直分布的情况差异不大。从这些叙述中可以看出，在 2000 多年前，我国人民已经比较准确地观察到植物垂直分布现象。（图 2-32 引夏纬英 36 页示意图）

　　不仅如此，在同一书中，作者还总结出一个小地形的植物分布情况。它在今天看来是与演替有关的植物带状分布。文中写到："凡草土之道，各有谷造，或高或下，各有草物。叶下于荨；荨下于苋；苋下于蒲；蒲下于苇；苇下于藿；藿下于蒌；蒌下于荓；荓下于萧；萧下于薜；薜下于萑；萑下于茅。凡彼草物，有十二衰，各有所归"。（图 2-33 引夏纬英 45 页图）根据夏纬英的研究考释："叶"就是荷；"荨"是水生植物菱（*Trapa* sp.）；"苋"是今天生长在浅水中的莞属植物；"蒲"也是生长在浅水的菖蒲属植物；"苇"就是芦苇，它生长在浅水及水边的湿地，介于水陆之间；"藿"是旱生的苇；"蒌"即蒌蒿，生长的地势与藿接近而比较高；"荓"当是今天的扫帚菜（*Kochia trichsphylla*）植物；"萧"当是现在耐旱的蒿属植物："薜"是莎草类植物，这里指的是生长在比较干燥地方的某些种类；"萑"即萑，也就是益母草（*Leonurus sibirecus*），它能生长在比较干燥的地方；"茅"就是现在的白茅，生长在较干旱的高地。整段连贯起来表述就是这样的：在水中生长着莲，比较低浅的地方由低向高逐渐生长着菱、莞、香蒲、芦苇、旱芦苇、蒌蒿、扫帚菜、青蒿、莎草、益母草和白茅。在这里，作者把各种水生、湿生、挺水、中生、旱生的植物的不同生长环境作了较详细的记录，反映了地势高下与水分等生态因子对植物分布的影响。虽然它未曾从理论上加以阐发，但确实注意到植物分布与环境的密切关系，并从总结草土之道出发得出一个"十二衰"的植物序列，反映了这一时期我国植物生态学知识积累方面的巨大成就。

图 2-33

　　《管子·地员》篇的第二部分，专门讨论土壤。详细说明土壤的性状与适宜的作物种类、品种及其他农副产品。在这里，作者从农业规划的角度出发，述说了土地和光照的状况对于植物生长和分布的影响，在农业上有重要的意义。譬如在记述"息土"时，作者写道："五粟之状，淖而不肕（韧），刚而不觳（音胡），不泞车轮，不污手足。其种大重（粟类中粘的一种），细重，白茎白秀；无不宜也。五息之土，若在陵在山，在墳在衍，其阴其阳，尽宜桐柞，莫不秀长；其榆其柳，其栗其桑，其拓其栋，其槐其杨，群目藩滋，敷大、条直以长。其泽则多鱼；牧则宜牛羊。其地其樊，俱宜竹箭，枣、揪、楢、檀；五臭生长，薜荔、白芷、蘼芜、椒、连。"① 从文中不难看出，作者对于什么样的地方生长什么植物，适合种植何种作物等方面有很具体、全面而深刻的认识。

《管子·地员》篇的写作明显的是为发展农业生产提供依据而作的。它的突出之处在于不但关注到土壤的分类，而且综合考虑地形、土壤的性质、地下水位的高低、光照等因子与植物分布的关系，总结出一些规律性的东西，在生物学的早期发展史上有重要的意义。

四　大范围的动植物分布的泛述

战国末年，随着有关生物分布知识的积累，加上当时政治上的大一统趋势的影响，当时不但出现了像《吕氏春秋》那样试图对以往学问进行总结归纳的著作，同时也出现了像《山海经》这样一些试图对以往的地理学知识进行某种融会的作品。从内容来看，后一书的作者（编者）所写的不少内容仅凭传闻，并记载有不少可能是楚国关于利用草木以及动物的巫术②，因而全书充满荒诞不经之语。

《山海经》是一部叙述当时人们所知的我国各地的地理状况、风物的著作。从现存的内容看，《山海经》中蕴含着极为丰富的动植物地理分布方面的知识。一般认为这本著作不是出自一人之手，而且成书也经历了较长的一段时间，可能在战国末期才最终完成，甚至后来还经过秦汉时期学者的润色。这本著作可能是由作者积累了一定的地理学知识之后，加上有关各地的传说、神话写成的。东汉的学者刘歆在上《山海经》的奏中说它"内别五方之山，外分八方之海。纪其珍宝异物，异方之所生，水土、草木、禽兽、昆虫、麟凤之所止，祯祥之所隐，及四海之外绝域之国殊类之人"，大体上道出了这本著作的内容梗概。

《山海经》由"山经"、"海经"和"大荒经"组成。"海经"和"大荒经"可能比"山经"晚一些。"山经"不但成书年代较早，而且它的内容比较"平实雅正"，"它的具体内容比和它同时代相去不远的《禹贡》来得详细，具有很高的地理学价值。"③ 已故著名历史地理学家顾颉刚先生认为，《山经》部分所记载的山川于周秦河汉间最详细，并与实际最相符合，因此它的作者应当是这一地区的人。从另一个角度看，作者在书中常用于作类比的动植物包括狐、虎、牛、羊、鹿、狸、豺、貆④ 和凫、鸠、鹤、鸽、鸳鸯、鸡、鹊、雉、鸮、鳖、鲤；枣、李、杏、棠、栋、构、杨、榆、柳；韭、葵、葱、麻、藁本等黄河中下游流域习见的植物，以及作者熟悉楚辞中的桂、橘和各种芳香树木，加上书中充满巫术的色彩，我更倾向于已故生物学家辛树帜的观点，即作者应当是更加富于想像的楚人⑤。

根据谭其骧的研究，《山经》记述的地域远比《禹贡》的范围大。它所记述的地区，东部到达我国东部沿海，北部到达赵武灵王北略胡地的全部地区和燕昭王将秦开所取东胡的部

---

①　夏纬英，《管子·地员篇》校释，中华书局，1958 年。

②　丘宜文，从《九歌》之草木试论香草与巫术，社会科学战线，1999 年，第 5 期，第 149～158 页。

③　谭其骧，论《五藏山经》的地域范围，见：中国科技史探索，上海古籍出版社，1982 年，第 271～299 页。文中认为，《山经》的成书年代不可能早于战国晚年，很可能已在秦始皇统一六国之后。同 17，第 271 页。

④　即貛。

⑤　辛树帜的观点见：中国果树史研究，农业出版社，1982 年。

分地区，南部包括秦始皇所开南越的一部分，西部包括整个河西走廊。它对我国长江和黄河流域以外的许多地区的自然条件都进行了综合性的记述[1]。它通过以山为纲，记述各地的物产和其他事物，有各地生长的动植物，以及它们的形态和用途。

当然其中也记有不少动植物可能是人们在行使巫术时所用，将名称加以改饰，或仅是一些传说，因而显得怪异不可考的，如，"南山经"中有所谓"招摇之山……有草焉，其状如韭而青华，其名曰祝徐，食之不饥；有木焉，其状如榖（即构树）而黑理，其华四照，其名曰迷谷，佩之不迷"。"西山经"有所谓："松果之山……有鸟焉，其名曰𪁣渠，其状如山鸡，黑身赤足，可以已𣦶；竹山……有草焉，其名曰黄雚，其状如檀，其叶如麻，白华而赤实，其状如赭，浴之已疥：又可以已胕"；"昆仑之丘，实惟帝之下都，神陆吾司居之。……有木焉，其状如棠，黄华赤实，其味如李而无核，名曰沙棠，可以御水，食之不溺"。"中山经"有："牛首之山，有草焉，名曰鬼草，其叶如葵而赤茎，其秀如禾，服之不忧"；"姑媱之山，帝女死焉，其名曰女尸，化为䔄草，其叶胥成，其华黄，其实如菟丘，服之媚于人"等，显然让人不知所云。但也有不少内容使我们可从其中看到许多有关生物地理的真实记述，所记述的动植物似乎也能在一定程度上反映出当地大的特征。

在"南山经"中，作者写到："招摇之山，临于西海之上，多桂。"记述了我国南部沿海地区有较多的桂树，说明了这种南亚热带芳香植物分布的实际情况。书中还记述那里的一些山上多有梓、楠、荆、杞等树，其中楠也是比较典型的亚热带植物。同时，作者还写到："有兽焉，其状如禺（即猴）而白耳，伏行人走，其名曰狌狌（猩猩）。"表明当时的人已经知道华南有猩猩这种灵长类动物。另外，书中记载这里多白猿（当是长臂猿）。书中还指出那一地区的山谷多犀牛（黑犀）、兕（野牛）、大象，有些地方还有凤凰（这里指的应是花色比较漂亮的雉科鸟类，金鸡或白冠长尾雉）。一些地方多虎蛟（当是蟒蛇），多蝮虫（即蝮蛇），并说那里多怪兽、多蛇，一些河流多鳖鱼。上述的猩猩、白猿和犀牛、蟒蛇等都是华南产的著名动物。

在"西山经"中，作者指出那里的山上多松树、柏树，一些山区多荆、杞，一些地方有棕、豫章（樟）、楠、桂，有些地方则多杻和橿、樱、檀、楮、竹、榖（构树）、柞、桑、漆、榛、楛，以及一种叫做"条"（麦冬?）[2] 的草本植物。还有药草叫薰草（当是藿香），比较形象地道出了这种唇形科植物方茎和叶面多皱的形态特征：它"麻叶而方茎，赤花而黑实，臭如蘼芜，佩之可以已疠"。另外还有芎藭。那里"有兽焉，其状羊而马尾，名曰羬羊"，还有"其状如禺而长臂，善投"的𤝻（字形有别，即长臂猿）。还有众多的（柞）牛、牦牛。有的地方也有很多犀牛、野牛（兕）、虎、豹、麋、鹿、麢（即羚）羊和麝，及白化动物白鹿、白狼、白虎，以及白雉（白鹇）等。有的地区多豪彘（豪猪）。鸟类赤鷩（当是血雉）很多。有的地方则有鹦𪃟，这种鸟"其状如鸮，青羽赤喙，人舌能言（当是鹦鹉）"。鸾鸟（当是锦鸡一类的鸟）、尸鸠（杜鹃）、当扈（蜡嘴雀）、鸮也有提及。一些河里多鳛鱼（当是大鲸）。作者也记述了当地有"鸟鼠同穴"[3] 现象。这里所述的动植物带有西南盆地和高原的特征，如樟、楠、桂，长臂猿、牦牛、鹦鹉等。

---

① 谭其骧，论《五藏山经》的地域范围，见：中国科技史探索，上海古籍出版社，1982 年，第 271～299 页。
② 条在这里的形态描述不一，有时指的似为麦冬。
③ 在西北地区常可见角百灵和穗䳭与旱獭及长尾黄鼠共栖。另外在那一地区还常发现一种鼠兔与鸟类共栖。

在"北山经"中，记述那里山上多松柏，多棕、楠、多漆、多桐、椐、樗、柘、榛、楛、栎、楠、棕、茈草（即紫草），一些地方有竹，还有一些地方多枸。一些地方多桃、李、秦椒。草本植物多韭、薤、葱、葵、藷藇（薯蓣）、紫草、芍药、芎藭。兽多麢、羊、橐驼（骆驼）、羬（盘羊）、牦牛、兕、马，还有被作者认为是鸟的"寓"，它"状如鼠而鸟翼"（当是蝙蝠）。鸟多尸鸠、鹠。一些河流多龙（当指大蛇）、龟，有的河流多赤鲑、鳖鱼，或"水中多滑鱼，其状如鳝"，一些地方的河中还有些贝壳类动物。书中所表述的动植物带有华北和西北干旱地区和草原上的特征，如芍药、薯蓣、秦椒、葱、葵、韭，羊、驼和马等。

在"东山经"中指出："姑儿之山，其上多漆，其下多桑、柘。姑儿之水出焉，北流于海，其中多鳡鱼"；"岳山，其上多桑，其下多樗"；"孟子之山，其木多梓、桐，多桃、李；其草多菌、蒲；其兽多麋鹿……其上有水出焉……其中多鳣（即中华鲟）、鲔鮷（音尾）"；"历儿之山，其上多橿、多枥木"。一些地方多梓、楠、桐、桃、李、荆、芑、棘。一些地方多虎，有些地方多大蛇。一些入海的河流中多贝类动物。这里表述的动植物带有我国东部地区的特色，如桐、麋鹿、中华鲟等。

"中山经"则记有："条谷之山，其本多槐、桐；其草多芍药、门冬"；"师美之山，其木多柏、多檀、多柘；其草多竹"；"荆山，其中多犛（音牦，可能是野牦牛），多豹虎，其木多松柏，多橘、櫾（柚）。其草多竹……多鲛鱼，其兽多闾鹿"；"纶山，其木多梓、楠，多桃枝，多柤、栗、橘、櫾，其兽多闾麈、麢。""铜山，其木多榖（构）柞、柤（梨）、栗、橘、櫾，其兽多犳"；"灵山……多桃李梅杏"；"葛山……其木柤、栗、橘、櫾、楮、杻"；"贾超者山……其木多柤、栗、橘、櫾"；"洞庭之山……其木多柤梨橘櫾，其草多葌、蘼芜、芍药、芎藭"。在关于这部分地区的记载中，还提到杻、杨、橿、檀、漆、构、楮、楮、桑、柘、机、樗、梓、松、柳、槐、杨、柞、椐、楢、桃枝、荆、芑、竹、棕、棠、楠、豫章（樟）、枸、栎和莽草，以及寓木、苴、桐等；桃、杨桃、椒。藷、芜、韭，惠、菊、箇、箘、蘽等。兽类多豹、虎、凹、犀、象、白犀、熊、黑、狼、牛、夔牛、豕、麋、鹿、闾麋、麝、（柞）牛、臧羊、马。鸟多赤鷩、白鵺、翟（白冠长尾雉）、鸲鹆（八哥）、鸠；一些地方多蛟、白蛇、大鱼。反映了当时人们对我国东部和中部山区一带植物分布情况的了解。其中的橘，血雉、八哥、白冠长尾雉等都是很有当地特色的动物。

《山海经》中关于动植物分布情况的描述，总体而言，还是比较粗糙和笼统的，而且带有过多的夸饰、巫术成分，还包括不少怪诞的描述，只有"中山经"部分的叙述比较清晰。这可能与当时这一地区的文献资料较多，作者比较容易获得相关的知识有关。但无论从所涉及的地域而言，还是述及的生物种类都比《禹贡》、《周礼》乃至《管子·地员》篇广泛得多，可以视为这一时期关于生物分布比较突出的作品。

五　当时典籍中关于环境与生物关系的记述

在春秋战国时期，人们不但记述了各地动植物的差异，而且有些文献直接记述了环境对生物的影响。战国末年，《吕氏春秋·土容》中记载，庄稼"先时至，暑雨未至，胕（府）动蚼蛆而多疾"，指出没有根据适当的气候条件栽培的作物，往往会产生虫害，而适时种植的庄稼才能生长良好。农民因此要根据"天时"（即节气）来安排生产。《荀子·劝学篇》提到"蓬生麻中，不扶自直"的格言，反映当时的人们注意到植物生长的趋光性。

春秋战国时期的人们似乎还注意到动物的保护色。《晏子春秋》记载："尺蠖食黄即身黄，食苍即身苍"①。另一方面，《庄子·骈拇篇》记载："凫胫虽短，续之则忧；鹤胫虽长，断之则悲"，注意到生物的身体构造与环境适应的关系，此种观察表明了人们在寻找动物构造合理性的解释。另外，《尚书·禹贡》"导渭自鸟鼠同穴"，首次记载了前此人们观察到鸟鼠同穴这种动物共栖现象，表明人们注意到荒漠地区部分鸟兽的特殊适应方式。

特别值得注意的是，当时的学者还记载了月相与海洋中一些软体动物的生长发育有着很密切的关系。《吕氏春秋·精通》篇中记载："月也者，群阴之本也。月望，则蚌蛤实，群阴盈；月晦，则蚌蛤虚，群阴亏。"这显然是长期捕捞所得的经验之总结。

《左传·昭公元年》记载"天有六气……淫生六疾"，叙述外界环境对人体健康的影响。《吕氏春秋》中还有关于环境影响人体方面的一些记述。"尽数"中记载"轻水所多秃与瘿人"，注意到水质不但影响人体的正常生长，还会导致人体发生病变。

至迟在战国的时候人们还注意到不同地区之间人体体质等方面的差异。约于战国时期成书的《黄帝内经》是我国现存最早的一部医学理论的经典著作，该书中有不少这方面的内容。

现存的《黄帝内经》分为《灵枢》和《素问》两大部分。其中《灵枢·阴阳二十五人第六十四》涉及不同地域人体外部形态差异的探讨，而这种探讨是建立在阴阳五行理论基础之上的。毫无疑问，阴阳五行理论是对我国古代医学影响最深刻的理论之一，这一点在《黄帝内经》特别明显。在书中，作者根据五行学说，把禀赋不同的人群体型归纳为金、木、火、土、水五种类型，分别指出他们的肤色、体型、禀赋、处世态度，以及对外界环境条件的适应等。书中写道："木形之人……苍色，小头，长面，大肩，背直，身小，手足好；有才，劳心，少力，多忧。火形之人……赤色，广𦙄，脱面，小头，好肩背，髀腹，小手足；行安地，疾心，行摇，肩背肉满；有气，轻财，少信，多虑，见事明，好颜，急心，不寿暴死；能春夏，不能秋冬，秋冬感而病生。土形之人……黄色，圆面大头，美肩背，大腹，美股胫，小手足，多肉；上下相称，行安地，举足浮；安心，好利人，不喜权势，善附人也；能秋冬，不能春夏，春夏感而病生。金形之人……方面，白色，小头，小肩背，小腹，小手足；如骨发踵外，骨轻；身清廉，急心静悍，善为吏；能秋冬，不能春夏，春夏感而病生。水形之人……黑色，面不平，大头廉颐，小肩，大腹，动手足，发行摇身，下尻长背，延延然；不敬畏，善欺给人，戮死；能秋冬，不能春夏，春夏感而病生。"

上述的说法，当然有不少唯心想像的地方，但也的确表明人们注意到不同地方的人群之间存在着差异，以及受环境之影响于他们对气候的适应有所差别的一些认识。这在医疗实践中应该是有意义的。

《黄帝内经》指出，由于长期适应的结果，各地的人群的体质存在着差异，因此在治疗上也应予以区别对待。《内经·素问导法方宜论篇第十二》中写道：

　　故东方之域，天地之所始生也，鱼盐之地，海滨傍水，其民食鱼而嗜咸，皆安其处，美其食。鱼者使人热中，盐者胜血。故其民皆黑色疏理。……西方者，金玉之域，砂石之处。大地之所收引也。其民陵居而多风。水土刚强，其民不衣而褐荐，其民华实而脂肥，故邪不能伤其形体，其病生于内。……北方者，天地所闭藏

---

① 《谭子雕虫·卷下》。

之域也，其地高陵居，风寒冰冽。其民乐野处而乳食。脏寒生满病。……南方者，
天地之所长养，阳之所盛处也。其地下，水土弱，雾露之所聚也。其民嗜酸而食
胕。故其民皆致理而赤色，其病挛痹。……中央者，其地以平以湿，天地所以生万
物也众，其民食杂而不劳，故其病多痿厥寒热。

很明显，书中表明当时的医生细致地注意到各地区的自然条件的特点和食物的特色，以
及人们容易得的疾病，体现了当时人们对环境影响生物体一个特殊方面的观察。

六　早期有关食物链的记载

在长期的生产实践中，人们对于生物之间的各种关系也有很多的观察和认识。在先秦时
期，人们对生物中存在食物链这种关系已有了一定的认识，并且试图把它利用到生产实践中
去。《礼记·郊特牲》记载，周代时，人们期望"迎猫以食鼠，迎虎以食豕"，也就是说人们
在对有害动物还缺乏有效的对付手段的时候，只好试图通过祈祷，以达到让上苍使有害动物
的天敌来帮助人们消灭它们的目的。更加具体地反映古人这方面认识的是庄子的记述。

庄子（约公元前 369~前 286 年）是战国时宋国蒙（今河南商丘东北）人，名周，字子
休。他继承和发展了老子的"道法自然"的观点，否认鬼神主宰世界，认为道是无为、无形
超越时空，未有天地就已经存在的，是万物的创造者。由于关注自然万物，庄子发现，不同
种类的生物之间，由于食物的关系，相互间存在一系列的复杂利害关系。后世人们常说的
"螳螂捕蝉，黄雀在后"实际上就是源于《庄子》中的寓言故事，原文是这样的："一蝉方得
美荫而忘其身，螳螂执翳而搏之，见得而忘其形，异鹊从而利之。"[1] 故事的大意是说，一
只蝉在树上叶荫得意地唱歌的时候，没想到一只螳螂正试图捕捉它，螳螂在准备扑向猎物的
时候，没想到一只黄雀正试图把它当作自己的猎物。

这表明当时的人们已经对一种动物捕捉其他动物为食物的链状关系有了一定的认识。这
种认识在同一时期我国一些地方的青铜器的图案中也有反映。在云南江川李家山滇文化墓葬
中出土的一组相当于战国时期的青铜臂甲上，有一组很生动的图画，刻有 17 只动物，它们
可分为两组。第一组 13 只动物，包括两只老虎，其中一只咬着野猪，另一只正向两只鹿扑
过去；一只猿正在爬树逃命，此外还刻有甲虫等小动物。第二组的画面绘有两只硕大的公
鸡。左上方公鸡昂首举尾，神态安详，嘴上雕着一只不小的爬行动物，充分显示的是胜利者
的姿态。而另一只公鸡的情况恰好形成鲜明的对比，它成了一只大野狸猫的猎获物。长长的
脖子已被咬住，呆滞的表情和张大的嘴巴，还保持方才惊叫的刹那间的情景。它尾羽和双脚
下垂，完全失去了挣扎的力气。相反地，那只大野狸猫弓着矫健灵活的躯干，叼着猎物，举
着有利的长尾，和刚才叼着爬行动物的公鸡同样安详[2]（图 2-34）。

一方面，当时人们已经有了初步的生物防治有害生物的设想，另一方面，他们还知道养
殖鸬鹚来帮助捕鱼。

这些史实表明，人们在生物之间的关系方面，已经作了不少很有价值的考察，并在生产
和生活实践中加以利用。

---

① 《庄子·山木篇》，中国书店，1988 年，第 155 页。
② 刘敦愿，"古代艺术品所见'食物链'的描写"，农业考古，1982 年，第 2 期。

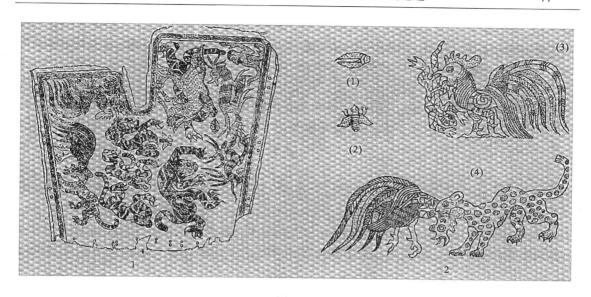

图 2-34
1. 云南江川出土青铜臂甲展开图
2. （1）甲虫；（2）蛾；（3）鸡啄蜥蜴；（4）野狸食鸡

第七节 《楚辞》中有关江南动植物知识的记述

现在可以看到的先秦文献以记述北方事物为主，这在很大程度上是由于我国早期封建社会的中心在相当长的一段时间内都在黄河流域的缘故。当年孔子在编《诗》集的时候就不收楚国的歌谣和史诗。因此历史上有关南方早期的一些社会发展、生产生活方式和自然现象的记载相对比较缺乏。到战国时期，屈原《楚辞》的出现，才稍稍改变了这一状况。

与《诗》明显不一样的是，《楚辞》不是民歌，也不是史诗，它是文人作品。它的抒情言志的性质决定了作品充满作者的想像、对上苍的呼唤、对命运的感怀等充满感情色彩的东西比较多。其文学艺术的水平是显而易见的，但写实性比起《诗》则无疑要差一些。尽管如此，我们还是可以从中看出不少其他文献中缺乏记载的有关生物知识。

在屈原的伟大作品《离骚》等不朽的诗篇中，由于屈原对"香花"的崇尚，我们很容易看出，在当时南方人民的日常生活中，对芳香植物的利用是非常普遍的。他们重视并且栽培的芳香植物有桂、兰、秋菊（菊花）等。其他用做药物、供奉神灵的观赏或芳香植物包括江离、白芷、蕙、石兰、泽兰、木兰、辛夷（也叫木笔）①、宿莽、花椒②、荃（菖蒲）、留夷、杜衡（马蹄香）、薜荔、芰、荷、蘪芜、扶桑、艾、女萝。此外，作为参照，上述作品中也提到一些令人讨厌的杂草蒺（即蒺藜）、菉（即王刍）、葹（即苍耳）。

除香花和杂草外，《楚辞》中还记有被屈原称颂为"受命不迁"的"后皇嘉树"——橘，观赏树木幽篁（竹子）、松、柏、枫等，经济植物葛、枲（不结实的麻，即牡麻）、菅、壶、柘（甘蔗），粮食作物秬、黍、稻、粱、麦、菰、粱，其他一些常见的植物蘦、蓄（扁蓄）、

---

① 即紫玉兰。
② 也叫秦椒。

茶、荠、蘦、紫茎屏风（水葵）、竿、萍、苹、青莎。这里仅芳香植物一个方面就很好地体现江南植物的特色。当然，作为常绿果树的典型代表橘，可以说是与《诗》中的桃、李各领"风"、"骚"，交相辉映。

《楚辞》中提到的动物也有不少，如猛禽鸥（鸢）、鸧（老鹰）、鸷鸟（可能是隼）、毒鸟鸩。常见的种类雄鸠（斑鸠）、鹈鸠、白雉（或称银雉，即白鹇）、鸿（鸿雁）、鹤（丹顶鹤）、玄鸟（燕子）、燕、雀（麻雀）、鹊（喜鹊）、乌（乌鸦）。在洞庭湖栖息的各种大型水禽凫（野鸭，斑头鸭或绿头鸭）、鹄（天鹅）、黄鹄（可能是大天鹅）、雁（豆雁）。还有早就为人喜爱的鸽（原鸽）、鹑（鹌鹑）、孔雀（绿孔雀），以及其他一些鸥（一种大鸟）、鹫（秃鹫）、鶄、鶂（后二者常连称，不知何鸟）。值得注意的是，这里不但提到南方特有的孔雀，而且还提到它"盈园"，说明当时的人们已经开始养殖这种鸟类供观赏。动物有当时常在江南林中活动的象，在河边沼泽中活动的麋（麋鹿）、鹿（梅花鹿）、麝（即獐）等中小形鹿类动物。还提到猛兽及一些食肉动物包括虎、赤豹、豹、文狸（当是金猫）、豺、狼、封狐（大狐）、熊等，提到的灵长类动物有猕猴、猨（可能是长臂猿），此外，还有南方数量众多的爬行动物鳖、鼋（即大龟）和虺（毒蛇）、蝮蛇、蛇，以及分布于我国江南的常见的鳞甲类动物鲮鱼（鲤或穿山甲）、鲗（古代也叫鲋，即鲫鱼）。

此外，《楚辞》中提到的昆虫种类有：蜂（可能是蜜蜂）、玄蜂（可能是斑胡蜂 Vespa mandarinia）、蛾（蛾属一种）、蝉（蚱蝉）、蟋蟀、螳（古代也叫蚍蜉，即蚂蚁）、蜮（短狐，可能是水黾）、蟪蛄。家畜中多次提到豕（猪），说明这是一种重要的牲口。另外还有犬、马、骥（好马）、驽马（不好的马）、牛、羊、鸡、鹜（鸭子）。这里提到的鸭子是引人注目的，因为它主要是南方家禽，换言之，它是带有地域色彩的家养动物种类。

《楚辞》中对各种龙、凤凰和鸾鸟的描述很多，这种情况可能与当地爬行动物和各种雉类动物比较丰富有关。

第八节　春秋战国时期的生物形态描述和动植物分类

一　形态描述

这一时期关于形态方面的知识留下的文献很少，今天所能见到的记载不多，其中荀子的《蚕赋》可能是比较出色的。文中写道：

> 有物于此，㒩㒩兮其状，屡化如神，功被天下，为万世文。礼乐以成，贵贱以分。养老长幼，待之而后存。名号不美，与暴为邻。功立而身废，事成而家败，弃其耆老，收其后世。人属所立，飞鸟所害。臣愚而不识，请占之五泰。五泰占之曰：此夫身女好而头马者与？屡化而不寿者与？善壮而拙老者与？有父母而无牝牡者与？冬伏而夏游，食桑而吐丝，前乱而后治，夏生而恶暑，喜湿而恶雨。蛹以为母，蛾以为父。三俯三起，事乃大已。夫是之谓蚕理。蚕。

荀子在这里把蚕的幼虫无毛，皮肤光滑，头稍像马的形态特征，不断蜕皮成长、变化而生命短促的生理特征，以及食用桑叶，冬天潜伏，夏天活动的生活习性和"恶暑"、"恶雨"的生活环境等都刻画得非常生动，其中虽有一些错误的认识，如"蛹以为母，蛾以为父"等，但大体说来，这位两千多年前学者的观察水平还是很高的，而且对后世的学者也有一定的影响[1]。

　　在植物的形态方面，春秋战国时期已经开始形成了一些器官方面的专门的术语，其中包括在日常生活中比较熟悉的植物营养器官根、茎、叶等。

　　当时的人们把植物在土中的部分叫根、荄、本、柢等，并且还根据根的生长方向分成直根和蔓根。直根指的是垂直向下生长的根系，蔓根指的是向四周蔓延的须根系。《韩非子·解老》中记载："树木有曼根，有直根。书之所谓柢也。柢也者，木之所以建生也；曼根者，木之所持生也。"这里的建生是指直根的支撑功能，持生指的是须根具有辅助支持功能和吸收养料使植物生长的作用。很显然当时的人们已经对植物根系进行了分类，并了解了它们的基本功能。《左传·隐公六年》记载："农夫之务去草焉……绝其本根，勿使能殖。"充分表明人们非常注重根在植物生长发育中的重要意义。《后汉书·延笃传》"枝叶扶疏，荣华纷缛，末虽繁蔚，致之者根也"，就是在此基础上的进一步发挥。

　　同一时期，人们似乎还注意到植物有宿根生长的。《离骚》中提到"宿莽"这种植物。王逸注说：草冬生不死，楚人谓之宿莽。也就是说，古代的时候人们把越冬再生的草本植物称为"宿莽"。

　　古人把地面上的植物主干即生叶和枝条的部分称做茎、秆（干）、柯等。着生在茎或枝条上的器官则被称做叶片。把繁殖器官称做"华"或"荣"。《诗·周南·桃夭》"桃之夭夭，其华灼灼"、"其叶蓁蓁"等是很好的例子。当时的人们也用瓜、果、子、实等作为果实的名称。

二　生　物　分　类

　　当时人们对动植物分类学的认识部分体现在《周礼·考工记·梓人》的有关记述中。从上面的有关引述中，我们知道《周礼·地官·大司徒》中将生物分为"动物"和"植物"两类。同一时期，《尔雅》中有很朴素而客观的动植物分类系统，我们下面还要讨论，这里先介绍当时反映在《周礼》一书中的动物分类思想。在《考工记·梓人》中，有一段相关的话，反映了该书作者除将生物分成动植物之外，还将动植物进一步分为"小虫"和"大兽"。文中写到：

　　　　梓人为笋虡。天下之大兽五，脂者、膏者、臝者、羽者、鳞者。宗庙之事，脂者、膏者以为牲。臝者、羽者、鳞者以为笋虡。外骨（骨骼在体表）、内骨（骨骼在体内）；却行（倒退行走）、仄行（侧身行走）、连行（同类连贯行走）、纡行（屈曲行走）；以脰鸣者（以脖颈鸣叫），以注鸣者（以鸟嘴形的嘴叫），以旁鸣者（以身体的旁侧鸣叫），以翼鸣者（以翅膀发声），谓之小虫之属，以为雕琢[2]。

　　这里的梓人是木工，笋虡是悬挂钟磬等乐器的木架子，横木叫笋，竖木叫虡。上述话的意思是木工为了精工雕琢悬挂钟、磬的木架，在上面雕刻了各种类型的动物。根据东汉郑玄的注："大兽"中的"脂者"是"牛羊属"；"膏者"是"豕属"；"臝者"是"虎、豹、貔、离，为兽浅毛之属"；"羽者"是"鸟属"；"鳞者"是"龙蛇之属"。他还认为，"外骨"为

---

[1]　三国以后出了很多赋虫的作品，乃至明代的《谭子雕虫》以赋的形式描述动物或多或少都受了该作品的影响。

[2]　这里的注释参考了邹树文《中国昆虫学史》第36页的注释。科学出版社，1982年。

"龟属"；"内骨"为"鳖属"；"却行"为"蠙衍之数"（蠙衍即蚯蚓）；"仄行"为"蟹属"；"连行"为"鱼属"；"纡行"为"蛇属"；"胆鸣"的是"蛙黾属"（即蛙属）；"注鸣"的是"精列属"（即蝼蝈属）；"旁鸣"的是"蜩蜋属"（即蝉属）；"翼鸣"的是"发皇属"（发皇是一种甲虫）；"股鸣"的是"松蝎动股属"（即蝗虫属）；"胸鸣"的是"荣原属"。郑玄的注不一定完全对，但大体可以看出"大兽"包括兽类、鸟类和鱼类，也就是相当于今天的脊椎动物，"小虫"则大部分是今天的无脊椎动物。从中我们可以看出，当时的人们不但根据形态而且还有根据动物的结构和行为特征对动物加以分类的念头，这在当时也许可以视为新的探索。当然这里体现得更多的是一种文人故弄玄虚，没有多少实践意义的分类思想。

除《周礼》中的动植物分类外，战国时期的《荀子》一书对生物按等级的分类也是很有意义的探索。《荀子·王制》中这样写道："水火有气而无生，草木有生而无知，禽兽有知而无义；人有气、有生、有知，亦有义，故最为天下贵也。力不若牛，走不若马，而牛马为用，何也？曰：人能群，彼不能群也。人何以能群？曰：分。分何以能行？曰：义。故义以分则和，和则一，一则多力，多力则强，强则胜物……"荀子从自然界中区分出生物与非生物，然后根据知觉的有无和社会结构的有无以区分植物、动物和人类，其中包含着某种生物进化的思想。

在先秦的时候，有关动植物分类的知识比较集中地体现在《尔雅》一书中。《尔雅》是我国最早的一部解释名物、词语的著作，一般认为是为解释《诗》等以前经典而作的，因此它后来也被当作儒家的经典之一。它大致是由战国时期的作者积累，而由战国末年或汉初的学者写定的作品。

《尔雅》全书分为 3 卷 19 篇。其中卷下共 7 篇分别是"释草"、"释木"、"释虫"、"释鱼"、"释鸟"、"释兽"、"释畜"，其文字占了全书的一多半。从《尔雅》上述反映的动植物分类情况来看，在春秋战国时期，人们在生物分类学方面有显著进步。上面提到，在《周礼》一书中，人们已经将生物分成植物和动物两大类。在《尔雅》中明确将记载的植物首次分成草、木两大类。将动物分为虫、鱼、鸟、兽、畜五类。也就是将所有的生物区分为草、木、虫、鱼、鸟、兽、畜七个门类。

《尔雅》将各种生物分成一定的门类是有自己的分类依据的，如书中将植物分为草本和木本两类。木本植物又分为乔木、灌木和橀木（相当于棕榈科的植物）三种类型。其依据为："小枝上燎为乔"、"木簇生为灌"、"无枝为橀"[①]。在动物方面，作者也提出一些分类的定义，这就是"二足而羽，谓之禽（即鸟）"；"四足而毛，谓之兽"，这种观念至今犹为人们沿用。书中还提出"丑"有类的意思，这种观念在古代一些博物学著作中得到沿用。

《尔雅》中的"虫"大体与《考工记》中的"小虫"相当，指的基本上是今天的无脊椎动物，"鱼"包括今天的鱼纲、两栖纲和爬行纲等较低等的脊椎动物，"鸟"指今天鸟纲的动物，"兽"指哺乳动物，后二者的意义仍为今天沿袭。"畜"指的是家畜，小鱼叫做鲲等。

值得注意的是，《尔雅》的最后编纂者有较好的生物学知识基础。他在很多情况下都将形态相似的动植物名称罗列在一起，其结果当然是便于人们的记忆和掌握。他无形中将今天认为是相同科属的一些动植物排在了一起，如"释草"中把同属于百合科葱属的藿（山韭）、茗（山葱）、劲（山薤）、蒚（山蒜）排在一起；"释木"中将今天蔷薇科李属的楔（荆桃）、

---

① 指现今的椰子和棕榈等不分枝的单子叶木本植物。

庥（冬桃）、休（无实李）等数种李属的植物排在一起。另外，松柏纲的松、柏，桑科的各种桑，榆科的各种榆也都排在一块。在"释虫"中，同翅目的各种蝉，鞘翅目的各种甲虫被排在一起。在"释鱼"中，鱼纲中的各种鱼，两栖爬行类中的蛇、蛙，以及今属宝贝科蜩蚭、玄贝、余贴、余泉、蚆、蜎、蟥的数种贝类，也都被分别排在一起。在"释鸟"中，雉科的各种雉，雁科的雁鸭，鸥鸦科的各种鸦被排在一块。在"释兽"中，哺乳动物中鹿科中的各种鹿，猫科中的虎豹等也都被排在一块。《尔雅》"释鸟"中也记载了"鸟鼠同穴"。

第九节　《尔雅》中述及的生物种类及相关知识

《尔雅》虽是当时一部解析经典词义的重要著作，但更是一本切用的常用词字典。就其中记载的动植物名称而言，固然有不少来自以前的经文，然而更多的也许是经文所未记载的但为人们日常生活中常见的种类。同时也包括一些域外的生物，如狻麑（可能是狮子）。当然，这些种类也以中原一带的习见的动植物为主。《尔雅》一书由于成书年代久远，词义深奥难明，东晋时著名学者郭璞为之作注，并留存至今。他的注对我们今天了解先秦时期人们对动植物知识的积累有重要意义。

《尔雅》涉及生物方面的内容很广。郭璞在他撰写的《尔雅注》中这样写道："夫《尔雅》者，所以同诂训之指归；叙诗人之兴泳；总绝代之离词；辩同实之殊号者也。诚九流之津涉，六艺之钤键，学览者之潭奥，摛翰者之华苑也。若乃可以博物不惑，多识于鸟兽草木之名者，莫近于《尔雅》者，盖兴于中古，隆于汉氏，豹鼠既辨，其业亦显。"[①] 他的这段话可能有些夸张，但从中不难看出这本著作在我国学术史中的重要地位。后世的学者也有不少类似的记述，唐代陆明德《经典释文·叙录》中说："《尔雅》者，所以训释五经，辨章同异，实九经之通路，百氏之指南，多识鸟兽草木之名，博览而不惑者也。尔，近也；雅，正也。"很好地点出了《尔雅》一书的内容和性质。宋代著名学者欧阳修也说过："《尔雅》出于汉世，正名命物，讲说者资之。"[②] 从这些文字中也足以看出它在鸟兽虫鱼知识传播方面的意义，其在生物学史上的地位更是显而易见的。

一　《尔雅·释草》中所涉及的植物

在"释草"这篇中，记有当时的农作物和蔬菜等，大体上包括了当时中原地区人民日常生活中常见的主要植物种类约196种，基本可以分为以下几类：

（1）栽培的粮食和蔬菜：其中有谷物粟（稷）、䅟（黏粟）、虋（赤粱粟）、芑（白粱粟）、秬（黑黍）、秠（也是黑黍，但一稃二米）、稌（稻）、众（秫）、戎菽（也称荏菽，即大豆）、皇（守田，燕麦或大麦？）、蘥（雀麦，也就是燕麦）等。常见的蔬菜包括瓠（瓟瓜）、芦萉（萝卜）、菲（蒠菜，萝卜一种）、蕹、苏（紫苏，当时可能做油料作物）、出隧（蘧蔬、茭白）、蔺（鹿豆，可能是小豆）、荷、蒉（赤苋，即紫苋菜）、芹（楚葵，即水芹

① 东晋·郭璞，《尔雅音图·尔雅序》，中国书店，1985年。
② 宋·欧阳修，《欧阳文忠公集》，卷124，《崇文总目》叙释·小学类。（王尧臣等，崇文总目，（台北）商务印书馆，1983年）。

菜)、菱(图2-35菱、也叫芰)、笋(竹萌)、芝(各种蘑菇)、菌(蘑菇)等。此外,还有纤维植物枲(麻)。

图 2-35

图 2-36

(2)野菜类:包括今属百合科的藿(山韭)、茖(山葱)、劳(山薤)、蒿(山蒜)。伞形科的薜(山蕲、白蕲)、蕲茞(蘪芜,可能是茴香或香菜)、葵(牛蕲,也称马蕲);还有不少菊科的野菜如荼(苦菜,可能是苦荬菜)、莪(莪蒿)、芦(蒌萧,也叫蒌蒿,一种菊科植物)、蔚(蒌蒿),以及水生的野菜苕(荇菜)、莒(阔叶旋花)、蔷(泽蓼)、芍(凫茈,即荸荠)、钩(可能为百合科植物)、蒡(隐葱,可能是白苏)、柱夫(摇车、翘摇车)、蒺(荠实)、蓼科的须(酸浆)、荠(莃葵,可能即龙葵)、蕙(牛蕲,一种可以当饮料的植物)、齧(堇菜,紫花地丁)、藒(苦藒)、薄(石衣,当是某种藻类)、中馗(图2-36菌,地耳)、薇、藼(紫藼,古人食用的一种野菜)、蕨、购(蒌蒿)、蒟(茭)、芝、茉苢(车前)。

(3)有许多是当时或汉代人当药草的植物。其中有术(山蓟,即白术)、杨(枹蓟,可能是大蓟)、菉(王刍,即鸥脚莎)、拜(蒲蘿,可能是灰藜)、蒿(青蒿)、薪蓂(大荠)、蒤(虎杖)、栝楼、萑(萑、益母草)、芘(芘芘,即荠芘)。菲(芴,即土瓜)、熒(委萎,即玉竹)、竹(扁蓄)、葴(酸浆草、红姑娘)、薜荔(决明)、茵(贝母)、荍(荆葵,可能是蜀葵一种)、艾(冰台图2-37)、蓳(葶苈)、苻(鬼目,当是稀莶)、蔽(繁缕)、离南(通脱木)、茨(蒺藜)、蘜蕶(窃衣)、蝱(颠蕀,可能是天门冬一种)、藋(芄兰,即萝藦)、藛(泽泻)、葀(侯莎,可能是香附子)、蔷蘼(天门冬)、濼(贯众)、蒗蕩(马尾,即商陆)、连(异翘,可能是连钱草)、大菊(瞿麦,即石竹)、蘜(菊花)、唐蒙(女萝,即菟丝)、茥(覆盆子)、芨(乌头)、藙(百足,可能是百部)、覆(盗

图 2-37

庚、旋复花）、菋（五味子）、杜（杜衡，马蹄香）、盱（蛇床）、赤（枹蓟）、菟奚（可能即款冬）、苕（陵苕、即凌霄）、芐（地黄）、拔（茢葝，也叫虎葛）、蒤（牡茅、白茅属）、卷耳（苍耳）、苭（石芸）、蒠绕（远志）、蘦（甘草）、鉤（藈姑、王瓜，即赤包）、蕨类植物绵马（羊齿）、荞（邛钜、大戟）、长楚（也叫羊桃，即猕猴桃）[①]。

（4）《尔雅》"释草"中还记载了不少当时可能比较常用的经济作物。其中有可用于制作笤帚的王（彗，可能是著）、莽（马帚），可用于盖房的孟（狼尾，可能是生长在山坡的芒）；可用做草帽的台（夫须，当是龙须草类植物），可以用于制作席子的藨（鼠莞）、莞（制作席子的原料）、芏（夫王，龙须草一种）、蒜（杜荣，蒜草，似茅，可制绳索）、望（可以制作绳索的一种藤）、枲实（麻实）、枲麻、芋（苴麻盛子者），用做黑色染料的葝（鼠尾草），用于做红色染料的茹藘（茜草）、藐（紫草），可以用作黑色染料的櫮（乌阶、也叫乌杷子）、薜（山麻，野生的麻）、蓝色染料葴（即马蓝，或称大叶冬蓝），可做雨笠的台（夫须，当是莎草科的一种植物），可以制作绳索的望（橐车），还有篎、莽、桃枝、粼、簢、筡等数种竹类，以及箈（小竹笋）。

（5）"释草"中当然也包括当时人们熟知的不少杂草。其中有多种分布较广的菊科植物，包括蘩（皤蒿，即白蒿）、蔚（不结子的青蒿）、彫蓬、黍蓬。常见的莎草科植物薤（蟋蟀草、似稗的一种植物）、莬瓜、白华（野菅）、茜（蔓于，可能是一种禾本科水草）、薅（海藻）、纶（可能即海藻）、萿（麋舌）、蔷（虞蓼）、苇（芦苇）、葭（华、芦苇）兼（廉、萑）、荧（似芦苇的一种植物，产生芦笋的植物）、萧（萩，蒿萩）、荐（黍蓬）、兰科的藕（绶草）、黄（莬瓜）、甀（豕首，当是豨莶）、菽（蘩缕）、红（茏古、红草，当是一种蓼科的植物）、菺（戎葵、蜀葵）、豆科的莃（牛藻，似巢菜）、萍、苹（田字草）、薜（春草，也就是芒草）、薡（牛脣，这可能是南方的木贼）、泽（乌蔹）、傅（横目）、厘（蔓华）、虉（狗毒）、朐（九叶）、藕车（香草）、杈（牛芸草，可能是黄花苜蓿）、蔠葵（繁露）、苕（可能是紫芸英）、稂（莠类）等。

本篇中有少数属于木本植物，如观赏的椵（木槿）、葥（木莓，当是与覆盆子相类似的野果）、蒤（委叶，可能就是虎杖）、蔍（一种木莓，可能是生于水边的三月泡）、苬黄（薂蔷，可能是蔷薇）和篎、莽、桃枝、粼、簢、仲等一些竹子。

二　《尔雅·释木》所涉及的植物种类

在《尔雅》的释木篇中，果树占有较大的比重，其余的有相当部分是用材树种等，下面分别予以分析。

（一）果树类

《尔雅》记载的果树种类较多，其中尤以黄河流域为主要产地的落叶温带果树突出。其中包括蔷薇科的梅（图2-38）、旄桃（冬桃）、榹桃（山桃），以及休（无实李，也叫赵李）、痤（麦李）、驳（红李，即杏李），还有与李亲缘关系相近的楔（樱桃）、当时人们也食用或当药用的常棣（郁李）。蔷薇科的另一类重要果树梨也见于这里记载，编者还记有梨的一个

图 2-38

较早的栽培种檖（可能是白梨和豆梨），以及梨的近缘野生种、我国分布很广的杜（杜梨、一作赤棠，可能是海棠）。另一形态相近、但主要分布汉水流域和长江中游的楙（木瓜），也见于此篇记载。分布地域类似的还有时（英梅，郭璞注为鹊梅），大约是一种果实较小的梅。此外见于这里记载的还有同科果树朹（山楂）。特别引人注目的是这里记载了壶枣、边要枣、白枣、无实枣等 12 个类型的枣，很好地体现了这种木本粮食在北方果树中占有的举足轻重的地位，因此在选育良种中取得不寻常的成就。此外，还有梂（君迁子）。相形之下，江南分布的喜温果树就少得多，只有芸香科的柚、櫠（臭柚），以及山毛榉科的坚果栵（茅栗）和野生果树刘（可能是金樱子）[1]。

除果树外，这里记载的经济作物有饲养蚕用的桑、檿桑（桑的一种），饮料槚（苦荼、根据郭注无疑就是今天的茶），香料梫（桂）、椒（花椒）等。此外还有杞（即枸杞）。

（二）用材树种

《尔雅》这部分内容比重较大的是当时人们熟知的各种用材树。特别值得注意的是这里记载江南最为有用的木材树种柀（即杉），以及最为珍贵的木材梅（也称柟，即楠）。当然《尔雅》中记载的树木大部分还是黄河流域较常见的落叶阔叶树。其中有榆科朴属的硬木檔（沙朴），椴树科的栲（山樗，即椴树）、柏、椵（当是椴树属植物一种），北方常见的山毛榉科的杻（青檀），山茱萸科梾木属的椋（梾木），以及桦木科植物櫰（白桦）。胡桃科的樱（枫杨），以及柞木、五味子[2]、栩、荎（即刺榆，也叫山榆）、杜（赤棠，即杜梨）、魄（朴）、枪（钩樟）、椐（榉）、柽（柽柳）、旄（泽柳，垂柳）、杨（蒲柳）、权（黄连木）、诸虑（山葡萄）、櫾（也叫虎櫐，即紫藤）、杬（鱼毒，即芫花）、楔（鹅尔枥）、枫、寓木（桑寄生）、无姑（荎榆）、栎（其实梂、麻栎）、櫬（梧桐）、朴（也称枹，即泡桐）、櫰（槐）、守宫槐（合欢）、楸、榎、椅（梓）、楝（白楝，当时楝属植物）、械（也叫白桵，即扁核木）、榆（白枌）、唐棣（栘）、终（牛棘、蔷薇）、槸朴（槲实）、荣桐木（泡桐或油桐）、以及北方广泛栽培的柏（侧柏）、桧（圆柏）、枞（冷杉）[3] 等。

从上述种类不难看出，《尔雅》中搜罗的果树的种类已比《诗经》中所记载的多，包罗的地域更广，除黄河流域的外，长江流域的臭柚、柚、木瓜也为作者知晓。

另外，从《尔雅》的这部分内容还可发现，中原地区的果树遗传育种工作很出色，原先在《诗经》中不曾出现的梨已经登上桌面。新添的种类还有山楂、枸杞和五味子等。而原来常见的古老果树枣、桃、李在当时更是出现了多个品种。李甚至出现无核的品种。

① 这里用的是石声汉的观点，参见辛树帜：中国果树史研究，农业出版社，1983 年。

② 郭璞指出，释草部分已见，此处可能系重出。

③ 这部分内容参考了印嘉祐，《尔雅·释木》训诂，林史文集，1989 年，第一辑，林业出版社，1989 年 9 月第 155 页。

一些后世重要的经济作物如茶、桂等也在书中出现。还有后世重要的观赏植物，如紫藤、蔷薇于此开始见诸记载。

另一方面，从《尔雅·释木》中我们可以发现，书中记载的树木主要仍是华北地区常见的树木，如槐、数种榆以及杨、柳和朴、白桦等，当然也有一些是南方分布的树木如楠。

《尔雅》的上述两部分中，有些后来成为重要的观赏植物，如菊、石竹、蜀葵、木槿、紫藤和一些种类的竹子。

三　《尔雅·释虫》中涉及的动物

《尔雅》中记述的动物种类也很多，其中"释虫"部分主要是昆虫，大多是日常生活中常见的种类。

（一）常见的昆虫

书中记载的昆虫包括家里令人讨厌的蜚（蟑螂）①、旧房中习见的蟏（蚰蜒）。夏秋季节数种颇受人重视的同翅目昆虫，包括蜩（蝉、鸣蝉）、蜋蜩（彩蝉）、螗蜩（春蝉）、蚻（蟪、稻叶蝉）、蠽（稻叶蝉）、蝒（马蝉，大蝉）、蜺（寒蝉）、蜓蚞（螇螰，即蟪蛄）。另外，翰（天鸡，也叫樗鸡或红娘子）也是这个目的昆虫。今属鞘翅目的甲虫，在《尔雅》中也不少，如草地上习见的蛣蜣（蜣螂，俗称屎壳郎）、蝎（蛣蝠、天牛幼虫）②、蝤（桑蠹，桑天牛）；在桑树中爬行样子难看的蝝（啮桑，即桑象天牛）、蚾（蟥蚾，鞘翅目的一种作物害虫，可能是金龟子），常在瓜上爬行而得名的蟥（舆父，守瓜）。另外，见于记载的还有蟦（蛴螬，即金龟子幼虫）、蝤蛴（蝎，枯木中藏身的吉丁虫，在一些地方称为柴虫，即天牛的幼虫），晚上显眼的萤、蛄蟹（强蜯，即赤拟谷盗）、蝏（蝾蝼，一种蝼蛄），另外还有长着三角形脑袋，古人认为像马头，走路怪异的不过（蟷蜋，即螳螂），其子（蛸）叫蜱蛸③，莫貈（蟷蜋、蛑，也是螳螂），蝗虫的幼虫蝝（即蝻）。

此外，书中还记载了数种引人注目的直翅目昆虫。它们中有田野常见的害虫螜（天蝼，蝼蛄一种，俗称土狗子），还有类似的贼（？）和蟊（蝼蛄），常躲在房前屋后或草丛中叫唤的蟋蟀以及肚皮很大、特能叫唤的皇蠚（蝑，即蝈蝈）、草蠚（草蝑，即纺织娘）、蚚蠚（蚣蝑，即蠚斯）、土蠚（溪蟓，蚱蜢）。古人很早就注意到短命的蜉蝣④、破坏书籍的蟫（白鱼，即衣鱼）⑤，在空中飞行的虹蛭（负劳，即蜻蜓）⑥。今属鳞翅目的害虫在书中已有不少，包括稻螟虫、蝥（粘虫）、蛅（毛蠹，一种毒刺蛾幼虫）、蠕（蛄蟴，即刺蛾的幼虫），让人讨厌的蠖（尺蠖）、蚬（缢女，即槐尺蠖，一种吃植物叶子的青虫，俗称吊死鬼）。还有螟蛉（桑蠹，即桑螟），还有久经养护的蚕（蛾）、魄（蚕蛹）、蠋（桑茧）、蚭（乌蠋，柞蚕？）。

---

① 也叫脏螂。
② 现在称为蝎的动物，古代称为虿。把蝎当作虿的简化字有时会引起误会。
③ 即中药桑螵蛸。
④ 今属蜉蝣目。
⑤ 今属缨尾目。
⑥ 今属蜻蜓目或脉翅目。

墙角和野地同样常见的蚁类，包括蚍蜉（大蚁，即黑蚁）、蚁（即黄蚁）、蠪（杠蚁、即赤蚁），及螱（飞蚁），以及蚳（蚂蚁蛋）。今天常见的膜翅目昆虫除上面提到的蚂蚁外，还有蜂类，包括土蠭（土蜂，可能是马蜂）、木蜂（黄蜂）、果蠃（蒲卢，即蜾蠃，也叫细腰蜂或泥蜂）、国貉（虫蟹，家蚕寄生蝇）、会咬人的蠓（蠛蠓）。书中还有些动物形态习性的描述，如蜂类的腹部长下垂，蝇类好扇翅膀，螽（蝗）类好急速地飞跳。当然也有一些不太正确的认识，如书中认为翥（当是蝉）类剖母背而生①。

（二）其他节肢动物和无脊椎动物

《尔雅》中的虫还包括其他节肢动物，如常让人感到害怕的蒺藜（蒴蛆，即蜈蚣），野地里看了让人讨厌的蚭（马陆）。这部分还包括蛛形纲的不少种类，有到处牵丝织网的次蟗（鼅鼄，即蜘蛛），包括土蜘蛛（圆网蛛）、草蜘蛛（草蛛），蜪威（委黍，即鼠妇的一种或另一名称）、蟏蛸（长踦，即喜子，一种长脚的小蜘蛛）、蛭蝚（至掌，可能是水蛭）、王（蛈蝪，螲蟷，地蜘蛛），看了让人不舒服的蟠（鼠负，也叫潮虫）②。另外，还有各地常见，在土壤中松土的蟺蚓（螼蚓，即蚯蚓）③。

书的末尾作者似乎还有意将虫再分为虫和豸，同时为它们下了这样的定义："有足谓之虫，无足谓之豸"。但这种分类似乎并未在后世得到发展④。仅从《尔雅》所及的昆虫中，可知当时的人们所掌握的昆虫种类，大体上述及人们日常生活面对的那些⑤。

这部分的内容还包括少量的两栖类动物，如蟼蟆（蛙）等。这可能是因为它们的幼体（蝌蚪）与成体有很大的差别，类似昆虫的变态（即古人所谓的化）。因而我国古代的"虫"字的涵义远较今日广⑥。

四　《尔雅·释鱼》涉及的动物

《尔雅》的"释鱼"部分提到的动物包括的今天鱼类、两栖爬行类和软体动物（贝壳）等。

（一）鱼类

《尔雅》中"释鱼"的部分记载的是一些较为常见而且是传统广义的"鱼"类。其中有在我国分布极广的鲤鱼、鳛（泥鳅），内河的大型鱼类鳣（中华鲟）、鮥（鮛鲔，即白鲟），南北各主要水系普遍分布、肉味鲜嫩的鲇鱼，除西南高原外分布几遍全国的鳢（俗称黑鱼）、鳜鯞（即鳑鲏鱼）、魦（鳟，赤眼鳟），肉味鲜美深受国人喜爱的鲂（鳊）、鳗鲡，如今最重要的养殖鱼类之一的鲩（草鱼），以及鮂（鲋?）、鮤（鱴鱼即鲚鳀）、鲨鮀（小鲨鱼，屋角

---

① 实际可能是从蝉蜕背后开裂引起的误解。
② 今属甲壳纲。
③ 今属环节动物。
④ 除《谭子雕虫》（2～661）等少数书外，古代有关生物的著作提到这种说法的也不多。
⑤ 现在人们经常会接触的也是这些。
⑥ 当然《尔雅》中的虫与今天的昆虫含义还是比较接近的，不像庄子以及后来不少学者，把所有的动物都当作"虫"。

钉)、鰕(鰕虎，鱼科，石鱼?)、黑鰦(白条鱼)、鲣(大鲖)、鲤(稻花鱼?)、魠(大鱯、长吻鮠、鮴)、鰋(乔?)①，还有现在认为属于哺乳动物的鱀(白鳍豚)，历史上当"鱼"吃的鰝(大虾，即龙虾)，及其他虾和蜻�(蟛蜞，小河蟹)等。

(二) 两栖爬行类和软体动物

在"释鱼"这部分中，还包括部分两栖类爬行动物，它们是常见的蛤蟆及其幼年期的蝌蚪，房前屋后常见的癞蛤蟆、青蛙，后来被称做娃娃鱼的鲵(大鲵)、三足鳖(可能是残疾动物)、数种龟(包括三足龟)。还有各地比较常见的蝾螈、蜥蜴、蝘蜓(壁虎)，以及蝮蛇、虺(眼镜蛇)和蟒蛇。另外这部分还包括可食用的水生软体动物有魁陆(蚶)、蚌、蜬(贝壳、螺)、魹(大型贝壳动物)、蛏、蚹蠃、螺蛳、江瑶(扇贝)。此外，这部分还有蚹蠃(蚹蠃即蜗牛)、蛹(即孑孓，蚊子幼虫)及水蛭等。

五　《尔雅·释鸟》所涉及的鸟类

《尔雅》的"释鸟"部分所记的种类已经数量不少，主要也是黄河流域常见种类。

书中记载了各地常见的隹其(鸠类)、鹨鸠(鹊鹨，灰喜鹊)，很早就以叫声引起人们在耕作季节上注意的鸤鸠(布谷，即杜鹃)、鹝鸠(乌鸦?)，各地常见的鸣禽鸴(山雀)和不招人喜欢的鸺(鸱鸺，即猫头鹰?)。常在水边食鱼的鸺鸠(鹗，鱼鹰)、鸩(天狗，即翠鸟，俗称鱼狗)、鵹(痴鸟，即苍鹭)。秋往南春往北列队飞行的候鸟舒雁(鹅)、鵱鷜(音吕、野鹅，即鸿雁)。常见于我国东部的鹨(也称天鹨、告天子，即云雀)，我国各地常见、成对或小群在河岸觅食的鵁(凤头麦鸡?)，以及鹒(黑水鸡?)和其他常见的水禽舒凫(鸭子)、鸬鹚(紫鸳鸯)、鹈(鹈鹕)。还有羽毛引人注目的鷩(锦鸡)、猛禽鹯(鹞)、鸢(鸮)，很早就为人注意的桑扈(蜡嘴雀)、桃虫(鹪鹩)②以及剖苇(苇莺)。还有祥瑞动物凤凰(传说中鸡头、蛇颈、燕颌、龟背鱼尾的灵鸟，其原型当是雉鸡)。

在书的这部分还提到大量的其他鸟类，其中包括鸭鸰(鹡鸰)、鷽斯(鹎)、燕(白豆乌)、鴷(鹌鹑)、巂周(杜鹃)、燕燕(雨燕)、鸥(鹰)、鸮(猫头鹰)、鸪鴶(大杜鹃)、狂(茅鸮，即鴟)、怪鸱(鹈鹕)、枭(鸮、角鸮)、爰居(秃鹫?)、戴鵀(戴胜)、鴜(池鹭)、鸳鸯(鸬鹚)、鷯鹑(山鹑)、沈凫(野鸭)、鸨(斑头鸺鹠)、鷄鸠(毛腿沙鸡)、萑(耳鸮)、鸐(白冠长尾雉)、皇(黄鸟，即黑枕黄鹂)、翠(鹬?翠鸟)、山乌(山鸦)、晨风(鹯，即隼或鹞)、鷂(白尾鹞)、蚊母(夜鹰)、鹇(鹇鹏)、仓庚(黄鹂)、鹰(鸬鸠、山鹰)、鹈鹕(潜鸭)、鴷(啄木鸟)、鹙(白头翁)、鴙(各种雉)、鹭(白鹭)、鹍雉(雄雉)、鸐雉(长尾雉)、鳪雉(环颈雉)、鷩雉(红腹锦鸡)、海雉、鸐(白冠长尾雉)、鷞雉(棹雉、白鷳)、翚(锦鸡)、鵙(伯劳)。作者指出不同地区的雉有不同的名称。今天认为属兽类的蝙蝠(服翼)、鼯鼠(夷由)也因其有"翅膀"，能飞或滑翔被列在这部分。

书中还记述了不同鸟类的飞行习性，说鹊和伯劳飞翔时拍打翅膀，鸢、鸦展翅飞翔，鹰隼张着翅膀迅速地飞上飞下。同时还就鸟类的形态特征等进行了记述，指出雁鸭类脚掌有

---

① 《本草纲目》释为鲇鱼。
② 见上面《诗》的有关部分。

蹼，飞翔时脚伸直，善于叫。另外还记载了鸟类雌雄的鉴别。此外有一些描述鸟类的名词及禽兽的定义等。书中还指出鸟鼠同穴这种动物的共栖现象，指出鸟是鵌（可能是雪雀），鼠是鼵（可能是黄鼠）。还给鸟下了定义："二足而羽谓之禽。"

六　　《尔雅·释兽》所涉及的动物

《尔雅》中"释兽"的种类也不少，已经包括了我国当时习见的各种大型兽类，及一些外来种类。有当时人们常见的狩猎动物麋，说它的雄鹿叫麔，雌鹿叫麎，幼子叫麇，鹿（梅花鹿）、雄鹿叫麚，雌鹿叫麀、幼鹿叫麛。麕（麕即獐）、雄鹿叫麔，雌鹿叫麎。狼、兔、猪、虎（包括浅色叫虦猫的虎）、貘（白豹 可能即大熊猫）、甝（白虎）、虪（黑虎）、貀?（海狗）、鼮（巨松鼠）、熊、貍（大狸猫）、貒（即猪獾），幼兽叫貗。貙（狗獾）、貘（雪豹）、貚獌（可能是花面狸）、麝、豺、羆（棕熊）、麠（当是岩羊）、大麕（当是一角兽即藏羚羊）、麠、羆（小狗熊抑或马来熊）、貔貅（豹）、狻麑（狮子）、羱（盘羊）、麔（传说的麒麟）、犹（短尾猴）、豲（豪猪）、兕（黑犀牛）、狒狒（古时也叫山都）①、犀（犀牛）、蒙（刺猬）、蒙（獴）、猱（猕猴）、猨（猿）、玃（短尾猴）、贙（狼狗?）、麢（短尾猴）、蜼（金丝猴）、猩猩②，以及当时认为是"鼠属"的十多种动物。这些鼠分别是鼢鼠（可能是中华鼢鼠）、鼸鼠（可能是大仓鼠）、鼷鼠（姬鼠）、鼶鼠（田鼠）、鼬鼠（黄鼠狼）、鼩鼠（鼩鼱）、鼳鼠、鼶鼠、鼫鼠（可能是鼠兔）、鼶鼠、鼫鼠、豹纹鼮鼠（豹鼠）、鼬鼠（可能是灰鼠，也叫松鼠或灰狗子）。书中把牛、羊、鹿等反刍动物和鸟类及有颊囊的鼠及生活在树上有颊囊的猴统称为"齸属"。书中指出，狸、狐、貒、貈等兽类的脚都有掌垫。这部分还提到一些动物消化器官的名称，以及一些动物的呼吸行为特点。

除上述六篇外，《尔雅》还有"释马"等篇，其中不仅提到大量马的品种，而且还指出我国西部有野马。对羊、狗、鸡等人们早已驯养的家畜也有简要的介绍。

另外，《尔雅》中还记有当时的一些植物学术语，如荄（根）、华（荂音复）。书中说：木（开花）谓之华，草（开花）谓之荣。"叶罗生"（轮生）。繁类在秋天也叫做蒿。蓟类的果实（聚在一起的瘦果）叫作荂。不荣（开花）而实（结实）者谓之秀，荣而不实者谓之英。

《尔雅》"释草"、"释木"两篇共记了100多种植物。而"释虫"、"释鱼"、"释鸟"、"释兽"、"释畜"后面五篇记载了300多种动物。其中"释虫"篇中记载了80余种动物，大部分是现在所谓的节肢动物，还有一些是软体动物，大体相当于当今的无脊椎动物。"释鱼"篇中记载了70多种动物，除鱼类之外，还包括现在所谓的两栖爬行类和一些无脊椎动物。"释鸟"篇记载了80多种鸟类，"释兽"和"释畜"记载的大体都是兽类。

---

① 郭璞注指明此乃今中南半岛一带的动物。
② 郭璞注指明猩猩也是华南至今中南半岛一带的动物。

第十节　人体解剖知识的积累和当时人们的优生观念

一　解　剖　知　识

　　人类对猎获的动物进行切割和解剖的历史是很久远的。上面提到甲骨文中有不少字反映出当时人们解剖动物和割裂其器官的情形，前面提到，有古文字专家指出，甲骨文中的"饮"本义是以刀片击蛇（它），它即古代的蛇字，它形左右有点点，像血滴淋漓之状[1]。另外，它与脆同意，有剖肠的意思。《庄子》中"庖丁解牛"的故事就深刻地揭示了早期人们在长期的生活实践中曾大量地解剖动物，在这基础上积累了我国早期的动物解剖学知识。后来有关兽医的作品也时有这方面的记载。

　　虽然在人类历史的发展早期，由于文字资料的缺乏，我们难以确知古人对解剖学知识掌握的程度，不过从有关考古资料来看，人们在取食和祭祖的实际操作甚至战争的杀戮中，逐步地积累了一些初步的解剖学知识。

　　我国古代在对某些战俘或犯人进行处决时，出于加重惩罚和好奇等诸多目的，经常对他们进行解剖。《史记·扁鹊仓公列传》中提到：名医俞跗因治病需要，"因五藏之输，乃割皮解肌，诀脉结筋，搦髓脑，揲荒爪幕，湔浣肠胃，漱涤五藏，练精易形"[2]。当然，反映人们对解剖学知识的掌握，更多地体现在医学著作中。

　　《黄帝内经》中有一些这样的记载，"灵枢经·经水篇"载："若夫八尺之士，皮肉在此，外可度量切循而得之，其死可解剖而视之。"这是历史文献中最早提到解剖一词。

　　另外，"灵枢经·骨度篇"记载："黄帝问于伯高曰：'脉度言经脉之长短，何以知之?'伯高曰：'先度其骨节之大小、广狭长短，而脉度定矣'……人长七尺五寸者……头之大骨围，二尺六寸。……发所复者颅至项，尺二寸。"[3] 可以看出当时的人们已经进行了某种程度的人体测量。在同书"营气第十六"中，作者提到："手之六阳，从手至头，长五尺。五六三丈"[4]。在"肠胃第三十一"中又有："黄帝问于伯高曰，余愿闻六腑能传谷者，肠胃之大小长短，受谷之多少奈何? 伯高曰：请尽言之。谷所从出入浅深远近长短之度：唇至齿长九分，口广二寸半，齿以后至会厌深三寸半，大容五合舌重十两，长七寸，广二寸半：厌门重十两，广一寸半。至胃长一尺六寸，胃纡曲屈，伸之长二尺六寸，大一尺五寸，大容三斗五升。小肠后附脊，左环回迭积，其注于回肠者，外附于脐上，四运环十六曲，大二寸半，径八分分之少半，长三丈三尺。回肠当脐左者，外附于脐上，四运环十六曲，大四寸，径一寸寸之少半，长二丈一尺。广肠传脊，以受回肠，左环叶脊上下，径大八寸，径二寸寸之大半，长二尺八寸。肠胃所入至所出，长六丈四寸四分，四曲环反，三十二曲也。"上面这段文字叙述了消化道中各个器官的大小、容量，还就一些器官的特征作了描述。其中的长度尺寸在今天看来可能不太准确，但其各器官大小的相对比例还是大体准确的。

①　于省吾主编，甲骨文诂林，中华书局，1996 年，第 1796~1797 页。
②　《史记》卷一百五，中华书局，第 2788 页。
③　陈璧琉等编，灵枢经白话解，人民卫生出版社，1963 年，第 176 页。
④　陈璧琉等编，灵枢经白话解，人民卫生出版社，1963 年，第 188 页。

二　生理学知识

比较而言，我国古代有关生理学的知识比较零散。战国时期的《黄帝内经》一书中，初步总结了一些人体生理活动的规律，并用它来说明疾病产生和变化的原因。我国古代早期的生理学知识主要是通过解剖实践获取的，一个典型的例子就是对内分泌的认识。

从殷商时代的甲骨文中，可以看出当时人们已经对家畜猪、马等施行阉割术。《周礼·校人》也有阉马的记载。经过阉割后的动物，由于内分泌作用的变化，会改变其凶猛的性格，使它们变得温驯，便于饲养管理和提高肉的产量和质量。生产实践中的这种做法，可能是早期人们领悟到内分泌作用的原因。

可能是从动物身上切除腺体得到启发，我国在商周时期也出现对人体实行类似的阉割术，即所谓的"宫刑"。《诗·大雅》、《周礼》中都有这方面的记载。后来充当宫廷内侍的宦官也都被施行阉割术。人们逐渐从这些阉割后的人群中观察到第二性征的明显变化，积累了不少相关的生理学知识。

另外，《素问·脉要精微论》提出脑为"精明之府"，似乎已经注意到脑与记忆和思维的关系。还有学者认为战国末年篆书的思字，从囟从心，意味着"思"和"忧"等精神活动都是通过脑和心体现出来的[①]。"灵枢经·动输"篇中记载："人一呼脉再动，一吸脉亦再动。"注意到人体呼吸与脉跳频率之间的关系。

值得一提的是，当时的人们已经注意到一些猫头鹰的眼睛与普通鸟类的生理特性不同。《庄子·秋水篇》记载："鸱鸺夜撮蚤，察毫末，昼出瞋目而不见丘山，言殊性也。"指出鸱鸺（角鸮类）与一般白天活动的鸟类不同，它晚上察看东西很清楚，白天却视力很差。

三　遗传学知识的积累

上面在介绍《诗》中的生物学知识的时候，已经简单地提到了当时人们在遗传育种方面取得了相当大的成就。出现了各种"佳种"。当时的人们还知道大麻这种植物有雌雄之分，《诗·豳风·七月》的有关记述表明了这一点。不仅如此，当时的人们应当已经掌握了杂交育种方面的知识。至迟在春秋的时候，人们已经知道利用远缘杂交来安排家畜育种。《吕氏春秋·爱士》中记载："赵简子有两白骡，而甚爱之。"很显然人们已经知道通过马和驴的杂交来产生更为方便役使的骡子。

四　优生观念的产生

族群的繁殖一直是我国古人非常重视的一件事，他们希望自己的后代不但能生生不息，而且还能"人丁兴旺"，以至于有"不孝有三，无后为大"的说法。在长期的观察积累中，古代的人们很早就注意到近亲繁殖是不合适的，因此在春秋战国时期就有"男女同姓，其生

---

① 宋问元，祖国医学的神经论及其来源，医学史与保健组织，1957年，第1页。

不藩"① 的说法。人们逐渐将"取妻不同姓"② 作为"礼"的部分内容，要求人们加以遵循。古人认为如果取同姓的人做妻子，"其近禽兽"，就是认定同姓之间有亲缘关系。从中可以发现人们已经认识到近亲繁殖会有各种弊端，不利于族群发展。

优生作为一种概念提出来是比较晚的，但类似的想法可能在很早就在古人的观念中产生了。众所周知，古代中国人的宗族观念非常强，对于一个宗族是否能繁荣昌盛是很在意的，因此古人对男婚女配这件事看得非常重就是很自然的了。因为在与对方结成姻亲的时候，不像今天那样，看看结婚的双方是否具备感情基础，更重要的是为使宗族繁荣，男方还要看看对方家族的"种草"如何。男方总要尽量避免女方的家族有恶性的遗传疾病（也就是古代所说会"出"的疾病），即所谓"世有恶疾不娶"。这里的"恶疾"包括精神疾患、聋哑、暴死和难以治疗的传染病等。

另外，在《周礼·地官·媒氏》中记载："媒氏，掌万民之判……令男三十而娶，女二十而嫁。"似乎已经有了晚婚的观念。

五　关于人体胚胎发育的认识

关于人体自身繁殖的问题，古人肯定做过很多的考察，才会产生上述的优生观念。逐渐地人们也开始注意人体胚胎在体内的发育过程。《管子·水地》这样写道："人，水也。男女精气合而流形。三月如（而）咀（蛆）……五月而成，十月而生。"已经初步阐述了人体胚胎的发育过程。

第十一节　应用微生物学的起源

我国在远古和上古时期，已经开始酿酒、制酱、酿醋，利用大型真菌，而且对传染病也开始有所认识。这些活动对人类早期文明的发展起了重要作用，它已构成了一个特别的生物学领域——应用微生物学。

一　曲蘖酿酒的起源

曲蘖酿酒是利用霉菌或蘖的酶，把谷物淀粉水解为糖，再经酵母酒化酶系的作用，把糖转化为酒精，同时伴随着多种酯类形成。这些过程涉及微生物学和生物化学以及它们的起源。

（一）酿酒的起源

远古时期的先民们已经开始模仿自然发酵来酿酒。《吕氏春秋》③ 中有"仪狄作酒"的记载，《世本》④ 则记为"仪狄始作酒醪"，《尚书》⑤ 记载了商王武丁与大臣的谈话，"若作

---

① 《左传·僖公二十三年》。
② 《礼记》，上海古籍出版社，1991 年，第 8 页。
③ 《吕氏春秋·勿躬篇》。
④ 清·秦嘉谟辑补，《世本·作篇》卷九，琳琅仙馆本刻本，1818 年，第 7 页。
⑤ 《书经·说命篇》。

酒醴，尔维曲蘖"。这些记载显然不是酿酒的起源。刘安[①]在《淮南子》中提出，"清酼之美，始于耒耜"，这是说酿酒起于农业生产。晋朝江统[②]（公元250? ～310年）在《酒酷》中提出，"酒之所兴，肇自上皇，或云仪狄，一曰杜康。有饭不尽，委余空桑，郁积成味，久蓄气芳。本在于此，不由奇方。"这表示酿酒起源于农业生产之后，人们已经食用熟食的时候。吕其昌[③]根据对甲骨文和钟鼎文的研究，和对其他文献的考证，提出"在远古时代人们的主要食物是肉类，至于农业的开始乃是为了酿酒"，这一观点确有一定道理，但不够充分。

范文澜[④]在《中国通史简编》中认为："生产力的提高，生产关系也将受到影响而发生变化，城是阶级社会开始的标志，谷物造成的酒也是标志之一。传说中的禹恰恰是开始造城的人，旨（甜）酒也在禹时（距今4200～4600年，即公元前2600～前2200年）开始出现（仪狄作酒）。如果上述各种传说多少有些真实性的话……"郭沫若[⑤]在《中国史稿》中提出："山西怀仁鹅毛口出土的仰韶文化时期（公元前5000～前4000年）以前的石器场，有许多石锄、石镰等农具，说明人们已经从事农业生产，也说明曲蘖造酒是起源于六七千年以前。"张子高[⑥]《中国化学史稿》认为："仰韶文化时期农业收获量少，不可能用谷类酿酒。只有农业生产力提高了，原始社会的氏族社会解体，阶级产生了，剩余的粮食集中在少数富有者手中时，谷物酿酒的社会条件才能成熟。"他认为酿酒起源于龙山文化时期（公元前2800～前1800年）。方心芳[⑦]不同意张子高的观点，理由是不能用龙山文化遗存的陶制酒器（尊、斝、盉等）来证明酿酒起源于那个时期。方心芳认为，出土文物恰恰说明酿酒不是起源于龙山文化时期，酿酒起源时期不可能同时出现专用的酒器。他认为"清酼之美，始于耒耜"是应该可信的。袁翰青[⑧]根据酿酒原理和农业生产起源与发展，指出谷物酿酒大概是从新石器时代开始的，在夏朝以前。陈靖显[⑨]在《河姆渡陶盉与长江流域酿酒史》一文中报道，1973年在浙江余姚市渡头村发现的河姆渡文化遗址，经^{14}C测定距今为6000～7000年（公元前5000～前4000年），基本上与仰韶文化时期同期，属新石器时代。在遗址中发现堆积层达50厘米高的水稻，总量达120吨。同时还出土了饮酒和温酒用的陶盉，内有白色沉淀物，考古学家认为是米酒的沉淀物。云峰[⑩]在《试论河北酿酒的考古发现与我国酿酒的起源》一文，报道了河北武安磁山遗址的发现。该遗址经^{14}C测定确定距今为7235～7355年（公元前5355～前5235年），早于仰韶文化和河姆渡文化。从磁山遗址发现的遗物来看，当时仍然是以渔猎和采集经济为主要的生存经济形式。在2579平方米的发掘

① 汉·刘安，《淮南子》卷十七，《四部丛刊》本，第10页。

② 晋·江统，《古今图书集成·食货曲》，第二七六卷，第六九八册，第14页。

③ 吕其昌，甲骨金文中所见殷代农业情形，见：张菊生先生七十生辰纪念论文集，商务印书馆，1937年，第336页。

④ 范文澜，中国通史简编（修订本），人民出版社，1955年，第94页。

⑤ 郭沫若主编，中国史稿，第一册，人民出版社，1976年，第153页。

⑥ 张子高，《中国化学史稿·古代之部》，科学出版社，1964年，第10～12页。

⑦ 方心芳，曲蘖酿酒的起源与发展，科学史文集（第4集），上海科学技术出版社，1980年，第140～149页。

⑧ 袁翰青，中国化学史论文集，三联书店，1956年，第73～102页。

⑨ 陈靖显，河姆渡陶盉与长江流域酿酒史，酿酒，1994，(3)：41。

⑩ 云峰，试论河北酿酒资料的考古发现与我国酿酒起源，中国酒文化与中国名酒，中国食品出版社，1989年，第259～268页。

面积内，有 80 个窖穴中堆积粮食，一般厚度为 0.3～2 米，其中 10 座窖穴粮食堆积达 2 米以上。经同位素分析确定粮食为粟，经统计堆积体积为 109 立方米，折合 5 万公斤。遗址发现饲养的鸡、猪和狗，陶器有碗、盂、钵、深腹罐，以及与藁城台商代遗址酿酒作坊中类似的灌酒用的漏斗、小口壶和数量较多的小陶杯等。据此，云峰提出磁山文化时期已经具备了谷物酿酒的条件。

综上所述，根据考古学的发现，依当时的社会经济发展条件和谷物酿酒原理，笔者提出建议，暂时把我国酿酒起源的时间定为磁山文化时期与仰韶文化时期、河姆渡文化时期之间，距今为 7000～7300 年（公元前 5300～前 5000 年）。其根据是：第一，生活方式由渔猎采集经济向农业生产方向转变，开始食用熟的谷物和饲养家禽家畜，谷物生产有大量剩余；第二，陶器生产为酿酒提供了容器；第三，酿酒起源发生在多个地方，有先有后；第四，人工模拟自然发酵酿酒时的规模开始时是很小的，没有固定的器具；第五，模拟时曲蘖和原料是不分开的。假若今后再发现新的考古证据，对此可做适当修改。

（二）曲蘖是什么

曲蘖是什么？古今中外学者持有不同的看法。《书经·说命篇》[1] 中"若作酒醴，尔维曲蘖"。东汉许慎[2]《说文解字》解释蘖为芽米。刘熙[3]《释名》解释："蘖，缺也，渍麦复之，使生芽开缺也。"明·宋应星[4]《天工开物》认为："古来曲造酒，蘖造醴，后世厌醴味薄，遂至失传，则蘖法亦忙。"另一种观点认为，蘖是曲，不是谷芽。《康熙字典》[5] 解释蘖即曲。陆尔奎[6] 主编《辞源》认为蘖，曲也，所以酿酒者。日本山琦百治[7] 认为曲蘖从来是两种东西，曲即饼曲，蘖为散曲。袁翰青[8] 认为曲是酒曲，蘖是谷子。方心芳[9] 认为曲蘖在开始时是一种发霉发芽的谷粒，后来发展为酒曲和谷芽。

笔者根据考古学发现和酿酒原理，提出曲是酒曲，蘖也是曲。在远古时期，先民们吃剩的或饲养家畜剩下的熟谷物盛在容器中，在夏天气温高多雨的季节，霉菌很容易在其上面生长，分泌的酶水解变性淀粉为糖，夹在霉菌中生长的酵母利用糖发酵生成酒精。若容器中有水，酒精便成为酒，散发出诱人的芬芳。先民们注意到这一自然发酵酿酒的现象，并进行重复模拟这一简单而复杂的发酵过程，这就是人工酿酒的起源。当时曲和原料是同一种东西，后来制曲技术提高了，曲才和原料分开，曲才正式出现，其最简单的形式是散曲，不可能是制作复杂的饼曲。

曲和蘖不可能是同一种东西，不是发霉发芽的谷粒。当谷粒发霉时粮温上升，在不能控制温度的远古时期，高温会引起烂芽。若先发霉后发芽，因霉菌生长繁殖利用掉谷物中相当数量的淀粉，即使谷物出芽，这种芽也是长不好的，谷物中的酶系活力也就低得多了。贮存

① 《书经·说命篇》。
② 东汉·许慎，《说文解字》，中华书局影印，1963 年，第 147 页。
③ 刘熙，《释名》卷四，1789 年，第 13 页。
④ 明·宋应星，天工开物，商务印书馆，1933 年，第 285 页。
⑤ 《康熙字典》，未集上（第三册），成都古籍出版社，1980 年，第 22 页。
⑥ 陆尔奎主编，辞源，商务印书馆，1928 年，未部 38 页。
⑦ 山琦百治，东亚发酵化学论考，东京版，1940 年，第 20 页。
⑧ 袁翰青，中国化学史论文集，三联书店，1956 年，第 73～102 页。
⑨ 方心芳，曲蘖酿酒的起源与发展，科学史文集（第 4 集），上海科学技术出版社，1980 年，第 140～149 页。

的谷子因受潮而发霉，在谷物因霉菌生长发热引起细菌繁殖，会导致腐烂。因之蘖是曲的一种，为什么曲发展起来，而蘖反被淘汰了呢？因后世厌蘖造的醴味薄，即其糖化酶活力和酒化酶系活力都低，造出来的醴味淡而被淘汰了，蘖法造酒也随之淘汰了，所以蘖不同于曲。

用大麦芽造酒即啤酒的生产，为什么啤酒生产在我国没有发展起来呢？笔者认为，首先，大麦在我国种植与粟和稻相比要晚，而且种植面积不大。大麦中的麦芽糖酶活力高，它水解淀粉生成麦芽糖，麦芽糖再经酵母发酵制成的酒，便是啤酒。我国远古和上古时期使用的蘖是曲的一种，不是大麦的蘖。其次，培养酵母技术在我国发展较晚，到宋代黄酒制造时，才有酵母专门培养的技术，即酒母的培养。因之我国酒的发展不同于古埃及和巴比伦的啤酒制造，也不同于地中海沿岸国家的葡萄酒生产，而是微生物固体混合发酵的曲酒。这也正是我国制酒的独特技术，对世界制酒技术做出了很大的贡献。

（三）夏、商时期的酿酒

早于夏朝的龙山文化时期（公元前 2800～前 2300 年），在河南和山东出土了黑陶制作的酒器尊、斝、杯等，数量比较多。这表明酿酒已比较普遍，出现了专用酒器。河北藁城台西商代遗址① 中发现了一座完整的制酒作坊，有蒸煮谷物用的将军盔，酿酒用的陶质瓮，灌酒用的漏斗，以及壶、尊、爵、大口罐等饮酒、贮酒器具。其中一只大陶瓮内存有 8.5 公斤灰白色锈状沉淀物。经方心芳鉴定，是酒挥发后的残渣，其主要成分是死亡酵母残壳。这是我国目前发现较早的酿酒残渣实物之一。

商代出土的甲骨文和钟鼎文中有酒、醴、鬯等字，这是我国关于酒的最早文字记载。傅厚元② 对甲骨文和钟鼎文研究后提出，从 30 多个酉字看，都是瓮形器具的形象，表明瓮是酿酒的器具。

（四）周朝酿酒技术的发展

《周礼·天官》③ 中关于王宫酿酒坊的人员编制载有："酒正中士四人，下士八人，府二人，吏八人"以及"酒人、奄十人，女酒三十人，奚三百人。"这表明当时酿酒作坊的规模较大，在人员和管理上都是严格的。

1. 酿酒前准备工作的六必

《礼记·月令》④ 关于酿酒前的准备工作有明确的要求，并形成了条例和制度，"乃命大酋监之，毋有差贷"。《周礼注疏》⑤ 对六个必须注意事项作了解释："秫稻必齐者，必使齐熟。曲蘖必时者，选之必得时。湛渍也，嬉炊也，谓米炊酿之时必须洁净。水泉香者，谓渍曲、渍米之水必须香美。陶器必良者，酒瓮陶中，所烧器者必须成熟，不津云。火齐必得者，谓酿之时生熟必宜得所也。"以上六必的规定是人们在酿酒中经过漫长岁月的实践得来

---

① 云峰，试论河北酿酒资料的考古发现与我国酿酒起源，中国酒文化与中国名酒，中国食品出版社，1989 年，第 259～268 页。
② 傅厚元，古籀汇，卷十四下，酉部五三七页，中国印学研究所，1945 年。
③ 《周礼·天官》。
④ 《礼记·月令》。
⑤ 《周礼注疏》。

的，它对我国酿酒技术和酒的品质产生了深远的影响。现今汾酒酿造有七条秘诀[①]："人必得其精，水必得其甘，曲必得其时，高粱必得其实，器必得其洁，缸必得其湿，火必得其缓。"是对六必的继承和发展。

2. 酿酒过程中的五个阶段

《周礼·酒正》[②] 中规定："酒正掌酒之政令，以式法授酒料……辨五齐之名。一曰泛齐，二曰醴齐，三曰盎齐，四曰缇齐，五曰沉齐。"《周礼注疏》[③] 解释为："泛者，成为滓浮，泛泛然，如今宜成醪矣。二曰醴齐，醴体也，此齐熟时上下一体，汁滓相将，故名醴齐。郑玄对后面三个齐解释为：盎犹翁也，成而翁翁然，葱白色如今酂白矣。缇者成而赤红，如今下酒矣。沉者，成而滓沉，如今造清矣。"方心芳和袁翰青都认为五齐对酿酒发酵过程中醪液变化的五个阶段描述得生动具体，表明当时已掌握了发酵过程的规律。

二 制酱与酿醋

（一）制酱

周朝设有醢人管理制酱，《周礼·天官》[④] "醢醢人掌四豆之实，醢蠃醢臝醢、蜃蚳醢、兔醢、鱼醢、雁醢。""醢"《说文解字》[⑤] 解释为肉酱。由此可见在周朝制酱的原料都是肉类，这与当时的生活方式有很大关系，当时肉的种类也很多。那时制醢的方法，《周礼·注疏》[⑥] 作了说明。"后作醢者，必先脯干其肉，乃后莝之，杂以粱曲及盐，渍以美酒涂置瓶中，百日则成矣。"先把肉晾干或晒干，除去水分和血液，然后切成小块，拌上制酒的粱曲，加上盐和酒，放入瓶中，百日以后即成。制酒用的粱曲加入肉泥中，使微生物分泌的蛋白酶分解蛋白质，生成肽及多种氨基酸。呈味氨基酸与盐作用，生成氨基酸盐类，如谷氨酸盐，使肉酱鲜美。这是应用微生物开辟的另一个新用途，是世界上较早的制酱新发明。

（二）酿醋

《周礼·天官》[⑦] 有"醯人掌五齐七菹"的记载。《说文解字》[⑧] 解释醯为酸也，作醯以醋以酒。这是说用鬻即用粥做酸性的醋，也可用酒做成酸性的醋。虽说详细的制法没有说明，用淀粉质的流体粥，或用酒，制成的醋是液体的。这两种制法都是醋酸菌发酵，并表示酒是制醋过程中的中间产物。

---

① 万良适、吴伦熙，汾酒制造，轻工业出版社，1957 年，第 38~40 页。
② 《周礼·天官》。
③ 《周礼注疏》。
④ 同②。
⑤ 东汉·许慎，《说文解字》，中华书局影印，1963 年，第 147 页。
⑥ 同③。
⑦ 同②。
⑧ 同⑤。

三　春秋战国时期的制曲酿酒

《左传》中记载申叔展关心士兵的生活，他问还无社："有麦曲乎？"又曰："河鱼腹疾，奈何？"这表明春秋战国时期已经有了麦曲，但其制作方法不详。麦曲的出现，对其后制曲的发展产生了重大影响。

1977 年，河北平山县三汲乡战国中山王訾墓中出土两只锈封严密的铜壶[①]，内盛两种不同颜色的液体，其一清莹透明，似现代竹叶青酒，另一壶中呈黛绿色。当发掘人员现场启封时，酒香扑鼻。经北京市发酵工业研究所初步鉴定，其中含有乙醇、乳酸、丁酸、氮等十多种成分，因之确定铜壶中的液体是酒。战国时期制成的酒，保存 2300 多年后而不变质，表明酒中乙醇含量高，有杀菌作用。酒中的乳酸、丁酸和乙醇反应，能生成乳酸乙酯和丁酸乙酯，使酒香扑鼻。铜壶的密封很好，致使这些挥发性酯不能挥发出去。壶中酒不带糟，表明过滤的酒在那时已经出现。酒的制造方法虽不详，但酒的质量是比较高的。

第十二节　环境保护观念的产生及其实践

为了更好地生存，古人对环境是很注意的。《诗·大雅·绵》有："周原膴膴，堇荼如饴……曰止曰时，筑室于兹。"这些记述表明古人通过观察地上生长的植物判定周原土地肥沃，适宜于在那里定居。这一方面反映人们已经知道利用指示植物的方法来为生活实践服务，一方面也体现出对"择地而居"的重视。可能堇、荼都是当时人们常需利用的植物资源。

随着人们认识水平的提高和生产的发展，我国古人逐渐认识到，为了更好地利用生物资源，就要对生物资源进行适度的管理和保护。传说在黄帝时期，人们已经注意到对鸟和鹿的繁殖进行保护，以便长久地利用生物资源。在尧舜的时候，就有伯益（亦称伯翳）作为"虞"，据《尚书》记载：他为舜帝管理山林薮泽的"草木鸟兽"[②]，史称"伯翳能议百物，以佐舜者也"。这里的百物根据韦氏解指的是"草木鸟兽"，"议，使各得其宜。"[③] 换句话说，伯益可能是古代一个能认识不少动植物的人物，于是被任命为当时负责管理生物资源的部门首领。根据《周礼·大司徒》和《左传》有关篇章的记载，周代的时候，也有负责各地山林薮泽的生物资源。

在夏朝的时候，对于下水捕鱼和上山伐木都有一些比较具体的时间规定，以便保护生物资源。商朝时，殷王为了合理利用鸟类资源，还在狩猎时"网开一面"，让部分鸟逃走。到了周代的时候，政府规定不能捕猎正在繁殖的动物，也不能把整群的鸟兽斩尽杀绝，放火烧林驱赶动物的狩猎方式是不允许的。《国语·鲁语上》记载有一个"里革断罟匡君"的故事，说到春秋时期，鲁国的君主鲁宣公因为在夏天鱼类繁殖的时候到泗水撒网捕鱼，他的臣子里

---

① 云峰，试论河北酿酒资料的考古发现与我国酿酒起源，中国酒文化与中国名酒，中国食品出版社，1989 年，第 259～268 页。

② 书经，上海古籍出版社，1987 年，第 9 页。

③ 国语，卷第十六，郑语，四部备要本，第 101 页。

革就将他的网割断扔掉，还教训他说："古者大寒降，土蛰发，水虞于是乎讲罛罶，取名鱼，登川禽，而尝之寝庙，行诸国，助宣气也。鸟兽孕，水虫成，兽虞于是乎禁罝罗，矠鱼鳖以为夏犒，助生阜也。鸟兽成，水虫孕，水虞于是乎禁罝罜麗，设阱鄂，以实庙庖，畜功用也。且夫山不槎蘖，泽不伐夭，鱼禁鲲鲕，兽长麑麇，鸟翼鷇卵，虫舍蚔蝝，蕃庶物也，古之训也。今鱼方别孕，不教鱼长，又行网罟，贪无艺也。"这段话的意思是："古时候大寒后，蛰伏的动物逐渐惊醒，水虞官才整理大网小网，捕捉大鱼，捞起甲鱼、蛤蛎之类，用于宗庙祭祀，居民也照这样做，这是帮助阳气宣发。春季鸟兽怀孕，水中的动物也在成长，兽虞官就禁用兽网、鸟网，只许刺取鱼鳖做成鱼干夏天吃，这是帮助鸟兽生长。到鸟兽成长，水生生物又怀孕，水虞就禁止小网入水，只设陷阱捕捉鸟兽，用做祭品，又充实庖厨。这是保护生物可以四季取用。山中不砍伐再生的幼苗，湖泊旁不采摘没有成长的草木，不捕小鱼，不捉小鹿以及走兽幼崽，不掏小鸟和鸟蛋，不要杀无害的昆虫，都是使万物自然生长繁殖。这是古人的教导。现在鱼类正在生长，却用网来捕捉，实在贪得无厌。"宣公挨了一顿训斥之后，只好承认错误。这个故事说明，在古代，合理利用生物资源确实是一项非常深入人心的工作，受到社会的普遍认同。

当时人们对合理利用生物资源的重视，我们还可以从先秦的许多著作中看出。后世读书人奉为经典的"四书"之一《孟子》一书就有不少这方面的记载。被古代誉为"亚圣"的孟子这样写道："不违农时，谷不可胜用也。数罟不入洿池，鱼鳖不可胜食也。斧斤以时入山林，材木不可胜用也。"（梁惠王上）从他的言论和上面里革的例子中我们可以看出，先秦的人们很强调对资源的利用，强调要合理地根据"天时"来把握，以便使生物资源尽可能地再生，持续利用。类似的言论我们可以很容易在先秦诸子的其他著作中找到。

《管子·八观》中认为："草木虽美……禁发必有时，江海虽广，池泽虽博，鱼鳖虽多，网罟必有正。"提出尽管生物资源丰富，也必须合理利用，注意保护。而且强调要根据时令，结合生物的生长发育情况，保护生物的再生能力。同时期的荀子也重申"圣人之制"，倡言在草木生长期和繁殖时不要采伐，"鼋鼍鱼鳖鳅鳣孕别之时，网罟毒药不入泽，不夭其生，不绝其长也"[1]。战国末年，先秦学术的总结性著作还引据过前人的一段话："竭泽而渔，岂不获得？而明年无鱼；焚薮而田，岂不获得？而明年无兽。"[2] 充分表明人们早就认识到掠夺性的开发方式终非长久之计。

当然，我国古人涉及环境保护的内容不仅仅局限在资源的合理利用方面，它也很关注合适的生产和生活环境的保持。以"从周"、"述而不作"著称的孔子似乎就注意到这一点。他说："丘闻之也，刳胎杀夭则麒麟不至郊；竭泽而渔则蛟龙不合阴阳；覆巢毁卵则凤凰不翔。"[3] 从这段话中，我们可以看出孔子显然反对破坏生物资源。从表面上看，这段话要表达的意思是不择手段地破坏生物资源，就会使祥瑞动物销声匿迹，实际上，如果考虑到麒麟、蛟龙和凤凰在古代分别代表兽类、鱼类和爬行类，以及鸟类的话[4]，就不难发现孔子其实强调维护生物的生长发育和繁殖，为构成一个美妙的人类生存环境所必不可少。反之，人

---

① 荀子，卷五·王制，中华书局，1986年，第105页。
② 《吕氏春秋》卷十四，义赏，四部备要本，第92页。
③ 汉·司马迁，《史记·孔子世家》，中华书局，1963年，第1926页。
④ 关于这一点请参看《大戴礼记·易本命》。

世间将黯然失色，陷入茫然若失的境地。这是因为古人认为祥瑞动物是世道祥和美好的象征。《山海经·南山经》中是这样记载凤凰的："有鸟焉，其状如鸡，五采而文，名曰凤凰，首文曰德，翼文曰义，背文曰礼，膺文曰仁，腹文曰信。是鸟也，饮食自然，自歌自舞，见则天下安宁。"在《诗经·大雅》中也有"凤凰鸣矣，于彼高冈。梧桐生矣，于彼朝阳"这种充满赞美语调的诗句。这种观念在我国古代一直被认同，《中庸》中所谓："国家将兴，必有祯祥"的理念大概就是来自这种古老的传统。所以，古人担心的"凤凰不翔"与现代人们害怕"寂静的春天"确有相通之处。

为了更好地保护生物资源，人们还制定了一套礼法来使生物资源得到更加有效的保护。《左传·隐公五年》提到："鸟兽之肉不登于俎；皮革、齿牙、骨角、毛羽不登于器；则公（君）不射，古之制也"。这里说的是"古制"，应当有一定的历史。它可能是古老的礼之一，也就是不成文的法，到后来也逐渐成为法律的依据。我们现在可以看到的有关这方面的最早法律是秦代的"田律"。这条法律见于上个世纪70年代在湖南云梦睡虎地出土的秦简中。内容如下："春二月，毋敢伐山林及雍隄水；不夏月，毋敢夜草为灰，取生荔，麛卵，毋……毒鱼鳖，置穽网，到七月而纵之。唯不幸死而伐绾享（即棺椁）者，是不用时。"用现代的话说就是：春天二月，不得砍伐森林和雍堤蓄水；不到夏天，禁止烧草作肥料，不准采伐刚萌芽的植物或猎取幼兽，不准毒鱼和设置陷阱和网捕捉鸟兽，直至七月份才解除禁令。只有突然死亡的人需用棺木可以不受上述时限的约定。

上述"田律"的内容其实在《吕氏春秋》一书中也有很好的反映，这说明后来许多的法律都是以礼为基准制定的。在《吕氏春秋·十二纪》中有如下一些涉及生物资源保护的条文：

孟春之月：禁止伐木，无覆巢，无杀孩虫胎夭飞鸟，无麛无卵。

仲春之月：无竭川泽，无漉陂池，无焚山林。

季春之月：田猎罼弋，置罘罗网，喂兽之药，无出九门。

孟夏之月：无伐大树，……驱兽无害五谷，无大田猎。

仲夏之月：令民无刈蓝以染，无烧炭。

季夏之月：令渔师伐蛟取鼍，升龟取鼋。……树木方盛，……无或斩伐。

孟秋之月：鹰乃祭鸟，始用行戮。

季秋之月：草木黄落，乃伐薪为炭。

仲冬之月：山林薮泽，有能取疏食田猎禽兽者，野虞教导之。……日至短，则伐林木，取竹箭。

最终由汉人编成的《大戴礼记·易本命》中说："有羽之虫三百六十而凤凰为之长；有毛之虫三百六十而麒麟为之长；有甲之虫三百六十而神龟为之长；有鳞之虫三百六十而蛟龙为之长……此乾坤之美类，禽兽万物之数也。故帝王好坏巢毁卵则凤凰不翔焉；好竭水搏鱼则蛟龙不出焉；好刳胎杀夭则麒麟不来焉；好填溪谷则神龟不出焉。故帝王动必以道，静必以理。"其中表述了破坏生物资源及其他们赖以生存的环境将使人们珍视的祥瑞动物不再出现，用以警告人们必须注意保护资源和环境。

在商代的时候，人们已经开始营造苑囿，养殖动物观赏，改善生活环境。《史记·殷本纪》记载：在商纣王当政的时候，曾"益广沙丘苑台，多取鸟兽蜚（飞）鸟置其中。"很显然他的这种"苑台"主要为游乐享受而建，但也带有某种野生动物园的性质。这种做法一直被后世沿用。在西周的时候，文王也建有"灵台"。《诗·大雅·灵台》有这样的描述："王在灵囿，麀鹿攸伏。麀鹿濯濯，白鸟翯翯。王在灵沼，于牣鱼跃。"生动地记述了苑囿里放养着鹿、鹤和鱼等多种观赏动物。

从上面这些简单的例子中不难看出我国古人在环境保护做法上的一些特点：首先是他们非常注意资源的持续利用，其具体做法是讲究"因时禁发"；其次是他们把自己看作是万物的一员，主张尽可能地与其他生物和平相处，以保持良好的生活环境；此外，他们还非常注意全面、系统地考虑生产和生活中面临的问题，注意整体的协调，以便使自己的生存环境稳定可靠；还通过养殖动物来改善生活环境，客观上也加深了对动物的认识。

第十三节　关于生物的由来和发展的推想

先秦时期人们已经考虑过生物的由来及发展变化的问题。前面提到《诗·大雅·绵》中有"绵绵瓜瓞，民之初生"，意思就是说人是由瓜生出来的。这里的瓜应该包括瓠（葫芦），从瓠字的字形也可以看出古人把它看作一种瓜。类似的情形我们可以从民族学的研究中发现。彝族的《创世纪》中说，在远古洪水泛滥的时代，从葫芦中走出了一对男女，由于他们的结合，人类才得以繁衍。云南拉之上祜族长篇史诗《牡帕密帕》也记载，人类是由葫芦孕育而来的。葫芦不但在这个民族的日常生活中有广泛的用途，而且每当葫芦成熟的时候，他们还要举行相关的崇拜仪式和跳相应的舞蹈。这些史实都从一个角度反映出这种人类起源的说法具有相当的普遍性，对于我们追寻古人对人类起源发展的认识历程，有着重要的启迪作用。

至于为何古人会将瓜（葫芦）视为人类产生的摇篮，闻一多认为这是瓜类植物种子多的缘故。他的这一观点为一些学者所赞同。他们指出：《开元占经》卷六十五《石氏中官占篇》引《星官制》曰："匏瓜、天瓜也，性内文明而有子，美尽在内。"诗"绵绵瓜瓞，民之初生"殆取其义。同时认为各民族广泛存在的葫芦崇拜和葫芦出人的神话，本质上是母体崇拜的表征[①]。这种转化学说对后来的生物形成"化生"说有深远的影响。"化生"这个词的意思，可能与化育、变化有关。《易·咸卦·象》有："天地感而万物化生"，《易·系词下》又有："天地氤氲，万物化醇；男女构精，万物化生"。这里的化生有天地间的万物都是由天地孕育变化和雌雄交配产生的意思，似乎比瓜（葫芦）的"孕育"人类说要进一步。

大约在春秋战国的时候，人们的学术思想异常活跃。一些学者对于生物的由来似乎有更加深刻的思考。而变化的观念在道家的学者那里得到最充分的体现，在当时的人们看来恐怕也很合情合理。春秋时期道家学说的创始人老子认为："天下万物生于有，有生于无"。这里的"无"不是没有的意思，而是他通常说的"道"，也就是"精气"的意思。换句话说，就是"精气"是万物的根源。至于人的来源，《管子》一书中这样认为："天出其精，地出其形，合此以为人。"这类观点为后代的人所继承。

与上面这种孕育说不同，前面提到的《夏小正》中所谓："鹰则为鸠"、"田鼠化为鴽"、"鴽为鼠"、"雀入海为蛤"则有一物变化成另一生物的含义，这当然是不正确判断导致的错误观念，但这种错误观念的影响却是很深远的。后来《礼记·月令》："仲春，鹰化为鸠"等就是源于这里的。从前面所列的有关史料可以看出，由于观察的欠准确，加上常常错误地判断以及当时一些无法解释的现象，如真菌从地上"突然"产生，因此他们产生一个错误的观

---

① 李根蟠，卢勋，中国南方少数民族原始农业形态，农业出版社，1987年，第515页。

念，即一种生物可以由另一种生物变化而来，或者自发发生。这种观念到战国时期庄周那里又有了进一步的发展。

可能受昆虫化蝶这种变态习性和真菌产生以及对鸟类迁徙做出误判的影响，人们认为生物可以"化生"，这是古人认识局限所致。譬如一个生物种类移走了，另一个生物种类出现了，古人自然就将它们联系起来。当然更重要的原因还是昆虫的变态、寄生和当时不可见的发育。战国时代另一著名的道家学者庄子更是对生物的化生乃至转化做了进一步的发挥。并由此产生出一种循环转化的观念。他认为一种生物可以由另外一种生物转化而来。前面提到的《庄子·至乐》中就有这种观点，即所有的生物都是由一种叫作"幾"（或作機，有些学者认为相当于种子或原子）的物质发展变化而来，最后又化为幾。可能由于这种转化观念的确立，使古人更加确信动物和植物可由另一类物质进化转变而来的信念。

另外，《周礼·考工记》中有："橘踰淮而北为枳，鹳鹆不踰济，貉踰汶则死，此地气然也。"原意是不同的动物有不同的分布地域。但后来也被人理解为生物之间的转化。这也成为化生说的一个"根据"。

当时流行的阴阳五行思想则体现了另一种观念，这充分体现在《国语》一书中。作者认为，世界万物是由五行即金、木、水、火、土五种元素构成的，生物的来源自然也不例外。这种观念的产生，显然是与当时人们的认识水平密切相关的。值得注意的是，《尚书·洪范》也记载了金、木、水、火、土五行学说。五行学说把植物中的"木"当作构成万物的最基本元素，反应了中华文明倚重树木（尤其是竹子）的鲜明特色。

第三章 描述性生物学体系的奠定
（秦汉魏晋南北朝时期生物学）

秦汉魏晋南北朝时期，农牧业、园艺和医药生产发展的需要，大大推动了对经济动、植物的调查、总结和研究。自然界中种类繁多的动、植物是人类赖以防治疾病的最重要药物资源。在先秦著作中已经提到了许多药用动、植物，而本时期则出现了专门记载药物的著作。在古代记载药物的著作称之为"本草"。《神农本草经》总结了秦汉以前的用药治病的经验，是我国最早的一部专门记载药物的本草。它著录药用动、植物的名称、生活环境和药用价值。这个时期，对药用动、植物的总结研究，除了《神农本草经》外，还有《吴普本草》（三国吴普著）、《神农本草经集注》（梁陶弘景编著）等多种著作。在这些著作中，不仅记述了各种动植物的药用价值，而且对它们进行了形态分类方面的描述。从此，研究药用动植物的本草学的发展，便成为中国传统生物学研究的主流。

除了本草学，这个时期对《诗经》、《尔雅》所载动植物的名实考证研究，也从另一个侧面促进了中国传统的描述性生物学的形成和发展。三国陆机的《毛诗草木鸟兽虫鱼疏》和郭璞的《尔雅注》等，对动植物的名实考订、形态、分类等的描述，都取得了一定的成果，对后来动植物的研究，都有很大的影响。

此外，这个时期，对各种畜产、农作物以及各种园艺动植物的研究，也为我国描述生物学体系的奠定做出了重要贡献。这些研究成果，主要反映在各种农书（如《齐民要术》）、专谱（如《竹谱》）和志书（如《异物志》、《南方草物状》）中。

第一节 本草（博物）系统的建立

自从有了生产活动，劳动人民就开始积累起使用药物治疗疾病的经验。正如《淮南子·修务训》中所说："古者民茹草饮水，采树木之实，食蠃蛖之肉，时多疾病毒伤之害。于是神农乃始教民播种五谷，相土地宜燥湿肥硗高下；尝百草之滋味，水泉之甘苦，令民知所避就，当此之时，一日而遇七十毒。"这里的神农当是以往历代的生产者，他们在"尝百草"和采集药物的过程中，逐渐加深了对动、植物的生态环境，形态特征，药用性质等的认识，形成我国古代独具特色的本草学。它是我国传统生物学的主要组成部分。

一 "本草"渊源

"本草"大约出现于汉代，这是中国药学史也是生物学史上的大事。本草的出现不仅表明人们在用药治病方面已取得丰富经验，而且更表明，人们在认识和辨别野生动植物种类方面积累了相当丰富的知识。本草之所以能在汉代出现，当然也是有历史渊源的。

用药治病在我国有着悠久的历史。在石器时代，人们即已知道利用野生动植物治疗疾病。在《诗经》、《山海经》以及先秦诸子的许多著作中，都有关于药用动植物的记载。《诗·

周南·汉广》中有"言刈其蒌"之句，蒌就是蒌蒿，有补中益气、令毛发长黑和治痢之功效。《诗·周南·芣苢》中有"采采芣苢"之咏，芣苢，即今之车前草，性甘寒，清热，利水，可用以治疗尿道感染、水肿。后人收入《神农本草经》中，指出它有止痛、利水、通小便的作用。有人认为《诗经》所载药用动植物有 80 多种[①]。

《山海经》所载药用动植物更多。据范行准统计动物类有 63 种，植物类有 52 种[②]；卫聚贤统计动物类有 83 种，植物类有 59 种[③]。《中山经》记药用鸟类"白鹌"说："其状如雉，而文首，白翼黄足，食之已嗌痛（咽痛），可以已痖（痴病）"；记兽类"羚"："其状如犬，虎爪有甲，善驶坌（跳跃自扑），食之不风（无风疾）"；记鱼类"鳝鱼"："其状如鲤，而大首，食之不疣"；记草本植物"薰草"："麻叶而方茎，赤华而黑实，臭如蘼芜，佩之已厉"；记木本植物"杯木"："其状如棠，而圆叶赤实，实大如木瓜。食之多力"。从上面所引，可以看出，《山海经》不仅记述了药用动植物的名称，而且记其形态特点和治病效用。说明当时我国对药用动植物的研究，已经取得了一定的成绩。《山海经》所提到的药用动植物，有许多现在已无法考证其属于何种生物。但也有不少经学者考证研究，乃可知其为今日之何种生物。

1973 年在湖南长沙马王堆汉墓中出土的医书《五十二病方》中提到的药物有 200 多种。其中药用植物有乌喙（乌头）、疾（蒺）黎（藜）、白蒿、甘草、毒堇等 100 多种。值得注意的是，《五十二病方》对个别药用植物，还记述其形态、产地。例如，在治疗"癃病"的方中提到一种植物叫"毒堇"，方中写道："堇叶异小，赤茎，叶从（纵）缤者，叶实味苦，前至可六、七日绣（秀）……泽旁。"[④] 意思是：毒堇的形态特征是叶细小，茎赤色。夏至前茂长，不开花而结实，多生长于水边。毒堇这个植物名称，后世已不传，但根据文中某些描述，有学者认为，它或许即是罂粟科植物紫堇[⑤]。在"牝痔"治疗方中说："青蒿者，荆名曰荻。蒿者，荆名曰卢茹，其叶可亨（烹）而酸，其茎有剡（刺）。"[⑥] 这里指出，青蒿和屈这两种植物在荆楚地方有不同的地方名称。可见当时已经注意到了植物的地方异名。

上述事实说明，从先秦至汉代，我国对药用动植物的研究，已经积累了相当丰富的知识，所以作为一种专门学问的本草在汉代出现，那是不会令人感到意外的。

"本草"一词，最早见于西汉，《汉书》中就有三处提到有关本草的事。在古代，祠庙与政治文化有着密切的联系。祠庙里往往集中有许多有专业才能的人员。据《汉书·郊祀志》记载，成帝建始二年（公元前 31 年）因当时各地奉祀的祠庙太多（据云有 683 所之多），经丞相匡衡和御史张谭建议，罢去了大部分不合礼的祠庙，只剩下 208 所合礼的。与此同时成帝还颁令罢去"候神方士使者副佐，本草待诏，七十余人，皆归家"[⑦]。诏，为皇帝诏书。待诏，犹言待命。汉朝时候，有以才、技，征召未有正官者，使之待诏的制度。从某种意义

①　俞慎初，中国药学史纲，云南科技出版社，1987 年，第 11 页。
②　范行准，中国古代迷信的药物，新医药刊，1933 年。
③　卫聚贤，山海经巾的医药，华西医药杂志，1947 年。
④　《五十二病方》见周一谋、萧佐桃《马王堆医书考注》，天津科技出版社，1988 年，第 49～227 页。
⑤　周一谋，萧佐桃主编《马王堆医书考注》，天津科技出版社，1988 年，第 121 页。
⑥　周一谋，萧佐桃《马王堆医书考注》，天津科技出版社，1988 年，第 158 页。
⑦　《汉书·郊祀志》。

讲，待诏犹如现在的已获职称而待聘的专业人才。"本草待诏"颜师古注云："谓以汉方药本草而待诏者。"① 这就是说，在西汉时，就已经有待聘的本草学者。王莽在登基之前，即已"网罗天下异能之士，皆令记说廷中"，元始五年（公元5）朝廷便颁诏："征天下通知逸经、古记、天文、历算、钟律、小学、史篇、方术、本草，以及五经、论语、孝经、尔雅教授者，在所为驾一封轺传，遣诣京师，至者数千人。"② 可见在西汉，本草是和天文、历算等科学和经典著作并列的。在《汉书·游侠传》中，还提到通晓本草的楼护的事迹。"楼护，字君卿，齐人。父世医也。护少随父为医长安，出入贵戚家。护诵医经本草数十万言，长者咸重。"这里说楼护年青行医时，就已诵读医经、本草数十万言。楼护和王莽是同时代人，这再一次说明，早在西汉，作为中国传统药物学代称的本草，已是一门独立的学科。

二 《神农本草经》和三品分类法

《神农本草经》是我国现存最早，而且较为完整的本草著作。书名始见于《隋方·经籍志》及此前梁·阮孝绪《七录》所著录。对本书的成书年代和作者，历来医史学家们多有争议，李涛在《秦汉时代的医学成就》一文中认为是"公元前1世纪前后的产物"③；陈邦贤认为《神农本草经》是西汉末年的作品④；马继兴认为"该书总结了战国时期的许多用药经验，经秦汉医家不断地抄录增补而形成全书"⑤；俞慎初认为"该书当是公元1～2世纪时候的产物，是集秦汉前药物学的大成"⑥。由于各位学者对成书年代并无准确定义，所以所论虽有出入，但一般认为，本书非一时一人之作，而是长期积累，逐渐形成的，它大约形成于西汉末至东汉初时期。至于书名之所以冠以"神农"，一般都认为是托名而已。廖育群认为："《神农本草经》是以'神农'为鼻祖的医学学派发展到一定阶段的大成之作。这一学派未见有医经类等医学理论著作，但在药物方面却早有建树，最终成为本草学的代表并取得了主导地位。"⑦ 此说虽还缺论证，但不失为一家之言。

《神农本草经》原书早佚。梁代陶弘景所编著的《本草经集注》中有包含传统的《神农本草经》上中下三品药365种又增补《名医别录》365种共730种。在《本草经集注》中，陶弘景用朱书表示《神农本草经》原药，用墨书表示新增补药物，并用小字表示陶氏自己的注解。陶弘景所创立的这种分别表示法，被唐宋以后所编修的大型综合性本草书继承和沿用。正是由于陶弘景的创举，《神农本草经》的经文，才得以保存和留传。《神农本草经》的单行本以南宋王炎所辑《本草正经》三卷（约1188年）为最早，但没流传下来。现今所见，都是明以后人们再从历代官修的本草中辑佚而成的。

《神农本草经》载药，现在一般习称有365种，这可能是经陶弘景整理过的。而今传者，实不足此数。所记药物包括金石、草、谷果、木、虫、鱼、鸟、兽等各类。其中以植物最

① 《汉书·郊祀志》。
② 《汉书·平帝纪》。
③ 中华医史杂志，1953年，2期，第26页
④ 陈邦贤、卫聚贤，中国医学史，商务印书馆，1954年，第42～45页。
⑤ 中国医学百科全书·医史卷，第172页。
⑥ 俞慎初，中国药学史纲，云南科技出版社，1987年，第43页。
⑦ 廖育群，岐黄医道，辽宁教育出版社，1992年，第140页。

多，约 250 多种，动物次之，约 60 多种。从生物学角度看《神农本草经》将 310 多种动植物作为对象并纳入上、中、下三品的分类系统中加以描述，具有明显的博物倾向。现将《神农本草经》中所著录的动、植物列表（表 3-1）于下。

表 3-1　《神农本草经》中所著录的动、植物①

分类	《神农本草经》中的名称	《神农本草经》中的别名	生活环境	备注（现在科属或学名）
上品	青芝	龙芝	生山谷	
	赤芝	丹芝	生山谷	
	黄芝	金芝	生山谷	
	白芝	玉芝	生山谷	
	黑芝	玄芝	生山谷	
	紫芝	本芝	生山谷	
	天门冬	颠勒	生山谷	*Asparagus lucidus* Linde
	苍术	山蓟	生郑山谷	*Atractilis moerocephala* Koida
	委萎		生川谷	今之葳蕤或玉竹
	干地黄	地髓	生川泽	*Rchmannia lutea*
	菖蒲	昌阳	生池泽	*Acorus calamusl*
	远志	小草、蕀蒬葽绕、细草	生川谷	*Pdygala tenuifolia* Willolenow
	泽泻	水、芒芋、鹄泻	生池泽	*Alisma plantago*
	薯预	山芋	生山谷	*Dioscosea jaoonica*
	菊花	节华	生川泽	*Chrysarthemum sinense*
	甘草		生川谷	*Glycyrrhiza glabra* L.
	人参	人御、鬼盖	生山谷	*Panax ginseng*
	石斛	林兰	生山谷	兰科植物
	石龙芮	鱼果能、地椹	生川泽	*Ranun sceleratus*
	牛膝	百倍	生川谷	*Adyranthes bidentata*
	细辛	小辛	生山谷	*Asarum sieboldii*
	独活	羌活、羌青、羌使者	生川谷	*Archangeliea gmelini*
	升麻	周升麻	生山谷	*Cimicifnga foeticla*
	茈胡	地薫	生川谷	*Bupleurum sachalimmse*
	防葵	梨盖	生川谷	*Pemcedanum japonicum*
	著实		生山谷	*Broussonetia leasinoki*
	菴䕡子		生川谷	*Artemisia keiskean* Miq
	薏苡人	解蠡	生平泽	*Coix lacryma* L.
	车前子	当道	生平泽	*Plantago major* L.
	析蓂子	蔑薪、大蕺、马辛	生山泽	

———

① 表中所列的动植物次序，系根据曹元宇对《神农本草经》药品目录所做的注解和汇录。表中备注栏中对《神农本草经》中所载的有些药物，所做的现代学名注解，也主要是参考曹元宇对《本草经》的有关注解。

续表

分类	《神农本草经》中的名称	《神农本草经》中的别名	生活环境	备注（现在科属或学名）
上品	充蔚子	益母、益明、大札	生池泽	
	木香		生山谷	*Inula racemosa* Hookf.
	龙胆	陵游	生山谷	*Gentiana scabra* Bge.
	菟丝子	兔芦	生山谷	*Cuscuta japonica* Chois.
	巴戟天		生山谷	*Morinda offcinalis* How
	白莫	谷菜		
	白蒿		生川谷	*Artemisia vulgaris* L.
	地肤子	地葵	生平泽	*Kchia scoparia* Schrad
	石龙刍	龙须、草续断	生山谷	
	落石	石鲮	生川谷	
	黄连	王连	生川谷	*Coptis tecta* Wall
	王不留行		生山谷	*Vaccaria vnlgaris* Host
	蓝实		生平泽	*Polygonum tinctorium* Lour
	景天	戒火、慎火	生川谷	*Sedum purpureum* L.
	天名精	麦句姜、虾蟆蓝、豕首	生川泽	*Carpesum abrotanoides* L.
	蒲黄		生池泽	
	香蒲	睢	生池泽	*Typha japoniea* Miq.
	兰草	水香	生池泽	*Eupatorium chinense* L.
	决明子		生川泽	*Cassia tora* L.
	云实		生川谷	*Caesalpinia sepiaria* Roxb.
	黄耆	戴糁	生山谷	*Astragalus mongholicus* Bunge
	蛇床子	蛇粟、蛇米	生川谷	*Selinum japonicum* Migq.
	漏芦	野兰	生山谷	*Echinopos dshuricus* Fisch.
	茜根		生山谷	*Rnlia cordoia* L.
	旋华	金沸、筋根华	生平泽	*Calystegia seium* R.
	白兔藿	白葛	生山谷	*Cynanchum caudtum* Maxim.
	青蘘	（巨胜）	生川谷	
	当归	千归	生川谷	*Ligustcum acutilobum* S.
	茯苓	伏兔	生山谷	*Pachyma cocos* Fr.
	松脂	松膏、松肪	生山谷	
	柏实		生山谷	*Thuya orientalis* L.
	菌桂		生交趾山谷	
	牡桂		生山谷	
	杜仲	思仙	生山谷	*Eucommia ulmoides* Oliv.
	蔓荆实			*Vitex trifolia* L.
	女贞实		生川谷	*Ligustrum japonica* Thunb

分类	《神农本草经》中的名称	《神农本草经》中的别名	生活环境	备注（现在科属或学名）
上品	桑上寄生	寓木、宛童	生山谷	*Viscum album* L.
	苏核		生川谷	
	蘗木	檀桓	生山谷	*Phellodendron amurense* Rupr.
	辛夷	辛引、侯桃、房木	生川谷	*Magnolia robus* Dc.
	榆皮	零榆	生山谷	*Ulmus campestris* Sm.
	酸枣		生川泽	*Zizyphus vulgaris* Lam.
	槐子		生平泽	*Sophora japonica* L.
	枸杞	地骨	生平泽	*Lycium chinense* Mill.
	橘柚		生南山川谷	*Ctrus nobilis* Llour.
	发髲			
	龙骨		生山谷	
	牛黄		生平泽	
	麝香		生川谷	*Moschus moschiferus* L.
	熊脂		生山谷	*Ursus torqualus*
	白胶	鹿角胶		
	阿胶			
	丹雄鸡		生平泽	
	雁肪	鹜肪	生池泽	*Anas albifrons* Scop.
	石蜜		生山谷	*Apis indicus* Fafriciis
	蜜蜡		生山谷	
	土蜂		生山谷	*Scolia quadrifascinta* Fib.
	牡蛎	蛎蛤	生池泽	*Ostrea talien uxanhnensis* Oroiss.
	鲤鱼胆		生池泽	*Cyprinus capio* L.
	鳢鱼		生池泽	*Ophice phallus argus*
	蒲陶		生山谷	*Vitis vinifera* L.
	蓬蔂	覆盆	生平泽	*Rubus fhunbergii*
	大枣		生平泽	*Zizyphus vulgaris* L.
	藕实茎	水芝	生池泽	*Nelumbo nucifera* Gaertn.
	鸡头	雁啄	生池泽	*Euryalefexox* Salisb
	甘瓜子	土芝	生平泽	*Cucumis melo* L.
	冬葵子			*Malva verticillata* L.
	苋实	马苋	生川泽	*Amarantus mangostanus* L.
	苦菜	荼草、选	生川谷	*Sonchus aleraceus* L.
	胡麻	巨胜	生川谷	*Sesamum indicurn* L.
	麻蕡	麻勃	生川谷	*Cannabis satival* L.

续表

分类	《神农本草经》中的名称	《神农本草经》中的别名	生活环境	备注（现在科属或学名）
中品	赤箭	离母、鬼督邮	生川谷	*Gastrodia elata* Be.
	麦门冬		生川谷	
	卷柏	万岁	生山谷	*Sebaginella involrens* S.
	肉苁蓉		生山谷	
	蒺藜子	旁通、屈人、止行、豺羽、新推	生平泽	*Tribulus terrestris* L.
	防风	铜芸	生川泽	*Siler divarlcatum* B. et H.
	沙参	知母	生川谷	*Adenophora veaticillata* Fisch
	芎䓖		生川谷	*Conioselinum univtatum* Turcz.
	蘼芜	薇芜	生川泽	即芎䓖的苗叶
	续断	龙豆、属析	生山谷	*Sonchus asper* Vill
	因陈蒿		生丘陵坡岸	*Artemisia capillaries* Thunb
	五味		生山谷	*Schisandra chinensis*
	秦艽		生山谷	*Gentiana macrophylla* Pall
	黄芩	腐肠	生川谷	*Scutellarla baicalensis* Gorg
	芍药		生川谷	*Paeonia albiflora* Pall.
	干姜		生川谷	*Zingiber officinale* Rose.
	藁本	鬼卿、地新	生山谷	*Nothosmyrnium Japonica* Miq.
	麻黄	龙沙	生川谷	*Ephedra sinica* Stapb
	知母	蚳母、连母、野蓼、地参、水参、水浚、货母、蝭母	生川谷	*Anemarrhena asphodeloides* Bge.
	贝母	空草		*Fritilaria verticilata* Wiled
	括楼	地楼	生川谷及山阴	*Trichosanthes japonica* Reg
	丹参	却蝉草	生山谷	*Saloia japonica* Thunb.
	玄参	重台	生川谷	*Scrophularia oldhami* Oliv.
	葛根	鸡齐根	生川谷	*Pueraria thunbergiana* Benth
	苦参	水槐、苦蘵	生山谷及田野	*Sophora flavescens* Ait
	狗脊	百枝	生川谷	*Wocduardia radicans*
	萆解		生山谷	*Dioscorea tokoro* Makino
	通草	附支	生山谷	*Akebia guinata* Dcne
	瞿麦	巨句麦	生川谷	*Dianthus chinensis* L.
	败酱	鹿肠	生川谷	*Patrinia scabicsaefoha* Link
	白芷	芳香	生川泽	*Angelica anomale* Pall.
	杜若	杜蘅	生川泽	*Poslia japonica* Hornst
	紫草	紫丹、紫芙、地血	生山谷	*Lithospermum erythrorhizon* Sied

分类	《神农本草经》中的名称	《神农本草经》中的别名	生活环境	备注（现在科属或学名）
中品	白鲜		生川谷	*Dictamnus albus* L.
	紫菀		生山谷	*Asten tataricus* L.
	白薇		生川谷	*Cynanchum atratum* Bge
	菜耳实	胡菜、地葵	生川谷	*Xanthium strumarium* L.
	薇御	麋衔	生川泽	*Salria nippomica* L.
	茅根	兰根、茹根	生山谷	*Imperata arundinacea* Cys
	酸酱	酢酱	生川泽	*Physalis kekengi* L.
	淫羊藿	刚前	生山谷	*Epimedium macranthum* Morret Dcne.
	蠡实	剧草、三坚、豕首	生川谷	*Iris ensata* Fhunb
	款冬	橐吾、颗东、虎须、菟奚	生山谷	*Petasites japonicus* Miq
	防已	解离	生川谷	*Cocculus diversifolius* Miq
	女菀		生川谷	*Aster fastigiatus* Fisch
	泽兰	虎兰、龙枣	生泽傍	*Enpatorium chinense* L.
	地榆		生山谷	*Sanguisorba officinalis* L.
	王孙		生川谷	*Paris tetraphylia* A. Br
	爵床		生川谷	*Justicia procumbens* L.
	马先蒿	马矢蒿	生川泽	*Pedicularis resup inata* L.
	蜀羊泉		生川谷	*Solanum lyratum* Thunb
	积雪草		生川谷	*Hydrocotyle asiatical* L.
	垣衣	昔邪、乌韭、垣嬴、天韭、鼠韭	生古垣墙阴或屋上	可能是白苔（*Bryum argentums*）之类。
	水萍			*Spirodela polyrhiza* Schleid
	海藻	落首	生池泽	*Sargassum tortile* Ag.
	桔梗		生山谷	*Platycodon grandiflorccm*
	旋覆花	金沸、莫盛湛	生川谷	*Inula britanica* Dc.
	蛇全	蛇衔	生山谷	*Potemtilla leleiniana* WetA.
	假苏	鼠蓂	生川泽	*Nepeta japonica* Manim
	干漆		生川谷	*Rhus vernicifera* Stokes
	木兰	林兰	生山谷	*Magnolia aborata* Thunb.
	龙眼	益智	生山谷	*Nephelium longana* Camb
	厚朴		生山谷	*Magnolia officinalis*
	竹叶			
	枳实		生川泽	甘属（*Citrus*）
	山茱萸	蜀枣	生山谷	*Cornus officinalis*
	吴茱萸		生川谷	*Evodia rutaecarha* Benth

续表

分类	《神农本草经》中的名称	《神农本草经》中的别名	生活环境	备注（现在科属或学名）
中品	秦皮		生川谷	*Fraxinus Bungeana* DC.
	支子	木丹	生川谷	*Gardenia florida* L.
	合欢		生山谷	*Albizzia julibrisis* Baiv
	秦椒		生川谷	*Zanthoxylum peperitum* DC.
	紫葳		生川谷	*Tecoma gradiflora* Loisel
	芜荑	无姑	生川谷	*Ulmus Macrocarpa* Hance.
	犀角		生川谷	*Rhinoceros in dicus*
	羚羊角		生川谷	*Nemorhacdns Crispus* Tmm.
	羖羊角		生川谷	*Capra hircus* L.
	白马茎		生平泽	
	狗阴茎		生平泽	*Canis familiasis chineasis*
	鹿茸			*Cervus sika* Tenm.
	伏翼	蝙蝠	生太山川谷	*Vesperngo noctula* Schreb
	石龙子	蜥蜴	生川谷	*Eumeces latiscntatns* Halowell
	猬皮		生川谷	*Erinaceus eusopaeus* L.
	桑螵蛸	蚀肬	生桑枝上	螳螂 *Tenodera aridfdis* Stoll
	蚱蝉		生杨柳上	*Cryptotympana pustulata* Fabr.
	白疆蚕		生平泽	*Bombyx mori* L.
	木蝱	魂常	生川泽	*Tabamus trigonus* Cop
	蝱		生川谷	*Tabamus bovines*
	蜚廉		生川泽	*Stylopyga conucina* Hogh.
	蛴螬	蟦蛴	生平泽	
	蛞蝓	陵蠡	生池泽	
	海蛤	魁蛤	生池泽	*Gytherca merttris* L.
	龟甲	神屋	生池泽	*Damonia roevesii* Gray
	鳖甲		生池泽	*Trionyx sinensis* Wiegm.
	鮀鱼甲		生池泽	*Alliyator sinensis*
	乌贼鱼		生池泽	*Sepia escnlenta*
	蟹		生池泽	*Brachynra* sp.
	虾暮		生池泽	*Bufo vulgaris* Lour
	樱桃			*Prunus psendo-cerasus* Lindl
	梅实		生川谷	*Prunusmume* set Z.
	蓼实		生川实	*Polygonnm*
	葱实		生平泽	*Altinm*
	水苏		生池泽	*Stachys aspera* Michx

续表

分类	《神农本草经》中的名称	《神农本草经》中的别名	生活环境	备注（现在科属或学名）
中品	杏核		生川谷	*Prunus armeniaca* L.
	大豆黄卷		生平泽	*Glycine hlspisia* Maench
	粟米			*Setaria italica* Kth.
	黍米			*Panicum miliaceum* L.
下品	营实	蔷薇、墙麻、牛棘	生川谷	*Rosa multiflora* Thunb.
	牡丹	鹿韭、鼠姑		*Palonia motan* Ait.
	石韦	石蟕	生山谷石山	*Polypodium lingua*
	百合		生川谷	*Lilium japonicum* Thunb.
	紫参	牡蒙	生山谷	*Salvia chinensis*
	王瓜	土瓜	生平泽	*Trichosanthes cucumerokles* Manin
	大黄		生山谷	*Rheum officinale*
	甘遂	主田	生川谷	*Euphorbia Siebaldiana*
	亭历	大室、大适	生平泽	*Draba nemorosa* L.
	芫华	去水	生川谷	*Daphne genkwa* Setz.
	泽漆		生川泽	*Enphorbia helioscopia* L.
	大戟	印钜		*Euphorbia pekinensis* Rupr.
	荛华		生川谷	*Wikstroemia japonica* Miq.
	钩吻	冶葛	生山谷	*Gelsemium elegans* Bentham
	藜芦	葱苒	生山谷	*Veratrum nigrum* L.
	乌头	奚毒、即子、乌喙	生山谷	*Aconitum fischeri* Reich
	天雄	白幕	生山谷	*Aconitum fischeri* Reich
	附子		生山谷	*Aconitum fischeri* Reich
	羊踯躅		生川谷	*Rhododencbon sinense*
	茵芋		生川谷	*Skimmia Japonica* Thunb.
	射干	乌扇、乌蒲	生川谷	*Belamcanda chineis* Lem.
	鸢尾		生山谷	*Iris tectarum* Maxin
	贯众	贯节、贯渠、百头、虎卷、扁符	生山谷	*Aspidium falcatum* SW.
	飞廉	飞轻	生川谷	*Cardum crispus*
	半夏	地文、水玉	生川谷	*Pinellia ternate* Tenure
	虎掌		生山谷	*Arisaema thunlergil*
	莨荡子	横唐	生川谷	*Scopolia japonic* Maxim
	蜀漆		生川谷	*Dichroa febrifuga* Lour
	恒山	互草	生川谷	*Orixa jaonica* Thunb
	青葙	草蒿、萎蒿	生平谷	*Celosia argentea* L.
	狼牙	牙子	生川谷	*Potentilla crypto faeniae*

续表

分类	《神农本草经》中的名称	《神农本草经》中的别名	生活环境	备注（现在科属或学名）
下品	白蔹	菟核、白草	生山谷	*Ampelopsis serjaniaefalia*
	白及	甘根、连及草	生川谷	*Bletilla hyacinthina*
	草蒿	青蒿、方溃	生川泽	*Artemisia apiacea* Hce
	藋菌	藋芦	生池泽	疑为淡水海绵 *Spongilla*
	连翘	异翘、轵、兰华、析根三廉	生山谷	*Tarsythia suspensa*
	白头公	野丈人、胡王使者	生川谷	*Anemone cernua* Thunb
	鹿藿		生山谷	*Rhynchosia volubilis* Lour
	闾茹		生川谷	*Euphorbia adenochlora* Morr
	羊桃	鬼桃、羊肠		*Averrhoa carambola* L.
	羊蹄	东方宿、连虫陆、鬼目	生川泽	疑为 *Rumex japonicus*
	牛扁		生川谷	*Aconitum lycoctomum* L.
	陆英		生川谷	*Sambucus japanica*
	荩草		生川谷	*Arthraxon ciliare* Roau
	夏枯草	夕句、乃东	生川谷	*Prunelle vulgaris* L.
	乌韭		生山谷	*Colyledon malacophylla*
	蚤休	螫休	生川谷	*Paris* sp. 王孙寓植物
	石长生	丹草		*Adianfun monochlamys* Eat
	狼毒	续毒	生山谷	*Galarhoeus eblactealatus* Hara
	鬼臼	爵犀、九臼、马目毒公	生山谷	*Podophyllum versipelle* Hce.
	扁蓄		生山谷	*Polygonum aviculare* L.
	商陆	易根夜呼	生山谷	*Phytolacca acinosa* Roxb
	女青	雀瓢	生川谷	*Metaplexis stauntoni* R. ts
	白附子	冬葵子	生山谷	*Tyhhomium giganteum* Engl
	姑活		生蜀郡	
	别羁		生川泽	
	石下长卿	徐长卿	生川谷	*Pycnostelma Chinensis* Bge.
	翘根		生池泽	
	屈草		生平泽	
	松萝	女萝	生川泽	*Usnea plicata*
	五加	豺漆	生山谷	*Acanthopanax spinosum* Ming
	猪苓	豭猪矢		*Pachyma umbellate*
	白棘	棘	生川谷	酸枣树针
	卫矛	鬼箭		*Euonymus alatak* Kock
	黄环	陵泉、大就	生山谷	
	石南草	鬼目	生山谷	*Rhododendron metternichii*

续表

分类	《神农本草经》中的名称	《神农本草经》中的别名	生活环境	备注（现在科属或学名）
	巴豆	巴叔	生川谷	*Croton tiglium* L.
	蜀椒		生川谷	*Zanthoxylam bungeaaum*
	莽草		生山谷	*Andromeda japonica* Thunb.
	郁核	爵李	生川谷	*Prunus Japonica* Thunb.
	栾华		生山谷	*Koelrenteria paniculata*
	蔓椒	豕淑	生川谷	*Zanthoxytum* sp.
	溲疏		生川谷	
	药实根	连木	生山谷	
	皂荚		生川谷	*Gleditschia jahonica* Mig.
	练实		生山谷	*Melia japorica* Don.
	柳华	柳絮	生川泽	*Salix babylonica* L.
	桐叶		生山谷	*Sterculla platanifolia*
	梓白皮		生山谷	*Catalpa bungeil* C. A.
	淮木	百岁城中木	生平泽	
	六畜毛蹄甲			
	蹄甲			
	鼺鼠			
下	麋脂	宫脂		*Sciuro pterus moornonga* Temm
	豚脂			*Alces machlis* Elk
品	豚卵	豚颠		
	燕屎		生高山平谷	*Hincndo rustica gnttoralis* scop
	天鼠屎	鼠沾、石肝	生合浦山谷	即伏翼
	露蜂房	蜂场		*Vespa mandarina*
	樗鸡		生川谷	*Huechys songuines*
	䗪虫	地	生川泽	*Eupoly phaga* Sinensis
	水蛭		生池泽	*Hirndo nipponica* Witeman
	蜈蚣		生川谷	*Scolopendra centipede*
	石蚕	沙虱	生池泽	*Phryganca japonica* Ml.
	蛇蜕	龙子衣、蛇符龙子单衣、弓皮	生川谷	蛇类
	马陆	百足	生川谷	*Julus*（或 *Iulus*）
	蠮螉		生川谷	*Ammophila infesta* Sim.
	雀瓮	躁舍		*Monema feaoescens* But
	彼子			
	鼠妇	蟠负伊威	生平谷	*Porcellic* Sh
	萤火	夜光	生池泽	*Linciola vitticollis* Kies

续表

分类	《神农本草经》中的名称	《神农本草经》中的别名	生活环境	备注（现在科属或学名）
下品	衣鱼	白鱼	生平泽	*Lepisma saccharina* L.
	白颈蚯蚓		生平土	*Perichaeta siebdlii* Horst.
	蝼蛄	蟪蛄、天蝼	生平泽	*Gryllotalpa africana* Poll
	蜣螂	蛣蜣	生池泽	*Geotrupes laesistriatus*
	盘螯	龙尾		*Epicanfa gorhami* Mars.
	地胆	元青	生川谷	*Meloe coarctatus* Motsch.
	马刀	生力	生池洋	蚌类
	贝子		生池泽	*Cypraea macnla* Adams
	核桃		生山谷	*Prunus persica* s.et Z.
	苦瓠		生川泽	*Lagenaria vnlgaris* Ser
	水靳	水英	生池泽	*Oenanthe stolonifera* DC.
	腐婢			

　　从第一、第二章的论述中，我们知道早在《神农本草经》出现之前，我国已经存在有草、木、虫、鱼、鸟、兽等动植物分类的概念，但从《神农本草经》所列的药目看，在分类上《神农本草经》首先突出的，还是基于实用的三品分类法，即按效用为标准，根据药用动、植物性能和使用目的，首先人为地将药物分为上、中、下三品。《神农本草经》序录中说："上药一百二十种为君，主养命以应天，无毒，多服久服不伤人。欲轻身益气不老延年者，本上经。中药一百二十种为巨，主养性以应人，无毒有毒，斟酌其宜，欲遏病补虚羸者，本中经。下药一百二十五种为佐使，主治病以应地，多毒，不可久服，欲除寒热邪气破积聚疾者，本下经。"这就是当时人们要突出三品分类的用意。也许当初人们建立本草时，就是首先要让人知道药物对人体的毒性。第一类，是无毒药，是养人的，可以放心服用。第二类是有毒或者无毒，服用须斟酌其宜。第三类，多有毒之药，当然需要人们提高警惕。总之三品分类，最初也许就是基于一种对用药安全性的考虑。当然，从博物（natural history）研究看，三品分类法与金石、草木、鸟、兽、虫、鱼的自然分类法相比，是一个倒退。随着人们对药性的进一步深入了解，随着对药用动植物种类认识的扩大，三品分类法必定要被新分类法所替代，虽然如此，《神农本草经》仍不失为现存的最早的实用动、植物志。它不仅反映了当时中国人丰富的医药经验和知识，而且也具有明显的博物研究内涵。首先，《神农本草经》具有矿物动植物名录性质，它不仅著录了三百多种矿物、动、植物的名称，而且还特别指出它们的别名和异名。这对后人进一步研究动、植物，无疑起了很好的促进作用。第二，《神农本草经》不仅著录了各种动植物的名称，而且记述了各种动植物的生长或生活的环境。这种记述，是用规范化的模式，用语也很简练，如生"山谷"、"川泽"、"池泽"、"平泽"、"川谷"、"南山川谷"、"山阴"、"田野"、"泽傍"、"桑枝上"、"杨柳上"、"山谷石上"、"丘陵坡岸"等。这说明当时人们已相当重视对药用动植物生活环境的研究，这些都对后来生物生态和生物地理的研究有着直接的影响。后来本草中有关动植物地理学的内容，就是直接在《神农本草经》的这些记述的基础上发展起来的。

三　《吴普本草》对《神农本草经》的发展

陶弘景在《本草经集注》序录中指出："魏晋以来，吴普、李当之等（对《神农本草经》）更复损益。"宋代掌禹锡也在《嘉祐本草》中明确指出："普，华佗弟子，修《神农本草》成四百四十一种。"其后苏颂在《本草图经》序中进一步说："汉魏以来，名医相继传其书（指《神农本草经》）者，则有吴普、李当之药录，陶隐居、苏恭等注解。"[1] 可见历史上许多本草学家，都认为《吴普本草》继承和发展了《神农本草经》。

吴普为华佗弟子，广陵（今江苏省江都县）人，约生于公元 149 年，卒于公元 250 年[2]。《吴普本草》原书早已失传，但人们还可以从《齐民要术》、《艺文类聚》、《初学记》、《太平御览》、《证类本草》和《本草纲目》等书中，可看到它的部分内容。今有尚志钧等人的辑校本《吴普本草》[3]。辑校本共辑得药物 231 种，但据《隋书·经籍志》、《嘉祐本草》等书的记载，《吴普本草》原书六卷，载药 441 种。

《吴普本草》的分类情况，陶弘景认为它是沿用《神农本草经》的分类方法，并批评它是"三品混糅，冷热舛错，草石不分，虫兽不辨。"陶弘景的评论，也许有些过分，但有一点是明确的，即在《吴普本草》中，首先突出的也仍然是三品分类。从博物学角度看，《吴普本草》不仅肯定了《神农本草经》中关于动植物别名的记述模式，而且把别名的记述提前到紧跟每种植物正名之下。如"甘遂"条提到的别名就有："主田"、"日泽"、"重泽"、"鬼丑"、"陵藁"、"甘藁"、"苦泽"等。又如"贯众"条提到的别名有："贯来"、"贯中"、"渠"、"贯钟"、"伯芹"、"药藻"、"扁符"、"黄钟"等。由此可见，《吴普本草》对别名很重视。

《神农本草经》几乎不涉及对药用动植物形态的描述，但从有关书中所引用的《吴普本草》的内容看，《吴普本草》已经出现了对植物形态的描述。如《太平御览》卷九百九十一所引"山茱萸"条写道："山茱萸……叶如梅，有刺毛。二月华，如杏。四月实，如酸枣赤。"又如对"防风"的形态描述是："叶细圆，青黑黄白，五月华黄，六月实黑。"[4] 这些描述，虽然简单，但很具体，对辨认植物起了一定作用，比《神农本草》的记载前进了一步。《吴普本草》也有关于植物生长环境的描述，如指出："泽兰""生下地水旁"（《御览》卷 992 引）。与《神农本草经》不同，《吴普本草》已出现大量有关植物产地的描述，如指出：通草"生石城山谷"（《御览》卷 992 引）；白沙参"生河内川谷"或"般阳渎山"（《御览》卷宗引）；黄连"生太山之阳或生蜀郡"（《御览》993 引）。这种产地的记述，对后来本草的发展有很大影响。

由于《吴普本草》早已失传，我们不能见到它的全貌，但从上面所引的零散资料，已经显示《吴普本草》在《神农本草经》基础上，又有许多补充和发展。在植物别名和生态描述方面，都有扩大和发展，特别是增加了对植物形态的描述，这是本草在自然史研究方面的一

---

① 引自《证类本草》序例。

② 据尚志钧等考证，见其所辑校《吴普本草》，第 88 页。

③ 尚志钧等辑校，《吴普本草》，人民卫生出版社，1987 年。

④ 参见《太平御览》卷 992 引。

大发展。

四 陶弘景和《本草经集注》

《神农本草经》问世后，自然史研究方面的一个重要发展，是陶弘景编著的《本草经集注》的产生。

陶弘景，字通明，生于宋孝建三年（456），卒于萧梁大同二年（536）。丹阳秣陵（今江苏句容）人。南北朝时期著名医学家、道家。陶弘景自幼勤奋好学，史称他10岁便读书万余卷。少年时读葛洪《神仙传》，深受道家思想的影响。他笃好养生之术，齐武帝永明十年（492）弃官隐居于句容之句曲山，自号"华阳隐居"。在隐居期间，他"遍历名山，寻访妙药"，并对"阴阳五行、风角星算、山川地理、方图产物、医术本草"，都有研究。他一生著述甚多，据初步统计，约有80多种，内容涉及道教、儒家经典、天文、历法、地理、兵学、医药、炼丹术、文学、艺术等各个方面，而《本草经集注》是他所著的多种医药著作中的一种。

公元5世纪末，陶弘景便开始对以前的本草进行勘订整理。他将《神农本草经》所载365种药加以发挥，同时又加入从《名医别录》择录而来的365种药物[①]，形成了一部系统性较强的综合性本草《本草经集注》。全书三卷，总结了南北朝以前的本草学成就。它不仅汇编了古人的药物知识，而且也反映了博物研究的发展。

《本草经集注》突破传统的三品分类法，参考《尔雅》的分类模式，"分别科条，区畛物类"，按药物的本身自然属性先分成玉石、草木、虫兽、果菜、米食、有名和未用等七类，然后在每类中再按功效分上、中、下三品，这样的分类方法既系统地整理了以前散乱的药学资料，发展了《本草经》的药品分类原则，又建立了新的分类和编写体例，开展了对药物资源的深入考察。这种分类系统为后世《新修本草》、《证类本草》等沿用达千年之久，至《本草纲目》问世才被取代。由于药物数量增倍，所以范围扩大了，实用价值也大大提高。

《本草经集注》对药用动植物的形态鉴别的描述也较细致。例如，在区别白术和苍术时说："术有两种，白术叶大有毛而作桠，根甜而少膏，可做丸散用。赤术叶细无桠，根少苦而多膏，可作煎用。"[②] 描述桑寄生："生树枝间，寄根在皮节之内。叶圆青赤，厚泽易折，傍自生枝节，冬夏生，四月花白，五月实赤，大如小豆，今处处皆有之，以出彭城为胜。"[③] 对形态、花期、习性、性味、产地描述很细致，有利于鉴别。

在动物方面，亦有关于形态的生动描述。对"雁"，陶弘景云："今雁类亦有大小，皆同一形。又别有野鹅，大于雁，犹似家仓鹅，谓之驾鹅。……夫雁乃住江湖，而夏应产伏皆往北。"[④] 关于鹳，陶指出："鹳亦有两种，似鹄而巢树者为白鹳，黑色曲颈者为乌鹳。"[⑤] 关于燕，陶说："燕有两种，有胡、越。紫胸轻小者是越燕，不入药用。胸班黑，声大者，是胡

---

① 《名医别录》不是本草，可能是方书。辑者佚名，约成书于汉末。原书早佚，现在人们也多是从《本草经集注》中，见到某些内容。

② 见尚志钧辑校，唐·新修本草，安徽科技出版社，1981年，第152页。

③ 见尚志钧辑校，唐·新修本草，安徽科技出版社，1981年，第311页。

④ 见尚志钧辑校，唐·新修本草，安徽科技出版社，1981年，第395页。

⑤ 见尚志钧辑校，唐·新修本草，安徽科技出版社，1981年，第397页。

燕。俗呼胡燕为夏侯，其作窠喜长。"① 这里所谓越燕，大概为 *Hirundo alpestris nipalensis*，而胡燕则应是 *Hirundo rustica gnturalis* scop。陶对它们的形态、习性，都作了简单的描述。对昆虫"蛄蟖"，陶弘景说："蛄蟖，蚝虫也。此虫多在石榴树上，俗呼为蚝虫。其背毛亦螫人。生卵，形如鸡子，大如巴豆。"② 这里所谓蛄蟖，根据其形态和习性，大约是刺虫蛾（*Monema feaocescen* But.）。

《本草经集注》通过总结以前的本草以及有关的动植物知识，基本上奠定了中国传统本草中有关药用动植物名称、别名、形态、生态（包括产地、生境、习性）描述的模式，对后来本草有关博物学内容方面的发展产生了重要影响。

第二节　动植物的名实考证研究

一　名实研究渊源

分类是人们认识和利用动植物的最基本方法。人们在对自然界中的动植物加以区别和认识时，总是要给各种动植物命名的。前已述及，在甲骨文中就已经出现了许多动植物的名称，而《诗经》中提到的动植物已多达 250 多种。在早期专门著录动植物名称的著作中，最完备的要数《尔雅》了。虽然两千多年前，孔子就在《论语》中强调人们要多识鸟兽草木之名，但这并非一件容易的事。纵观中国古代给动植物命名，或以颜色相区别，或以形状相区分。不过正如 20 世纪初，刘师培所指出的，"此皆后起之名也，夫名起于言，惟有此物乃有此称，惟有此义，乃有此音。盖舍实则无以为名也。故欲考物名之起源，当先审其音，盖字音既同，则物类虽殊，而状态、形质，大抵不甚相远。"③ 在《尔雅》中有一种草本植物名为"茨"，又叫蒺藜。这是布地蔓生有刺（音茨）的植物，而《尔雅》中提到的"蝍蛆"，即后人所称的蜈蚣，在古代也叫"蒺藜"，只因蜈蚣多足刺人。又如草本植物茅秀、苦菜和木本植物梵，在古时又称之为"荼"或"苦荼"，皆以其形色白而同称。在古代有同形同色的，往往同呼其名。类似的例子不胜枚举，古人对动植物的起名，往往不是以物类相区分，而实以物形相区别。物形相似，均可冠以同一个名称。此外古人给物起名，又有两个方面的因素，一为拟其音，二为表其能。如蛙象蛙鸣之音，羊字之音近于羊鸣，鸦字之音近于鸦鸣。这些都是古人给动物起名，以象其鸣声的证明。《尔雅》中的"猱"也称为"猨"。这是因这种动物善援，而被叫"援"，"援"、"猨"同音，又写"蝯"，由"猨"又转为"猿"，这是以物名表达其物的作用的例证。

总之古人既然给某动植物起了名，那么某动植物的状态形质，也就隐含于名称的字音之中了。正因如此，许多后人企图通过聆听和审视名称的发音，以求其义和归属。早在先秦时期，人们就已经注意到动植物的名实关系。在当时已有许多古老的动植物名不为人所知道，作为训诂学书的《尔雅》，就考证解释了许多动植物的名称，实开动植物名实考订研究之先河。虽然这类研究往往是以名称解释名称，但在早期，这类名实考证研究，对于生物知识传

---

① 见尚志钧辑校，唐·新修本草，安徽科技出版社，1981 年，第 398 页。
② 见尚志钧辑校，唐·新修本草，安徽科技出版社，1981 年，第 430 页。
③ 刘师培，物名探源，国粹学报，第 6 期。

递，以及不同地域间生物知识的交流和传播，无疑是不可少的。随着历史的发展和人们对动植物研究的深入，这类名实研究，除了注意动植物的名称在历史时期和地域间变化外，也逐渐注意到对动植物体实际形态、颜色、生态等因素的描述和绘图。因此从某种意义上讲，这种名实研究，从另一个方面推动了中国传统生物分类研究的发展。

二　《方言》中所著录动植物

继《尔雅》后对动、植物名称进行研究的有西汉扬雄的《方言》。扬雄从小好学，博览多通。唐代孔颖达在《方言疏》中说："扬雄以《尔雅》释古今之语，作为拟之，采异方之语，谓之《方言》。"《方言》受《尔雅》之影响，由此可见。但《方言》着重指出某物在不同地方的名称。例如，《方言》在指出古名叫"薯"这种植物就是芜菁的同时，还指出这种植物在湖北叫薯，在山东称荛，其他地方有叫芜菁，有叫大芥，还有对其中一种小的叫辛芥或幽芥。这种名称的考证研究，对于动、植物知识的积累、传播无疑是非常重要的，在实际劳动生产中，也是不可少的。

《方言》中著录的植物名称很少，只有"芥草"、"芜菁"、"鸣头"、"杜根"、"薁"等。但所著录的动物方言名称，则多达百种。当然其中很多是同种异名。例如，关于"鹂黄"，《方言》说："鹂黄，自关而东谓之创鹧（郭注：又名商庚）自关而西，谓之鹂黄（郭注：其色黑而黄因名之）或谓之黄鸟，或谓之雀楚。"① 鹂是离的异文。创鹧，最初也写作仓庚。《诗经》中有"有鸣仓庚"之句。关于仓庚，《传》云："离黄也。"是以其鸟鸣声而得名，鹂黄则以其鸟的毛色黑黄而得名。《字林》："鹩，黑黄也。"②

《方言》："蛥蚗，齐谓之螇螰，楚谓之蟪蛄或谓之蛉蛄，秦谓之蛥蚗，自关而东谓之蚗蟟，或谓之提蟟，或谓之蜓蚞。西楚与秦通名也。"（卷8）蛥蚗，即蟪蛄，为现在之蝉科昆虫。这里《方言》提到了它的多种名称，所有这些名称都直接或间接源于它的鸣声。在古代早期，通常对于能鸣叫的动物，一般都以其鸣声命名，而命名时，又多以方言进行命名，所以便出现了一物而多名的情况。但是尽管名称不同，而其所命之名，则大致与所命名动物的鸣声相肖。《方言》以广大的视野，审视了几十种动植物方言名称。现将《方言》所著录动物方言名称列于表3-2（表中动物名称顺序系根据现代汉语拼音顺序排列）。

表3-2　《方言》所录的动物地方名称

序号	《方言》中名称	实际所指动物	郭璞注音	地　域	出处（卷）
1	蛤解	蚖		桂林之中	8
2	貐	猪		北燕朝鲜之间	8
3	蟥	蝗	音近诈	南楚之外	11
4	蛥蚗	蟪蛄		秦	11
5	蛇医	蝾螈		南楚	8
6	割鸡	鸡		桂林之间	8

---

① 《方言》卷八。
② 《众经音义》卷大引《字林》。

续表

序号	《方言》中名称	实际所指动物	郭璞注音	地　　域	出处（卷）
7	鴚鵝	雁	音加	自关而东	8
8	蛒	蠹	音格	梁益之间	11
9	鶡鴠			自关而西秦陇之内	8
10	鵝	雁		南楚之外	8
11	蛾蛘	蚂蚁	蚁养二音	燕	11
12	伯都	虎		关之东西	8
13	过羸	工爵	音螺	自关而东	8
14	蛞蝼	蝼蛄		南楚	11
15	蠛爵	工爵		自关而西	11
16	结诰	布谷鸟		自关而西梁楚之间	8
17	蝎	蠹		梁益之间	11
18	蟴候	蛛蝥	斯候两音	东齐海岱	8
19	鼅鼄	蜘蛛	知株二音	自关而东赵魏之郊	11
20	织蠌	蝙蝠	职墨两音	北燕	8
21	彘	猪		关之东西	8
22	蛭蛒	蠹	音质、音格	梁益之间	11
23	豕	猪		关之东西	8
24	鹏鸱	鸡		陈楚宋魏之间	8
25	貊	貔	音丕	北燕朝鲜之间	8
26	鹏鹎			自关而东周郑之郊韩（魏之）都	8
27	鹏鷉	水鸟		南楚之外	8
28	蝭蟧	蟪蛄	音帝	自关而东	8
29	狸			关西	8
30	鹂黄			自关而西	8
31	李耳	虎		江淮南楚之间	8
32	李父	虎		陈魏宋楚之间	8
33	擊谷	布谷鸟		周魏之间	8
34	蛴	蝉	音枝	海岱之间	11
35	豨	猪		南楚	8
36	蜥蜴			秦晋西夏	8
37	蟆蟾	蟪蛄	奚鹿二音	齐	11
38	布谷			自关而西	8
39	鸦鸠	小鸠	音浮	自关而西，秦汉之间	8
40	鹂鴀	鸤鸠	福布二音	燕之东北朝鲜洌水之间	8
41	服鹛	戴胜		自关而西	8
42	服翼	蝙蝠		自关而东	8

序号	《方言》中名称	实际所指动物	郭璞注音	地　　域	出处（卷）
43	鷑	鸤鸠		自关而西	8
44	独春	一种磕头鸟		周魏宋楚之间	8
45	蟔蟓	侏儒	音毒余	北燕朝鲜洌水之间	11
46	杜狗	蝼蛄		南楚	11
47	蠹			秦晋之间	11
48	猪子	小猪		吴杨之间	8
49	蛛蝥	蜘蛛	蝥音无	自关而西秦晋之间	11
50	蠋蝓		烛庾二音	自关而东	11
51	祝蜓	蝾螈	蜓音延	北燕	8
52	楚雀	黄鹂		自关而西	8
53	入耳	蚰蜒		自关而东	11
54	鹘鸼	小鸠		自关而西秦汉之间	8
55	鹕蠟	一种水鸟	滑蹄两音	南楚之外	8
56	女鸥	工爵		自关而东	8
57	鹬鸠	鸠	音菊（花）	自关而西秦汉之间	8
58	蛆蝶	马蚿	蛆	北燕	11
59	於鯱	虎	於音乌。音狗窦	江淮南楚之间	8
60	鸐鷑	鸤鸠	鸐音域	燕之东北朝鲜洌水之间	8
61	蚮	蝗	音贷	宋魏之间	11
62	戴南	鸤鸠		东齐海岱之间	8
63	戴鵀	鸤鸠		自关而东	8
64	猍	貔	音来	陈楚江淮之间	8
65	飞鼠	蝙蝠		自关而东	8
66	鼦	鼠	音锥	宛野	8
67	雏	鸠		梁宋之间	8
68	鷑鸠	鸠之小者	音葵	自关而西秦汉之间	8
69	蟪蛄			楚	11
70	倒悬	一种磕头鸟		自关而东	8
71	老鼠	蝙蝠		自关而东	8
72	蜩	蝉	音调	楚	11
73	守宫	蜥蜴		秦晋西夏	8
74	蚭蚭	蚰蜒	奴六反，尾音尼	北燕	11
75	蜎螉	蠹	酋瓮两音	自关而东	11
76	颁鸠	鸠之大者	音班	自关而西秦汉间	8
77	鶝鶔	一种磕头鸟	音旦	自关而东	8
78	蝉	蝉		秦晋之间	11

续表

序号	《方言》中名称	实际所指动物	郭璞注音	地　域	出处（卷）
79	蝙蝠	蝙蝠	边福两音	自关而西秦陇之间	8
80	天蝼	蠹		秦晋之间	11
81	仙鼠	蝙蝠		自关而东	8
82	貒	豚		关西	8
83	蝖	蠹	喧斛两音	自关而东	11
84	玄蚼	蚂蚁	蚼，驹音	西南梁益间	11
85	鴶	布谷鸟		东齐吴杨之间	8
86	蟛	蚰蜒	蚰音引蜒音延	自关而东	11
87	蟒	蝗	莫鲠反	南楚之外	11
88	蟧蜩	蝉		宋卫间	11
89	鵱鷜	鸠	鵱，音郎；鷜，音皋	自关而东周郑之郊韩魏之都	8
90	仓䴚	雁		南楚之外	8
91	鸧鶊	黄鹂		自关而东	8
92	桑飞	工爵		自关而西	8
93	蚨蠳	蚰蜒	音丽	自关而东	11
94	蜋蜩	蝉	音良	陈郑之间	11
95	黄鸟	黄鹂		自关而西	8
96	王孙	蟋蟀		南楚之间	11
97	蠓蟘	蜂	蒙翁二音	燕赵之间	11
98	螣	蝗		南楚之外	11
99	城旦	布谷鸟		自关而东	8
100	定甲	布谷鸟		周魏宋楚之间	8
101	䲔鸠	工爵	宁玦两音	自关而东	8
102	蛉蛄	螲蛄	蛉音零	楚	11
103	蝇	蝇		陈楚之间	11
104	佳從	鸡	音从	桂林之中	8
105	蛛蝚	蛛蝚	荣元两音	南楚	8
106	工爵			自关而东	8
107	蛬	蟋蟀	音巩	楚	11

　　《方言》对各种动物方言名称的调查研究，不仅促进了当时不同地区间生物知识的交流与传播，而且对今天进一步了解古代动植物的利用及其发展，仍有重要的价值。

三　《说文解字》与生物分类知识

　　《说文解字》系东汉许慎著。许慎，字叔重，汝南召陵（今河南郾城）人。初为郡功曹，举孝廉，再迁除浚长，其间还曾官为太尉南阁祭酒。尝从贾逵受古学，博通经籍，所著除《说文解字》外，还有《五经异义》、《淮南鸿烈解诂》等书，今都已散佚。

《说文解字》（以下简称《说文》）大约成书于东汉和帝永元十二年（100）至安帝建光元年（121）间。全书连同"目"共 15 卷，540 个部首。部首分类检字，是《说文》的一个创造性发明。部首分类，从一个方面反映了古代的动植物分类知识。

1. 《说文》与植物分类

《说文》中与植物有关的部首有：草部、竹部、豆部、麦部、木部、林部、艸部、禾部、米部、麻部、韭部、瓜部、瓠部等。这些部首反映了植物的一定的相应类属。对于"竹部"，《说文》："竹，冬生草也。象形下垂者，音箸也。凡竹之属，皆从竹。"指出竹字为象形字，其字象下垂的竹叶，凡竹类植物的名称的字，都冠以"竹"的部首。关于"木部"，《说文》：木，冒地而生，下象其根，"凡木之属，皆从木。"关于"瓜部"，《说文》："瓜瓠也，象瓜，凡瓜之属皆从瓜。"对于"黍"，《说文》认为是"禾"类中有黏性的植物，它可以酿酒。可见"黍"为"禾"类中的次一级分类。凡黍之属皆从黍。在《说文》举出另一种属于黍类的植物即"䵬"《说文》："䵬，黍属，从䵬声（并弭切）。"在"木部"中，《说文》著录了许多木本植物的名称，见表 3-3。

表 3-3 《说文》木部所录部分木本植物

名　称	《说文》解释	现 在 学 名 或 科 属[①]
樗	枣也，似柿而小。	*Diospyros kaki*
桧	柏叶松身	*Genus juniperus*
枞	松叶柏身	*Genus abies*
榆	白粉	*Genus uemus*
桂	江南木，百药之长	*Cinnamomum cassia*
楮	木也	*Broussonefia papyrifera*
枇	枇杷木也	*Eriotorya*
栀	黄木中染者	*Gardenia florida*
柏	鞠也	属名 *Cupressus*
枬	梅也	*Machilus nanmu*
桔	桔梗药名	*Platycodon gradiflorus*
梧	梧桐木	*Stereulia*
橘	果，出江南	*Citrus nobilis*
橙	橘属	*Cilrus uromtium*
柚	倏也，似橙而酢	*Citrus medica variacida*
杏	果也	*Ponuas crmeniaca*
李	果也	*Ponnus communis*

---

① 现代植物学名的考证，主要根据胡先骕："说文植物古今名今证"，刊于《科学》第一卷第 666 页、第 789 页，第二卷第 311 页。

续表

名　称	《说文》解释	现在学名或科属
桃	酸枣	*Ponnus persica*
樲	酸枣	*Zizyphus lotus*
榛	榛木也	*Corylus heterophylla*
枸	枸木也，可为酱，出蜀	*Piper betle*
椴	椴木也，可作大车	*Acer palmatum*
楂	楂果，似梨而酢	*Cydonia japonica*
枫	枫木也，厚叶弱枝，善摇	*Liguidambar formoscna*
柽	河柳也	*Tamarix juniperina*
梣	青皮木	*Traxinus bungeana*

　　从上表可以看出，《说文》虽然只是一部字典，但它注解植物时，也涉及了植物的形态、生态和用途。

　　2.《说文》与动物分类

　　在动物方面，《说文》所载涉及动物分类、形态、地理分布、生活习性和用途等各个方面。据统计，《说文》所著录动物（不包括神话传说无稽动物）总数有 484 种。其中脊椎动物 342 种，无脊椎动物 142 种（具体情况见表 3-4 所列）。从表中可以看出，在《说文解字》部首中，除两栖类不甚明确外，其他的一般都有明确的区分。部首中只有虫类较乱，鸟类和兽类还做了较细的二级分类。关于"鱼"，《说文》："鱼，水虫也，象形，鱼尾与燕尾相似。"关于"鸟"，《说文》："鸟，长尾禽之总名。"关于"隹"，《说文》："隹，鸟之短尾总名。"

表 3-4　《说文》中的部首与现代动物分类系统比较[①]

现代动物分类系统		种　数	《说文解字》主要部首	备　注 《说文解字》中的资料
名　称				
脊椎动物	鱼类	81	鱼、虫	鱼：水虫也，象形，鱼尾与燕尾相似。属鱼部的共 80 种，十分集中
	两栖类	2	虫	虾蟆和蝾螈
	爬行类	25	虫、它、龟等	虫：系指蛇、蜥蜴、蝻等 它：虫也，从虫而长 龟：外骨内肉者，如龟等
	鸟类	131	隹、鸟、乌、凫、燕等	隹：鸟之短尾总名，共 11 种 鸟：长尾禽总名，共 79 种
	哺乳类 （兽类）	103	牛、羊、豕、豸、马、鹿、犬、兔、虎、鼠、熊、虫等	豕：竭其尾，故谓之豕如猪 豸：兽长臂如豹、貂等 虫：如蝙蝠、蛋等
无脊椎动物		142	虫、虫虫、鱼等	属虫部的有 99 种，属虫虫部的有 21 种，比较集中 鱼：系指乌贼、蚌等

---

① 本表引自袁传宓，生物学史话，江苏科技出版社，1981 年，第 53 页。

《说文》中对有些动物的记载，除提到形态外，还涉及地理分布和生活习性，如：

（1）象：长鼻牙，南越大兽（南越，指我国华南和越南一带）。

（2）犀：南徼外牛，一角在鼻，一角在顶，似豕（南徼，华南和越南一带）。

（3）犛：西南夷长毛牛（西南夷，指我国西南一带）。

（4）貘：豹属出貉国（貉国，古称东北夷，位于今朝鲜半岛南）。

（5）骃：陶骇北野之良马。

（6）貂：鼠属，大而黄，出胡丁零国（丁零国——古之狄种，后属于匈奴，位于今西伯利亚叶尼塞河上游至贝加尔湖以南一带）。

（7）獭：如小狗也，水居食鱼。

（8）鼢：地行鼠。

（9）鹬：刀鹬剖苇食其中虫（刀鹬为一种小型鸟类）。

（10）鲎：饮而不食，刀鱼也，九江有之（即刀鲚，其意在生殖期上溯时只饮水不摄食，一直可达九江一带）。

上述的动物分布范围很广，大约南到越南、缅甸一带，北达蒙古人民共和国以北，东起朝鲜半岛及我国沿海，西抵青藏、新疆一带。

书中对动物生态习性方面的全面记述虽不多，但仍包含有不少珍贵的资料，如关于鲎（即刀鱼）的习性的记载，即刀鱼在生殖期，要举行生殖洄游，在上溯时不摄食，这是现代鱼类学者才查明的问题，而在秦汉以前就有"饮而不食"的记载了，实为难能可贵。

四　陆机与动植物分类描述

三国时陆机著有《毛诗草木鸟兽虫鱼疏》，对我国古代生物的描述，做出了重要的贡献。

（一）关于《毛诗草木鸟兽虫鱼疏》作者陆机

《毛诗》，今通称《诗经》。古时传《诗经》者，早期有齐、鲁、韩三家，后期则有毛亨的传本，这一传本即后人所称的《毛诗》。《诗经》305篇，其中有许多动植物的古名，后人往往不知其为何物。在陆机之前，解释《诗经》中所载动植物名的书，有《尔雅》和《毛诗传》，但它们的解释是很简单的，往往是以一物的别名来解释，例如《毛诗传》解释"荇"，只是指出它又称"接余"也，别无其他解释。陆机则不同，他不但指出诗中动植物之今名，而且还要进一步描述其形态。这便是《毛诗草木鸟兽虫鱼疏》的由来，陆机之名也就因此而为后世所知。

关于陆机的生平，史籍缺乏记载，我们现在只能从《毛诗草木鸟兽虫鱼疏》一书作者的题名上，知道他字元恪，三国时吴人，做过太子中庶子和乌程令，此外别无所知。他虽是吴人，但是我们从他的著作中，可以推想到他似曾到过北方，特别是黄河流域的许多地方。陆机在他的书中，提到香草时有这样的诗记述："蘼，即香草也。……汉诸池苑及许昌宫中皆种之（《方秉蘼》)"。在《集于苞栩》条中说："栩，今柞栎也。徐州之人谓栎为杼，或谓之为栩。……今京洛及河内多言杼斗或云橡斗。"这些记载，似都是亲身经历和目睹过的人所说出来的。

关于《毛诗草木鸟兽虫鱼疏》这部著作，现在见到的最早的有元代人陶宗仪的《说郛》

本，但他误题为"唐，吴郡，陆玑撰"。到明代毛晋作《毛诗草木鸟兽虫鱼疏广要》时，也仍然误题是"唐吴郡陆机元烙撰"。这使后人对这部著作的作者，就有了不同的说法，以为陆机是唐代人。对此夏纬瑛做了订正①。他指出，在晋代有两位学者，姓名相同，都叫陆机。其中一位，字士衡，以文学知名，著有《陆平原集》；另一位是博物学者，字元恪，即《毛诗草木鸟兽虫鱼疏》的作者。《毛诗草木鸟兽虫鱼疏》的书名，最早在《隋书经籍志》中就已有著录，另外，北魏贾思勰在《齐民要术》这部著名的古农书中即已引用了《毛诗草木鸟兽虫鱼疏》的有关内容，所以作者显然不是唐代人。宋代陈振孙在他著的《书录解题》中说陆机在《毛诗草木鸟兽虫鱼疏》中，引用了晋人郭璞的《尔雅注》内容，因而认为本书当在晋郭璞之后。这也是错误的说法。因为实际上，汉时注《尔雅》者有犍为文学、刘歆、樊光、李巡等多家，这些学者都在陆机之前，而陆机在《毛诗草木鸟兽虫鱼疏》中所引，有犍为文学和攀光的话，却无郭璞的话，这也说明陆机《毛诗草木鸟兽虫鱼疏》当在郭璞《尔雅注》之前，而不在它之后。《毛诗草木鸟兽虫鱼疏》有《汉魏丛书》本、《唐宋丛书》本，现有罗振玉的光绪丙戌辑本，分上下两卷。

（二）《毛诗草木鸟兽虫鱼疏》对动植物的分类描述

在众多研究诗经的学者中，陆机独辟蹊径，首次将《诗经》中所载的动植物专门分列出来，一一加以描述。全书以章句为条目，并参照《尔雅》分类原则，以草木鸟兽虫鱼为序，记述草本植物 80 多种，木本植物 34 种，鸟类 3 种，兽类 9 种，鱼类 10 种，虫类 18 种，共174 种。对各种植物和动物，不仅记其今名别名，更记其形态和生态习性、产地、地理分布和经济用途等。下面略举一些例子，以观其动植物描述之大致情况。

在《参差荇菜》条中记草本植物荇菜："荇，一名接余。白茎。叶紫赤色，正圆，径寸余，浮在水上。根在水底，与水深浅等，大如钗股，上青下白。鬻其白茎，以苦酒浸之，脆美。"荇菜即今龙胆科植物（*Nymphoides nymphaeoedes* Britto），这里对荇菜作了相当详细的描述，提到荇的别名，茎叶的颜色和形态以及食用价值等。《可以沤纻》条记纻麻："纻，亦麻也，科生数十茎。缩根在地中，至春自生，不岁种也。荆扬之间一岁三收。今官园种之，岁再割，割便生。剥之以铁若竹，刮其表，厚皮自脱，但得其里韧如筋者。谓之徽纻。今南越纻布皆用此麻。"纻麻即苎麻，为荨麻科植物（*Boehmeria nivea* Gaud），这里指出与麻是属于同一类植物，并首次提到"科生"、"宿根"等这些植物学名词。又在《于以采藻》条中记藻："藻，水草也，生水底。有两种，其一种，叶如鸡苏，茎大如箸，长可四五尺；其一种茎大如钗股，叶如蓬蒿，谓之聚藻，扶风人谓之藻聚，为发声也。此二藻皆可鬻熟擩去腥气，米面糁蒸为茹，嘉美。扬州人饥荒，可以当谷食也。饥时蒸而食之。"这里指出藻为水生草本植物，并认为根据其茎叶形态的差异，可以分为两个不同品种。聚藻从古供食用，至今依然如此。

在木本植物方面，《集于苞栩》条中记栩："栩，今柞栎也，徐州人谓栎为杼，或谓之为栩。其子为皁，或言皁斗。其壳为汁，可以染皁。今京洛及河内多言杼斗，或云橡斗。谓栎为杼，五方通语也。"栩，就是现今的山毛榉科植物。在这里陆机不仅对它的别名、通名作了详细的介绍，而且特别指出这类植物具有皁斗的坚果。又《唐棣之华》条描述唐棣："唐棣，奥

---

① 夏纬英，《毛诗草木鸟兽虫鱼疏》的作者——陆机，自然科学史研究，1982，1（2）。

李也，一名爵梅。或谓之车下李。所在山泽皆有。其花有赤有白。高不过四尺。子六月中熟，大如李，正赤，有甜有酸。率多涩少有美味者，复似一类名有不同，或当家园山泽所生小异耳。"唐棣为蔷薇科植物，陆机指出它的各种别名，特别指出它是一种低矮的小灌木，并有开红花和白花两种，果实通常为正赤色，另外还有一种为稍异于人工栽种的野生种类。

在动物方面，《鹤鸣于九皋》条中记鸟类鹤："鹤形状大如鹅，长脚青翅，高三尺余，赤顶赤目，喙长四寸余。多纯白，亦有苍色者，今人谓之赤颊。常夜半鸣，故淮南子曰：鸡知将旦，鹤知夜半，其鸣高亮，闻八九里。雌者声差下。今吴人园囿中及士大夫家皆养之，鸡鸣时亦鸣。"陆机对鹤的形态作了正确的描述，并指出鹤有纯白和苍色两种。这是符合实际情况的。在《鹳鸣于垤》条中，陆机写道："鹳，鹳雀也。似鸿而大。长颈赤喙，白身，黑尾翅。树上作巢大如车轮，卵如三升杯。望见人按其子，令伏径舍去。一名负釜，一名黑尻，一名背灶，一名皂裙。阴雨则鸣。"这里所描述的显然是白鹳（Ciconia ciconia L）。皂，黑色。鹳之背，背羽黑色，下垂如裙，所以有黑尻、皂裙等异名。白鹳现在国内已很少见，但是陆机的记述，使我们推想到，在三国时我国还有大量白鹳，各地还有着不同的名称。关于白鹭，陆机在《值其鹭羽》条中写道："鹭，水鸟也。好而洁白，故汝阳谓之白鸟。齐鲁之间谓之春钼，辽东乐浪吴阳人皆谓之白鹭。大小如鸥，青脚高七八寸，尾如鹰尾，喙长三寸许。头上有长毛十数枚长尺余，氄氄然与众毛异，甚好。欲将取鱼时，则弭之。今吴人亦养焉，好群飞鸣。"白鹭头背生有长毛，氄氄然。鹭在浅水中步行觅食时，头颈一低一昂，如春如锄，故称春锄。锄，古亦作钼。

相对来说，陆机对兽类动物的描述则比较简略。在《献其貔皮》条中记貔："貔似虎或曰似熊，一名执夷，一名白狐，其子为毂，辽东人谓之白黑。"据近人周建人研究，貔即是当今闻名于世的我国特产大熊猫。

关于鱼类，在《维鲂及屿》条中记述了鲂和屿："鲂今伊洛济颍鲂鱼也。广而肥薄，恬而少力，细鳞鱼之美者。辽东梁水鲂特肥而厚，尤美于中国鲂，故其乡语居就粮梁水鲂。屿似鲂厚，而头大，鱼之不美者，故俚语曰：纲鱼得屿，不如啖茹。其头尤大而肥者，徐州人谓之鲢或谓之鳙，幽州人谓之鹗鹗，或谓之胡鳙。"这里提到的是盛产于我国许多地方的鲂鱼和鳙鱼。鲂鱼宽而扁而味美，鳙鱼似鲂而头大味差。在《鱼丽于罶》条中记黄颡鱼："鳠，一名黄扬，今黄颡鱼是也。似燕头鱼身，形厚而长大，颊骨正黄。鱼之大而有力解飞者，徐州人谓之扬黄颊，通语也。今江东呼黄鱼，亦名黄颊鱼。"黄颡鱼之名沿用至今，它属鲀科鱼类。

在虫类方面，《蟋蟀在堂》条中陆机说："蟋蟀似蝗而小，正黑有光泽如漆，有角翅。一名蛬，一名蜻蛚，楚人谓之王孙，幽州人谓之趣织，趣谓督促之言也，里语曰趣织鸣，懒妇警是也。"陆机认为蟋蟀似蝗虫，并用正黑如漆来形容蟋蟀的体色，是很贴切的。又在《去其螟螣，及其蟊贼》条中，陆机写道："螟似螣而头不赤。螣，蝗也。贼似桃李中蠹虫，赤头身长而细耳。或云蟊，螅蛄食苗心为人害。……旧有说云：螟螣蟊贼，一种虫也。犍为文学曰：此四种虫皆蝗虫也。实不同，故分别释之。"在陆机之前，许多解释《诗经》的人都将诗中提到的"螟螣蟊贼"认为是一种虫。陆机根据虫体形态、颜色以及危害作物的部位，首先认为这是四种不同种类的农作物害虫。这对后人研究中国古代农业虫害及其历史发展有重要意义。

在《鼍鼓逢逢》条中对中国特产的扬子鳄（鼍）作了较详细的描述，鼍就是现在的扬子鳄（Alligator sinensis）。鼍皮较厚，所以二三千年前人们就已经剥取鼍皮用来幪鼓。鼍鼓声响逢逢，所以会有"鼍鼓逢逢"的诗句。在古籍中最早提到鼍的是后汉许慎的《说文》，但很简单，只是说鼍似蜥蜴，长大，而陆机则进一步具体指出鼍体长丈余、卵大如鹅卵、身甲坚厚等。

陆机《毛诗草木鸟兽虫鱼疏》对动植物的描述，主要是通过调查观察而得，在一定程度上体现了实事求是的精神，所以颇得后人称赞。《四库提要》就认为陆书"讲多识之学者固当以此为最古"。又说，其书"去古未远，于诗人所咏诸物，今昔异名者尚能得其梗概，故孔颖达《诗正义》全据此书。陈启源《毛诗稽古编》亦多据以考证诸物"。陆机所记动植物的分布区域，遍及全国，甚至涉及现在的朝鲜和越南，可见其视野之广阔。《毛诗草木鸟兽虫鱼疏》对后人研究《诗经》中的动植物，有很大的启发，并对后来本草学的发展，也有很大的影响。明代毛晋正是在陆机工作的基础上，又编纂了《毛诗草木鸟兽虫鱼疏广要》一书。后来日本学者研究《诗经》中动植物，如稻若水的《毛诗小识》、冈元凤的《毛诗品物考》等，无不一受陆机的影响。

五　郭璞和《尔雅注》

（一）郭璞注《尔雅》

郭璞，字景纯，河东闻喜（今山西闻喜）人，生于西晋咸宁二年（67），卒于东晋太宁二年（公元342年）。他博学多才，一生不仅写了许多优秀的文学作品，而且做了大量的注解古籍的工作，为后人留下了丰富的文化遗产。他所注解的古籍有《山海经》、《穆天子传》、《尔雅》、《楚辞》、《三苍》和《方言》等。这些古籍中，都包含丰富的动植物知识。郭璞对这些古代典籍，尤其是对《尔雅》的注解，对中国动植物学的发展有着一定的影响。

前面我们已经提到过《尔雅》。它全书19篇，其中最后7篇分别是：《释草》、《释木》、《释虫》、《释鱼》、《释鸟》、《释兽》。这7篇不仅著录了多种动植物的名称，而且根据它们形态的特殊性征，将其纳入一定的分类系统中。它保存了中国古代早期的丰富生物学知识，是后人学习和研究动植物的重要著作。从某种意义上说，《尔雅》可视为一种教科书。公元4年，王莽为汉平帝的大司马时，曾经倡议召开了一次全国性专家会议。《前汉书》卷十二记载"……诏天下通知逸经、古经、天文历算、钟律小学、《史篇》、方术、《本草》以及《五经》、《论语》、《孝经》、《尔雅》教授者，在所为驾一封轺传，遣诣京师，至者数千。"可见当时参加这次大会的数千名专家学者中，便有教授《尔雅》的学者。据史书记载，东汉初，窦攸由于"能据《尔雅》辨豹鼠"，所以汉光武帝奖赏他百匹帛，并要群臣子弟跟他学习《尔雅》。郭璞更是把《尔雅》视为学习和研究动植物，了解大自然的入门书。他在《尔雅》注的自序中说："若乃可以博物不惑多识于鸟兽草木之名者，莫近于《尔雅》。"但是《尔雅》成书较早，文字古朴，加上长期辗转流传，文字难免脱落有误，所以早在汉代，就已经有不少内容不易被人看懂。郭璞从小就对《尔雅》感兴趣，他认为旧注"犹未完备，并多纷谬，有所漏略"，于是他"缀集异闻，荟萃旧说，考方国之语，采谣俗之志"，并参考樊光、孙炎等旧注，对《尔雅》作了新的注解。

（二）《尔雅注》的生物学成就

郭璞研究和注解《尔雅》历时18年之久，对《尔雅》所记载的动植物作了多方面的研究。他的主要成果有三个方面：用今名新注古老的动植物名；丰富了动植物的分类描述；创建了动植物分类研究图谱。

1. 动植物古名新注

首先，郭璞在他的《尔雅注》中，以当时晋代通行的或当时某地方言的动植物名称，解释古老的动植物名称。例如，《尔雅·释草》："藏，寒浆。"郭璞注曰："今酸浆草，江东呼曰苦藏。"郭璞认为，《尔雅》中的藏、寒浆，就是晋代人们通称的酸浆草，而当时的江东（今镇江、南京地区）地方的方言还称酸浆草为苦藏。《尔雅·释草》："蘧、蔼，马尾。"郭璞注云："广雅曰：马尾，蔺陆。本草云：别名蔼，今关西亦呼为蔼，江东呼为当陆"。这里郭璞正是根据古籍记载和方言名称互为印证，而认为《尔雅》中的蘧、蔼，即是当时江东人所称的当陆。《尔雅·释木》："栘，山夏。"郭璞注曰："今之山楸。"又《尔雅·释鸟》："鸬鸠，鸬鴂。"郭璞注曰："今之布谷也，江东人呼为获谷。"这类注解，从表明上看，似乎很简单，只是以名词解释名词。而实际却不是那么容易，它需要丰富的训诂知识和实际经验知识。实际上它却是将古老的动植物名称和当时为一般群众所理解的动植物联系起来，从而使古老的动植物名称，具有以当代实物为基础的含义。例如，《尔雅·释虫》中有"国貌虫蠁"的记载。如果不看郭璞的注解，人们很难理解"国貌虫蠁"的含义。郭璞注曰："蠁"，"今呼蛹虫"。并引证《广雅》云："土蛹，蠁虫也。"所谓蛹虫，就是指寄生于蚕体上的蚕蛆蝇的幼虫（图 3-1）。郭璞的注解，将古老的"国貌"、"虫蠁"等动物名和当时广泛存于养蚕业的蚕蛆蝇幼虫联系起来。在郭璞的注解中，经常出现"今言"、"俗言"、"今江东"、

图 3-1　雌性蚕蛆蝇在蚕体上产卵

"今关西"等提法，仅《尔雅·释草》中就出现了 50 多处，这说明郭璞对《尔雅》的研究是与现实紧密结合的。由于能由今通古，所以他的注解，无形中复活了许多古老的并很难为后人所理解的动植物名称。

2. 丰富了对动植物的分类描述

郭璞丰富和发展了《尔雅》所载各种动植物的具体描述。郭璞原是山西人，但因战乱逃往江南，并经常往返于长江中下游，所以熟知各种动植物的通名和别名，而且根据自己从实际中获得的知识，对各种动植物的形态生态特征进行描述。

《尔雅·释草》中有"蕑，牛蘈"之古老的植物名，郭璞注曰："今江东呼草为牛蘈者，高尺余许，方茎，叶长而锐。有穗，穗间有华，华紫缥色。可渐以为饮。"这里不只是对《尔雅》中古老植物名称的解释，而更重要的是对生长于当时南京镇江一带的名叫"牛蘈"这种植物的茎、叶、花、果形态的具体描述。又如《尔雅·释草》中提到"茨"，其别名为"蒺藜"，郭璞描述它是："布地蔓生，细叶，子有三角，刺人。"虽然描述简略，但还是指出了蓼科植物蒺藜的茎叶果实的某些特殊性征。对"活莌"，即通脱木，郭璞注云："此草生江南，高丈许，大叶。茎中有瓤，正白。"正确地描述了五茄科植物通脱木，大叶、茎中含有大量白色髓质的特点。

《尔雅·释木》全文仅 414 个字，记述了 86 种树木。还提到 8 个有关树木方面的术语。对《尔雅》中提到的植物，除因不了解而注以"不详"外，郭璞对其他树木都作了详略不等的注释和描述（见表 3-5）。《尔雅·释木》记有："栲，山樗。"郭璞注曰："栲似樗，色小

白，生山中因名云，亦类漆树。"郭璞所指，即今之臭椿（*Ailanthus altissima* Swingle）。《尔雅·释木》："梫，木桂。"郭璞注曰："今南人呼桂厚皮者为木桂。桂树叶似枇杷而大。白华，华而不著子。<u>丛生岩岭</u>。枝叶冬夏常青，间无杂木。"这里所指木桂又别称肉桂即学名 *Cinnamomus cassia* Bl。郭璞不仅描述了肉桂之茎叶果的某些特点，而且还指出肉桂生长对周围植物生长的影响。《尔雅·释木》中有："楰，赤楝，白者楝"之记述，郭璞对此作了进一步描述："赤楝，树叶细而歧锐。皮理错戾。好丛生山中。中为车辋。有赤、白两种，其茎叶形态各不相同。"《释木》中提到的白桵，即扁核木。郭璞注曰："桵，小木，丛生，有刺，实如耳铛，紫赤，可啖。"基本上勾画了扁核木为小灌木，具枝刺和紫赤色核果的特征。

表 3-5   《尔雅·释木》郭璞注中所著录的木本植物

《尔雅·释木》原文	郭璞注文	现在学名①
山夏	今之山楸	*Celtis*
栲，山樗	栲似樗，色小白，生山中，因名云。亦类漆树	*Ailanthus altissima* Swingle
柏，椈	礼记曰：鬯似椈	柏树 *Platyladus orentalis* L.
椵，柂	白椵也，树似白杨	*Hibiscus syriacus* Linn.
梅，枏	似杏实酢	*Phaebe bourne*（Heml）yang
柀，黏	黏，似松生江南。可以为船棺材，作柱埋之不腐	沙树（*Cunning hamia Lanceolata Lamb* Hook）
櫰，椵	柚属也。子大如盂，皮厚二、三寸，中似枳。食之少味	臭柚 *Cltrus grandis*（L）Osbeck
杻，檍	似棣细叶，叶新生可饲牛。材中车辋。关中呼杻子，一名土僵	青冈树 *Quercus baronii* Skan.
椋，即来	今椋材中车辋	掠子木 *Cornus walteni* Wanger
栵，杨	树似槲嫩，库子如细粟，可食。今江东呼为杨粟	白栎 *Quercus fabri* Hamce
櫰，落	可以为杯器素	桦木 *Betula platyphylla* Swk
柚，条	似橙，实酢，生江南	柚 *Citrus grandis*
时，英梅	鹊梅	*Prunus mume* Sied
楥，柜柳	未详，或曰抑当为柳，柜柳似柳，皮可以煮作饮	*Ptarcarya stenoptera* Dc.
棚，柠	柞树	*Xyiosma congestum* Merr.
枢，荎	今之刺榆	*Hhemiptelea dauidii* Planch.
杜，甘棠	今之杜梨	*Pyrus betulifclia* Bge
朹，檕梅	朹树状似梅子如指头，赤色如小李可食	*Crataegus pinatifide* Bge
枓者，聊	未详	
魄，榽橀	魄，大木细叶似檀，今江东有之。乔谚曰：上山斫桧檀，榽橀先殚	*Cupressus funednis* Endl
梫，木桂	今江东呼桂，厚皮者为木桂。桂树叶似枇杷而大白花。华而不著子。<u>丛生严岭</u>。枝叶冬夏常青。间无杂木	桂树 *Cinnamomuun cassia* Bl
楰，无疵	楰，梗属，似豫章	*Lindera unbllatu* Thenb
椐，樻	肿节，可为仗	枫杨 *Pterocarya stenopbyas* Dc.

---

① 现代学名考订，主要参考印嘉祐《尔雅释木训诂》，载于中国林业学会林业史学会编《林史文集》第 1 集，中国林业出版社，1990 年，第 155～168 页。

续表

《尔雅·释木》原文	郭璞注文	现在学名
柽，河柳	今河旁赤茎小杨	…r Tamarx…Laur
诸虑，山櫐	今江东呼櫐，为藤似葛而粗大	Vitis thumlergu Sied
旄，译柳	生泽中者	Salix babylonica Linn
杨蒲柳	可以为箭，《左传》所谓董泽之抑	蒲柳 Populus calhayana Rehd
杜，赤棠，白者棠	棠色异，异其名	杜梨 Pyrus phaeocarpa Rehd
摄，虎累	今虎豆，缠蔓林树，而生荚有毛刺。今江东呼为猎摄	紫藤 Wistarla sinensis Sweet
杞，拘檵	枸杞也	Lucium chinence Mill
杭，鱼毒	杬，大木，子似雪，生南方。皮厚汁赤，叶藏卵果	Daphne genkwa Sieb
檓，大椒	今椒树丛生实大者名毁	花椒 Jonthoxylum simujans Hance
楸，鼠梓	楸属也，今江东有虎梓	Conpinus henryana Winkl
枫，摄摄	枫树似白杨，叶圆而岐，有脂而香。今之枫香是	枫树 Liguidambar farmusana Hance
寓木，宛童	寄生树，一名茑	Laranthus yadorikisieb
无姑，其实夷	无姑榆也，生山中，叶圆而鲁。剥取皮合渍之其味辛香，所谓无夷	山榆 Ulmus japanica Sarg
栎，其实梂	有梂彚自裹	栎树 Quercus actutssima Canr
樕，萝	今杨橼也，实似梨而小，酢可食	山梨 Pyrus hetulaeflia Bunge
楔，荆桃	今樱桃	樱桃 Prunus pseudocorasus Lindl
旄，冬桃	子冬熟	冬桃 Amygdalus
榹桃，山桃	实如桃而小，不解核	毛桃 Prunus davidana
休，无实季	一名赵李	Prunus salicina Lindl
痤，接虑李	今麦李	麦李 Eaprunus koehne
驳，赤李	子赤	Euprumus kaehme
枣，壶枣	今江东呼枣大而锐上者苟壶，壶犹瓠也	Zizyphus jujuba Mill
边，要枣	子细腰，今谓之鹿庐枣	
挤，白枣	即今枣子白熟	
樲，酸枣	树小实酢，孟子曰养其枣	
杨彻，齐枣	末详	
遵，羊枣	实小而圆，紫金乏，今俗呼之为羊矢枣。孟子曰曾晳嗜羊枣	
洗，大枣	今河东猗氏县出大枣，子如鸡卵	
煮，填枣	末详	
蹶泄，苦枣	子味苦	
晳，无实枣	不著子者	
还味，稔枣	还味，短味	
榇，梧	今梧桐	梧桐 Firmiana simplex W. F. Wight
朴，抱者	扑属丛生者，为抱	抱树 Quercus glandulibera Bl

续表

《尔雅·释木》原文	郭璞注文	现在学名
棫，楗其	棫，实似李，赤，可食	槲树 *Quercus clntata* Thuub
刘，刘杙	刘子生山中，实如梨，酢甜，核坚，出交趾	*Punica granatum* Linn.
杯，槐大叶而黑	槐树叶大色黑者名为杯	槐树 *Sophora japonica* Lim.
槐小叶曰榎	槐当为楸	楸树 *Catalpa bungci* C. A. Mey
椅，梓	即楸也	梓树 *Catalpa ovata* Dan
楰，赤楝，白者楝	赤楝树叶细而歧锐，皮理错戾，好丛生山中，中为车辋。白楝叶圆而岐为大木……	槭树
终，牛棘	即马棘也，其刺粗大而长	酸枣 *Zizyphus spinosas* Hu.
械，白桵	桵，小木丛生有刺，实如耳铛，紫赤可食	*Prinsepia uniflora* Batal
梨，山檎	即今山檎	*Pyres* Linn.
桑辨有葚，栀	辨，半也	栀 *Caraema* Ellis
女桑，桋桑	今呼桑树小而修长者为女桑	*Morus* Linn.
榆，白枌	枌榆，先生叶，却著荚，皮色白	*Ulmus pumila* Linn.
唐棣，栘	似白杨，江东呼夫栘	唐棣 *Amelanchier asiatica* Vav Schmeid
常棣，棣	今山中有棣树子如樱桃可食	杜梨 *Kerria joponica* Dc.
槚，苦荼	树小似栀子，冬生叶，可煮作羹饮。今呼早采者为荼，晚取者为茗。一名，蜀人名之苦荼	*Thea sinensis* Linn.
橭朴，心	槲橭别名	*Quercus clentata* Thunb
榮，桐木	即梧桐	实为泡桐 *Paulounia foutunel* Hemal
栈木，干木	僵木也，江东呼木骆	青僵 *Quercas baronii* Skons
檿桑，山桑	似桑，材中作弓及车辕	*Morus mongolica* Vav dioblica koldz
枞，松叶柏身	今大庙梁材用此木，《尸子》谓松柏之鼠，不知堂密之有姜枞	青松 *Pinus massoniana* Lamb.
桧，柏叶松身	诗曰桧楫松舟	桧树 *Janiperus chinensis* linn
椒椴，醜荬	荬，黄子聚生成房貌。今江东亦呼荬，椴瑰似茱萸而小，亦色	花椒 *Janthoxglan simulous* Hance

　　郭璞对《尔雅·释鱼》中提到的鱼类，有的也作了较详细的分类描述。例如鳣，《尔雅·释鱼》中仅记其名为鳣，而郭璞则对它作了进一步的描述："鳣，大鱼，似鳕而短鼻，口在颌下，体有邪行甲，无鳞，黄肉。大者长二、三丈，江东呼为黄鱼。"此即今之中华鲟（*Acipenser sinensis* Gray）。郭璞正确地指出了这种鱼身有骨扳、短鼻、肉黄等特点。在《尔雅·释鱼》中提到一种鱼叫"当魱"，郭璞注曰："海鱼也。似鳊而大，鳞肥美，多鲠。今江东呼其最大长三尺者为当魱。"当魱，即现在鱼类分类学上的鲥鱼（*Macrura reevesii* Richardson）。每年洄游长江时节，鱼体鳞下含有肥厚的脂肪，味道非常之鲜美，是我国最名贵的鱼类之一。

　　在《尔雅·释鸟》中提到"鸬鹈"，《尔雅》只指出其别名为"剖苇"。郭璞对它作了进一步的注解和描述，指出这种鸟是因"好剖苇皮食其虫"而得名的，"江东人呼芦虎，似雀青斑长尾"。

《尔雅·释鸟》中还提到一种鸟叫蟁母。郭璞注曰："似乌鹐而大，黄白杂文。鸣如鸽声。今江东呼为蚊母。俗说此鸟常吐蚊，故以名云。"蚊母鸟即现在分类上的夜鹰（*Caprimulgus indicus* Latham）。郭璞对它的形态大小、斑纹、鸣声等都作了正确的描述。此鸟常在夜间活动，在空中飞行捕食蚊虫或其他昆虫。古代人由于对它的生态习性观察不细，将穿行于蚊群捕食蚊虫的现象，误认为是吐蚊。不过郭璞似乎并不相信"吐蚊"之说，所以特意用了"俗说"二字。

郭璞在《尔雅·释兽》注中，也有许多引人注目的描述。例如，关于金丝猴，《尔雅·释兽》只有简单的"蜼，仰鼻而长尾"的记述。郭璞则进一步注曰："蜼，似猕猴而大，黄黑色，尾长数尺，似獭，尾末岐，鼻露向上，雨即自悬于树，以尾塞鼻或以两指。江东人亦取养之。为物捷健。"郭璞的描述使人很快就想到金丝猴的形态特征，而且也使我们想到在古代，我国金丝猴的数量和分布一定比现在大而广泛。

郭璞对动植物的分类描述，虽然还很粗糙，但他还是实事求是的。他对自己不了解或没有听说过的动植物，都不强做注释，而是注以"未详"或"未闻"，这充分体现了他实事求是做学问的态度。郭璞的分类描述，对后来的动植物分类研究，有着深远的影响。

3. 开创了动植物分类研究的图示方法

郭璞在《尔雅注》的序中说："别有音图，用祛未悟。"可见郭璞不仅为《尔雅》作文字注释，而且还为《尔雅》注音、作图。《隋书·经籍志》中说："有《尔雅图》十卷，郭璞撰；梁有《尔雅图赞》二卷，郭璞撰，亡。"这说明在梁代，人们还看到郭璞所作的《尔雅图》。《新唐书·艺文志》中也称："《尔雅》李巡注三卷。樊光注三卷。孙炎注六卷。沈漩集注十卷。郭璞注一卷，又图一卷，音义一卷。江灌图赞一卷，又音义六卷。"直到宋代郑樵（1102～1160）《通志艺文略》中还称有"《尔雅图》十卷，郭璞撰"。这些记载充分说明，郭璞的确作过《尔雅图》，但到底是多少卷，具体图是什么样的至今也不甚清楚。

我们现在能看到的题为郭璞撰《尔雅音图》，它是艺学轩嘉靖六年（1801 年）影宋绘图重摹刊行的。曾燠在为重刊宋影本《尔雅图》作序时称："《尔雅图》三卷，下卷分前后两卷，实四卷。元人写本，题《影宋钞绘图尔雅》。案郭氏云，别为音图，则郭本有图及音义与注别行。……郭璞之后，又有江灌图赞一卷音六卷……宋元人所绘，甚精致疑必有所本，即非郭氏之旧，或亦江灌所为也。……然则旧音及图，赖有宋本存其梗概，良足宝矣。"正如曾燠所言，精致的宋钞尔雅绘图不是源于郭璞就是源于江灌样所作的尔雅绘图。

当然，现在我们看到的《尔雅图》经过长期的辗转重摹和翻刻，不可能还是原来《尔雅图》的原貌。但是我们发现，我们现在看到的《尔雅音图》的情况是：凡是郭璞有注释的动植物，都有图。相反，虽为《尔雅》所著录，但因郭璞自己当时不识而不作注解的动植物，则都无图。这清楚地表明，图完全是配合文字注解而作的。而这又清楚地说明，《尔雅音图》是源于郭璞的。郭璞注解各种动植物，不仅有简要的文字说明，而且配有实物图像，它实为我国动植物志的雏形。

郭璞《尔雅音图》共有动植物图像 544 幅，其中有草本植物图 176 幅。《尔雅·释草》中记有雀弁、鸟、飨、菟亥、条修、苗侪、茎涂等草本植物名，郭璞对这些植物名都注以"未详"二字，意味着他当时还不认识这些植物名，令人奇怪的是郭璞《尔雅音图·释草》中也都空缺这些植物图像。这绝不是偶然的巧合。《释草》图着重反映各种植物茎叶或花果特点。

例如"地黄"（图 3-2），突出反映出这种多年生草本植物的根生丛叶，叶长椭圆形，先端宽，基部渐狭，边缘有不整齐的钝齿形。茎直立由基部分生三枝，茎上部排列成总状花序，花萼成钟形，先端数裂，呈三角形等特征。有少数图也描绘出植物根部形态特点，例如"荡竹"图，就很逼真地描绘了荡竹的根茎叶的特征。

图 3-2

图 3-3

《尔雅音图·释木》载图 80 幅。《尔雅·释木》中记有椆、栩、狄臧、杅、权、辅、杨彻等 7 种木本植物名。郭璞注指明他不认识这些植物名，所以在《尔雅音图》中也正好缺这 7 种植物图。有的在《尔雅·释木》中虽有这个植物名，郭璞认为它应属于草本植物，所以把

图 3-4

它放在《尔雅音图·释草》的图谱中。《尔雅音图》中的树木图，着重反映各木本植物的茎、叶、果实的形态特征和果实的着生特点。例如"大椒"（即花椒，图 3-3），突出了花椒树为小乔木，茎枝有稀疏的皮刺，叶互生，为单数羽状复叶。果实形圆，成锥状顶生或顶生于侧枝上等特点。木本植物图中，很少有关于花的描述。

《尔雅音图·释虫》载图 64 幅。其中真正属于昆虫的有 55 幅。每一幅图所绘虫体，有的有数只，但是它们都属于同一种昆虫。相反，不同幅图所绘的则是不同种类的昆虫。即使有些虫体看上去相似，但它们也只是同类而不同种。例如"螯天蝼"（图 3-4）和"揉咙蝼"两幅图从画面上看均可辨认其为蝼蛄。但从其所表现的形态上看，明显地属于两个不同种的蝼蛄。又如"蜋蜩"、"蟪蜩"、"蛰蜻蜻"、"鸁茅蜩"、"蝒马蜩"、"蜺寒蜩"、"蜓蚞蟪螇"等七幅图描绘的都是蝉，但它们的前胸背片上的花纹是各不相同的，是属于不同种的蝉。

《尔雅音图·释鱼》载图 56 幅，内容很杂，除了鱼类，还包含有蛭类、螺贝类、两栖类、爬虫动物和哺乳类等，其中真正属于鱼类的则只有 20 幅，包括鲤鱼（图 3-5）。

图 3-5

图 3-6

《尔雅音图·释鸟》共载图 68 幅。《尔雅·释鸟》记有"啮齿"和"刘疾"两种鸟名,郭璞均注以"未详",所以图谱中也均未反映。这也再一次说明《尔雅音图》与郭璞的关系。《释鸟图》中除"鼯鼠"和"蝙蝠"两幅为哺乳动物外其他全是关于鸟类的。绘图形象逼真,例如:"鹌鸰戴鳾"图,所绘即戴胜,突出了它头上所具有的显著的羽冠(图 3-6)。

《尔雅音图·释兽》载图 52 幅。绘图大都较为粗糙,有许多图有明显的拟人化,特别是那些灵长类动物。尽管如此,但是有了图,再配合注文,无疑大大提高了人们的识别力。图谱中将鼠归为一类称"鼠属",有 8 幅反映形态斑纹各异的 8 种鼠。《尔雅·释兽》中有"貘"(也称白豹)这个动物名。郭璞注云:貘"似熊、小头、庳脚、黑白驳。能舐食铜铁及竹。骨节强直,中实少髓。皮辟湿。"许多人看了郭注后都认为是指大熊猫。但是当我们看了郭璞的"貘图"后,怎么也不能相信,那是指大熊猫。因为那动物的头部长有长长的鼻子,从脊背两侧到腹部有条相当宽大的白色斑纹,这与大熊猫的形象是相背的。其实《尔雅》中的貘正是指现代动物分类学上的貘。近人已从古生物学和考古学方面指出,中国古代貘是常见的动物(参见孙机等《文物丛谈》292~298 页)。郭璞对貘的注解和《貘》图上所描绘的粗短低矮的身体和黑白斑纹以及那被夸张了的长鼻,也正是现代分类学上的貘。不过,那被夸张了的长鼻,又说明郭璞可能没有亲眼见过貘。也许当时在中国大地上貘已是非常罕见的动物了。而他有关貘的知识,可能只是从书本或传闻中获取的。郭璞注"貘"还有句话:"或曰豹白色者,别名貘。"这也说明郭璞可能没见过貘。我们再看现代人对貘类动物的一段解说词:"貘长着粗短的脖子和小长鼻子……它们看上去有些像大象。"现代人都这样理解,那么只是间接获得貘知识的郭璞,把貘的鼻子画成类似大象的鼻子,就不足为奇了(图 3-7)。《尔雅音图》中还有 52 幅家畜图,主要是马和牛等。

图 3-7

种类繁多、篇幅庞大的《尔雅音图》对后来本草学的发展显然有着重要的影响，后来的大型本草都配有图谱。

（三）《尔雅注》的影响

在生物学史上，郭璞的工作，起了承前启后的作用。郭璞不仅注意借助前人和古籍记载以及音训，来考订古代留传下来的动植物名称，而且更注意当代不同地域的人对实际存在的各种不同动植物的实际称呼。因此郭璞对古老动植物名的注解，并非一般的脱离实际的单纯训诂，而是有着明显的联系实际的倾向。正因为如此，郭璞的注解和研究，不仅使《尔雅》的动植物分类思想得以保存和显露，而且也使原来难读的《尔雅》，成为人们能读懂和能够利用的书。

从某种意义上说，郭璞对各种动植物的描述，还是很粗糙的，对有些动植物的描述甚至还不如在他之前的陆机《毛诗草木鸟兽虫鱼疏》来得详细。但是陆机主要是以北方动植物为实际研究对象，而郭璞则不同，他的注解、研究，不仅以江南动植物为主要研究对象而且也涉及许多北方动植物。例如他对䴚鸠的描述："䴚，大如鸽，似雉，鼠脚，无后趾，岐尾。为鸟慜急，群飞。出北方沙漠地。"郭璞所描述的正是产于我国北方地区的毛腿沙鸡。对《尔雅·释木》所载"杻"的注解描述，郭璞指出，杻"似棣，细叶。叶新生可饲牛。材中车辋。关西呼杻子，一名土橿。"土橿即壳斗科植物青冈树（*Quercus baronii* Skan），笔者1984年在河南考察得知，至今当地人仍称青冈树为黄橿或橿子树。可见郭璞对北方的动植物也相当熟悉。因此从地域方面看，郭璞对动植物的研究范围要比陆机大得多。还要特别指出的是，陆机在《毛诗草木鸟兽虫鱼疏》中虽然也将所有动植物纳入草、木、鸟、鱼的分类系统中加以描述，但他只是摘取《诗经》部分有关动植物章句而加以描述的。其描述的动植物种类，也仅为170多种。而郭璞《尔雅注》所描述的动植物，不仅地域范围大，包括我国南北方，而且种类多至590多种，这在当时是空前的。我们把郭璞有关《尔雅》动植物部分的《注》，视为古代动植物学教科书，是不为过的。

郭璞在我国古代生物学史上的另一贡献，便是他创建了动植物图谱。人类通过图绘物像来认识和辨别周围的动植物，在很久很久以前就已经有了。距今大约7000年左右的河姆渡遗址的陶器和骨器上，就刻有花草虫鱼和禽鸟图像（《河姆渡发现原始社会重要遗址》载于《文物》1976年，第8期）。《左传宣公三年》中也有黄帝时"史皇作图"、"画物象"的记载。结合出土文物，可反映出描绘动植物图形的历史渊源，是很久远的。据《隋书·经籍志》记载，东汉时，曾有《神农明堂图》和《灵秀本草图》，这也许是我国动植物图谱之嚆矢。可惜这些书籍可能在隋代之前，即已佚去，至今未见任何踪迹留下，它究竟是什么样子，人们无从得知。郭璞《尔雅图》的原书，虽也已散失，但正如清代曾燠所说，"赖有宋本，存其梗概"。今天我们借助传世之《尔雅音图》，可以看出郭璞之《尔雅图》规模宏大，共有动植物图544幅，所描绘动植物种类多，全面、系统。这在中国动植物学史上，是前所未有的。郭璞之《尔雅图》是为《尔雅注》而作的，用他自己的话是"别为音图，用祛未寤"，意思是字形难识的，则通过审音来了解，而物状难辨的，则通过插图来辨别。所以《注》、《图》之间的关系是十分明显的。这反映了当时人们对动植物图谱在辨认动植物中的重要作用有了初步认识。郭璞对《尔雅》所载动植物名所作的《注》和《图》，实为动植物志的雏形。它对后来动植物的分类研究有着深远的影响。后人无论是研究《尔雅》或是研究本草，不仅大量吸收了郭璞《尔雅注》的内容，而且也吸取了郭璞建立图谱的方法。至今，郭璞的《注》和《图》，也是中外学者们研究中国某种动植物历史时，不可或缺的重要参考书。

第三节　记载动植物的"志"、"记"

西汉在经过开国至汉武帝时六七十年的休养生息后，社会经济得到很大的发展。这是一个很强盛的历史时期。公元前138年，历史上著名的探险家张骞奉汉武帝之命出使被匈奴西逐的大月氏。他虽然没有达到汉武帝联合大月氏夹击匈奴的目的，但却打通了西域，开辟了从长安经过宁夏、甘肃、新疆，到达中亚细亚各地的内陆大道，是中外交流史上的一件大事。他的业绩非常受人景仰，以致后人把从西北和国外各地传入的许多经济作物，说成是他的业绩。

从正史中不能看出张骞确切引入了何种粮食作物。但据西晋的《博物志》等书记载，有红兰花、胡麻、蚕豆、葫、胡荽、苜蓿、胡瓜、安石榴、胡桃、胡瓜、葡萄等植物，动物有汗血马等。我们不必拘泥这些植物的引进是否完全为张骞带进，但可以肯定是他通西域以后进入内地的。这对我国内地的生产生活的发展和提高有重大的意义。

自秦始皇于公元前214年出兵岭南以后，南方及沿海地区与中原及关中地区的联系进一步加强。特别是公元前110年汉武帝分别派兵征服了自立为王的南越和闽越以后，不但汉王朝较先进的政治经济和文化、技术促进了当地经济生产的发展，而且当地的生物资源也不断传入内地，开阔了内地学者的眼界，增添了他们的生物学知识。

从司马相如的《上林赋》可知，当时的京城学者已知南方的卢橘、黄甘（柑）、橙、枇杷、厚朴、杨梅、离（荔）枝等果树。据《三辅黄图》记载，汉武帝元鼎六年（公元前111年）破南粤后，在上林苑修建扶荔宫，将不少南方产的奇花异木种植在宫中。这些植物有菖蒲、山姜、甘蕉、留求子、桂、蜜香、指甲花、龙眼、荔枝、槟榔、橄榄、千岁子、柑橘等3000余种。这些对于人们植物学知识的积累和植物新种驯化水平的提高都有巨大的影响。

一　异物志的出现

到了东汉，内地的学者对南部边陲的动植物资源有了更多的了解。公元1世纪，伏波将军马援，在从交趾（越南）回来时，便从当地带回许多薏苡种子。此时，朝廷还在岭南设有"橘官"以贡御橘。东汉以来南方的物产，越来越受到人们的注意，一些旅行家和地方官员也开始对南方的奇花异果加以记载和描述，从而出现了各种"异物志"和"异物记"之类著作。这些"志"和"记"实际上就是对南方动、植物资源调查研究的成果。它具有一定的植物学水平。

（一）万震《南州异物志》

我国最早的一部"异物志"是东汉杨孚编撰的《异物志》（又称《南裔异物志》），原书已佚，散见于后世征引的内容中，只记有翠鸟、鸬鹚、孔雀、橘、荔枝、龙眼等几种动植物。唐代徐坚等编著《初学记》中就有多处引载杨孚《异物志》的有关内容。例如，关于橘

《异物志》写道：“橘为树，白华而赤实，皮既馨香，里又美味。交趾有橘官长一人，秩三石，主岁贡御橘。”① 杨孚《异物志》的文字记载虽然简略，但他的作品却是这类著作的开山之作，对后来有一定影响。

自杨孚以后，出现了多种“异物志”著作。如万震的《南州异物志》、谯周的《巴蜀异物志》、沈莹的《临海异物志》、陈祈畅的《异物志》、薛莹的《荆杨已南异物志》及一些不署撰人的《异物志》等。其中以万震和沈莹的著作较为有名。

《南州异物志》的作者万震是三国吴人，曾任丹阳太守。原著已经散佚，但多见各种史籍征引，清人有辑本②。现在可见的内容还有几十种动植物的记述。其中植物有：椰树、甘蕉、棘竹、榕、杜芳、摩厨、橄榄、桃、枇杷、木香、鸡舌香、薰陆香、古贝木、青香木、郁金香、藿香、棘竹、流黄香等等。

《南州异物志》对植物的描述，相当细致和形象。如书中对椰树的习性、枝叶、果实及其皮肉构造都有客观的描写。作者对甘蕉是这样说的：“甘蕉，草类。望之如树。株大者一围余。叶长一丈或七八尺。广尺余。华大如酒杯，形色为芙蓉。茎末百余子，大名（各）为房。根似芋魁，大者如车毂。实随华，每华一阖，各有六子，先后相次；子不俱生，华不俱落。此蕉有三种：一种子大如拇指，长而锐，有似羊角，名‘羊角蕉’，味最甘好。一种子大如鸡卵，有似牛乳，味微减羊角蕉。一种蕉大如藕，长六七寸，形正方，名‘方蕉’，少甘，味最弱。其茎如芋。取，蘸而煮之，则如丝，可纺绩也。”③ 从上面这段描述，可以看出万震对植物的描述是相当全面的。他很恰当地将甘蕉归于“草类”，“望之如树”，“其茎如芋”。对其株大、叶长也有初步定量的描述。花的形状、大小和颜色则用类比，果实（子）的数量、根的形态，以及各品种果实形状的差异和味道的优劣，茎皮纤维的用途等都加以讨论。它集中地体现了当时人们辨识植物特征的角度和方式。书中注重用途的记述，说明人们认识植物的目的是为了更好地利用植物。

（二）沈莹《临海异物志》

《临海异物志》，全称为《临海水土异物志》。《随书·经籍志》曾有著录：“《临海水土异物志》一卷，沈莹撰”④ 旧唐书和新唐书的经籍志也都称：“《临海水土异物志》一卷，沈莹撰”。沈莹为三国吴时丹阳太守。据缪启愉考证，“《临海水土异物志》的成书当在公元264～280 年间”⑤。原书早佚，其部分内容散见于《齐民要术》等古籍中。

《说郛》中有一个辑佚本。近来农业出版社曾出版一个较完全的今人辑本⑥。就今天可见的内容而言，沈的著作有相当部分的内容是记载动植物资源的。《临海水土异物志》主要记载吴国临海郡（今浙江南部和福建北部沿海一带）的风土民情和动物植物资源。它记述了近60 种鱼，40 多种爬行动物和贝壳动物，20 余种鸟，20 多种植物。记载大多比较简要，

① 唐·徐坚等编撰《初学记》卷20 引，中华书局，1979 年。

② 清·陈运溶辑本，载《麓山精舍丛书》第二辑《古海国遗书钞》。

③ 北魏·贾思勰《齐民要术》卷10，“芭蕉”；缪启愉、邱译奇辑释《汉魏六朝岭南植物“志录”辑释》，农业出版社，1990 年，第17 页。

④ 《随书·经籍志》卷2。

⑤ 缪启愉，邱泽奇《汉魏六朝岭南植物“志录”辑释》，农业出版社，1990 年，第191 页。

⑥ 张崇根，《临海水土异物志辑释》，农业出版社，1981 年。

动物一般记述某部分显著特征和生活节律，以及在物候方面的观察经验。所记鱼类，多为海鱼。其中提到的鳠（鳐类）、大鱼（疑为尖齿锯鳐）、印鱼、土奴鱼（刺鲀）、琵琶鱼（鲅鳒鱼）、镜鱼（银鲳）等，都是在这之前文献中，未曾提到过的。对于石首鱼（石首科鱼类）似乎作了更细的观察和鉴别。如认为一种小的名"踏水（梅童鱼）"和另一种名为"春来（疑为小黄花鱼）"的都是"石首异种也"。又说有"石头，长七八寸，与石首同"。可见在沈莹的眼里，石首鱼是包含有不同种类的。对提到的水产动物也多有描述。如记比目鱼："比目鱼，一名鲽，一名鳒。状如牛脾，细鳞，紫黑色。"[1] 描述了比目鱼的别名、形态和颜色。

在记有的 20 多种植物中，大部分是果树，主要记述果实的形状、味道、释名等。例如在"余甘子"条中写道："余甘子，如梭形。初入口，舌涩，后饮水，更甘。大如梅实核，两头锐。东岳呼'余甘'、柯榄，同一菓耳。"[2] 这里所述显然是指橄榄。又记桄榔木："桄榔木，外皮有毛，似拼榈而散生。其木刚，作锄，利如铁，中石更利，唯中焦椰致败耳。皮中有似捣稻米粃，又似麦麱，中作麱饵。"[3] 这是对产于我国南方棕榈科植物桄榔树（*Arenga pinnata*）的描述。又如对"钟藤"的描述："钟藤，附树作根，软弱，须缘树而作上下条。此藤缠裹树，树死。且有恶汁，尤令速朽也。藤盛成树，若木自然，大者或至五、十围。"[4] 这是对某种寄生性缠绕植物（可能是桑科无花果属植物）寄生习性的生动描述。这种描述在这之前的有关动植物学文献中，是很少见的。若不是作者亲自考察，是写不出来的。

二 《南方草木状》和《南方草物状》

"异物志"这类著作，记载了许多南方特种物产。之所以称为"异"，是因为最初刚发现，为大家所不熟悉。东晋及南朝以后，由于进一步开发，南方的动植物已为更多的人所熟悉。这样"异物志"也就被一般的物志所逐渐取代。比较重要的有晋代嵇含《南方草木状》、徐衷《南方草物状》。

（一）《南方草木状》

《南方草木状》旧题永兴元年（304）嵇含著。关于本书的作者和成书年代，学术界一直有不同看法，至今尚无结论[5]。我们暂且将它视为本时期作品而加以讨论。《南方草木状》是一部专门以植物为对象的著作。全书分三卷：上卷记草类植物 29 种；中卷记木类植物 28 种；下卷记果类植物 17 种和竹类植物 6 种。所记的都是我国南方热带、亚热带植物（图 3-8）。

《南方草木状》按经济效益分类，把 80 种植物分为四大类。在《尔雅》原书的草、木两类以外，增加果、竹两类。书中特别重视环境对植物的影响，如记述："菖蒲：涧中生菖蒲"、"越王竹：根生石上"、"薰陆香：生于沙中"、"桂出合蒲：生必以高山之巅"等。对植

---

① 参阅张崇根，《临海水土异物志辑释》，农业出版，1981 年，第 10～33 页。

② 北魏·贾思勰《齐民要术》卷 10 "橄榄"引。

③ 宋·李昉等编《太平御览》卷 960 "桄榔"引。

④ 北魏·贾思勰《齐民要术》卷 10 "藤"引。

⑤ 近年来对《南方草木状》的研究很热烈，且各派都持不同意见，在 1983 年于广州举办的 "《南方草木状》国际学术讨论会"有所反映。《南方草木状国际学术讨论会文集》于 1990 年由农业出版社出版。

物形态、生境、产地和用途，都描述得很仔细，特别是把植物器官的生物化学特点（如花香、色素、气味等），作为比较分类的依据，很有创造性。例如描述朱槿花："茎叶皆如桑，叶光而厚，树高止四五尺，而枝叶婆娑。自二月开花，至中冬即歇。其花深红色、五出，大如蜀葵，有蕊一条长于花叶，上缀金屑，日光所烁，疑若焰生。一丛之上，日开数百朵，朝开暮落。出高凉郡，一名赤槿，一名日及。"对朱槿的株型、茎叶形状、花蕊形状，花色花数、开放特点等，都作了准确生动的描述。

《南方草木状》不仅是一本地方植物志，还是植物引种驯化的真实记录。对所记述植物多数都有产地说明，有的还指出原产地，如薰陆香、指甲花、钩藤子等由大秦（古罗马帝国）引入；茉莉、蒟酱由番国引入。对引入过程也详加论述。

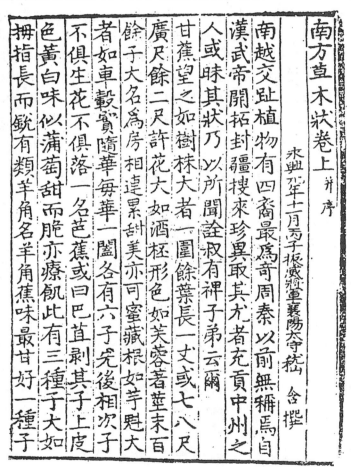

图 3-8　《南方草木状》书影（《百川学海》明·弘治刻本）

（二）《南方草物状》

《南方草物状》的作者徐衷是东晋至刘宋初人，曾在岭南长期居住，他根据自己的所见写成此书。徐的著作早已不存，已故著名学者石声汉先生曾进行过辑复工作。辑得的内容记有植物50种，鸟、兽、鱼、蚌、贝等17种，物产2种，共记69种，从中可以看出这本书对南方的草木鸟兽有翔实可据的记述①。

这本著作的显著特点是其记述的原始性。所记名物不少可能是采自原产地原名称的译音。如诃黎勒、无念子系来自波斯语；毕拨来自梵语；都昆、都桶子来自壮语和瑶语。另外，乙树、州树、前树、国树、文木、苏方木等的乙、州、前、国、文、苏方等名也可能是译音。这部著作只叙述"草物"的产地、形态、习性、用途等，不提引入种植情况。此书语言古朴，文笔洗练，极少征引他书，被认为在记述南方生物方面有一定开启之功。它反映了我国南方当地一些特产及南亚、波斯等一些国家传来的不少应用植物的初始情况。

这本书在记述植物时，有其鲜明的规范化特色，这显然是一种非常科学的方法，在植物学发展史上很值得注意。这里从中举出两例加以说明。如椰，书中写道："椰，二月花色，仍连着实，房相连累，房三十或二十七八子。十一月、十二月熟，其树黄实，俗名之为'丹'也。横破之可作碗；或微长如栝楼子，纵破之可为爵。"② 槟榔："三月花色，仍连着实，实大如卵，十二月熟，其色黄。剥其子，肥强可不食，唯种作子。青其子，并壳取实曝干之，以扶留藤、古贲灰合食之，食之则滑美。亦可生食，最快好。交阯、武平、兴古、九真有之也。"③ 作者用简练的文字和一定的格式，把植物的生长规律，如花期、坐果时节、果实的性状勾勒出来，最后记载用途、产地，特色鲜明而且科学。但可惜记载稍嫌简略，其书内容虽被有关著作大量引用，但其格式和方法却未为后世所注重。

汉以后出现的这些地方志、记，反映了中原地区与南部边陲联系的进一步加强。当时不但中原较高水平的文化技术向边远地区传播，而且随着内地去往南方的学者增多，对当地动植物的了解和认识也逐渐加深。这些由学者和官吏根据亲身见闻写下的作品，带有资源报告性质。它们不但内容新颖、翔实可据，而且涉及面广，叙述水平高，极大地开阔了人们的眼界。这对于我国南方地区的人民认识和利用这些生物资源有重要的作用。贾思勰《齐民要术》等农书和后世本草著作对这类记述的屡屡引用，说明了这些生物学资料为以后的农业和医学的发展积累了大量的知识，为它们的发展提供了动力，同时也为后人进一步开展这项工作提供了启示和指明了方向。从那以后一直到清代，我国学者对南方的动植物资源的调查和记述都未间断，它对于丰富我国古代生物学知识宝库，提高古代的生物描述和分类水平，具有重要影响。

第四节　专谱的出现

专门研究某种动植物性状生理专著的出现，是这个时期生物学发展的重要标志之一。它既反映了这个时期政治经济发展适应了资源调查统一规划的生产需要，也揭示了生物学知识本身的积累和发展的趋势。这些专著以经、谱、疏、录等多种形式出现。

一　《陶朱公养鱼经》

《隋书·经籍志》记，梁代有此书，但已经散佚。现在能见到的内容，是保存在北魏贾思

---

① 石声汉辑《辑徐衷南方草物状》，农业出版社，1990 年。
② 石声汉辑《辑徐衷南方草物状》，农业出版社，1990 年，第 18 页。
③ 同②。

勰的《齐民要术》中的。陶朱公是范蠡的号，字少伯，楚国宛（今河南南阳）人。在越国任大夫，曾辅佐越王勾践 20 余年，为越国建立了霸业。东汉赵晔在《吴越春秋》中说：范蠡积极倡导养鱼业，使越国富民强。公元前 473 年帮助越王灭掉吴国之后，就辞官隐退至齐，变姓名为鸱夷子皮，经商致富，治产数十万。曾被任为齐相，后又辞官散财，定居于陶（今山东定陶县），自号陶朱公。大概是由于范蠡提倡养鱼，民间流传过他的"养鱼法"，所以后来人们便托其名写成《陶朱公养鱼经》。据王毓瑚研究，本书大约作于西汉时期[①]。

《养鱼经》记："治生之法有五，水畜第一。水畜，所谓鱼池也。以六亩地为池，池中有九洲。求怀子鲤鱼长三尺者二十头，牡（雄）鲤鱼长三尺者四头。以二月上庚日（上旬）内池中令水无声，鱼必生。……鱼在池中周绕九洲天穷，自谓江湖也。至来年二月，得鲤鱼长一尺者，万五千枚；三尺者，四万五千枚；二尺者万枚。枚直五十（钱），得钱一百二十五万。至明年，得长一尺者十万枚，长二尺者五万枚，长三尺者五万枚，长四尺者四万枚。留长二尺者二千枚作种。所余皆货，得钱五百一十五万钱。候至明年，不可胜计也。王乃于后苑治池，一年得钱三十余万。池中九洲八谷，谷上立水二尺，又谷中立水六尺。所以养鲤者，鲤不相食，易长又贵也。"[②]

由以上内容可见，书中对鲤的生活习性、综合饲养原理、池塘的结构、繁殖的方法、种苗的成长和经济效益都作了全面的论述。

《养鱼经》把养鱼列为生产致富的首位，把池塘养殖列为最佳方法，这是基于洞察当时经济发展、地利条件和技术水平作出的科学决策，是非常正确的。

《养鱼经》熟知鲤鱼的生活习性，认为"鲤不相食易长"，所以在众多野生鱼类中，选择鲤鱼为养殖对象是有道理的：生产者有利可图，有较高的经济效益。这是经过认真考察研究决定的，也是正确的。

《养鱼经》认为，鱼池的设计要适合鱼类的生活环境。在六亩鱼池中筑有"九洲八谷"，谷又有深浅（2～6 尺）分别。模拟天然江湖环境，小中见大。鱼可以环绕九洲漫游，也可以在谷中栖息。可以随水体条件的变化选择活动水层，而活动水层又有避敌和越冬的作用。这样能适应家鱼的成鱼、幼鱼、鱼苗各个生长发育阶段和不同季节的需求，为鱼类生长创造了优良的人工生态环境。可以推想，当时洲上又可以种植各种植物，以形成良好的生态系统（如我国南方现存的桑基——鱼塘人工生态系统）。这种根据鱼类生活习性和天然水域生态环境特点而进行的设计是很有科学道理的。

《养鱼经》提出种鱼选择标准是鱼长三尺，这可能是了解到这样大小的鲤鱼一般体重2.5～3 公斤，正处于生殖力强盛的时期，而且提出雌雄鱼按 5∶1 的比例投放也是合理的。在留种上考虑到年限，"至明年……留长二尺者二千枚作种"。这"明年"的鲤鱼在池中已养了 3 年，性腺发育已经成熟，已有生殖能力，作种也是恰当的。

经中提出密养轮捕，留种自然繁殖的丰产措施，立足于鱼类生长生殖生理知识是可贵的。按"来年二月"得鲤鱼七万尾，按每"枚直五十"计算应得钱三百五十万，可是实际"得钱一百二十万"，说明还有很大一部分鱼没有卖掉，留在池中继续饲养，而且留养的鱼有大有小，以至"明年，得长一尺者十万枚（这是大鲤鱼繁殖的第二代），长四尺者万枚（这

---

① 王毓瑚，《中国农学书录》，农业出版社，1964 年，第 16 页。
② 北魏·贾思勰，《齐民要术·养鱼》。

是留养的小鲤鱼长成的第一代)"。鱼种大、小混养，连续自繁的办法也是很好的。贾思勰在《齐民要术》中称赞说："终天靡穷，斯亦无赀（费用）之利。"直到今天，密养轮捕仍然是池塘养鱼获得高产的有效措施。

对于饲养技术，《养鱼经》提出"二月上庚日内池中，令水无声鱼必生"。冬季放鱼，天气冷，鲤鱼活动强度小，不易碰伤。提早放养，有利于鱼习惯新环境，有利于以后生殖。放养动作要轻，可以减少鱼华碰伤和惊扰，也有一定道理。

"王乃于后苑治池，一年，得钱三十余万。"可见，试养的经济效益是显著的。

《陶朱公养鱼经》以不长的篇幅、丰富的内容，总结了我国古代池塘养鱼的经验，反映出当时人们对鱼类生理生活习性的深刻认识，是我国古代科学养鱼的宝贵遗产。汉以后，养鱼扩大为大水面养殖；唐以后，转为多鱼种混养；明清黄省曾《养鱼经》、徐光启《农政全书》中有关养鱼的论述进一步发展了养鱼理论和技术，由粗养向精养发展，都是以《陶朱公养鱼经》为基础的。

二 《相马经》与铜马式

马为六畜之首，这反映了马在家养动物中的特殊地位。早在五六千年前的新石器时代，马已被我们的祖先驯养成为家畜。随着社会的发展，马由食用逐渐转向役用和军用。养马业的发展，促进了对动物形态结构和生理知识的积累和发展。在实践过程中，人们认识到马的形态和生理机能之间具有一定的联系，逐渐形成为相马知识。春秋战国时期，已出现了专门研究马的形态的专家和相马术。相传的伯乐相马，已有专论。贾思勰在《齐民要术》中保存总结先秦以来相马经验的《相马经》，马王堆三号汉墓出土有帛书《马经》，在这些相马的专著中，记载了许多关于马的生物学知识。与此同时还有专门研究马形态的模型（铜马式）。

（一）《相马经》

我国古籍中相马的书很多。如《汉书·艺文志》就著录了《相六畜》，魏晋时传说汉代还有《相马经》，《旧唐书》和《隋书》的经籍志也著录有《相马经》、《伯乐相马经》、《治马经》、《疗马方》等，可惜都已散佚。现存只有在《齐民要术》第六卷"养牛马驴、骡第五十六"保存了经过改编的一部分，它总结了北魏以前相马学的成就，成为我国现存早期最完整的一份相马学总结资料，从中我们可以看到古代对动物形态生理的深刻认识。

首先，基于对马的整体认识，《相马经》提出了"先除三赢五驽，乃相其余"，把头大颈小、脊软腹大、胫小蹄大（三赢），以及头大耳下垂、颈长小弯曲、躯体短四肢长、腰长胸短、后躯宽前躯短、骨盖和大脑不发达（五驽）的马淘汰掉，然后再给其余马匹作全面细致的鉴定。从解剖学看，"三赢马驽"的马都是整体失调、有严重缺陷的，当然在骑乘和负重上不能合格，这是科学的高效率的鉴定方法。同时就马的形态整体提出了要求："马头为王，欲得方；目为丞相，欲得光；脊为将军，欲得强；腹肋为城郭，欲得长；四下为令，欲得长。"这里的王、侯、将、相、城、郭、令只是比喻说明各部作用及重要性，依次指出作为良马的头、眼、背、胸腹和四肢的具体要求，十分形象和全面。然后，就局部要求从头部开始，依次提出"头欲得高得重少肉"，"眼欲高，睛如铃、光亮"，"耳欲相近前竖、小而厚"，"鼻欲广方、孔大"，"唇欲上急而方下、缓厚多理"，"齿周密、满厚、左右不蹉"，"颈长、肌肉发达"，"胸宽、腔大"，"背平广、腹大垂"，"两髂及中骨齐，隙骨方、肩骨深、臂骨长、膝有力、股骨短、胫骨长"和"四蹄厚而大"。这些外形鉴定的要求都是从实用出发，鉴定要领达到相当精深完备的程度，反映了人们对马的各部形态及解剖知识达到了很高的水平。《相马经》还提出了相马五脏法："肝欲得小；耳小则肝小，肝小则识人意。肺欲得大；鼻大则肺大，肺大则能奔。心欲得大；目大则心大，心大则猛利不惊，目四满则朝暮健。肾欲得小。肠欲得厚且长，肠厚则腹下广方而平。脾欲得小，歁腹小则脾小，脾小则易养。"这说明当时人们已经了解动物外部形态与内部器官之间、内外各器官之间结构与功能之间的相关性，注意从表面联系到内部，以判断马的生产性能。

（二）《帛书·相马经》

马王堆三号汉墓 1973 年出土的《帛书·相马经》（简称《马经》）是我国古代又一部优秀相马著作。全文 5 200 字，内容记载与《齐民要术·相马经》（不足 3 000 字）多不相同，可能是汉朝初期承袭前代相马诸家之说的一部著作的抄本（但只是部分而不是全部）。它的科学历史价值在于使人们见到了长期失传而重见于世的最古的畜牧著作，证实了我国古代相马的悠久历史，从而使我们了解到古代相马的生物学基础知识的深厚程度。

《帛书·相马经》中，不仅区分马有良、奴（驽）之分，而且把良马进一步区分为国马、国保（宝）、天下马和绝尘诸等级加以形容，较《齐民要术·相马经》更细致。《帛书·相马经》记述较多的是关于马的头部的相法，特别是对相眼更为重视，也更细致。例如，说："欲目上辕罦（环）如半月"，形容上眼眶或眼盂部须丰满如半月，与《齐民要术·相马经》的"目为丞相，欲得光"、"目需满"、"目欲大而光"有相似之处。又说："得兔与狐、鸟与鱼，得此四物，毋相其余"、"欲得兔之头与肩；欲得狐周草与其耳、与其胁；欲得鸟目与颈膺；欲得鱼之膋与膟"。这与《齐民要术·相马经》所说的："头欲重，宜小肉，如剥兔头"和"龙颅突目，平脊大腹，胜重多肉"也相似。《帛书·相马经》还有专段介绍四肢的作用以及与其他部位的联系。特别是用专段讲马眼的相法，一连提出 15 个相互连贯的问答，开始是"眼，大盈大走，小盈小走，大盈而不走，何也？"联系与眼的盈满程度、光泽和活动性，睫毛跟眼部肌肉的功能等因素，再联系到马是否善走，甚至把马体和目力能否适应环境的变化，归因于生活条件（起居）和消化代谢（通利）是否适宜，最后鉴别到有无目光和神情的表现。这反映了古代相马家的精湛知识和察验事物的认真精神，比任何一本相马书都周到细致。当然，对《帛书·相马经》中的许多内容和问题，还有待更深入研究，但至少我们已经可以从中认识到古代人对马的形态学、解剖生理学的知识已经相当精确了。参见图 3-9，图 3-10。

（三）铜马式

我国古代不仅有相马专著，而且还出现有类似于现代畜种标准模型的铜制马式。据《后汉书·马援传》记载："孝武皇帝时，善相马者东门京，铸铜马法献之。有诏立于鲁班门外，则更名鲁门曰金马门。"马援也是一个相马名家，他在东门京铜马法的基础上，又综合总结了诸家相马经验，于汉光武帝时，新铸标准铜马式于洛阳宫中，"马高三尺五寸，围四尺四寸。"他说："今欲形之于生马，则骨法难备具，又不可传于后"。马式的产生，对认识和研究马的形态，起了更好的直观作用，可以与文献资料相互参照，相得益彰。

值得提到的是 1969 年，在甘肃省武威县北郊雷台东汉墓中出土一件"马踏飞鸟"铜像。

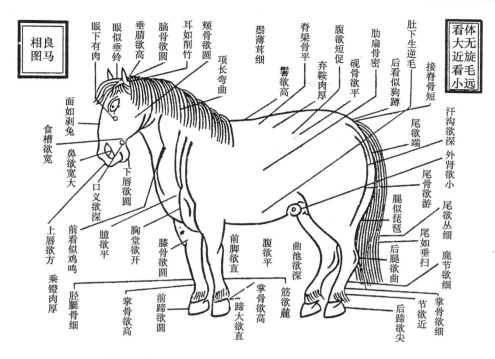

图 3-9　相良马图：从马体表鉴定选择优良马匹的标准
（据唐·李石《司牧安骥集》）

图 3-10　三十二相形骏图
（引自《重编校正元亨疗马牛驼经全集》）

奔驰的骏马昂首扬尾，三足腾空，右后足踏一只展翅振翮作顾眄惊愕状的飞鸟。这件文物形象精妙，结构奇巧，立刻引起轰动。学术界、艺术界先后发表了许多文章，从各种不同的角度进行了研究讨论。1982 年故宫博物院顾铁符先生在《考古与文物》第 2 期发表《奔马·"袭鸟"·马式》一文，指出铜奔马不是纯粹的艺术品，而是相马用的"马式"，很可能就是大名鼎鼎的伏波将军马援创制的铜马式的复制品，它具有重要的科学价值，应在我国科学技术史上占有一席之地。

顾铁符认为铜奔马是相马用的马式的主要论据是：第一，铜奔马的造型与相马术的要求——相合；第二，铜奔马头顶两耳间有一只作为千里马特征的"肉角"；第三，铜奔马足下所踏的飞鸟，正是马王堆帛书《相马经》里所说的千里马的标志。

顾铁符论证铜奔马的造型，从五个方面——头、目、脊、腹臀、四下（四肢）作了简要的分析，主要运用了《齐民要术》、《神机制敌太白阴经》、《司牧安骥集》等材料。1989 年胡平生在《"马踏飞鸟"是相马法式》一文中说，他"在反复研究有关报告、材料及各家之说后，深信'马式'之说至确。"[1] 他进一步将马援《铜马相法》、所传伯乐《相马经》（《御览》卷 896），直至《埤雅》、明代《元亨疗马集》中有关相马的资料汇集整理，与铜奔马造型分析一起列表比较（见表 3-6。表中以马援《铜马相法》为纲，分 15 个项目——部位进行对比）。（为了避免繁琐，以《齐民要术》作为中古时相马术资料的代表著作，以《元亨疗马集》作为近古时相马术资料的代表著作，其他书籍不列入表中）[2]。

由表 3-6 可见，15 个项目中，铜奔马无一不与相马术所说的良马特征相合。最有意思的是马蹄，曾有人认为马蹄似乎过大，显得不够匀称俊美。但是假如根据不很精确的推算，按照铜奔马的身高和蹄厚的比例，求出汉代身高八尺的骏马（以东汉 1 尺为 0.235 米计算，约今 1.88 米。《说文》云，马"八尺曰龙"），蹄应厚四寸左右。这与相马术所说的"蹄欲厚三寸"，欲厚不欲薄的原则完全符合。这一细节使我们知道，铜奔马的设计并不主要着眼于艺术形象，而是以良马的标准为尺度作出合乎比例的造型（见图 3-11）[3]。

表 3-6　铜奔马形态与古代"相马经"记载对照[4]

序号	铜马相法	伯乐相马经	齐民要术	元亨疗马集	铜奔马
1	水火欲分明		水火欲得分（水火，在鼻两孔间也）	水火欲得分（水火，在鼻两孔间也）	两鼻孔间隆起，与两鼻孔道形成高低分明的凹槽。按："火"指口腔，"水"指鼻腔，"水火"是交接处
2	上唇欲急而方		上唇欲得急 上唇欲得方	上唇欲得急 上唇欲得方 上唇欲得急而方	上唇轮廓分明，正面平直，向左、右两侧弯折陡急，即"急而方"

①　胡平生，《"马踏飞鸟"是相马法式》，载于《文物》1989 年第 6 期。

②　《铜马相法》，据《后汉书·马援传》，中华书局标点本；《齐民要术》，据石声汉校释本，科学出版社，1958 年版；《元亨疗马集》，据中国农业科学院中兽医研究所重编校正本，1963 年版。

③　胡平生，《"马踏飞鸟"是相马法式》，《文物》1989 年 6 期。

④　表中内容见《"马踏飞鸟"是相马法式》，《文物》1989 年 6 期。

序号	铜马相法	伯乐相马经	齐民要术	元亨疗马集	铜奔马
3	口中欲红而有光	口中欲得赤　口中欲红，色如明光者行千里	口中欲得红而有光　口中色欲得红白如火光　口欲正赤　口吻欲得长　口中色欲得鲜好	口吻欲得长　口中色欲得鲜明　口中红而有光	口中涂红色颜料，即表示"红而有光"，色鲜明。口吻长
4	颌下欲深		颌下欲深　颌欲折	颌下欲深	颌下略内凹，喉部弯折，即"深"、"折"之意
5	下唇欲缓		下唇欲缓　下唇欲得缓　下唇欲得厚而多理	下唇欲得缓　下唇欲得厚而多理	下唇呈圆弧形弯向左右，即"缓"，唇面有凹凸不平的细小皱折，即"多理"
6	牙欲前向，牙欲去齿一寸而四百里，牙剑锋则千里		牙欲去齿一寸，则四百里，牙剑锋则千里　上齿欲钩，钩则寿；下齿欲锯，锯则怒	牙去齿一寸者四百里，牙剑锋者千里　上齿欲钩，下齿欲锯	上下牙皆稍稍前倾，牙锋尖利。上下齿亦呈锐利之形。牙与齿之间有一齿空距
7	目欲满而泽	目为丞相欲得明，眼欲得高巨，眼睛欲如悬铃，紫艳光明下卧蚕	目为丞相欲得光。目欲满而泽，眶欲小，上欲弓曲下欲直。马眼欲得高，眶欲得端正，骨欲得成三角，睛欲得如悬铃，紫艳光。心欲得大，目大则心大，心大则猛，利不惊。目四满则朝暮健。突目	马眼欲得高，又欲得满而泽，大而光，又欲得长大。目大则心大，心大则猛利不惊。目睛欲如垂铃，又欲得黄，又欲得光而有紫艳色。箱欲小，又欲得端正，上欲方而下欲直，骨欲得成三角，皮欲得厚	眼高突出，眶小目大，眼球鼓出即呈"悬铃"之状。眼眶上缘呈弯角形，下缘较平直，上眶骨与下眶骨恰成钝角三角形。眼皮较厚
8	腹欲充。腹下欲平满	腹肋为城郭欲得张。腹下欲得平，有"八"字	腹肋为城郭欲得张。肠欲得厚且长，肠厚则腹下广方而平。大腹。腹欲充。腹下欲平，有"八"字。腹欲大而垂	腹欲充，又欲平而广，又欲大而垂。腹下平满	腹部大而略垂，左右充盈而圆满，下则较平。按："大而垂"是相对"肷欲小"而言，并非真要大腹便便
9	肷欲小		脾欲得小，肷腹小则脾小，脾小则易养。腔欲小	肷欲小，肷小则脾小，脾小则易养	肷部下凹向内收缩，又腹下至外肾上收，是表示"肷欲小"之意。按，肋后胯前谓之肷

续表

序号	铜马相法	伯乐相马经	齐民要术	元亨疗马集	铜奔马
10	季肋欲张		季肋欲张 胁肋欲大而洼,名曰"上渠",能久走	季肋欲张 胁肋欲大而洼,从后数其胁肋,过十者良	按,"季肋"是浮肋,与胸骨不连。腹中部饱满圆鼓,即表示季肋之"张"。"胁肋"是真肋,在胁旁。此作下凹之形,即表示"洼"
11	悬薄欲厚而缓 （悬薄,服股也。）	悬凿欲得成**	悬薄欲厚而缓 髀欲广厚。腥重有肉。胫欲得圆而厚裹肉焉	后髀欲广厚	按,悬薄、髀、后髀、胫皆指大腿紧接后臀处。铜奔马此处呈圆缓厚重之形,肌肉强健有力
12	汗沟欲深而长	汗沟欲深	汗沟欲深明 汗沟欲得深	汗沟欲深明	石声汉说,汗沟为由尾基到会阴的褶缝。铜奔马汗沟深长明显
13	膝本欲起 膝欲方	膝如团麹 膝骨圆而张	臂欲长而膝本欲起,有力膝欲方而庳。膝骨欲圆而长,大如怀盂 （前脚膝上向前）	臂欲得长而膝本欲起。膝骨欲方而庳,又欲得圆而张,大如怀盂	右前腿伸展,膝骨团圈突起;左前腿弯曲,膝骨呈方折之形。即一为"膝本欲起",一为"膝欲方"
14	肘腋欲开		肘腋欲开,能走	肘腋欲开	肘与腋之间明显展开
15	蹄欲厚三寸坚如石**		蹄欲厚三寸,硬如石。下欲深而明,其后开如鹞翼,能久走。蹄欲得厚而大。踠欲得细而促。踠欲促而大,其间才容羋。距骨欲出	马足垂蹄,欲厚而缓。踠欲结而促,又欲促而大（细）,其间才容绊。距骨欲出。蹄欲厚大,又欲厚三寸硬如石,下欲深而明,其后开如鹞翼	蹄厚而大,超乎寻常。蹄腕部细而紧促,间隙甚小,即"其间才容绊"之意。距骨突出。按,距骨是足上附骨

*　"悬凿"疑即"悬薄","成"有重叠之意。《太平御览》卷896引马援《铜马相法》"悬薄"下有注云:"服股也。"

**　《后汉书·马援传》李注引《铜马相法》至此完,《御览》尚有"鬃"、"颊"等六项。

　　他还指出利用口色鉴定体质健康状况和生产性能，提出筋骨和马的体质分类差异。最后提出千里马的典型是"龙颅突目，平脊大腹、腥（股）重多肉"，集马体头、中躯和后躯三大主要部分的良型要求于一匹马，真是既复杂又简单、既全面又精要、既形象又生动，认识达到了很高的水平。《齐民要求》中保存的"相马法"比西方直到18世纪才形成马的外形鉴定学早了近1000多年。

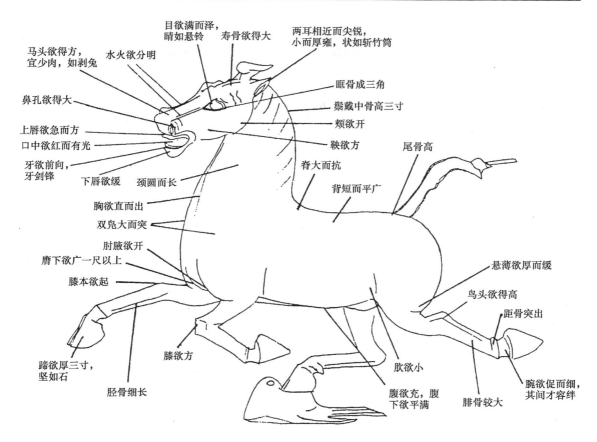

图 3-11　铜奔马与相马术标准比较
（摘自胡平生《"马踏飞鸟"是相马法式》）

三　《竹　谱》

　　《竹谱》是现今所知最早的一部竹类植物专谱。《竹谱》始见于《隋书·经籍志》谱系类著录，但未提作者姓名。《旧唐书·经籍志》始题"戴凯之撰"，但又没有注明其年代。到宋代，晁公武在《郡斋读书志》中指明"凯之，字庆预，武昌人"。南宋末，左圭把《竹谱》收入他的《百川学海》中，并标明作者为"晋，戴凯之"。清代网王谟又将《竹谱》收进他的《汉魏丛书》中，并认为戴凯之为晋宋间人[①]。姚振宗在《隋书经籍志考证》中则进一步认为戴"确为宋人，非晋人"[②]。苟萃华在《戴凯之〈竹谱〉探析》一文中，列举大量事实，亦确认戴凯之"为刘宋时人，自当无疑"。苟文还进一步对《竹谱》在生物学方面的成就作了阐述[③]。

　　刘宋时期，在文帝统治的数十年间，史称"元嘉盛世"。经济和文化都得到空前发展，《竹谱》就是在这样一种背景下写成的。全书记竹 70 种（实际为 40 余种），涉及它们的分

①　清·王谟，《竹谱跋》，见汉魏丛书本。
②　清·姚振宗，《二十五史补编》，开明书店，1934 年，第 5421 页。
③　苟萃华，戴凯之《竹谱》探析，自然科学史研究，10（4）。

类、形态、生境和地理分布、功用等方面的内容，是我国历史上最早全面研究竹类植物的专著。其学术价值充分体现在如下几个方面：

（1）在竹类植物的分类位置上，他根据竹类的性状特征：指出"刚"，即"坚劲"、"修直"；"柔"，即"其节郄曲，既长且软，生多卧土，立则依木"的匍匐、攀缘藤本状。首次提出把竹从传统的"草类"或"木类"中独立出来自成一类。说："植类之中，有草、木、竹，犹动品（物）之中，有鱼、鸟、兽也"。这种基于类比之上推出的分类认识，虽然不一定很合理，或者说比较粗糙，但在当时的历史条件下，敢于发前人之所未言，确具新意。

（2）对竹类形态特征的描述翔实。书中"根"包括地下茎的概念，也包含竹秆基部；而竹的地上茎则为竹秆。书中说的"根如推轮"相当于如今的合轴丛生竹类的地下茎。"连亩接町"，反映了散生竹地下茎的特点。笋是初生的主秆茎，笋箨是主秆茎所生的叶。"萌笋苞箨"，反映的是竹笋的萌发和笋箨的发生，是同时出现的。笋箨则随嫩竹的生长而逐渐脱落（"将成竹而笋皮未落"）。

众所周知，茎是由一系列的节与节间所构成，戴凯之在书中也特别强调这一特征。作者注意到竹节有"空中"（空心。秆壁薄而孔大），"实中"（实心。秆璧肥厚）和秆壁"厚肥孔小，几（近）于实中"等形态差异，但竹类又都具有"分节"的共同特征。所以，他说："小异空实，大同分目。"

书中将秆茎节上生"枝"（主枝），主秆顶端的枝称"梢"，而"杪"则指是分枝上的秆。"梢杪"连称，概指枝条末端。枝条有"丛生四枝"（指其主枝为多枝型）、"概节、多枝"（指主枝和由主枝节上生出的次生枝）。"上密下疏"，"栖云荫木"，指枝条密高疏低，主秆下部无枝条的形态特征。"节如束针"，"枝节皆有刺"，指主枝的基部有刺，或有的枝条末端如芒针。"促节薄齿"，言其节环上有秆芽。

对叶的描述，有"叶大如履"（大叶）、"叶薄而广"和"长爽细叶"（叶细长披针形）等比较形象的描绘。

戴凯之对竹类形态特征描述有些相当逼真，以至可以据之以辨别其种属。如书中写道："棘竹骈深，一丛如林。根如推轮。节如束针。亦日笆竹，城固是任。"原注："丛（生），初有数十茎，大者二尺围。肉至厚，实中，夷人破以为弓，枝节皆有制。被人种以为城，卒不可攻。"显然是箣竹属的竹。又如，"单体虚长，各有所育。"原注："单竹大者如腓（肠）、虚（空心）细长爽。岭南夷人取其笋未及竹（嫩竹）者。灰煮，绩以为布。"显然是箣竹属的筸竹。类似的还有鸡胫竹（鹤膝竹属）、弓竹（即藤竹属的竹）、箈篁竹（刚竹属的白夹竹）等的描述，在此不一一列举。

（3）竹类的生境和地理分布。戴凯之对竹类植物的生长地（或生境）作了大量调查，包括文献和实地两个方面。指出竹类植物"或茂沙水，或挺岩陆"，"桃枝筑筜，多植水渚，篁筱之属，必生高燥。""厥性所宜"的缘故。

竹类植物性喜暖热气候，为亚热带地区的植物。书中指出它"质虽冬倩"，但"性忌殊寒"。另一方面，他又指出竹有"根深耐寒"的特性，说："北土寒水，至冬地冻。竹类根浅，故不能植。唯而（竹头）（箭竹）根深，故能晚生。"这是合乎科学认识的。

作者还注意到风力对某些竹类生长的影响，说生在海岛岩坡上的海筱竹"生既危堷，海又多风"，其秆茎"内实外坚"，"枝叶稀少，状若枯筋"。另外，还注意到竹笋和笋箨的萌发期与降雨量和气温也有密切关联，"夏多春鲜（少）"，言其萌发期多在夏季。还认为，竹类的开花结实与根、干将枯有关，说"根干将枯，花箬（竹实）乃悬"，认为竹类出笋很少或甚至不出笋、竹叶变为枯黄或脱落现象，则预示花期即将来临。至于"注"中说："竹生花实，其年便枯死"，则是指竹类开花结实后的必然结果。在这里，戴凯之并没有明言竹子开花的原因，但就其"枯"字而言，似乎他已觉察到竹的开花与外界环境条件如干旱、缺水等有直接关联。

在《竹谱》中，作者还提出竹类的开花周期和更新年期。"笋必六十，复亦六年"。据近代植物学考察，竹的开花周期长达五六十年者，有刚竹属（毛竹属）的桂竹、毛竹和箭竹属的一些种类。但他还不可能知道竹根枯死，竹鞭不致全部枯死，有的经几年后仍可复生的自然枯现象。他提出"其实落土复生，遂成竹町"。这种由于种子成熟脱落，在适宜的气候和土壤条件下，发芽生长形成的竹林，现代称为天然更新林。

在竹类的地理分布方面，他提出"九河鲜育，五岭实繁"的分布区域。所谓"九河"，非泛指禹所导之九河，而是专指刘宋时的冀州平原郡。联系"茂彼淇苑"及"鲁郡邹山"，则竹类分布的北缘相当于今太行山东南麓淇水至泰山以北一带。如果我们再进一步联系戴凯之所述长江流域以南广大地区所产的竹类植物，也同样看此戴凯之所说"五岭实繁"，实则蕴含有以"五岭"为界，将长江以南产竹区划分为两大竹区的意思，即五岭以北至长江流域以南和五岭以南这两个产竹区。因此，戴凯之所说"九河鲜育，五岭实繁"，实在蕴含有如今三个竹区地理分布的萌芽思想。

（4）竹类利用方面。除与人类文化生活（制作乐器）有关的竹以外，更多的是与人们物质生活有密切关系的竹，如单竹"可绩以为布"；射同（竹）可以贮箭；筋竹为矛；还有些竹材质"细软肌薄"，可以束物，与麻菜；白竹可以为簟；箬竹叶"可以作篷"；一些比较粗的竹"土人用为梁柱"；"篁竹大者可行船"等。

戴凯之既批判地继承了前人的研究成果，又在实际调查中丰富了竹类知识的内容。对后代的学术有较大的影响。后魏农学家贾思勰在其名著《齐民要术》中就曾引用了《竹谱》的有关内容。唐代李善注《文选》、段公路《北户录》也援引其中内容。宋代还产生赞宁《笋谱》、元代则有《竹谱》等相继问世。毫无疑义，戴凯之对我国古代竹类的研究起了重要的开拓作用。

第五节 《齐民要术》中的生物学知识

北魏贾思勰所著《齐民要术》是我国现存最早的一部完整的农书。全书十卷，不仅包含有丰富的农业生产知识，而且也包括有丰富的生物学知识。

《齐民要术》提到的栽培植物有 70 多种，大致分四类：谷物（卷二）、蔬菜（卷三）、果树（卷四）和林木（卷五）。这种根据形态和应用相结合的分类方法，在农书中还是首次出现。它对后来农书中栽培植物的分类显然有一定影响。贾思勰很重视对栽培的品种资源的研究。他不仅收集前人的记载，而且广泛收集当代的资料。例如，《齐民要术》中所著录的粟的品种，除引郭义恭《广志》所载的 11 种外，他自己调查收集的有 86 种之多，并且根据穗芒之有无、成熟期早晚、米质好坏、耐寒性和抗虫性等因素加以区分；还著录黍 12 种、小麦 8 种、粳稻 25 种、糯米 11 种、粱 6 种。此外，对各种蔬菜、果树的品种也都有著录。例如梨，《广志》记有 9 种，贾思勰又补充了 3 种。他还总结了当时人们命名作物品种的方法：

一为"以人名命名"，二为"观形立名"，三为"会义立名"①。

关于植物的雌雄性，我国从古以来就知道大麻是雌雄异株的。《齐民要术》则进一步指出：生成雌株的种子和雄株的种子在颜色和形状上都是不相同的。要取纤维，就必须专种雄株；但为了麻的繁殖，也要种雌株。雌株只有雄株放出花粉（放勃）才能结子②。

《齐民要术》中的提到的家养动物有牛、马、驴、骡、羊、猪、鸡、鸭、鹅和鱼等。对家养动物外部形象特征的观察，是古代相畜禽的基础，例如《齐民要术》根据外形观察将马分为两类，即"筋马"和"肉马"。筋马相当于现在的骑乘种，肉马为乘挽兼用种。早在先秦时期，我国就出现了相畜术，到汉代就有了相畜的专著，如《相六畜》、《相马经》等。《齐民要术》继承和发展了古代的相畜禽知识，例如，关于相马，《齐民要术》指出："凡相马之法，先除'三羸'、'五驽'，乃相其余。大头缓耳，一驽；长颈不折，二驽；短上长下，三驽；大髂短胁，四驽；浅髋薄髀，五驽。"③ 由此可见，畜体的头、颈、耳、脊、躯干、腹、肋、腿、蹄、髋、髀等各部位器官的形态特征和相互间的大小比例关系，乃是古代评价动物体质、健康状况的标志。

《齐民要术》不仅注意到栽培植物变异频繁且品种繁多，还注意到变异与环境的关系。贾思勰亲身经验，山西从河南引种的大蒜，次年就成了百子蒜；而引种芜菁根却有碗口大，即使从别的地方引进，一到山西也就会变大。还有山西并州产的豌豆种到河北井陉口以东，山东的种子种到山西壶光关上党，便只徒长茎叶而不结实。贾思勰认为之所以出现这些变异，是"土地之异"的缘故。贾思勰洞悉动物植物特性的遗传性，因此他非常重视人工选种工作，《齐民要术》说："粟、黍、穄、粱、秫，常岁岁别收，选好穗纯色者，刈高悬之，至春治之别种，以拟明种子。"④ 这属混合选种。《齐民要术》中还对多种动物的选种提出要术。关于种羊，认为要选择腊月或正月的羊羔作种；种猪要先取"短喙无柔毛者"；种鸡要选取"形小、浅毛，脚细短者"，认为这种鸡"守窠少声，善育雏子"。在贾思勰看来，选择好种畜，不仅要看它的遗传性质，而且还要看它在孕妊和出生后的环境影响。

《齐民要术》还反映了我国以前历代认识和利用微生物活动的重大成就。书中提到作曲酿酒、作酢（制醋）、作酱、作豉、作乳酪、作菹等，都是利用微生物发酵，制取符合人类需要的食品的。（参见本章第八节）

第六节　昆虫研究

一　探索家蚕生长发育与温度的关系

昆虫的繁殖和活动最容易受温湿度变化的影响，所以我国古代文献中，关于这方面的记述也最突出。

据《史记·秦本纪》记载：秦德公二年（公元前676），夏季酷热。当时的统治者，担忧

---

① 《齐民要术·种谷》。

② 《齐民要术·种麻子》。

③ 《齐民要术·养牛马驴骡》。

④ 北魏·贾思勰，《齐民要术·收种》。

仓库中所储的谷物会因受热而出现大量飞虫，所以便叫人杀狗禳解热毒。以杀狗来禳解热毒，乃是一种迷信的活动，当然是解决不了问题的。但是忧虑酷热高温会使谷仓出现大量飞虫，却是非常正确的。王充在《论衡·商虫篇》中说："夫虫之生也，必依温湿。温湿之气，常在春夏。秋冬之气，寒而干燥，虫未曾生。"指出了温、湿季节对昆虫繁殖的影响。早在汉代人们就知道，温度低将会使家蚕生长延缓。仲长统《昌言》指出，蚕"寒而饿之则引日多。温而饱之，则用日少，此寒温饿饱之验于物包"。由于人们认识到温度对蚕的生长发育的影响，所以历代蚕农在实际养蚕生产中，都非常注意控制蚕室的温度。

这里特别要指出的是，我国早在晋代就已经认识到温度对家蚕滞育的影响。据晋郑辑之《永嘉郡记》记载，当时我国温州一带的蚕农，已经知道以适当的温度，就可以打破二化性蚕的"滞育"状态。在通常情况下，二化性蚕的第二化蚕所产卵，处于滞育状态，即使当时的气温还很高，其卵也都必须等到第二春天才能孵化。能否打破这种状态，使第二化蚕所产的卵，能在当年里继续孵化呢？晋代蚕农们说"行"。他们的具体做法是：将二化性蚕的第一化蚕（即蚖珍蚕）所产的卵，给以低温的影响。

《永嘉郡记》原文已经失传，关于养蚕这部分文字，在后魏贾思勰《齐民要术》"种桑柘篇"中有引载，原文如下：

> 永嘉有八辈蚕：蚖珍蚕，三月绩；柘蚕，四月初绩；蚖蚕，四月末绩①；爱珍，五月绩；爱蚕，六月末绩；寒珍，七月末绩；四出蚕，九月初绩，寒蚕，十月绩。凡蚕再熟者，前辈皆谓之'珍'。养'珍'者少养之。'爱蚕'者，故蚖蚕种也：蚖珍三月既绩，出蛾取卵，七、八日便剖卵蚕生，多养之，是为蚖蚕。欲作'爱'者，取蚖珍之卵，藏内罂中，（随器大小，亦可十纸。）盖覆器口，安硎泉冷水中，使冷气折其出势。得三七日，然后剂生，少养之，谓为'爱珍'，亦呼'爱子'。绩成茧，出蛾，生卵。卵七日又剖成蚕，多养之，此则'爱蚕'也。藏卵时……当令水高下，与种卵相齐，若外水高，则卵死不复出；若外水下卵则冷气少，不能折其出势。不能折其出势，则不三七日。不得三七日，虽出'不成'也。'不成'者谓徒绩成茧。出蛾生卵，七日不复剖生。至明年方生耳。

这段记载，主要意思有下面几点：

（1）当时永嘉地方一年养有八批蚕，分别在不同的时期作茧。

（2）凡蚕能在当年内再繁殖的，其亲代都称为"珍"，如"蚖珍蚕"、"爱珍蚕"等。

（3）爱蚕的产生过程是这样的：爱蚕和蚖蚕都来源于蚖珍蚕。蚖珍蚕在三月作茧，它所产的卵，经过七八日，便自然孵化为蚕蚁，这就是蚖蚕。要养爱蚕的话，可将蚖珍蚕所产卵，放在大腹小颈的瓦器（罂）中，加上盖，把它放在山谷泉流的冷水中，以泉水的低温（即所谓"冷气"）抑制卵的孵化速度。卵在低温影响下，延迟到21日才孵化。这次孵化而成的蚕，称为"爱珍"。爱珍蚕所产的卵，经过七日，便自然孵化出蚕蚁，这批蚕就叫做"爱蚕"。

（4）冷藏蚕卵，如果由于"冷气少"，抑制不到21日就孵化，那么这种蚕虽然也能结茧、产卵，但是它所产的卵，在当年内，就不能再孵化了。

（5）当时永嘉地方虽然一年养多批蚕，但重点不是养"爱珍"之类蚕，而是养蚖蚕、

---

①　蚖蚕在《齐民要术》各本都说是四月初绩。但仔细推究，颇有问题。按照原文，蚖珍蚕是三月作茧，两者作茧时间相距只有半个月，只多一个月，是不可能的。现根据石声汉《齐民要术今释》改"初"字为"末"字。

爱蚕。

《永嘉郡记》的这段记载，值得深入研究的问题很多，这里着重讨论三个问题：①各批蚕之间的世代关系怎样？②当时促使蚕起化性变化的条件如何？③为什么要少养"珍"蚕？

关于各批蚕之间的世代关系，《永嘉郡记》的作者郑辑之在记述爱蚕是怎样产生的时候，说明了这八批蚕之中的蚳珍蚕、蚳蚕、爱珍蚕和爱蚕等四种蚕之间的世代关系。但是对于寒珍蚕、四出蚕、寒蚕以及这些蚕与其他蚕之间的关系怎样，则没有做任何说明。这后一种情况是本节主要讨论的问题。邹树文曾对《永嘉郡记》的记载，作过研究，他指出，蚳珍蚕是二化性蚕，蚳蚕是蚳珍蚕所产的卵在自然条件下孵化成的。珍蚕则是由蚳珍蚕所产的卵，人工给以低温冷藏影响，经 21 日延期孵化而成。爱蚕是由爱珍蚕所产的卵在自然条件下经 7 日孵化而成的[①]。我们完全赞同这些看法。

最后，我们再来考察一下"四出蚕"。顾名思义，四出蚕有四化的意思。这就是说，这种蚕是这一年中第四次孵化而成的。如果以春天头一批所养的蚕作为亲代（P）的话，那么亲代就是第一化。第一子代（F1）、第二子代（F2）和第三子代（F3）则分别为第二、第三、第四化。四出蚕既然是第四化蚕，也就是第三子代（F3）蚕，那么在前面的亲代、第一子代和第二子代又是些什么蚕呢？把四出蚕看成寒珍蚕的直接后代，而寒珍蚕又是爱珍蚕的直接后代，问题就比较清楚了。依照这样的关系排列起来，蚳珍蚕是亲代（P），是这一年里第一化蚕；蚳蚕和爱珍蚕都是蚳珍蚕的第一子代（F1），是第二化蚕；爱蚕和寒珍蚕是蚳珍蚕的第二子代（F2），是第三化蚕；四出蚕和寒蚕是蚳珍蚕的第三子代（F3），是第四化蚕。从四出蚕同其他蚕之间关系的确定，也进一步说明了寒珍蚕是爱珍蚕的直接后代。也许有人要问，寒蚕和四出蚕既然都是寒珍蚕的直接后代，两者又都没有在当年里再孵化出后代，为什么又要区别出四出蚕和寒蚕呢？回答是：为了分批养蚕，寒珍蚕所产的卵，同样也可能是在两种不同的条件下孵化的。四出蚕结茧时间比寒蚕早，所以四出蚕大概是寒珍蚕所产的卵在自然条件下孵化而成的。寒蚕则可能是寒珍蚕所产的卵，经人工冷藏延期孵化而成，到寒蚕结茧时，已经进入冬天，所以寒蚕所产的卵，亦须待来年春天再孵化。

关于上述各蚕之间的世代关系，见图 3-12。

从图 3-12 可以看出，蚳蚕、爱蚕、四出蚕和寒蚕等产的卵，都可成为第二年蚳珍蚕的蚕种来源。

关于柘蚕，《永嘉郡记》中提到它是在四月初就上簇营茧，而蚳珍蚕是在三月间作茧，两者作茧时期相距很近，可见它是另外一种蚕。《齐民要术》："柘叶饲蚕，丝好。作琴瑟等弦，清鸿响彻，胜于凡丝远矣。"《豳风广义》中说："柘蚕亦食桑叶，且得良茧，桑蚕不可饲柘叶，食之多结薄茧。"这些记载说明，柘蚕与通常吃桑叶的家蚕既有密切的亲缘关系，但彼此间又有一定的区别。据说现今我国四川、浙江等地还饲养有这种蚕，且多是一化性蚕。

寒珍蚕、四出蚕和寒蚕之间的世代关系，以及它们与其他蚕之间的关系又怎样呢？蚳珍蚕的直接后代有蚳蚕和爱珍蚕，爱珍蚕的直接后代是爱蚕，因此从名称上看，寒蚕应是寒珍蚕的直接后代。现在关键问题是，寒珍蚕是从哪里来的？这在原文中没有说。我们从以下理由推测它可能是由爱珍蚕所产的卵在人工低温影响下孵化而成的。我们已经知道，爱珍蚕在胚子发育的时候，是受到低温影响的，因此它所产的卵，能在当年继续孵化。可以设想，爱

---

①　邹树文，中国昆虫学史，科学出版社，1981 年，第 84~85 页。

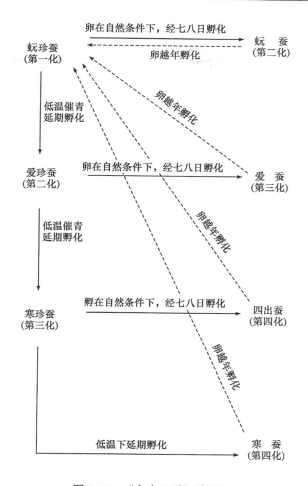

图 3-12 "永嘉八蚕"关系图

珍蚕所产的卵，与蚖珍蚕所产的卵一样，可以在两种不同的条件下孵化。第一，卵在自然条件下，经过 7 日就孵化了，这就是爱蚕。第二，当时人们为了分批养蚕，继续以前的冷藏办法，卵是在低温抑制下，经过 21 日才孵化，在这种条件下，孵化出来的蚕，与爱珍蚕一样，其所产的卵当年在自然条件下，又能孵化。而寒珍蚕是具备这种条件的，因为寒珍蚕所产的卵，可以在当年内孵化生成寒蚕。从寒珍蚕与爱珍蚕取名的性质来看，两者亦属同一类型。爱珍蚕在世代关系中，虽然是属于蚖珍蚕的后代，但也正因为它所产的卵，还能在当年内孵化生成寒蚕等，因此亦称它为"珍"。

再从我国古代养蚕技术水平来考察寒珍蚕的由来。我国一年养多批蚕的历史已经很久。汉代焦赣所著的《易林》中说："秋蚕不成，冬蚕不生。"这里所指的秋蚕大约相当于今日的早秋蚕，冬蚕则相当于晚秋蚕。这就说明，当时人们要想养晚秋蚕还必须依靠早秋蚕化蛾、产卵传种。所以如果没有爱珍蚕传种，寒珍蚕也就无由产生了。

温度能否像《永嘉郡记》所记述的那样使蚖珍蚕的化性产生了变化呢？

晋代时用泉水冷藏蚕卵，促使蚕起化性变化的可能性。这里以现代研究家蚕化性变化的实验结果来证明这种可能性。同时我们还认为，引起《永嘉郡记》中所记载的家蚕化性变化，还有另外一个重要条件，即暗条件催青。

众所周知，家蚕的化性，是可以随着家蚕发育过程每个阶段的环境变化而发生变化的。根据现代科学研究证明，催青期的温度、光线和湿度等对化性变化的影响极大。日本渡边以二化性蚕日本绵为材料做实验，结果表明，卵在15℃以下低温催青时，全部产生生种。1939年吴载德曾以二化性的华六为材料进行催青温度对化性影响的实验，结果如表3-7所示[①]。

表3-7　催青温度对华六化性的影响

品　种	催青温度/℃	调查蛾数	产越年卵蛾数	产不越年卵蛾数	产越年卵蛾数百分率/%	产不越年卵蛾数百分率/%
华六（二化性）	25	478	477	0	100	0
	18	365	0	365	0	100

实验结果表明，二化性的华六在18℃的低温催青下100％地产生不越年卵蛾。我们已经知道蚬珍蚕所产的卵，至少是经过21天的低温催青才孵化出爱珍蚕的。另外现在一般都认为中国二化性蚕催青的有效积算温度是112.7℃。这样，我们就可以算出爱珍蚕的平均催青温度：

爱珍蚕的平均催青温度＝有效积温/催青日数＋发育起点温度

由此可见，爱珍蚕种的每日平均催青温度（15.3℃），完全足以产生生种。

关于催青期的光线对化性的影响，日本木暮植太研究指出，在暗环境下催青，有利于产生生种。在现代的蚕种制备过程中，为了制备二化性蚕的生种，还常常应用弱光来弥补过低温度对蚕胚子生理发育的不利。我国古代蚕农，将蚕卵藏在大腹小颈的瓦器中，并加上盖，这说明胚子的发育孵化正是在暗环境中进行的，是有利于产生生种的。

二化性蚬珍蚕的蚕卵经过冷藏后所产生的爱珍蚕，可以在当年内继续产生爱蚕。但是爱珍蚕能不能在冷藏条件（即低温催青）下继续产生寒珍蚕、四出蚕以及寒蚕呢？也就是说，二化性的蚬珍蚕，能不能在一年四季里，经连续的低温催青，而继续产生越年卵？对这个问题的回答，也是肯定的。1913年到1915年期间，渡边又以二化性日本绵为实验材料，以连续低温催青的方法，考察二化性蚕的特性。实验结果见表3-8[②]。

表3-8　日本绵世代孵化、产卵的时间

世　代	孵化年月日	产卵月日	世　代	孵化年月日	产卵月日
第1代	1913.5.5	6.16	第8代	1914.8.17	9.23
第2代	1913.7.7	8.7	第9代	1914.10.11	12.13
第3代	1913.8.25	9.27	第10代	1915.1.15	3.2
第4代	1913.10.14	12.12	第11代	1915.3.28	5.7
第5代	1914.1.1	2.24	第12代	1915.5.29	7.8
第6代	1914.4.6	5.24	第13代	1915.7.28	9.1
第7代	1914.6.10	7.29	第14代	1915.9.20	11.15

从表3-8看出，二化性日本绵，在不足三年的时间里，在连续低温催青下，连续孵化4

① 见浙江农业大学主编《蚕体解剖生理》，农业出版社，1961年。
② 表3-8见殷秋松编，《最新蚕种学》，第365页。

代，各代所产的卵均为不越年卵。由此可见，二化性的蚖珍蚕，在连续低温影响下，全有可能在一年中孵化 4 代。

这里应该指出，二化性的蚖珍蚕，虽然在低温催青下，一年可以连续孵化 4 代，但不能改变蚖珍蚕的二化特性。现代科学研究已经阐明，二化性蚕在低温催青下，可以产生不越年卵，但是一旦恢复自然条件，它就又呈现出二化的特性。

计算结果表明，蚖蚕种是在 24.9℃ 的高温中催青的。而爱珍蚕，前面已经指出它是在 15.3℃ 的低温中催青的。上述家蚕发育现象使我们知道，在同样的饲育条件下，蚖蚕的幼虫发育较慢，但全茧量较重，而爱珍蚕的幼虫发育较快，但全茧量较轻。如此可见，从蚕茧生产角度看，蚖蚕要比爱珍蚕优越。

不但如此，有关方面研究还表明，家蚕的化性与全茧量和茧层量有着密切的关系。先看化性与全茧量的关系。实验表明，"从同一实验区里，把将产越年卵的茧和将产不越年卵的茧分开，则显然前者的全茧量重"，具体见表 3-9[①]。

表 3-9　化性与全茧量的关系

品　种	催青温度 /℃	饲育温度 /℃		越年不 越年别	全茧量 /毫克
		稚　蚕	壮　蚕		
相模	17	24	22	越　年 不越年	160.00 ± 5.29 144.72 ± 3.61
中 103 号	17	24	22	越　年 不越年	172.34 ± 1.58 156.55 ± 0.96
中 103 号	24	24	22	越　年 不越年	162.85 ± 1.21 155.46 ± 3.12
日 107 号	17	17	17	越　年 不越年	144.29 ± 2.49 121.07 ± 2.81
日 107 号	17	24	24	越　年 不越年	152.00 ± 2.71 146.30 ± 1.28

我国养蚕历史悠久，在长期的生产实践中，人们积累了极其丰富的养蚕经验。利用低温来控制卵的孵化，就是一个具体的例子。这个方法发明于什么时候，一时还不能肯定，但是这个方法在东晋时候就已加以应用，可见它的发明时间，要远在东晋以前。

低温催青，可以不断产生不滞育性的蚕卵，使一种蚕可以在一年里连续孵化几代。由于经低温催青的卵，其孵化时间要比在自然条件下孵化的时间多 14 天左右，因此几代蚕，又可以分为两批饲养。这就为一年中养多批蚕创造了有利的条件。但是当时的蚕农饲养这些蚕并不是没有重点的。《永嘉郡记》中说："凡蚕再熟者前辈，皆谓之'珍'，养'珍'者少养之。"接着又说："蚖珍三月既绩，出蛾取卵，七八日便剖卵蚕生，多养是为蚖蚕。"又"爱珍，亦呼爱子，绩成茧，出蛾生卵，七八日便剖卵蚕生，多养是为蚖蚕"。又"爱珍，亦呼爱子，绩成茧，出蛾生卵，卵七日又剖成蚕，多养之，此则爱蚕也。"这就十分明白地告诉

---

① 表 3-9 见诸星静次郎著，《蚕的发育机制》，葛景贤译，第 35 页。

我们，当时蚕农养蚕，重点不在饲育经过低温催青出来的"珍"蚕而在于饲育那些在自然状态下孵化出来的将产越年卵的蚕。换句话说，当时蚕农主要饲育蚖蚕、爱蚕、四出蚕等。这是很值得我们研究的问题。这只有一种解释，即可能蚖蚕、爱蚕和四出蚕，在经济效果上，要比相应的各代"珍"蚕更好些。前面我们已经分析过珍蚕和四出蚕，在经济效果上，要比相应的各代"珍"蚕更好些。前面我们已经分析过珍蚕和寒珍蚕都是在低温催青下延期孵化出来的蚕，这些蚕都产不越年卵。而蚖蚕、爱蚕和四出蚕则与此不同，它们都是在自然条件下，只经七八日孵化而成。这就是说它们都是在比较高的自然温度催青下孵化出来的蚕，这些蚕都将产越年卵。

现代养蚕学家对家蚕发育生理的研究表明，"亲代催青期中，用两种温度（17℃和24℃）处理，从低温催青得来的一个亲代较之从高温催青得来的另一个亲代，其蛋蚁较重，但茧量较轻，而幼虫期经过也较短"。根据这个现象，我们再以蚖蚕和爱珍蚕为例子，作进一步分析。蚖蚕和爱珍蚕都是由蚖蚕所产的卵孵化而成的。但是前者在自然温度只经七八日的催青，就孵化了。我们假定它是经过七日时间催青孵化的，那么根据湿温就能算出蚖蚕的催青温度。

关于化性与茧层量的关系实验也表明："从同一实验区里把将产越年卵的茧与将产不越年卵的茧分开时，前者的茧层量重。"具体见表3-10[①]。

表3-10　化性与茧层量的关系

品　种	催青温度 /℃	饲育温度/℃		越年不 越年别	全茧量 /毫克
		稚　蚕	壮　蚕		
相模	17	24	22	越　年 不越年	26.00±0.65 18.94±0.43
中103号	17	24	22	越　年 不越年	26.33±0.24 20.50±0.18
中103号	24	24	22	越　年 不越年	21.88±0.23 17.55±0.44
日107号	17	17	17	越　年 不越年	16.57±0.72 12.14±0.44
日107号	17	24	24	越　年 不越年	23.30±0.39 20.45±0.25

总之，不越年个体比越年个体一般是发育经过快，全茧量和茧层量轻。这就进一步说明，在自然高温下孵化出来的越年化的蚖蚕、爱蚕和四出蚕在蚕茧生产上比之相应的各代不越年化的"珍"蚕，具有更大的优越性。这就是为什么当时劳动人民在生产上主要是饲育那些在自然条件下孵化出来的各代越年化蚕，而不是主要饲育那些在低温催青下孵化出来的不越年的"珍"蚕的原因。

用人工低温催青制取生种，充分反映了我国古代人民的聪明才智。众所周知，在人工孵

---

① 诸星静次郎著，《家蚕眠性与化性的生理遗传学研究》，蒋犹龙译，上海科技出版社，1963年。

化法发明以前，人们为了能在一年里养多批蚕，便利用天然的多化性蚕来传种。但是多化性蚕所出产的茧丝，无论是数量和质量都远不如二化性蚕。为了能在一年里分批多次养蚕，并又能获得较多较好的蚕丝，我们的祖先在 1600 多年前，就创造性地采用人工低温催青不断获得不越年化蚕，同时又利用各代不越年化蚕所产的卵，在自然高温下孵化，以获得各代越年化蚕，作为蚕丝生产所主要用的蚕，这样既解决多次养蚕的蚕种问题，同时又尽可能达到较好的蚕丝生产的目的。这是我国古代养蚕技术上的一项重要发明，在古代还没有发明人工蚕种孵化法的时候，这的确也是一年多次养蚕的好办法。

二 昆虫寄生的发现

我国古代很早就观察到昆虫的寄生现象。《庄子》中，就有"焦螟生于蚊睫"的记载。据研究，"焦螟"可能是一种寄生性的螨类，可见我们祖先在 2000 多年前，就已经观察到有一种螨虫会寄生在蚊虫身上。

有一种寄生蝇，《尔雅》一书中就已经提到，叫"蟺"，古人是在养蚕生产实践中发现其有寄生生活的现象。晋代郭璞在为《尔雅》作注时说，"蟺"还有一个名字叫"蛹虫"。蟺为什么又叫"蛹虫"呢？我们看一下宋代陆佃《埤雅》中的记载，就清楚了。《埤雅》曰："蟺，旧说：蝇于蚕身乳子，既茧化而成蛆，俗乎蟺子，入土为蝇。"这说是，这种寄生蝇在蚕身上产卵，等到蚕吐丝成茧时，蝇卵便在蚕蛹中孵化为蝇蛆虫，俗称为蟺子，这种蝇蛆钻进土中，不久就化为蝇。明代谭贞默亲身观察，不仅验证了前人记载的正确性，而且指出这种寄生蝇是在蚕体背部产卵的，所有的卵都要化为蝇蛆，吮食蚕蛹体组织，最后钻出，入土化为成虫（蝇）（见谭贞默撰：《谭子雕虫》）。

现在我们知道，古代人所说的蟺虫，实际上就是多化性的蚕蛆蝇。它的幼虫寄生于蚕体，便造成了家蚕蝇蛆病害。谭贞默曾经正确地指出，受蚕蛆蝇寄生为害的主要是夏蚕。夏蚕中有 7/10 的蚕蛹有蝇蛆寄生，所以不能正常发育，只有 3/10 的蚕蛹能正常发育成熟。可见其对蚕业生产为害之烈。

由此可以看出，郭璞之所以又把蟺叫做"蛹虫"，是因为这种寄生蝇是蚕的主要虫害之一，而它的幼虫（蛆）在离开蚕体之前，多半是生活在家蚕生活史中的蛹期。所以蛹虫有蛹虫之虫的意思。这说明我国至迟在晋代，人们就已知道蚕蛆蝇的寄生生活。

《诗经》中有"螟蛉有子，蜾蠃负之"的诗句。螟蛉是青虫，是一种昆虫的幼虫；蜾蠃就是细腰蜂，是蜂的一种。从诗句中可以看出幼虫的习性。捕捉来幼虫干什么呢？在先秦的著作中没有说明。后来的学者对此有各种解释，有的学者如汉代扬雄在《法言》中就认为，细腰蜂捉来死的青虫，便对它念咒："像我！像我！"时间长了，死青虫就变成了细腰蜂。后来有不少学者都相信扬雄的说法。这显然是由于观察不仔细，还不了解事物的本质。但是也有些学者，不相信扬雄的看法，他们通过亲自考察，逐步解开了"螟蛉有子，蜾蠃负之"的秘密。

6 世纪初，梁代陶弘景根据自己的观察，批驳了扬雄的错误认识。他在《本草经集注》中说，蜂的种类很多，有一种蜂，黑色，腰很细，常含泥在人的住房及器物旁边做窠，它们在窠中产下像粟米那么大的卵。继而它们从草地上捕来十余只青蜘蛛，填满在窠中，准备作为它们将要出生的后代的食粮。他说还有一种是钻入芦管中营窠的蜂，它是捕取草上的青虫作为后代食粮的。根据这些事实，陶弘景指出，把细腰蜂捕捉青虫说成是为了把青虫教化成为自己的子代，这是错误的。

1114 年，本草学家寇宗奭已经观察到细腰蜂是将卵产在被捕捉的青虫身上的。1582 年皇甫访在《解颐新语》一书中指出，蜾蠃虫在窠内并没有死，但也不能活动。他还精细地观察到，如果被获物是蜘蛛的话，那么蜾蠃是将卵产在蜘蛛的腹肋的中间，它和蝇蛆在蚕身上产卵是一样的。这些观察是完全正确的。中国古代学者对昆虫寄生现象进行这样细致的观察和研究，这在当时世界上是少有的。

三　以虫治虫的发明

生物防治害虫的方法有多种，而其中最重要的还是以虫治虫的方法。我国至迟在 1000 多年前，就已经发明了这种方法。

晋代嵇含《南方草木状》记载："人以席策贮蚁鬻于市者，其窠如薄絮，窠皆连枝叶；蚁在其中并窠同卖；蛟赤黄色，大于常议。南方柑橘若无此蚁，则其实皆为群蠹所伤，无复一完者矣。"类似的记载，还见于唐代刘恂《岭表录异》，宋代庄季裕《鸡肋篇》，元代俞贞本《种树书》以及明清时期的许多著作。

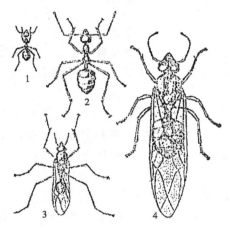

图 3-13　黄猄蚁

柑橘生产，在我国已有三四千年的历史。在生产中，人们每每苦于好端端的果实被长吻蝽象所蛀而无法食用，造成经济上的巨大损失，勤劳智慧的我国古代人民在自然界中观察到了猄蚁这类昆虫，乃是蝽象的天敌。于是人们便利用这种天敌关系，在柑橘园中放养猄蚁（图 3-13），以消灭蝽象。《南方草木状》的成书年代，目前学术界还有不同看法。但是从《岭表录异》也有类似的记载说明，我国至迟在一千多年前，这套以虫治虫的方法，已经相当成熟。当时对柑橘的虫害防治，已在相当程度上依赖于在柑橘树上放养猄蚁。正如《南方草木状》所说，若没有这种蚁，果实将无一是完好的。《岭表录异》也指出："南中柑子树无蚁者，实多蛀。"正因为放养猄蚁对防治柑树

害虫是如此重要，所以当时已经出现了专门收集、饲养和货卖猄蚁为业的人。而果木生产者也都"竞买之以养柑子也"。可见当时应用这种方法治虫，已相当普遍了。在西方近代最早提出生物防治思想，并在实践中加以应用的，则是 19 世纪后半叶的事。

第七节　对亲代与子代关系的探索

亲代和子代的关系，从古就受到人们的注意，一直是人们感兴趣的论题。

生物界个体的生命是短暂的，而种族的生命是持续的、久存的。生物亲代通过生殖而繁衍自己的子子孙孙，从而把有限的个体生命转化为种族生存的长河。我国古代人民透过亲代与子代的比较分析，惊奇地发现了生命繁衍过程中出现的遗传和变异两种重要的生命现象。

通过长期的农业、畜牧业以及园艺等生产实践，积累了相当丰富的有关生物遗传和变异的知识。

一　古代的选种意识

早在远古时候，人类就已经利用生物的遗传性和变异性培育符合人类自己所需要的动、植物。不过，那往往是无意识的。最早的人类是靠采集野生动、植物为生的，后来经人类的长期努力才渐渐形成了畜牧业和农业。从而有了人类驯养的动物和选育的栽培植物。在农牧业生产中，人们总是愿意留下那些对人类自身有利的变异的动植物个体，让它继续繁衍后代。这样经过一代又一代的去劣选优，那些被选择的生物，也就愈来愈脱离了野生的状态而成为家养动物或栽培植物。例如，我国很早就将野生稻选育成为栽培稻。1973 年在浙江省余姚县河姆渡村新石器时代遗址中出土的稻种，说明我国至迟在 6700 多年前就已经有了比较优良的水稻品种。在四五千年前，我们的祖先已经培养出了栽培稻的不同品种。在浙江钱山漾和广东曲江石峡新石器遗址中发现的稻米就包含有粳稻和籼稻两种。

同样，在动物方面，各种家畜的形成，也都是人类不断对动物遗传变异进行选择的结果。例如大家都认为，我国是把野猪培育成为家猪的最早国家之一。野猪的头与体长的比例几乎是 1∶3，而普通家猪则是 1∶6。河姆渡遗址中出土的猪骨经比较研究，被认为与野猪有明显差别，而与现代家猪更相似。这不仅有出土的猪骨为证，而且还有与猪骨同时出土的一只陶猪模型作为旁证。这只陶猪四肢短小，头小，前躯与后躯差不多，腹部明显下垂。这些都与家猪相似。由此可见，早在 7000 年前，野猪就已逐渐被选育成为类似于近代的家猪了。选种贯穿于整个农牧业生产。在我国的历史文献中，早就有关于选种的记载。《诗经·大雅·生民》中有"种之黄茂，实方实苞"和"诞降嘉种，维秬维秠，维穈维芑"等诗句。前句的意思是，预备播种的种子，要选取光亮完好、肥大饱满的。后句是讲，"秬"和"秠"这两种黍以及"穈"和"芑"这两种粟，都是天然的优良作物品种。这说明在西周时候，人们已广泛地进行着选种工作。"秬"、"秠"、"穈"、"芑"等被当时的人们认为是优良的作物品种。当然，这些优良品种，绝非天然就有的，而是人类长期选育的结果。

在我国古代还有负责选种工作的专门官员。《周礼·地官》云："司稼，掌巡邦野之稼，而辨种稑之种。"稑即《诗经·豳风·七月》中所提到的"重"、"穋"。《毛传》曰："后熟曰重，先熟曰穋"。可见"种"是指生长发育期长的晚熟的谷物品种，而"稑"是指生长发育期短的早熟品种。"司稼"的职责就是要辨别和选择各种不同性状的作物种子。《周礼·天官·内宰》中还提到"内宰"的职责，其中有一个职责便是："上春，诏王后师六宫之人而生种稑之种而献之于王。"由王后献给皇帝的"种稑"之种，当然是经过选择而被认为是利于生产的良种。

总之，选种在我国古代农业生产中，早被认为是一件重要的事情。

二　王充的物生自类本种说

战国时代《吕氏春秋·用民》说："夫种麦而得麦，种稷而得稷，人不怪也。"说明对生物性状遗传的稳定性已经有了明确的认识。生物性状的遗传是如何实现的呢？我国古代学者试图提出自己的解释。

对于亲代与子代之间性状传递的研究最早并有突出成绩的，要推东汉的王充(27～104)。他曾经和儒生们就是否有瑞祥神灵动物问题进行过一次辩论。王充说："龟生龟，龙生龙。形色大小不异于前也，见之父，察其子孙，何谓不可知？"（《论衡·祥瑞》）王充认为各种生物都能相当稳定地将本种类的特征传给它们的后代。所以后代的颜色、形状、大小总是像它们的亲代，见到某种生物，就能预知这种生物后代的性状。即所谓"见其父，察其子孙"。王充又将这种类生类的遗传，称之为"物生自类本种"。他在《论衡·奇怪》中说："万物生于土，各似本种"，又说："土徒养育之也，母之怀子，犹土之育物也……物生自类本种。"这就是说，繁殖生长于土地上的各种植物，天生就像它们本来的种类，这并不受土地的影响，作为环境的土地只是起着营养生物的作用。王充所说的"本种"显然是指性状相类同的一群生物，这明显地包含有"种"的概念。

18世纪分类学家林奈（1707～1778）认为，物种是这样的一群生物，它们之间性状很相似，它们之间可以进行杂交，并产生能生育的后代。与此相反，不同物种之间却不能进行杂交。即使杂交了，也不能产生能生育的后代。两千多年前，王充关于"种"的观念，竟与林奈的"物种"概念有些相似之处。王充在谈到"物生自类本种"之后，紧接着又说，"且夫含血之类，相与为牝牡，牝牡之会，皆见同类之物……天地之间，异类之物，相与交接未之有也。"这里明确指出能进行交配的，都是同种类生物，不同种类的生物是不能进行交配的。

他举例说："若夫牡马见牝牛，雌雀见雄鸡，不相与合者，异类故也。"牛和马，雀和鸡都属不相同种类的生物，按王充的说法，它们是"异类殊性"，所以"情欲不相得"，即异种通常是不能交配的。

王充还进一步意识到生物遗传与生命的繁殖分不开，即各种生物特性的遗传，通常是通过种子（生殖细胞）实现的。王充指出，万物"因气而生，种类相产，万物生天地之间皆一实也。"（《论衡·物势》）"种类相产"这是一句很概括的话，它指出，生物种类的性状是遗传的，万物的生殖都是通过种（即"实"）实现的。当然，种类的各种特性之所以能遗传给后代，也都是通过种子实现的。王充说："草木生物实核，出土为栽蘖稍生茎叶，成为长、短、巨、细，皆由核实。"（《论衡·初禀》）这段话十分明确地指出，植物的个体发育是从种子开始的。种子萌发生长出茎叶，表现出了各种性状，这些是由种子决定的。也就是说，亲代的特征可以通过生殖，而由种子（"实核"）传留给后代。

第八节　应用微生物学的形成

一　汉代的制曲酿酒

（一）饼曲

方心芳[1] 认为饼曲出现于汉代。他的根据是汉·许慎[2]《说文解字》和汉·扬雄[3]《方

① 方心芳，曲蘖酿酒的起源与发展，科学史文集（第4集），上海科学技术出版社，1980年，第140～149页。
② 汉·许慎，《说文解字》，中华书局影印，1963年，第112页。
③ 汉·扬雄，《方言》卷十三，1912年，第11页。

言》，这两本辞书都收记有壳?、穴?、才?，并都解释为"饼曲也。"饼曲与散曲比较起来，不仅是形状的变化，重要的是曲中微生物区系发生了变化，对酿酒的质量产生重大的影响。在饼曲内部酵母和根霉更易于生长。饼曲的出现是东方酿酒用混合微生物菌种培养技术上的发展的一个里程碑。

1. 饼曲中的微生物区系

包启安① 根据自然状态下麦粒上的霉菌以根霉为主，提出饼曲也以根霉为主。然而，在汉代乃至以后一段时期，制曲的原料是采用熟料制曲。根霉在熟料中生长不如在生料中生长好，而曲霉在熟料中则能生长得很好。两种菌相比之下，曲霉生长会占优势，根霉和酵母的生长量比散曲有所提高。

2. 饼曲的酶活力

散曲呈颗状，曲霉形成的孢子量多。饼曲中的曲霉则繁殖为大量菌丝体，根霉也是菌丝体生长。它们分泌的糖化酶系活力必然高于散曲的酶活力。根霉还能分泌酒化酶系，根霉数量虽不占优势，但在酒精发酵时，还能繁殖更多菌丝体，分泌更多的酒化酶系，提高酒精的产量。由于饼曲酵母数量比散曲有所增加，为后期发酵提供了酵母种子的作用，所以饼曲对制酒的质量提高优于散曲。《汉书·食货志》载，"一酿用粗米二斛，曲一斛，得酒六斛六斗"。到了汉代末年，"九酝春酒法"九斛米用曲三十斤。经折算比较②，用曲量由原来的50％降为10％。由此可见曲的酶活力提高了。

（二）九酝春酒法③

汉朝末年，魏王曹操④ 向汉献帝呈献九酝春酒法。"上九酝春酒法奏曰：'臣县故令，九酝春酒法：用曲三十斤，流水五石。腊月二日渍曲，正月解冻，用好稻米……漉去曲滓便酿。'法引曰：'譬诸虫，虽已多完。三日一酿，满九石米，正。'臣得法酿之，常善。其上清，滓，可饮。若以九酝苦，难饮，增为十酿，易饭不病。九酝用米九斛，十酿用米十斛。俱用曲三十斤；但米有多少耳。治曲淘米，一如春酒法。"

1. 浸曲

"腊月二日渍曲，正月解冻"。在曹操故乡安徽亳县一带，腊月（农历十二月）是气温最低的月份，不仅室外结冰，室内也可结冰。这时浸曲的水温是相当低的，但水中和空气中的微生物数量也极低，也不能进行繁殖。浸曲的作用只能是浸透曲饼，提取少量曲中微生物分泌的酶，有利于酿造时微生物利用。

2. 九酿投米

若用曲三十斤一次投米九斛，曲的酶活力显然是消化不了的。而九酝春酒法的特点是把

① 包启安，周代和春秋战国时代的酿酒技术，中国酿造，1991，(3)：38～44。
② 王有鹏，我国蒸馏酒起源于东汉说，中国酒文化与中国名酒，中国食品出版社，1989年，第277～282页。
③ 魏·曹操，九酿春酒法，见石声汉《齐民要术今释》，第三册，科学出版社，1958年，第551～553页。
④ 魏·曹操，九酿春酒法，见石声汉《齐民要术今释》，第三册，科学出版社，1958年，第551～553页。

原料米分九次投放，是一种补料发酵法的先例。正月解冻之后，气温开始逐渐回升。这时才"漉去曲滓便酿"，即开始向曲液中投米。曲液中的各种酶活力虽然不高，却可以对淀粉进行水解生成糖。与此同时，曲中的各种微生物也开始生长繁殖，即进行菌的种子培养。生长中的微生物不断分泌淀粉酶、糖化酶及酒化酶系，把淀粉逐步转变为糖，糖再转化为酒。由于酶活力不高，米要三天才能加一斛，曲液中既有微生物不断生长，发酵过程也不断地进行，曲液逐步转变醪液，酶活力不断地上升，接着可再投入米继续发酵。在发酵过程中微生物不断地释放出能量，使温度升高，也促进发酵过程的进行。由于气温不高，发酵中后期醪液中酒精浓度升高较慢，对微生物生长和酶的活力没有抑制作用。因之，一般要投入九石米之后，酒精浓度较高时才停止加米。这时若酒的味道偏苦，可再加一斛米，以增加醪中糖分含量，调正酒的苦味。这种连续补料发酵法，是我国独创的一种酿酒工艺，这种工艺直到宋代黄酒酿造中仍有应用。

（三）蒸馏酒

蒸馏酒是制造高酒精含量酒的重要技术。我国蒸馏酒的起源时间，是近些年来讨论的热点之一。王有鹏[1] 根据考古发现和对农村酒作坊的调查，提出蒸馏酒始于东汉晚期的论点[2]。他的根据，一是我国炼丹术起源甚早；二是现已发现东汉前期的蒸馏器，上海博物馆馆长马承源曾多次用此进行实验，得到 14.7°～26.6°的酒。此蒸馏器经考证，断定为东汉初至东汉中期之物；三是在四川彭县和新都先后出土东汉酿酒"画砖"。为解释画砖的含义，王有鹏访问了酿酒厂的技术员和老工人，调查了农村酿酒小作坊。王有鹏对画砖的图像解释为酿酒作坊在生产蒸馏酒。图像中有灶，其上置一锅，上有三个似现在漏斗状器物，其下各有一个导管，引导到三个酒罐口中。图中有一人正卷袖在锅中搅动。

高凤山和张军武报道[3]，嘉峪关新城魏晋墓 6 号墓壁上有一幅《酿酒图》，图上画有蒸馏酒锅等器皿。这些器皿同今嘉峪关、酒泉一带民间酿酒的器皿一样。该图形象地说明，在西晋时期（265～316）嘉峪关一带已经有了蒸馏酒，其蒸馏步骤可能与现在民间蒸馏酒步骤相似。酒经发酵后，先将醪醅中的液汁压出，即为米酒。米酒经蒸馏酒锅蒸馏后，即为白酒。

以上考古发现可以确证，我国蒸馏酒的起源时间为公元 25～300 年之间，而不是起源于元代，更不是从国外传入的。我国是世界上进行酒蒸馏加工最早的国家。这项技术与我国后来高酒精含量的烈性酒发展有关。

（四）新疆葡萄酒的记载

《史记·大宛列传》[4] 记载，新疆是我国种植葡萄和用葡萄酿酒最早的地区。张骞奉汉武帝之命出使西域，当时"宛左右以蒲陶为酒"。张玉忠[5] 根据西汉时期西域诸国的地理分布分析，宛左边葱岭当是现新疆地区，在公元前 2 世纪已经用葡萄酿酒了。从历史文献和考古

① 王有鹏，我国蒸馏酒起源于东汉说，中国酒文化与中国名酒，中国食品出版社，1989 年，第 277～282 页。
② 魏·曹操，九酿春酒法，见石声汉《齐民要术今释》，第三册，科学出版社，1958 年，第 551～553 页。
③ 高凤山、张军武，古代西北地区酿酒业的再现，中国酿造，1985（2）：45。
④ 汉·司马迁，《史记·大宛列传》，中华书局，1962 年。
⑤ 张玉忠，葡萄与葡萄酒传入我国的考证，中国酒文化与中国名酒，中国食品工业出版社，1989 年，第 217～229 页。

发现，在且末、焉耆、龟兹、于田、伊吾等地都盛产葡萄。当时酿造的葡萄酒质量好，反映出酿酒技术水平是比较高的。此后，葡萄的种植和酿酒技术逐渐由西部传至黄河流域，可惜酿酒技术没有记载下来。

二　汉代的制酱

（一）《食经》中制酱法①

《食经》的作者不知为何人，该书早已佚失，现只零星存于北魏贾思勰《齐民要术》中。《食经》记有：麦酱法、榆子酱法、鱼酱法、虾酱法和燥脡法和生脡法。

1．麦酱法

"小麦一石，渍一宿，炊，卧之，令生黄衣。以水一石六斗，盐三升，煮作卤。澄取八斗，着瓮中。炊小麦投之，搅令均匀，覆着日中，十日可食。"

制麦酱中的曲是炊熟小麦，摊开冷凉后使其上生长黄衣，这是培养米曲霉作为制酱用曲。从黄衣描述来看，生长黄色分生孢子的米曲霉是占优势的，污染杂菌极低，这对制酱的质量起着重要作用。用米曲霉制酱的应用，比以前制酱用的粱曲是个发展。这表明在制酱的实践中已经找到培养专用于制酱的野生菌种，并一直沿用至近代。米曲霉与制酒用曲中的曲霉主要不同的是，米曲霉既能产生淀粉酶分解淀粉，又能生分解蛋白质的蛋白酶。蛋白酶活力的高低，便是制酱品质好坏的决定性因素。

2．豆酱和豆酱清

汉·王充在《论衡·四纬篇》②中记有："世伟作豆酱恶闻雷。一人不食，欲使急作，不欲积家逾至春也。"这是豆酱一词最早的记载。《食经》中作燥脡法和生脡法制酱法中，要加入"豆酱清五合"，或"豆酱清渍之"，也可推测豆酱清便是现代的酱油。这表明豆酱和酱油在汉代已经生产应用了。它们的出现，标志我国当时已应用微生物学方法，把营养丰富的豆类，制造成独特的鲜美调味品。这是应用微生物学的一个重要发展。

（二）《四民月令》中的制酱法③

《四民月令》是汉·崔寔所著，早已佚失，《齐民要术》转录了其中的制酱法。制酱法有两种，一是豆酱法，二是鱼肠酱法。

1．豆酱法

"五月可为酱，上旬鹞豆，中庚煮之，以碎豆作末都。至六七月之交，分以藏瓜。"农历五月气温变热，空气中霉菌孢子的数量很多，落在煮熟的豆粒上很容易生长繁殖，是培养米曲霉（黄曲霉）适宜的季节。霉菌的菌丝体深入到豆粒的内部，其分泌的蛋白酶，对已变性

① 《汉·食经》，见石声汉《齐民要术今释》，第三册，科学出版社，1958年，第524～535页。
② 王充，《论衡·四纬篇》。
③ 汉·崔寔，《四民月令》，见石声汉《齐民要术今释》，第三册，科学出版社，1958年，第532～534页。

的蛋白质进行分解。这表明在汉代我国已经掌握了人工培养野生米曲霉的适宜条件了。这种制酱法一直沿用到现在。

2. 做鱼酱——鱁鮧法

"取石首鱼、鲅鱼、鯔鱼三种。肠、肚、胞齐洗净，空著白盐，令小倚咸。内器中，密封，置日中。夏二十日，夏秋五十日，冬百日，乃好熟。"崔寔对该法作了注释，说明该法的来历："昔汉武帝逐夷，至于海滨。闻有香气而不见物，令人推求。乃是渔夫，造鱼肠子于坑中，以至土覆之。香气上达，取而食之，以为滋味。逐夷得此物，因名之；盖鱼肠酱也。"

鱼肠酱发酵过程中酶的来源有二[①]：一是肠、肚、胞中含有的酶；二是用水洗涤时，水中微生物附着在肠、肚、胞上。由于加盐，抑制一些不耐盐的微生物，能耐盐的微生物便繁殖起来。它们分泌蛋白酶、脂肪酸等。这些酶在日晒时温度上升，酶解的速度加快。在冬季制酱的时间就要长了。蛋白酶把蛋白质分解为多肽和氨基酸。在发酵过程中产生挥发性胺类物质，如挥发性氮、三甲氨等，鱼的腥臭味被挥发掉。脂肪酶分解脂肪为低级脂肪酸和小分子量的乙酸、丙酸、丁酸等有机酸，它们和氨基酸起作用，生成鱼脏特有香味的有机酸酯。

三　豆豉的最早记载

汉代的《史记·货殖列传》[②]记载："通大都……蘖曲盐豉千答。"东汉许慎《说文解字》[③]也有："豉，俗菽从豆，配盐幽尗也。"稍后刘熙的《释名》[④]有："豉，嗜也，五味调和须之而成，可甘嗜也。"这些是有关豉的最早文字记载，说明豉是豆加盐后，在幽暗的屋中经发酵制成可直接食用的食品，或作为调味品使用。

1972 年，在长沙马王堆 1 号汉墓出土文物中，有豉一坛的竹筒（编号 101），出土的豆豉表面皱缩，黑色，多数粘结成块[⑤]。这是豉的实物证据。

豉是经微生物发酵后制成的豆制品，与酱的制作相似，但二者又有差异。豉仍保持豆的颗粒形状，酱则呈泥糊状。所以豉是一种新型的微生物发酵产品，它是从制酱衍生来的。

四　醋　的　制　造

（一）汉代的制醋法

《食经》[⑥]中记载了七种制醋方法，可分为两种类型。一是用酒为原料，二是米为原料。第一种类型是用酒浸渍大豆、小豆和小麦，谷物的作用不大，醋酸菌可直接利用酒为原料，并把酒氧化为醋。第二种类型是以淀粉作为原料，加入曲。淀粉经曲中微生物的作用，

---

① 金章旭，鱼露发酵探讨，中国酿造，1982（2）：1～2。
② 汉·司马迁，《史记·货殖列传》，中华书店，1957 年影印版，第 3274 页。
③ 汉·许慎，《说文解字》，中华书局，1963 年影印版，第 149 页。
④ 汉·刘熙，释名，引自康熙字典，第三册，酉集中，成都古籍出版社，1980 年，第 2 页。
⑤ 《长沙马王堆 1 号汉墓出土动植物标本的研究》，文物出版社，1978 年，第 8 页。
⑥ 汉·食经，见石声汉《齐民要术今释》，第三册，科学出版社，1958 年，第 524～535 页。

先生成酒，酒再经醋酸菌的氧化作用生成醋，如水苦酒法："女曲、粗米各二斗，清水一石，渍之一宿，涕取汁，炊米曲饭。令熟及热投瓮中。以渍米汁，随瓮边稍稍沃之，勿使曲发饭起。土泥边，开中央，板盖其上。夏月，十三日便醋。"

（二）醋的滤法

高风山和张军武[①]报道，嘉峪关新城西晋3号墓的墓壁上有一幅《滤醋图》（图3-14）。图中画一长案，上置三个罐子。其中两个罐子下方各有一小孔，正对孔的下方放着两个盆，孔中有液体（醋）流下注入盆中。另一个罐很可能是用来盛水的。这种滤醋方法和器皿，一直沿用至今，现在嘉峪关一带民间仍采用这种滤法制醋。

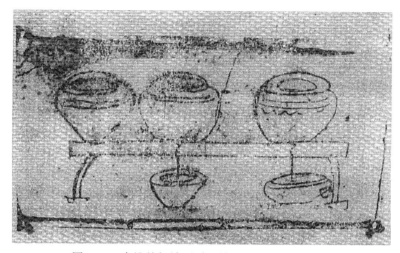

图3-14　嘉峪关新城西晋3号墓壁上的《滤醋图》

五　《齐民要术》中的制曲酿酒[②]

北魏时期（386～534）贾思勰曾做过高阳郡（今山东境内）太守，他收集了古代与当代有关农业和食品学方面的大量资料，又进行了调查访问，了解到许多经验，并对其中一些技术进行了实践，然后编写了《齐民要术》。其中总结了汉代至南北朝时期应用微生物学在食品方面的技术应用及原理，包括制曲酿酒、酿醋、制酱、豆豉和乳酸发酵[③]。这些技术为我国应用微生物学的发展奠定了基础。

（一）制曲控制的条件

北魏时期对制曲条件的控制比较严格，综合神曲、卧曲、白醪曲、笨曲等八种曲的制作，提出了两个重要的原理，一是水分的控制，二是温度的控制。

---

①　高风山、张军武，古代西北地区酿酒业的再现，中国酿造，1985（2）：45。

②　中国科学院微生物研究所《齐民要术》研究小组．《齐民要术》中的制曲酿酒，微生物学报，科学出版社，1975，15（1）：1～4。

③　石声汉，齐民要术今释，第三册，科学出版社，1958年，第517，524～535，541～553，560～567，689～701页。

1．水分的控制

微生物生长最基本的生理条件是水分，水分的多少反过来又影响微生物的生长。《齐民要术》提出制曲的加水量，"以相着为限，大都以小刚，勿令太泽"。这就是说加水量以捏成团为限度，不要加水过多。若料加水过多，势必影响到曲中的通气，空气也是微生物生长的又一生理条件。曲中水分多时，微生物生长旺盛后释放出来的热量，难以随水分的蒸发全都释放出去，造成曲中温度升高，影响或者抑制微生物的生长，直接影响到曲的质量。所以控制水分是制曲时的一个重要原理和条件，必须严格进行控制。

2．温度

温度也是微生物生长的生理条件之一。控制温度的简便方法，是利用季节气温变化来控制。制曲时间是"七月上寅日"。农历七月气温较高，空气中各种微生物的数量也多，有利于微生物的自然接种。为了保证制曲成功，《齐民要术》在制曲时采取了一些措施。曲室要"闭塞窗户，密泥缝隙，勿令通风"，这样使曲室日夜都能保持较高的温度。曲制好后也要控制曲堆及曲块的温度。"满七日，翻之。二七日，聚之。皆还密泥。三七日，出外，日中曝令燥，曲成矣。"这是制曲匠人对霉菌生长的长期观察，结合曲的质量好坏总结出的原则。它与霉菌生长所要求的最适条件是相符合的。第一阶段，制成的曲放置在曲室中保温，促进霉菌孢子吸水膨胀萌发，长出菌丝体。第二阶段，是菌丝体迅速繁殖的时期，它们进行着强烈的呼吸作用，释放出热量。因之要翻动曲块，使曲块散热，以调节温度使之下降，同时使微生物在曲块另一面生长旺盛。第三阶段，霉菌的菌丝体虽继续生长，但因营养消耗，生长速度变慢，曲块的温度有所降低。这时要把曲块堆聚一起保温。到三七日后，曲中已形成大量菌丝体，并形成分生孢子。这时曲已制成，便可拿出曲室，在阳光下曝晒，促使曲块干燥。由于霉菌孢子的生活能力强，菌丝体中各种酶系仍保持一定酶活力，所以干燥后的曲"得停三年"，仍有发酵能力。

3．酶活力的提高

由于制曲水平的提高，曲的酶活力相应地有了提高。《汉书·食货志》中："用粗米二斛，曲二斛，得成酒六斛六升。"而《齐民要术》中记载："神曲一斗，杀米三石；笨曲一斗，杀米六斗。"前者曲与原料比为1:2，后者则为1:3或1:6，两者比较，北魏时期曲的质量有了明显的提高。北魏时期制曲还有一个特点，是原料有部分是生料。生料的使用，根霉的生长比在熟料上旺盛，对酶活力的提高有一定作用，以后制曲逐步转向全部使用生料。

（二）酿酒

《齐民要术》中记载酿酒方法约40种，对酿酒过程中微生物生理活动的规律，提出了各种进行控制的方法。

1．水质

《齐民要术》对酿酒用的水很注意。"收水法，河水第一好。远河者，取汲甘井水，小咸则不佳。"意思是说，水质宜酸不宜碱。霉菌、酵母适宜生长和发酵的条件是偏酸的，偏碱不利于微生物生长，酿成的酒品味也不好。从酿酒的季节来看，"十月落桑，初冻"，这时水温低，水中的杂质少，微生物的种类和数量极少，酿酒时污染减少，提高了成功率。而"其春酒及余月，皆须煮水为五沸汤，待冷，浸曲，不然则动。"在春季和其他月份，水中微生物的种类和数量增加，为防止杂菌污染，煮水至沸进行灭菌，否则酒就会变质。以上几点充分体现出控制微生物污染的基本原理，这也是世界上最早明确提出灭菌的概念。

2. 温度

《齐民要术》记载酿酒的时间，多在"桑落时稍冷，初浸曲，与春日；及下酘，则茹瓮上，取微暖，勿太厚！太厚则伤热"。十月以后气温下降，酿酒时污染的机会较少，但此时温度过低，而微生物的生长，各种酶系反应都需要一定的温度，所以这时要用草覆盖保温，但又不能覆盖太厚，太厚就不利于散热，就可能导致品温过热引起杂菌生长，使酒变质。品温也不能过低，过低醪中微生物及其分泌的酶活力会降低。所以在"隆冬寒历，虽日茹瓮，曲汁犹冻；临下酿时，宜漉了出冻凌，于釜中融之。取液而已；不得令热！凌液尽，还泻著瓮中，然后下黍。不尔，则伤冷。"

3. 酸度

《齐民要术》对醪液的酸度比较注意。"经一宿，米欲绝酢"，米浸一夜，就会极酸。米在酸性水中浸泡，可除去外部一部分蛋白质。更为重要的是利用酸度来抑制细菌（杂菌）的生长，有利于霉菌和酵母的生长，可控制发酵正常进行。这表明在北魏时期，我国已经能利用酸度有效地控制杂菌生长，促进有益微生物的生长，这在理论上和实践上都具有重要的意义。

4. 发酵

对酿酒过程宏观现象的观察，人们已分析出发酵过程中酶系的活力变化，提出体现微生物生理学和生物化学原理的措施。"浸曲发，如鱼眼汤沸，酘米。味足沸定为熟。气味虽正，沸未息者，曲势未尽，宜更酘之，不酘则酒味薄矣。"这意思是，曲经浸泡后，曲中微生物生长繁殖，其中酵母同化糖，产生酒精和二氧化碳，二氧化碳从水中放出，使曲液产生水泡，如鱼眼汤熟的现象。这时便可以投入原料进行发酵。一直到酒味很浓，不再有二氧化碳释放出来，发酵便可结束。假若酒味虽然正常，而仍继续有水泡产生，表明曲势（酶活力）还很强，再投入一些原料为好，不然酒精浓度就不高了。《齐民要术》第一次提出了曲势的概念，同时也可以看出北魏时期酿酒方式是半固体发酵法，发酵时瓮要盖上盖。

5. 补料

《齐民要术》中酿酒加料的方法大多是补料法，即分批加料。这种方法可能是继承了汉末"九酝春酒法"中多次补料的方式。原料加入次数可"第四、第五、第六酘"，"用米多少，皆候曲势强弱加减之，亦无定法。"这种分批补料多少的依据，是曲势的强弱，比"九酝春酒法"品酒来定九酘还是十酘科学多了。

6．酎酒

在诸多品种酒中特别值得讨论的，是酎酒的酿造方法。"笨曲一斗，杀米六斗"，"用水一斗"，"米必须曝"，"碓捣成粉"，"煮少许穄粉作薄粥。自余粉，悉于甑中于蒸"。"摊令冷，以曲和之，极令调均"。"粥温温如人体时，于瓮中和粉"。"盆合泥封，裂则更泥，勿令漏气。正月作，至五月大雨后，夜暂开看，有清中饮，还泥封，至七月好熟"。

从这段记载分析，酿酒时的用水量很少，曲、米一共七斗，而水只有一斗。这表明：其一，原料已从半固体状态，发展到固体状态，标记固体发酵的开端，这是酿酒工艺中的一项重大进展。其二是，装好料后，瓮口用盆盖上，外加泥封。如泥有裂缝时，要用泥封好裂缝，勿令漏气，即发酵过程中实行严格地厌气发酵，有利于酵母厌气酶系进行酒化，生成更多的酒精。酿出的酒"饮三升大醉"，"多喜杀人；以少饮，不言醉死"。这种酿酒方法对我国白酒固体发酵的发展产生了深远影响，具有独创性。

六　《齐民要术》中的酿醋

《齐民要术》的第七十一篇作酢法，总结了北魏以前酿醋的原理和酿造方法。其中所记作醯法共有 23 种，每法各有特点，但总结酿醋原理有三点，一是以淀粉质谷物为原料，经微生物的淀化酶和糖化酶作用分解为糖；二是经酵母酒化酶系的作用，把糖转化为酒精和二氧化碳；三是酒精经醋酸菌酶系作用，转化为醋酸。这三个原理在酿醋工艺中，是在同一醪液中连续交叉进行的三种生物化学反应。此工艺与欧洲以酒为原料的工艺不同，具有独特的风味。有关淀粉水解和糖转化为酒精，前面已有讨论，以下仅讨论由酒精到醋酸的发酵问题。

（一）醋酸菌

醋酸菌是指能氧化酒精生成醋酸的一群细菌。在北魏时期人们还不能够直接观察到醋酸菌的个体，却能看到发酵液表面形成的细菌群体菌膜。如动酒酢法，"七日后，当臭，衣生，勿得怪也。但停止勿动，挠搅之。数十日，醋成衣沉，反更香美"。动酒是变了质的酒，用动酒作醋，这种酒可能因为酒精浓度不高，经醋酸菌的氧化作用变酸了，所以再经七日便有衣生。这说明：第一，虽说当时人们并不了解这一原理中生物化学反应的细节，但却实践了相当长的时间，熟知酒能变为醋的过程。第二，确认由酒精变为醋是由"衣"来完成的。《齐民要术》把汉·崔寔在制酱中的曲称为"衣"的范围扩大了，"衣"成了食品微生物的代名词，它不仅包括霉菌，还包括了细菌。"衣"作为一个新概念提出来了。第三，《齐民要术》用"衣生"和"衣沉"来描述醋酸菌在醋酸发酵过程中的生长繁殖和老化。这是微生物学史上第一次生动科学地记载醋酸菌的生理生化活动和与醋酸发酵过程的相互关系。

对醋酸菌进行种子培养，《齐民要术》的记载也是最早的。如秫米酢法："入五月，则多收粟米饭醋浆，以拟和酿，不用水也。浆以极醋为佳。"当农历五月时，用粟米饭浆作培养基，空气中的醋酸菌落入饭浆后生长繁殖，并产生醋酸，使饭浆变酸。饭浆越酸，不仅醋酸菌的量多，杂菌也少，这是熟知和掌握醋酸菌生理特征的又一例证。

（二）白醭

《齐民要术》在作酢法中有两处提到白醭。大麦酢法中写到"发时数搅，不搅则生白醭；生白醭则不好"。神酢法中载有"经二三日……其上有白醭，接去之"。白醭可能是有膜的糙膜酵母，它的形成只会消耗酒精，而没有对酒精的氧化作用，是一种有害的杂菌，应当在刚形成白醭时，把它去掉，以控制有害微生物的污染。

七　黄衣、黄蒸和制酱^①

《齐民要术》第六十八篇和七十篇，记载黄衣、黄蒸和制酱，是自西周以来最为详细的记录。

（一）黄衣和黄蒸

黄衣是指用麦粒做原料，培养制酱用的曲。它又名麦䴷。黄蒸是用面粉做原料制成的曲。这两种曲都是散曲。贾思勰在总结黄衣、黄蒸制作方法时指出："齐民喜当风飏去黄衣，此大谬！凡有所造作，用麦䴷者，皆仰其衣为势，今反风飏去之，作物必不善矣。"对用黄蒸"亦勿飏之，虑其所损"。这一观点表明贾思勰对于黄衣在制酱中的作用不限于表面现象的观察，而在于深入了解黄衣在制酱中的功能，在于"皆仰其衣为势"，即依靠在原料外部生长的菌丝体和分生孢子。因为制酱要比较充分分解豆粒中的蛋白质，并搅拌成泥浆状，单靠豆粒内的米曲霉菌丝体所分泌的蛋白酶和淀粉酶是不够的，还得依赖曲外部的菌丝体分泌的酶，分子孢子再度萌发生长为菌丝体后分泌的酶系，才能很好地水解蛋白质。假若不能在宏观上了解"黄衣"的生理生化功能，是不可能提出"皆仰其衣为势"的科学论点的。

（二）黄衣（米曲霉）的培养条件

"作黄衣法：六月中"。"作黄蒸法：六七月中"。农历的六月中，或六七月中，正是一年之中气温和大气湿度最高的月份，米曲霉孢子在空气中数量也比较多，这些都为培养菌种提供了自然有利的条件。为了控制培养菌种时杂菌的污染，尤其细菌的污染，防止酸败，对培养基的酸度进行了人工控制。"于瓮中以水浸之令醋"，即让原料在水中浸泡，先使醋酸菌或乳酸菌生长，它们产生一定的有机酸，使培养物酸化。一般霉菌最适合生长的酸度是在 pH4～5 之间。这样再去培养米曲霉时，既适合米曲霉的生长，又控制了一般腐败细菌的生长，因为这些细菌最适合生长的 pH 在 7.0 左右，偏酸时则不能生长。这一酸化措施表明，北魏时期已经了解到霉菌生长的生理条件偏酸的原理。利用酿醋和乳酸发酵的知识，使培养霉菌的培养基酸化，进而达到控制腐败细菌的生长。这在理论上和实践上，都比汉代制酱有很大的进步。

（三）制酱

《齐民要术》中的制酱步骤分为两步。第一步是接种培养霉菌，第二步是霉菌分泌酶的

---

① 卫民，《齐民要术》中的黄衣，黄蒸和制酱，微生物报，科学出版社，1975，2（1）：1～2。

反应。第一步，"大率：豆黄三斗，曲末一斗，黄蒸末一斗，白盐五升"，"三种讫，于盆中……均调；以手痛捋，皆令润彻。……内著瓮中。手捋令坚，以满为限。……半则难熟。盆盖密泥，无令漏气。熟便开之。……当纵横裂，周回离瓮，彻底生衣。"第二步，"汲井花水，于盆中以燥盐和之。大率，一石，用盐三斗，澄取清汁。又取黄蒸，于小盆内减盐汁浸之。捋取黄沉，滤去滓，合盐汁泻著瓮中。仰瓮口曝之……十日内，每日数度，以把彻底搅之。十日后，每日辄一搅，三十日止。……每经雨后，辄须一搅解。后二十日，堪食；然要百日始熟耳"。

第一阶段培养大量菌丝体，其目的是要得到大量的蛋白酶和淀粉酶，以利于第二阶段酶解反应的需要。"仰瓮口曝之"来利用太阳照射来提高品温，有利于酶解速度的加快。同时每日搅动数次，一是促进酶解反应均匀；二是促进使酶解过程中豆粒外部已酶解部分脱落下来，使反应向内部深入，最后使整个豆粒崩溃。此后次数减少，50 日后蛋白质已大部分分解，再经 50 日，蛋白质降解的中间产物继续分解，成为氨基酸或小肽，酱便成熟了。

八　《齐民要术》中的豆豉[①]

豆豉在北魏时期是人们喜爱的调味品，《齐民要术》中记载有关豆豉的用法有七十条之多，而用酱做调味品的只有七条。当时豆豉的生产规模比较大，"三间屋，得作豆百石，二十石为一聚"，"极少者，犹须十石为一聚"。

（一）豉与酱在制法上的异同

豆豉与酱的制作原理是相同的，都是利用米曲霉分泌的蛋白酶，分解蛋白质成为氨基酸、小肽、胨、胰等分子量大小不等的产物。但两者不同之处，是外观形态不同，且对它们分解蛋白质的程度，采取不同的生产工艺。豆豉呈颗粒状，酱则是呈泥状。

1. 对黄衣的处理

《齐民要术》中有四种制豉法，其中一种为汉代《食经》中的制豉法，其余三种为贾思勰调查所得。从对黄衣的处理不同，可以看出制豉工艺的进步，体现出对黄衣影响豆豉品质的认识。

汉代《食经》制豉生黄衣后，另外再加"秫米女曲五升"，然后装入瓶中发酵。麦豉法中是"七日衣，以勿簸扬"。而家理食豉法则是："二七日，豆生黄衣。簸去之。"作豉法中，"后豆着黄衣，色均足，出豆于屋外，净扬，簸去衣。""扬簸讫，以大瓮盛半瓮水，内豆著瓮中，以把急抨之使净"。"漉去，着筐中，令半筐许。一人捉筐，一人更汲水，于瓮上淋之。急拌搅筐，令极净，水清乃止。"其主要原因，一是"淘不净，令豉苦"，二是在豆豉后发酵时，只有豆中有菌丝体，分泌的蛋白酶量就相对少多了，对蛋白的分解是不完全的。同时也是为使豆豉的外形颗粒完整，并富有弹性。

---

① 门大鹏，《齐民要术》中的豆豉，微生物学报，科学出版社，1977，17（1）：5～10。

2．温度

对于培养米曲霉（黄衣）时品温的控制，是制豉的关键环节。《齐民要术》提出，"豉法：难好易坏，必须细意人"。"失节伤热，臭烂如泥，猪亦不食"，"是以又须留意冷暖，宜适难于调酒"。品温难以控制，但并不是不能控制。要使品温不致过高，以免引起腐败性细菌生长。能控制好品温表明当时豆豉生产者已经了解了米曲霉生长和分泌蛋白酶的较适温度，也了解了控制细菌生长所需的温度、水分等生理条件，从而使细菌不能造成破坏性的污染。

豆堆聚后，"一日再入，以手刺豆堆中候：看如人腋下暖，便翻之"，"一日再候，中暖更翻，还如前法作尖堆。若热汤人手者，即失节伤热矣。凡四五度翻，内外均暖，微着白衣"，"复以手候，暖则还翻"，"第三翻一尺，第四翻六寸。豆便内外均暖，悉着白衣，豉为粗定"。从上述来看，控制品温的办法是翻堆散热，品温控制的标准是人腋下暖，即摄氏36℃左右。这种办法既简单易行而又科学有理。翻堆不仅能散热降温，还可以减少一部分水分，以利于霉菌生长，控制细菌的繁殖。品温控制在 36℃，不仅有利于米曲霉的菌丝体生长，还有利于蛋白酶的产生。若手感发汤时，品温已超过 40℃，对霉菌生长有害，有利于细菌的繁殖，即失去节制，豉胚因热而腐败了。

九　《齐民要术》中的乳酸发酵[①]

乳酸菌是利用糖为原料，经发酵后产生乳酸的一类微生物，它包括厌氧乳酸菌和好氧乳酸菌。以乳为原料，经乳酸发酵后，使酪蛋白沉淀，是制造干酪的方法之一。乳酸发酵也可用于腌渍蔬菜和制作鲊，在食品制作上应用比较普遍。

（一）干酪

《齐民要术》养羊第五十七篇中，记载了作酪法，作干酪法、作漉酪法和作马酪酵法。作马酪酵法是培养乳酸菌的菌种，作酪法是用乳酸菌进行乳酸发酵制成凝乳。作干酪法和作漉酪法，是使凝乳脱水和成熟，其中蛋白质、乳糖和脂肪发生复杂的生物化学变化，使干酪具有独特的风味，并提高了其可消化性。

1．灭菌

乳酸发酵前先将乳加热，"四五沸便止"，"待小冷，掠取乳皮，著别器中以为酥"。煮沸加热的目的，一是为了脱脂，二是进行常压加热灭菌，杀死乳中可引起干酪膨胀、苦味等非芽孢有害微生物。对培养菌种用的瓦瓶，《齐民要术》认为"新瓶，即直用之，不烧。若旧瓶已曾卧酪者，每卧酪时，辄须灰火中烧瓶，令津出；回转烧之，皆使周匝热彻，好干，待冷乃用"。未曾用过的新瓶，不经灭菌便可立即使用。这是因为新瓶中会引起污染的微生物相对较少之故。而曾经使用的旧瓶，瓶壁上会留下残余的剩乳，其中滋生有害微生物的机会最多，使用前不进行灭菌，发酵时污染的杂菌也会繁殖，致使发酵失败，凝乳胨化。《齐民要术》不仅明确提出灭菌的概念，并在实践操作上进行了灭菌措施。

---

① 门大鹏，《齐民要术》中的乳酸发酵，微生物学报，科学出版社，1977，17（2）：83～88。

2．菌种培养

《齐民要术》记载制干酪的菌种有三种方式。一是"以甜酪为酵。大率：熟乳一升，用酪半匙"。即用发酵成熟质量好的酪，作为乳酸的菌种，接种到新鲜牛奶中，进行扩大种子培养。第二种是应急的，当"无熟酪作酵者，急揄醋飧，研熟以为酵。其酢酪为酵者，酪变醋；甜酵伤多，酪亦醋。"即在没有熟酪作酵时，用变酸的冷饭浆搅匀，作为菌种使用，"亦得成"。这是利用变醋冷饭中的乳酸菌来代替成熟酪中的乳酸菌，也可以成功。但这毕竟是权宜之计。第三种是用做菌种保存的。"用驴乳二三升，和马乳不限多少，澄酪成，取下淀；曝干，后岁作酪，用此为酵也。"这是用动物乳暴露于容器时，自然落入乳中的乳菌经繁殖后，晒干作为菌种，待"后岁作酪"使用。这是用干燥法保藏菌种的最早记载。

关于"酵"的含义，一般是指利用糖转化为酒精和二氧化碳的微生物，这一过程叫做发酵。酵在这里的涵义更为广泛，它包括了乳酸发酵过程及其微生物。这是微生物学史上第一次提出发酵的概念。

（二）鲊

《释名》解释："鲊，滓也[1]。以盐米酿之，如菹，熟而食之也。"《齐民要术》记载做鱼酢法六条，做肉鲊法一条。做鱼鲊法是利用乳酸发酵制作酸鱼的方法，如："凡作鲊，春秋为时，冬夏不佳。"这表明乳酸发酵所要求的温度为中温，气温过高过低都不好，过高易于腐败，过低则发酵进行缓慢，甚至不能进行。"去鳞讫，则脔（切成块）。""脔讫，漉出，更于清水中净洗。漉著盘中，以白盐散之。盛著笼中，平板石上，迮去水。世名逐水盐。水不尽，令鲊脔烂。""炊秔米为糁；饭欲刚，不宜弱；弱则烂鲊。并茱萸、橘皮、好酒，于盆中合和之。酒辟诸邪，令鲊美而速熟。率：一斗鲊，用酒半斤。恶酒不用。布鱼于瓮子中，一行鱼，一行糁，以满为限。""以竹箬交横贴上。""著屋中。著日中火边者，患臭而不美。寒月，穰厚茹，勿令冻也。赤浆出，倾出；白浆出，味酸，便熟。"制作鱼酢时加热，除使鱼块中的水排出外，还有抑制腐败微生物的生长、抑制鱼肉中蛋白酶类分解鱼肉蛋白的作用，保持鱼块完整。加入酒可除去鱼腥味，并使鱼肉蛋白部分变性。酒也有抑制微生物生长的作用。加入粳米饭的目的，是提供糖分来源。米中的淀粉经微生物淀粉酶的作用产生糖，糖经乳酸菌的酶系转化生成乳酸。乳酸和酒起化学反应，生成乳酸乙酯，使鲊香美。

（三）菹

《说文解字》解释"菹，酢菜也"[2]，是经过乳酸发酵后制成的酸菜。《齐民要术》记载作菹的方法，从制作原理上可分为发酵性和非发酵性两大类。现仅讨论发酵性作菹法，它包括酸菜和泡菜。

1．酸度

《齐民要术》记载的发酵性腌渍法有 22 条，其中有 10 条是加醋进行腌渍的。如作汤菹

---

① 门大鹏，《齐民要术》中的乳酸发酵，微生物学报，科学出版社，1977，17（2）：83～88。
② 同①。

法，"煠讫，冷水中濯之。盐、醋中"。瓜菹法，"芥子，少与，胡芹子，合熟，研，去滓，与好酢，盐之"。为什么在腌渍开始时就加入醋呢？乳酸菌是耐酸菌，适宜于偏酸性条件下生长。而蔬菜中的腐败菌、大肠杆菌和酪酸菌等，对较高酸性的适应力低，加醋的目的是利用酸度来抑制有害微生物的一种有效方法。

2. 盐

酸菜的腌渍是不加盐或少加盐的，而有些腌渍法则是加盐的。如咸菹中写到："作盐水，令极咸。""其洗菜盐水，澄取清者，泻著瓮中，令设菜把即止，不复调和。"盐具有很高的渗透压，它使蔬菜组织失水，质地变得紧密脆硬，抑制蔬菜中的酶的活动。而乳酸菌对盐有一定适应性，它对有害微生物起到抑制作用。

3. 乳酸发酵

葵菘芜菁蜀芥咸菹法："作盐水，令极咸，于盐水中洗菜，即内瓮中。""其洗菜盐水，澄取清者，泻著瓮中。""三日抒出之，粉黍米作粥清。捣麦䴷作末，绢筛。布菜一行，以麦䴷末薄垒之，即下热粥注。重重如此，以满瓮为限。"作淡菹："黍米粥清，及麦䴷末，味亦胜。"咸菹和淡菹法的共同点，都是加入稀黍米粥和麦䴷末。利用麦䴷末中米曲霉的分生孢子，在稀粥中萌发繁殖为菌丝体，分泌的淀粉酶把粥中淀粉分解为糖（这时其蛋白酶的作用不是主要的了），乳酸菌接着把糖转化为乳酸。比较《齐民要术》调查的作菹法和汉代作菹法，其特点是多加入麦䴷，可能是为乳酸发酵提供更多的糖源，以产生大量乳酸。

乳酸发酵往往也伴随着其他微生物的作用。如明串珠菌（*Leuconostoc*）、短乳杆菌（*Lactobacillus brevis*）胚芽乳杆菌（*L. plantarum*）和戊酸乳杆菌（*L. pentosum*）等，它们利用腌渍汁中的可溶性糖，生成乳酸、醋酸、乙醇、乙醛、甘露醇和二氧化碳等，使酸菜和泡菜具有更清脆可口的风味。

第四章 古代生物学的全面发展
（隋唐宋元时期生物学）

第一节 动植物形态和分类学的发展

我们在讨论这一时期的生物学发展时，不能不谈当时本草学的发展。尽管本草学主要是药物学，包括很多矿物的内容，但毕竟它的内容以生物为主。因此，西方人常将我国的本草学著作译为"博物学"著作，这是很有道理的。因为就西方的博物学范畴而言，包括以认识自然界为目的的地学和生物学内容，并以动植物为主，而我国的本草著作，主要也是以动植物和矿物的记述为主。因而以辨识药用动植物及药效为主的历代本草学著作，是反映我国古代动植物认识水平的重要方面。诚如南宋著名学者郑樵在《通志·昆虫草木略》中指出的那样："大抵儒生家多不识田野之物，农圃人又不识诗书之旨，二者无由参合，遂使鸟兽草木之学不传。惟本草一家，人命所系，凡学之者，务在识真，不比它书只求说也。"从根本上阐明了本草著作对动植物知识传播和积累的重要意义。唐宋两代的一些本草著作在这方面是非常突出的。

公元 7 世纪中叶，唐朝建立以后，其科学文化及经济得到了迅速的恢复和发展。这个时期交通和贸易发展得很快，药用矿物、动、植物品种不断增加，药物知识的积累，大大丰富了我国的药物种类。原有的《神农本草经》和《本草经集注》已经不能适应当时的需要，因而有必要对药物进行修订增补。在这样的条件下，我国第一部图文并茂的本草著作唐《新修本草》问世了。

两宋时代，是我国封建文化高度发展的时期。这个时期本草著作大量涌现，其代表作有苏颂《本草图经》、唐慎微《经史证类备急本草》（现存政和重修本，即《重修政和经史证类备急本草》，简称《证类本草》）。由于对本草著作的整理和修订，促进了人们对药用动植物的研究，推动了生物学的发展。

唐宋以来，由于动植物种类增多，书籍又散乱，名实舛讹，所以必须考订名物，统一名称，做到名实相符。因此，在生物学中出现了"释名"，"考辨"以动植物为对象的名物：考述其名称（正名、别名）、形态、生境、生长发育、用途及历史沿革等方面，多数是渊源于《尔雅》。代表著作有《埤雅》、《尔雅翼》、《尔雅义疏》，此外还有《昆虫草木略》和《全芳备祖》等。这些书中记载着有关动植物名实考证的资料，它与分类认识有着密切的关系，至今仍有一定的现实意义。

本节通过论述有关动植物的几部著作，介绍这一时期中国古代动植物形态、分类学发展的情况。

一　本草著作中的动植物形态、分类

（一）本草（博物）巨著《新修本草》

唐《新修本草》在《旧唐书·经籍志》和《新唐书·艺文志》都记载为《新修本草》，到宋代郑樵《通志·昆虫草木略》和元代《宋史·艺文志》中称为《唐本草》，所以说《新修本草》亦称《唐本草》。它是在唐显庆二年（657），苏敬向政府提出编修本草的建议，很快得到批准，并且由许敬宗等和诸名医20余人进行编写，而实际是由苏敬负责主纂的。经过两年时间，显庆四年（659）编成了《新修本草》，由政府颁行。正如王溥《唐会要》卷八十二记载："显庆二年，右监门府长史苏敬上言：陶弘景所撰本草，事多舛谬，请加删补。诏令检校中书令许敬宗、太常寺丞吕才、太史令李淳风、礼部郎中孔志约、尚药奉御许孝崇并诸名医二十二人，增损旧本；征天下郡县所出药物，并书图之。仍令司空李勣总监定之，并图合成五十四卷。至四年正月十七日撰成。"

《新修本草》是我国第一部官修的本草。它是在陶弘景《本草经集注》一书基础上发展起来的一部药物学著作，可惜原书在北宋间已散佚，"虽鸿都秘府，亦无其本"[1]。光绪十五年（1889）兵部郎中傅云龙在日本时，将当时仅存的第四、五、十二至十五、十七至二十共10卷，连同当时日人辑存的第三卷影钞，刻入《纂喜庐丛书》中，1957年上海卫生出版社据此影印，这就是现在我们看到的《新修本草》。但原有的本草图及目录26卷，图经（药图的说明文）7卷，则无从所见。

在54卷《新修本草》中，共载药物800余种，其中属植物的有草、木、果、谷、菜五类。属动物的有兽、禽、虫、鱼四类。增加了山楂、芸苔子、人中白等114种新的药物。由于当时中外文化交流频繁，许多外来新药也被《新修本草》所吸收，例如有从印度传入的豆蔻、丁香、胡椒、龙涎等；从大食传入的石榴、阿芙蓉、玛瑙、乳香；由波斯传入的茉莉、青黛；由大秦传入的素馨、郁金；西域的仙茅、芥子、马钱子；南洋传入的槟榔、樟脑、木香等。《新修本草》植物学特性举例如表4-1。

唐《新修本草》附有药图25卷，图经7卷。"图以载其形色，经以释其同异。"[2] 药图是药物的图谱，图经是药图的说明文，就是现在所说的图谱。药图和文字说明必须以实物形态、颜色为标准，以便人们采集药物有所遵循。可见，在药图的编纂工作中，苏敬等十分重视对药物形态的观察，当时曾下令征询全国各地药物标本，照实物绘图。正如孔志约在《唐本序》中说："普颁天下，营求药物，羽毛鳞介，无远不臻，根茎花实，有名咸萃……丹青绮焕，备庶物之形容。"[3] 此书有图有说，药图和图经的篇幅，远远超过本草文字部分，是本草中的巨著，是我国最早一部大型的动植物图谱，标志着中国古代对动植物形态的研究进入新的阶段。

---

① 苏颂《本草图经序》据《证类本草》，人民卫生出版社影印，1982年，第26页。
② 同①。
③ 孔志约撰《唐本序》据《证类本草》，人民卫生出版社影印，1982年，第29页。

表 4-1　《新修本草》植物学特性举例表

植物名	俗名	学名	形态	生境
白英	鬼目草白草	*Solanum lyratun*	蔓生，叫似王瓜；小长而五椏。实圆，生青，熟紫黑	生山谷
忍冬	金银花	*Lonicera japonica*	藤生、饶覆草木上，苗茎赤紫色，其嫩茎有毛，叶似胡豆，亦上下有毛，花白，蕊紫	处处有之
云实	天豆	*Gaesbapinia sepiaria*	大如黍及大麻子，黄黑似豆。高五六尺，叶如细槐，亦如苜蓿枝间微刺	丛生泽傍
五味子		*Schizandra*	叶似杏而大，蔓生木上。子作房如落葵	出蒲州、蓝田山中
黄芩		*Scutellaria baicalensis*	叶细长，两叶相对作丛生，亦有独茎者	生秭归
石龙芮	水莫地椹黄花万芽	*Rarunculus sceleratus*	苗似附子，实如桑葚	生下湿地
败酱		*Ratrinia scabiosaefolia*	叶似水茛及薇衔、花黄根紫，作陈酱色	生岗岭间
杜衡	马蹄香	*Asarum farbesii*	叶似葵，形如马蹄根似细章、白前等	生山之阴水泽下湿地
通脱木	通草蓄藤	*Tetrapanax papyrifera*	大者径三寸，每节有二、三枝，枝头有五叶。其子长三、四寸，核黑穰白苗似兰香，茎赤节青，花紫白色，而实白	所在皆有
紫草		*Lifhospernum erythro rrhizon*	苗似兰香，茎赤节青，花紫白色，而实白	所在皆有万韦
石韦	石皮、瓦韦	*Pyrrosia lingua*		丛生石旁阴处，不蔓延生，生古瓦屋上
积雪草	地钱草	*Centella asiatica*	叶圆如钱大，茎细劲，蔓延	生溪漳侧
马鞭草		*Verbena officinalis*	苗似狼牙及茺蔚，抽三、四穗，紫花，穗花鞭鞘	
白头翁		*Pulsatilla chinensis*	叶似芍药而大，抽一茎。茎头一花，紫色，实大者如鸡子，白毛寸余	

（二）苏颂和《本草图经》

在我国历史上，宋代的统治者也许是最注重医学的，政府经常组织编撰本草学著作，这种学术著作之多超过了历史上任何一个朝代，也因此涌现出多种大型且影响深远的综合性本草，其中以辨识各种生药材为目的，于1061年成书的《本草图经》（也称《图经本草》）的生物学成就最高。此书由当时著名学者苏颂（1020~1101）编纂，记载药用动植物约600种，有图900多幅。《本草图经》上承唐代《新修本草》给药物配图之风，下启《救荒本草》、《植物名实图考》之图文并茂，实为宋代最为重要的博物学著作之一。原书虽然已经不存，但主要内容仍存在于《证类本草》中。

苏颂字子容，福建泉州同安人。他学识渊博，除经、史和诸子百家以外，对图纬阴阳、五行、律吕、算法、山经、本草、文字等，无所不通。历任宿州观察史推官、江宁知县、南京留守推官、馆阁校勘、集贤校理等官职。他是中国古代伟大的博物学家和自然科学家之一。在天文学方面，苏颂领导、韩公廉设计，于元祐七年（1092）建立了水运仪象台，这是中国古代最宏伟的一座小型天文台。他还著有《新仪象法要》，为我国现存较早的一部天文仪器专著。中外学者对他在天文学上的成就都做过研究。苏颂在生物学上的成就更不容忽视，其代表作为《本草图经》。

苏颂也参加了《嘉祐补注神农本草》的编修工作，但他对这一著作并不满意，认为不能满足当时客观的需要，正如他在《本草图经·序》中写道："五方物产，风气异宜，名类既多，赝伪难别……况今医师所用，皆出于市贾，市贾所得，盖自山野之人，随时采获，无复究其所从来。"为了"使人易知，……有所依据"，因而他决心在《嘉祐本草》的基础上，再编著一部新的本草书。苏颂在《嘉祐补注神农本草》编成的第二年，就奏准以朝廷的名义，向全国各郡县下令，收集当地所产各种药物（植物、动物、矿物），按照药用植物、动物和矿物的形态，绘制成图并附简要的文字说明。对"草木虫鱼之别，有一物而杂出诸郡者，有同名而形类全别者，则参用古今之说，互相发明。其荄梗之细大，华实之荣落，虽与旧说相戾，并兼存之。崖略不备，则稍授旧注，以足成文意。注又不足，乃更旁引经史及方书小说，以条悉其本原"，"生出郡县，则以本经为先，今时所宜次之。……有不同者，亦两存其说。……自余书传所无，今医又不能解，则不敢以臆说浅见傅会其文，故但阙而不录。又有今医所用，而旧今不载者，并以类次，系于末卷"[①]，说明作者治学严谨和实事求是的编写态度。苏颂花费了大量的精力，进行整理和研究，通过对动、植物和矿物标本的鉴定，与古代文献的对照，再对实物进行比较研究，他终于在嘉祐六年（1061）著成了图文并茂的《本草图经》。

苏颂《本草图经》全书20卷，目录1卷，该书学术成就主要表现在：它集中保存了北宋中期一次全国性药物（植物药、动物药、矿物药）普查的丰硕成果，书中著录植物药300多种，动物药70多种。它是作者在大量阅读前人著作并注重调查研究和实际应用的基础上编写成的。此书具有以下特点。

其一，苏颂在撰著《本草图经》之前，这类本草书已有问世。据《旧唐书》和《新唐书》有关记载，以"药图"、"图经"命名的本草学著作有将近十多种，但这些著作早已亡佚。唐苏代敬等人所修的《新修本草》附有药物图谱，但在北宋末年已全佚。五代后蜀翰林学士韩保昇等修的《蜀重广英公本草》（简称《蜀本草》），附有《图经》，也都散佚。《证类本草》中只有引文。而苏颂《本草图经》与古代学者纯考据性著作不同，它是根据当时各地所产动植物标本重新编绘，补充了久已失传的图谱。它的描述不仅限于药性、效用等，已涉

① 苏颂《本草图经·序》据《证类本草》，人民卫生出版社，1982年，第27页。

及其原动植物的名称、形态、习性及产地等，因此可以说《本草图经》的内容已进入生物学的范畴，可视为现存早期本草中惟一有附图的书，也是较早的动植物图谱。该书还保存有《唐本草》中的图。《唐本草》原书已佚，它的内容主要见于《证类本草》等著作，它为研究动植物形态奠定了基础。

其二，《本草图经》附有的动植物图是作者根据各地所送药物标本和文字说明仔细核对做出的，所以具有较高的写实性，有较高的科学价值，因此《本草图经》的药图比以前本草书的药图准确性要高得多。《新修本草》所收的药图，据《唐会要》记载，是"征天下郡县所出药物并书图之"，而苏颂则进一步要求各地在送图文的同时，附上标本实物，从而使药物图的可靠性大大增强了。从数量上说，《本草图经》共绘图近千幅，有的一种药附有多幅图（图 4-1），表示不同产地和不同品种。

图 4-1　菊花图

苏颂《本草图经》在生物学方面的成就，大大超过了历代本草学著作。在植物方面，对植物各器官的描述术语丰富，语言生动。《本草图经》一般按苗、茎、叶、花、果实、根的顺序描述。对茎的形态，按生长状态不同，能辨别出"苗如丝综，蔓延草木之上"（菟丝子 *Guscuta*）*chinensis* 的缠绕茎，"其苗蔓延草木上"（茜草 *Rubia cordifolia* 的攀缘茎），"蔓延于地"（地锦 *Euphorbia humifusa*）的匍匐茎，"独茎而长"（泽泻 *Alisma plantaga _agnafica* rar. *orientale*）的直立茎等；对于叶着生部位的描述，对生叶叫做"两两相对"（牛膝 *Achyranthes bidentata*），丛生叶叫做"叶作丛"（芎䓖即川芎 *Ligusticum wallichii*），而轮生叶叫做"四叶相对而生"（桔梗 *Platycodon grandiflorum*）等；对于叶片的形状也有描述，如地榆（*Sanguisorba officinalis*）叶缘"作锯齿状"，栝楼（*Trichosan Thes kirilowii*）"叶如甜瓜叶，作叉"（掌状深裂），五加（*Acancthopanax gracilistylus*）"叶生五叉，作簇"（小叶五片）；对于花的各部分名称也有记载，《本草图经》写道：漏卢（*Rhaponticum unoiflorum*）"花黄，生英端"，防风（*Saposhnikouia divaricata*）"五月开细白花，中心攒聚，作大黄"，蚤休（即七叶一枝花 *Paris polyphylla*）"蕊赤紫色，上有金丝垂下"等，不仅对花的颜色作了详细描述，而且明确区分了花萼、花丝、子房等，说明当时对植物形态的认识已达到相当高的水平。对蕨类植物行无性生殖时产生孢子的孢子囊亦有观察的记载，如骨碎补（*Darallia mariesii*）"大叶成枝，面青绿色有黄点，背青白色有赤紫点"，"无花实"。

《本草图经》中的植物图谱与其对应的植物形态描述，多数是一致的，可清晰地辨认出植物的种类。例如，书中对葎草的描述是"叶如蓖麻而小薄，蔓生有细刺，花黄白，子亦类麻子"[①]（图4-2葎草）。结合《本草图经》葎草图，可以看出其特点为叶对生、叶柄细长、叶片通掌状五裂等特征，判断它是桑科植物中的葎草（*Humulus scandens*）。对茵陈蒿的记载较为详细："茵陈蒿生泰山及丘陵坡岸上，今近道皆有之，而不及泰山者佳。春生初苗，高三、五寸，似蓬蒿而叶紧细，无花实。秋后叶枯，茎干经冬不死，至春更因旧苗而生新叶，故名茵陈蒿。"[②]从附图的绛州茵陈蒿形态图可知是菊科植物的茵陈（*Artemisal capillaris*（图4-3））。

苏颂《本草图经》对植物形态的描述，开始用类比法。类比的植物常是相像的同科植物。同科植物的营养器官和生殖器官都有相近的外形和结构，用来相互比较，是相当可靠的方法。如书中记载：天南星"叶如蒟蒻，两枝相抱……根似芋而圆，二月八月采根，亦与蒟蒻根相类，人多误采"。天南星和蒟蒻都属天南星科植物，这两种植物的叶（掌状复叶）、花（肉穗花序）、块茎（大致呈球形）都很相似，以致人们常将蒟蒻误认为天南星。又如芎䓖"四、五月间生叶，似芹、胡荽、蛇床子、作丛而茎细……七八月开白花"。芎䓖、芹、胡荽、蛇床子都是伞形科植物，这些植物的叶、花等器官都非常相似。这种用同科植物的器官形状做比较的方法，不仅有助于对药用植物的正确识别，而且也使读者积累了植物形态和分类方面的知识。

关于动物形态，《本草图经》中同样也有详细的记载。如记载麝（*Moschus moschiferus*）："形似獐而小，其香正在阴前。"[③]已观察一麝（雄性）鼠蹊有麝香腺，结合所载麝、獐（*Hydropotes inermis* 图4-4）的图形，清楚地反映了麝、獐都无角，獐无香腺的形态特征。这两种动物都属鹿科动物。有关贝类动物的形态，《本草图经》中记载很多，如贝子"贝类之最小者，又若蜗状"，"具有紫色是也。洁白如鱼齿"[③]。紫色的是蛇首眼球贝（*Frosaria cuputsarpentis*），正确地记载了这种贝的贝壳基本特征。

对乌贼（图4-5）的外形和内壳（海螵蛸）描写得相当生动逼真，反映了这类动物的基本特征。乌贼"形若革囊，口在腹下，八足聚生于口旁，只一骨，厚三、四分，似小舟，轻虚而白，又有两须如带"[④]，对于乌贼和柔鱼的区别，书中记载"其无骨者，名柔鱼"[⑤]。乌贼和柔鱼在分类上都属头足类的十腕类。又记载鹧鸪"形似母鸡，臆前有白圆点，背间有紫

① 宋·唐慎微，《证类本草》卷十一，人民卫生出版社，1957年影印版，第277页。
② 同①。
③ 宋·唐慎微，《证类本草》卷十一，人民卫生出版社，1957年影印版，第449页。
④ 宋·唐慎微，《证类本草》卷二十一，人民卫生出版社，1957年影印版，第429页。
⑤ 同④。

赤毛"[1]，青鱼"似鲤、鲩，而背正青色"[2]。反映了鸂鶒胸、腹部的印形白点和青鱼背部青色的特点。

《本草图经》动植物学特性的描述举例见表 4-2。

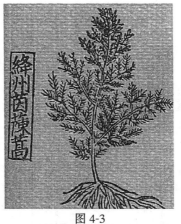

图 4-3

图 4-2

图 4-4

图 4-5

表 4-2　《本草图经》动植物学特性描述举例表

动植物名	学名	特性描述	生境
黄精	Polygonatun sibiricum	三月苗，高一二尺。叶似竹叶而细短两两相对。四月开细青白花。子白如黍。根如嫩生姜黄色	生山谷，今南北皆有之
甘草	Glycyrrhiza uralensis	春生青苗高一二尺，叶如槐叶，七月开紫花似奈，冬结实作角子。根长者三四尺，粗细不定	生河西谷积沙山及上郡，今陕西河东州郡
菟丝子	Cuscuta chinenesis	苗如丝综蔓延草木之上。六、七月结实极细	生朝鲜川泽田野，今近京亦有之
防风	Saposhnikovia divaricata	茎叶俱青绿色、茎深而叶淡。五丹开细白花中心攒聚作大房	生沙苑川泽及邯郸，今京东淮浙州郡皆有之

---

① 宋·唐慎微，《证类本草》卷十九，人民卫生出版社，1957 年影印版，第 400 页。
② 宋·唐慎微，《证类本草》卷二十一，人民卫生出版社，1957 年影印版，第 435 页。

续表

动植物名	学名	特性描述	生境
续断	*Dipsacus japonicus*	苗干四棱似苎麻，叶亦类之两两相对而生，花红白色似益母花	生常山山谷，今陕西河中兴元府舒越鲁州亦有之
决明	*Cassia fora*	苗高三、四尺许，根带紫色叶似苜蓿而大。七月有花黄白色，其与作穗	生龙门川泽，今处处有之
茜根（即茜草，又名血茜草，血见愁）	*Rabia cordifolia*	叶似枣叶头尖下阔，三、五对生节其苗蔓延草木上根紫色	生乔山山谷，今处处皆有
石韦	*Pyrrosia lingua*	丛生石上，叶如柳，背有毛而斑点如皮	生华阴峪石上
麦冬又名沿阶草，麦门冬	*Ophiopogon jopunicum*	叶青似莎草长及尺余，四季不凋根黄白色有须根作连珠状	今所在有之
景天	*Sedum spectabile*	苗叶似马齿而大作层而上，茎极脆弱夏中开红紫碎花	生泰山山谷，今南北皆有之
麝	*Moschus moschiferus*	形似獐而小，其香正在阴前	出中台山谷及益州雍州山中
狐	*Vulpes vulpes*	形似黄狗鼻尖尾木	今江南亦历时有京洛尤多
熊即狗熊	*Selenarctos thibetanus*	形类大豕而性轻捷好攀缘，上高木	今雍洛河东及怀，卫山中皆有之
鹧鸪	*Francolinus pintadeanus*	形似母鸡，臆前有白圆点，背间有紫赤毛	出江南
鲶（鲇）	*Ravasilurus asotus*	大首方口，背青黑无鳞多涎	今江浙多有之
鳗鲡	*Anguilla japonica*	似鳝而腹大青黄色	
胡沙即尖齿锯鲨	*Pristis cuspidatus*	其最大而长喙如锯者谓之胡沙	
青鱼	*Pharygodon piceus*	似鲤鲩而背正青色	今亦出南方，北地或时有之
马刀	*Lanceolaria*	长三、四寸，阔五、六分。头小锐，多在泥沙中	生江湖池泽及东海，今处处有之
甲香	*Murex*	大者如瓯，而前一边直搀长数寸，围壳边有刺	生南海，今岭外闽中大近海州郡及明州皆有之
鲮鲤	*Manis pentadactyla*	似鼍而短小，色黑又似鲤鱼而有四足，能陆能水	

　　《本草图经》在后世影响深远，主要原因在于该书不但收有不少较真实地反映了动植物的形状的插图，而且文字描述也比以前的本草著作准确和详细。如描述蛇床子："生临淄山谷及田野，今处处有之而扬州、襄洲者胜。三月生苗，高三二尺；叶青碎，作丛似蒿枝。每枝上有花头百余，结同一窠，似马芹类。四五月开白花，又似散水。子黄褐色，如黍米至轻虚。"对植物的产地和叶、花、果实的形态都有生动的描绘，这也是《本草图经》深受后人的赞许，书中的文字叙述常为后人沿用的原因。这部书对我国古代生物学的发展起了非常重要的作用。

（三）《本草衍义》

如果说苏颂只是一个学识较渊博，但缺少实际知识的文人学者，从而不免使他的著作存在一些图文不相对应、延续前人谬误等纰漏的话，那么具有实际经验和求实精神的药材辨验官寇宗奭所作的《本草衍义》，在很大程度上弥补了这个缺憾。这位学者在长期的工作实践中，积累了丰富的动植物形态和解剖学知识，在纠正前人不足方面做出了很大的贡献。

《本草衍义》是北宋政和年间的"通直郎添差充收买药材所辨验药材"寇宗奭所作，在本草学史上占有重要地位的一部著作。作者籍贯及生卒年不详。这部著作是作者见当时官修的两部大型本草著作《嘉祐本草》和《本草图经》存在不少疏误，于是花了十多年的时间"并考诸家学说，参之实事"，对它们进行纠正而写成的。全书20卷，目录1卷，载药471种，分别为玉石药69种、动物药108种、植物药294种。

这部著作与一般本草著作的最大区别，在于它论述药物时的补遗性质，就是说书中通常不是系统地去叙述药物的产地、形态、性味、疗效等，而是以类似心得笔记的形式，着重补充以往本草的未备之言。作者具有丰富的鉴别药材的经验和"从宦南北"的广博阅历，对各地的方物做过许多的调查研究。他对药物正误的阐发常常是见解独到、令人信服的，同时他也记述了不少新观察到的东西。

书中的记载表明，寇宗奭的工作是以自己的实际调查为基础的，不像一些作者主要靠书本和"耳食之言"。在"菊花水"条，他指出前人所说"南阳郦县北潭水，其源悉芳菊被崖，水为菊味"是不对的。作者非常精辟地指出菊花的根无香而且入土不深，花期也不长，不可能给水味带来变化，所谓"菊味"当是泉水本身的味道。为了考证玉泉是否能治病，他两登万安山进行查访，得知它与一般泉水无异，并不能治病。经过考察，他还指出石燕不能飞，琥珀不是千年的茯苓所化等。

在动物药方面，他驳斥了陶弘景所引的"鼹鼠大如水牛，形似猪"、"溺精成鼠"的荒谬说法，在鸬鹚的繁殖和河豚的可食性等方面也有很多对前人的纠正。书中对鸬鹚有这样的叙述："鸬鹚，陶隐居（即陶弘景）云：'此鸟不卵生，口吐其雏。今人谓之水老鸦。巢于大木，群集，宿处有常，久则木枯，以其粪毒也。怀妊者不敢食，为其口吐其雏。'……尝官于澧州，公宇后有大木一株，其上有三四十巢。日夜观之，既能交合，又有卵壳布地，其色碧。岂得雏吐口中？是全未考寻，可见当日听人之误言也。"又如鹌，前人说它是蛤蟆（青蛙）化生的。寇宗奭指出："鹌有雌雄，从卵生，何言化也？其说甚容易（明）。尝于田野，屡得其卵。"至于河豚，前人说它"味甘温无毒"，他指出："河豚《经》言无毒，此鱼实有大毒。味虽珍，然修治不如法，食之杀人。不可不慎也。"从中可以看出，其求实的精神是非常突出的。所有这些都表明，本草学的发展，在推动人们生物知识水平的提高方面，起着非常重要的作用。

这位实事求是的学者还根据自己的调查和实验，揭穿了一些药贩子的骗人伎俩。众所周知，古代有一种迷信的说法，说自然界中存在一种三足的蛤蟆，即仙蟾，可包治百病。一些趋利之徒，便疯狂造假。寇宗奭在"蛤蟆"条中指出："世有人收三足枯蟾以罔众，但以水沃半日，尽见其伪，盖本无三足者。"这些例子说明作者是勤于观察、具有较高的动植物学术素养的。

在植物药方面，书中指出"赤箭"即天麻苗；"零陵香"即薰草；"乌头、乌喙、天雄、附子、侧子、凡五等皆一物也"，只是形状有区别而已；蜀漆和常山是同一植物的不同部位；独行根是马兜铃根。还对前人描述中的一些混乱进行了澄清，如泽兰，《嘉祐本草》说，"叶如兰"，寇认为："今兰叶如麦冬稍阔而长及一二尺、无枝梗，殊不与泽兰相似。泽兰开出土便分枝梗，叶如菊但尖长……其种本别，如兰之说误矣。"可以看出，寇宗奭是很善于观察的，这里他显然已区分开今天分别称之为单子叶植物和双子叶植物的一些基本特征。同样，在密蒙花、白头翁、牵牛子、郁李、黄蜀葵、车前子等条中，他也对前人在描述方面和论述药性方面的错误进行了纠正。在白杨叶、积雪草、蓝实等条中则记述了作者很多的精辟见解。寇宗奭很推崇孔子的"君子有所不知。盖缺如也。妄乱穿凿、恐误后学"的实事求是态度，他自己也是这样做的。

　　《本草衍义》在药用植物学方面所做的新贡献也是十分突出的。作者不是在机械地记载药物的形状、性味，而且对其中更本质的一些东西，如植物生长、发育、繁殖的现象加以关注、探索。如在描述甘草和木香等植株时，都很好地描述出各自属种的重要特征。尤其引人注目的是作者在观察植物药时，还注意不断提出问题，加以思考。他看到菟丝子"附丛木中，即便蔓延花实，无绿叶"，认为是"草中异"。又如百合，书中写道"茎高三尺许，叶如大柳叶，四向攒枝而上，其颠即有淡黄白花，四垂向下覆长蕊，花心有檀色。每一枝颠须五六花"，在作了这些详细的形态描述之后，他接着写道："子紫色，圆如梧子，生于枝叶间，每叶一子不在花中，此又异也。"这里作者显然把珠芽当种子，虽然在今天看来是错的，但他对不花而实表示困惑，反映出作者是一个用心钻研的学者。当然有时他的思考也存在一些片面性，如桑寄生，他在书中写道："从官南北，实处处难得，岂岁岁窠斫摘践之苦而不能生邪？方宜不同也，若以为鸟食物子落枝节间，感气而生，则麦当生麦，谷当生谷；不当但生此一物也。又有于柔滑细枝上生者，如何得子落枝节间？由是言之，自是感造化之气。别是一物。"这里他提出被鸟类带到树枝的植物种子有多种，为何只有桑寄生在树枝上，而麦子和谷子为何就不生在树枝上，说明作者观察时很注重思考，但他忽略了桑寄生和麦子等个性的差异，即不同的植物对生长环境要求的差异，用普通自养植物要求的生长环境去推求桑寄生这种特殊的植物种类（寄生植物），当然就不免失之偏颇。

　　在《本草衍义》中作者还记述了前人未加注意的植物块根与其他根的区别，如书中对香附子和王瓜的记述。书中指出香附子是"根上如枣核者，虽生莎草根，然根上或有或无；有薄皲皮，紫黑色，非多毛也……若便以根为之则误矣"，很显然，这种区别对于指导正确采收药物和辨认植物都具有重要意义。

　　书中表明，寇宗奭还通过解剖实验来加深对植物的认识。在芭蕉条中写道："三年以上即有花，花自心中出，一茎止生一花，全如莲，花叶亦相似。其色微黄绿，从下脱叶，花心但向上生，常如莲样。然未尝见其花心，剖而视之亦无蕊，悉是叶，但花头常下垂，每一朵自中夏至中秋后方尽，凡三叶开则三叶脱落。"我们知道，芭蕉花单性或两性；花被片6个，其中5个合生，多成二唇状；子房下位。作者解剖的无疑是雌花，没有花蕊，且把整个花序看作一朵花（古人没有花序的观念），把5个合生的二唇状花瓣当成两瓣，由于子房在花托里，所以他未能看到"花心"。当然他的工作是粗糙的，但其借助实验来深化认识的精神是难能可贵的。

　　从书中对蓖麻花和虎杖花的记载中，我们很容易看出寇宗奭也观察到今天称之为无限花序的一些特征。同时他还根据花的差异来区别植物，如"桐叶"条中他对白桐、荏桐、梧桐、岗桐的区分。应该指出，花至今仍是区别植物的重要形态学器官之一。

《本草衍义》还表明作者对植物的繁殖器官的观察比前人更胜一筹，例如对酸浆的描述，《本草图经》只描述到果实，而《本草衍义》则进一步描述到种子。类似的例子还见于书中对"榧实"等植物的记述中。

在植物种子的传播和营养繁殖方面，寇宗奭也有很细致的观察。在"蒲公草"条，书中写道："四时常有花，花罢飞絮，絮中有子，落处即生。所以庭院间亦有者，盖因风而来也。"作者还对柳絮作了相似的观察，对这些植物广布性的原因有了初步的了解。在"白杨"、"景天"等条下，他记述了这些植物的营养体极易生根，是它们容易繁殖发展的重要原因。

在《本草衍义》中，还收集有不少植物（如牵牛、木槿）生物节律的记载，同时还记述了一些关于植物性别和具体应用的资料（如木鳖子），对黄化栽培植物也有较详尽的记载。这些都说明《本草衍义》的作者在提高古人的植物认识水平方面做出了卓越的贡献。

《本草衍义》于宣和元年（1119 年）刊行后，一直受到人们的重视。由于该书极大地充实了前人的学说，张存惠还将它的一部分录入由《嘉祐本草》和《本草图经》汇编而来的《证类本草》一书中。书中的药理、药性论述给后世留下了深刻的影响。寇宗奭强调的用药一定要灵活地因人而异，要用道地药材，用药量要足，药宜对症等，他指出："序例（指《嘉祐本草》和《本草图经》的"序例"）药有酸咸甘苦辛五味，寒热温凉四气。今详之，凡称气者，即是香臭之气，其寒热温凉则是药之性。且如鹅条中云白鹅脂性冷，不可言气冷也。况自药性论其四气则是香臭燥腥，故不可以寒热温凉配之……其序例中气字恐后世误书，当改为性字方允。"将药物的"气"和"性"建立在更加客观的基础之上，真实准确地反映了药物的特征，在指导临床医学价值方面有极大的实用价值，对后世有深远的影响。金元时期的名医李东垣、朱丹溪等都很推崇这本书。朱丹溪还进而作了《衍义补遗》一书，对近二百种药作了不少阐发。

以《证类本草》为蓝本写就的《本草纲目》一书，不但多处引用《本草衍义》的内容，而且其中描述药物的"发明"等项，无疑受了《本草衍义》的启发。李时珍在《本草纲目》中写道："《本草衍义》……参考事实，窍其情理，援引辨证，发明良多。东垣、丹溪诸公亦尊信之，但以兰花为兰草，卷丹为百合，是其误也。"李时珍的评价是基本正确的，但他批评的错误却不很妥当，实际上寇宗奭已认识到当时人称的兰花（即兰草）与泽兰（即古人说的兰，如《神农本草经》所载的）不是一种植物。《嘉祐本草》的说法是错误的，寇的区分很精当。李在这点上的批评似是而非，失之偏颇，他没有考虑不同时代的同名异物。

清人杨守敬在《日本访书志》一书中说：《本草衍义》"盖翻性味之说，而立气味之论……本草之学，自此一变。"杨的叙述可能不够准确，但从中可看出，《本草衍义》在本草学的发展中，是起过重要作用的。

（四）《证类本草》

《证类本草》全称为《经史证类备急本草》，为元祐（1086～1093）年间或稍前的唐慎微① 原著，作者生平不详。在宇文虚中《重修政和本草》的跋中记载了唐慎微医术高明、治病不分贵贱、有求必应，研究范围广泛，不但虚心向民间征求单方和验方，而且还博览了经史百家中有关的药物，收集了许多宝贵资料。

唐慎微在继承前人成果的基础上，又汇集民间以及诸家本草等数百余种著作中的资料，编修成 31 卷 60 余万字的巨著《经史证类备急本草》。现在所见的是宋淳熙九年（1249）的影印本，全书共载药物 1700 余种，较前增加了近 500 种。其中著有动物 200 余种，分兽、禽、鱼、虫；植物约 1000 余种，分草、木、果、谷、菜。主要是照实物绘图，有些产地不同而且形态各异的，如伞形科的当归有文州、滁州二图，五加科的人参有四图，百合科的天门冬有六图，菊科的苍术有七图等。每图各冠以产地名，都因地别形殊而分别描述。而"说"的部分，除按药用要求，记有性味及药效外，还注重描述动植物的名称、产地、生境、形态、生长习性、采集、加工以及历史记载等，正如梁家勉说，它确是一部较典型、较重要、较早且较完备的药用动植物志。

《证类本草》中的动植物分类，仍然因袭陶弘景（452～536）在《本草经集注》和补订《神农本草经》时的分类体系。即是一方面按动植物形态和用途分植物为草、木、果、谷、菜五部，分动物为兽、禽、鱼、虫四部；另一方面每一部中再分上、中、下三品。这种将两方面揉合成为一个的分类标准，是药物学家提出的植物分类的又一体系，可算是"折衷"分类派②。《证类本草》中将人与兽、禽、虫、鱼分开，这是一大进步。对每种药物的归类虽然大体正确，但也有不足甚至错误，如同属草部的姜科植物，高良姜、姜黄、缩砂密、白豆蔻等排列却相隔很远，牡丹应入木部又误为草类等。

《证类本草》出版后，宋政府对此书曾多次进行修订，大观二年（1108）艾晟等重修，名为《大观经史证类备用本草》；政和六年（1116）曹孝忠又重校订，称《政和新修证类备用本草》。1949 年以后，又曾据宋淳熙九年（1249）晦明轩刻本影印。《证类本草》是一部内容丰富的本草著作，它要比 15、16 世纪早期欧洲的植物学著作高明得多③。它是研究中国古代动植物、药物学的重要文献。

应当指出的是，宋代本草学之所以出现《本草图经》、《本草衍义》这样一些在辨识生物中有重要意义的本草著作，是本草学发展和当时政府重视相结合的结果，同时也受当时生物学发展的一些影响。这就是说，一方面本草学经长期的发展，特别是在唐代由政府组织编写《新修本草》并首次在书中专门配有几卷图谱，进行某种程度的规范化后，人们不断对药物的辨识有了新的要求。宋代编写《本草图经》当然是在唐代《新修本草》附图基础上进行的，但也有了明显的发展，这体现在《新修本草》的图和文字说明是分开的，而《本草图经》的图和文字说明是有机地结合在一起的，这样在读者使用起来显然方便得多。当然苏颂的做法也受宋祁、刘敞等插图生物学著作的影响，可以看作是当时这类著作著述的一种良好风气。另一方面，《本草图经》的出现还是得力于政府的重视，这无论从政府出面要求进行药图的收集，还是指定苏颂这样一位"宰相之才"的学者进行编辑加工，甚至以后的出版，

---

① 书在大观二年（1108）校刻本艾晟序中已称著者唐慎微"不知为何许人"，但据金皇统三年（1143）宇文虚中跋及宋嘉定十七年（1224）赵与时《宾退录》所记，知作者是元祐年间蜀人。
② 苟萃华、汪子春、许维枢等，中国古代生物学史，科学出版社，1989 年，第 85 页。
③ 李约瑟，中国科学技术史，科学出版社，1975 年，第一卷第一分册，第 289 页。

没有政府的出面都是难以想像的。同样，如果不是政府注意这样一项工作，就不会有寇宗奭这样一位历史上仅知的"药材辨验官"，也不会那么快就出现《本草衍义》这样一本对《本草图经》等进行纠错的著作。

二　名实考证研究的发展

（一）陆佃与《埤雅》

《埤雅》为宋代陆佃所著。陆佃字农师，北宋越州山阴人。陆佃曾是北宋著名政治家王安石的学生，一生刻苦好学，喜钻儒家经典。曾任吏部侍郎、礼部尚书、尚书右丞、左丞等职。陆佃"著书二百四十二卷，于礼家、名数之说尤精，如《埤雅》、《礼家》、《春秋后传》皆传于世"（《宋史·陆佃传》）。又据陆佃之子陆宰序中说陆佃曾著《说文》、注《尔雅》及《诗讲义》，但至今所见只有《埤雅》和《尔雅新义》。《埤雅》一书是他在早年用于解释动植物的《物性门类》一书基础上扩充而成的。这部著作共 20 卷，分"释鱼" 2 卷、"释兽" 3 卷、"释鸟" 4 卷、"释虫" 2 卷、"释马" 1 卷、"释木" 2 卷和释草 4 卷，此外，还有"释天" 2 卷。共记动物 185 种，植物 92 种，记述的绝大部分是生物。从其书名和书中的体例而言，不难看出《埤雅》是为补充或注释《尔雅》记载的动植物而作的，故以"埤"为名，因此它是发展、充实《尔雅》的作品。

陆佃的书中对于动植物的形态、分类、生境、用途乃至历史记载等方面，都有较详尽的考释，向来为后人重视，可以说《埤雅》是北宋时期生物学的重要著作之一。

陆佃"于鸟兽草木虫鱼，尤所多识"。他不仅博览群书，还注意实地观察，对"农父"、"牧夫"以及"舆台"、"皂隶"都不耻下问，虚心学习。其子陆宰说他："不独博极群书，而农父、牧夫、百工技艺下至舆台皂隶，莫不谘询。苟有所闻，必加试验，然后记录。"[1] 陆佃经过艰苦的工作，从开始下笔撰写至脱稿历时多年，终于撰成《埤雅》一书。此书对植物和动物的形态、分类的描述，比较深入。

《埤雅》论述蒿的形态说："蒿之类至多"，如青蒿："青色，土人谓之香蒿，茎叶与常蒿悉同，但比常蒿色青翠，一如松桧之色，至深秋余蒿并黄此尤青"。白蒿"叶粗青蒿，从初生至枯白于众蒿"[2]。说明蒿的种类很多，又能区别青蒿（*Artomisia apiacea*）和白蒿的形态，二者同属菊科植物。菱"其叶似荇，白花，实有紫角刺人，可食"，对菱的叶形、花、实的颜色都做了正确的描述，亦记载了其用途。菱属菱科植物，俗称菱角，种类很多。书中记载了"橘如柚而小，白花，赤实"的形态特点，似应为芸香科柑橘属的宽皮柑橘（*Citrus reticulata*）。此外，对于茎的形态，能辨别出蒺藜（*Triulus terreslris*）"布地蔓生"的匍匐茎，葛（*Pueraria lobata*）"蔓生"的攀缘茎[3]。关于植物分类，《埤雅》将植物分为草、木两大类，沿袭了中国古代的传统分类方式。陆佃的《埤雅》，将性状相近的种类放在一起。例如《埤雅·释草》中将蓬、蒿蘩排在一起，《埤雅·释木》将桃、甘棠、梅、李排在一起，表示它们同属一类。现在知道蓬（茼蒿 *Chrysanthemum Coronarium*）、蒿（青蒿 *Artemisa*

---

① 宋·陆佃，《埤雅》序《宣和七年》，第一卷，第 2 页。

② 宋·陆佃，《埤雅》卷十五，商务印书馆，第 326、377 页。

③ 宋·陆佃，《埤雅》卷十五、十三、十七、十八，商务印书馆，第 388、340、440、472 页。

apiacea)、蘩(白蒿)在植物分类上同属菊科植物,而桃(*Prunus persica*)、甘棠(棠梨 *Pgrus betuaefolia*)、梅(*Prunus mume*)、李(*Pranus salicina*)在分类上同属蔷薇科植物。书中明确记载:"柳,柔脆易生之木,与杨同类。"① 对杨、柳的相似已有所认识。杨、柳在分类上同属杨柳科。以上这种排列方法在一定程度上揭示了植物的自然类群,反映了它们在分类上的意义。

在《埤雅》中,对动物的形态有许多翔实的描述,能说明各种动物的形态特征和生态习性。例如,书中记载鲂"细鳞缩项阔腹,鱼之类者"。鲂曾多次见于《诗经》,即今鱼类分类学上的三角鲂(*Megalobrama terminalis*),属鲤科,它是一种名贵的经济鱼类。又鳣"肉黄,鳣大鱼似鲤,口在颌下,无鳞,长鼻,软骨俗谓之玉板,大者长二、三丈,江东呼为黄鱼",② 正确地记载了鳣鱼肉黄、口腹位、体被五纵行骨板(玉板),余皆裸出的基本特征。鳣为今之中华鲟(*Acipenser sinensis*),属鲟科。又说:"蟋蟀(*Gryllulus chinensis*)似蝗而小,善跳,正黑光泽如漆"③;蜻蜓"六足四翼,其翅轻薄如蝉,昼取蚊虻食之,雨过即多,如集水上款飞,尾端亭水";螽斯"似蝗而小,股黑有之,五月中以两股相切作声,闻数步者也",以及"蝗类青色,长角长股,股鸣者也"。不仅形象地描述了蟋蟀(*Gryllulus chinensis*)、蜻蜓(*Acschna melanictera*)、螽斯(*Holochlora nawae*)、蝗的形态特征和蜻蜓以蚊虻为食的习性,并观察到螽斯、蝗虫以腿节摩擦前翅发音的情形了。又如鹈"形似鸮而大","颔下胡大如数升囊,因以盛水贮鱼","好群飞。沈水食鱼"②,反映了鹈为一种大型鸟类、喜群居,具有兜食鱼类的"大胡"(喉囊)的形态特点。鹈为鸟类中的鹈鹕(*Pelecanus*)。书中记载脊令:"盖雀之属,飞则鸣,行则摇,大如鷃,长脚,尾腹下白,颈下黑,如连钱。"④ 这不仅正确地描述了脊令(鹡鸰 *Motacilla*)的形态特征,还记述了其行动特点。

特别值得注意的是书中还提到"鸟雀尾翠上,有肉高有穴者,名脂饼。鸟雀每引嘴取脂,以涂翅毛,衣则悦泽,雨露不能濡"③,这一简单的叙述,明确指出鸟类的尾脂腺及其部位用途。尾脂腺(*uropygial gland*)是鸟类惟一的皮肤腺,位于尾基部的背面,分泌油脂,有润羽、防湿的作用。这种对鸟类尾脂腺的认识是十分可贵的。

关于动物分类,陆佃《埤雅》有"释鱼"、"释兽"、"释鸟"、"释虫"、"释马"各卷,分动物为虫、鱼、鸟、兽四类,也沿袭了中国古代传统的分类体系,只是多了一篇"释马"。依现在动物分类看,"释虫"中大多数是无脊椎动物,有少数爬行、哺乳类动物。"释鱼"中除个别无脊椎动物、两栖类、爬行类动物,主要为鱼类。"释鸟"中的动物相当于动物分类上的鸟类。"释兽"中的动物相当于动物分类学上的兽类。可见陆佃对鸟、兽的概念认识基本正确,而对虫、鱼则较混杂和模糊。虽然如此,陆佃对于一些性状相近的动物,仍能从形态上辨别,如说:"蛞蝓无壳,蜗牛似蛞蝓而有壳"⑤,这就把蜗牛和蛞蝓(即蛞蝓)区别开来,这两种在分类上同属无脊椎动物的腹足类。对鱼类,书中记载鲋:"鱼形似鲤,色黑而体促,腹大而脊隆。"⑥ 鲋即是鲫鱼,而鲤指鲤鱼,都属鲤科鱼类,这两种鱼在形态上非常

① 宋·陆佃,《埤雅》卷十四,商务印书馆,第349页。
② 宋·陆佃,《埤雅》卷一,商务印书馆,第6~11页。
③ 宋·陆佃,《埤雅》卷十、十一、七,商务印书馆,第254、281、245、246、170页。
④ 宋·陆佃,《埤雅》卷九,商务印书馆,第220,229页。
⑤ 宋·陆佃,《埤雅》卷二,商务印书馆,第38页。
⑥ 宋·陆佃,《埤雅》卷一,商务印书馆,第14页。

相似。说明陆佃对一些具体种类，特别是形态相似的动物能认识到它们的区别，这是十分可贵的，在一定程度上反映了它们的亲缘关系。

（二）罗愿《尔雅翼》

《尔雅翼》的作者罗愿，字端良，号存斋，南宋初年徽州歙县人。罗愿在乾道二年（1166）登进士第，"通荆赣州，淳熙（1174～1189）中知南剑州事，迁知鄂州，卒于官"（《宋史·本传》）。史载罗愿"博学好古"，是一个学识渊博的学者。《尔雅翼》成书于淳熙元年（1174），仅从名称看，《尔雅翼》很明显是与《埤雅》性质相似的作品。换言之，它是继《埤雅》之后，对《尔雅》内容进行充实的著作，但和陆佃的《埤雅》略有不同，他的《尔雅翼》全部记述的是生物，是更为纯正的"草木鸟兽虫鱼"专著，具体涉及动植物名称（正名、别名）、形态、分类、生态等，它也是研究当时生物学的重要文献。

《尔雅翼》共32卷，其中1～12卷是"释草木"部分，共计植物180种；卷13～17是"释鸟"部分，共记鸟类58种；卷18～23是"释兽"部分，记兽84种；卷24～27是"释虫"部分，记被认为虫的动物40种；卷28～32是"释鱼"部分，记述动物53种，总计生物415种。分类更加严格遵循"草木鸟兽虫鱼"的顺序，所及生物种类远远多出《埤雅》的记载。和陆佃的作品一样，所记述的都是以前经书史籍比较常提到或生活中接触较多的生物，当然也包括传说中的动物如蛟龙等。

罗愿的著作对所记的动植物，一般都有一些形态习性方面的记述。他认为动植物种类繁多，往往因风土所产而不同，又因古今名称多异，"非好古博雅，身履数泽，孰能究宣？"他也是一位很注意实地调查的学者，认为"研究动植，不为因循"①，自己能"观实于花，玩华于春，俯瞰渊鱼，仰察乌云。山川皋壤，遇物而欣"，强调根据自己的观察和认识来进行动植物的著述。他对"有不解者"，"谋及刍薪，农圃为师，钓弋则亲，用相参伍，必得其真"②。罗愿不但勤于书本考证，尤其重视目验，重视向劳动人民调查学习，依靠劳动人民的实践经验来参证问题，因而取得了一定成就。

正因为如此，其间论述有不少还是比较新颖正确的。如书中对蜘蛛游丝的记载："春秋二时，得暖气而生，旋吐游丝，飞扬其身，若春月游丝有长数丈者，皆蜘蛛所为。"③ 很形象地记述了前人很少论及的游丝迁徙行为。此外，又如书中对鸟类领域行为的记载："泽雉十步一啄，百步一饮，因地之坎衍以为疆界。分而获之，不相侵越。一界之内要以一雄为主，余者虽众，莫敢鸣。其雟？者，不特一雌。"④ 可以看出他观察鸟群行为是很细致的。

对各类动植物的形态，在《尔雅翼》中有较为详细的描述。例如，书中"释草篇"记款冬"紫赤花，生水中"，"叶似葵而大，丛生，花出根下，十一十二月雪中出花"⑤。指出了菊科植物款冬（*Tussilago farfara*）的形态及其生境。又如，蜀葵"似葵，华如木槿。今蜀葵非一种，有深红浅红，有紫有白，茎皆相似，其开花自本以渐至末，盛夏次第开敷"⑥。

---

① 宋·罗愿，《尔雅翼》卷一，商务印书馆，第4页。
② 同①。
③ 宋·罗愿，《尔雅翼》卷二十五，商务印书馆，第275页。
④ 宋·罗愿，《尔雅翼》卷十三，黄山书社，第139页。
⑤ 宋·罗愿，《尔雅翼》卷八、九，商务印书馆，第33页。
⑥ 宋·罗愿，《尔雅翼》卷八、九，商务印书馆，第91页。

蜀葵（*Althaea rosea*）属锦葵科植物，这里正确地描述了蜀葵夏季开花，自下向上顺次开放的特点，还记载了蜀葵不只一种，有深红、浅红、紫、白数种。《尔雅翼》"释木"篇论楝，"高丈余，叶密如槐而尖，三四月开花，红紫色，芬香满庭，其实如小铃，至熟则黄，俗谓之苦楝子"①，"樱枣，结实似柿而极小，其蒂四出，枝叶皮核皆似柿。秋晚而红，干之则紫黑如葡萄，其大小亦然，今人谓之丁香柿、又谓之牛乳柿"②。郭亚璞认为"实小而员（圆），紫黑色，今俗呼之为羊矢枣"③。楝又称"苦楝"，在分类学上属楝科的楝树（*Melia azedarach*），它为落叶乔木，高可达 20 米，羽状复叶，小叶卵形或椭圆状卵形，有缺齿，即指"叶密如槐"，春夏元交开花，淡紫色，核果球形，熟时黄色，这些形态特点都描述到了，明确地指出了樱枣的枝、叶、花萼、果实的形态。樱枣即软枣。根据这些特征，可以鉴定它是柿树科的软枣（即君迁子 *Diospyros lotus*）。

关于动物形态，《尔雅翼》中同样也有较详细而准确的记载。例如，《尔雅翼》"释鱼篇"写道："鳜鱼，巨口而细鳞，鬐鬣皆圆，黄质黑章，皮厚而肉紧，特异常鱼。夏月盛热时，好藏石罅中"，"其斑文尤鲜明者，雄也。稍晦昧者，雌也"④。指出鳜鱼口大，鳞细小，背部隆起，青黄色，具有不规则黑色斑纹（即是说的"黄质黑章"）的形态特征，及有卧石穴的习性，还能认识到鳜鱼的雌雄性。鳜鱼（*Siniperca chuatsi*），属鮨科。另外，"释鱼篇"还有："鳝，似蛇而无鳞，黄质黑文，体有涎沫，生水岸泥窟中"，又"夏月于浅水中作窟如蛇，冬蛰而夏出"，正确地记载了鳝的体形、无鳞、黄褐色、有暗色斑点的形态特征，及常潜伏泥洞中，冬蛰而夏出的习性。鳣即鳝，又称黄鳝。在分类上它是鱼类中的鳝（*Fluta alba*），是我国最普通的淡水食用鱼类之一。又如"释鸟篇"中，罗愿对丹顶鹤、孔雀的形态描述，说"鹤一起千里，古谓之仙禽…壮大如鹅，脚青黑，高三尺余，喙长四寸，常夜鸣，其声扬，闻八九里"；孔雀"尾凡五年而后成，长六七尺，展开如车轮，金翠灿然"，"其雌尾短，略无文采"⑤。把丹顶鹤（*Grus japonensis*）、绿孔雀（*Paro muticus imperator*）的形态和习性描述得十分确切。以上两种鸟类，今天已是我们罕见的珍禽了。另外，《尔雅翼》"释兽篇"有"熊类大豕，人足，黑色。春出冬蛰，轻捷好缘高木"⑥，"豻似狗，牙如锥，足前矮后高而长尾，其色黄，瘦健"⑦；同时还解释了鲮鲤的名称，并认为鲮鲤应列入兽类，将鲮鲤的形态和以蚁为食的习性描述得淋漓尽致、非常确切。鲮鲤（又称穿山甲 *Manis pentadlactyla*），为鳞甲类的兽类之一。现在鳞甲类世界上只有一科，即鲮鲤科，我国只有一属，穿山甲属。

罗愿的《尔雅翼》是《埤雅》之后，对动植物分类论述较详的文献。分植物为释草、释木，分动物为释鸟、释兽、释虫、释鱼。仍然未超越出草、木、鸟、兽、虫、鱼的传统分类系统。罗愿将牛、马、羊、驴等都列入兽类，不再将马单独分出。兽类包括鼯鼠，鱼类中只包括少数爬行动物，这些都胜于《埤雅》。

① 宋·罗愿，《尔雅翼》卷九，商务印书馆，第 107 页。
② 宋·罗愿，《尔雅翼》卷十，商务印书馆，第 118 页。
③ 宋·罗愿，《尔雅翼》卷十，商务印书馆，第 119 页。
④ 宋·罗愿，《尔雅翼》卷十九，商务印书馆，第 305 页。
⑤ 宋·罗愿，《尔雅翼》卷十三，商务印书馆，第 141。
⑥ 宋·罗愿，《尔雅翼》卷十九，商务印书馆，第 209 页。
⑦ 宋·罗愿，《尔雅翼》卷十九，商务印书馆，第 210 页。

　　从罗愿描述某一种动植物的叙述顺序上，还可以看出，他具有较多的动植物分类知识，这方面也是高于《埤雅》作者的。在植物方面，例如，《尔雅翼》"释草篇"秉《尔雅》传统，将葱（*Allium fistulosum*）、薤（*Allium chinense*）、蒜（*Allium sativum*），韭（*Allium tuberosam*）排列在一起，这些都是属百合科葱属植物。又说紫苏（*Perilla frutescens* var. crispa）"以其味辛而形类荏（白苏），故名之，叶下紫色"[①]；白苏（*Perilla frwtescens*）"方茎圆叶，不紫，亦甚香"[②]。紫苏和白苏同属唇形科紫苏属。这都是按植物形态和产地分类的。罗愿在"释木篇"记载："又有柑橘，其形似橘而圆大，皮色生青，熟则黄赤，未经霜时尤酸，霜后甚甜"[③]；"柚，似橘而大，其味尤酸"；橙"其木似橘，其叶中细如蜂腰，其实稍早，橙之黄时，橘方尚绿，其形圆，大于橘而香，皮厚而皱，乃正黄色"[④]。据以上描述，橘（宽皮柑橘 *Citrus retic ulata*）、柚（*Cifrus grandis*）、橙（甜橙 *Citrus sinensis*）同属芸香科，反映了科属的概念。

　　同样，在动物方面也如此。例如，将鸡（*Gallus domestica*）、雉（*Phasianus colchicus torquatus* 又称野鸡），以及形"似山鸡而小，冠背毛黄，腹下赤，项绿色鲜明"[⑤] 的鷩（即锦鸡 *Chrysolophus pictus*）放在一起描述。又说鹜（古代指野鸭）"能群居，不失其匹者"[⑥]，"首亦深绿，今谓之鸭头绿"，这可能是现在的绿头鸭（*Anas platyrhynchos*）。还有鹅（*Anser domestica*）、鸿（雁亚科各种类的统称）等的记述。从动物分类学看，鸡、雉、锦鸡同属雉科，而鹜、鹅、雁同属鸭科，都属鸟类动物。应该指出的是雁又分鸿雁（*Anser cggnoides*）和"似鸿而小"的白雁（即白额雁 *Anser albifrons*）两种，这说明罗愿除将动物分为四大类外，还有更小的分类，反映了科、属甚至种的概念。罗愿经过观察认为"貍者狐之类"，"鼯与伏翼皆鼠类"，而《尔雅》列在"释鸟"中，"以其有肉翼也"[⑦]。指出以前人们"以其有肉翼"将它们列入鸟类，他经观察研究后，认为"鼯与伏翼皆鼠类"，说的是两者都属哺乳类动物。

　　罗愿《尔雅翼》是继北宋《埤雅》以后一部好的生物学著作。它在动植物形态方面都有较详细的描述，动植物分类方面基本上继承了中国传统的动植物分类体系，对某些动物的分类有所调整等，这都是超越前人的认识。虽然书中有错误的认识，但仍然可反映当时动、植物学的水平，因此，此书历来受到历史学者的好评，正如《四库全书总目》说："其书考据精博而体例谨严。"

（三）邢昺《尔雅注疏》

　　邢昺（932～1010），北宋曹州济阴（分山东菏泽县）人，字叔明。他是北宋经学家，"太宗时擢九经及第，官礼部尚书，知曹州。卒赠仆射"。"咸平二年（999）始置翰林侍讲学士，以昺为之。受诏与杜镐、舒雅、孙奭、李慕清、崔偓佺等校订《周礼》、《仪礼》、《公

---

①　宋·罗愿，《尔雅翼》卷五、卷七，商务印书馆，第83页。
②　宋·罗愿，《尔雅翼》卷卷十、十三，商务印书馆，第83页。
③　宋·罗愿，《尔雅翼》卷十、十三，商务印书馆，第117页。
④　宋·罗愿，《尔雅翼》卷十七、卷二十一、卷二十三，商务印书馆，第118页。
⑤　宋·罗愿，《尔雅翼》卷十三，商务印书馆，第144页。
⑥　宋·罗愿，《尔雅翼》卷十七、卷二十一、卷二十三，商务印书馆，第181、182、237、260页。
⑦　同⑥。

羊》、《穀梁春秋传》、《孝经》、《论语》、《尔雅》"① 等。《尔雅注疏》主要用东晋郭璞注，再加以广泛引证疏解，即《尔雅疏·序》记载："今既奉敕校定，考其事，必以经籍为宗，理义所诠，则以景纯为主。"②

邢昺《尔雅注疏》共十卷。卷八至卷十有"释草"、"释木"、"释虫"、"释鱼"、"释鸟"、"释兽"、"释畜"七篇，记载丰富的动植物知识。前六篇主要是记述野生植物动物，最后一篇则是讲的饲养动物。从分类上看，它分植物为草、木二类；分动物为虫、鱼、鸟、兽、畜五类。

邢昺在《尔雅注疏》中不仅对动植物名称做进一步解释、考证，还描述其形态、生境、用途等方面。例如："葴，寒浆，郭云今酸浆草，江东呼为苦葴。案本草酸浆一名醋浆。陶注云：处处人家有叶，亦可食。子作房，房中有子如梅李大，皆黄赤色。"③ 根据本草记载酸浆与现今茄科酸浆无异，很重要的一点它的果实成熟时果萼由绿变橙，最后变成赤红色。据有关文献报道酸浆（*Physals alkekengi* var. franchetii）在我国分布比较广泛，除西藏外，其他各省都有分布。它与陶弘景所描述的相符。《释草》记载：蓁 "一名菋，一名荎藸，郭云：五味，也蔓生，子叢在茎头。案本草五味子一名会及，一名玄及，唐本草注云：五味皮肉甘、酸，核中辛、苦，都有咸味，此则五味具也。其叶似杏而大，蔓生木上，子作房如落葵大如蘡子。"④ 邢昺引《唐本草注》，为五味子名称做出了解释，并描述该植物的形态特征，比郭璞更准确。五味子是五味子属（*Schicandra*）植物的泛称，属木兰科。他对一些植物不仅描述了形态，还记载其用途，如"释草"记："茈草，根可以染紫之草。广雅一名茈萸。本草一名紫丹。唐本草注云：苗似兰香，茎赤节春，花紫白色。而实白色。"⑤ 记载了紫草（*Lifhospermum erythrorhizon*）的形态和作染料青之用。同样在动物方面，对其形态有进一步的描述，例如：对于蟋蟀，邢昺引陆机疏云："蟋蟀似蝗而小，正黑有光泽如漆，有角翅。"蝎，"郭云：口如锥，长数寸，常断树食虫"⑥ 等。

邢昺作《尔雅注疏》时，对前人的工作做了深入的分析研究，因而改正了前人著作存在的一些错误。比如，邢昺在《尔雅注疏·释草》中说：萩 "陆机云，今人所谓蒿者是也，或曰牛尾蒿，似白蒿，白叶、茎粗，科生多者数十茎"，"许慎以为艾蒿非也"⑦。他指出蒿即是萩，而不是艾蒿的错误。现代植物学表明，这两种植物同是菊科蒿属，它们的叶（二回羽状分裂）、花（头状花序小而多数）的形态十分相似，不易辨认，邢昺却清楚地区别了这两种植物。《释木》邢昺还指出"谓橙为柚非也"，纠正了将橙作为柚的错误，现今二者都属芸香科柑橘属。

对于动物，他指出鹠鸠 "案旧说及广雅皆云斑鸠非也"⑧，提出旧说（即舍人、孙炎、郭璞）与《广雅》将鹠鸠认做斑鸠的错误。鹠鸠就是八哥，在动物分类学上属鸟类掠鸟科动

---

① 元·脱脱等撰，《宋史》卷四三一，第 12798 页。
② 宋·邢昺，《尔雅注疏》序，中华书局，第 2564 页。
③ 《十三经注疏》，《尔雅注疏》卷八，中华书局，第 262 页。
④ 宋·邢昺，《尔雅注疏》卷八、卷九、卷十，载《十三经注疏》，中华书局，第 2629 页。
⑤ 宋·邢昺，《尔雅注疏》卷八、卷九、卷十，载《十三经注疏》，中华书局，第 2628 页。
⑥ 宋·邢昺，《尔雅注疏》卷八、卷九、卷十，载《十三经注疏》，中华书局，第 2639、2649 页。
⑦ 宋·邢昺，《尔雅注疏》载《十三经注疏》卷八、卷十，中华书局，第 2629 页。
⑧ 宋·邢昺，《尔雅注疏》载《十三经注疏》卷十，中华书局，第 2648 页。

物。邢昺的著述，纠正了前人的一些错误，有较高的学术意义，为研究中国古代动植物、生物学发展史提供了珍贵的史料。

（四）郑樵论动、植物志的编写

郑樵（1104～1162）字渔仲，学者称他为夹漈先生。福建兴化（今福建莆田）人，是我国古代的史学家、博物学家。他学识渊博，熟谙"经旨、礼乐、文字、天文、地理、虫鱼、草木、方书之学"。他提倡实学，注重实际考察。他一生著作达80余种，但大部分散佚，只有部分保存下来，也多残缺不全。只有《诗辨妄》和《通志》幸运地完整流传至今。《通志》是郑樵的代表著作，也是他在学术上最主要的贡献，不仅记载了古代的政治、经济等历史资料，而且涉及天文、地理、植物、动物等领域，扩大了历史研究的范围，这是郑樵在史学上的贡献。郑樵毕生致力于学术研究工作，经过长期实践，在治学方法、研究方法上不仅积累了经验，还建立了较完整的一套理论。他在前人经验的基础上提出编写动植物志和图谱的理论，分述如下。

在动植物研究方面，首先体现在他重视动植物名称的研究。郑樵特别指出要着重研究草木鸟兽的名。他在释《诗》、释《尔雅》，释《本草》和写《昆虫草木略》时，都要"深究鸟兽之名"、"得鸟兽草木之真"，主张对动植物名"凡学之者，务在识真"，他说："夫物之难明者，为其名之难明也。名之难明者，谓五方之名既已不同，而古今之言亦自差别，是以此书尤详其名。"因此，需以实物为准，将动植物的地方名称和古今不同的名称统一起来，做到名副其实。他在《昆虫草木略》记载："椒曰椒聊、曰陆拔、曰南椒，生于汉中者曰汉椒，蜀中者曰蜀椒，巴中者曰巴椒。"椒在植物分类上属芸香科植物。郑樵通过调查了解到花椒有很多的异名。他提出这一观点很重要，这是研究动植物的前提。

再有是体现在郑樵的《图谱略》中强调图谱的重要作用。他主张图文并重，提出"索象"，即是对实物描绘图形。认为"自然之理"，"图"与"书"两者不可偏废，"百代宪章，必本于此"。他还说"图、经也，书纬也，一经一纬相错而成文"，见书不见图，（如）闻其声不见其形，见图不见书，（如）见其人不闻其语，指出"为学有要"，着重在"索象于图，索理于书"，如此则"人亦易学，学亦易为功"。他强调图谱是学之原，是"学术之大者"，从事虫鱼草木之学一定要有图谱，即"虫鱼之形，草木之状，非图无以别"，阐明了"图"对研究动植物的重要作用。还指出"古今学术"需要用图的有十六类，"凡此十六类，有书无图，不可用也"，而虫鱼之学就是其中一类。他明确地说："语言之理易推，名物之状难识。""别名物者不可不识虫鱼草木"，而要识虫鱼草木，必须借助于图识别其形，"非图无以别"。他强调图文并重，改变了单纯用文字描述的局限性，把"图"作为治学的一种手段和工具而应用于动植物学的研究，这在生物学史上是一种进步，对于研究古代科学方法论提供了一页可贵的史料。

还体现在他注重深入实地观察采访，反对空谈读书。他研究动植物，常常深入大自然间，"常与夜鹤晓猿杂处，不问飞潜动植，皆欲究其情性"，广泛深入观察，以了解动植物形态、生态、习性等之真谛。由于认识到"农圃之人识田野之物"，郑樵在长期野外生活中，常与田夫野老往来，向他们学习、调查，以了解动植物的特征。应该指出的是郑樵主张书本理论与田野工作相结合。他批评历来一些"学者"，"以虚无为宗，至于实学则置之不问"，"大抵儒生之家多不识田野之物，农圃之人又不识诗书之旨。二者无由参和，遂使鸟兽草木之学不传"，为了改变这种情况，使一些"学者"对"实学"由"不问"到"问"，使"鸟兽草木之学"由"不传"到"传"，提出必须把书本（儒生家）与田野（农圃人）两者的工作"参和"（结合）起来的论点，这对于编写动植物志或图谱的要求来说，是值得重视的。

郑樵能够汲取前人经验，但不盲从。他是一位精通文献学、目录学的学者，自然十分重视文献经籍。但他对草木鸟兽的研究，还是主张首先以观察、调查为重点，再参阅文献，充分利用前人的经验，但也需有创新。他反复说："凡著书虽采前人之书，必自成一家之言"，"夫学术造诣，本乎心识……自有所得，不用旧史之文"。郑樵反对因循守旧，倡导勇于创新、实事求是的科学态度和方法，这在当时是难能可贵的。

此外，郑樵在参阅当时和历代"本草"内容基础上订出编写动植物志的轮廓，根据他的《昆虫草木略》及有关著作，可以体现出："图"和"谱"并重，"图"的方面见上文，而"谱"的方面主要是命名、形态、分类、生态、习性及用途部分。例如，"尤详其名"即指命名，"类例既分，学术自明"、"明其品汇"、"部伍之法"，就是指分类，而"可茹"、"不可食"、"堪入药"等是指用途而言，这些与现代动植物的编写要求已十分接近了①。

郑樵在总结前人经验的基础上，提出编写动植物志的理论和方法，虽然相当粗略，但其中有不少创见，在动植物学发展史上有着重要的意义。

（五）《初学记》和《全芳备祖》

《初学记》为徐坚等著，是唐玄宗时官修的类书。主要取材于群经诸子，历代诗歌及唐初诸家作品，保存了许多古代典籍的零篇单句，去取较严，但资料不及《艺文类聚》丰富。《初学记》共30卷，分天、岁时、地、州、郡、帝王、中宫、储宫等23部，其中花草（附在宝器部）部、果木部、兽部、鸟部、鳞介部及虫部专记载有关动植物资料。全书体例先是"叙事"、次为"事对"、最后是"诗"。它与一般类书稍有不同，《四库全书提要》说它"叙事虽杂取群书，而次第若相连属"。

《初学记》收录植物7种，动物29种。分植物为草、木（果、木）两类，分动物为兽、（包括少数饲养动物）、鸟、鱼（鱼和爬行类）、虫（主要是昆虫）四类。每类又分种，每种有叙事、事对、赋项目，这些项目以"叙事"最为主要，记载方面着重在释名、形态、生境、用途、产地等方面。此书保存了一些重要的生物学史料，仅举数例：柑、橘原为我国古老果树植物之一，它们应归属哪一类，至今依然未取得完全一致的意见。该书收录周处在《风土记》中提到"柑，橘之属"，具有同种属的含义。这是一条关于柑、橘分类较早的材料。对于竹，书中有"晋书曰，元康二年（292），巴西界竹生花，紫色，结实如麦"②，说明早在1700多年前古人已观察到竹子开花结实的特征。竹类虽不常开花，它是竹种鉴别的主要依据。又如鱼，作者引裴渊《广州记》："鲸鱼……喷浪翳于云日。"③ 这是关于鲸呼吸的记载。鲸是哺乳动物，所以和鱼类不同，鲸经常浮出海面进行呼吸。又《毛诗义疏》记述了鮥，它批评了"旧说北穴（河南巩县东洛度北崖上山腹之穴）与江湖通，鱣鲔从北穴而来"的错误，明确地指出："鲔鱼出海，三月从河上来。"对于珍禽丹顶鹤，徐坚引《相鹤

①　载《科技史文集》（四集），上海科技出版社，1980年，第21～24页。
②　唐·徐坚，《初学记》三册，中华书局，第693页。
③　唐·徐坚，《初学记》卷三十，中华书局，第741页。

经》："食于水，故其喙长，轩于前故后指短，栖于陆，故足高而尾凋，翔于云，故毛丰而肉疏。"[1] 描述了丹顶鹤的形态构造与其习性的适应关系，这是很可贵的。以及"晋时南越致驯象，于皋泽中养之，为作车，黄门鼓吹数十人，令越人骑之"[2]，这是关于晋时两广一带驯象、骑象的记载。这些为我们今天研究生物学史，留下了很有价值的参考资料。

《初学记》辑录古籍中有关动植物形态、习性、用途等方面的资料，去取较严谨。所收资料，有不少为片段的摘录，部分涉及动植物的有公元 3 世纪张华《博物志》、郭义恭《广志》，还有后汉杨孚《异物志》、三国谯周《巴蜀异物志》、万震《南州异物志》、沈莹《临海水土异物志》、晋初周处《风土记》以及《南方草物状》等。书虽全佚，有些经后人做过辑佚工作，记载的动植物不少，都是摘其中主要部分。《初学记》中还收录了本草书中较实际的生物学知识，另外，就"对事"、"诗词"来说，虽然不能直接提供生物学知识，但可以作为人们研究动、植物分布和人们认识它的旁证。此外，《初学记》因成书较早和保存了各种史料，是今天辑佚和校勘古籍的重要参考书，对于研究生物学史也具有一定的作用。

比《初学记》稍晚的《全芳备祖》为南宋陈景沂辑，现只知陈是天台（浙江天台县）人，其他的无可考。据韩境序和辑者自序，知此书辑者早年已着手编辑，估计脱稿在理宗即位（1225）前后，当时辑者约 30 岁左右，故自称是"少年之书"，并"呈天子之览"，其付刻约在宝祐癸丑至丙辰（1253～1256）间，辑者已是晚年，当时参与订正的为福建建安（今建瓯一带）人祝穆。

《全芳备祖》分前后两集，前集 27 卷，全属花部，著录植物 120 种左右；后集为 31 卷，分果、卉、草、木、农桑、蔬、药七部，著录植物 150 多种。部各分种，种分事实祖、赋咏祖、乐府祖三部分，这三部分的宗旨是"物推其祖，词掇其芳"[3]（韩境序语）。"事实祖"主要辑录一些古籍对某些植物的认识和应用典故、诗文；"赋咏祖"和"乐府祖"主要是辑录对该植物的咏颂诗词，大部分是唐、宋作品。从篇幅上来说，正如梁家勉在日藏宋刻《全芳备祖》影印本序中所说，"盖略于事实而详于赋咏乐府"[4]，侧重辞藻方面。但是，由于辑者的指导思想认为"立教格物为先，而多识于鸟兽草木之名亦学者之当务也"（陈景沂序），正如自序说："尝谓天地生物岂无所自拘目瞍而不究其本原，则与朝菌为何异？竹何以虚？木何以实？或春发而秋凋，或贯四时而不改柯易……凡有花可赏，有实可食者，故当录之而不容后"[5]，因此，辑者搜集的资料最丰富，对各该植物的名称、形态、生态、性味、用途、分布以及诗文题咏等方面都有生动的描述。例如：决明"夏初生苗，根蒂紫色，叶似苜蓿而大，七月有花黄白，其子作穗似青蒙豆而锐也"[2]，指出决明为一年生草本，夏秋开花，花色黄白，子有棱的特征。"金樱子，今丛生于篱落间，类蔷薇有刺，经霜后方红熟"[3]，十分确切地描述金樱子为蔓生灌木，有刺的特点，不难看出它是蔷薇科植物。从所辑录的诗词而言，有不少反映了植物学知识，如月季花条记"月季本应天上物，春色四时长在目，但看花开日日红，天下风流月季花"，"花落花开无间断，春来春去不相关"[4]，描述了月季花的花色和常年开花的习性。月季花属蔷薇科，供观赏和药用，变种很多，据上面描述可能是月月

① 唐·徐坚，《初学记》卷三十，中华书局，第 726 页。
② 唐·徐坚，《初学记》卷二十九，中华书局，第 698 页。
③ 宋·陈景沂，《全芳备祖》卷二十六，农业出版社，1982 年，第 1423 页。
④ 宋·陈景沂，《全芳备祖》卷三十一，农业出版社，1982 年，第 1517 页。
⑤ 宋·陈景沂，《全芳备祖》卷二十，农业出版社，1982 年，第 624 页。

红，它是四季开花。还记载了竹子的生长和用途，即"新笋渐盈尺，新枝已铺瓦"；"缘竹半含箨，新梢早出墙"；"小者截渔竿，大者编茅屋"①等。书中记载许多与植物有关的知识。

《全芳备祖》分植物为：花、果、卉、草、木、农桑（谷、豆、桑、麻）、蔬、药八类。所反映的分类体系，不同于早期本草著作中的三品分类，也不同于古农书中的植物分类，它是依据植物形态（草、木）和应用（花、卉、果、农、桑、蔬、药）而分的，比《南方草木状》分植物为草、木、果、竹四类有所发展。但分类的标准和每类所包括的植物，仍欠周密，甚至是错误的，如果部有许多植物与花部重复，卉部与草部重复，蔬部有的植物与木部重复。从植物分类学观点来看差距还很大，却反映了当时人们对植物的认识。尽管在植物类别排列次序上有所不同，但始终未超出以植物形态和应用分类的体系。

《全芳备祖》保存了许多植物学史料，如荔枝、莲、菱、芡、橘、桃、苔藓、松、竹等的"事实祖"内容还是比较丰富的。书中辑录的郭恭义《广志》、嵇含《南方草木状》、陆羽《茶经》、蔡襄《荔枝谱》、韩彦直《橘录》等书是研究植物学的重要文献。还有一些失传的珍品，如《益州草木记》等书中的植物知识。该书所收录的许多诗、词、散文中亦记录着不少植物知识。值得指出的是，作者不仅是辑录有关文献，而且还有自己的创见，例如荔枝条，在辑《荔枝谱》后，又说"君谟谱所论名目三十有三（实为三十二）已详矣，间有不论或论未备及有遗者今论于后"②，接着对蔡谱已录的珍珠荔枝、蒲桃荔枝、火山荔枝、丁香荔枝等20多个品种，加以自己的说明，此外，还补充了蔡谱未录的品种。

《全芳备祖》由于成书较早，所以保存了许多各类史料，它是研究植物学史、文学史等的重要文献，也是辑佚和校勘古籍的重要参考书。

第二节　南方动植物研究的发展

随着唐宋时期经济南移，特别是对西南地区的经济开发，这一时期，着重对我国岭南地区，特别是对广东、广西、云南、贵州，以及四川等地区的动植物进行专门的调查和记述，以便于了解该地区动植物的资源情况，如唐代段成式《酉阳杂俎》动植物篇，段公路《北户录》，刘恂《岭表录异》，宋代宋祁《益都方物略记》，范成大《桂海虞衡志》等，反映了地区动植物的特色。

一　段成式《酉阳杂俎》动植物篇

段成式字柯古，山东临淄邹平人，生年不详，约在唐德宗贞元十九年（803）或稍后，卒于懿宗四年（863）。父亲段文昌，曾任元和末年宰相。段成式少时刻苦学习，尤深佛理，能诗善文。他以荫入官集贤，后任秘书省校书郎等。在任秘书省校书郎时有机会饱览秘府珍籍，加上他自己从实地考察中所得的一些知识，撰写出《酉阳杂俎》这一著作。

《酉阳杂俎》成书于9世纪中期，前集20卷，续集10卷，内容丰富，受到人们的重视。此书涉及神话、故事、传奇、风土习俗、化石、矿物、动植物，以及中西文化等各个领域，

---

① 宋·陈景沂，《全芳备祖》，农业出版社，1982年，第1201、1204、1200页。

② 宋·陈景沂，《全芳备祖》果部卷之一，农业出版社，1982年，第853页。

其中《广动植》篇在生物学上具有重要的学术价值。

《酉阳杂俎》广动植篇共记载动植物 150 余种，有羽篇、毛篇、鳞介篇、虫篇、木篇、草篇六篇。在分类学方面，分植物为草、木两类；分动物为羽、毛、鳞介、虫四类。羽篇所列举的动物均属鸟类，相当于动物分类学上的鸟类。毛篇中列举的动物种类均属兽类，与动物分类学上的兽类相当。鳞介篇中记载的动物较复杂，其中以鱼类为主，其次是少数无脊椎动物和鲸，这是由于鲸类的外形较相似鱼类，而且生活在水中，因此在先秦时，人们就将它划归到鱼类，到唐代，段成式记载鲸"非鱼非鲛，大如船，长二三丈，色如鲇，有两乳在腹下"[1]，但在分类上也没有明确列入兽类。虫篇记载的动物均属虫类，相当于分类学上的无脊椎动物。所以说，《酉阳杂俎》中所反映的分类仍然属于草、木、虫、鱼、鸟、兽传统分类体系。

书中对植物器官特征的描述术语较多，叶的描述注意形状、大小及与何者相似，出现了两两相对（对生叶）。花的描述着重花色，已有花"五出"、"六出"的专门术语，有蕊、重台花的记载。对一些植物的开花期有准确的记录，对竹类开花结实的周期现象，以及更新周期都有观察的记录，指出竹子"六十年一易根，则结实枯死"[2]。对植物形态、生境也都有较准确的记录，说："山上多杏，大如梨，色黄如橘"[3]；扁桃"树长五六丈，围四、五尺，叶似桃而阔大，三月开花，白色，花落结实，状如桃子而形扁"[4]。形象地描述了杏、扁桃的形态。《酉阳杂俎》中也有反映植物与环境的关系的资料，如记载"南海有睡莲，夜则花低入水"；"水韭，生于水湄"；"地钱叶圆茎细，有蔓，生溪涧边"；"天芋，生终南山中"[5]，说的是睡莲是水生植物，水韭是在水边生长的植物，地钱多生长在阴湿而含有机质的地方，天芋是陆生植物。这表明作者注意到不同的植物对环境条件的要求是不同的。

《酉阳杂俎》还集中地记载了海洋动物的生态知识。由于海滩是个复杂的生态环境，有着周期性的潮汐运动，生活在海滩上的生物为了生存，逐渐进化出特殊的适应方式。如书中记载：蟛蜞（一种大蟹）"随大潮退壳，一退一长"[6] 已观察到蟹蜕壳"一退一长"的现象。叫数丸的一种小蟹也有这种特性，该书写道："数丸，形如蟛蜞。竞取土各作丸，丸数满三百而潮至。"[7] 其他书中也有类似的记载。

书中还记录了许多其他方面的生物学知识。如船蛆是主要的海洋穿孔动物，对木材有很大的危害性。《酉阳杂俎》记有"水虫，象浦其川渚有水虫，攒木食船，数十日船坏，虫甚微细"[8] 的生态习性。此外《酉阳杂俎》中提到蟹与螺类动物共生。他写道："寄居，壳似蜗一头小蟳，一头螺蛤也，寄生壳间，常候蜗开出食，螺欲合，遽入壳中。"[9] "寄居之虫如螺而有脚，形似蜘蛛，本无壳，入空螺壳中戴以行，触之缩足，如螺闭户也。火灸之，乃出

---

① 唐·段成式，《酉阳杂俎》前集卷之十七，中华书局，1981 年，第 165 页。
② 唐·段成式，《酉阳杂俎》前集卷之十八，中华书局，1981 年，第 172 页。
③ 唐·段成式，《酉阳杂俎》前集卷之十八，中华书局，1981 年，第 174 页。
④ 唐·段成式，《酉阳杂俎》前集卷之十八，中华书局，1981 年，第 178 页。
⑤ 唐·段成式，《酉阳杂俎》前集卷之十七，中华书局，1981 年，第 188 页。
⑥ 唐·段成式，《酉阳杂俎》前集卷之十七，中华书局，1981 年，第 165 页。
⑦ 同⑥。
⑧ 唐·段成式，《酉阳杂俎》前集卷之十七，中华书局，1981 年，第 169 页。
⑨ 唐·段成式，《酉阳杂俎》前集卷之十七，中华书局，1981 年，第 166 页。

走，始知其寄居也。"① 这不仅观察到蟹和螺共生的现象，还对寄居蟹做了实验，证实了"寄居"的习性。这种共生体至今还可以从沿海地区采到。

书中还记载一些具有特殊生态的动物，例如，段成式写道：飞鱼"鱼长一尺，能飞，飞即凌云空，息即归潭底"②。他已了解到飞鱼不仅生活在水里，还可以跃出海面飞行。又记载一种叫鲎的动物，背上生有约七、八寸的鳍，每当有风吹来，鲎鳍就举起，借风行驶，称为鲎帆。

生物适应环境的方式是多种多样的，乌贼遇到危险时即"放墨"以避危险。《酉阳杂俎》记载：乌贼"遇大鱼，辄放墨，方数尺，以混其身"③ 以及"乌贼有矴，遇风，则蚪前一鬐下矴"④ 的抗风作用。《酉阳杂俎》还记载"鲛鱼，鲛子惊则入母腹中"⑤，说的是小鱼遇危险时游到母腹中躲藏起来。

段成式还概括地论述了动物普遍存在着的保护色，指出不是个别动物才具有这种习性。他说："凡禽兽，必藏若形影同于物类也，是以蛇色逐地，茅兔必赤，鹰色随树。"⑥ 说的是动物依靠自身体色与周围环境一致，不被其他动物发现，这样有利于其捕获食物，及避免天敌侵害。

《酉阳杂俎》中还记载了一些有关动物行为方面的知识。如说："波斯船上多养鸽，鸽能飞行数千里，辄放一只至家，以为平安信。"⑦ 说的是在船上驯养信鸽传递消息的事。已观察到蚂蚁"以棘刺标蝇，置其来路，此蚁触之而反，或去穴一尺或数寸，才入穴中者如索而出，疑有声而相召也"⑧。说明早在唐代已有人认识到蚂蚁是有语言的。

二　段公路《北户录》

《北户录》共三卷，唐万年县尉段公路纂，崔龟图注。北户为北向户简称，泛指五岭以南地区。《新唐书·艺文志》记载公路为宰相段文昌之孙，段文昌是山东临淄邹平人，则段公路当为临淄邹平人。公路生率年不详且无传，据陆心源重刻《北户录叙》载："书中称咸通十年（869）往高凉，又称咸通辛卯年（871）从茂名归南海，其人盖先仕于粤而后官万年。"⑨ 知段公路为懿宗时人，《北户录》写成于咸通十二年前后。又从唐右拾遗内供奉陆希声为《北户录》作序来看，知公路"自未能把笔，爱以指画地如文字，及六七岁受学，果能强力不罢，其学尤长仄僻"，可知段公路自幼好学，尤长诗文。

《北户录》主要记载岭南地区的动植物及其风土人情等。书中著录动物有犀、鹧鸪、孔雀、绯猨、蛤蚧、红蝙蝠、水母、红虾等 40 多种；著录植物有桃榔、芜菁、甘蔗、枸橼、槟榔、睡莲、水韭、无核荔枝、扁黑桃等 20 多种。作者对一些动植物的形态、生境、用途

---

① 唐·段成式，《酉阳杂俎》续集卷之八，中华书局，1981 年，第 278 页。
② 唐·段成式，《酉阳杂俎》前集卷之十七，中华书局，1981 年，第 164 页。
③ 唐·段成式，《酉阳杂俎》前集卷之十七，中华书局，1981 年，第 163 页。
④ 同③。
⑤ 同②。
⑥ 唐·段成式，《酉阳杂俎》前集卷之二十，中华书局，1981 年，第 193 页。
⑦ 唐·段成式，《酉阳杂俎》前集卷之十六，中华书局，1981 年，第 154 页。
⑧ 唐·段成式，《酉阳杂俎》前集卷之十七，中华书局，1981 年，第 167 页。
⑨ 同⑧。

及产地都加以记载，并结合历代有关文献进行引证、研究。

《北户录》记载："蚺蛇大者长十余丈，围可七、八尺，多在树上，候麖、鹿过者，吸而吞之。"① 述说了蚺蛇的形态、生境及食性。蚺蛇亦称蟒蛇，为爬行类动物。它是我国蛇类中最大的一种，生活在森林中，一般以鸟类、鼠类、两栖类、爬行类为食，也能吞食哺乳动物。书中引《临海异物志》说"比目鱼，一名鲽……状似牛脾，细鳞，紫黑色，一眼两片，相合乃行"，"南越志谓之板鱼"②，从形态和颜色上将比目鱼与其他鱼类区别开了，描述十分确切，有助于人们认识这种很有特色的鱼类。

唐代不少著作都有真水母与虾的共栖现象的记载，例如陈藏器的《本草拾遗》、段公路的《北户录》和刘恂的《岭表录》等。段公路《北户录》是这样记载的："水母……生物皆别无眼耳，故不知避人，常有虾依随之，虾见人惊。此物亦随之而惊，以虾为目自卫也。"③ 虾常在水母触手旁游，遇到敌害，水母以虾为目，随虾而逃，达到保护自己的目的。

对一些植物的生物学特性也做了描述。如书中记载蕹菜"叶如柳，三月生"，"土人织苇簟，长丈余，阔三四尺，植于水上，其根如萍寄水上下，可和畦卖也"④，很好地记述了此种植物的形态和种植方法。这里说的是水蕹菜。书中指出"鹤子草，蔓花也，其花籸尘，色浅紫，蒂叶如柳而小短，当夏开花"⑤ 的形态特点。还记载："睡莲叶如荇而大，沉于水面上"，"其花布叶数重，不房而蕊凡五种色，当夏昼开，夜缩入水底，昼而复出于水面也"⑥，指出了睡莲叶浮于水面，花午后开放，晚间闭合的主要特点。

书中保存了一些较早的文献史料，这些书现在有的已散佚不全，如《南越志》、《临海异物志》、《淮南八公相鹤经》、《南方异物志》、《陶朱公养鱼经》等，这些都是研究生物学史的重要文献资料。

三 刘恂《岭表录异》

《岭表录异》共三卷，原书已佚。今本从《永乐大典》等书辑出，仍分三册，鲁迅有辑校本。《岭表录异》是作者刘恂于唐昭宗（889）时在广州任司马期间写成的，书中主要记载了我国岭南地区（两广为主）的动植物，所记述的动植物种类比《北户录》中的动植物种类多，对其名称、形态的描述尤详。《四库全书》提要写到该书："于虫鱼草木，所录尤繁；驯古名义，率多精核"，"历来考据之家，皆资引证。盖不特图经之圭臬，抑亦苍雅之支流，有裨多识，非浅鲜也"。

有关生物的生态习性，在《岭表录异》中也有记述，例如，书中记载牡蛎："其初生海岛近如拳石，四面渐长，有高一、二丈者，巉岩如山。每一房内，有蚝肉一片，随其所生，前后大小不等。每潮束，诸蚝皆开房，伺虫蚁入即合元。"⑦ 牡蛎以海水中的浮游生物为食。

① 唐·段公路，北户录，卷一，商务印书馆（丛书集成），1936年，第7页。
② 唐·段公路，北户录，卷一，商务印书馆（丛书集成），1936年，第15页。
③ 唐·段公路，北户录，（丛书集成）卷一，商务印书馆，1936年，第17页。
④ 唐·段公路，《北户录》（丛书集成），卷二，商务印书馆，1936年，第32页。
⑤ 唐·段公路，《北户录》（丛书集成），卷三，商务印书馆，1936年，第46页。
⑥ 唐·段公路，《北户录》（丛书集成），卷三，商务印书馆，1936年，第50页。
⑦ 唐·刘恂著，鲁迅校，岭表录异，卷下，广东人民出版社，1983年，第81页。

这里不仅描述了牡蛎群体的形成发展过程和特点，而且把牡蛎的摄食方式描写得十分准确。

刘恂《岭表录异》谈到海镜与豆蟹共生（寄生）的关系。他说："海镜……腹中有红蟹子，其小如黄豆，而螯足具备。海镜饥，则蟹出拾食，蟹饱归腹，海镜亦饱。余曾市得数个验之，或迫之以火，则蟹子走出。离肠腹立毙；或生剖之。有蟹子活在腹中，逡巡亦毙。"①这里认为海镜与豆蟹是共栖关系，贝类为豆蟹提供栖息场所，豆蟹为贝类捕捉食物。近代一些动物学书上也都认为它们是共栖关系，而实际上并非如此。据齐锺彦研究，豆蟹在海镜或其他双壳类体内寄居，基本上是寄生性的。豆蟹不仅寄居在海镜的外套腔中，而且还依靠海镜从海水中过滤出的浮游生物做食物，亦即摄食海镜的一部分食料，有时还食用海镜的鳃，对海镜是有害的。所以有豆蟹栖息的海镜、牡蛎、贻贝等双壳类，其肉体都很消瘦。因此，上面说蟹出拾食，蟹饱归腹，海镜亦饱是不正确的。书中还记载了廉州产珍珠的"珠池"，指出"采珠皆采老蚌，剖而取珠"的方法，已了解"珠池"中的蚌"随其大小，悉胎中有珠矣"。

《岭表录异》中描述的植物、动物学特性举例如表 4-3、表 4-4。

表 4-3　《岭表录异》植物学特性举例表

植物名	现代科名	形态	生境	其他
山橘子	芸香科	大者冬熟，如土瓜，次者如弹丸。其实金色而叶绿，皮薄而味酸		
思簩竹	蕨类	皮薄而空多，大者径不逾二寸。皮上有粗涩文可为错子错甲，利胜于铁		
倒念子	藤黄科	窠丛不大，叶如苦李，花似蜀葵，小而深紫。有子，如软柿头上有四叶，如柿蒂		食之甜软
榕树	桑科	叶如冬青，秋冬不凋，枝条既繁，叶又蒙细，而根须缭绕，枝干屈盘，上生嫩条，如藤垂下，渐渐及地		
桄榔树		枝叶并蕃茂，与枣、槟榔等树小异。然叶下有须，如粗马尾		其须尤宜咸水浸渍即粗帐而韧，故人以此缚舶。树皮中有屑如面，可为饼食之
荔枝	无患子科	核大而味酸。五六月方熟，形若小鸡子，近蒂稍平，皮壳殷红，肉莹寒玉		高、新州与南海产者最佳
龙眼	无患子科	树如荔枝，叶小，青黄色，形圆如弹丸大，核如木槵子而不坚，肉白带浆，其甘如蜜。一朵恒三二十颗		
枸橼子	芸香科	形如瓜，皮似橙而金色，故人重之，爱其香气。肉甚厚，白如萝卜		
朱槿花	锦葵科	茎叶皆如桑树，叶光而厚南人谓之佛桑。树身高者止于四五尺，而枝叶婆娑。自二月开花，至于仲冬才歇，其花深红色，五出，如大蜀葵；有蕊一条，长于花叶上缀金屑		插枝即活

①　唐·刘恂著，鲁迅校，岭表录异，卷上，广东人民出版社，1983 年，第 81 页。

表 4-4　《岭表录异》动物学特性举例表

动物名	科名	形态	习性及其他
蚊母鸟	夜鹰科	形如青鹝，嘴大而长	于池塘捕鱼而食。每叫一声则有蚊虫飞出其口
鹧鸪	雉科	臆前有圆点，背上有紫赤毛。其大小如小野鸭，多对啼	吴、楚之野悉有，岭南偏多
瓦屋子	蚶科	盖蚶蛤之类也。南中旧呼为蚶子顷因卢钧尚书作镇，遂改为瓦屋子，以其壳上有棱如瓦垄。壳中有肉，紫色而满腹	
海镜	海月科	两片合以成形。壳圆，中甚莹滑，日照如云母光	
海鰍鱼	鲸亚目	海上最伟者也，其小者亦千余尺。过安南贸易，路经调黎深阔处，或见十余山，或出或没。篙工曰：非山岛，鰍鱼背也	鰍鱼喷气，水散于空，风势吹来若雨耳
蛤蚧	壁虎科	首如虾蟆，背有细鳞如蚕子，土黄色身短尾长	多巢于榕树中，端州子墙内，有巢于厅署城楼间者
蚝	牡蛎科	初生海岛边如拳石，四面见长，有高一二丈者，巉岩如山。每一房内，蚝肉一片，随其所生，前后大小不等	每潮来，诸蚝皆闭房，伺虫蚁入即合之
招潮	沙蟹科	亦蟛蜞之属。壳带白色	海畔岁潮，潮欲来皆出坎，举螯如望
石首鱼	石首鱼科	状如鳙鱼。随其大小，脑中有二石子如荞麦，莹白如玉	
鳄鱼	鳄形目	其身土黄色。有四足，修尾。形状如鼍，而举止趫疾	口生锯齿，往往害人。南中鹿多，最惧此物
两头蛇	游蛇科	如小指大，长尺余，腹下鳞红，背错锦文，一头有口眼，一头似头而无口眼	岭外多此类，时有见者

　　《岭表录异》对一些鱼类的食性也有过观察，书中记载："新泷等州山田……丘中聚水，即先买鲩鱼子散于田内。一二年后，鱼儿长大，食草根并尽。既为熟田，又收鱼利，及种稻且无稗草。"① 说的是养鲩鱼于田"食草根"，其粪可"熟田"，"及种稻且无稗草"。说明对鲩鱼的食性已有了一定的认识。

　　另外，刘恂还记述了植物生长需要一定的环境条件，指出："广州地热，种麦则苗不实。北人将蔓菁子就彼种者，出土即变为芥。"现代植物学表明，小麦发育要经过一个低温阶段后才能到生育时期，否则将停留在生长阶段，不能开花结实。上面说的地热，是说广州的气温高，冬天也很温暖，因而缺少小麦生长所需的低温阶段，小麦因此发育不良，不能结实。说明当时已观察和认识到小麦在广州不能结实是由于地热的缘故。蔓菁是温带植物，种在北

---

① 唐·刘恂著，鲁迅校，岭表录异，卷中，广东人民出版社，1983 年，第 174 页。

方，把它种在南方（广州），就不长菜头"变为芥"了。以上说明温度对植物的生长和地域分布都有很大的影响。

四　宋祁《益部方物略记》

宋祁（998～1061），字子京，安陆（今属湖北）人，后迁开封雍丘（今河南杞县）。天圣二年（1024）进士，曾官翰林学士、史馆修，是宋初著名的史学家、文学家，是当时的翰林学士，曾与欧阳修（1007～1072）一起编写《新唐书》。他是在益州（四川）做地方官时写下《益部方物略记》的，目的是为补遗东阳沈立所撰《剑南方物二十八种》，正如《益部方物略记》中说："得东阳沈立所录《剑南方物二十八种》，按名索实尚未之尽……又益数十物列而图之，物为之赞，图视状，赞言生之所以然，更名《益部方物略记》。"

该书记述的都是当地动植物，其编写原则是："凡东方所无，及有而自异，皆取之。"全书分草木、药、鸟兽、虫鱼数类记载，共计 65 条，70 余种。除"药"一项外，其分类几乎直接运用"草木鸟兽虫鱼"这样一种排序和分类。作者注意到，四川生物种类繁多，"层出杂见，不可胜状"①。书中记载竹类有紫竹、慈竹、苦竹、钓丝竹、方竹等，慈竹又是四川竹类中分布最普遍的一种。又如月季花，由于"蜀少霜雪，此花得终岁"。书中记述确有西南或四川动植物特征，如海棕、楠、桤、海芋、红豆、红叶海棠；狨（金丝猴）、魶鱼（俗称娃娃鱼即大鲵）。顺便指出，楠树虽然在我国南方都有分布，但以西南为多，近代描述定名所用的楠木模式标本可能也是采自四川的。

宋祁对植物的形态描述是比较准确的。书中这样记述楠："蜀地最宜者，生童童若幢盖。然枝叶不相碍，茂叶美阴，人多植之。树甚端伟，叶经岁不凋，至春陈、新相换，有花实似母丁香云。"② 书中对一些植物的用途的记载也很生动。如桤，书中写到："亦得所宜，民家莳之。不三年材可倍常，斧而薪之。疾种亟取，里人以为利"③。对四川地区这种最常用的薪炭林树种，当时的种植和利用情况作了很好的记述。

书中对动植物的生境、形态都有准确的描述。如"竹柏，生峨眉山中，叶繁长，而箨似竹，然其干大抵类柏而亭直"④，此为罗汉松科的竹柏（*Podocarpus nagi*），为著名的观赏植物。又如余甘子："树大叶细似槐，实若李而小，咀之前苦后歆歆有甘，故号为余甘。"⑤ 形象地描述了余甘子（*Phyllarothus emblica*）的形态。它是属大戟科植物。对于一些植物的生殖器官也有所记载，如说金星草"叶似萱草，其背有点，双行相偶黄泽类金星，人号金星草"⑥，其背有点指的是孢子囊群，它是蕨类植物共同的特征。可见，作者对这类植物形态已有详细的观察和了解。

书中还记载了植物与环境之间的密切关系。如："长生草，山阴蕨地多有之"⑦，真珠菜

① 宋·宋祁，益部方物略记，丛书集成初编，商务印书馆，第 1 页。
② 宋·宋祁，益部方物略记，丛书集成初编，商务印书馆，第 2 页。
③ 同②。
④ 同②。
⑤ 宋·宋祁，益部方物略记，丛书集成初编，商务印书馆，第 17 页。
⑥ 宋·宋祁，益部方物略记，丛书集成初编，商务印书馆，第 18 页。
⑦ 宋·宋祁，益部方物略记，丛书集成初编，商务印书馆，第 7 页。

"生水中石上"①，"大黄，蜀大山中多有之。"② 说的是长生草是在阴湿地方生长的植物，真珠菜是水生植物，而大黄多生在排水良好的山地。上面说到的植物有阴湿的、水生的及旱生的，反映了当时人们已认识到不同植物生长所需的生境是不同的。

关于四川植物的分布，《益部方物略记》中有较详的记载：竹柏、娑罗花、木莲花、石瓜、金星草，"生峨眉山"；天师栗、瑞圣花，"生青城山中"；隈枝，"生邛州山谷中"；锦被堆，"出彭州"；以及荨麻，"自剑以南处处有之"等，反映了生态环境对不同植物的影响。

同样，书中也有对动物的生物学特性的记载："鲋鱼，出西山溪谷及雅江。状似鮠有足，能缘木，其声如儿啼"③；狨，"状实猿类，体被金罽"。描述了鲋鱼的产地和习性及狨的形态特点。指出了"玃（一种母猴）与猿、猱（猿类）同类异种"④。据动物分类学猴、猿同属灵长类动物，可见"玃与猿、猱同类异种"的认识是十分正确的。记载了荏雀"每岁荏且熟，是则群至食其实，性好斗"⑤，白舌鸟"毛采翠碧"，"绿衣绀尾，一啼百转"，"善效他禽语，凡数十种"的形态习性。此外《益部方物略记》中还记述了有关植物的用途等知识，都是我们研究生物学史的重要史料。

宋祁书中还有两种植物颇值得注意，一种是红蕉花（即美人蕉），一种是朝日莲。美人蕉向来被认为是美洲原产的植物，哥伦布发现美洲大陆后才传到世界其他地方，但我国宋代文献对其已多有记载，所以原来的说法是颇值得怀疑的。至于朝日莲，现在这一名称常为向日葵的别称，不知当时我国是否也有这种植物。总之这些记载在栽培植物发展史上是很值得人追寻的。《益部方物略记》原来配有图，足见宋祁是很有见识的，但可惜附图在流传的过程中丢失了。

五　范成大《桂海虞衡志》

范成大（1126～1193），字致能（一作至能），号石湖居士，又号此山居士。平江府吴县（今江苏吴县）人。范成大出身于世代仕宦家庭，父亲范雩，宣和六年（1124）进士，曾任左奉议郎、秘书省正字、校书郎至秘书郎。因家庭影响，范成大"在怀抱，已识屏间字，少师力教之。年十二遍读经史。十四，能文词"⑥。范成大 18 岁那年其父病逝。他负担起抚养弟妹的重担，艰苦度日，并坚持读书，到 28 岁时，即绍兴二十四年（1154）考中进士，开始了他的仕宦生涯。曾任徽州司户参军，还做京官，监太平惠民和剂局，以及历枢密院编修、秘书省正字、校书郎、升到著作左郎，都是史馆和图书管理一类的职务。乾道五年（1169）任礼部员外郎，兼崇政殿说书、国史院编修及起居舍人兼侍讲等职。

范成大为官期间，借宦游各地的机会，沿途进行野外考察、研究，在生物学、地理学上

---

①　宋·宋祁，益部方物略记，丛书集成初编，商务印书馆，第 14 页。

②　宋·宋祁，益部方物略记，丛书集成初编，商务印书馆，第 17 页。

③　宋·宋祁，益部方物略记，丛书集成初编，商务印书馆，第 21 页。

④　同③。

⑤　宋·宋祁，益部方物略记，丛书集成初编，商务印书馆，第 19 页。

⑥　宋·范成大撰，严沛校注，《桂海虞衡志》，广西人民出版社，1986 年，第 188 页。

取得了一定成就。同时代人记载，范成大"天资俊明，辅以博学，文章赡丽清逸，自成一家"①，所著除《桂海虞衡志》外，还有《菊谱》、《梅谱》、《揽辔录》、《骖鸾录》、《吴船录》、《太湖石志》等著作。他还是南宋著名诗人，写了许多诗词和文章。

范成大是南宋时期最杰出的田园诗人。他在广西为官时，曾留心过当地很有特色的香料、动植物和地质矿产资料等。当他于1175年调任四川时，在行程途中"追记其登临之处与风物土宜，凡方志所未载者，萃为一书"，这就是《桂海虞衡志》。书名中"虞"和"衡"都是古代掌管山林、水泽生物资源等的官职，因此，从书名中很容易看出作品包含的内容。

《桂海虞衡志》中分志禽、志兽、志虫鱼；志花、志果、志草木六类对广西的动植物进行了记载。就分类而言，是以鸟、兽、虫、鱼、花果、草木分的，其中禽类13种、兽18种、虫鱼14种；花16种、果55种、草木26种。共计142种。其中所记的动植物很有华南和广西地方特色，如动物中的孔雀、鹦鹉、白鹦鹉；象、果下马（这大约是德保矮马，是广西特有动物）、金丝猴、黑叶猴、灰叶猴；蚺蛇、玳瑁、鹦鹉螺。值得一提的是，孔雀、象和金丝猴等动物现已在当地不复存在。植物也是如此，如红豆蔻、南山茶、红蕉花、史君子（*Quisqualis indica*）花；馒头柑、菠萝蜜、山韶子、八角茴香等都极具当地特色，正如书名所示，主要记载的是广西的动植物。

范成大的书虽系后来所记，但其中不乏比较准确的记载，不少能鉴定其中种类。例如，《桂海虞衡志》载："红蕉花，叶瘦类芦（芦苇）箸（箬竹），心中抽条，条端发花，叶数层，日折一两叶，色正红，如榴花、荔枝，其端各有一点鲜绿，尤可爱。春夏开，至岁寒犹芳。又有一种，根出土处特肥饱，如胆瓶名胆瓶蕉。"②红蕉花亦称美人蕉（*Canna indica*）。描述了该种植物为草本，叶长椭圆形、花红色、四季开花等主要的特点。对此种植物的叶性、花序和根状茎的描述都很形象。美人蕉属美人蕉科。记载了"石榴花（石榴 *Panica graratum*）南中一种，四季常开。夏中既实之后，秋深忽又大发花，且实枝头，硕果罅裂，而其旁红英粲然"③的形态特征。石榴属石榴科，是落叶灌木或小乔木，我国南北各地都有分布。又如史君子花，他写道："蔓生作架植，夏开，一簇一二十葩，轻盈似海棠。"对该植物的习性和开花时的摹写也很生动，足见这位喜爱园林花卉和岩洞矿产的诗人和博物学者是很善于观察的。

在《桂海虞衡志》中明确记载："椰子，木身，叶悉类棕榈，桄榔之属。子生叶间，一穗数枚，枚大如五升器。果之大者，谓惟此与波罗密等耳。皮中子，壳可为器，子中瓤白如玉，味美如牛乳，瓤中酒，新者极清芳，久则浑浊不堪饮。"④指出了椰子树形态像棕榈、桄榔等植物，它的果实有多种用途。现在知道椰子（*Cocos nucifera*）、棕榈（*Trachgcarpus forfunei*）、桄榔（*Arenga pinnata*）都是热带重要的经济植物，它们在植物分类上都属棕榈科（*Palmae*）植物。以上表明，当时人们能明确指出椰子为"桄榔之属"，这说明人们对植物形态有较详细的观察，并在它们的分类上利用到形态的特点。另外，在书中"志果"篇写道："荔枝，自湖南介入桂林，才百余里便有之，亦未甚多。昭平出焦核，临贺出绿色尤胜。

① 周必大，资政殿大学士赠银青光禄大夫范公成大神道碑，见范成大撰，严沛校注，桂海虞衡志，广西人民出版社，1986年，第200页。
② 宋·范成大撰，严沛校注，《桂海虞衡志》，广西人民出版社，1986年，第73页。
③ 宋·范成大撰，严沛校注，《桂海虞衡志》，广西人民出版社，1986年，第74页。
④ 宋·范成大撰，严沛校注，《桂海虞衡志》，广西人民出版社，1986年，第82页。

自此而南，诸郡皆有之，悉不宜干，肉薄味浅，不及闽中所产。"① 说的是不同地区有不同的植物，南方生长着耐热的植物，北方生长着耐寒的植物。荔枝是热带亚热带植物，其品种以闽中为第一，为此，正如上面所说"由薄味浅，不及闽中所产"，这里明确地说明了温度对植物的生长和地理分布都有很大的影响。

书中对动物形态亦有记载，"志禽"篇写道："秦吉了，如鸜鹆，绀黑色，丹咮黄距，目下连项有深黄文，顶毛有缝，如人分发，能人言。"② 秦吉了即鹩哥（*Gracula neligiosa intermsdia*），属椋鸟科动物，对其形态描述十分正确，也反映出以《桂海虞衡志》起对动物形态描述采用了类比法。类比的动物常是相像的同科动物，同科动物有相似的外部形态，用来互相比较是相当可靠的。上述用来比较的鸜鹆也属椋鸟科动物，可见范成大对动物形态的熟悉。对爬行动物玳瑁有这样的描写："形似龟鼋辈，背甲十三片，黑白斑文相错，鳞差以成一背。其边裙阑阙啮如锯齿。无足而有四鬣，前两鬣长，状如楫，后两鬣极短，其上阶有鳞甲，以四鬣棹水而行。"③ 描述了玳瑁的基本特征。书中介绍了软体动物中的"贝子，海傍皆有之，大者如拳，上有紫斑"④，贝子亦叫宝贝，根据上面描述，形态与虎斑宝贝（*Cypraca tigris*）相符。这是我国南海习见的一种较大的宝贝。可见我国人民早在宋代就已经认识了这种宝贝的形态特征，关于宝贝的利用就更早了。书中还记载哺乳类的"豪猪，身有棘刺，能振发以射人。三、二百为群，以害禾稼"⑤ 的形态和危害庄稼的习性。豪猪（*Hgstrix hodgsoni*），原豪猪科，穴居在山脚或山坡，夜间活动，以植物为食，往往盗食农作物，为害兽之一。

第三节　园艺植物研究的兴盛

自隋于公元 589 年统一南北之后，隋文帝继续推行北魏时期的永业田制度，人们得以在相对和平的社会环境中休养生息，发展生产。农业经济逐渐繁荣，园圃生产继续发展，园艺植物的研究自然兴盛起来。国家行政上对园艺事业也愈加重视，到唐太宗时，已专门设官以掌蔬果，宋代时则设翰羽司以掌果实。园艺植物研究的兴盛除了表现在前述有关著作中之外，还突出表现在这一时期出现了不少园艺植物专谱。

一　经济树木的研究

（一）茶和《茶经》

茶是我国最重要的经济树种之一，具有悠久的历史文化。其渊源鉴于史料而不可考。但它作为饮料的出现，当在两汉之前，因为关于茶事的最早记载见于汉代王褒的《僮约》："奴当从百役使，不得有二言，晨起早扫，食了洗涤……烹茶尽具，铺已盖藏……武阳买茶。"饮茶的习俗，从两汉到魏晋南北朝的数百年间，逐渐由长江上游传至长江下游，不过

① 宋·范成大撰，严沛校注，《桂海虞衡志》，广西人民出版社，1986 年，第 80 页。
② 宋·范成大撰，严沛校注，《桂海虞衡志》，广西人民出版社，1986 年，第 50 页。
③ 宋·范成大撰，严沛校注，《桂海虞衡志》，广西人民出版社，1986 年，第 66 页。
④ 宋·范成大撰，严沛校注，《桂海虞衡志》，广西人民出版社，1986 年，第 67 页。
⑤ 宋·范成大撰，严沛校注，《桂海虞衡志》，广西人民出版社，1986 年，第 57 页。

当时所饮用的茶叶，主要来自于丘陵山地的野生茶树。到唐代时，茶叶经济空前繁荣，茶逐渐传入北方，它不仅是南方普遍的饮料，而且也成为黄河流域人民的普遍饮料。中唐之后，又逐渐传往塞外，成为回纥、吐蕃、党项等少数民族的生活必需品。由于茶叶经济的发展，野生茶树资源有限，于是出现了茶树的人工种植，但当时普遍认为，野生的品质较人工种植的要好，这从"法如种瓜，三岁可采，野者上，园者次"① 中可以得到证明。与此同时，还开始了用内地的茶叶换取偏远地区马匹的所谓"茶马贸易"。唐开元间，"其茶自江淮而来，舟车相继，所在山积，色额甚多"，可见当时茶叶产量丰盛之程度。唐德宗元年（780），开始征收茶税，专置榷茶史，说明当时茶已在国民经济中占有重要地位。随着茶叶生产的繁荣发展，出现了一些关于茶的著作，其中最有代表性的是《茶经》。

《茶经》是我国乃至世界上最早的关于茶的专书。为唐代陆羽（733～804）所著，约成书于公元780年，全书共3卷，7000余字，分10篇。叙述了茶的起源、历史、性状、品种、品质、产地、栽植、生产工具、采制加工、烹饮方式和风俗习惯，并附有古代文献中有关茶的掌故、各种茶具的图解等。本书曾被译成日、英、俄等国文字，不仅对我国茶叶种植事业的发展起过重大作用，而且对世界各国也产生了巨大影响。

此外，唐代韩鄂的《四时纂要》中，对茶园的选择、茶树的栽植、茶树的管理、种子收藏等一系列种植技术也有不少记述。

我国的茶叶，于唐德宗二十一年（805）由日本僧人最澄传教大师自我国带回茶籽，在贺滋县种植成功，以后便在日本推广开来。朝鲜大约也是这个时期引入我国茶树种植的。

（二）桐和《桐谱》

桐树在我国古代是一个笼统的概念，包括大戟科的油桐、五加科的刺桐、梧桐科的梧桐以及玄参科的泡桐等，其中多指梧桐，其次是泡桐。

在我国，泡桐的利用历史十分悠久。素有"琴桐"之称。隋魏澹诗云："本求裁作瑟，何用削成圭？愿寄华庭里，枝横待凤栖。"说明至少在隋唐之前，我国就已经开始利用泡桐木材制造乐器。

《桐谱》是我国较早论述桐树的专著，为北宋陈翥所撰，约成书于1049～1051年。陈翥是一个非常用功的读书人，但一次次考试的落第使他感到仕途无望。由于家中富有并不缺吃少穿，所以他可以从容地种树自娱，拿他书中的话来说就是，自己"不迫世利，但将以游焉"。1048年，他自己在村后的西山种了80株泡桐树，然后根据自己的野外调查和种植实践，再加上以往的文献资料，写下了《桐谱》一书。书中他分清了古代以"桐"为名，包括今天的梧桐、泡桐和油桐等数种树形和叶子相似的树。

全书分叙源、类属、种植、所宜、所出、采斫、器用、杂说、记志、诗赋共10篇。涉及的种类有油桐 *Aleurites fordii*（大戟科）、刺桐（五加科之刺楸 *Kalopanax septemlobus*）、青桐（梧桐科之梧桐 *Firmiana simplex*）以及泡桐 *Paulownia* sp.（玄参科）等。从现在的分类观点来看，显然不尽合理，但从他所叙述的"叶圆大，而尖长，光滑；而毳稚者，三角。因子而出者，一年可拔三、四尺；由根而出者，可五至七尺；已伐而出于巨桩者，或可尺围。……其花先叶而开，白色，心赤内凝红。其实穗先长而大，可围三、四寸；内为两

---

① 朱自振，中国茶叶历史资料选辑，农业出版社，1981年，第203页。

房，房中有肉，肉上细白而黑点者，即其子也，谓之白花桐"来看，无疑是指现代分类学中之"白花泡桐"（$P.\ Fortunei$），而所叙述的"文理细而体性紧，叶三角而圆大，白花，花叶其色青，多毳而不光滑；叶甚硬，文微赤擎，叶柄毳而亦然。多生于向阳之地，其盛茂拔，但不如白花者易长也。其花也先叶而开，皆紫色，而作穗，有类紫藤花也。其实亦穗，如乳而微尖，状如诃子而黏……"显然是指现代分类学中之"绒毛泡桐"（$P.\ Tomentosa$）。此外，他还记有一种新变种，"其花亦有微红而黄色者，盖亦白花之小异者耳"，即白花泡桐之一变种。从这里可以看出，他对泡桐的观察是颇为细致的，以至于我们可以通过它鉴定出种甚至变种。《桐谱》较详细地叙述了桐树的生态习性和栽培管理方法，如："桐，阳木也……性喜虚肥之土，植者其下，当常锄之令熟，无使草之滋蔓……乐肥与熟者唯桐耳，纵桑柘亦无所敌。夫肥熟则叶圆而大……桐之性皆恶阴寒，喜明暖……凡植于高平黄壤，经三两春后，锄其下令见蔓根，以粪壅之，尤良。"指明桐树是阳性树种，喜温暖和阳光，不耐寒冷，特别适于肥沃的土壤。此外，《桐谱》还对桐树的种植、产地、繁殖方法、砍伐以及经济用途等方面做了不同程度的记述。

《桐谱》可说是我国北宋以前有关泡桐知识的较全面的总结，对泡桐的生物学特征等有详尽的记述；在栽培和病虫害防治技术方面都有较科学的方法总结，是一本有相当科学价值的植物专著。正因为如此，它一直受到国内外学者的重视，因此在植物学发展史上占有重要的地位。1961 年美国《经济植物学》（Economic Botany）杂志第一期刊登的"经济植物——泡桐"一文，在阐述泡桐的起源和在亚洲的分布及引进欧洲、美洲的过程时，在叙述泡桐的经济价值和木材性质中，都大量引用了陈翥《桐谱》的资料。

（三）其他经济树种

南宋时期范成大的《桂海虞衡志》、周去非的《岭外代答》记述了八角茴香等经济树种。

这一时期，还从国外引进了一些重要的经济树种，丰富了我国经济树木的种类。如在崔豹的《古今注》中记载了由泰国和越南引进的紫檀和苏方木。唐段成式《酉阳杂俎》中则提到了波斯皂荚、安息香树。《酉阳杂俎》记载了胡椒的形态："（胡椒）出摩加陀国，呼为昧履枝，其苗蔓生，极柔弱。"胡椒确实是一种枝条纤弱的多年生藤本植物。此外，这个时期引进的还有菩提树、白豆蔻、乌木等。

二　果树研究

（一）果树种类的增加

1. 隋唐的果树种类

隋唐时期，我国与周边国家的文化经济交流日益频繁，沿着丝绸之路从西亚和中亚一带引进了不少果树，这在唐代徐坚（659～729）的《初学记》、陈藏器的《本草拾遗》、段成式的《酉阳杂俎》、刘恂的《岭表录异》等著作中多有反映。在《初学记》中，记载了我国原产和引进栽培的 12 种果树：枣、桃、樱桃、李、梅、梨、栗、奈、安石榴、桔、柑等。在《岭表录异》中，则记载了 11 种南方栽培的果树：荔枝、龙眼、橄榄、石栗、枸橼子、椰子、倒捻子、波斯枣（即海枣）、山胡桃、山橘子、偏核桃（巴旦杏）等。在《酉阳杂俎》中，记载了"偏桃（巴旦杏），出波斯国，波斯人呼婆淡树"；"低称实：阿驿（无花果），出波斯，波斯人呼为阿驿，拂林呼为底珍树"；"白柰（绵苹果）：出凉州野猪泽，大如兔头"；"波斯枣（海枣）：出波斯国。波斯国呼为窟莽树"；"婆郍娑树（木婆罗）：出波斯国，亦出拂林。呼为阿蒱单树"；"齐墩树（油橄榄）：出波斯国，亦出拂林国。拂林呼为齐匜"；"胡榛子阿月（阿月浑子），生西国，蕃人言与胡榛子同树，一年榛子，二年阿月"，《本草拾遗》对阿月浑子也有同样的记载。《酉阳杂俎》还记载柿"有七绝：一寿，二多阴，三无鸟巢，四无虫，五霜叶可玩，六嘉实，七落叶肥大，可以临书"及槟榔："槟榔枝苗，可以忘忧"。《绿海碎事》记载了黄肉桃："唐贞观中，康居国献黄肉桃。大如鹅卵，其色金，因呼为金桃。"唐代孟诜的《食疗本草》中记载了藤梨（猕猴桃）。从中可以看出，海枣、无花果、油橄榄、巴旦杏、阿月浑子（开心果）等是当时增加的果树。

樱桃在我国具有悠久的历史，在 2000 年前的《尔雅》中称之为"楔"。古代很长一段时间里，都是作为祭祀的供品，据《周礼》载："仲夏之月……以含桃先荐寝庙。"《史记》载："以樱桃献宗庙，此礼至汉代尤盛行。"到唐代时，樱桃已成为重要的果树及花木。据载："唐时进士，尤重樱桃宴。"[1] 当时的许多诗人写了不少关于樱桃的诗句，如诗人白居易的《樱桃歌》："圆转盘倾玉，鲜明笼透银。内园题两字，西掖赐三臣。荧惑晶华赤，醍醐气味真。如珠未穿孔，似火不烧人。琼液酸甜足，金丸大小匀。"从中可以看出当时对樱桃重视的程度。

唐代关于果树的研究还散见于很多有关的著作中，特别是方志一类的著作，如唐代段公路的《北户录》，记述了甘蕉、枸橼、槟榔、荔枝、杨梅、偏黑桃等岭南地区的果树。刘恂的《岭表录异》除记述了荔枝、枸橼外，还记载了龙眼、椰子、波斯枣等果树。两书中对上述果树的产地、形态、生态习性以及用途均有不同程度的记述。

2. 宋代的果树种类

到宋代以后，记述的种类进一步扩大，例如在宋代范成大的《桂海虞衡志》中，记载了石榴花、荔枝、馒头柑、金橘、龙荔、木竹子、冬桃、绵李、石栗、罗望子、乌榄、蕉子、余甘子、毛栗、人面子、椰子、波罗蜜、柚子等 50 余种果树。与范成大同时代的周去非的《岭外代答》则记述了荔枝、石栗、龙荔、木竹子、人面子、乌榄、椰子、蕉子、余甘子、柚子、槟榔、频婆果、木馒头等 57 种果树。"宋徽宗赵佶于 1117 年在今河南省开封市附近建立'艮岳'园林，园内栽种的果树有柑橘、橙、柚、荔枝、桃、蟠桃、李、杏、枇杷、石榴、海棠[2] 等。一些本草学著作也涉及果树，如北宋马志撰《开宝本草》记述有："猕猴桃，一名藤梨，一名木子，一名猕猴梨，生山谷，藤生著树，叶圆有毛，其食形似鸡卵大，其皮褐色，经霜始甘美可食。"

银杏为我国著名的孑遗植物，是重要的经济树种，在南宋陈景沂所撰的《全芳备祖》中有许多专门记述，也见于其他著作，如《诗话总归》中说："京师旧无鸭脚（银杏），马都尉李文和自南方移植于私第，因而著子，自以稍蕃多，不复以南方为贵。"记述了银杏引入北方的过程。宋代梅尧臣有一首关于银杏的诗："神农本草缺，禹贡夏书无，遂压葡萄贵，秋来满上都。"说明当时在京都开封，银杏已充斥市场，成为重要果品。银杏大约在唐宋年间

---

① 封氏闻见记。
② 唐启宇，中国农史稿，农业出版社，1985 年，第 479~480 页。

首先传入日本，尔后传入欧洲。

3. 元代果树的种类

元代果树的品种更有所增加，栽培也更为广泛，仅《王祯农书》就记载了 20 多种果树，其中梨 20 多个品种，桃 18 个品种，李 19 个品种，梅 6 个品种，杏 9 个品种，柰 7 个品种，枣 40 多个品种，栗 4 个品种，柿 9 个品种。此外，还记载了林檎、榛、桑葚、荔枝、龙眼、橄榄、石榴、木瓜、银杏、橘、柑、橙、楂等果树。而《农桑辑要》除记载了以上树种外，还有樱桃、葡萄、枣。柳贯的《打枣谱》则记载了各地 73 个枣的品种。

（二）荔枝与《荔枝谱》

荔枝在我国栽培历史悠久，早在《汉书》中就有记载，唐代时有所发展，但在北方，仅是宫廷中的奢侈果品。在陕西乾县唐中宗时的永泰公主墓内的石椁线雕画中，有一侍女双手捧着一盘荔枝，是迄今发现最早的有关荔枝的形象资料。福建省现存许多古荔枝树，其中在福州西禅寺生长着一株唐代"俨荔枝"树，在莆田县城原宋代一庭园内生长着一株"宋香荔枝"，相传为唐代遗物，为我国现存最古老的荔枝树。唐代著名诗人白居易在《荔枝图序》中对荔枝的形态特征有一段非常生动的描写："荔枝生巴峡间，树影团团如帷盖，叶如桂，冬青；花如橘，春荣；实如丹，夏熟；朵如葡萄，核如枇杷，壳如红缯，膜如紫绡。瓤肉莹白如冰雪，浆液甘酸如醴酪……"而唐代另一著名诗人杜牧的"长安回望绣成堆，山顶千门次第开，一骑红尘妃子笑，无人知是荔枝来。"则记述了昔日封建皇帝怎样把南方的鲜荔枝运往京城的情景。从这些资料可以看出，我国至少在唐代以前，南方就已经开始种植荔枝。唐末时，郑熊曾撰写了一部《广中荔枝谱》，可惜早已失传。

到宋代时，我国荔枝的种植得到空前的发展，可以从这一时期所出现的有关荔枝的专谱——《荔枝谱》中得到证明。

《荔枝谱》为宋代蔡襄（1012～1067）所撰。蔡襄是宋代最著名的四大书法家之一，福建仙游人。他曾长期在闽南为官。闽南地处南亚热带，盛产荔枝。这种原产我国的美味水果，堪称色、香、味俱佳。蔡襄对当地所产的荔枝有很多的了解。他认为荔枝作为一种名贵果品，"名彻上京，外被夷狄，重于当世"，在众果中"卓然第一"，但由于鲜果不易保存，在国内的影响受到局限，因而要对它进行宣传记述，所以他根据自己所见所闻写下了《荔枝谱》。这是现存最早而且影响深远的荔枝专门著作。该书成于 1059 年，全书共分 7 篇，记载了当时福建南部著名的 32 个荔枝品种，并对其形态特征、风味、历史、产地、运销、食性、养护、加工和品种做了记述。书中指出，岭南、四川均产荔枝，但以福建产的最佳。书中对荔枝的生态特性也有一定描述，例如，他指出荔枝有"初种畏寒，方五、六年，深冬覆之，以护霜霰……有间岁生者（隔年结果），有仍岁生者，半生半歇也……今年实者，明年歇枝也"的习性，在那个时代有这种认识是极为可贵的。书中所描述的 32 个荔枝品种，根据其特性可与现代荔枝品种源流相考证。书中还记述到，当时荔枝已商品化生产，经"以盐梅卤浸，扶桑花为红浆渍，曝干"后，远销京师及海外，"水浮陆转以入京师，外至北戎、西夏，其东南舟行暹罗（泰国）、日本、琉球、及大食之属，莫不爱好，重利以酬之。故商人贩益广而乡人种益多，一岁之出，不知几千万亿……"由此，我们可以看出，荔枝已成为当时重要的国际贸易品。

（三）柑橘和《橘录》

柑橘类果树大部分为我国原产，栽培历史十分久远，其起源可追溯到四五千年前的新石器时代。战国时期的伟大诗人屈原曾写过《橘颂》。历代关于它们的记载很多，隋唐以后有了很大发展。据五代新说称："隋文帝嗜柑，蜀中摘黄柑，皆以蜡封蒂献，日久犹鲜。"又据诗话称："唐上元夜，宫人以黄罗包柑遗近臣，谓之传柑宴。"到唐宋时，"由于地区气候土壤的影响和人工培育条件的不断改良，生产出许多具有地方性特点的优良品种"。在陈藏器的《本草拾遗》中，共记载了 5 种柑类和 5 种橘类。到宋代时，柑橘类果树有了空前的发展，因此出现了世界上第一部有关柑橘的专著——《橘录》。《橘录》又称《永嘉橘录》，为宋代韩彦直所撰，于成熙五年（1178）问世。该书详细地记载了浙江温州一带柑橘的种类和栽培情况。书分上、中、下三卷，上卷和中卷记述了柑橘的分类、品种和性状，下卷则叙述了柑橘的栽培技术。书中首次将柑橘类果树分为柑、橘和橙子三大类，其中柑分 8 个品种，橘分 14 个品种，橙分 5 个品种，共计 27 个品种，分别记述其种治、始栽、培植、去病、浇灌、采摘、收藏、制治、入药等内容。特别值得一提的是，书中对柑橘的种类和品种特征做了详细、生动和较为科学的描述，如树冠的性状，枝叶的生长状态，果实的大小性状、色泽、粗细、光滑与否、果皮剥离的难易、瓤囊的数目、分离难易与风味、种子（核）的多少、果实成熟期迟早等。还指出了各品种命名的依据，这和当今的描述十分接近。在 800 多年前，能有这样的科学分析头脑，实在难能可贵。还应该提到的是，在"种治"中，历史上首次记述了以朱栾为砧木的嫁接技术，而且至今仍在实践中应用。书中还提到"金橘出江西，北人不识，景佑中始至汴都，因温成后嗜之，价遂贵"，记载了宋时金橘是京城开封一种受欢迎的果品。

《橘录》的作者韩彦直（1131～?），字子温，陕西延安府绥德人，是南宋抗金名将韩世忠之子。《橘录》是他于淳熙五年（1178）在著名的柑橘产地温州（永嘉）任知州时写的。从上面的描述可以看出，《橘录》对柑橘的形态、味道、栽培管理和病虫害防治都有较细的记载。在形态描述方面，作者重点突出对果实的记述，包括大小、形状；果皮的色泽、香气、厚薄；果瓣的数目、味道和种子的多寡等等。作者也是依据果实的这些差异来区分当时柑橘的不同种类的，是一种比较科学的方法，因此《橘录》是较《荔枝谱》生物学和园艺学价值更高的一部著作。

《橘录》国内有多种版本，如《百川学海》、《农荟》、《山居杂谈》、《农学丛书》等，同时还流传到欧美和日本，国外有赫格蒂（M. J. Hugerty）的英译本（1923 年）。不少文献都曾介绍或引用，至今仍受到国内外园艺界的重视。

（四）栽培管理技术的发展

在这一时期，果树的栽培管理，特别是嫁接技术，也得到很大发展。在公元 6 世纪仅限于梨等少数果树的嫁接技术，隋唐以后也推广到其他果树。元代《农桑辑要》所引《四时类要》中详细地记述了诸果的嫁接技术。如对于砧木的选择："正月取本，大如斧柯及臂者，皆堪接，谓之树砧。"对砧木的截切："砧若稍大，即去地一尺截之。若去地近截之，则地力大壮矣。夹煞所接之木稍小，即去地七、八寸截之。"对接穗的选择："所接树，选其向阳细嫩枝，如筋粗者，长四寸许，其枝须两节，兼须是二年枝方可接。"对嫁接的方法更有详细的记述："取快刀子于砧缘相对侧劈开，令深一寸，每砧对接两枝。候俱活，去一枝弱者"，"接时，微批一头入砧处，插砧缘劈处，令入五分。……插枝了，别取本色树皮一片，长尺余，阔三二分，缠所接树枝并砧缘疮口，恐雨水入。缠讫，即以黄泥泥之……"

尤其是对嫁接的亲和性有了更明确的了解："其实内子相类者，林擒、梨向木瓜砧上，栗子向栎砧上，皆活，盖是类也。"林擒、梨、木瓜在植物分类学中，同属于蔷薇科，栗子和栎同属于壳斗科，亲缘关系很近，当然容易成活。

三　蔬菜的研究

（一）蔬菜种类的增加

这一时期有关蔬菜的研究主要见于各种农书，如唐代韩鄂所编的《四时纂要》，记载了以前不曾种植或种植不普遍的蔬菜，其中有藕、署预（薯蓣，即山药）、牛蒡、术、黄精、决明、百合、枸杞、莴苣、菌子、笋、凫茈（荸荠）、芡、豌豆等，其中一些种类后来作为药用植物被利用。一些是这一时期由其他国家引进的，如莴苣，原产于西亚。《清录异》中记载："呙国使者来汉，隋人求得菜种，酬之甚厚，因名千金菜，今莴苣也。"由此可见，莴苣是隋代引入我国的。此时期由国外引进的另一个著名蔬菜是菠菜，《唐会要》记载："贞观……二十年三月十一日，以远夷各贡方物，其草木杂物，有异于常者，诏所司详录焉……泥婆罗国献菠棱菜（菠菜），类红蓝花，实似蒺藜，火熟之，能益食味。"西瓜也是此时期引入我国的。明李时珍《本草纲目》载："按胡峤于回纥得瓜种，名曰西瓜。则西瓜自五代时始入中国，今南北皆有。"明代王世懋《瓜蔬疏》中记载："金主亮征西域得之，洪皓自燕中携归。然瓜中第一美味，不应晚出而遍种天下，异方之物乃尔。"可知西瓜自南宋或五代以前已经引入我国，而南瓜大约也是在隋唐五代时引进的。

宋元时期，蔬菜的种类又有所增加，据元代的《王祯农书》、《农桑辑要》、《农桑衣食撮要》记载，蔬菜较前代增加的种类有：西瓜、胡萝卜、茼蒿、兰菜、茈菇（慈菇）、菱等。其中最重要的引进蔬菜之一当属胡萝卜，据《本草纲目》载："元时自胡地来，气味微似萝卜，故名胡萝卜。"

关于蔬菜的研究还见于某些方志著作中。如唐段公路《北户录》中记述了睡菜、蕹菜、斑皮竹笋等。

（二）蔬菜名称的更改

在这一时期，古代的许多蔬菜更改了名称。从中可以依稀看到蔬菜栽培发展的轨迹。例如：

茄子，在我国的栽培历史十分久远。在《南史蔡撙传》和《杜宝拾遗录》中都有隋炀帝将茄子称为"昆仑紫瓜"的记载。到唐五代时，又被称为"落苏"，据《老学庵笔记》称："今吴人正谓之落苏，或云：钱王有子跛足以声相近，故恶人称茄子。"

山药，山药的栽培当有 3000 年以上的历史。它是最早被列入本草的药材之一，以前称为薯蓣，唐代时称为薯药，宋代时方称为今名。《本草纲目》引寇宗奭语："薯蓣因唐代宗名预，避讳改为薯药，又因宋英宗讳曙，改为山药。"

萝卜，为我国最古老的蔬菜之一，也最早用于中药。据《本草纲目》载："上古谓之芦蒎，中古转为莱菔，后世讹为萝卜。"大约至两宋时萝卜之名方显于世。

黄瓜，是汉代张骞通西域后，从域外引进的。当时称为胡瓜，隋代以后才有黄瓜的名称。据《南史·蔡撙传》："至隋炀帝时，改胡瓜为白露黄瓜。"

油菜，古文献中称之为芸苔，大约在汉代开始种植，唐代时除用做蔬菜外，尚知其种子可以榨油。明代时开始用"油菜"的名称[①]。

（三）蔬菜栽培技术的发展

在这一时期，蔬菜的栽培管理技术有较大的发展。如《王祯农书》关于芜菁的记载："七月初种之，亩子三升，漫撒而劳，种不用湿，既不生锄，九月末收叶。六月种者，根大而叶蠹；七月末种者，叶美而根小，惟七月初种者根叶俱得。"关于韭黄的记载："至冬移（韭）根于地屋荫中，培以马粪，暖而即长，高可尺许，不见风日，其叶黄嫩，谓之韭黄。"已认识到植物的变异与其生态条件有密切的关系。另外，还可以从某些诗文中了解到当时一些地方蔬菜的栽培技术和方法，比如唐诗中的"内苑分得温汤水，二月中旬已进瓜"，是说当时老百姓从陕西临潼引进温泉的水提高早春的地温，以促使蔬菜瓜果的早熟。

四　花　卉　研　究

我国对花卉的研究起始于先秦，汉代以后逐渐发展起来，隋唐以后进入花卉的黄金时代。据《玉海》载："隋炀帝辟地二百里为西苑，诏天下进花卉。"可见当时花卉经营的规模。到唐代时，花卉栽培已很普遍，宋代时，花卉事业达到极盛。因此，在这一时期的园艺研究中，花卉处于最显要的地位。花卉的研究极大地丰富了中国植物学的知识，使传统的中国植物学进入了空前繁荣和兴盛的时代。这表现在两个方面，一是出现了一些有关园林植物的专著和许多花卉的专谱，二是出现了一些记述著名园林的著作。

（一）花卉种类的扩大

隋唐以前有关花卉的记载不多。隋唐以后随着国家的繁荣，经济文化的发展，有关花卉的著述逐渐增多起来。在唐代，首先应该提及的是王方庆的《庭园草木疏》和李德裕的《平泉山庄草木记》，后者记述了数十种花木。诗人王维的《辋川集》也记载了许多花木。唐贾耽著的《花谱》，段成式的《酉阳杂俎》，以及《唐本草》均有对花卉的记述。此外，唐代罗虬的《花九锡》和姚氏《西溪丛话》虽然完全从欣赏的角度审视花的世界，把各种花卉融入人类的情感之中，但从中我们可以体味到当时哪些花卉最受人们宠幸。在《花九锡》中记载的花卉有：梅、杏、梨、海棠、桃、李、牡丹、芍药、桂、兰等。在《西溪丛话》中，共记载了花卉30客，有牡丹、梅、兰、桃、杏、莲、木樨、海棠、踯躅、梨、瑞香、菊、木芙蓉、酴醾、腊梅、琼花、青馨、丁香、葵、含笑、杨花、玫瑰、月季、木槿、安石榴、鼓子花、棣棠、曼陀罗、孤灯、棠梨等。除上述花卉之外，备受人们喜爱的花卉还有：栀子、紫薇、郁金香、水仙等。

郁金隋代就有记载，《释沸·佚曲》有："煌煌郁金，生于野田，过时不采，宛见弃捐，

---

① 中国植物学会，中国植物学史，科学出版社，1994年，第3页。

曼尔半炽，华色维新，与我同欢。"旧唐书宣宗本纪也有记载："旧时人主所行黄门，先以龙脑，郁金藉地，上悉命去之。"

水仙在唐段成式的《酉阳杂俎》中已有记载："奈祇，出佛林国。"其中的奈祇即为水仙，是 Narcissus（英文水仙和拉丁文水仙属）的译音。另外，花史也有关于水仙的记载："唐玄宗赐虢国夫人红水仙十二盆，盆皆金玉七宝所造。"

到宋代时，我国花卉的发展进入极盛时期。除洛阳牡丹、扬州芍药名扬天下之外，海棠、腊梅、瑞香、山茶、兰、菊、梅、栀子已走进花卉历史的辉煌舞台，为人们所青睐。如山茶花，有许多关于它的记述。

在这一时期，我国除了引进不少经济树木、果树及蔬菜外，也引进了一些花卉。

（二）重要花卉著作

1. 周师厚与《洛阳花木记》

《洛阳花木记》是北宋的官吏周师厚写的专记洛阳花木的一本书，成书于 1082 年。作者在少年时就听说"洛阳花卉之盛，甲于天下"，后来到洛阳任职后，深感这里花木的种类繁多和绚丽多彩，于是根据所见所闻，参照唐代李德裕《平泉山居草木记》和欧阳修的《洛阳牡丹记》等著作，写下了此书。

书中收录了当地的各种花卉，有牡丹 109 个品种，芍药 41 个品种，还有其他花卉 300 多种，其中有 82 种杂花，如瑞香、海棠、腊梅、锦带花、山茶、棣棠、木槿、山桃、木瓜、木兰、紫荆、丁香、迎春、芙蓉、茉莉、素馨、佛桑、连翘等；157 种果子花，其中有 30 个桃的品种，16 个杏的品种，27 个梨的品种，27 个李的品种，11 个樱桃品种，9 个石榴品种，6 个林擒品种，5 个木瓜品种，10 个奈品种；刺花类 37 种，如月季、蔷薇、玫瑰、茶梅等；草花类 89 种，如兰、水仙、菊、萱草、石竹、玉簪、曼陀罗、鸡冠花、蜀葵、山丹、地锦、锦带等；17 种水花，如白苹、莲等；6 种蔓花，如凌霄、牵牛等。全书共记载了 536 种（或品种）花木。此书在花名之后，还特别附有一篇"牡丹叙"，叙述了各牡丹品种的特性和历史沿革。此外，书中还有"四时变接法"、"接花法"、"栽花法"、"种祖子法"、"打剥花法"、"分芍药法"等，记述了许多花卉的栽培和繁殖的方法。

2. 牡丹及《洛阳牡丹记》

牡丹，为我国特产，其历史相当久远。最早记载见于《神农本草经》，另外，东汉早期的武威医简也有记载。唐代时已有栽培，当时骊山专门辟有牡丹园，暮春看牡丹，已成为当时的盛事。于是产生了许多有关牡丹的传说和诗文。至宋代时，洛阳牡丹称雄于世，出现了许多有关牡丹的专谱，其中最有名的当推宋代欧阳修所撰的《洛阳牡丹记》。欧阳修作的《洛阳牡丹记》是我国现存最早的牡丹专著。牡丹是我国唐代开始就很有名的花卉，宋初曾有一个和尚仲修写过《越中牡丹记》（成书约在公元 986 年），记述牡丹 32 个品种，但该书早已不存。欧阳修本人从天圣九年（1031）三月起，曾到洛阳为官 4 年，那里的牡丹从唐代以来就特别有名，当时有洛阳牡丹甲天下之说。欧阳修在洛阳期间，虽因各种原因，在牡丹盛开时节离开洛阳，只看到早花或晚开的牡丹，但仅就所见，已使他对牡丹的种类繁多和美丽动人感叹不已，因而在景祐元年（1034）写下了这部著作。全书分三篇，第一篇为花品叙，记载了他认为比较好的牡丹品种 24 个，其中提到珍贵的品种有"姚黄"、"魏花"、"潜溪绯"等；第二篇为花释名，叙述了有名品种的来历；第三篇称风俗记，记述了洛阳人赏花、接花、种花、浇花、养花、医花的方法等。此书可贵之处还在于注意到由于显著变异而产生新品种的现象："御袍黄（牡丹一品种），千叶黄花也，色与开口大率类女贞黄（牡丹品种），元丰（1078～1085）时应天神院御花园中，植山蓖（野牡丹）数百，忽于其中变此一种，因目之为御袍黄。其他如魏胜（牡丹品种）、微紫（牡丹品种）、都胜（牡丹品种）差大，叶微带紫红色，前出于红花本，后出于紫花本。"此均是显著变异的现象。从中不难看出书中不但记述了牡丹各品种观赏价值的顺序，而且还记述了牡丹由野生到栽培，由单瓣到重瓣的发展过程，及牡丹的分布范围等有价值的史料。所以说此书有一定的植物学价值，并且很具有代表性。南宋最著名的诗人陆游的《天彭牡丹谱》，格式上全面仿照欧阳修，也是按品序、释名、风俗记的顺序记述他在成都西北的彭门山所见的牡丹，书中记载的种类都为欧阳修所未记，也是以赏花为主的作品。

除欧阳修《洛阳牡丹记》之外，还有成书于 1082 年以后的周师厚编撰的另一个《洛阳牡丹记》，书中记载了 46 个牡丹品种。此外关于牡丹的专谱还有张邦基《陈州牡丹记》等著述。

3. 芍药与《芍药谱》

芍药也是我国的特产，在园林中的地位不亚于牡丹。宋代是我国芍药的极盛时期，当时扬州芍药名冠天下，与洛阳牡丹并称。当时出现了许多有关芍药的专谱，最早的是刘攽作的《芍药谱》（又名《维扬芍药谱》）。他作谱的情形与欧阳修相类似，他在书前的"序"中说，"天下名花，洛阳牡丹、广陵芍药为相侔埒"。他于熙宁六年（1073）到扬州，亲见那里园林中芍药的栽培之兴盛，因此写下他的《芍药谱》。全书把芍药分为 7 类，记载芍药 31 个品种，原来有请画工作的附图（后来不存）。稍后，曾在扬州做官的孔武仲，有感于"扬州芍药名于天下，与洛阳牡丹俱贵于时"，也著了一本《芍药谱》。孔谱和刘攽的花谱一样，原来都附有插图。熙宁八年又有王观到扬州做官，也据当地的名花写了一本新的《芍药谱》，记载芍药 33 个品种。他在书中"后论"中说："今天下一统，井邑田野虽不及故之繁盛，而人人皆安生乐业，不知有兵革之患。民间及春之月，治花木饰亭榭以往来游乐为事。"

王观的《芍药谱》在刘谱的基础上增加了"御衣黄"、"黄楼子"等 8 个新品种。芍药在周代时就非常有名，牡丹实际上早先也是靠它的名以"木芍药"出名的。这些芍药专著的作者都注意到芍药在扬州栽培的繁荣与当地的气候、土壤情况密切相关，更与当地人的精心培育和改良品种有极大的关系。特别是王观的《芍药谱》还记述了这种名花的繁殖、修剪和病虫害防治技术。

4. 菊与《菊谱》

菊花在宋代也达到前所未有的兴盛。当时有多种关于菊花的专谱，其中最著名的是宋代刘蒙所撰的《菊谱》，又称《刘氏菊谱》，此书是作者于崇宁三年（1104）游洛阳龙门时写成的。刘蒙《菊谱》（百川学海本）说菊："可食有功，花色香态纤妙闲雅可为丘壑燕静之娱，香以比德，配以岁寒之操。"很可以说明当时人们积累生物学知识的一般心态。书中叙述了有名的菊花品种 35 种（补遗 6 种在外），以及形态、色泽、产地，并指出栽培条件可以改变品种的类型："花大的为甘菊，花小而苦者为野菊。若种园蔬肥沃之处，复同一体，是小可变为甘也，如是则单叶变为千叶亦有之矣。"此书是我国现存最早的菊花专著。数十年之后（1175），又有史正志的《菊谱》（又称《史氏菊谱》）问世，书中记述了 28 个菊花品种，其中 13 个黄色的，10 个白色的，5 个杂色的，均为作者在苏州自养。而且作者提到了菊花的多种变异。宋淳祐二年（1242）问世的《百集菊谱》，为宋史铸所撰，书中除节录了上述和其他菊谱的内容外，还罗列了《洛阳花木记》中所载的菊花名称以及作者自己所写的新谱。共记载了 160 多个菊花品种。宋代范成大的《范村菊谱》又称《石湖菊谱》，成书于 1186 年，记载了亲自在园中种植的 36 个菊花品种。此外还有宋沈兢的《菊名篇》以及胡融的《图形菊谱》等著作。

5. 梅与《梅谱》

宋代还有一些著作是以自己的栽培实践为中心记载的，因而其包含着更为丰富的遗传和育种，及生理生态方面的知识。范成大的作品《范村梅谱》是其中很典型的一部。《范村梅谱》为世界上第一部有关梅花的专谱，成书于 1186 年。范成大在江苏苏州石湖范村亲自种梅，书中记述了 12 个梅花品种，比以前增加了 5 类，并描述各种梅的性状，记载了当时四川成都、浙江种梅的情况。《范村梅谱》中还记载了实生梅和腊梅与嫁接后的品种在大小、颜色和香气方面的差异。

6. 兰与《兰谱》

兰花原产于我国，约有 1000 余年的栽培历史。唐代以前的古籍中所称的"兰"并非今日的兰花，而是菊科的古梁香。而今日所指的兰花多属于兰科植物，它是在宋代才被逐渐重视起来的花卉。南宋赵时庚所著的《金漳兰谱》为我国最早的关于兰花的专谱，于绍定六年（1233）成书，共三卷五篇。书中记述了兰属植物 21 个品种及其形态特征和栽培技术、繁殖及保护方法。除此之外，在宋代还有王贵学的《王氏兰谱》（1247），全书分品第之等、灌溉之候、分析之法、沙泥之宜、爱养之地、兰品之产等六节。明代王世贞评本书为兰谱中最好的一种。除此之外还有张应文的《罗篱斋兰谱》等。

7. 张翊及《花经》

宋代张翊的《花经》中记载了许多花卉。他把当时著名的花卉分为九个品级。一品中有兰、牡丹、腊梅、瑞香等 5 种；二品有琼花、蕙、岩桂、茉莉、含笑等 5 种；三品有芍药、莲、栀子、丁香、碧桃、垂丝海棠、千叶桃等 8 种（品种）；四品有菊、杏、辛夷、樱桃、梅等 9 种；五品有杨、梨、李、桃、石榴等 6 种；六品有紫薇、海棠等 6 种；七品有郁李、蔷薇、木瓜、山茶、迎春、玫瑰、锦带等 8 种；八品有杜鹃、木兰、鸡冠等 7 种；九品有芙蓉、牵牛、槿、葵、石竹等 8 种，共计 62 种。

此外，《三柳轩杂识》承袭前述的《姚氏息溪丛话》，在 30 客的基础上，又增加了 20 客，共计有 50 种花卉，其中有一些如萱草、凤仙、菖蒲、凌霄等是前人几乎没有提到过的。

在这里还应当提到的是南宋学者陈景沂所编纂的《花果卉木全芳备祖》，简称《全芳备祖》。它可以说是一部以花卉为主的综合类书，成书于宝佑四年（1256）。全书共 58 卷，分前后两集，前集为花卉，后集分为果、花卉、草木、农桑、蔬菜和药物等部分。现存惟一的原本保存在日本宫内厅书陵部。1979 年 10 月，日本宫内厅把这部书的影印件赠送给我国。

（三）花卉的栽培管理

宋元时期，不仅花卉品种有所增加，而且栽培管理技术也有很大提高。例如，当时人们已经懂得人为改变生态条件来控制植物的花期。宋代周密的《癸辛杂识》记载了南宋时，杭州马塍的花农，用熏蒸的方法促使牡丹、梅、桃等花早放，但要使桂花早放，就必须放置于深邃的石洞内让凉风吹袭。

在宋代周师厚的《洛阳花木记》中，对花卉的繁殖有相当深入的研究。其中的"四时变接法"是一个繁殖花卉的月历，他特别强调："此唯洛中气候可依此变接，他处须各随地气早处接。"意思是说，各地应随各地的气候土壤条件确定繁殖时间。书中把花卉的繁殖分为嫁接、压条、分株、播种等四类。当时已经懂得用野蔷薇嫁接黄蔷薇以及月季、玫瑰等刺花类的花卉。嫁接花卉的工艺技术已经十分细致与讲究，如对接花的时间要求："接花必于秋社后，九月前，余皆非其时也。"对砧木的技术要求："接花预于二三年前种下祖子，唯根盛者为佳，盖家祖子根前而嫩，嫩则津脉盛而木实，山祖子多老，根少而木虚，接之多夭。"对嫁接的技术要求："削接头，欲平而阔，常令根皮包含接头，勿令作陡刃，刃陡则接头多退出，而皮不相对，津脉不通，遂致枯死矣。接头系缚欲密，勿令透风，不可令雨湿疮口，接头必以细土复之不可令人触动。"对嫁接后的管理："接后月余，须时时看觑，觑根下，勿令生妒芽，芽生即分，减却津脉，而接头枯矣。"对接穗的技术要求："凡选接头，须取木枝肥嫩，花芽盛大，平而圆实者为佳，虚尖者无花矣。"嫁接技术已经和形态解剖特征以及植物的生理特性结合在一起。

（四）名园及名园中的植物

隋唐以来，随着我国园圃生产和园艺事业的迅速发展，出现了许多名"园"。唐代诗人王维（701~760）在陕西蓝田的辋川别业是一个集自然山水为一体，兼有农、牧、渔、林、园艺生产的大型庄园，据《辋川集》载：园中有文杏馆、斤竹岭、木兰柴、茱萸沜、宫槐陌、柳浪、竹里馆、辛夷坞、漆园、椒园等20多个景点。另外，从他的与辋川有关的许多诗文中，还可以看到园中种植着柑橘、柳、桃、葵、莲藕、菱、谷、粱等植物。唐代另一著名诗人白居易晚年在洛阳营造了一个"十亩之宅，五亩之园"的宅园。唐代曾任兵部尚书等职的李德裕（787~849），用了大约20年时间在洛阳附近营造了一个平泉山庄，园内集有大量植物，据他所著《平泉山庄草木记》载，有金松、琪树（南天烛）、海棠、榧、桧、红贵桂、厚朴、香柽、木兰、月桂、杨梅、珠柏、栾荆、杜鹃、山桃、柏、柳柏、红豆、山樱、栗、梨、龙柏、山茶、紫丁香、木芙蓉、蔷薇、紫桂、石楠、相思、贞桐、黄槿、牡桂、莲、天蓼、青枥、朱杉、龙骨等。

到宋代时，随着农业经济的发展，私人园圃的数量越来越多，园圃的经营内容除以农作物为主的园圃外，出现了更多的专业园圃，诸如各类果园、花圃、茶园、药圃、桑园及木棉园圃等。

宋代出现如此众多的草木尤其是花卉的专著，很重要的原因是当时的园林艺术空前发达。这种状况得益于统治者的提倡和一般官僚的喜好。亡国之君宋徽宗肯定不是称职的政治家，但却是一个非常喜好园林的艺术家。他如果不纵容大兴土木、劳民伤财地搞"花石纲"，修建"艮岳"等皇家园林，他的统治也许不至于垮得那样早。当时无论曾为北宋京城的开封、洛阳，还是南宋的京城杭州的园林都很多，这从《东京梦华录》、《洛阳名园记》、《枫窗小牍》和《梦粱录》中可以很清楚地看出来。关于这一点我们可从欧阳修的《洛阳牡丹记》的写作中看出。

北宋欧阳修的《洛阳牡丹记》与当时西京洛阳园林的众多，尤其是牡丹栽培的兴盛直接关联。洛阳在唐代时就以园林众多闻名，到宋代时园林更多。著名词人李清照的父亲李恪非所作的《洛阳名园记》，记述了城中近20处著名的园林。当时不但出现李恪非《洛阳花木记》这样的专著，著名学者描述这里花木的诗词也不胜枚举：王禹偁有："忆昔西京看牡丹，稍无颜色便心阑"；司马光写有"洛阳春日最繁华，红绿阴中十万家"；而欧阳修本人也有"曾是洛阳花下客"这样的诗句。欧阳修和当时许多文人一样，非常喜欢园林花卉。据《全芳备祖》上引的资料说，扬州曾有一株琼花特别漂亮，色香俱佳，号称天下无双，欧阳修曾特地修建了一座"无双亭"，以便观赏这株名花。从中不难看出这位学者对花卉的痴迷程度。正是这样一些文人墨客的推波助澜，使当时记花撰谱的潮流波涛汹涌，经久不衰。

当时像欧阳修这样的文人可以说是非常普遍的。他们凭借较优裕的政治地位和生活条件，可以在各地促进兴建园林，或自己种些观赏植物以怡情养性，又可以从中寻求一些植物学知识，这也确实使他们在生物学方面做出了一些贡献。陈翥种桐著《桐谱》，范成大根据自己花园的植物著《范村梅谱》、《范村菊谱》都是很好的例子。

宋代之所以出现这种情况，还因为这些文人官吏对一般粮食、经济作物的用心程度远不及在花草虫鱼方面投入得多。由于所处的经济地位优越，他们并不太在乎一般的经济作物和粮食作物，他们认为那些是俗务；关注花草和美果可以得到更多的精神享受，在他们认为这都是雅事。另一方面，他们注重精神生活享受，对各地的园林花卉情有独钟，并愿意记述下来供后人知晓，欣赏和激励更好地发展这方面的工作。结果正像刘蒙《菊谱》中说的那样，"夫牡丹、荔枝、香、笋、茶、竹……有明数者，前人皆谱录"，像菊花这种被屈原、陶渊明赞颂，"可食有功，花色香态纤妙闲雅、可为丘壑燕静之娱"，"香以比德，配以岁寒之操"，种类达30多种的菊花也不能没有谱，于是为名花果木作谱成为一时风尚。有些花谱，如陈思的《海棠谱》实际上相当于胪列海棠史料、诗歌的类书。既然有单种花卉果木的类书，就很自然地出现了《全芳备祖》那样的综合性植物类书。

此外，从反应宋代的社会风尚、精神面貌的文学艺术而言，宋诗、宋词无疑是那个时代发展壮大的一种具有典型特征的形式。尤其是宋词这种秀丽蕴情的非常适合吟花赏月的"浅斟低唱"，对当时的花卉园林艺术的发展、禽鸟虫鱼的养殖无疑是有很大的促进作用的。刘蒙的《菊谱》记载当时一些文人"萃诸菊而植之，朝夕啸吟于其侧"；王质记下周围的鸟类和山菜，并写诗赞颂，这都是典型的例子。

正因为文人作品大多从观赏的角度出发，所以他们所注意的文采和格调大都能给后代的学者留下深刻的印象，因而能够伴随我国园林花卉学的发展而广为流传。这类著作的特点是对花的历史、花的观赏价值和栽培述说得比较多。在某种程度而言，就像当时他们描述植物的诗词文句一样，带有较多欣赏神韵、抒情格调，以及浪漫的拟人化写法。另一方面，宋人喜爱种花草名木，也在一定程度上促进了当时文学艺术的繁荣。如果说，唐诗雄浑的边塞诗给人以特别深刻的印象的话，宋代描述植物及其景致的词句也许是历代中最动人的。如宋祁的"绿杨烟外晓寒轻，红杏枝头春意闹"；晏殊的"梨花院落溶溶月，柳絮池塘淡淡风"；秦观的"有情芍药含春泪，无力蔷薇卧晓枝"；被人誉为"梅妻鹤子"的林逋咏梅的"疏影横斜水清浅，暗香浮动月黄昏”，都非常生动传神，情景交融，诗情画意，达到了很高的境界。

　　诚然，从植物学、园艺学方面着眼的一些具体的、琐碎的形态、习性的文字记载相对较少，但这并不是说他们在这方面缺少观察。蔡绦的《西清诗话》记载的一则植物诗文故事，也反映出当时有些文人对花卉有很细致的观察。故事中说，王安石写下“黄昏风雨暝园林，篱菊飘零满地金。”欧阳修认为菊花和其他花不一样，通常是在枝头上枯萎的，因此戏咏了“秋英不比春花落，为报诗人仔细看”，意思是菊花不落地，因而不可能“飘零满地金”。也许他们中大多数人仅仅认为对于园林植物而言，辨识和掌握其生物学特征并非是一个首要的方面。

第四节　应用微生物学的提高

一　制酱技术的提高

（一）唐代制酱技术

　　唐代韩鄂在《四时纂要》序中写到：“手试必成之醯，家传立效之方书。”可见韩鄂不仅有家传制酱酿醋之方书，还有手试必成之经验，《四时纂要》的酿造部分是在方书基础上写成的。韩鄂[1] 记载的制酱方法按季节分为两种，夏季速酿法和冬季制酱法。现讨论夏季速酿法。书中记载：“豆黄一斗，净淘三遍，宿浸，漉去，蒸烂。倾下，以面二斗五升相拌和，令面悉裹却豆黄。又再蒸，令面熟，摊却火气，令如人体。以谷叶布地上，置豆黄于其上，堆，又以谷叶布覆之，不得令太厚。三四日，衣上，黄色遍，即晒干收之。……十日便熟，味如肉酱。”用面和豆黄放在一起制酱，这是第一次记载。其特点是面中的淀粉含量高，弥补豆之不足。淀粉经霉菌淀粉酶作用，分解为低聚糖和双糖、单糖。这些糖类经细菌的转化，可以产生有机酸。有机酸与蛋白质分解生成的氨基酸作用，生成相应的酯类，增加了酱的香味，所以这种制酱方法以后沿用了相当长的时期。

（二）制酱技术传入日本

　　日本木下浅吉[2] 在《实用酱油酿造法》序中写到：“天平胜宝六年（755），唐僧鉴真来朝，传来味噌制法。”酱在日本叫做味噌。

二　豉汁最早制法的记载

　　韩鄂[3] 在《四时纂要》中记载了咸豆豉的制作方法：“（六月），大黑豆一斗，净淘，择去恶者，烂煮。一依罨黄衣法，黄衣便即出。簸去黄衣，用熟水淘洗，沥干。每斗用盐五升，生姜半斤，切成细条子。青椒一斤，拣净。即作盐汤，如人体，即入瓮器中。一重豆，一层椒、姜，入尽，即下盐水，取豆面深五、七寸乃止。即以椒叶盖之。密泥，于日中著，二七日出，晒干。汁则煎而别贮之，点素食尤美。”咸豉制法中有豉汁制法，是豉汁的最早

---

①　唐·韩鄂，四时纂要。
②　木下浅吉，实用酱油酿造法，明文堂出版，1925 年（大正十四年），第 7 页。
③　唐·韩鄂撰，缪启愉释，四民月令辑释，农业出版社，1981 年。

制法记载。制好的豉汁要先煎而后贮存，采取了常温灭菌措施，这也是豉汁灭菌的最早记载。灭过菌的豉汁，就可以贮存更长的时间。

三　宋代黄酒的酿造

黄酒是以谷物为原料，经霉菌、酵母和细菌的混合发酵酿制的一类酒。因酿成的酒大多数品种颜色黄亮而得名。长江以南各省都是用糯米为原料，长江以北多用黍米。黄酒的酒精浓度低，酒性醇和具有地方风味。它和白酒构成我国酿酒的两大体系。黄酒起源甚早，由于没有文字记载，无法考证它的起源和发展。绍兴酒是黄酒的代表，浙江余姚市河姆渡文化遗址中发现酒器陶盉和大量水稻，可见用米为原料酿酒的起源是相当久远的。《北山酒经》是现存记载黄酒酿制最完整的一部专著，也是一部酿酒微生物学专著。它是应用微生物学水平提高的代表作。

《北山酒经》的作者朱翼中[①] 是北宋时期人。他的好友李保[②] 为《北山酒经》作的序中写道："属朝廷大兴医学，求深于道术者，为之官师，乃起公为博士"。后因"翼中坐书东坡诗，贬达州。又明年，以宫词还。"朱翼中便"著书酿酒，侨居西湖而老焉。"朱翼中本人不会亲自酿酒的，但耳听目睹使他对酿酒的操作经验是熟悉的。所以才能写出具有微生物学原理、系统和完整的制曲与酿酒制作方法，与 19 世纪五六十年代黄酒制作工艺流程基本相似。这些原理和制作方法，使我国应用微生物学的水平，有了显著的提高和发展。

《北山酒经》分上、中、下三篇。上篇是综述我国酿酒史和告诫人们酒不可狂饮，这里不作讨论。中篇为制曲，下篇为酿酒，以下将分别进行讨论。

（一）制曲

《北山酒经》中制曲部分包括总论和各论。总论部分着重说明以下几个问题。

首先是制曲用香药。在《齐民要术》河东神曲方中便加有"桑叶五分，苍耳一分，艾一分，茱萸一分一，若无茱萸，野蓼亦得用"，但加香料的很少。而《北山酒经》中的曲，在制作时都加入香药，且沿用至今。加入香药的目的是，"大抵辛香发散而已"。方心芳[③] 对此曾进行过研究，他发现，辣蓼中含有生物素，对酵母和根霉的生长有促进作用。有的香药只是增加黄酒的风味，而有的香药对微生物的生长则有抑制作用，黄连就是一例。

其次是水分和高温度。水多则糖心。水脉不匀，则心内青黑色。伤寒则心红，伤冷则不透而体重。惟是体轻心内黄白，或上面有花衣，乃是好曲。水分和温度是控制曲的质量的重要条件，同时提出质量好的标准：一是曲的重量轻，二是心内黄白。心内黄白的意思是有黄色的分子孢子和白色菌丝体，即米曲霉的分生孢子及其大量菌丝体。这种曲从表观上看已是较为纯的米曲霉曲种，比《齐民要术》中笨曲的"五色衣成"，是个很大的进步。这标志着酿酒用曲向菌种培养方向发展。而曲的表面尚"有花衣"，即生长着各种颜色孢子的霉菌，这当然还不够理想。从总体上看曲的酶活力质量大大提高了，杂菌污染大大降低了。

---

① 宋·朱翼中，引自胡山源编《古今酒事》，世界书局，1939 年，第 23～49 页。
② 宋·李保，引自胡山源编《古今酒事》，世界书局，1939 年，第 22 页。
③ 方心芳，黄酒发酵与菌学，1942，10（2）：21～23。

1. 罨曲

所谓罨曲是指曲在焙制过程中，用东西覆盖起来保温。这类曲有四种，其共同特点是，用面粉做原料，全是生料，这标志制曲原料向粉状生料方向发展的新阶段。其他两类曲中只有四种曲的原料要蒸（煮）。采用生料有利于糖化力强并具酒化酶系的根霉生长，因为根霉缺少酸性蛋白酶，原料经加热后其中蛋白质变性，根霉不能利用变性的蛋白质，所以在熟料上生长比在生料上生长弱得多。《黄酒酿造》[1] 中对黄酒使用的麦曲微生物分离结果，以米曲霉、根霉和毛霉为多，黑曲霉和青霉很少。

（1）水分。水分的控制是制曲的关键因素之一。《北山酒经》中提出了控制水分简单易行的标准。"拌时须干湿得所，不可贪水。握得紧，扑得散，是其诀也。"这种方法一直沿用至今。

（2）踏曲。踏曲是块曲制作时的工序，要求"方入模子，用布包裹踏"，"直须踏实，若虚则不中造曲"。曲踏实主要是造成内部厌氧条件，有利于根霉、曲霉菌丝体的生长。菌丝体生长得多，分泌的淀粉酶、蛋白酶也多。酶分解原料，为菌丝体生长提供养分。菌丝体生长到一定程度便形成分生孢子，菌丝体多，形成的分生孢子也多，作为菌种用的曲的质量也就越高。

（3）温度。在培养块曲的曲房，"预治净室无风处，安排下场子。先用板隔地气，下铺麦麸约一尺浮，上铺箔。箔上铺曲。看远近用草人子为契。上用麦麸盖之。又铺箔。箔上又铺曲，依前铺麦麸。四周用麦麸劄实风道，上面更以黄蒿稀压定。须一日两次觑步体当，发得紧慢，伤热则心红，伤冷则体重。若发得热，周遭麦麸微湿，则减去上面盖麦麸，并取去四周劄塞，令冷透气，约三两时辰，或半日许，依前盖覆。若发得太热，即再减盖麦麸令薄。如冷不发，即添麦麸厚盖，催趁之。约发十余日已来，将曲侧起，两两相对，再如前罨之，蘸瓦日足，然后出草。"

《北山酒经》在曲培养过程中对品温的调节，比《齐民要术》中粗放的调节要及时、细致。根据曲块中霉菌宏观生理变化动态，及时通风散热和散发水气，把品温控制在适当的范围内。《黄酒酿造》[2] 在检验麦曲制作过程中温度变化和分析结果上，大体与《北山酒经》中描述相似，证明该书论述的科学性和创造性。罨曲培养过程中第五天品温达到最高，为 $40\sim43℃$，即"发得太热"，以后品温逐渐下降，至第十五天温度平稳，即"发十余日"。这表明朱翼中对微生物生理学的了解和认识，比前人又有很大提高，从而在培养工艺上放弃了粗放式操作，采取加强品温变化的观察，及时采取降温通风散气措施。这类似于近代工业微生物生产，工人要定时观察各种参数的观测制度。

以《北山酒经》罨曲为例，与《黄酒酿造》[3] 中近代制曲进行比较，两者大体相似。罨曲制曲工艺流程为：

```
              香药→捣碎
                    ↓
小麦→磨面→拌曲→入模成形→堆曲→保温→降温→折曲→成品
              ↑
              水
```

①　轻工业部科学研究设计院、北京轻工业学院，黄酒酿造，轻工业出版社，1960 年，第 35～70 页。
②　同①。
③　同①。

《黄酒酿造》① 中制曲工艺流程为：

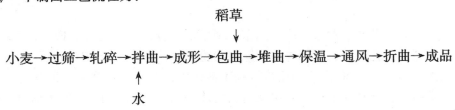

2. 风曲

《北山酒经》中的风曲，与《齐民要术》中的风曲在制作上有所改进。一是原料主要为生料；二是在曲培养时，外加"草叶包裹"或"桑叶裹"、"谷叶裹"等，然后盛在纸袋中，"挂阁通风处半月"或"二七日"除去包裹的草叶等，再盛于纸袋中再挂"四十日"或"两个月"可收。

曲用草叶、桑叶或谷叶包裹，再盛在纸袋中，可延缓曲中水分的散失，有利于霉菌的孢子萌发和菌丝体生长繁殖，从而提高曲的酶活力。

3. 醭曲

醭曲有五种。其中玉友曲和白醪曲在制曲过程中，"博成饼子，以旧曲末逐个为衣"，或"更以曲母偏身糁过为衣"。这一措施是把旧曲中霉菌孢子按种到新曲的表面，现代微生物学中叫做接种。这是酿酒进行人工接种菌种的最早记录，是应用微生物学中又一个新的原理和概念。

玉友曲和白醪曲虽是饼状，但其原料为糯米，或粳米加糯米。其制作方法与小曲的制作方法很相似，加入中草药，进行人工接种种曲，待生白衣后，"安桌子上，须稍干，旋逐个揭之，令离筛子。更数日，以篮子悬通风处一月"或"过半年以后"使用。小曲是因其曲比大曲小，便叫做小曲。据对微生物分离鉴定，小曲与大曲的微生物区系也不一样，小曲以根霉为主，也有毛霉和酵母，大曲则以曲霉为主。

小曲最早的记载见于晋（260～304）嵇含② 《南方本草状》中，"草曲南海多矣，酒不用曲蘖，但杵米粉杂以众草叶，治葛汁涤溲之，大如卵，置蓬蒿中，荫蔽之，经月而成。"

1882年欧洲人 A. CalMette 从小曲中分离到一株糖化力强的霉菌，经鉴定为根霉。1898年申请专利，应用根霉在欧洲各国生产酒精，即盛行一时的阿米诺法（Amylo Process）③。

（二）酒母

黄酒酿造中突出的一个特点是培养酒母。《北山酒经》中叫做"酵"和"酴米"，即酵母种子的扩大培养。开始时微生物区系中包括霉菌、根霉和酵母等，经一段时期发酵后，由于酵母产生酒精，抑制了霉菌的生长。《北山酒经》酒母培养工艺流程与《黄酒酿造》中的工

---

① 轻工业部科学研究设计院、北京轻工业学院，黄酒酿造，轻工业出版社，1960年，第35～70页。

② 晋·嵇含，《南方本草状》七卷，《百川学海》，第三十册，第3页。

③ 同②。

艺流程比较，两者大体上是相似的，如下：

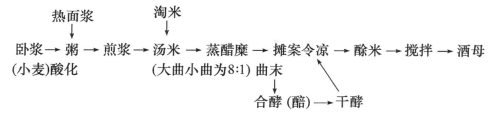

而近代酒母的制造工艺流程如下[①]：

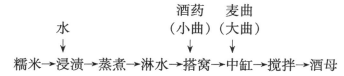

1.卧浆

"造酒最在浆，其浆不可才酸便用，须是味重。酴米偷酸，全在于浆。大法，浆不酸即不可酝酒。盖酒以浆为祖。无浆处或以水解醋，入葱椒煎，谓之合新浆。如用已曾浸米浆，以水解之，入葱椒等煎，谓之传旧浆。今人呼为酒浆是也。"其制法为，"六月三伏时，用小麦一斗，煮粥为脚。日间悬胎盖，夜间实盖之。逐日浸热面浆或饮汤，不妨给用，但不得犯生水。"所谓卧浆，是用淀粉质原料经糊化后进行乳酸发酵，得到酸性偏低的浆水，用这种浆来调节酒母培养时原料的酸度。那么为什么把卧浆在酿酒中说得非常重要呢？用微生物生理学知识来分析，证明在北宋时期酒人已经了解和掌握了霉菌、根霉和酵母的宏观生理学。这些微生物生长时要求偏酸性，而一般细菌生长则要求偏中性。在偏酸条件下可适当控制杂菌生长。酒母培养得好，酿酒便成功一半了。若酿酒时没有酸浆，可"以水解醋"来代替。为了使浆水中减少杂菌污染，在卧浆时"不得犯生水"，只加入经加热灭过菌的"热面浆或饮汤"。

《黄酒酿造》[②] 对酸浆进行了微生物的分离，主要为乳酸链球菌。乳酸菌将原料中的蛋白质分解为氨基酸，有利于酒母中微生物的生长。

2.煎浆

煎浆要"先煎三四沸，以笊篱漉去白沫"，由此可见煎浆的目的在于灭菌，以免以后使酒变酸。漉去的白沫推测可能是酸浆中生长的皮膜酵母。近代在制酸浆时，也用竹篱捞去浆水表面形成的白色菌醭。

3.酵

用酵制酒母，是黄酒制造中又一特点。《北山酒经》指出："北人造酒不用酵。然冬月天寒，酒难得发，多撅了。"

---

①　参见 A. CalMette，1911 年，in Lafar，F：Technical Micrology，Vol.，P. 69，Charles Griffin Company Ltd. London。

②　轻工业部科学研究设计院、北京轻工业学院，黄酒酿造，轻工业出版社，1960 年，第 35～70 页。

酵的制法即近代的种子一级扩大培养，《北山酒经》中叫作合酵："要取醅面，正发醅为酵最妙。其法，用酒瓮正发醅，撇取面上浮米糁，控干，用曲末拌令湿匀。透风阴干，谓之干酵。于造酒时，于浆米中先取一升已来。用本浆煮成粥，放冷，冬月微温，用干酵一合，曲末一斤，搅拌令匀，放阴处。候次日搜饭时，入酿饭瓮中同拌。大约申时欲馊饭，须早辰先发下酵直候酵来多时发过，方可用。盖酵才来，未有力也。酵肥为来，酵塌可用。又况用酵四时不同，须是体衬天气，天寒用汤发，天热用水发，不在用酵多少也。不然，只取正发酒醅二三杓，拌和尤捷。酒人谓之传醅，免用酵也。"

正在发酵的醅，由于酵母产生酒精，对加入曲末中的霉菌和根霉起抑制生长作用，所以醅中的微生物几乎是纯的酵母。用正发醅实质上是利用其中所含的酵母作为菌种，和曲末拌匀，阴干后制成干酵，可长期保存备用。扩大培养时，用米为原料，曲末作为淀粉原料的糖化剂，干酵作为菌种，然后进行扩大培养。但"盖酵才来，未有力也"，是说刚进入发酵的酒母不能使用，因为酵母繁殖的数量还不多，发酵的能力低，要"直候酵来多时发过，方可用"。经过一段时间的培养，酵母数量很高，曲末中各种霉菌因酒精浓度升高逐渐死去，这时的酒母便可使用了。另一种应用方法便是传醅，用正在发酵中的酒醅作为菌种，这时酵母正处于发芽繁殖旺盛期，接种后不再经过适应萌发的潜伏期，可立即出芽繁殖，比用酵快多了。酒母的培养是我国培养纯酵母的开端，是酿酒工艺中的一项重大突破性进展。

4. 酴米

朱翼中对酴米的注释为"酒母也，今谓之脚饭"，所以酴米是酒母的培养，即酵母种子的二级扩大培养。

(1) 拌曲酵。"蒸米成糜，策在案上，频频翻，不可令上干而下湿。大要在体衬天气，温凉时放微冷，热时令极冷，寒时如人体。金波法：一石糜，用麦蘗四两，糁在糜上，然后入曲酵。一处众手揉之，务令曲与糜匀。……曲细则甜美，曲粗则硬辣，粗细不等，则发得不齐，酒味不定。大抵寒时，化迟不妨宜用粗曲，要骰子大，暖时宜用细末。欲得疾发，大约每一斗米，使大曲八两，小曲一两，易发无失。……搜拌曲糜，匀即搬入瓮。瓮底先糁曲末，更留四五两曲盖面。"拌曲酵时，曲的颗粒大小与酿酒季节和酒的味道关系密切。其原因是，用曲末时，曲中的霉菌全能与水接触，吸水后萌发和生长，分泌淀粉酶和糖化酶。曲中原含有的酶系接触水与米后，立即进行淀粉的分解产生糖。在发酵前期酵母还没有繁殖到高峰，转化糖生成酒精的速度则慢于糖化速度，这时酒味甜。若曲的块大时，与水接触的面积要小，内部霉菌的生长受到限制，其糖化淀粉能力相对地要慢得多。这时酵母转化糖生成酒精的速度，相对于糖化速度要快，生成酒精速度相对地加快，这样酒味便显得硬辣。为了使淀粉的糖化速度与酒精生成的速度大体上保持均衡，《北山酒经》中提出："寒时宜用粗曲"，"暖时宜用曲末"的措施。同时还提出大曲和小曲的比例为1:8，来控制发酵过程的快慢和强弱。这些详尽的措施，意味着北宋时期酿酒的酒人，已经认识和掌握了发酵过程中糖化和酒化两大生化反应过程的宏观规律和原理。

(2) 水分和温度的调节。黄酒发酵时，"将糜逐段排垛，用手紧按瓮边，四力拍令实，中心剜作坑子。入刷案上曲水三升或五升已来，微温，入在坑中，并泼在醅面上，以为信水"，这是含水分高的固体发酵，不同于《齐民要术》的半固体醪发酵，因之水分残留的多少，与发酵进行程度呈相关性。

"开瓮如信水不尽，便添荐席围裹之。如荏尽信水，发得匀，即用杷子搅动。""如信水渗尽，醅面当心夯起有裂纹……即是发紧。"信水耗不尽，表明发酵还没有开始，用席把瓮围住保温，促进发酵的起动；若信水已耗尽，表明发酵过程正在进行，水参与淀粉降解糖化而被消耗掉。为使发酵时原料都能糖化和酒化，同时排出醅中积存的二氧化碳，要对醅进行搅拌，并要翻动彻底均匀。若信水渗尽，醅面上发生裂纹，表明消耗水分过多，发酵正处于旺盛阶段，要把醅分开，以免因发酵升温而变质。

以往对发酵时温度的调节多注意降温，对低温影响发酵进行调节的不多，而《北山酒经》提出几项升温措施，这是一个很大的进步。"如信水未干，醅面不裂，即是发慢。须更添席围裹。候一二日，如尚未发，每醅一石，用杓取出二斗以来，入热糜一斗在内，却倾取出者，醅在上面盖之，以乎按平。候一二日发动。据后来所入热糜计合，用曲入瓮，一处拌匀，更候发紧掩捺，谓之接醅。若下脚后依前发慢，即用热汤汤臂膊，入瓮搅掩，令冷热匀停，须频频蘸臂膊，贵要接助热气。或以一二升小瓶，贮热汤密封口，置在瓮底，候发侧急去之，谓之追魂"。这些升温措施现在看来都非常简单，也都不是无菌操作，污染杂菌的机会很大。那么采取这些措施的好处是什么呢？朱翼中及当时的酒作坊所有者，为了挽回因醅温偏低影响发酵所造成蹬损失，采取了一些简单易行的措施，这些措施促进了黄酒酿造技术的提高。从应用微生物学来衡量，这些技术是来自宏观生产现象的观察和了解，对低温抑制微生物生长繁殖，提高醅的温度是惟一的有效方法。献代工业微生物在生产过程中，也是不断地调节温度，以免发酵液温度过高或过低。加温使当时黄酒发酵工艺更趋完善，但在此过程中要带入醅中一些杂菌，不过以后酵母产生的酒精可抑制或杀死杂菌，对生产影响不大。

(三) 投醹

投醹即酿酒的发酵过程。这一过程包括前发酵期（主发酵期）和后发酵期（静止期）。再经压榨、煮酒，即得到产品。其工艺流程如下（与《黄酒酿造》[①] 比较，大体上相似）。

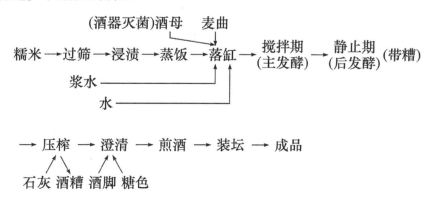

《黄酒酿造》中的酿酒流程：

---

① 轻工业部科学研究设计院、北京轻工业学院，黄酒酿造，轻工业出版社，1960 年，第 35~70 页。

1. 前发酵

"投醹最要斯应，不可过，不可不及。脚热发紧，不分摘开。发过无力方投，非特酒味薄，不醇美，兼曲末少，咬甜糜不住。头脚不斯应，多致味酸。若脚嫩力小酘早，甜糜冷，不能发脱折断，多致涎慢。酒人谓之擫了。须是发紧，迎甜便投。寒时四六投，温凉时中停投，热时三七投。酘法总论，天暖时二分为脚，一分投；天寒时，中停投。如极寒时，一分为脚，二分投。大热或更不投。只看醹脚紧慢，加减投，亦治法也。若醹脚发得恰好，即用甜饮依数投这。若发得太紧，恐酒味太辣，即添米一二斗。若发得太慢，恐酒太甜，即添入曲三四斤。定酒味全在此时也。"

投甜糜时要根据酴米发酵的强弱、季节（即气温的高低）来定，不同气温时每次投甜糜的量不同。同时为了控制酒味的辣甜，或投米，或加曲。其中心思想是以酒母培养情况为轴，灵活调整投料时间和数量，以达到控制酒的品质的目的。要做到这一点，没有高超的技术是不行的，而高超技术来自对发酵过程中，微生物生长情况和酶活力高低的宏观表现规律的认识和掌握。

投料时，"夏日，脚醅须尽取出，案上搜拌，务要出却脚糜中酸气。……逐日用手连底掩拌，务要瓮边冷醅来中心。寒时以汤洗手臂，助暖气。热时只用木杷搅之，不拘四时，频用托布沫汗。五日已后，更不需搅掩也。如米粒消化而沸未止，曲力大，更投为佳。"

投料与脚糜搜拌时，夏天一定要使脚糜中的酸气挥发掉。这种酸气主要是做酴米时的酸浆，部分是酴米发酵时释放的二氧化碳。因为夏天这种酸味重，不散发掉酸气，会影响酒的风味，同时也不利于发酵过程中酵母的繁殖。发酵开始后进行搅拌，一是使原料充分利用，发酵均匀；二是发酵时酵母释放热量，引起品温上升，搅拌起到散热降温的作用；三是及时散去醅中的二氧化碳，补充新鲜空气，以利酵母的生长繁殖。一般五日后发酵旺盛期已过，就要搅拌了。若曲力仍大，可再投些甜米，以充分利用曲中酶的转化能力。在前发酵期酵母生长繁殖迅速，糖分消耗快，酒精生成的速度也快，品温迅速上升。这些用现代微生物学的测定方法，在当时都描绘出来了。

2. 后发酵

"若沸止醅塌，即便封泥起，不令透气。夏月十余日，冬深四十日，春秋二十三四日。可上糟。""酒人看醅生熟，以手试之。若拨动有声，即是未熟；若醅面干如蜂窝眼子，拨扑有酒涌起，即是熟也。"

后发酵的工艺措施与前发酵截然不同。这时主要是酵母进行酒精的厌氧发酵，所以用泥把瓮口封住，不能透气。后发酵期时间的长短，随季节的气温变化而变化，这是因为酒化酶系的反应快慢与温度有关。判断后发酵期的标准，是根据醅的外观变化，与酒化反应是相一致的。在北宋时期虽未把黄酒发酵过程分为前发酵期和后发酵期，但其措施充分地体现出一千多年前，我国酒人根据酒精发酵过程中的宏观现象规律，掌握了淀粉分解糖化和糖分经酒化酶系反应，生成酒精的复式发酵规律。在发酵过程中，又能根据不同温度变化条件、微生物生长繁殖快慢，及时灵活地调整有关因素，形成了一套较为完善的、系统的操作技术，体现出微生物学和生物化学反应过程的变化和原理。

（四）压榨

酒熟之后便上糟压榨，压榨时"恐酒醅过热，又糟内过热，多致酸变"。这是说发酵时间过长时，醅中的酒精可能因醋酸菌的活动而生成醋酸，影响酒的风味，所以，"大约造酒，自下脚至熟，寒时二十四五日，温凉时半月，热时七八日，便可上糟"，以防酸变。

压榨时收酒用的酒器，在收酒前"须先汤洗瓶器令净，控干。二三日一次。"这是清洗瓶器和常温灭菌措施，是预防酒贮存时变质的措施之一。

（五）煮酒、火迫酒

"凡煮酒，每斗入蜡二钱，竹叶五片，官局天南星丸半粒，化入酒中。……候甑箅上酒香透，酒溢出倒流，便揭起甑盖。取一瓶开看，酒滚即熟矣，便住火。"

火迫酒的煮酒法："取清酒澄三五日后。据酒多少取瓮一口，先净刷洗讫，以火烘干。……入黄蜡半斤，瓮口以油单子盖系定。别泥一间净室……置瓮在当中，以博五重衬瓮底，于当门里著炭三称笼，令实。于中心著半介许，熟火。便用闭门。门外更悬席帘。七日后方开。又七日方取食。"

煮酒对于酒度不高的黄酒保存，是一项很重要的措施，其目的有三：一是杀灭酒中残存的微生物，以免其继续活动使酒变质；二是加热使酒中蛋白质变性沉淀，以免因酒受热，引起残存蛋白变性，使酒混浊；三是加快酒的老化作用。

法国是盛产葡萄酒的国家，曾因酒的酸变影响到葡萄酒的出口。1864年巴斯德[1] 才研究出用55℃处理葡萄酒，可防止酒的酸变。1967年法国奥尔良的酒商才开始对酒进行巴斯德灭菌。从煮酒法应用时间比较，我国是世界上最早的国家。《北山酒经》煮酒时加入蜡，可能是融化的蜡在表面形成一层不透气膜，减少酒精的挥发；竹叶和天南星用来增加黄酒的香味。

四　红曲的最早记载

红曲又叫丹曲，或红糟。它是红曲霉在米粒上生长制成的一种散曲。由于红曲霉分泌红色的红曲霉色素，故叫做红曲。红曲可用来酿酒，也叫用做食品的色素添加剂。北宋陶谷[2]在《清异录》中记有"以红曲煮肉"，宋代诗人陆游曾写下"最爱红糟与鱼粥"的诗句，这些都是有关红曲的最早记载。

五　元代的制酱技术

鲁明善，维吾尔族人，元代延佑元年（1314）任寿县（安徽寿县）群监，撰写了《农桑衣食撮要》。其中制酱法记有两种[3]，一为合小豆酱法，二为合酱法。现对后一种制法讨论

① L. Paster, R. 瓦莱里-拉多，陶亢德、董元骥译，1985。
② 宋·陶谷，《清异录》卷四，宝颜堂秘笈石印本，第13页。
③ 元·鲁明善，《农桑衣食撮要》。

如下。

"用豆一石，炒熟。磨去皮，煮软捞出。用白面六十斤，就热搜面，匀于案上。以箬叶铺垫，推开约二指厚。候冷，用楮叶盛苍耳叶搭盖，发出黄衣为度。去叶，凉一日。次日晒干，簸净捣碎。每用豆一石，加盐四十斤，加水二担。"元代制酱法与唐代相比较，有两点值得注意。一是生黄衣（培养野生米曲霉）时改用箬叶和楮叶、苍耳叶。这些叶子是新鲜的，叶子上面附着许多种微生物，其中包括米曲霉的孢子。叶子盖或铺在煮熟豆子的两边，接触的地方就多，叶子上的微生物就可以吸收豆的水分和可溶性营养成分，发芽生长和繁殖，所以这种方式类似于把野生微生物接种到豆粒上。由于豆做营养原料，自然选择了蛋白酶活力强的米曲霉，其生长占了优势。

二是用生面拌豆。这样面的用量少了很多。其原因可能是，利用生面吸水量大的特点，吸去豆粒外面的水分，以减少培养微生物（发黄衣）时细菌的生长繁殖，避免豆粒的腐烂。生面用量减少有利于豆粒间的通气，以利于米曲霉的生长。

六　高等真菌的栽培研究

我国早在六七千年前的新石器时代，就开始采集各种大型的真菌。北方的仰韶文化时期，先民们已经采食蘑菇[1]。在南方的浙江余姚河姆渡遗址出土文物中，就有蘑菇。

先秦时，《礼记·内则》记载的"人君燕食"中就有"芝栭"，即食用菌。这些都充分表明我国古人食用蘑菇的历史是很古老的。

《列子》载有"朽壤之上，有菌芝者"，这是说食用菌生长在有机物腐朽的地方，拿今天的话说，它是腐生菌。《庄子》中记有"朝菌不知晦朔"，"乐出虚，蒸出菌，日夜相代呼，而莫知其所萌"，这是说高等真菌生长的速度特别快，死亡得也快。

《神农本草经》[2] 成书于东汉（约25～220），其中记有作为药用的腐生真菌、寄生真菌和虫生真菌共11种，为赤芝、黑芝、青芝、白芝、黄芝、紫芝、茯苓、猪苓、白僵蚕、雚菌、雷丸，并说明了它们的药理功能，如赤芝：味苦平，主胸中结，益心气，久食轻不老；雷丸，味苦寒，主杀三虫。这是世界上了解和应用药用真菌的最早记载。

梁代陶弘景（452～635）所辑录的《名医别录》[3] 中对茯苓、雷丸的生态和形态做了记述："茯苓、茯神生太山山谷松下，二月八月采，阴干。""今出郁州（江苏灌云县），大者如三四升器，外皮黑而细皱，内坚白，形如鸟兽鱼鳖者良。"雷丸"累累相连如丸"，"雷丸，竹之苓也。"这些用做药物的组织，真菌学上叫做菌核。陶弘景观察马勃子实体，"状如狗肺，弹子粉出"。这些记述都是有关高等真菌的生态、菌核的形态、子实体形态和担孢子释放情景的最早记录。到唐代以后，我国对高等真菌的栽培研究取得重要成果。

（一）茯苓的栽培

宋代药物学家寇宗奭在《本草衍义》中对茯苓的栽培做了记载："茯苓乃樵砍讫多年松

① 郭沫若主编，中国史稿，第一册，中华书局，1956年，第36页。
② 清·顾重光重辑，《神农本草经》，人民卫生出版社，1955年，第34、35、43、68、77、92页。
③ 引自李时珍，《本草纲目》第五册，卷二十七，木部，商务印书馆，1930年，第2页。

根之气所生，此盖根之气味，噎郁未绝，故为是物。"这是人工砍伐自然接种最古老的栽培方法。樵夫砍断松根造成伤口，茯苓的担孢子随雨水流到被砍松树的根部时，萌发后形成菌丝侵入根部皮内，进行生长繁殖，形成巨大的菌核茯苓。

（二）食用菌的栽培

唐代苏敬《新修本草》中记录了食用菌的栽培方法："煮浆粥，安诸木上，以草覆之，即生蕈尔。"韩鄂《四时纂要》[①] 记载了两种构菌的栽培方法："取烂构木及叶，于地埋之，常以泔浇令湿，两三日即生。"或"畦中下烂烂粪，取构木可长六七尺，截段槌碎。如种菜法，于畦中匀布，土盖。水浇长令润。如初有小菌子，仰杷推之；明旦又出，亦推之；三度后出者甚大，即收食之。"由此可见在唐代（618～907）我国人工栽培高等真菌已经有了相当高的基础，人们已了解和掌握了高等真菌的腐生特性和出菇规律。这标志着我国是世界上高等真菌人工栽培最古老的国家。

（三）香菇的栽培

香菇是食用菌的一种。据张寿澄考证[②]，宋嘉定二年（1209）龙泉人（现在的庆元县）何澹编的《龙泉县志》中，记载了香菇砍花栽培法，是世界上最早和最为完整的记载。

> 香蕈惟深山至阴之处有之。其法用干心木，橄榄木，先就深山下砍倒扑地，用斧班铰剉木皮上。候掩湿，经二年始间出。至第三年，蕈乃偏出。每经立春后，地气发泄，雷雨震动，则交木上。始采取，以竹篾穿挂焙干。至秋之交，再用偏木敲击，其蕈间出，名曰惊蕈。惟雨后多出，所制亦如春法，但不如春蕈之厚耳。大率厚而少者，香味俱胜。又有一种适当清明向日处出小蕈，就木上自干，名曰日蕈。此蕈尤佳，但不可多得。今春蕈用日晒干，同谓之日蕈，香味亦佳。

1. 菌种来源

栽培方法中没有提到菌种的来源。娄隆后[③] 到浙江、福建等地考察老式砍花法时得知，菇农对种植场地要进行多年观察，其中特别注意菇场附近有无野生香菇，或有无栽培香菇的菇场。笔者推测一千多年前菇民可能也是这样做的，若菇场附近有野生或栽培的香菇，其菌种自然接种来源问题就解决了。

2. 生态、生理特性

菇场要选择在山阴之处，这是与香菇等许多高等真菌要求在散光条件下生长的生态特性有关。

砍花法一是为了接受风吹香菇担孢子飘落下来后，容易萌发生长。二是经过两年的泥土掩埋，土壤中的纤维素分解菌将树木的纤维素、半纤维素和木质素进行降解，便于香菇菌丝吸收，这也是香菇腐生生理所要的。段木腐朽后，至第三年香菇开始生长。

①　缪启愉校释，四时纂要校释，农业出版社，1981年，第88页。
②　张寿澄，《惊蕈录》考，中国食用菌，(5)：3～4。
③　娄隆后，我国香菇的老法栽培，微生物学通报，1979，6 (4)：45。

3．惊菌

香菇菌丝体在段木内生长旺盛，造成局部通气不良。而香菇菌丝体只有在适当的通气条件下，才能转向发育为子实体，即香菇。惊菌就是使局部菌丝断裂，改善通气条件的。这一措施表明，在宋代菇农已掌握了子实体发育的生理条件。

香菇经采集加工后，便可作为商品出售了。

4．第一部菌谱

受当时记述各地名产的花、果的启发，南宋末年，浙江人陈仁玉认为"芝菌"向来被看作是吉祥之物，应该有专门的记述，所以他根据家乡特产写出《菌谱》一书。此书成于南宋淳祐五年（1245）①，作者陈仁玉，字碧栖，台州仙居（今浙江仙居）人。《菌谱》的出现，显然与当时记载各地经济植物的风气有关。当时陈的家乡仙居县所在的台州产菌（即蘑菇）特别有名，叶梦得《避暑录话》、周密《癸辛杂识》都有记载。他记下家乡特产的用意是"欲尽菌之性而究其用"。这是世界上最早的一种菌类专著。

全书一卷，前有自序。书中记载大型真菌 11 种，它们是：合蕈、稠膏蕈、栗壳蕈、松蕈、竹蕈、麦蕈、玉蕈、黄蕈、紫蕈、四季蕈、鹅膏蕈。每种菌又各述它们的生长地点、采集时节、形状、颜色等。书中所记合蕈，可能即后世所称的香菇，这是关于这种著名食用菌的最早描述之一。

从书中记载可以看出，作者已注意到不同品种的菌类，其生态环境亦有差别，如有"生山绝顶高树杪"、"生松阴"、"生竹根"、"生溪边沙壤松土中"、"生山中"、"生林木中"、"生高山"等不同。有的菌类仅产于某些特定区域，如稠膏蕈，产于"邑西北孟溪山"，"山膏木腴"之处；合蕈，则产于邑极西的韦羌山，"林木坚瘦"之处，孟溪山虽"亦同时产"，但"蕈柄高，无香气"，当地人据此以区别于韦羌所产。

书中还提到，不同品种的菌类生长时间也各不相同。如合蕈生在"春气微动，土松芽活"的初春；而稠膏蕈则是生于"秋中山气重，宰雨零，露浸酿"的时候；玉蕈生于"初寒时"；松蕈"采无时"；另有"四季蕈"，虽未说明，但顾名思义，当是四时都可采集的食用菌。

对于各种菌的名称由来和形状色味，书中都有简要记载，如合蕈，本名台蕈，因皇帝误"台"为"合"，而将错就错，称为"合蕈"。合蕈即今香菇，又名香蕈。作者特别强调了其"香"的特色："菌质外褐色，肌理玉洁芳香，韵味发釜高，闻百步外。""盖菌多种，例柔美，皆无香，独合蕈香与味称，虽灵芝天花无是也。"稠膏蕈："初如蕊珠，圆莹类轻酥滴乳，浅黄白色，味尤甘胜，已乃伞张大几掌，味顿渝矣。"栗壳蕈：如其名"栗壳色"。竹蕈："味极甘"。麦蕈："味殊美绝，类北方蘑菇"。玉蕈："色洁哲可爱"。黄蕈、紫蕈各以色名。四季蕈，"味甘而肌理粗峭"，不入品。鹅膏蕈："状类鹅子（卵），久乃散开，味殊甘滑，不谢稠膏"。其描述比较细致，足以使我们对其中的几种定出分类学的属名，如鹅膏蕈，应当就是今鹅膏属的担子菌。

书中还有毒菌的记载，如与鹅膏蕈相近，易混淆的杜蕈。书中记载："杜蕈者，生土中，

---

① 宋·陈仁玉（聂风乔注释），菌谱，中国食用菌，1990，9（1）：46，9（2）：42，9（3）：43，9（4）：45。

俗言毒蛊气所成，食之杀人。……凡中毒者必笑。解之宜以苦茗杂白矾，酌新水并咽之，无不立愈。"现在知道，鹅膏属中，有些种味美可食，有些则是极毒的，如青鹅蛋菌与毒伞，外形极相似，难以区分，而在宋代已认识到这一点，很不容易。另外，书中还谈到某些菌类具有药用价值，如松菌可治"溲浊不禁"等。

总体而言，《菌谱》的记述大都比较简单，只能据其所述，推测可能为某菌[①]。如粟壳菌耐寒，可能是毛柄金钱菌；玉菌初寒时色洁哲可爱，可能是口蘑中的玉菌。《菌谱》还记载毒菌一种，并说明中毒症状和解毒办法。《菌谱》不仅是世界上食用菌资源最早的专著，也是一本最古老的真菌志。陈仁玉在书中写到："芝菌皆茁也，灵华三秀，称瑞尚矣。"[②]说明它是以自己的功能和"气生"为人所重视的，这也是古人认识生物的一大特色。

5. 王祯《农书》[③] 中的香菇栽培

王祯《农书》中的菌子篇，记述了安徽、江西一带栽培香菇的方法："今山中种香蕈，亦如此法。但取向阴地，择其所宜木伐倒，用斧碎砍，以土复之。经年树朽，以蕈碎剉，匀布坎内，以蒿叶及土覆之。时用泔水浇灌，越数时，则以槌棒击树，谓之惊蕈。雨露之余，天气蒸暖，则菌生矣，虽逾年而获利，利则甚博。采讫遗在内，来岁仍复发，相地之宜，易岁代种。所采趁生煮时，香美。曝干则为干香蕈。今深山穷乡谷之民，以此代耕，殆天出此品，以遗其利也。"

与1209年的《龙泉县志》相比较，《农书》最大的进展是，记载了"以蕈碎剉，匀布坎内"的人工接种，这是菇民了解高等真菌的繁殖组织，并加以有效利用的生动例子，这使香菇人工栽培发生了质的提高。王祯在末尾提出一个重要论点，栽培香菇是山区脱贫的好办法。现今栽培食用菌也已成为广大农民脱贫的重要途径之一。

南宋之后，还出现了一些菌谱，其中明代潘之恒的《广菌谱》[④] 记有 22 种高等真菌，产地有西南、华南和华北地区。李时珍《本草纲目》[⑤] 收集了历代有高等真菌的资料，其中包括了《广菌谱》记载的资料。李时珍把多数腐生或寄生真菌如芸、耳等归入菜部；药用菌核一类寄生真菌如茯苓、猪铃、雷丸，归入木部；把出生真菌归入虫部，如白僵蚕、蝉花等。清化吴林的《吴蕈谱》[⑥] 介绍了吴中地区的菌类。这些菌谱主要是高等真菌的资源记载。

（四）草菇和银耳的栽培

1. 草菇的栽培

清道光三年（1822）的《广东通志》[⑦] 首次记载了广东曲江南华寺产的"南华"草菇。清代杨巩《农学合编》记载的湖南浏阳麻菇，也是草菇，因"用苎麻皮、杆栽培"而取名麻

　① 明·潘之恒（聂凤乔注释），广菌谱，中国食用菌，1990, 9 (6)：40～41。
　② 百川学海本，己集，第 18 册。
　③ 元·王祯，农书，中华书局，1956 年，第 76 页。
　④ 明·李时珍，《本草纲目》卷二十八，卷三十七，商务印书馆。1930 年，第 19～31 页。
　⑤ 清·吴林，吴蕈谱，中国科学技术典籍通汇，生物二，河南教育出版社，1994 年，第 749～756 页。
　⑥ 陈应銮，草菇研究概况，食用菌，1988, 10 (4)：4。
　⑦ 陈士瑜，中国古代菌蕈学史选辑（一），食用菌，1992, 14 (1)：44。

菇。1939 年菲律宾人 Bemenrit 和 Espino 曾到广州考察草菇栽培技术。1950 年泰国人 Jalaricharana 证明，泰国的草菇栽培技术是由华侨传入的。

2. 银耳的栽培

银耳作为药用本草，书中没有明确的记载。至于银耳的人工栽培，可能四川、湖北和陕西一带为最早。1960 年在四川通江涪阳区子坝玄祖庙发现的石碑，记载该地栽培银耳，"而有白木耳山也则自光绪二十年（1894）起。白木耳则以本年二三月砍，六七月即结，其产甚丰。"

第五节　昆虫研究的发展

唐宋时期，农业和医药学得到较快的发展。人们通过对昆虫形态、生活习性的长期观察和研究，积累了丰富的昆虫学知识，并在益虫利用和害虫防治方面都取得了较大成就。

一　对昆虫形态和生活习性的认识

对昆虫的形态描述更为形象准确，宋陆佃《埤雅》记载："蜻蜓六足四翅，其翅轻薄如蝉，昼取蚊虻食之，遇雨即多，好集水上款飞，尾端亭水。"[①] 不仅描述了蜻蜓的形态，还记载了蜻蜓的习性及食性。书中形象地记载了"蟋蟀似蝗而小，善跳，正黑有光泽如漆"[②] 的形态特征。还记载了青蝇（*Calliphora*）和麻蝇（*Sarcophaga*）在形态和发音上的区别，并指出它们是以翅发音的。寇宗奭《本草衍义》记载："樗鸡（斑衣蜡蝉 *Lycorma delicatula*）形类蚕蛾，但腹大，头足微黑，翅两重，外一重灰色，内一重深红，五色皆具。"[③] 虻虫（复带虻 *Tabanus Divittatus*）"大如蜜蜂，腹凹褊，微黄绿色"[④]，形象地描述了樗鸡、虻虫的形态。据现代分类学樗鸡属昆虫纲的樗鸡科，虻虫属虻科。

对于昆虫生活习性的记载，多散记于古籍中，如蜀韩保升《蜀本草》："螵蛸在处有之，螳螂卵也。多在小桑树上，丛荆棘间。三四月中，一出小螳螂数百枚。"[⑤] 指出螵蛸生桑树上，为螳螂卵块，确切地记载了螳螂的发生。现在知道螳螂是螳螂目昆虫的通称，种类很多，发育为不完全变态。卵产于卵鞘内，古代称螵蛸或桑螵蛸。唐陈藏器《本草拾遗》："石蠹虫一名石下新妇，今伊、洛间水底石下有之。状如蚕，解放丝连缀小虫如茧，春夏羽化作小蛾，水上飞。"[⑥] 记载了石蠹虫的生境、形态及从蛹变化为成虫（石蛾）的过程。石蠹虫又称石蚕、沙虱，它是昆虫纲毛翅目的幼虫。《本草拾遗》中把刺蛾的生活史解释得很清楚："蚝虫好在果树上。大小如蚕，身面背上有五色斑毛，有毒能刺螫人。欲老者口中吐白汁，凝聚渐硬，正如雀卵。其虫以瓮为茧，在中成蛹，如蚕之在茧也。夏月羽化而出作蛾。放子

① 宋·陆佃，《埤雅》卷十一，商务印书馆，第 281、254 页。
② 宋·陆佃，《埤雅》卷十，商务印书馆，第 254 页。
③ 明·李时珍，《本草纲目》虫部四十、四十一卷。人民卫生出版社，1982 年，第 2266 页。
④ 明·李时珍，《本草纲目》虫部四十、四十一卷。人民卫生出版社，1982 年，第 2330 页。
⑤ 明·李时珍，《本草纲目》虫部四十、四十一卷。人民卫生出版社，1982 年，第 2242 页。
⑥ 明·李时珍，《本草纲目》虫部三十九卷，人民卫生出版社，1982 年，第 2257 页。

于叶间如蚕子。"[1] 在《尔雅翼》中，罗愿对很多昆虫的生活史都有详细的观察和记载，如："水蛆既化蜻蛉，蜻蛉相交，还于水上附物散卵，出复为水蛆，水蛆复化焉"[2]；"蚊者，恶水中孑孓所化"[3]；"蜣螂……乃掘地为坎，纳丸其中"，"又一、二日，则有蜣螂自其中出而飞去"[4]；以及"蝉之有翅者，盖柱中白蚁之所化也。""以泥为房，诘曲而上，往往变化生羽，遇天晏湿，群队而出，飞亦不能高，寻则脱翼，藉藉在地而死"[5] 等。可见这时对一些昆虫的生活史已有很详细的记载了。

对于昆虫习性的认识，唐陈藏器《本草拾遗》记蚰蜒（草蜘蛛）"在孔穴中，及草木稠密处，作网如蚕丝为幕"[6]。苏颂《本草图经》："鼠妇，多在下湿处，瓮器底及土坎中。"[7] 说的是草蜘蛛生活在孔穴及草木稠密的地方，鼠妇栖息在潮湿的陆地。又《埤雅》有：蝇"喜暖而恶寒，故遇冰辄侧翅远引"[8] 的记载，指出了这种昆虫喜暖的习性。

二 益虫研究的发展（蚕、蜂、白蜡虫、五倍子、紫胶虫）

（一）蚕

随着养蚕业的不断发展，人们在饲养过程中，对蚕的生活习性有了较深的认识，养蚕技术也有了较大的提高。

宋秦观的《蚕书》中记载："蚕生，明日，桑或柘叶，风戾以食之寸二十分，昼夜五食；九日，不食一日一夜，谓之初眠；又七日再眠如初；既食叶寸十分，昼夜六食；又七日三眠如再；又七日若五日不食二日，谓之眠食半叶，昼夜八食；又三日健食，仍食全叶，昼夜十食；不三日遂茧。凡眠已初食，布食勿掷，掷则蚕惊，勿食二叶。"[9] 精确地阐明了蚕的龄期和食量的关系。书中还说："居蚕欲温，居茧欲凉，故以莗铺茧，寒之以风，以缓蛾变。"[10] 已认识到温度与发蛾的关系，所以当时人们"以莗铺茧，寒之以风"来控制蚕室的温度，达到延缓蛾变的目的。此外，《蚕书》中对缫丝的方法也有详细的记载。

除家蚕外，中国古代还饲养柞蚕、樗蚕、天蚕等其他种类的昆虫，利用其茧丝作为衣服的原料。柞蚕为古之青州的特产，今山东东部的山地。它以柞树（麻栎 *Qnercus acutissima*）等叶作为食料。古代居住那里的人，已经发现、认识、利用柞蚕并进行人工饲养了。柞蚕在晋代前后的书籍中称为"野蚕"、"山蚕"。从崔豹《古今注》："元帝永光四年（公元前40年），东莱郡东牟山有野蚕为茧……收得万余石，民人以为丝絮"[11] 的记载，可以明确地证实在汉代已经开始利用柞蚕了。

---

① 明·李时珍，《本草纲目》虫部三十九卷，人民卫生出版社，1982年，第2245页。
② 宋·罗愿，《尔雅翼》卷二十五，丛书集成，商务印书馆，第275页。
③ 宋·罗愿，《尔雅翼》卷二十六，丛书集成，商务印书馆，第282页。
④ 宋·罗愿，《尔雅翼》卷二十五，丛书集成，商务印书馆，第275页。
⑤ 宋·罗愿，《尔雅翼》卷二十七，丛书集成，商务印书馆，第291页。
⑥ 明·李时珍，《本草纲目》虫部四十卷，人民卫生出版社，1982年，第2280页。
⑦ 明·李时珍，《本草纲目》虫部四十一卷，人民卫生出版社，1982年，第2321页。
⑧ 宋·陆佃，《埤雅》卷十，丛书集成初编，商务印书馆，第240页。
⑨ 宋·秦观，《蚕书》四库全书本，子部，台湾商务印书馆，1986年影印文渊阁本，36本，第193页。
⑩ 同⑨。
⑪ 晋·崔豹，《古今注》。

　　提倡柞蚕的饲养，始于东汉光武帝初年[①]。到唐代，在陕西梁州[②]、安徽滁州、楚州、濠州[③] 有大量生产，宋代陕西关中[④]、河南开封[⑤]、湖北房县[⑥]、广西容县[⑦] 及浙江杭州[⑧] 等地都有饲养，促进了柞蚕茧丝织物的繁荣。

　　"柞蚕"的名称首先见于郭义恭的《广志》："有原蚕；有冬蚕；有野蚕，食柞叶，可以作绵。"原先是野生的，打柴的和放牧的人，偶或发现，把它采回来。其确切开始饲养的年代，已难考证。

　　此外还有樗蚕、天蚕。山东一带有樗蚕的饲养，究竟古人何时开始饲养樗蚕，已无从考证。古书上的记载，经常将樗蚕与柞蚕相混，不易辨别。明确地将樗蚕与柞蚕从形态上区别始见于王元绠的《野蚕录》（1902 年）。

　　唐代苏鹗《杜阳杂编》："东海弥罗国""有蚕可长四寸，其色金丝碧，亦谓之金蚕。丝纵之一尺，引之一丈，捻而为鞘，表里通莹，如贯琴瑟，虽并十夫之力挽之不断"，"为弩弦则箭出一千步。为弓弦则箭出五百步。"[⑨] 说明天蚕丝在当时已被用做弓弩之弦用，可见天蚕丝利用的历史已有 1000 多年了。

（二）蜂

　　宋代的一些著作中，有关蜜蜂和蜜的记载很多，如苏颂《本草图经》记："食蜜有两种：一种在山林木上作房，一种人家作窠槛收养之。"[⑩] 说明食蜜的来源还有一部分是取自野蜂的。这时不仅观察到蜜蜂采集花粉，还观察到它们采水以酿蜜泌蜡的生物学特性，如宋苏子由有蜜蜂"口衔洞水拾花须，沮如蜡房何不有"及杨万里说的"玉露为酒花为蜜"，罗愿《尔雅翼》："其出采花者，取花须上粉置两髀"的记载。罗愿还分析了南北不同的生境对蜜蜂选巢酿蜜的影响，说："今土木之蜂，亦各有蜜，北方地燥，多在土中，故多土蜜；南方地湿，多在木中，故多木蜜。"[⑪]《尔雅翼》："今宛陵（宜城）有黄连蜜，则色黄而味小苦，雍洛间有梨花蜜，色如凝脂，亳州太清宫有桧花蜜，色小赤，南京柘城县有何着乌蜜，色更赤，各随所采花色。"[⑫] 说明了蜜的颜色与蜜泊植物的关系。在苏颂《木草图经》等著作中有类似的记载。

　　对于蜂的形态，这时期亦有确切的描述，例如唐陈藏器《本草拾遗》："土蜂穴居作房，

---

　　① 《宋书·符瑞志》："汉光武建武初（约 25～35 年间），野蚕、穀充给百姓。其谷耕蚕稍广"。

　　② 《新唐书·高祖本纪》："武德五年（625）四月，梁洲野蚕成茧"。

　　③ 《册府元龟》："贞观十二年（638）六月滁州言：野蚕成茧，遍于山阜；九月楚州言：野蚕成茧，遍于山谷。濠州、庐州献野茧"。

　　④ 《宋史·太祖本纪》："乾德四年（966）八月辛亥……京兆府（西安市西北）贡野蚕茧"。

　　⑤ 《玉海》："咸平二年（999）七月庚戌，开封献野蚕丝"。

　　⑥ 《宋史·五行志》："元符二年（1099）六月，户房陵县野蚕成茧"。

　　⑦ 《宋史·高宗本纪》："绍兴二十二年（1152）五月，容州野蚕成茧"。

　　⑧ 《宋史·宁宗本纪》："嘉泰二年（1202）九月，庚午，临安府野蚕成茧"。

　　⑨ 唐·苏鹗，《杜阳杂编》卷上，见《四库全书》子部 348 册，第 599 页。

　　⑩ 宋·唐慎微，《证和本草》卷二十，人民卫生出版社，1982 年，第 410 页。

　　⑪ 宋·罗愿，《尔雅翼》卷二十六，丛书集成初编，商务印书馆，第 280 页。

　　⑫ 同⑪。

赤黑色，最大，螫人至死，亦能酿蜜，其子亦大而白。"[1] 竹峰，"蜂如小指大，正黑色"[2]，赤翅蜂"状如土蜂，翅赤头黑，大如螃蟹"[3]。《本草图经》载："崖蜜，其蜂黑色似虻，作房于岩崖高峻处或石窟中，人不可到，但以长竿刺令蜜出，以物承之。"[4] 不仅记载了蜂的形态、习性，还记载了崖蜜的收取方法。程大昌《演繁露》（约1180）对此也有记载。

（三）白蜡虫、紫胶虫和五倍子

白蜡虫是寄居在白蜡树或女贞树上的一种昆虫。由此虫分泌一种高分子动物蜡，具有重要的经济价值，在古代人们用以浇烛、药用，现在用以密封、防潮、防锈、防腐，以及生肌止痛等。白蜡虫很早就被我国古代人民研究和利用了。

白蜡虫的饲养还不知源于何时，据宋周密《癸辛杂识》载："江浙之地，旧无白蜡，十余年间，有道人自淮间带白蜡虫子来求售，状如小芡实，价以升计。"[5] 可知江浙一带在宋以前无白蜡，宋时才由淮地引入，可见淮地的白蜡虫饲养应早于江浙。此书还说："其法以盆桎树，树叶类菜萸叶，生水傍，可扦而活，三年成大树。每以芒种前以黄草布作小襄贮虫子十余枚，遍挂之树间，至五月则每一子中出虫数百，细若蠛蠓，遗白粪于枝梗，此即白蜡，则不复见虫矣。至八月中始剥而取之，用沸汤煎之，即成蜡矣。又遗子于树枝间，初甚细，至来春则渐大，三四月仍收其子如前，散育之，或闻细叶冬青树亦可用。"[6] 这里描述了白蜡虫的生活习性，却将分泌白蜡误认为是虫的粪便。而对其生活习性更进一步的认识，较集中地反映在明代的《本草汇编》、《本草纲目》及《农政全书》等著作中。

紫胶是紫胶虫分泌的一种紫红色天然树脂，在我国古书上多称为紫铆，也称紫钣、紫梗、紫草茸和赤胶的。其寄主植物很多，主要有牛肋巴、秧青、泡大绳及大青树等200余种植物。

唐代段成式《酉阳杂俎》记载："蚁运土于树端作巢，蚁壤得雨露凝结而成紫铆。昆仑国者善。"[7] 当时不仅已观察到分泌紫胶的现象，还认识到紫胶是一种状似蚁的虫所产生的。同时还描述了紫胶树的形态："树长一丈，枝条郁茂，叶似橘，经冬不凋，三月开花，白色，不结子。"[8] 唐代李珣《海药本草》引裴渊《广州记》云："紫铆生南海山谷。"[9] 当时的南海可能是指中印半岛。苏颂《本草图经》引《交州地志》亦云："本州岁贡紫铆，出于蚁壤。"第一次提到我国交州，即广东西部、广西东南部为紫胶的产地。

紫胶具有广泛的用途。《海药本草》记："治湿痒疮疥，宜入膏用。又可造胡燕脂，余滓则玉作家使也。"[10]指出紫胶的药用功能及可做化妆品。此外，紫胶还可用于皮革、首饰等，

---

① 明·李时珍，《本草纲目》卷三十九，人民卫生出版社，1982年，第2226页。

② 明·李时珍，《本草纲目》卷三十九，人民卫生出版社，1982年，第2231页。

③ 同②。

④ 宋·唐慎微，《证类本草》卷二十，人民卫生出版社，1982年，第410页。

⑤ 宋·周密，《癸辛杂识》前后续初集（二），中华书局，1991年，第401页。

⑥ 宋·周密，《癸辛杂识》前后续初集，中华书局，1991年，第402页。

⑦ 唐·段成式，《酉阳杂俎》前集卷之十八，中华书局，1981年，第178页。

⑧ 同⑦。

⑨ 明·李时珍，《本草纲目》卷三十九，人民卫生出版社，1982年，第2235页。

⑩ 宋·唐慎微，《证类本草》卷十三，人民卫生出版社，1982年，第321页。

即《唐本草》说："紫铆色如胶，作赤麖皮及宝钿，用为假色，亦以胶宝物"①。

五倍子是五倍子蚜虫在盐肤木树叶上形成的虫瘿。《山海经·中山经》中记"多栲木"句，郭璞注："今蜀中有栲木。七八月中吐穗。穗成，如有盐粉状，可以作羹。"郝懿行笺疏："本草盐肤子即五栲子，俗伪为五倍子。"可见晋郭璞注为五倍子最早的记载了。唐陈藏器《本草拾遗》始收之入药，即："盐夫木生吴蜀山谷。树状如椿。七月，子成穗，粒如小豆，上有盐似雪，可为羹用是也。"②

宋代马志《开宝本草》记："五倍子在处有之，其子色香，大者如拳，而内多虫。"③ 已知五倍子是一种虫所生的，这是较早知道五倍子内有虫的记载。

宋李昉《太平广记》："峡山至蜀有螺子……其生处盐肤树背上，春间生子，卷叶成窝，大如桃李，名为五倍子，治一切疮毒，收者晒面杀之，即不化去，不然必窍穴而出飞。"记载了寄主植物和五倍子的特点及虫瘿的用途，及收取五倍子的方法。稍晚苏颂《本草图经》中记述了五倍子的寄主植物和用途，说："以蜀中者为胜。生于肤木叶上，七月结实，无花。其木青黄色。其实青，至熟而黄，九月采子，曝干，染家用之。"④

三　害虫防治研究

虫灾一直是农业生产中的严重问题，常常给人民带来深重的灾难，其严重程度是非常惊人的，例如，《唐书·五行志》记载：公元682年3月，"京畿蝗，无麦苗"；公元716年，"山东蝗，下则食禾稼声如风雨"；公元784年，"蝗，自山而东，际于海，晦天蔽野，草木皆尽"。除蝗灾以外，如螟虫、粘虫等也经常为害成灾，严重威胁人民的生产和生活。

为了战胜虫灾，我国人民曾对各种害虫进行深入的观察和研究。到宋代，在程大昌《演繁露》中记有："吾乡徽州稻初成棵，常苦虫害，其形如蚕，而其色标青，既食苗叶，又能吐丝率温稻顶，如蚕在簇然，稻之花穗，皆不得伸，最为农害，俗呼横虫。"⑤ 首次形象地描述了稻包虫的形态及其危害性。

对于蝗虫的生活习性，古代人民也有相当的研究。《诗经》中说"秉彼蟊贼，付畀炎火"，说明3000多年前，人们已经认识到蝗虫的趋光性，并创造了用火诱杀蝗虫的方法。《唐书·姚崇传》记载了"蝗虫既飞，夜必赴火，火边掘坑，且焚且瘗，除之可书"的除蝗方法，大大提高了捕蝗效果，消灭了大量蝗虫。直到近代，不少地方还流行着"人人一把火，螟虫无处躲"的农谚。

由于已经认识到蝗虫生活史中的卵，所以从宋代以后强调掘卵灭蝗了，正如《宋史·五行志》记载："景祐元年（1034）六月，开封府淄州蝗，诸路募民掘蝗种万余石。"

利用天敌消灭农作物害虫的方法也有不少记载。例如，《酉阳杂俎》记载："开元二十三年（735），榆关有䖆蚄虫延入平州界，亦有群雀食之。又开元中，贝州蝗虫食禾，有大白鸟

---

① 明·李时珍，《本草纲目》卷三十九，人民卫生出版社，1982年，第2235页。
② 清·郝懿行，《山海经笺疏》卷五。
③ 明·李时珍，《本草纲目》卷三十九，人民卫生出版社，1982年，第2236页。
④ 同③。
⑤ 宋·程大昌，《演繁露》卷四，《四库全书》子部158册，第102页。

数千,小白鸟数万,尽食其虫。"[1] 又《梦溪笔谈》记载:"元丰中(1078~1085),庆州界生子方虫(即今粘虫),方为秋田之害,忽有一虫生,如土中狗蝎,其喙有钳,千万蔽地,遇子方虫,则以钳搏之,悉为两段。旬日,子方皆尽,岁以大穰。"[2] 这里记载了子方(粘虫)的天敌对消灭农作物害虫的作用,是很有科学价值的。利用益虫防除害虫的方法,首先见于嵇含的《南方草木状》(304),书中记载利用惊蚁(*Oecophylla smaragdina*)防除柑橘害虫。这种生物防除法在唐刘恂《岭表录异》中亦有记载,书中指出:"云南中柑子树无蚁者多蛀,故人竞买之,以养柑子也。"[3] 此外,宋代庄季裕《鸡肋篇·乐史》、《寰宇记》等不少古书中都有类似的记载,说明这种以蚁治虫的方法已相当普遍和有效。

在自然界中,害虫经常受到它的天敌的捕食,所以古人常用保护其天敌的方法,达到生物防除的目的,如:乾祐年间(948~950)发生蝗灾,阳武、雍丘、襄邑三县,"蝗为鸜鹆聚食,敕禁罗戈鸜鹆,以其有吞噬之异也"[4]。这是前人保护益鸟以防治害虫的记载。有些蛙类也专门捕食害虫,如《墨客挥犀》卷六记载:"浙人喜食蛙,沈文通(1025~1067)在钱塘日切禁之。"南宋赵葵《行营杂录》也记载了"马裕斋知处州,禁民捕蛙"的事,禁捕原因是由于"蛙能食虫"。

唐宋期间,养蟋蟀作为宠物是在官僚和有闲阶级中十分流行的事情,这一时期甚至出现了专门著作。关于这种虫的专著,最著名的也许是南宋贾似道的《虫经》了。这位在历史上祸国殃民的奸臣,堪称误国有术,玩技高超。据《开元天宝遗事》记载,从唐代开始,斗蟋蟀的游戏在宫中就非常盛行。宋代更是为各阶层的官僚富豪所钟爱。贾似道也是一个非常喜欢玩蟋蟀的人,他这本书就是专门记载蟋蟀的。书中内容很丰富,包括蟋蟀的生活环境、历史上的各种名称、生活习性、形体特征与能斗的关系,及饲养方法与有关注意事项等。可以说包括了当时人们认识到的这种虫的各种知识。

第六节 鸟类等其他动物的研究

一 鸟类研究渊源

在距今约7000年左右的河姆渡遗址中,有的骨器雕有精致的禽鸟图像[5]。殷墟甲骨文中关于鸟类名称的字,有雉、鸡、雀等,说明对鸟类认识的历史非常久远。

由奴隶社会向封建社会过渡期间,生产力得到解放,农业、手工业及医药学等都在飞速发展。人们对生物的知识也逐渐见载于古籍,其中详细记载动物名称、品种、形态、生境等资料的,以《诗》、《尔雅》最突出。《诗》中提到鸟类77次,涉及雎鸠(鱼鹰)、鹈、鸿(鸿雁)、凫(野鸭)、鹤、鹰、鸱鸮(猫头鹰)、鹑、翚(五彩的野鸡)、鸤鸠、燕、黄鸟、鹊、脊令(鹡鸰)、鵙(伯劳)等鸟类,对一些鸟的颜色、叫声等略有记载。《诗》中对燕、雀类的观察和描述较为丰富,对鸟类的生境也做了详细记载,如说大雁和鹤都生活在沼泽地

---

① 唐·段成式,《酉阳杂俎》前集卷之十六,中华书局,1981年,第154页。

② 胡道静、金良年,《梦溪笔谈》导读,卷二十四,巴蜀书社出版,1988年,第327页。

③ 唐·刘恂著,鲁迅校勘,岭表录异,卷下,广东人民出版社,1983年,第35页。

④ 《太平御览》卷九百五十引《汉实录》。

⑤ 河姆渡发现原始社会重要遗址,文物,1976,(8)。

方①。《尔雅》中对鸟类形态的描述较简单，但根据鸟类的外部形态提出"二足而羽谓之禽"②的概念，说明鸟类具有二足、体被羽毛的共同特征。

三国的陆机在解释《诗》的动物和东晋郭璞注《尔雅》时，对各种鸟类的形态有更为详细的描述。陆机在《毛诗草木鸟兽虫鱼疏》中首次描述珍禽丹顶鹤"大如鹅，长脚，青翼，高三尺余，赤顶，赤目，喙长四寸余，多纯白"的③形态特征。又如鹈鹕在《尔雅》中只列名，郭璞描述说："今之鹈鹕也。好群飞，沉水，食鱼，故名之曰淘河。"描述了鹈鹕的习性。

二　鸟类学专著——《禽经》

《禽经》一卷，是中国最早的一部鸟类学专著。相传为春秋时代师旷撰，晋张华注。宋代陆佃《埤雅》始见引用，大概是托名的唐宋时代的著作。《禽经》记载的鸟类计有：锦鸡（*Chrysolophus pictus*）、鸳鸯（*Aix galericulata*）、鹗（鱼鹰 *Pandion nanidetus*）、黄鹂（*Oriolus chinensis diffusus*）、鸡鹍（池鹭 *Ardeold bacchus*）、鹧鸪（*Francolinus pintadeanus*）、鸲鹆（八哥 *Acridotheres cristatellus*）、白鹇（*Lophura nythemera*）、鸢（*Milvus korschun lineatus*）等 70 多种。书中所记鸟类大多数与现在所知种类相符，可以看出当时人们对鸟类的观察和认识已达到较高的水平。

《禽经》的作者通过对鸟类的观察和研究，对鸟类的形态，尤其是生态都一一加以记载。例如，书中说：吐绶鸡（*Meleagris gallopavo*）"颈有彩囊"④，"腹有彩文曰锦鸡"⑤，"鹧鸪白黑成文"⑥的形态等。书中记载鸟类的名称，如斑鸠、鹦鹉、鹧鸪、鹤、黄鹂、鸥、鹊、雉、鹈鹕等鸟的名称，至今还在沿用，仍为重要的鸟类学史料。

鸟类的生存与生活环境有着密切的关系，在《禽经》中描述得较具体，如书中说翡翠，"啄于澄澜泗渊之侧"⑦，指出了它摄食的习性。翡翠通常指翡翠属鸟类，它喜栖息于东部平原或山麓多树的溪旁，以虾和昆虫为食。描述鸥，"水鸟……食小鱼虾蝼之属"⑧，指出了鸥为水鸟，以鱼虾和蛇为食。鸥科的各种鸟类都属水栖类，主食鱼类和多种水生动物。

《禽经》还较全面地记载："鹈鹕水鸟也，似鹗而大，啄长尺余。颌下有胡如大囊，受数升，湖中取水以聚群鱼。"⑨"鴷志在木"，"嘴如鸡，长数寸。常斫树食蠹虫，啄振木，虫也动"⑩。鹈鹕主要栖息在沿海湖沼河川地带，早在《诗》中有"维鹈在梁，志在水也"的记载，而《禽经》精确地指出鹈鹕以"大囊"（即喉囊）兜食鱼类的习性。鴷，即啄木鸟，为树栖鸟类。啄强直尖锐，可用以凿开树皮，舌能伸缩，适于钩树中的蛀虫。寥寥数语，把啄

---

①　《诗经·小雅·鸿雁》，《诗经·小雅·鹤鸣》。

②　《尔雅》卷十，《释鸟》。

③　吴·陆机，《毛诗草木鸟兽虫鱼疏》卷上。

④　任继愈主编，中国科学技术典籍通汇，生物卷，河南教育出版社，1996 年，第 I-106 页

⑤　同④。

⑥　任继愈主编，中国科学技术典籍通汇，生物卷，河南教育出版社，1996 年，第 I-105 页。

⑦　同④。

⑧　任继愈主编，中国科学技术典籍通汇，生物卷，河南教育出版社，1996 年，第 I-108 页。

⑨　同⑧。

⑩　同⑧。

木鸟摄食的方式描写得十分确切。以上说明不同鸟类适于不同的栖息地，有树栖的，也有水栖的，而对它栖息地的选择，又与其食性分不开，显然当时人们已认识到鸟类生活环境与食性的关系。

《禽经》记载："鸳鸯野则义，豢则搏。"① 说的是鸳鸯② 这类鸟类，经过豢养就具有好斗的习性了，可见鸟类的习性随生活条件的改变而变化。

我们所熟悉的动作敏捷的鹡鸰鸟喜栖息在山区阔叶林中，常常飞时鸣叫，栖止时，尾不断左右摇摆，身体也微随摆动，这种习性，早在《禽经》中已有记载，指出：鹡鸰"飞则鸣，行则摇"。

动物对环境的适应能力是很强的，适应方式也是多种多样的。《禽经》中生动地记载了一些有特殊生态习性的鸟类，比如杜鹃有"不善营巢，取鸟巢居之"的习性。杜鹃中有部分种类，自身不营巢，也不孵卵，产卵在其他鸟类的巢中，把自己的后代推给别的鸟来抚养。这种"巢寄生"的现象，是一种特殊的适应，在鸟类中很少见。当时能观察到杜鹃的这种习性，也是难能可贵的。关于鸟巢，书中记载鹪鹩"喙尖取茅莠为巢，夹以缣麻若纺绩为巢"，"悬于蒲苇之上"③，指出鹪鹩筑巢的材料和地点。由于所筑巢很精巧，因此它有"巧妇"之美称，至今还在沿用。

对于鸟类与昼夜和潮汐的生态关系，《禽经》载有"林鸟朝嘲"，"水鸟夜啼"。记述生活在树林中的鸟类，大都在早上鸣叫；而生活在水中的鸟类，多在夜间鸣叫。当时已意识到生活在不同环境中的鸟类对昼夜的反映有显著的差别。又说鸥"随潮而翔，迎浪蔽目，曰信鸥。鸥之别类，群鸣嗒嗒优优，随大小潮来也。食小鱼、虾蟛之属。惟潮至则翔，水响以为信，仅为鸷鸟所击，是知信而不知所以自害也"④。将海鸥活动与潮汐的关系、食性和天敌描述得十分清楚。

关于物候知识，《禽经》也有记载，如仓鹒"鸣时蚕事方兴"，表明养蚕的时候到了；布谷"飞鸣于桑间，五谷可布种也"⑤，告诉人们春耕季节已经到来。对于鸟类换羽与季节的关系，书中说"春则毛弱，夏则稀少而改，易秋则刷理，冬则更生细毛自温"⑥。这里指明鸟类一般在夏末秋初换羽，到了冬天，天气寒冷，鸟类便增生细软的毛束温暖自己的身体。这些记载都说明当时古人对鸟类活动也有较深入的观察，对鸟类物候与农业生产的关系，及鸟的换羽与气候的关系的认识，都是非常正确的。

不同环境中的鸟类因生活条件不同，产生了与不同生活条件相适应的形态构造。《禽经》较全面地总结了鸟类的形态结构与适应环境的关系。比如书中写道："物食长喙"，"谷食短喙"，"搏则利嘴"。有关"物食"，书中注"食物之生者皆长喙，水鸟之属也"，可见它是指鹤等涉禽类，都具有强直而端尖的嘴，适于在水中捕食鱼和水生动物；"谷食短喙"是指食植物种子的鸟类，它们的嘴粗短做圆锥状，适于啄取谷物和野生植物的种子；"搏"是指搏击其他动物为食的鸟类，如鹰、鹗等猛禽类，它们的嘴强大，上嘴弯曲，适于撕裂食物。

① 任继愈主编，中国科学技术典籍通汇，生物卷，河南教育出版社，1996年，第Ⅰ-109页。
② 即鹡鸰。
③ 任继愈主编，中国科学技术典籍通汇。生物卷，河南教育出版社，1996年，第I-108页。
④ 同③。
⑤ 任继愈主编，中国科学技术典籍通汇。生物卷，河南教育出版社，1996年，第I-106页。
⑥ 同①。

《禽经》科学地概括了各种鸟嘴的形态构造与生活条件的适应性。

有些鸟类有随着季节的变化而迁徙的习性。《禽经》说：“鹔鷞（雁的一种）飞，则陨霜”，“雁飞有行列也”。我们知道鸟类学雁形目多数种类是具有迁徙习性的，主要是秋季南迁，春季北移。“鹔鷞飞，则陨霜”表示天气转冷，雁群陆续飞来。湖北江汉平原的洪湖，当地人们流传着“八月初一雁门开，鸿雁南飞带霜来”。雁迁徙时，汇集成上千只的大群，形成“一”字形或“人”字形飞翔。可见古人通过实际观察，对鸟类迁徙的时间和飞翔情景的认识都是正确的。（图 4-6《禽经》书影）

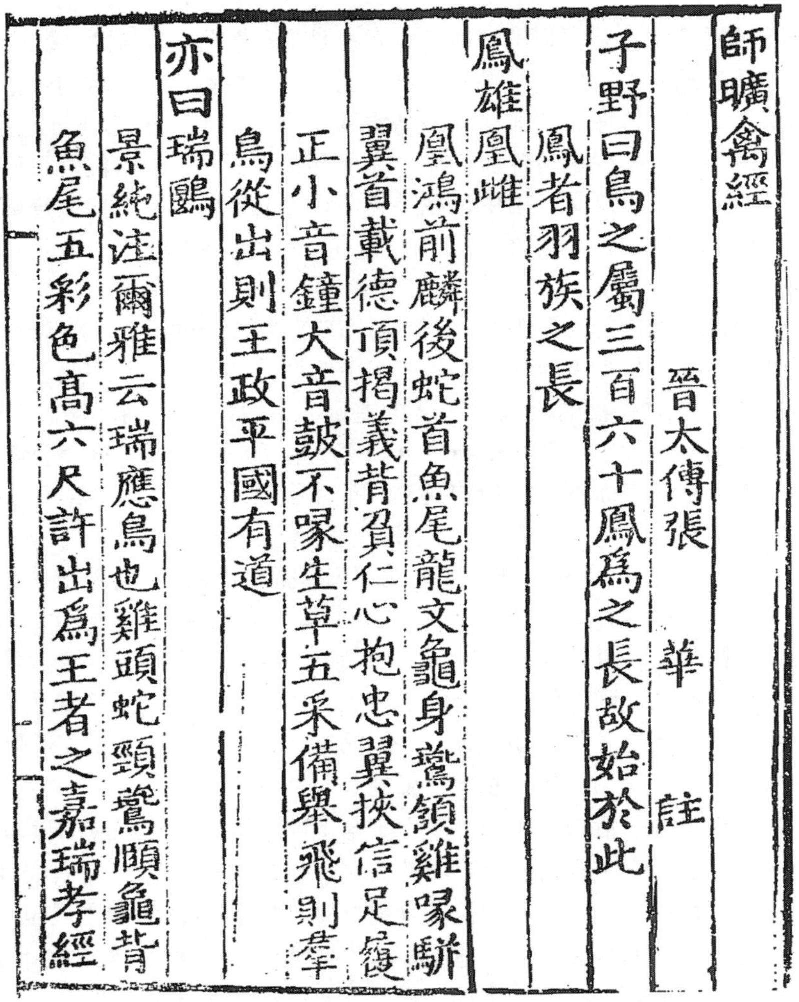
師曠禽經
晉太傅張　華　註
子野曰鳥之屬三百六十鳳爲之長故始於此
鳳者羽族之長
鳳雄凰雌
凰鴻前麟後蛇首魚尾龍文龜身鸞頷雞喙駢
翼首戴德項揭義背負仁心抱忠翼挾信足履
正小音鐘大音鼓不啄生草五采備舉飛則羣
鳥從出則王政平國有道
亦曰瑞鶠
景純注爾雅云瑞應鳥也雞頭蛇頸鷰頷龜背
魚尾五彩色高六尺許出爲王者之嘉瑞孝經

图 4-6

三　中国历史上的白雁

中国古籍所记的“白雁”即今日之雪雁，为鸭科雁属（*Anser*）鸟类中的一种，因全身羽毛雪白而得名。白雁曾是中华大地上有名的候鸟，然而如今白雁早已在这块土地上消失。考察白雁在中国历史上的变迁，是颇有科学意义的。

宋代沈括（1031～1095）在《梦溪笔谈》卷 24 "杂志一"中说："北方有白雁，似雁而小，色白，秋深则来。白雁至则霜降，河北人谓之'霜信'。杜甫诗云'故国霜前白雁来'，即此也。"可见在古代，白雁常于每年深秋霜降前南来中国北方地区活动。

要指出的是，《梦溪笔谈》有关白雁这段文字记载，也同样见于北宋彭乘《墨客辉犀》和庞元英《文昌杂录》中。彭乘和庞元英的生卒年，都不清楚，但《墨客辉犀》刊行于宋嘉祐八年（1063），庞元英元丰年间（1078～1086）官主客郎中，沈括是在 1088 年之后迁居京口梦溪，并开始撰写《梦溪笔谈》的。所以，显然彭乘《墨察辉犀》要远早于《梦溪笔谈》，而《文昌杂录》可能亦较《梦溪笔谈》为早。这不仅说明《梦溪笔谈》有关"白雁"的记载，完全是转录于前人的著作，而且也说明，北方的白雁，早在沈括之前，就已经受到了人们的普遍注意。

有关白雁的最早文献记载当推《左传》。《左传·哀公七年》载："及曹伯即位，好田弋。曹鄙人公孙疆好弋，获白雁献之。"可见在两千多年前，白雁已是人们的狩猎对象，并被作为珍贵礼品相送。

汉代刘向所撰《新序》中，还提到了古时候人们遇见"白雁群"的事："梁君出猎，见白雁群。梁君下车，彀弓欲射之。道在行者，梁君谓行者止，行者不止，白雁群骇。"路旁出现成群白雁，可见其数量不少，并且说明那不是一般雁的白化个体，而是一个种。

《兖州府志》载："龙头山在城二十里，白雁泉水出焉。相传汉高帝伐楚过此山，士率渴甚，见白雁惊起，得清泉其下，众因以济。"这里说白雁在龙头山白雁泉下惊起，显然也是引人注目的白雁群，而这个白雁群是出现在今之山东境内西南部。

《晋书·石季龙传》载："建元初，季龙飨群臣于太武殿前，有白雁百余，集于马道南。"石季龙即石虎（295～342），是十六国时后赵国君。有百余只白雁出现，也是不小的白雁群。

《唐书》记载，显庆元年（656），"为皇太子会纳妃装而有敬奏赟用白雁。适于苑中获之。帝喜曰，汉获朱雁为乐府歌，今得白雁为婚赟"。显庆元年为唐高宗（李治）即位，当时人们禁苑中获得"白雁"做皇太子的婚庆礼物，这说明"白雁"也出现于当时的长安。据地方志记载：唐武宗（李炎）即位时（841），"沧州刘约献白雁"（嘉靖《河间志》卷 8）。当时的沧州即现在河北沧州市东南。

在宋代，除《梦溪笔谈》等文献提到白雁外，还可以从许多诗词中，窥见到白雁的踪影。赵秉文（1159～1232）的《白雁》中就有"波净影逾白，霜新鸣更哀"的诗句。赵秉文是磁州证阳（今河北磁县）人。诗实已反映了霜降与白雁到来河北的联系。刘因（1249～1293）《白雁行》诗中，更具体地写道："北风初起易水寒，北风再起吹江干。北风三起白雁来，寒气直薄朱崖山。"刘因也是河北（徐水）人。他的诗说明，白雁到来河北时，天气已相当寒冷。

元代徐舫《应教题白雁》诗中写道："出塞风沙不沾衣，要分秋色占鸥矶。远书玉宇传霜信，斜落银筝映冷晖。楚泽云昏无片影，湘江月黑见孤飞。"可见当时白雁不仅来到河北，而且继续向南迁飞至湖北、湖南。顾文煜《白雁》诗中也说："万里西风吹羽仪，犹传霜翰向南飞。芦花映月迷清影，江水涵秋点素辉。"王恭《赋得白雁送人之金陵》也写道："燕山榆叶旺秋稀，雪羽潇潇向楚微。夜雨芦花看不定，夕阳枫树见初飞。"诗人的观察是深入细致的，他不仅知道，路过河北的白雁要继续向南飞去，而且仔细地观察到白雁来到河北时，当地（燕山）榆树和枫树的落叶变化情况。

白雁准时在临近霜降时到来，因此古代北方人早就视它为候鸟，并称之为"霜信"。霜信者，霜降之信息也，此即前面屡屡提到的杜甫《九日》诗中所说的"旧国霜前白雁来"。

南宋罗愿（1136～1184）认为，白雁之来大约在霜降前十日。他还认为白雁就是古代早期文献中所提到的候雁。他在《尔雅翼》卷17"释鸟五"中说："淮南鸿烈云：'雁乃两来，仲秋鸿雁来，季秋候雁来。'候雁比鸿雁而小，故说《诗》推雁为鸿，而别以此为雁也。……今《月令》及《周书》乃不复有鸿雁、候雁之别。《月令》则云：'八月鸿雁来，九月鸿来宾。'《周书》则曰：'白露之日鸿雁来，寒露之日又来。'既是一种，何得前后不齐如此，似不应尔。许叔重注二雁，则以为仲秋时候之雁，从北汉（当做漠）中来，过周，南去彭蠡；季秋时候之雁，从北汉中来，南之彭蠡。以为八月来者，其父母也；是月来者，盖其子也，翼稚弱，故在后耳。今北方有白雁，似鸿而小，色白，秋深乃来，来则霜降，河北谓之霜信；盖曰，霜降前十日，所以谓之霜信也。"从罗愿所引文献，有三点值得注意：①早在秦汉之前，人们就已经注意到雁于秋天南来，有前后两批。前批在阴历八月（或谓仲秋、白露），后批在九月（或谓季秋、寒露），两批时间相隔两个节气，约一个月；②前批来的个体较大（如许叔重认为是"其父母"），后批来的个体较小（"是其子"）；③前后两批雁向南飞去所经路线，也有区别（前批要路过"周雒"（陕西地区），后批则不经这些地方）。从这些事实来看，我们认为，把前、后两批雁看成是两个不同的物种是较为合理的。汉代人已认为前批来的是鸿雁，后批来的是候雁。如《淮南子》中所说："仲秋鸿雁来，季秋候雁来。"《尔雅翼》作者同意这种看法，并更进一步认为候雁就是白雁。它通常是在寒露后霜降之前十日到来。我们认为这也有一定道理。首先白雁本身也是一种候鸟，它随着季节气候变化而迁飞。如前所述，在历史上北方人就把它看成是霜降到来的信息。在唐宋，人们还称它为"霜信"，它来到我国北方的时间也较其他雁为晚。另外，根据古代文献所说，这后一批南来的雁，个体较普通雁小，且南迁时不路经我国西部陕西地区，因此它很可能就是一种夏天在北美和东西伯利亚繁殖，而冬时迁飞我国北方，乃至长江中、下游的雪雁。当然，这也仅仅是一种猜想。白雁是否就是古代早期文献中所称的候雁，还需要作进一步的研究考证之后，才能确定。这里还要顺便提一下，罗愿在《尔雅翼》中，一方面引证古代文献，说明鸿雁比白雁（候雁）南来时间早，但另一方面却又说，鸿雁在霜降后五日到来，这是自相矛盾的。我们认为这样的矛盾，一般说来是不可能出现的，其所以出现这样的矛盾，可能是由于某种技术性的错误，而将"白露"，写成了"霜降"。统观书中这段文字内容和前后行格式，也发现此处之"霜降"二字只能是"白露"二字的误写，否则这段文字叙述，就会变得不可理解和没有意义了。

综上所述，从春秋战国到宋元，一直有白雁南来我国境内越冬。白雁到达的地方，主要是河北，但也有南至湖北、湖南、江西的，而以到达河北，为最常见。明、清以后，已罕见，现在几已绝迹。

值得注意的是，明代方以智已经观察到了白雁在我国逐渐消失的现象。他说："霜降前十日来者曰白雁，即候雁，故曰霜信，然今多是苍白色。"可见白雁在明代就已很罕见。

第七节　其他有关的生物学著作

一　《格物粗谈》

《格物粗谈》是我国古代的博物学著作。旧题北宋苏轼撰，元代范梈认为是托名之作，估计该书仍然应该是宋代作品。书中记载了大量科技史，特别是生物史方面的资料。

全书分上、下二卷，卷上有天时、地理、树木、花草、种植、培养、兽类、禽类、鱼类、虫类、果品、瓜菰十二门；卷下有饮馔、服饰、器用、药饵、居处、人事、韵藉、偶记八门。和前述作品不同，此书记载的生物学知识，涉及不少属于今天生理学的内容。

书中收录的动植物知识颇多。主要分为下面几个部分：

（1）生物探矿知识。书中提到"山有薤，下有金"；"山有葱，下有银"；"草木黄秀，下有铜器"；"山有穀者，生玉"；"草青茎赤，其下多铅"等。（《地理》）

（2）竹类开花枯死的解救。有些竹类数十年、上百年开一次花，往往开花后成片死去。本书介绍了一个解救办法，如"竹多年则生米（开花），急截去，离地二尺许，通去节，以大粪灌之，仍茂"。（《树木》）

（3）枣树防雾保果技术。提到："枣熟着雾，则多损。以檾麻或秸秆四散于树上，可避雾气。"（《天时》）

（4）贮藏樱桃法。书中记载："地上活毛竹挖一孔，拣有蒂樱桃装满，仍将口封固，夏开出不坏。"（《果品》）这可以看作是气调贮藏的萌芽。

（5）柑橘贮藏法。书中也记载了多种，其中包括："地中掘一窖，或稻草，或松茅铺厚寸许，将剪刀就树上剪下橘子，不可伤其皮，即逐个排窖内，安二三层，别用竹作梁架定，又以竹篾阁上，再安一二层。却以缸合定，或用乌盆亦可。四围湿泥封固，留至明年不坏。""佛手柑，若安冰片于蒂，而以湿纸围护，经久不坏。或捣蒜罨其蒂，则香更溢。"此外，书中还记载："用一大碗，盛橙在内，再以一小碗盖之，用泥密封固，可至四五月。""藏金橘于绿豆中，则经时不坏。"（《果品》）

（6）柿果脱涩技术。书中介绍了多种："红柿摘下未熟，每篮用木瓜两三枚放入，得气即发，并无涩味。"又，"每柿百枚，用矿灰一升，汤调浸一宿，即不涩，若要稍迟，即停汤冷浸之。"另外，书中还说："柿置盒中，每百枚用肥皂二枚同放，不下二宿即熟。"（《果品》）

（7）远缘嫁接扩大到多种果木。书中记有："樱桃接贴梗（海棠）则成垂丝（海棠）"，"梨树接贴梗则为西府（海棠）"，"柿接桃则为金桃"，"梅接桃则脆"，"木犀接石榴花必红"，"桑以楮接则叶大、丫李接桃则为李桃"，以及"桑上接杨梅，则不酸"，"海棠色红，接以木瓜，则色白"，"冬青树上接梅"等。（《树木》）

（8）利用植物生理原理采收果实。这当然是前人记述过的内容，书中也加以收录。其中包括："橄榄树高难采，以盐涂树，则实自落。"还提到："橄榄野生者……将熟时，以木钉钉之，一夕自落"；"银杏熟时，以竹篾箍树本，击篾则自落"等。（《树木》）

（9）作物蘸硫磺栽培。这可视为蔬菜栽培使用微量元素的开端。书中记载："茄秧根上掰开，嵌硫黄一皂子大，以泥培种，结子倍多，味甘。"（《种植》）

（10）降低母鸡抱性，提高产蛋率技术。书中记载："母鸡生子，与青麻子吃，则长生不抱。"（《禽类》）

此外，书中还记载有小麦防蛀法、避蚊虫法等多种生物学知识，表明此书在生物学史上具有一定地位。

二　《蟹谱》和《林泉结契》

除上面提到的著作外，这一时期的其他一些动物或生物专著也给人留下了极为深刻的印象。成书于 1059 年的《蟹谱》，是我国第一部有关蟹的专著。作者叫傅肱，字子翼，又作自翼，自署怪山。南宋藏书家陈振孙认为怪山即越州之飞来山，据此推断傅氏为会稽（今浙江绍兴）人，生卒年月不详。

作者在序中说："蟹，水虫也。其字从虫，亦曰鱼属，故古文从鱼作蟹；以其外骨则曰介虫，取其横行，目为螃蟹。"该书分两部分，上篇收集以往史籍中关于蟹的诗文；下篇记述蟹的形态特征、品种类别、生活习性和产地，此外也收集了不少奇闻轶事等。这是一部带有总结性的蟹类专著，有一定的生物学价值。

《蟹谱》全书一卷。前有作者自序，略述其撰书目的，序曰："蟹之为物，虽非登俎之贵，然见于经，引于传，著于子史，志于隐逸，歌咏于诗人，杂出于小说，皆有意谓焉。故因益以今之所见闻，次而谱之。"正文先有总论，后分上、下两篇。上篇多辑录以往的资料，大多出自《易》、《诗》、《周礼》、《尔雅》、《荀子》、《庄子》、《礼记》、《晋书》、《南史》、《抱朴子》、《食疗本草》、《玉篇》、《唐韵》等，共四十二目，其中孙愐的《唐韵》早已失传，《蟹谱》引录的《唐韵》十七条，成为珍贵的考证、辑佚资料。下篇为作者自记，共二十四目。书中就蟹的形态特征、品种、产地、采捕、加工食用、药用以及与蟹有关的奇闻轶事做了较全面的记述。

关于蟹的形态特征，谱中先以"水虫"、"外骨"、"横行"六字概括，又以类比方式详加描述："鹘眼、蜩腹、蚯脑、鲎足"，"其爪类拳丁，其蟹类执钺"，"八足二螯"，将蟹这种甲壳动物的基本特征都描绘出来了。

谱中所记蟹的种类有蝤蛑、蟹、蜊、蟛蜞（梭子蟹）、蟛蜞（相手蟹）、石蟹等。其中蝤蛑、蜊、蟛蜞为咸水蟹，蟹蚍为淡水蟹。从外形大小来看，蝤蛑最小，"中者谓之蟹，蚍长而锐者谓之蜊，甚大者谓之蟛蜞"；从颜色来看，"生于济郓者其色绀紫，生于江浙者其色青白"。

关于蟹的生活习性，书中有不少记述，有"出于海涂"、"生海中"、"生海边"等，指的是咸水蟹；又有"多生于陂塘沟港"、"好耕穴田亩中"等，则是指淡水蟹。另外还有蟹"食稻"、"趋光"以及"至秋冬之交，即自江顺流而归诸海"等记载。

关于蟹的产地，傅肱说："凡有水之地，不无此味。"产蟹较多的地方，南有江浙一带，北有济郓一带（今山东济宁、郓城一带，当时有梁山泊）。"螃蟹盛于济郓，商人辇负轨迹相继，所聚之多，不减于江淮。""江浙诸郡皆出蟹，而苏尤多，苏之五邑，娄县（今昆山）为美，娄县之中，生于郁洲吴塘者又特肥大。"又白蟹产"秀州华亭县（今上海松江），出于三泖者最佳，生于通陂塘者特大，故乡人呼为泖蟹"。此外沿海滩涂盛产海蟹。滨海之家，往往因雨，蟹"列阵而上，填砌缘屋，虽驱扫之不去也"。

　　书中还记载了几种包括利用蟹的习性来捕蟹的方法。一是以纬帘设障，名曰籪，拦捕鱼蟹；一是以铁钩"置之竿首"，寻找蟹的洞穴钩取；一是利用蟹趋光的特性，于夜间"燃火以照，咸附明而致"，"济郓居人，夜则执火于水滨"，蟹则"纷然而集，谓之蟹浪"；一是网捕，又分两种，一曰荡浦："吴人于港浦间，用篙引小舟，沉铁脚网以取之"，一曰摇江："于江侧相对引两舟，中间施网，摇小舟徐行"。

　　在记述捕蟹方法的同时，作者还注意到由此引起的问题。一是设籪捕蟹影响江水下泄，"苏之人，择其江浦峻流处，编帘以障之，若犬牙焉，至水不疾归，而岁常苦其患者，有由然也"；二是滥捕造成资源破坏，书中记载，亭林湖（在松江东南18公里），天圣（1023～1031）末，发现白蟹，"濒江之人，以价倍常，靡有子遗，止一年而种绝"。

　　此外，作者还引本草书，介绍了蟹的药用价值，指出蟹有"消食，治胃气，理经络"之功。盐藏蟹，"味咸，性寒有毒，主胸中邪气热结，痛喎僻面肿，解结散血，愈漆疮，养筋益气……"；渍蟹，"沃以苦酒，通利支节，去五脏烦闷"。

　　综上所述，《蟹谱》是我国11世纪中叶以前关于蟹类知识的总结，是很有特色的一部水生动物专著。

　　南宋初期，还有一本生物学著作颇值得一提，这就是《林泉结契》。当时的官僚学者王质根据自己林中居住所见的动物，及所用的植物，分别以"山友"、"水友"为名记述了73种动植物。这部分内容后被结成专集，名为《林泉结契》。书中记述了竹鸡、啄木鸟、杜鹃、画眉、白头翁、鹧鸪、鸳鸯、野鸭、红鹤（朱鹮）、池鹭等43种鸟类；枸杞、合蕈（香菇）、蒪菜等20多种可供食用的植物，还有少量的兽类、两栖爬行类和昆虫。书中记述动植物的颜色、大小和生长环境，鸟类还包括鸣叫的特征。每一种生物都配有一首诗歌，是一部很具有当时文化特色的动植物专著。

三　李衎和《竹谱详录》

　　南宋之后的元代这个朝代比较短，生物学上的成就不多，但还是有所发展的。其中农书《农桑辑要》中包含不少农作物的分类和生理方面的知识，而这一时期出现的《竹谱》和《饮食正要》都是有影响的生物著作，尤其是前者不论在科学或艺术甚至文学方面都有一定的地位。

（一）《竹谱详录》的主要内容及创作过程

　　《竹谱》又叫《竹谱详录》，是元代画家李衎（1245～1320）所作。李衎，字仲宾、号息斋，是元代官吏、著名的墨竹画家。此书是作者在晋代戴凯之《竹谱》的基础上扩充资料完成的。据他自己在序中所言："登会稽，涉云梦，泛三湘，观九疑，南踰交广，北经渭淇。彼竹之族属支庶不一而足，咸得遍窥。"① 书中附有插图。为了使自己的著作真实可靠，他曾到一些南方的竹林观察竹子的形态、种类。此书完成于大德三年（1299），稍晚一些时候刊行。由于作者本身有良好的绘画素养，在此书中配了大量绘制比较准确的插图，因此他的著作图文并茂，很好地体现了科学和艺术的完美结合，显示了较高的学术价值。

---

① 《竹谱》卷十，中国科学技术典籍通汇，生物卷，第二册，河南教育出版社，1994年，第6页。

《竹谱》全书分成四个部分，分别为"画竹谱"、"墨竹谱"、"竹态谱"和"竹品谱"。"画竹谱"中介绍了画竹子的一些技法；"墨竹谱"则介绍了作墨竹的原理和方法；"竹态谱"中介绍了大量的竹子形态及相关术语；"竹品谱"介绍了竹子的种类，其中又进一步分为：全德品、异形品、异色品、神异品、似是而非者和有竹名而非竹者。全德品计 75 种，附有 7 图；异形品 158 种，附有 25 图；异色品 63 种，附有 7 图；神异品 38 种，附有 6 图；似是而非品 23 种，附有 8 图；有名而非竹品 22 种，附有 10 图；总共 379 种。除后两类外，记竹的共有 334 条。

竹子是我国非常有特色的一类植物，它们在我国人民的生产和生活中有广泛的用途。其中许多种类的笋可以食用；竹子的纤维在造纸、纺织等方面有广泛的用途；竹竿随大小不同，在建筑、交通器具、家具、日常生活器物等方面有非常广泛的用处；此外，它们在笔、纸等文化建设，以及作为观赏园林植物等方面也有举足轻重的作用。因此有西方学者甚至称中国的文明为"竹子文明"。近代一些来华的西方学者认为，竹子是中国最有用的植物，其用途达 600 多种，西方没有可以与之媲美的植物。竹子也是最漂亮的植物，无论是在月光下、在风中、雨中，它们都非常美丽动人，确实是古人所谓"不可一日无此君"的重要之物，因此为古人所重视、所大力记述是非常自然的。

早在晋代，戴凯之根据南方的竹类，作了《竹谱》。这是我国出现最早的植物专谱，也是我国植物"谱"、"录"之滥觞。自那以后在宋代又出现了"笋谱"，当时著名学者黄庭坚（即《竹谱》中所谓"黄太史"）曾试图作一更为完善的《竹谱》，但终因没有时间而作罢[①]。这些都充分表明这类植物一直深受人们重视。

李衎从小喜欢竹，不但喜欢绘竹，而且喜欢作《竹谱》，将前人这方面的学术加以发扬光大。为此他认真学习绘画，后来还利用到各地任职的机会，到全国各地观察不同类型的竹子。"于是益欲成太史之志而不敢以臆说私则为，上稽六籍，旁订子史，下暨山经、地志、百家、众技、稗官小说、竺乾龙汉之文，以至耳目所可及，是取是咨，序事绘图，条析类推。俾封植长养，灌溉采伐者，识其时，制作器用铨量才品者，审其宜，模写形容设色染墨者，究其微。由古逮今，博载事辞，积累成编，雅俗兼资。庶几备方来之传，补往昔之遗。"[②] 还曾"使交趾，深入竹乡，究观诡异之产于焉。辨析疑似，以区别品汇，不敢尽信纸上语。"可见作者自觉是非常用功的。

在《竹谱》中，不难看出，由于作者是画家，因此观察还是比较细致而具独到之处。在学绘竹的时候，就很注意对竹子形态的生动把握，因此，他对当时一些画家所绘的竹子很不以为然，最终师法宋代著名的画家文同[③]画竹。研究绘画的人知道，我国墨竹发源较晚。传说五代时，有个女画家李氏将月光投射到窗户上的竹影描绘下来，后人仿效之，于是成就了墨竹一派的画法。在"画竹谱"中，作者还强调必须"成竹于胸"，"一节一叶措意于法度之中"，也就是要仔细地观察，有了完整的竹子图案，而且对各部分的构成位置了然于胸才下笔绘画，这样才能画出生动逼真的图画来。显然这些都必须经过细致的观察和构思。从卷二所附的图中可以看出，作者对竹叶、竹枝和竹丛（图 4-7）的观察，确实是体察入微的。

① 《竹谱·原序》。
② 《竹谱·原序》2～8。
③ 文同（1018～1079），字与可，自号笑笑居士，梓潼人，宋代著名画家。

从中也可以看出竹子的绘画与细致的观察和写真从一开始就有密切的联系，体现了科学和艺术的密切关系。

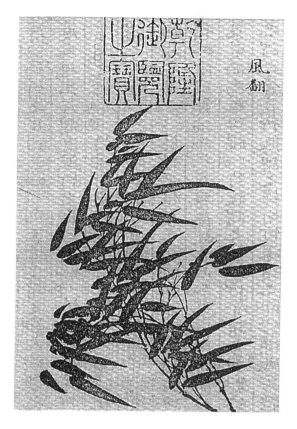

图 4-7

《竹谱》中还有一些做研究、做学问必须注意的、很富有哲理的警句。作者认为，绘画时，应该："澄心静滤，意在笔先；神思专一，不杂不乱。"这大约也是作者能写出这部比较出色著作的原因之一。

（二）《竹谱详录》记述竹类的特点

如果说，《竹谱》的前两卷中非常强调对竹子的观察的话，卷三则更细致地提出了竹子形态的许多术语，这些术语至今还有许多被沿用。作者认为画竹要："先须知其名目，识其态度"，"散生之竹竿下，谓之蚕头；蚕头下正根谓之箛……旁引者谓之边，或谓之鞭"，"丛生之竹根外出者谓之蝉肚根，竹下插土者，谓之钻地根"（图 4-8），"笋初出土者谓之萌……又名竹胎。稍长谓之牙，渐长名笛……又名箈……又名苞……又名箈，过母……曰玉版，师箊叶谓之苞箨，又名箬，解箨谓之箈，半笋谓之初篁，稍叶开尽名簜，方为成竹。……竿上之肤曰筠。……竹色谓之苍筤，竹态谓之婵娟"，其中也有一些并非竹本身的名词，如"批条曰篾，编而为瓦曰簟，杀青而尺截曰简，联简曰策，熨而为版曰牒"等。

《竹谱》中的"竹品谱"是前面观察、术语等基本工作确定之后所进行的分类部分。其中第一部分是所谓的"全德品"，即"南北俱有宜入图画者"。我国古人所谓格物，就是通过

图 4-8

观察来获得知识，获得启迪。它与现时的科学观察是不太一样的，获得的启示也带有主观色彩。对竹子的观察和相关结论就很突出地体现了这一点。书中写道："竹之为物，非草非木，不乱不杂。虽出处不同，盖皆一致。"这段话大体上是比较客观的，但接下来的就不同了，"散生者有长幼之序，丛生者有父子之亲。密而不繁，疏而不陋，冲虚简静，妙粹灵通，其可比于全德君子矣。"

　　书中记述竹子的方式与其他古代植物学著作大体相同，分名称，产地，种类，形态，笋的形态、生长环境和用途等。如淡竹（*Phyllostachys nigra*）："处处有之，凡三种。南方者高二丈许，大抵与筀竹同类，但节密皮薄，节下粉白甚多，叶差小，笋箨上有细纹理，无斑花。北方者止高丈许，叶入药为良，笋食亦佳。医方用竹沥惟出此竹者最妙。笋出土正墨色者为乌花淡。"从文中可以看出作者已经注意到同种植物在不同地方的形态差别，亦即生态形，而且所记也符合事实。因为一般南方热带、亚热带的同种植物都长得高大一些，典型的例子如蓖麻，在北方通常呈草本，在南方则可长得很高大，呈灌木状。又如书中对潇湘竹的记载："潇湘竹凡二种，出七闽山中。一种圆而长，大可为伞柄，小可为笛材；一种高止数尺，人家移植盆槛中，芄芄可爱。"另外，书中对嫣竹的记载也体现了这一点。书中写道："嫣竹生宾州迁江县山中，湖湘间亦有之，大如笔管，高不过五七尺，节平，色黄，如籐梢杪，枝叶丛生，叶短如桃。劈篾织篝极细滑，不减藤篝，土人亦甚贵重，细篾亦可织笠。"

　　在编排上，作者尽量将相似的竹子排列在一起，如筀竹与淡竹；簝竹、箭竹与燕竹、箁竹、箬竹、簩竹等。

　　书中的内容反映出作者还在前人的著作中采录了不少关于竹的记述，以使自己的著作尽量完备。其中包括作者并没有见过的竹种，如书中关于支竹的记载，只有《水经注》中一点简略的引文；种龙竹引《广志》、戴凯之的《竹谱》中的文字；桂竹则引《山海经》和《广志》中的记述。书中还有一些竹子的记述引自《齐民要术》等其他著作中。此外，书中有的竹子只是传说的种类，如笼葱竹、罗浮竹等。

由于作者去过竹乡，因此对竹子的材质与环境的关系也有一些自己的认识。他认为："凡竹生于石则体坚而瘦硬，枝叶多枯焦，如古烈士，有死无二，挺然不拔者；生于水则性柔而婉顺，枝叶多稀疏，如谦恭君子，难进易退，谦懦有不自胜者；惟生于水石之间，则不燥不润，根干茎圆，枝叶畅茂，如志士仁人，卓尔有立者。虽少有不同，相去亦不远矣。"

从书中的分类可以看出，作者对竹子的分类，带有古代植物分类的一般特征，即根据用途、形态和颜色等进行分类，但也有作者作为一个艺术家所特有的一些古典美学的分类思想包含在其中，因此才会拟出书中所谓的"全德品"、"异形品"、"神异品"之类的分类形式。

所谓的"异形品"，据作者说是"盖皆特异于常"的种类。因为它们是些与众不同的种类，因此观赏价值也就比较突出，如方竹（*Chimonobambusa quadrangularis*）、六棱竹、净瓶竹（图 4-9）、石竹、木竹、人面竹（佛面竹 *Bambusa vetricosa*）、笒竹、由衙竹（篱竹、笆竹、梧竹）、凤尾竹（*Bambusa multiplex*）等。另外，也包括用途很广的毛竹等。

图 4-9

在书中所谓的"异色品"当中，作者指出，竹子的竹竿通常为绿色，但也有其他颜色的种类，这部分是根据竹子竹竿的不同颜色进行分类。正因为涉及与通常竹类不同的颜色，因此这部分也包含着不少比较令人瞩目的观赏种类。如竹竿呈斑纹的晕竹（图 4-10）、斑竹、黄竹以及绿、青、白、赤、紫、红、乌、黄等大量让人耳目一新的种类。更有黄金间碧竹、碧玉间黄金竹、对青竹、间青竹，白篛竹等普遍受人喜爱的观赏栽培种类。

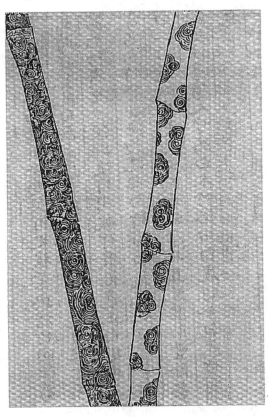

图 4-10

　　书中的所谓"神异品"，包含了一些传说中的种类，大抵是一些史书故事，故本部分的科学价值要低一些。其中包括"泪竹"（即湘妃竹）的传说等，主要供文人游戏谈资。此部分还有关于竹化石（有人认为是新芦木化石）的描述，书中记载："宋政和年间，延州永宁开大河，岸崩入地数十尺，下得笋一林，凡数百茎，根干相连，悉化为石。沈存中云：延郡素无竹，此竹乃在数十尺土下，不知其何代物，无乃旷古以前地气卑湿而宜竹耶？"[①]

　　有趣的是，本书还将一些不是竹类，但外形像竹子的植物也编在书中，即所谓"似是而非竹品"。其中包括植株有节的"笋草"（可能是木贼）等一些蕨类植物和"芦蔗"、"水荻"等禾本科植物，以及竹头草、竹叶草（可能是鸭跖草）、龙胆草、生姜、柴胡、荧（委萎即玉竹）、兰草等一些具有披针形叶子的植物。

　　书中还记有一类植物，带有辨异性质，即所谓"有名而非竹品"，也就是说，这类植物有竹子的名称，但实际上不是竹子。其中包括棕榈竹、石竹（*Dianthus chinensis*，图 4-11）、萹竹（即萹蓄）、箭竹（石竹一种）、观音竹、水竹、千岁竹（即苏铁）、椒竹（即花椒）、蓝田竹、玉竹、锦竹、桃竹、鹿竹（可能是一种黄精）、木竹（山竹）、悬竹（石斛）、夹竹桃。从中可以看出，这部分实际上包括大量的叶子像竹叶的观赏植物。

---

①　《竹谱》卷十，中国科学技术典籍通汇，生物卷，河南教育出版社，1994年，第89页。

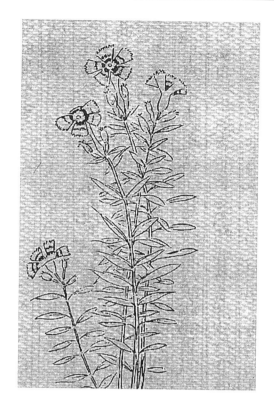

图 4-11

书中的记述表明，作者是一个读书较多的官僚。书中引用的古籍不少，如陈藏器的《本草拾遗》、周去非的《岭外代答》、戴凯之的《竹谱》，以及《齐民要术》、《博物志》、《玉篇》、《寰宇记》、《闽中记》、《笋谱》、《濠梁图经》、《山海经》《蕲春地志》、《山居赋》、《异物志》和《拾遗记》等。

四 关于生物分布的认识

进入隋唐后，随着与域外的文化交流不断增多，生态学知识又有了新的积累。在距今约1600年前的《法显传》一书中，已经提到葱岭（帕米尔高原及昆仑山和喀喇昆仑山脉西部诸山的总称）两边的植物不同。唐宋年间，随着岭南开发的深化，人们对南岭这条界线开始有了初步的认识。到了元代的时候，有个叫周伯奇的学者在《扈从北行记》一书中，记述了冀北山地西段和中段两边植被的差别。书中记载他某次旅行时，注意到由张家口以东，经冀北山地的车坊至沙岭的数百里处，皆"深林覆谷，村坞僻处"，一过沙岭，"北皆刍牧之地，无树木，遍地地椒、野茴香、葱韭，芳香袭人。草多异花五色，有名金莲花者，似荷而黄。"很明显，他已经注意到沙岭以南的植被是森林，以北是草原牧场。

五　关于树木年轮方面的知识

在宋代，人们基于长期的木材利用和药物解剖，已经积累了比较丰富的植物解剖知识，其中一个典型的实例就是对树木的年轮已经有了相当深刻的认识，这在《夷坚志》的有关记载中有很好的反映。

《夷坚志》是南宋时期著名学者洪迈撰写的一部颇具名气的志怪小说集。洪迈（1123～1202），字景庐，江西鄱阳人，曾任知州、中书舍人等各种官职，并兼修国史。《夷坚志》原书 420 卷，明以后散佚不少。清代修《四库全书》只收入"支甲"至"支戊" 50 卷。《夷坚志》书名取自《列子·汤问》"夷坚闻而志之"，夷坚为传说中的古代博物学者。洪迈平生好学，博闻广记，勤奋写作，撰成此书。该书卷帙浩繁，取材广泛，比较全面地反映了宋代社会风貌、人情和对客观事物的认识水平，是研究宋代社会生活的重要史料，同时，也为研究宋代科技水平提供了一些重要线索。

现在的人们知道，生长在亚热带和温带地区的乔灌木有这样一个特点，即它们由于一年气候之不同，由形成层活动所增生的木质部结构亦有差别。春夏两季所生的木质部色淡而宽厚，细胞大，壁薄，称为早材或春材；夏末至秋季所生的木质部色深而狭窄，细胞小，壁厚，称晚材或秋材。当年的早材和晚材逐渐过渡，形成一轮，而晚材与第二年之间的早材界限分明，出现轮纹。根据树木基部的年轮数，就可推出树木的年轮。此外，根据年轮的宽窄等，还可用之于古气候的研究。在我国，年轮概念的出现，以及运用年轮方法进行树木年轮的推算，至迟在宋代，便有明确的文字记载。《夷坚志》中"陈墓杉木"一节，就有这样的记述。

书中记载的故事大意是：建阳陈普祖墓旁有一株巨杉，打算卖给邻居。夜里陈普做了一个梦，梦见几个白须老翁对他说，不能做这笔买卖，我们守候这株树 380 年，它只能售给黄察院（官名）做椁木，否则不仅做不成买卖，还会引祸上身。第二天，生意果然没有成交。又过五年，黄察院在信州（治所在今江西上饶）死去，他的儿子没有在当地买到合适的棺椁，就回乡寻购合适的木材，经人介绍购买了陈家杉木，生意最后成交。在伐木的过程中，陈普讲述了自己曾经做的那个梦，为此，购买木材者细心察看树木的纹理，正好是 380 晕[①]。撇开具体的生意过程不论，仅从故事中购木者根据年头数出相应的"晕"（圈），就可以推论，宋人对杉木一类的乔木木材的解剖已有相当深刻的认识，并在长期观察的基础上，建立了树木年龄与该树木横截面圈纹（同心轮纹）数相应的观念，即年轮的概念，这也确实称得上是古人的一项很有意义的发现。

值得指出的是，洪迈虽不是一位生物学者，《夷坚志》也仅仅作为一般文学作品流传于世，由此可以推论，《夷坚志》中有关年轮的记载，只是著作者从一个侧面，记述了我国宋代劳动人民在植物学方面的认识水平。

第八节　解剖学的发展

在长期观察尸体解剖的基础上，五代后晋出现了烟萝子的《内境图》，它是中国古代人

---

① 　宋·洪迈，夷坚志，丁志·卷第六，中华书局，1980 年，第 585 页。

体形态学发展的新标志。到宋代出现了各种根据实物描绘的人体解剖图谱和文字资料，还出现了与解剖生理有关的法医专著《洗冤集录》。同一时期，藏医学中也包含着丰富的解剖学知识。这些表明我国当时人体解剖学的高度发展。

一　烟萝子《内境图》

烟萝子，又名燕真人，五代时著名道士。据《王屋山志》载："燕真人，号烟萝子，王屋里人。晋天福间（936~944），得烟霞养道之诀，宅边井里得灵异人参，举家食之，遂获上升"[1]。由此可知烟萝子卒于五代后晋天福年间，生年不可考。烟萝子的著作有《通志略》著录的《服内元气诀》一卷，《通志略》、《崇文总目》及《宋史·艺文志》都著录的《内真通玄诀》一卷，后者已佚。

《正统道藏》收有南宋石泰及其门人所编的《修真十书》，其中《杂著捷径》卷十八收录烟萝子著作数种，其中有"烟萝子首部图"、"烟萝子朝真图"、"内境左侧图"、"内境右侧图"、"内境正面之图、"内境背面之图"共六幅，都是烟萝子于公元944年以前所绘的[2]。

烟萝子六幅《内境图》中，以正、背内境图为解剖示意图。内境正面图的咽喉部有两孔，表示食管与气管。肺四叶，形如倒垂的莲花，正如《内经》说的"华盖"。心脏在肺下，心下为胃，贲门在胃左，幽门在胃左下。肝在左上，下为胆。脾在右上。下腹为小肠、大肠、魄门、膀胱。内境背面图中肾的形状较准确。左为肾，右为命门，与后世解剖图一致。

从《内境图》的内容看，烟萝子有可能观察到破腹的尸体，再根据《内经》的脏腑学说以及道家的《内景学说》来绘制《内境图》[3]。与现代解剖学相比，《内境图》较大的错误是说肝居膈上，肝在左，脾在右。虽然图中大部分脏器的形状、位置有些不大准确，但大体上与实体解剖相吻合，这在当时的条件下是难能可贵的。烟萝子第一个将中国古代医道两家关于内脏的认识，用图谱的形式表达出来，这是了不起的创举，开了后世绘制人体解剖图的先河。

烟萝子《内境图》绘制于公元944年以前，可以说它是我国也是世界上最早的解剖图，奠定了后世绘制解剖图的基础。

二　杨介《存真图》

宋代人体解剖进一步发展，出现了吴简的《欧希范五脏图》和杨介的《存真图》。《欧希范五脏图》已佚，其全貌不得而知。不过宋代赵与时《宾退录》、李攸一《宋朝史实》及陈无择《三因方》等著作中，都记载了宋代庆历年间（1041~1048），吴简解剖了被朝廷杀害的欧希范等人的56具尸体，并由画工根据实物绘制成五脏图谱。其中《宾退录》卷四载：

---

①　陈国符，道藏源流考，下册，中华书局，1980年，第284页。

②　祝亚午，中国最早的人体解剖图——烟萝子《内境图》，《中国科技史料》，1992，(2)，61~65。

③　祝亚午，中国最早的人体解剖图——烟萝子《内境图》，《中国科技史料》，1992，(2)，63。

"庆历间，广西戮欧希范及其党羽，凡二日，剖五十有六腹，宜州推官吴简皆详视之，为图以传于世。"又据僧幻云《史记标注》引《存真图》中杨介的追述，也可了解该图的梗概："杨介曰：欧希范被刑时，州史吴简令画工就图之以记，详得其证。吴简云：凡二日，剖欧希范等五十有六腹，皆详视之。喉中有窍三，一食、一水、一气，互令人吹之，各不相戾。肺之下则有心、肝、胆、脾。胃之下，有小肠，小肠下有大肠。……大肠之傍，则有膀胱。若心有大者、小者、方者、长者、针者、真者、有窍者、无窍者，了无相类。唯希范之心则红而锤，如所绘焉。肝则有独片者，有二片者，有三片者。肾则有一在肝之右微下，一在脾之左微上。脾则有在心之左。""其中黄漫者脂也"（即大网膜）。他们还发现蒙干多咳嗽病，所以"肺且胆黑"[1]。可见欧希范五脏图，实际是在欧希范及其同党五十六具尸体解剖的基础上由画工绘制而成的五脏图谱。虽然这部从实际解剖而来的著作早已散失，但从当时或稍后一些的范镇《东斋纪》、沈括《梦溪笔谈》及叶梦得《岩下放言》等著作中可窥见一些。《五脏图》中关于人体的内脏如肝、肾、心、肺、大网膜等组织的描述，以及叙述咳病患者的肺脏病变和眼病患者的"肝有白点"的病变等解剖知识，基本上是正确的。但也有些错误的地方，如说：喉中有三窍，一食、一气、一水。当时就为沈括所批判，他说："世传欧希范五脏图，亦画三喉，盖当时验之不审耳。""水与食同咽，岂能就口中遂分入二喉？人但有咽、有喉二者而已。"[2]说明宋代学者对人体解剖图的重视。

稍后，有杨介《存真图》。杨介（1068～1140），字吉老，宋代安徽泗州人[3]。他精于医学，以医术闻名四方，著有《四时伤寒总病论》、《伤寒论脉诀》和《存真图》等。杨介是宋代著名的解剖学家。据宋代晁公武《郡斋读书志》记载："崇宁间（1102～1106），泗州刑贼于市，郡守李夷行遣医家并画工往，亲决膜，摘膏者，曲折图之，尽得纤悉。介校以古书，无少异者，比欧希范五脏图过之远矣，实有益于医家也。"又政和三年洛阳贾伟节为《存真图》所作的序说："杨君介，吉老，以所见五脏之真，绘而为图，取烟萝子所画，条析而厘正之，又益之十二经，以'存真环中'名之。"[4]从上所述，杨介根据泗州外处死"犯人"的尸体解剖材料，以烟萝子《内境图》核正，绘制人体解剖图谱，定名为《存真环中图》《存真图》（4-12）。其图包括五脏六腑、十二经络各种图形多幅，可以说是宋代最好的人体解剖学著作。

《存真图》虽已佚，其部分内容仍保留在后世的其他医书中。例如，元代孙焕在1273年重刊《玄门脉内照图》时，对《存真图》的部分内容进行转述；另外朱肱的《内外二景图》、明高武的《针灸聚英》、杨继洲的《针灸大成》及钱雷的《人镜经》等，都曾引用了《存真图》的材料。从这些转引的材料来看，《存真图》不仅绘有人体内脏腹、背面图，而且还有各系统的分图，如"肺侧图"、"心气图"、"气海隔膜图"、"脾胃分系图"、"分水阑门图"，以及命门、大小肠、膀胱图等都有详细的说明。所绘出各器官的解剖位置和形态，基本上是接近于实际的，其精确程度远远超过《欧希范五脏图》。杨介《存真图》总结了宋代人体解剖学的研究成果，对医学的发展有着重要的贡献。

---

① 丹波元胤，《医籍考》，卷16曾幻云史记标注，引《存真图》。
② 胡道静、金良年，《梦溪笔谈》导读，卷26，巴蜀书社，1988年，第354页。
③ 宋·王明清，《挥尘余话》卷二。
④ 僧幻云，史记标注，引自丹波元胤《医籍考》卷16。

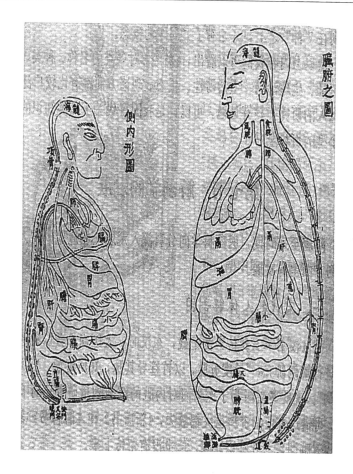

图 4-12

三　《洗冤录》中的人体解剖生理学知识

中国有关法医学的研究，具有悠久的历史。具有法医性质的著作，五代时始有和凝与和
礦父子合著的《疑狱集》。到宋代，以解剖生理学知识为基础的法医学得到迅速发展，出现
了一批法医学著作，如佚名的《内恕录》、郑克的《折狱龟鉴》、桂万荣的《棠阴比事》等，
但这些书多为各种类型的案例记载，还不能说是法医检验专著。南宋刑法官宋慈所著《洗冤
集录》（又称《洗冤录》），是现存中国古代法医学的专门著作，它对中国法医学的发展起了
很大的影响。

《洗冤录》的作者宋慈（1186～1249），字惠父，福建建阳人。宋嘉定十年（1217）中进
士，曾四任提刑。在他管刑狱期间，非常重视检验工作，积累了丰富的经验。加上宋慈在刑
狱问题上的谨慎态度和求实精神，为他《洗冤集录》的写作打下了基础。他在《洗冤集录·
序》中说："狱事莫重于大辟，大辟莫重于初情，初情莫重于检验。"因此，他对于狱案总是
"审之又审，不敢萌一毫慢易心"。宋慈在《洗冤集录·序》中还记下了自己的创作过程，就
是"逐博采近世所传诸书，自《内恕录》以下凡数家，会而粹之，厘而正之，增以己见，总
为一篇，名曰《洗冤集录》"。宋慈认为同行如能按此办事，"则其洗冤泽物，当以起死回生

同一动用矣"①。

《洗冤集录》成书于 1247 年。全书五卷，卷一载条令和总说，卷二验尸，卷三至卷五载各种伤、死情况。书中内容包括人体解剖、检验尸体、现场检验、鉴定死伤原因、自杀或谋杀的各种现象、各种毒物及急救、解毒的方法等内容。其中很多论述都符合现代解剖生理学的知识。如对骨骼器官的解剖位置和形态描述，《洗冤集录》记载："男女腰间各有一骨大如手掌，有八孔，作四行（这是指骶骨）②；腕左起高骨者手外踝（桡骨茎突），右起高骨者右手踝（尺骨茎突），二踝相连生者臂骨③（桡、尺骨合称）。"这是对骶骨、桡骨、尺骨形态和位置的正确描述。又如，辨认刃痕是生前还是死后伤的提出："活人被刃杀伤死者，其被刃处皮肉紧缩，有血荫四畔。若被肢解者，筋骨皮肉稠黏，受刃处皮缩骨露。死人被割截，尸首皮肉如旧，血不灌荫，被割处皮不紧缩，刃尽处无血流，其色白，纵痕下有血，洗检挤捺，肉内无清血出。"④ 这是根据死者受刃时，其肌肉和血液是否还具有生理机能来判断的，它完全符合现代法医学上辨认生前死后所依据的"生活反应"的原理。还有当时已经认识到"尸斑"的发生机制与分布特点："凡死人项后、背上、两肋、后腰、腿内、两臂上、两腿后、两曲䐐、两脚肚子上下有微赤色。验是本人身死后一向仰卧停泊，血脉坠下致有此微赤色，即不是别致他故身死。"⑤ 这些关于"尸斑"的成因和分布都是很有科学道理的。一般人在死亡后 1～3 小时，由于血液循环停止，血液逐渐下沉，毛细血管扩张，血液积聚在尸体低部形成了色斑。它的出现，是临床医学判定死亡的特征之一。此外，卷二"四时变动"篇详细地描述了尸体腐败现象与季节、体质、地区等因素有着密切的关系。此外，宋慈还论述了解毒与急救的方法，在缢死急救法中介绍了类似现代的人工呼吸法，都是较科学的。

宋慈是中国历史上一位影响较大的法医学家，《洗冤集录》是当时法医成就的总结，也反映了宋代医学发展的水平。元、明、清的许多法医著作在很大程度上都是在《洗冤集录》的基础上发展起来的。该书不仅在国内，而且在国外也得到了广泛重视，曾被译成荷兰、法、朝鲜、英、德等国文字流传于国际间。国外最早的法医著作为意大利人菲德晨（Fortunatus Fedeli）于 1602 年所著的《法医学专书》，该书较《洗冤集录》要晚 300 多年。

《洗冤集录》中也存在一些错误认识，如认为"人有三百六十五节，按一年三百六十五日"，"左右肋骨"，"妇人各十四条"及"妇人骨黑"等，这些都是读者应该注意的。

此外，在解剖生理学的基础上，唐代出现了"铜人"模型。宋王惟一对人体解剖、腧穴位置等进行了深入的考察研究，著《铜人腧穴针灸图经》三卷，于 1026 年呈宋仁宗，次年由翰林医官院刻印刊行。后又设计铸造铜人模型两具（1027），分置翰林医官院和大相国寺仁济殿。据宋代周密《齐东野语》卷上记载：这种铜人像"以精铜为之，脏腑无一不具，其外腧穴则错金书穴名于旁"，可见这种"脏腑无一不具"的铜人模型，在设计时必须具备较高的解剖学知识，才有可能制造出来。《铜人腧穴针灸图经》和铜人模型的问世，标志着宋代人体解剖生理学的新发展。

---

① 《洗冤集录·序》。
② 宋·宋慈编，贾静涛点校：《洗冤集录》卷三，上海科学技术出版社，1981 年，第 35 页。
③ 宋·宋慈编，贾静涛点校：《洗冤集录》卷三，上海科学技术出版社，1981 年，第 36、58 页。
④ 宋·宋慈编，贾静涛点校：《洗冤集录》卷四，上海科学技术出版社，1981 年，第 58 页。
⑤ 宋·宋慈编，贾静涛点校：《洗冤集录》卷五，上海科学技术出版社，1981 年，第 76 页。

四　藏医中的人体解剖生理学

公元七八世纪时，藏族人民吸取了汉族的传统医学知识，引进印度、尼泊尔等国的医学成就，著译了一些医学著作。其中以藏族医学家老宇妥·元丹贡布于公元 8 世纪所著的藏医学经典巨著《四部医典》较著名。后经历代藏医学家的修订、补充，到 11 世纪，经老宇妥巴的 14 世后代——新宇妥·元丹贡布进行全面的修订，成为现今行世的《四部医典》[①]。书中记载了人体解剖生理、胚胎发育、动植物药等，还对古代藏医理论和实践经验进行了全面的总结，反映出许多藏医学的独到之处，如高原疾病防治法、独特的验尿诊断法及水平较高的人体解剖生理学。藏族的天葬风俗为藏医提供了条件。所谓"天葬"就是人死后，在以巨石构成的天葬场上对尸体进行解剖，先将骨骼捣碎让老鹰吃掉，再将肌肤及内脏切碎让老鹰吃掉。这种解剖尸体和分别处理不同组织的过程，在客观上促使藏医在解剖学上和生理学上取得了比较多的成就。

据《四部医典》记载，人体包括心、肝、脾、肺、肾五脏，及胃、肠、十二指肠、胆、膀胱、"三木赛"[②] 六腑，全身骨骼三百六十块，牙齿三十二枚[③]。藏医对于人体一些器官的解剖位置及其功能，认识已经比较准确。例如，《四部医典》指出："短肋左起一拃胃角向，高有五指脾脏方位当"。"胃俞中心向右量七指，高为六指宽为三指胆"及"十四脊椎左右量七指，高有五指肾脏之境得"[④]。这种认识与现今解剖位置基本相符。在脉络方面，联系人体内外的叫"联系脉"，分白脉、黑脉两大类。脑为白脉之海，像树根一样，自脑发出若干支，并有一部分延伸于五脏、六腑和四肢，主感觉和运动[⑤]，相当于神经（神经的颜色为白色）系统。可见当时对神经系统中神经的分布和它的功能已有深入的认识。黑脉是指静脉。

藏医学家还制定了体表尺寸，对人体有关部位进行活体测量，作为取穴、定位、治疗疾病的依据。例如《四部医典》"五械反压穿刺法"记载："十四椎及其左右间，各量一寸肾脏之黑脉。由此再量一寸肾种穴"，"胸外一寸取穴心边际，黄水风痰气聚之俞穴。由此黑白际处量一寸，肺心合俞寒性风症除"[⑥]。这与现代解剖知识基本上是一致的，也是藏医学在活体测量方面所取得的较大成就。

在《四部医典》有关"五械反压穿刺法"的论述的部分也包含有很多解剖生理学知识。如说"胃心左右二寸禁针处，肝盛胃部区域禁针刺"，"不刺十分年迈与小儿"[⑦]，明确规定与生命相关的器官不得针刺。当时对胃、心脏、肝等器官的位置和生理功能已有相当正确的认识，并将这些解剖生理的知识用到医疗实践中了。

藏医学还形象地叙述了人体胚胎发育的过程。藏医提出："七月一周共需三十八"，身孕"六周依脐形成命脉来，七周眼目官能已生全……十二周五脏已长全，十三周六腑得弥

---

① 宇妥·元丹贡布等著，李永年译，《四部医典·序》，人民卫生出版社，1983 年，第 6 页。
② "三木赛"李永年原译为"三焦网"。有译男为精囊女为卵巢者，都难以确定，故暂定为音译名。
③ 宇妥·元丹贡布等著，李永年译，《四部医典》，人民卫生出版社，1983 年，第 22 页。
④ 宇妥·元丹贡布等著，李永年译，《四部医典》，人民卫生出版社，1983 年，第 322 页。
⑤ 宇妥·元丹贡布等著，李永年译，《四部医典》，人民卫生出版社，1983 年，第 22、23 页。
⑥ 宇妥·元丹贡布等著，李永年译，《四部医典》，人民卫生出版社，1983 年，第 460 页。
⑦ 宇妥·元丹贡布等著，李永年译，《四部医典》，人民卫生出版社，1983 年，第 459、461 页。

满……二十四周脏腑更成熟"，"直至三十五周大发育"，"三十八周转首离胎盘"[1]。这是根据实际观察描述的，并精确地指出人胚胎发育需要经过 38 周才达到成熟。更可贵的是藏族人民在 1200 年前就指出人胎发育要经历"鱼期"、"龟期"和"猪期"三个不同阶段，这在生物学史上是十分宝贵的史料。

第九节　生物遗传与变异

隋唐至宋代，随着农业、园艺业的发展，人们对生物遗传变异、人工选择、无性繁殖的认识和研究逐步深入，创造和培育出了许多动植物优良品种，积累了丰富的遗传变异知识。

一　对遗传变异的认识

遗传和变异是生物界的普遍现象。《吕氏春秋·用民篇》："夫种麦而得麦，夫种稷而得稷，人不怪也。"表明当时人们把物种性状的遗传看成是符合自然界规律的，对生物遗传性有了明确的认识。我国古代人民很早就从这种普遍的遗传现象中，认识到各种生物都存在着遗传性。古籍中有很多关于生物的"性"、"本性"及"无性"的记载，认为生物种类不同，本性也不一样，其中大部分讲的都是遗传性。人们认识到遗传性和生活条件间有着密切的关系。因此在生产中必须"适其天性"，不能"任情返道"，必须"顺物性应天时"，才能得到好的栽培和饲养的结果。

在实践中人们不仅认识到生物普遍存在的遗传现象，而且还认识到生物具有变异性。这可以从古代对由于变异而形成不同品种的生物的认识来说明。早在 2000 多年前的《周礼》记载了作物品种间的差异，如有成熟期比较长的"穜"和成熟期比较短的"稑"。《尔雅》中关于生物变异的记载就更多了，仅记载马就有 30 多个品种，并描述了它们的差异，如马的毛色就有黑白杂毛的、黄白杂毛的和红白杂毛的等。北宋欧阳修记洛阳牡丹花有 24 种，陆游也说："大抵花品近百种，然著者不过四十，而红花最多，紫花、黄花、白花各不过数品，碧花一二而已。"[2] 宋代蔡襄在《荔枝谱》中对一个优良荔枝品种滋味的变异作了描述，他指出这种"荔枝以甘为味虽有百千树莫有同者"。说明在同一品种中也存在着个体差异。同一时期的学者还观察到野生植物的变异，沈括在《梦溪笔谈》中说："蒿之类至多，如青蒿一类有两种，有黄色者，有青色者。本草谓之青蒿，亦恐有别也。陕西绥、银之间有青蒿，在蒿丛之间时有一两株迥然青色，土人谓之青蒿。茎叶与常蒿悉同，但常蒿色绿，而此蒿色青翠，一如松桧之色，至深秋，余蒿并黄，此蒿独青。"[3] 书中还指出石龙芮"今有两种：水中者，叶光而末圆；陆生者，叶毛而末锐"的变异。这些都反映了古代人民对于变异的普遍性的认识。

古代人民在生产实践中，已认识到环境条件的改变对生物变异的影响。宋代王观《扬州芍药谱》中记载："今洛阳之牡丹，维扬之芍药，受天地之气以生，而大小深浅，一随人力之工拙而移其天地所生之性。故奇容异色间出于人间。"又说："花之颜色之深浅与叶蕊之繁

① 宇妥·元丹贡布等著，李永年译，《四部医典》，人民卫生出版社，1983 年，第 19、20 页。
② 宋·陆游，天彭牡丹谱·花品序第一。
③ 宋·沈括著，胡道静校注，梦溪笔谈校证，卷 26·约议，古典文学出版社，1957 年。

盛皆出于壅剥削之力。"① 说明通过改变生活条件可以导致变异的产生。还有学者在园艺著作中较翔实地记载了花瓣的变异，如欧阳修在《洛阳牡丹记》中写道："左花之前，唯有苏家红、贺家红、林家红之类，皆单叶花，当时为第一，自多叶、千叶花出后，此花黜矣，今人不复种也。"② 指出重瓣和多瓣的花是由单瓣变异而来的。《洛阳牡丹记》中记载："甘草黄，千叶黄花也，色红檀心，浅于姚黄。……其花初出时，多单叶，今名园培壅之盛变千叶。"③ 用实例证明多瓣花是从单瓣花演变来的。类似的例子在刘蒙《菊谱》中也有，书中记载："花大者为甘菊，花小而苦者为野菊。若种园蔬肥沃之处，复同一体，是小可变而为甘也。如是，则单叶变而为千叶，亦有之矣。"④ "亦有"是指单瓣菊花可以偶然产生复瓣的菊花，这种变异可能是突变。宋代人已发现了自然突变的现象，并利用它来育成多瓣的菊花。不过，据上所述，他们都认为单瓣花变为多瓣花，是由于土壤条件的改变和栽培管理而引起的。对于单瓣变多瓣的原因，《鄞江周氏洛阳牡丹记》记载："间金千叶红花也，微带紫而类金系腰。开，头可八九寸，叶叶有黄蕊，故以间金名之，其花盖黄蕊之所变也。"⑤ 这里说的是一种叫"间金"的多瓣牡丹，开的红花稍带紫色，像另一个品种"金系腰"，花型大，花开时花朵直径可达八九寸，在数层花瓣中间夹杂着黄色雄蕊，所以称为"间金"。现代植物学认为，重瓣花是全部或部分雄蕊变成花瓣状的花。《鄞江周代洛阳牡丹记》中用实例解释了间金的花瓣是由黄色雄蕊变成的，这与现代科学结论一致。可以认为，这是世界上最先发现雄蕊可以变成花瓣的文献记载⑥。

宋代人们已经认识到变异是形成新生物类型的手段，如刘蒙《菊谱》在记载了 35 个菊花品种以后，又写道："余尝怪古人之于菊，虽赋咏嗟叹常见于文词，而未尝说其花怪异如吾谱中所记者，疑古之品未若今日之富也，今遂有三十五种。又尝闻于莳花者云，花之形色变异如牡丹之类，岁取其变者以为新，今此菊亦疑所变也。今之所谱，虽自谓甚富，然搜访有所未至，与花之变异后出，则有待于好事者焉。"⑦ 说明菊花和牡丹，在古代，其品种都不如现在丰富，只要连年选择变异植株，就可以得到新的菊花品种。刘蒙还指出无论是菊花或牡丹，现在都还在发生变异，将来也同样发生变异，所以只要继续不断地进行选择，新的品种就会不断形成。这种通过变异选择可以实现物种由少数类型到多数类型转变的思想，不仅可以直接指导生产实践，而且还反映了中国古代的生物进化观。

在古代，园艺家也了解到有些花木的变异是不遗传的。北宋张邦基在《陈州牡丹记》中记载："园户牛氏家，忽开一枝色如鹅雏而淡，其面一尺三四寸，高尺许，柔葩重累，约千百叶，其本姚黄也……牛氏乃以缕金黄名之。""郡守闻之，欲靳以进于内府，众园户皆不可，曰：此花之变异者，不可为常，他时复来索此品，何以应之？又欲移其根，亦以此为辞，乃已。明年花开，果如旧品矣。"⑧ 指出缕金黄曾产生的一个变异，并从实际观察中发

① 宋·王观，《扬州芍药谱》，见《四库全书》子部 151，第 9 页。
② 宋·欧阳修，《洛阳牡丹记》，见《四库全书》子部 151，第 6 页。
③ 同②。
④ 宋·刘蒙，《菊谱》，见《四库全书》子部 151，第 19 页。
⑤ 同④。
⑥ 姚德昌，从中国古代科学史料看观赏牡丹的起源和变异，自然科学史研究，1982，第 261～266 页。
⑦ 宋·刘蒙，《菊谱》，见《四库全书》部 151，第 26 页。
⑧ 明·王象晋，《广群芳谱》，32 卷。

现这个变异是不遗传的。这是因为有时变异发生在当年生长枝的某些细胞或组织中，而某些营养器官或花部的变异在无性繁殖时一般是不遗传的。

为了使植株获得稳定的变异，宋代种花人多用种子繁殖，如陆游在《天彭牡丹谱·花释名第二》中记载："绍兴春者，祥云子花也，色淡伫而花尤富，大者径尺"，"大抵花户多种花子，以观其变。"① 说明绍兴春的栽培变种，就是用"祥云"这种花的种子进行实生苗繁殖的结果。类似的记载书中还很多，如说泼墨紫、鹿胎红都是分别由紫绣球、鹤翎红的种子产生的突变体。周密在《癸辛杂识·别集上》里也引述播种菊花种子的情形。他说："朱斗山云，凡菊之佳品，候其枯砍取带花枝置篱下，至明年收灯后，以肥膏地，至二月，即以枯花撒之，盖花中自有细子，俟其苗，至社日乃一一分种。"②

二　对遗传变异的利用

当时人们更加有意识地利用生物普遍存在的遗传变异，通过人工选择的方法，培育出各种优良品种。

周师厚《洛阳花木记》中记载千叶黄花 10 种，千叶红花 34 种，千叶紫花 10 种，千叶白花 4 种，多叶红花 14 种，多叶黄花 3 种，多叶白花 1 种。共记载牡丹品种 109 种。宋代赞宁《笋谱》记载笋 98 个品种。水稻品种则更为丰富，在南北朝时期仅有 36 个，到宋代仅在江浙皖闽四省就达 301 个以上。欧阳修在《洛阳牡丹记》中写道："潜溪绯者，千叶绯花，出于潜溪寺"，"本是紫花，忽于丛中特出绯者，不过一、二朵，明年移在他枝，洛人谓之转枝花"，这是中国较早关于芽变的文献记载。现在知道芽变可以在生产中加以利用。类似的记载，还有《鄞江周氏洛阳牡丹记》中说："御袍黄，千叶黄花也……类女真黄，元丰时，应天院神卸花圃中，植山篦数百，忽一其中变此一种。""洗妆红，千叶肉红花也，元丰中忽生于银李圃山篦中。"御袍黄和洗妆红这两个牡丹品种，也是通过芽变（突变）方式产生的。从上所述，可知当时人们已经认识到突变能够应用于新品种的培育。

三　无　性　杂　交

无性杂交的嫁接技术，为我国首创。用嫁接技术繁育良种，发展果树、花卉生产，把优良种质（或品种）保存下来，这是中国人民在发展经济作物生产上做出的杰出贡献。对无性繁殖嫁接技术的认识和应用，到宋代得到高度发展。嫁接牡丹始于唐代，当时栽培种已有红、紫、白三种。到宋代，嫁接技术广泛地应用于花卉培育上，正如欧阳修《洛阳牡丹记》中说："洛人家家有花，而少大树者，盖其不接则不佳。"③ 陆游在《天彭牡丹记》中说："花户始盛，皆以接花为业"，"栽接剔治，各有其法，谓之沸花。"④ 这种方法促进洛阳、天彭牡丹品种迅速增多，牡丹因此被誉为花中之王。苏颂《本草图经》中明确指出："欲其花之诡异，皆秋冬移

① 宋·陆游，《天彭牡丹谱》，说郛 104，宛委山堂刊本，第 6 页。
② 宋·周密，癸辛杂识·别集卷上，见《四库全书》子部 346 册，第 130 页。
③ 宋·欧阳修，《洛阳牡丹记》，风土记三，见《四库全书》子部 151 册，第 6 页。
④ 同①。

接"①，表明宋代洛阳、成都等地嫁接已成为一种普遍的专门职业。许多花卉品种，主要是通过无性嫁接产生的。关于果树方面，南宋韩彦直《橘录》指出优良品种的橘"过时而不接，则花不实，复为朱栾。"说的是已经经过嫁接的柑橘类的优良品种②，在盛果后期必须利用嫁接培育新苗，更新种质，才能保持其优良性状，不然，它会长成不能食用的朱栾，而失去经济价值。吴怿《种艺必用》载："桑上接梨，脆美而甘；梅树接桃则脆；桑树上接杨梅则不酸。"③ 这里说的是科间、属间嫁接对果树品种品质的影响，现在看来大部分是正确的，但如桑接杨梅科间嫁接的记载还需经过实践验证，至今在生产上还未得到应用。书中还指出："果实凡经数次接者，核小，但其核不可种耳。"④ 说明反复重叠嫁接，不断从同一品种的优良植株上选取嫁接材料，能使果树良种化，而其后代种仁趋于不育的现象。从上述可以说明，中国古代人民已认识到嫁接是保存花卉果树品种种质的技术措施之一。

嫁接的方法在植物繁育的生产实践中不断地发展着。唐代韩鄂《四时纂要》的"正月篇"中记载："接树，右取树本如斧机柯大及臂大者，皆可接，谓之树砧。砧若稍大，即去地一尺截之。若去地近截之，则地力大壮矣，夹煞所接之木。稍小则去地七八寸截之。若砧小而高截，则地气难应，须以细齿锯截锯"⑤，"插了，今以砧皮齐切，令宽急所得所。宽即阳气不应，急即力大夹杀"⑥，插后，"别取木本色树皮一片，阔半寸，缠所接树砧缘疮口"，"外以刺棘遮护"，"其实内子相类者，林檎、梨向木瓜砧上，栗向栎砧上，皆活，盖是类也"⑦。上述提出接树和树砧的名称，指出砧木大小与嫁接部位的关系，即稍大的树留砧可以稍高，如离地近地力太盛会夹杀所接的树枝，树小要截得矮比，否则地气供应不上。已注意到砧木的生长发育与土壤中吸收养分和水分的情况对其成活的影响。嫁接要用细齿锯以减少机械的损伤。并注意到用本色树皮扎伤口，以减少外界不良环境的影响等。又明确指出"类"的标准为"其实类子相类者"。这不仅表明当时的嫁接技术有了进一步的提高，而且从理论上总结出了接树的原理，指出亲缘关系相近的树都可以嫁接，这个结论为种间嫁接提供了明确的指导原则，比《齐民要术·插梨》中的记载有所发展。（《齐民要术》只记载梨及柿的嫁接法，《四时纂要》则指出同类的树都可以嫁接。）《四时纂要》关于嫁接的记载，在吴怿《种艺必用》、韩彦直《橘录》及《农桑辑要》等书中都曾被引用。关于嫁接穗的选择，《四时纂要》中明确记载："所接树，选其向阳细嫩如筋大者，长四五寸许，阴枝即小实。其枝须两节，兼须是二年枝方可接"⑧ 的标准，认为这更易接活。《桔录》中也有类似的记载。由此可以看出，中国古代的嫁接技术发展到唐、宋时期，通过《四时纂要》填补、总结了《齐民要术》以后六个世纪的空白和经验，将嫁接技术提高到了新的水平。如提出了"接树"和"树砧"的名称，嫁接的方法增多和嫁接工具的改进，及对砧木和接穗的影响有了深入的认识等。

① 宋·苏颂，本草图经，转引《证和本草》卷九，人民卫生出版社，1982年，第227页。
② 宋·韩彦直《橘录》说郛105，宛委山堂刊本，第1页。
③ 宋·吴怿撰，胡道静校注，种艺必用，农业出版社，1963年，第20、35页。
④ 宋·吴怿撰，胡道静校注，种艺必用，农业出版社，1963年，第29页。
⑤ 唐·韩鄂撰，缪启愉校释，四时纂要校释，农业出版社，1981年，第22页。
⑥ 同⑤。
⑦ 唐·韩鄂撰，缪启愉校释，四时纂要校释，农业出版社，1981年，第23页。
⑧ 同⑤。

第十节　朱熹论有机体的发展

朱熹（1130～1200）是南宋著名的理学家。他提出"理"是宇宙的主宰和万物的本源，认为理在气先，即"有理变有气"，"有是理，后生是气"①，好比"草木有个种子，方生出草木。"② 即是说物质世界出现之前，有一个理的世界出现和存在。即"未有天地之先，毕竟是先有理"，"有此理，便有此天地。若无此理，便亦无天地，无人，无物"③。但是，朱熹在坚持理在气先的前提下，有时也部分地接受了张载关于气的学说，在研究哲理的过程中，注意自然科学的新成果，如当时的医药和动植物等知识。因此，朱熹对一些问题做过有益的探讨，在学术上做出了贡献。

朱熹继承了老子的"道生一，一生二，二生三，三生万物"的传统认识，在此基础上，描述了人类和生物生成的情景。朱熹说："如天地间，人物草木禽兽，其生也莫不有种，定不会无种子。白地生出一个物事，这个都是气。"④ 显然"气"就是产生万物（即人类和生物）的种子。人类有"人种"，这人种是在"天地之初，如何讨个人种，自是气蒸结成两个人，后方生许多万物。当初若无那两个人，如今如何有许多人，那两个人……是自然变化出来的。"⑤ 即是说，人种"是气化"产生出来的，有了人种以后，才生出许多人来，这就是"形生"。"气化，是当初一个人无种后，自生出来底；形生，却是有此一个人后，乃生生不穷底。"⑥ 人与万物的区别在于受气的不同，"人所以生，精气聚也"⑦，"精英者为人，得其渣滓者为物。"⑧

朱熹认为事物是变化的。他把人体胚胎发育过程视为"分毫积起"的"渐化"过程，将"包胎十月具，方成个儿子"的分娩叫"顿变"，说人的胚胎发育是一个逐渐变化的过程，要经过十个月才能分娩。

朱熹还曾根据动物化石来推论地层的变迁。从"尝见高山有螺蚌壳，或生石中"的情景，他推断是"此石即旧日之土，螺蚌即水中之物"，从而提出大地曾发生了"下者却变而为高，柔者变为刚"⑨ 的变化。这种变化朱熹认为是由于"水中滓脚"逐渐沉积，慢慢"便成地"，"地初间极软，后来方凝得硬"，即经过漫长的过程由沉积作用而成的。朱熹的这些观察和认识，与现在对沉积岩生成的认识有某些相似之处。所以，朱熹的这些看法是可贵的，也基本符合客观事物的变化发展。

---

① 朱子语类，卷一，十三，《四库全书》子部6册，台湾商务印书馆，第17页。
② 同①。
③ 同①。
④ 《朱子语类》卷一，《四库全书》子部6册，台湾商务印书馆，第18页。
⑤ 朱子语类，卷九十四，《四库全书》子部8册，台湾商务印书馆，第13页。
⑥ 朱子语类，卷九十四，《四库全书》子部8册，台湾商务印书馆，第14页。
⑦ 朱子语类，卷三，《四库全书》子部6册，台湾商务印书馆，第45页。
⑧ 朱子语类，卷十四，《四库全书》子部8册，台湾商务印书馆，第13页
⑨ 朱子语类，卷九十四，《四库全书》子部8册，台湾商务印书馆，第3页。

第十一节　对古生物的认识

　　古生物是指曾经生存在地球历史的地质年代中而现在已绝灭的生物，包括古植物（芦木、鳞木等）、古无脊椎动物（三叶虫、菊石等）、古脊椎动物（猛犸等）。有些古生物死后，经过石化作用，形成仅具有原来形状、结构、印模的生物遗体、遗物与印痕，称为化石，并保存于地层中。

　　化石是古生物学的主要研究对象。早在 2000 多年以前，中国古籍中已有关于化石的记载。在动物方面，古籍中最早称大型动物化石为"龙骨"。用现代古脊椎动物学分析，"龙骨"有狭义和广义的两种概念。广义的"龙骨"包括鱼类、两栖类、爬行类、鸟类和哺乳类动物的骨化石；狭义的"龙骨"一般是指距今 500 万年至 1 万年以前的上新世和更新世的哺乳类动物化石，其中犀牛、三趾马、长颈鹿类、鹿类、牛类和象类的骨化石最多，有时也包括远古人类的骨化石。可以想见，我国古籍中所记的"龙骨"除极少数外，大多数是泛指脊椎动物骨化石。

　　鱼类化石在古代称"龙鱼"、"龙鲤"、"石鱼"等。对鱼化石的最早记载见于《山海经·海外西经》。北魏郦道元《水经注》中比较科学地描述了鱼龙石的产地、性状、埋存层位及其识别方法。到宋代，人们对化石的记载与研究较前人更为深化了，如杜绾《云林石谱》（1133）记述的鱼化石、零陵石燕两条，正确地解释了石鱼、石燕的形成，认识到鱼化石是由古代鱼类的遗体，经过长期埋藏后石化而成的。杜绾《云林石谱》记载："潭州湘乡县山之巅，有石卧生土中。凡穴地数尺，见青石即揭去，谓之盖鱼石，自青石之下，色微青或灰白者，重重揭取，两边石面有鱼形，类鳅鲫，鳞鬣悉如墨描。穴深二三丈，复见青石，谓之载鱼石，石之下，即著沙土，就中选择数尾相随游泳，或石纹斑剥处，全然如藻荇，但百十片中，然一二可观，大抵石中鱼形，反倒无序者颇多，间有两面如龙形，作蜿蜒势，鳞鬣爪甲悉备，尤为奇异。土人多作伪，但刮取烧之，有鱼腥气，乃可辨。"[1] 十分生动详实地描述了鱼化石的形态、形成的环境、采集鱼化石的方法及识别真假化石的方法。在同卷中，杜绾还记载了另一产地类似的情况，写道："陇西（今甘肃渭源县东南）地名鱼龙，掘地取石，破而得之，亦多鱼形，与湘乡所产不异。"接着他大胆而正确地推测鱼化石（图 4-13）的成因说："岂非古之陂泽，鱼生其中，因山颓塞，岁久土凝为石而致然欤？"[2] 这种关于化石形成的推测是十分正确的。

　　对于无脊椎动物化石的腕足动物纲石燕类化石，古代称为"石燕"。石燕是地质时期古代海洋中腕足类动物的壳体化石，我国古代最早见于东晋罗含的《湘中记》，书中说："零陵有石燕，形似燕。"[3] 唐代苏敬等的《新修本草》记载："永州祁阳县西北百一十五里土岗上，掘深丈余取之，形似蚶而小，坚重如石也。"[4] 宋代苏颂《本草图经》、寇宗奭《本草衍义》也有类似的记载。

---

　　① 宋·杜绾，《云林石谱》卷中，"鱼龙石"条。
　　② 宋·杜绾，《云林石谱》卷中。
　　③ 湘中记，见《太平御览》卷四十九。
　　④ 宋·唐慎微撰，《证和本草》卷五，人民卫生出版社，1982 年，第 129 页。

图 4-13

　　唐代颜真卿《抚州南城县麻姑山仙坛记》中记载了螺蚌壳化石及其产地的情况，说："南城县有麻姑山，顶有古坛"，"东北有石崇观，高石中有螺蚌壳……刻全石而志之，时则六年（771）夏四月也。"[①] 此外，宋苏颂《本草图经》中记有节肢动物类甲壳纲动物化石，书中说："石蟹出南海，今岭南近海州郡皆有之，体质石也。"[②] 又在寇宗奭《本草衍义》记载"石蟹，直是今之生蟹，更无异处，但有泥与粗石相着。"[③] 不仅说明石蟹的外部形态及产地，还提出石蟹这种动物化石"直是今生之蟹"的看法。

　　关于植物化石。北宋沈括《梦溪笔谈》记载："近岁延州永宁关（今陕西延川县东南）大河岸崩，入地数十尺，土下得竹笋一林，凡数百茎，根干相连，悉化为石。"[④] 在邵博《邵代闻见后录》中也记载同一地点，"因板筑发地，得大竹根。半已变石。"沈括所记"竹笋"，经尹赞勋等人的研究，认为它是陕北一亿多年前中生代地层中的新芦木（*Neo-calamites*）[⑤]。新芦木是一种中空有节的古蕨类植物，因它的根部化石很像竹笋化石，所以易误认为是竹。现在我们常用的"化石"这个概念就是以沈括《梦溪笔谈》"悉化为石"的论断演变而来的。此外，在《梦溪笔谈》中沈括还说："泽州（今山西晋城县）人家穿井，土中见一物，蜿蜒如龙蛇状"，"鳞甲皆如生物"[⑥]，沈括认为是"蛇蜃所化"的动物化石。这是他关于生物化石又一比较详细的记载。今人根据沈括描述的化石特点和对山西晋城一带的地质情况的研究，认为它可能是一种叫鳞木（*Lepidodendron*）的古代植物的化石。鳞木是生长在石炭二迭纪的高大乔木，枝干所覆盖的叶片脱落以后，会留下极为清晰的鳞片状印痕。据现在地质调查，山西地区广泛分布着石炭二迭纪地层，鳞木化石丰富，这与沈括的记载十分相符合。

　　宋代杜绾《云林石谱》记载："石笋所产，凡有数处：一出镇江府黄山，一产商州（陕西商县），一产益州诸郡，率皆卧生土中。""其质挺然尖锐。或扁侧有三面，纹理如刷丝，隐于石面。或得刷道，彻扣之，或有声。石色无定。间有四面备停者。又有一、二丈，首尾

①　唐·颜真卿，颜鲁公文集，卷五。
②　宋·唐慎微，《重修政和经史证类备用本草》卷四，人民卫生出版社，1982年，第116页。
③　同②。
④　胡道静、金良年著，《梦溪笔谈》导读，卷二十一，巴蜀书社，1988年，第282页。
⑤　尹赞勋，中国古生物之根菌，地质论评，第12卷第1、2期合刊，1947年。
⑥　胡道静、金良年，《梦溪笔谈》导读，卷二十一，巴蜀书社，1988年，第283页。

一律，因斧凿修治而成。"① 石笋即硅化木，亦称"木化石"，是常见的植物化石的一种。杜绾在《云林石谱》中较详细地描述了它的产地、性状、埋存层位及修治方法。

植物树脂经过石化的产物叫"琥珀"。陶弘景《神农本草经集注》首次记载了琥珀"是松脂沦入地千年所化"②。韩保昇等在《蜀本草》中说："枫脂入地千年变为琥珀"，"琥珀之为物，乃是木脂入地千年者所化也，但余木不及枫松有脂而多。"③ 不仅记载了琥珀的发现而且阐明了琥珀的成因，并总结出"木脂"（植物树脂）经过很长时间石化形成琥珀，其中以枫松树脂最多。这些看法与实际相符。

对化石成因的认识。到唐代，于公元 771 年，颜真卿《杭州南城县麻姑山仙坛记》中指出螺蚌壳化石是由"桑田"所变，他说："高山中犹有螺蚌壳，或以为桑田所变。"④ 用现代科学用语来说，螺蚌壳化石是由于海陆变迁的自然作用形成的。在当时的历史条件下，颜真卿的这种认识，确是一件了不起的事。北宋苏颂《本草图经》记载："或云是海蟹多年水沫相著，化而为石，每海潮风飘出，为人所得。又一种入洞穴年深者亦然。"⑤ 地壳受剥蚀使地层内部露于地面，就容易发现和采集到化石。在中国古代，人民并不认识这个道理。例如，从晋代开始，就说"石燕得雷雨则群飞"⑥。到唐代苏敬等编《新修本草》说："俗云因雷雨则从石穴中出，随雨飞堕者妄也。"⑦ 苏敬对此提出反对，认为是"妄说"，但却没有证据证明。直到南宋杜绾才用实验澄清了传说中石燕会飞的误解。他在《云林石谱》中说："永州零陵出石燕，昔传遇雨则飞。顷岁余涉高岩，石上的燕形者颇多，因以笔识之。石为烈日所暴，偶遇骤雨过，凡所识者一一坠地。盖寒热相激迸落，不然飞尔。"⑧ 杜绾经过考察和实验，明确指出石燕坠地的原因是剧烈的热胀冷缩变化使岩石崩落，而不是石燕本身会飞。这种以"寒热相激"的道理来解释"石燕遇雨群飞"的现象的方法，是符合科学的。这些观点丰富了古生物学。由于正确地解释了动植物化石的成因，这就为解释海陆变迁的地层变化提供了直接证据。如前所说颜真卿、杜绾等人的阐述就充分反映了这点。沈括曾到河北视察，他发现太行山麓的"山崖之间，往往衔螺蚌壳化石及石子如鸟卵者，横亘石壁如带。"由此他推断说，"此乃昔日之海滨"⑨。他又指出，此地"今东距海已近千里。所谓大陆者，皆浊泥所湮耳"⑩，以泥沙的沉积作用正确地解释了华北平原形成的成因，这也是世界上对冲积平原成因的最早的科学解释。这都是沈括独到的见解。

古代人民不仅依据化石的成因来解释地层的变化，而且还根据化石推论古代动植物分布及其自然环境，如沈括在书中记载延州永宁关（今陕西延川县东南）产"竹笋"（新芦木植物化石）化石后说："延郡素无竹，此竹在数十尺土下，不知其何代物。乃旷古以前，地卑

---

① 宋·杜绾，《云林石谱》，《四库全书》子部 150，第 591 页。
② 宋·唐慎微，《重修政和经史证类备用本草》卷二十一，人民卫生出版社，1982 年，第 297 页。
③ 同②。
④ 唐·颜真卿，《颜鲁公文集》卷五。
⑤ 宋·唐慎微，《重修政和经史证类备用本草》卷四，人民卫生出版社，1982 年，第 116 页。
⑥ 太平御览，卷四十九，卷一百七十一。
⑦ 宋·唐慎微，《政和本草》卷五，人民卫生出版社影印，1982 年，第 129 页。
⑧ 宋·杜绾，《云林石谱》卷中，四库全书，子部 150，第 596 页。
⑨ 胡道静、金良年，梦溪笔谈导读，卷二十四，巴蜀书社，1988 年，第 312、313 页。
⑩ 胡道静、金良年，梦溪笔谈导读，卷二十四，巴蜀书社，1988 年，第 313 页。

气湿而宜竹邪？"[1] 他通过新芦木化石的出现，推测旷古之前，在延安地区地势低下的潮湿环境中生长有"竹"，这种看法是十分正确的。他由此而推断，婺州（浙江金华）、金华山（金华城北的常山）有松石、核桃、芦根、鱼蟹之类的化石，"皆其本地有之物"，同样是旷古之前该地所生长的动植物。沈括的这种认识，不仅扩大了人们认识古动植物的视野，还为人们认识古动植物的生活环境和地理分布提供了化石依据。

第十二节　生物资源保护思想的发展

中国古代的保护生物资源的思想和礼规的形成，经历了一段较长的发展过程。《商君书·画策》记载："黄帝之世，不麛不卵"，提出在黄帝所处的时代，人们就不捕猎小鹿和掏鸟卵，说明在黄帝时代就开始保护鸟兽的繁殖了。

合理利用和保护生物资源的礼规，至迟在周代就已形成。《管子·八观》中记载："草木虽美……禁发必有时；江海虽广，池泽虽博，鱼鳖虽多，罔罟必有正。"明确提出了生物资源虽然丰富，也必须合理利用，注意保护。在同书的"四时"、"五行"等篇中，作者强调要根据时令，结合生物生长发育情况，保护生物资源的再生能力。要保护好生物资源，就要加强管理。《周礼》中提到有"兽人"、"迹人"、"渔人"、"山师"、"泽虞"、"川师"等，这些官职都是掌管山、林、川、泽的各项具体政策和禁令，"非时不入山林"、"非时不狩"，以保护生物资源，维持生态平衡。

《吕氏春秋》一书的"十二纪"中，记载着一年 12 个月政事安排和合理利用生物资源的重要指导原则，反应了先秦的生物资源保护思想和礼规。它成为后世制定保护生物资源律令的重要依据。从上面简单论述可知，禁发有时，以求生物资源的永续利用是先秦生物资源保护的重要指导思想。它是中国古代人民在长期的采集、渔猎生产活动中总结出来的宝贵经验，为后世产生了较大的影响。淮南王刘安《淮南子》中记载着生物资源保护，注意到生物与环境关系的描述，认为各种动植物都有自己的生活环境，生物有适应环境的本能，如说："鹊巢知风之所起，獭穴之水知高下。"（《淮南子·原道训》）书中又说："春风至则甘雨降，生育万物。羽者妪伏，毛者孕育，草木荣华，鸟兽卵胎。""秋风下霜倒生，鹰雕搏鸷，昆虫蛰藏，草木注根，鱼鳖凑渊。"（《淮南子·坠形训》）说明生物生长发育与季节的变化的关系。这些经验总结是其生物资源保护思想水平提高的重要基础。

《淮南子》的编者在保护生物资源方面不仅注意动植物的生长发育，还考虑与之相适应的环境条件，如说："欲致鱼者先通水，欲致鸟者先树木；水积而鱼聚，木茂而鸟集。"（《淮南子·说山训》）

由于当时人们对生物资源保护的认识进一步发展。汉武帝以后，皇帝开始发布一些诏令来加强对生物资源的保护。汉宣帝元康三年（公元前 63），朝廷发布禁令，规定春夏间不得在京城地区掏捡鸟卵和射鸟。（《汉书·宣帝记》）汉章帝元和二年（85）诏曰："方春生养，万物孳甲，宜助萌阳，以育食物。"（《汉书·章帝记》）这时传统生物资源保护礼法已经较好地塑造了人们的保护意识，客观上保护了生物资源。

在保护生物资源方面起过重要作用的还有帝王苑囿的建设，如秦汉的上林苑，《汉旧仪》

---

①　胡道静、金良年，梦溪笔谈导读，卷二十一，巴蜀书社，1988 年，第 282 页。

载："苑中养百兽，天子秋冬射猎取之。帝初修上林苑，群臣自远方各献名果异卉三千余种种植其中。"[1] 上林苑内当时已经分类进行动物饲养和花木栽培。这种做法不仅便于观察动植物的生物学特性，而且对于一些动植物的引种驯化和保护都有着重要意义。

南北朝时期除了以诏令的方式申述有关保护生物资源措施外，在部分地区已注意到生物如鸟类在农业上的生态效益从而采取保护措施。随着南方的开发，还出现了专门记载华南和西南有关动植物的著作。根据这些著作有不少动植物种因此得到驯化和栽培，客观上保护了生物资源。

隋唐统一全国后，生物资源保护工作又有了起色。在历代保护生物资源礼法的基础上，唐朝廷曾多次下过保护生物资源的诏令，如唐高宗永徽四年（653）诏："禁作罿捕兔，营围取兽。"（《唐书·高宗记》）类似的记载还有咸亨四年（673），李治下诏："禁作罿捕鱼，营圈取兽者。"（《新唐书·高宗纪》）及唐代宗大历十三年（778）诏："禁京畿持兵器捕猎。"这些都在一定程度上保护了动物资源。

宋开宝六年（973），宋太祖下令"禁岭南诸州民捕象，籍其器仗送官。"[2] 这是较早对大型动物保护的法令。大中祥符三年（1010）重申"禁方春射猎。"（《宋史·真宗本记》）类似的记载还有清宁二年（1056）政府下令："方夏长养，鸟兽养育之时，不得纵火于郊。"（《辽史·道宗本记》）宋真宗于大中祥符四年（1011）下诏说："火田之禁，著在礼经，山林之间，合顺时令。其昆虫未蛰，草木尤蕃，辄纵燎原，则伤生类。诸州县人，自余焚烧野草，须十月后，方得纵火。"（《宋史·真宗记》）。以上说明，先秦形成的"以时禁发"保护生物资源的传统思想，至今仍非常深入人心，从而有效地保护了生物资源。

此外，我国古代还开始了珍稀动植物的保护。古代将珍稀动植物称为祥瑞，分为大瑞、上瑞、中瑞及下瑞四等，有尤马、泽马、白马赤鬣、三角兽、白狼、赤兔、白鸠、苍鸟、黄鹄、五色雁及芝草、人参等。人们对这些珍稀动植物采取了保护措施。唐玄宗开元年间制定了法令："其鸟兽之类，有生获者，放之山野，余送太常。若不可获，及木连理之类不可送者，所在官司察验非虚，具图书上。"即是说其鸟兽之类的动物如果被生擒，要放回大自然，如果是植物要"具图书上"，从而达到保护珍稀动植物的目的。同时唐朝一度还停止了对珍稀动植物的进献，这对于保护珍稀动植物有着重要意义。

隋至宋在保护生物资源方面起过重要作用的是园林和封禁地。园林和苑囿方面，如隋杨广在洛阳造的显仁宫，唐代长安城北的大型禁苑，北宋开封的艮岳，都对动植物的养护起了重要的作用。

唐代长安城北建立的大型禁苑，苑内的动植物资源非常丰富。苑中有专门的植物园，如桃园、葡萄园、梨园等。除娱乐用外，禁苑也具有明显的经济生产性质。正如《长安志·卷六》记载"禽兽蔬果莫不毓焉，若祠祫蒸尝四时之荐，蛮夷戎狄九宾之享，则以搜狩以为储供焉。"

北宋开封的艮岳是京城内的一处大型人工苑囿。它是宋徽宗赵佶在 1117 年始建的一座帝王园林。《枫窗小牍》记载："四方花竹奇石悉萃于斯；珍禽异兽，无不毕集。"[3] 苑内还

---

[1]　余树勋研究远方各献名果异卉为 39 种。
[2]　续资治通鉴长编，卷十四。
[3]　枫窗小牍，卷五。

分区养殖动植物。动物有"鹤庄、鹿砦、孔翠诸栅，蹄尾数千。"① 植物有"药寮"附近种植的药用植物、植梅万株的"绿萼华堂"、有青松蔽密的"万松岭"及"西庄"种植的农作物，有些近似现代动植物园的雏形。

唐代私园兴建发达，不少名家建有"山庄"、"别业"，如唐德宗年间的宰相李德裕在洛阳城外营造的"平泉庄"，就是著名的自然山水园。园中养殖着大量的名贵动植物，还有各地进献的稀有动植物，所谓"远方之人，多以异物奉之"②。《平泉庄》中有"陇右诸侯供语鸟，日南太守送名花"的记载，生动地体现了该园生物搜罗之广。经过长期的经营管理，这里成为一处物种非常丰富的林园。

唐代，我国西南地区的少数民族，也注意到了对动物资源的开发和利用。《蛮书》载："鹿，傍西洱河（今云南洱海东部）诸山皆有鹿。龙尾城东北息龙山，南诏养鹿处，要则取之。览赕有织和川及鹿川（在今楚雄），龙足鹿白昼三十五十，群行啮草。"③ 同书还记载当地人养象、犛牛等以助农耕。虽然当地动物资源非常丰富，人们还是通过人工保护、养殖，来使生物资源持续增长，达到保护的目的。

对于封禁地的生物资源保护。在唐宋时期，一些名山或风景区由于官府和宗教的原因得到保护，这也直接或间接地对一批珍贵物种起过保护作用。如唐代的都城周围就是禁猎区，唐代宗大历四年（769）、十三年（778）、文宗开成二年（837），都下过诏令保护畿内动物，禁止采捕渔猎（《新唐书·代宗记》）。唐开元初年，政府曾下令对骊山风景区进行封禁，不准樵采。开元十三年（725），下令封禁泰山，"近山十里，禁其采樵"。（《旧唐书·玄宗本纪》）宋真宗在封泰山时，诏令随行人员不得损坏树木，同时将各地贡献的珍禽异兽放归自然界，并禁止在泰山周围砍柴。宋在大中祥符元年（1008）也对泰山进行过封禁。宋真宗时还在开发浙江木材的过程中，发现雁荡山。经沈括等人研究后，这里因此成为名山，山上的野生银杏林得到保护当与此有关。一个美国植物学家曾说："如果银杏不是在庙宇的庭园中作为稀有树种来保护的话，或许今天在亚洲也已被消灭。"④ 可见封禁地对于保护生物资源的重要性。

唐宋时期，佛、道教极为兴盛。由于宗教都有寻求清净、好生恶杀的思想渊源，在保护生物资源方面，它们有相通之处，所以一些名山大川、寺观所在地的生物资源也得到保护。宋代，扬州后土祠有一株据传是唐时栽的琼花。它树大花繁，花香可爱。从有关资料看，它可能是八仙花在人工栽培条件下形成的变种，或是一株形态与聚八仙相似的珍贵栽培花卉。南宋周密《齐东野语》载"扬州后土祠琼花，天下无二本，绝类聚八仙，色微黄而香。仁宗庆历年中（1041～1048），常分植禁苑，明年辄枯，逐复栽祠中，敷荣如故。""其后宦者陈丁命园丁取小枝移接聚八仙根上，遂活，然其香色则大减矣。"可看出当时人们通过分植、移接不仅培养出琼花的变种，而且使"天下无二本"的琼花得到了保护。

峨眉山是我国佛教圣地之一，从唐代开始了大量兴造寺庙，从此以后，山上的植被一直得到较好的保护。峨眉山生长着不少珍稀动植物，以植物为最多，如：银杏、桫椤、红豆

---

① 清·顾炎武，《历代宅京记》，卷十六，中华书局，1984 年，第 227 页。

② 唐·康骈，《剧谈录》，卷下。

③ 向达校注，蛮书校注，云南管内物产第七，中华书局，1962 年，第 203 页。

④ ＷＤ比林斯，植物·人和生态系统，科学出版社，1982 年，第 80 页。

树、银叶桂、天麻、水青树及桢楠等；动物有小熊猫、苏门羚、金丝猴等。这些动植物都得以生存至今。浙江普陀山也是著名的佛教圣地之一。自唐代兴建寺庙后，名扬海内。这里的植物资源丰富，高等植物有 400 多种，全国仅存的一株普陀鹅耳枥就保存在这里。

此外，世人舍身入寺佛及购买动物放生的事例，在古籍中也大量出现。建立放生池和放生，被视为向佛表示赤诚并为自己延寿添福的行动，到了唐朝更以律令的形式明确起来，唐肃宗乾元二年（759）诏天下置放生池八十一所。这是以法律的形式确定放生池，池中的鱼鳖不准捕钓，如"花港观鱼"是西湖风景的一部分，唐代以来花港就是个放生池。由于它作为放生池存在，所以较好地保护了这里的鱼类。这种伴随着宗教信仰的保护行为，对不少珍稀物种的保护效果是明显的。

第五章　古代生物学发展的
高峰（明清时期生物学）

明清时期，我国的生物学知识已有相当的积累，不但实用的博物学知识如本草学著作的编撰空前发达，一些园艺学方面的作品，如《长物志》、《花镜》中也不乏新东西，而且那段时间的农书也包含不少新的生物学知识。更引人注目的是这一时期出现了一批颇有影响而且包含着丰富的生物分类学和形态学知识的重要作品，如带有地区植物、动物志性质的《救荒本草》和《闽中海错疏》、《吴薹谱》；带有一般性博物学或普通动物学性质的《华夷花木鸟兽珍玩考》和《兽经》、《谭子雕虫》、《毛诗名物图说》、《蠕范》、《虫荟》等，并最终涌现了像《植物名实图考》那样学术价值很高的综合性植物学著作。另外，明清期间流传下来的笔记作品为数众多，其中有些多有生物分布等内容。医学著作中，《医林改错》中包含较多新的解剖学知识。另外，明清出现的植物学类书性质的作品，诸如《群芳谱》等，文笔简练，也是普及有关植物学知识的重要书籍。

第一节　综合性本草著作中体现的生物学成就

和世界上许多国家一样，对可作医药的生物的探寻始终是我国古代生物学知识积累的重要方面。明清期间在这方面尤为突出。

一　李时珍及其《本草纲目》的一般情况

我国的本草学在唐宋发展到了一个高峰后，到了明代又有了新的发展。在李时珍的《本草纲目》这部巨著出现之前，官府曾经组织过大型本草的撰写工作。弘治十八年（1505），太医院院判刘文泰等人奉皇帝的命令，在宋代的《证类本草》一书的基础上，编撰了《本草品汇精要》一书。该书收集的药物比以前的本草书都多，达 1815 种，书中附有 1358 幅比较准确的彩图（图 5-1），但文字主要采自前人的著作，缺乏新的内容。这本书的一个突出之处是分类、编排相当细致。全书 42 卷，分为玉石、草、木、人、兽、禽、虫、鱼、果、米谷、菜等部类。每部又比照《神农本草经》分为上、中、下三品。每种药物又分名（记述别名）、苗（记述生长过程和形态特征）、地（记述产地）、时（采集的时间）、收（保存的方法）、用（记述药用部分和筛选的方法等）、质（质地和形态）、色（生药学的色彩）、味（生药的味道）等 24 个方面加以叙述。

从书中的内容来看，其分类颇有些新意。书中的"凡例"写道："禽、兽、虫、鱼分为羽、毛、鳞、甲、赢五类。每类又分胎、卵、湿、化四生。"这种思想可能对李时珍后来《本草纲目》的分类有一定的影响。此书称得上是一部本草学的巨著。有的学者认为，此书

"搜采之广，较《本草纲目》为多，而分类去取之谨严，又较《纲目》为精审"[1]。可见这本书是有一定学术价值的。不过这本书所记的生物学内容缺乏新鲜东西，加上长期稿藏内府，束之高阁，从未刊行，对后世的本草学和植物学影响甚微。在明清时真正有影响的大型综合本草学著作是后来李时珍的《本草纲目》。

1590 年，湖北蕲春人李时珍根据自己长期的资料收集和行医实践，加上野外采药考察，写成《本草纲目》一书。这是一部本草学上的空前巨著，在我国古代生物学上也有重要意义。

李时珍（1518～1593），字东壁，晚年号濒湖山人，湖广蕲州（今湖北蕲春县）人。他的祖父是一位走街串巷的铃医，父亲李言闻是当地小有名气的江湖医生，年轻时曾多次参加科举应试不中，后来长期行医。由于封建社会民间医生社会地位低下，李言闻饱受被人歧视、生活艰辛的苦楚，和封建社会中许许多多望子成龙的父母一样，他一心指望李时珍能勤读经书，通过科举进取功名，跻身仕途以改变家庭的境遇。因此，李言闻不愿让儿子学习医药。

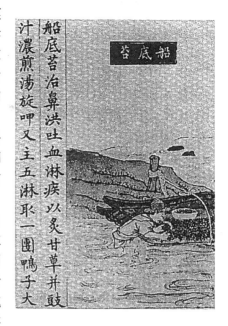

图 5-1　本草品汇精要（香港本）

李时珍自小身体屡弱多病，10 岁以后才能参加户外活动。虽然他在 14 岁时就考中了秀才，但是从 17 岁到 23 岁，他连续三次参加乡试，都名落孙山。先天不足的体质，加上连年苦读的辛劳，李时珍终于积劳成疾，大病了一场，几乎命丧黄泉。在父亲的悉心治疗下，他才活转人世。科举的连连失败，使身心俱疲的他对继续走科举的道路感到心灰意冷，而父亲能起人于沉疴，将病弱之躯导向强壮的奇妙医术，却令他神往。李时珍因此恳求父亲成全自己弃儒学医的愿望。看着几乎被科举考试摧垮的儿子，父亲深深理解他的这一心情，虽然不无遗憾，但也不再强子所难，答应让其随自己行医。由于李时珍有良好的学术功底，加上喜欢医药这一行，更由于他勤奋好学，利用各种机会多方求师学艺，所以医术迅速长进，很好地实践了封建社会很多文人都抱有的"既不能为良相，愿为良医"的信条。

从此以后，满怀激情的李时珍不断在家乡周围行医，并大量阅读医书典籍。像许多行"仁术"的医学前辈一样，他医德高尚，一方面不斤斤计较贫苦病人的治疗费用，另一方面在行医过程中利用各种机会向民间人士学习他们所积累的偏方和有关的医疗经验。由于勤于思考，刻苦钻研，他的医术不断提高，名声越来越大。嘉靖三十年（1551），封地在湖广的皇室楚王召李时珍到武昌为他的儿子治疗惊风。经他的细心治疗，楚王儿子得以痊愈。李时珍因此被楚王聘为"奉祠正"，掌管王府的"良医所"事务，当时他才 33 岁。在李时珍就任楚王府"奉祠正"后不久，皇帝诏令全国名医到京师听候调用。李时珍又被推荐到为皇家治病的太医院，后来被提升为太医院院判。在太医院任职的这段时间里，李时珍不但有机会与来自各地的许多名医互相切磋医药心得，同时还有机会翻阅太医院珍藏的大量医学典籍，观

---

①　转引自龙伯坚，《现存本草书录》41 页录谢观《殿本本草品汇精要校勘记·序》语。

察各处进献而来的珍奇药材，这些种类繁多的贡品药物是一般医生难得一见的，李时珍的学识因此大为长进。

在长期的行医过程中，李时珍发现以往的本草著作存在很多不足。这主要表现在随着社会的发展，人们的医药经验和知识不断增多，许多当时为医生用于治疗疾病颇有效验的药物不见于前人的记载，急需有人将这部分经验加以总结；另一方面，以前流行下来的本草著作由于长期的传抄和刊印不但出现不少舛误，而且它原来的内容本身也多有同物异名、异物同名相混淆以及解说不清甚至注释错误等种种问题，给医生用药带来很多问题。因此，李时珍觉得非常有必要重写一部本草著作，以使当时的医生更好地为社会提供服务。开始他想借官府的力量来完成他的这一心愿，但由于当时的统治者非常腐败，一心只顾自己的享乐，对发展医药事业根本谈不上有任何兴趣，所以他的这一期望犹如水中捞月，毫无结果。李时珍并未因此气馁，决心通过自己的努力来完成这一工作。不久，他托病辞去了太医院的职务，亦即在太医院任职不到一年后就回到故乡，把更多的精力用到对医药的探讨上。

由于在王府和太医院工作期间，李时珍曾经阅读过大量的各种医学典籍及其他历史经典，并在此基础上进行了钻研，他的医药研究工作因此有了基本的积累。回乡后他进一步翻阅了前人写下的文献资料，记下笔记以积累写作的基本素材，在此基础上进行了艰苦的去伪存真、去粗存精、留其精华、弃其糟粕的扬弃工作。当然，作为一位富有经验的医者，李时珍是不会满足于将自己的工作停留在简单的资料编排和文献考证方面的。为了使自己的著作更有价值，李时珍对于各种药物，都尽可能地进行生药考察和鉴别。他曾不畏艰难，长途跋涉到药材产地做调查，先后去过湖南、湖北、河南、河北、江苏、江西和安徽的一些有名的产药山区，如武当山、钟山及牛首山等。在旅行中，他虚心向当地的农民、樵夫、渔民和猎人请教。李时珍待人态度诚恳、热情，人们乐于把所知道的告诉他，因此他从这些群众当中收集得到大量的医药知识。通过自己精心的考察实践，李时珍对前人的药物记载进行了验证，同时也得以对前人记载中的不当和谬误之处做出纠正，最终以宋代的《经史证类备急本草》（简称《证类本草》）为蓝本，开始筹划他的鸿篇巨著。经过二十七个寒暑的不懈努力，他终于在 1578 年编成这部记载药物 1800 多种的《本草纲目》初稿。后来又经过十多年的多次修订，最终于万历二十四年（1596），也就是李时珍去世后的三年，这部空前的本草著作得以出版问世。

《本草纲目》全面总结了明以前本草学发展的成就，是本草学发展史上的里程碑，它的巨大学术成就已为历代学者所公认。全书体现了作者极为广博的学识和对真理不懈追求的执著精神。我们可以从明代著名学者王世贞为《本草纲目》写的序中所录的李时珍自述中，清楚地看出作者编书的动机和所付出的艰辛劳动。原文这样写道："时珍，荆楚鄙人也。幼多羸疾，质成钝椎；长耽典籍，若啖蔗饴。遂渔猎群书，搜罗百氏。凡子史经传，声韵农圃，医卜星相，乐府诸家，稍有得处，辄著数言。古有本草一书，自炎黄及汉、梁、唐、宋，下迨国朝，注解群氏旧矣。第其中舛谬差讹遗漏不可枚数，乃敢奋编摩之志，僭纂述之权。岁历三十稔，书考八百余家，稿凡三易。复者芟之，阙者缉之，讹者绳之。旧本一千五百一十八种，今增药三百七十四种，分为一十六部，著成五十二卷，虽非集成，亦粗大备。"作为当时学术界的耆宿，王世贞在序中对此书的学术价值给予了极高的评价，他说《本草纲目》："上自坟典，下及传奇，凡有相关，靡不备采。如入金谷之园，种色夺目；如登龙君之宫，宝藏悉陈；如对冰壶玉鉴，毛发可指数也。博而不繁，详而有要，综核究竟，直窥渊海，兹岂禁① 以医书靓哉，实性理之精微，格物之通典，帝王之秘篆，臣民之重宝也。李君用心加惠何勤哉。"这段评语虽近谀词，却反映出时人对此书的评价之高。的确，尽管受当时社会流行的不良学风的影响，作者在著书时也存在着一些不足和问题，但瑕不掩瑜，《本草纲目》所达到的科学水平确实是一个全新的高度。

《本草纲目》全书共 52 卷，总共分为 16 个部，每个部分又分若干类，计 60 类，总字数达 190 万，附图 1110 幅②。书中除记载了以往本草著作收载过的药物 1518 种外③，新添药物 374 种，收载药物共计 1892 种。在这众多的药物中，以生物药最多，其中包括 1000 余种植物药，370 多种动物药，所涉及生物种类之多，为以前典籍所不及，这也是该书在生物学上引人注目的主要原因之一。

在《本草纲目》中，李时珍对每种药物分释名、集解、气味、主治等项加以叙述。他在书中"凡例"中提到："诸品首以释名，正名也。次以集解，解其出产、形状、采取也。次以辨疑、正误，辨其可疑，正其谬误也。次以修治，谨炮炙也。次以气味，明性也。次以主治，录功也。次以发明，疏义也。次以附方，著用也。"就是说对每种药物的名称和原出处，历史上记载的各种别名、产地、形态特征、采治方法，前人记载不当之处，药材的性质和气味，以及治病功能作了详细的解说。其中以"释名"和"集解"在生物学方面较有意义，因为这两部分包括了主要的生物学描述。

从《本草纲目》对药物的介绍中，我们不难发现李时珍对药物的记述是很有条理的。他首先注出每种药物的名称，它由何种医药著作最早著录。在该种药物的通名之后，再在"释名"项中列出它的各种别名或异称。然后，又进一步解释这种药物名称的由来。我们不妨举一些具体的例子对这种情况加以说明。

书中是这样记述"荆三棱（*Scirpus yagara*）"的。他把"荆三棱"列在开头，表明这是李时珍认为的药物通名，而从此种药物名称下的小字"开宝"二字，可知是宋代的《开宝本草》先收录了这种药。接着"释名"项中指出它还有《开宝本草》记载的京三棱、草三棱、鸡爪三棱，以及宋代《图经本草》记载的黑三棱和石三棱等别名。李时珍指出，它之所以叫"三棱"，《图经本草》的编者苏颂认为是"三棱，叶有三棱也"，又因它"生荆楚地，故名荆三棱以著其地"，因此，他认为"《开宝本草》作京者误矣"。此外，他还进一步提到，以前的著作"又出草三棱条，云即鸡爪三棱，生蜀地，二月、八月采之。其实一类，随形命名尔"④。又如莎草（*Cyperus rotundus*）香附子条，"释名"项收录它有《唐本草》所记的雀头香；《图经本草》记载的草附子、水香棱、水巴载、水莎、莎结、续草根、地藏根；《名医别录》记载的夫须；《尔雅》记载的侯莎；《广雅》记载的地毛等别名。然后李时珍指出："《别录》⑤ 止云莎草，不言用根用苗，后世皆用其根，名香附子，而不知莎草之名也。其草

① 有些版本做"仅"。
② 有学者认为《本草纲目》的图是后人补上的，这种观点有一定的道理，见谢宗万，本草纲目图版的考察，李时珍研究论文集，武汉，湖北科技出版社，1985 年，第 145～199 页。例如李时珍《本草纲目》中的鼍图，可能是后人根据皱鲤画的。
③ 实际上《证类本草》南宋的增补本（即通常所谓的《政和本草》）记药达 1740 多种。见《重修政和经史证类备用本草·内容提要》（人民卫生出版社，1982 年）。
④ 明·李时珍，《本草纲目》草部第十四卷，人民卫生出版社，1977 年，第 885 页。
⑤ 即《名医别录》。

可为笠及雨衣，疏而不沾，故字从草从沙。亦作蓑字，因其为衣垂缕，如孝子蓑衣之状，故又从衰也。"又说"其根相附连续而生，可以合香，故谓之香附子。上古谓之雀头香。按《江表传》云，魏文帝遣使于吴求雀头香，即此。其叶似三棱及巴戟，而生下隰地，故有水三棱、水巴戟之名，俗人呼为雷公头。"①从释名所记文字中可以看出，这些内容对于辨别药物的同名异物种，以及了解该药物应用的历史、形态、产地和用途等，都有很大的帮助。

在"集解"项中，李时珍主要利用历史文献并结合自己的观察，对各种药物的产地、形态等给出尽可能详细的解释。还是以上面说过的香附子为例，它的集解项是这样记述的。首先是罗列以前文献的记载，文中写到：

《别录》曰，莎草生田野，二月、八月采。弘景曰，方药不复用，古人为诗多用之，而无识者。乃有鼠蓑，疗体异此。恭曰，此草根名香附子，一名雀头香，所在有之，茎叶都似三棱，合和香用之。颂曰，今处处有之。苗叶如薤而瘦，根如箸头大。谨按唐玄宗天宝单方图，载水香棱功状与此相类。云水香棱原生博平郡池泽中，苗名香棱，根名莎结，亦名草附子。河南及淮南下湿地即有，名水莎。陇西谓之地藾根。蜀郡名续根草，亦名水巴戟。今涪都最饶，名三棱草。用茎作鞋履，所在皆有。采苗及花与根疗病。宗奭曰，香附子今人多用。虽生于莎草根，然根上或有或无。有薄鞭皮，紫黑色，非多毛也。刮去皮则色白。若便以根为之，则误矣。时珍曰，莎叶如老韭叶而硬，光泽，有剑脊棱。五六月中抽一茎，三棱中空，茎端复出数叶。开青花成穗如黍，中有细子。其根有须，须下结子一二枚，转相延生，子上有细黑毛，大者如羊枣而两头尖。采得燎去毛，暴干货之。此乃近时日用要药，而陶氏不识，诸注亦略，乃知古今药物兴废不同。如此则本草诸药，亦不可以今之不识，便废弃不收，安知异时不为要药如香附者乎？②

从上面的记载可以看出，凭着自己广博的知识，李时珍的集解项不但对药物的形态特性有生动的刻画，而且还收录了一些辨异性文字及自己有关的重要心得，同时指出药用植物随着社会的不断发展，本草学也要适应这种进步，尽量收录当时并未引起人们太多重视的药物③。

《本草纲目》在"集解"项后，有时还有"正误"一项，这条通常是对前人记述错误进行纠正的，通过这项常常可以看出李时珍严谨的治学态度和科学精神。例如在"禽部·鹳"这条中，他有这样一段话：

藏器曰：人探巢取鹳子，六十里旱，能群飞激散雨也。其巢中以泥为池，含水满中，养鱼、蛇以哺子。鹳之伏卵恐冷，取磐石为之，以助暖气。时珍曰：寥郭之大，阴阳升降，油然作云，沛然下雨。区区微鸟，岂能以私忿使天壤赤旱耶？况鹳乃水鸟，可以候雨乎？作池取石之说，俱出自陆玑诗疏、张华博物志，可谓愚矣④。

① 明·李时珍，《本草纲目》草部第十四卷，人民卫生出版社，1977年，第888页。
② 同①。
③ 实际上，我国的农书和本草著作都有这种良好的传统。宋代《图经本草》中收录了一批有名未用的药物就是典型的例子。
④ 明·李时珍，《本草纲目》禽部第四十七卷，人民卫生出版社，1977年，第2559页。

在动物药的记载中有不少类似的例子，如他指出，蛾、蝶的种类很多，四翅都有"粉"①，前人只说各种具体的虫变成蝶，实际上蠹②蠋诸虫，至老俱各蜕而为蝶为蛾，就像蚕一样③。他指出《抱扑子》中所谓用蜘蛛和水马可以合成让人能居住在水中的"水仙丸"是"不足信也"④，同时还批驳了古人所说的蝉是怨女所化的荒诞说法。

从上面的文字不难看出，作为一个受过传统儒学良好教育的学者和注重实际的医生，李时珍是非常讲究"义理"和客观实际的，对不着边际的传说、不实的记述有相当强的辨别能力。

二 李时珍对传统分类学的发展

《本草纲目》虽然以《证类本草》为蓝本，但其中的生物分类方法较以前有较大的进步。它完全摈弃了自汉代《神农本草经》以来传统的上、中、下三品分类法，认为以前那种分类法很紊乱，经常造成"或一物而分数条，或二物而同一处；或木居草部，或虫入木部；水土共居，虫鱼杂处；……名以难寻，实何由觅？"鉴于以前的紊乱分类方法不便于药物的查索，而代之以药材的属性作分类："通合古今诸家之药，析为十六部。当分者分，当并者并，当移者移，当增者增。不分三品，惟逐各部。物以类从，目随纲举。"⑤ 他把书中所记的药物分为水、火、土、金石、草、谷、菜、果、木、服器、虫、鳞、介、禽、兽、人十六部。他在这十六部的基础上再分为六十类，即其在书中"凡例"指出的那样："通列一十六部为纲，六十类为目，各以类从。"对于自己的分类设置，李时珍在"凡例"中作了说明，他说："旧本玉、石、水、土混同，诸虫、鳞、介不别，或虫入木部，或木入草部，今各列为部。首以水、火，次之以土。水火为万物之先，土为万物母也。次之以金、石，从土也。次之以草、谷、菜、果、木，从微至巨也。次之以服器，从草木也。次之以虫、鳞、介、禽、兽，终之以人，从贱至贵也。"

对生物药，他大体上是根据植物和动物两部分，再进一步分为草、谷、菜、果、木、虫、鳞、介、禽、兽、人计十一个部。其中植物又根据生长环境（山、水、隰、石）、形态特征（乔、灌、苞、木、草、蔓、苔、芝、柟）、性味（香、芳、毒、荤、辛、柔滑）、用途（谷、菜、果）和有关药学性质等加以区分。草分为十类计611种。分别是：山草70种、芳草56种、隰草126种、毒草47种、蔓草92种、水草23种、石草19种、苔类16种、杂草9种，外加"有名未用"153种。谷部又分为麻麦稻12种、稷粟18种、菽豆14种、造酿29种，共四类计73种。菜部又根据味觉和形态分为荤辛32种、柔滑41种、蓏菜11种、水菜6种和芝耳15种，共五类105种。果部大体以类似谷菜的分类标准，分为五果11种、山果34种、夷果31种、味类13种、蓏类9种、水果28种，共六类126种。木部分为香木35种、乔木52种、灌木51种、寓木12种、苞木4种、杂木26种，共六类计180种。在动

① 即今天所谓的鳞片。
② 蠹一般指的是天牛幼虫，这里说变成蝶，不确。
③ 明·李时珍，《本草纲目》草部第十四卷，人民卫生出版社，1977年，第2264页
④ 明·李时珍，《本草纲目》草部第十四卷，人民卫生出版社，1977年，第2277页
⑤ 明·李时珍，《本草纲目》序例第一卷，人民卫生出版社，1987年，第44~45页。

物的虫部中，李时珍根据自己认为的幼虫发生形式分为卵生 22 种、化生 31 种、隰生 30 种①，三类共计 83 种。鳞部根据形态分为龙 9 种、蛇 17 种、鱼 31 种、无鳞鱼 28 种，共四类 85 种。介部也依外形分为龟鳖 17 种、蚌蛤 29 种，二类共 46 种。禽部则主要根据它们的生活环境分为水禽 23 种、原禽 23 种、林禽 17 种、山禽 14 种，共四类 77 种。兽部分为畜 28 种、兽 38 种、鼠 12 种、寓怪 8 种，共四类 86 种。人部只有一类。

显然，李时珍的分类系统是全新的。其分类也因能打破常规而主要依据自然属性、形态、生态、习性等药物本身的明显特征而给人留下深刻的印象。整个分类系统更为合理、实用，显示了李时珍确有见识和善于创新，因此他的著作对后世的作品有更加深远的影响。

李时珍对药物的考察颇为深入细致，常将有相似疗效，今天认为是同科属的植物或动物放在一起。这类例子不少，例如，在"山草"类中把甘草和黄芪（同属豆科植物）连排；沙参、荠苨、桔梗（同属桔梗科植物）连排；黄精、葳蕤、知母（同属百合科植物）同排；肉苁蓉、列当（属列当科植物）放在一起；柴胡、前胡、防风、土当归（即杏叶防风）、独活（同属伞形科植物）放在一起；徐长卿、白薇、白前（属萝藦科植物）放在一起。

另外，在芳草类中李时珍把当归、芎藭、蘼芜、蛇床、藁本等叶子形态很相近，并有特殊气味的植物（属伞形科植物）罗列在一块。将高良姜、豆蔻、白豆蔻、缩砂蔤、益智子（属姜科植物）连排；把荆三棱、莎草、香附子（属莎草科植物）列在一块；将香薷、石香薷、爵床、假苏（荆芥）、薄荷、苏、荏、茉莉（属唇形科植物）放到一起。

在植物中类似的例子还有隰草类中把菊、野菊、庵䕡子、芪、艾、千年艾、茵陈蒿、青蒿、黄花蒿、白蒿（属菊科植物）连排；恶实（即牛蒡）、枲耳（即苍耳）、天名精、豨莶（属菊科植物）放在一起；蓼、水蓼、马蓼、荭草、毛蓼、火炭母草（属蓼科植物）同列。

动物中也有不少类似的例子，如今天同属雉科的数种鸟类鸡、雉、鹭雉、鹖鸡、白鹇；昆虫中同属膜翅目的数种蜂、同属鞘翅目的蛴螬（金龟子幼虫）、蝎、蠹虫（天牛幼虫）被放在一块。另外，同翅目的数种蝉也被放在一起②。

李时珍这样排列动植物，固然是由于不少同科属的生物往往不仅外形相似，而且因含相同或相近的代谢产物如挥发油和生物碱等，因而具有相似的疗效，但也反映出李时珍的工作是很仔细的。

值得一提的是，《本草纲目》在编排动物药的时候，分以虫、鳞、介、禽、兽的部别，颇似现代动物学将动物由进化程度从低级到高级的排列情形，在脊椎动物中也有点按鱼、爬行动物、鸟类、兽类排序的粗线条意味，在古代生物学发展史上有重要意义。

三　李时珍的生物学描述对前人的发展

由于李时珍见多识广、勤于实践、潜心学术，他的著作纠正了以往不少本草著作对药物叙述的错误和不实之词，弄清了许多前人没有解决的问题，如中药的五倍子，本来是漆树科植物盐肤木等的叶和叶柄，受五倍子蚜虫的刺伤而生成的囊状虫瘿，但长期以来，很少有人对此做过认真的调查，以至不少人认为它是植物的果实。李时珍通过调查，终于把这个问题

---

① 他的这种分类方式很可能是从《本草品汇精要》那里学来的。

② 蝉的这种情况在《尔雅·释虫》就出现。

搞清楚。他在书中指出：宋《开宝本草》把五倍子收到草部是错的，"《嘉祐本草》移入木部，虽知生于木之上，而不知其乃虫所造也"，明确指出五倍子是虫瘿。又如药用的天南星和虎掌是同一种药物，但有些实践经验相对不足的本草作者，把它当作两种药物；而葳蕤、女萎本来是两种植物，但以前有些本草书把它们当一种植物。李时珍对于发现的这类问题，都一一予以纠正。对以往有些书中记载服食蝙蝠和丹药能使人长生、草子能变为鱼、马精入地变为锁阳等荒谬的说法，李时珍都一一予以批驳，同时指出，某些医生所说的多食乌贼鱼会使人不育的说法是没有根据的。他在订正前人的错误和谬说方面做了大量出色的工作。当然李时珍也有因考察不周把正确的说法当作错误来指责的情况，如对《本草衍义》中关于兰花和兰草的辨别的异议就属此类。

除在纠正前人的谬误之处有出色的工作之外，因为李时珍阅读过大量本草文献，并亲自对许多药材做过实地考察，因此他在对药用动、植物的形态描述方面，通常比前人做得更详尽。如蛇床子（*Cnidium monnieri*）这种植物，在《神农本草经》中没有形态描写；《名医别录》只记载了别名和产地；陶弘景在《神农本草经集注》中的描述是："近道田野墟落间甚多，花叶正似蘼芜"；五代时的《蜀本图经》的描述是："似小叶芎䓖，花白，子如黍粒，黄白色，生下隰地……出扬州、襄州者良"；宋代苏颂的《图经本草》描述是："蛇床子，生临淄川谷及野，今处处有之，而扬州、襄州者胜。三月生苗，高三二尺；叶青碎，作丛似蒿枝，每枝上有花头百余，结同一窠，似马芹类。四五月开白花，又似散水。子黄褐色如黍米，至轻虚"；明初朱橚的《救荒本草》的描述是："一名蛇粟、一名蛇米、一名虺床、一名思益、一名绳毒、一名枣棘、一名墙蘼……生临淄川谷田野，今处处有之。苗高二三尺，青碎，作丛似蒿枝，叶似黄蒿，又似小叶蘼芜，又似藁本叶。每枝上有花头百余，结同一窠，开白花如伞盖状，结子半黍大，黄褐色。"《本草纲目》在罗列了上述除《救荒本草》外的有关文字后，接着说："其花如碎米攒簇，其子两片合成，似莳萝子而细，亦有细棱。"由上所述可以看出，我国古代的药物学家对植物的形态的关注，随历史的发展而深入，他们笔下的植物描述也逐渐从表及里、从粗到细。就蛇床子这种具体的植物而言，《救荒本草》比《图经本草》在花的描述方面更富于概括性，对种子的描述也更准确一些，但到了李时珍的笔下，对种子的叙述就更为细致准确了。当然，李时珍的描述可能借鉴了《救荒本草》书中对茴香种子的描述。总体而言，《本草纲目》在对生物的形态描述方面在前人的基础上有了一定的进步，反映了人们对生物的认识不断深入和发展。

四　《本草纲目》中记述的动物

《本草纲目》确实是一部集前代大成的科学名著，它所记述动物的种类之多在以往的同类著作中也是少见的。在《本草纲目》中，卷三十九至四十二卷的虫部主要记载的是昆虫。总计约有数十种。根据中国科学院动物所有关专家的研究，其中包括蜜蜂、土蜂（亦名蜚零、蟺蜂或马蜂）、大黄蜂（黑色的名胡蜂、壶蜂、玄瓠蜂）、竹蜂、赤翅蜂、独脚蜂、蠮螉（音页翁，又名土蜂、细腰蜂、蜾蠃、蒲芦）、白蜡虫（书中对此种昆虫的生活习性、培养方法、产地和寄主都有细致的记述。）、紫矿虫（又名赤胶虫）、五倍子虫、螳螂、刺蛾（也叫杨瘌子、毛虫）、蚕、石蚕（幼虫）、九香虫（一名黑兜虫）、雪蚕（一名雪蛆）、枸杞虫、蘹香虫、青蚨（当是一种青色蝉）、蛱蝶、蜻蛉（又名蜻虹即蜻蜓）、樗鸡（又名红娘子、灰花蛾）、枣猫、斑蝥（又名斑猫）、芜菁（又名青娘子）、蚁、白蚁、蝇、狗蝇、壁虱、牛虱（又名牛蜱，此种非昆虫）、人虱、蛴螬（金龟子幼虫）、木蠹虫（又名蝎、蝤蛴、蛣屈、蛀虫）、蚱蝉（又名蜩、齐女）、蟪蛄、寒螀、蛞（音磕）蝼、茅蜩、蛅蟖、蜉蝣、天牛、飞生虫、蝼蛄、萤火、衣鱼、蟅虫（又名地鳖、土鳖）、蜚蠊、灶马、促织（蟋蟀）、皇螽（又名负蠜、蚱蜢）、吉丁虫、金龟子、叩头虫、蛀、蚊子、蚋（音锐）子、竹虱、蠼螋（又名蛷螋）、溪鬼虫（蜮）、水黾（音敏）、豉虫、砂挼子[1] 等。

在鳞部中记有大量的爬行动物，其中有早就被当作药用的小型爬行动物蛤蚧、石龙子、蜥蜴、守宫（壁虎）、蛤蚧（大壁虎），也有比较常见的蚺蛇（蟒蛇）、鳞蛇（网斑蛇）、白花蛇（蕲蛇）、乌蛇（乌梢蛇）、金蛇、水蛇、黄颔蛇（黑眉锦蛇）、蝮蛇、两头蛇、天蛇。另外也收录了鼍（扬子鳄）、吊（可能是湾鳄）等大型的爬行动物，甚至还有鲮鲤（穿山甲）这种鲮甲兽类。书中的这部分还记有 60 余种鱼类和古人当作“鱼”吃的动物。其中大都是很常见的鱼类，包括鲤鱼、鲐鱼（鲢鱼）、鳙鱼、鳟鱼、鲩鱼（草鱼）、青鱼、竹鱼（鲮鱼）、鲻鱼、石首鱼（黄花鱼）、勒鱼（鳓鱼）、鲥鱼、鲳鱼（平鱼）、鲫鱼、鲂鱼、鲈鱼、鳜鱼、鲨鱼、石斑鱼、石鮅鱼、鲦鱼、鲙残鱼（银鱼）、鱵鱼、鳢鱼（鳡鲅鱼）金鱼、鳢鱼、鳗鲡鱼、海鳗鲡、鳝鱼、鳛鱼（泥鳅）、鲟鱼、鳇鱼、鳀（此为小鲵，非鱼）、鲵鱼（大鲵）、黄颡鱼、河豚、比目鱼、章鱼（软体动物）、乌贼（软体动物）、海鹞鱼（赤魟）、海蛇（即海蜇，非鱼）、虾（节肢动物）、海虾、海马、鲍鱼（软体动物）、柔鱼（枪乌贼）。在这部分还引用了一些古人根据鱼群的发声情况，下网捕鱼的史实。从鲥鱼条中，还可发现当时的人们已经知道此鱼有洄游的习性。

在介部中则收录了带甲壳（即介）的龟鳖等爬行动物和肢节纲的动物及软体动物。其中包括水龟、秦龟（闭壳龟）、蠵龟、瑇瑁（玳瑁，即海龟）、绿毛龟、疟龟（平胸龟）、鹗龟、鳖、鼋、蟹、鲎、摄龟以及常见的蚌、蚬、蛏、海螺等有贝壳的软体动物。李时珍对此类动物的观察也颇有精辟之处，如在描述蟹的时候写道：“雄者脐长，雌者脐团；腹中之黄，应月盈亏。”还记载了当时的人们已经知道养殖蛏、蚶等经济贝类。

《本草纲目》中记载鸟类的“禽部”分三卷，即第 47、第 48、第 49 卷。第 47 卷记有水禽类 23 种；第 48 卷记有包括原禽类的鸟 23 种；第 49 卷记有林禽类 17 种和山禽类 13 种，另附一种，上面总计 77 种，其中还包括有一些会滑翔的兽类，如伏翼和寒号虫等。

在这 77 种鸟类中，有鸡形目的 13 种，包括鸡（家鸡和原鸡 *Gallus gallus*）、雉（雉鸡 *Phasianus colchicus*）、鹖雉（白冠长尾雉 *Syrmaticus reevesii*）、鷩雉（红腹锦鸡 *Chrysolophus pictus*）、鹖鸡（褐马鸡 *Grossoptilon mantchuricum*）、白鹇（*Lophura nycthemera*）、鹧鸪（*Francolinus pintadeanus*）、竹鸡（*Bambusicola thracica*）、英鸡（石鸡 *Alectoris chukar*）、鹑（斑翅山鹑 *Perdix dauuricae*）、鹌（鹌鹑 *Coturnix coturnix*）、孔雀（绿孔雀 *Pavo muticus*），这些都是我国人民长期以来一直驯养狩猎的较大型鸟类。除此之外，书中提到数量较多的另一种类型的鸟是雁形目的鸟，其中有鸿（豆雁 *Anser fabalis*）、雁（雪雁 *A. caerulescens*）、野鹅（鸿雁 *A. cygnoides* 或灰雁 *A. anser*）、大金头鹅（大天鹅 *Cygnus cygnus*）、小金头鹅（小天鹅 *C. columbianus*）、凫（*Anas falcata*）、鸳鸯（*Aix galericula-*

① 朱弘复，《本草纲目》昆虫注，中国昆虫学报，1950，（2）。

ta）等①，另外，还有秧鸡（又称禾鸡 *Lrallus aquaticus indicus*）、鸽等，从上面列举的两种类型的鸟类我们可以看出，《本草纲目》确实记述了比较多的常见鸟，不仅如此，其描述的科学性也要强一些。李时珍指出前人认为："鹤不卵生者，误矣。"而且记载了有些前人不太注意的种类如鹈鹕条"集解"提到的"信天缘"（又名青翰、青庄，即苍鹭），书中甚至记述了四种天鹅。另外他还准确地注意到热带鸟类的产地，同时指出当时有西洋、南番产大型的白鹦鹉②。

在兽部中，李时珍记述了各种家畜和比较著名的狮、虎、豹、貘、象、犀、犛（野牛）、牦牛、野马、鹿、豺、狼兔、水獭、海獭、腽肭兽（斑海豹）、各种鼠、鼬鼠（黄鼠狼）、刺猬、猕猴、狨（金丝猴）、猩猩、狒狒等。书中述及各地猪品种的不同，对鼠类的记述、分析体现出较高的学术水平，对猿的史料收集也可见其独到之处，还指出猩猩产于"哀劳夷、交趾封溪县山谷中"。

在这大批的动物药中，有不少是散见于前人的著述，而由《本草纲目》首先收录在同类动物中的。因此从某种意义上言，他的这本著作带有类书的性质。

《本草纲目》的产生和巨大成就的取得不是偶然的。自宋代以来，人们又积累了丰富的本草学知识，为明代的发展准备了条件。明初和明中期还涌现了一批各具特色、内容新颖充实的本草学著作，如《救荒本草》和《滇南本草》等。这些都在客观上促进一些大型的、总结性的综合本草型著作的出现。而此前编成的《本草品汇精要》，由于各种原因，并未起到这种作用。李时珍不仅自幼从父亲那里受到良好的医药知识熏陶，又有济世利人的高尚情怀，立志从医后，又依靠自己杰出的医术为自己赢得了各种机会，得以阅读王宫秘府收藏的大量医学文献典籍，为编制《本草纲目》创造了良好的条件。作为一名真正的学者，他有坚毅的求实精神和吃苦耐劳的奉献精神。他多次栉风沐雨地远行，实地考察药用动植物，深化自己的知识，为生物的形态描述准备了一批生动的第一手资料。在考察过程中，他能虚怀若谷，善于向有药物特长的民间人士和劳动者学习，扩大自己的知识面。他的这些努力最终使他有能力对传统的书本知识有较高的扬弃能力，指出前人的谬误不实之词，编写出这样一部学术价值很高的巨著，推动了本草学和我国古代生物学的发展和提高。

由于李时珍注重对劳动者积累的生物学知识加以收集，因此，他的作品确实包含不少从民间得来的实用生物学知识，其中还包括不少自己的发现。如白蜡虫及其饲料植物冬青（女贞）、水蜡树（梣或称白蜡树）在被明代学者记述后，他很快收录到自己的这一大型著作中。又如紫铆，这种物质在晋代的《吴录》已有记载，所述表明当时的人们知道这是一种虫子分泌的产物，但从唐代开始又有学者认为这是树脂，造成了不少混乱，李时珍明确指出这是"细虫"形成的产物，就像小虫"造"白蜡一样。类似的，他还指出五倍子是虫"造"的③。

尤其值得注意的是，李时珍指出当时南方一些地区对蛇类资源的破坏性搜刮，他说："南人嗜蛇，至于发穴搜取，能容蚺（即蟒）再活露腹乎？"④对此深表感慨。

和历史上许多著名的综合性本草著作一样，《本草纲目》也存在一些不足的地方。在

---

① 郑作新，中国古代鸟类学发展的探讨，自然科学史研究，1993，12（2）：159～165。
② 明·李时珍，《本草纲目》鳞部第四十三卷，人民卫生出版社，1977年，第2666页
③ 也就是今天所说的虫瘿。
④ 明·李时珍，《本草纲目》鳞部第四十三卷，人民卫生出版社，1977年，第2398页。

"释名"方面，有些非常有道理的解释如说雀即小佳（鸟）之意；但有些也与此前的《埤雅》一样，颇有望文生义之嫌，如在"禽部·燕"的释名中说："鹰鹠食之则死，能制海东青鹘，故有鸷鸟之称。能兴波祈雨，故有游波之号……京房云：人见白燕，主生贵女，故燕名天女"等。

更严重的缺陷则体现在引用文献方面，李时珍受当时治学不严谨的学风影响，存有肆意割裂原文、篡改原意，甚至根据自己的理解改写原文[①]、随手转引、缺乏考据的弊病。如前所述，有时把前人正确的东西当作错误来批评，主观臆断，如"兽部·猬"中将《新修本草》与寇宗奭的正确的观点加以"正误"，而把陶弘景的刺猬能跳入虎耳中等荒谬的说法当作正确的东西加以坚持[②]。书中还沿袭前人一些迷信的说法，如腐草化萤、蜂可"气化"产生、蚵蟆乃"热湿之气熏蒸而化"、大蝴蝶能出数十斤肉、雀化为鱼等。在解释雉的时候也有古书普遍存在的以讹传讹的现象，说飞禽可"以异类化"（自注："田鼠化驾之类"）；"雉入大水为蜃"；说蛇、雉"异类同情"[③]；甚至还有一些"无情变有情，精灵之变也"[④]之类的谬论；有时还从八卦中找这种所谓"化"的依据[⑤]。对有些生物自己并不清楚便将其轻易归类，如将蜉蝣说成蜣螂一种等。甚至把传说中的动物如鹦鹉也收录在书中。这些都是时代的局限，李时珍反映的是当时人们的治学特征和学术水平。另外，像《本草纲目》这样一部大型的本草学著作，要组织那样大量的资料，仅靠个人的力量完成，很多知识不可能自己直接去验证，出现这类错误是在所难免的，比起它对社会的巨大贡献而言，这些错误和不足毕竟是次要的，因此不影响其在科学史上的崇高地位。

五　赵学敏对李时珍工作的发展

明代在李时珍之后的一段时间内，本草学没有大的发展。因为《本草纲目》出版后不久，腐朽的明王朝即土崩瓦解。进入清代以后，入主中原的是原来文化落后的满族奴隶主，他们一时还不能完全适应先进的汉文化。为了巩固自己取得的统治地位，他们在政治上故步自封，在文化上大搞高压专制。为了桎梏人们的思想，清初大兴文字狱，使大批学者整天陷于惶惶不可终日的恐怖气氛之中，这无形当中就窒息了学术的发展。在那黑暗的社会现实中，许多学者为了不招至杀身之祸，不得不钻进故纸堆，从事不问现实的古籍考据和校释工作。本草学也一样，很多学者在翻来覆去地对以前的本草著作进行注释、辑复、删繁和改编等工作，很少有创造性的作品出现。直到18世纪下半叶，赵学敏的《本草纲目拾遗》的出现，才稍稍改变了这一局面。

赵学敏（约1719~1805），字恕轩，又字依吉，浙江杭州人，出生于一个富有的地方官僚家庭。年少时，他的父亲曾寄希望于他能通过科举成名，达到光宗耀祖的目的；而准备让赵学敏的弟弟学医悬壶济世，并为他准备了不少的医学书籍，还特意为他开辟了一个药圃，用心可谓良苦。但和李时珍一样，赵学敏没有走上其父亲期望的道路。他自幼爱好读书，尤

---

①　如卷二十六中白芥、卷四十六中的车螯条·集解部分的文字。
②　明·李时珍，《本草纲目》鳞部第四十三卷，人民卫生出版社，1977年，第2913页
③　明·李时珍，《本草纲目》禽部第四十八卷，人民卫生出版社，1981年，第2614~2615页。
④　明·李时珍，《本草纲目》鳞部第四十三卷，人民卫生出版社，1977年，第2715页
⑤　明·李时珍，《本草纲目》鳞部第四十三卷，人民卫生出版社，1977年，第2837页。

其喜欢医药，父亲为弟弟准备的东西，恰好被他都用上了。他阅读过很多医药古籍，《本草纲目拾遗》引书达600多种就充分说明了这一点。在这些书当中，有不少在当时已经是罕见的秘本，像《采药志》、《采药书》、《海药秘录》、《百草镜》等。和李时珍一样，他善于从民间调查、采访药学知识，同时在药圃中栽培各种药用植物并随时观察，这些都为他后来所从事的发展本草学事业的工作奠定了坚实的基础。

对前人的工作进行扩充和纠错是本草学发展的一大传统。《神农本草经》出现后，有《神农本草经集注》对它进行扩充；《新修本草》产生后有《本草拾遗》对其进行补遗的工作；《图经本草》编好后，有《本草衍义》对其遗漏资料进行收集。赵学敏从事的正是这类充实性的工作。他是一个颇具发展眼光的学者，在《本草纲目拾遗・小序》中表述了自己的写作动机，指出："夫濒湖之书诚博矣，然物生既久，则种类愈繁。俗尚好奇，则珍尤毕集。故丁藤陈药，不见《本经》；吉利、寄奴，惟传后代。禽虫大备于思邈，汤液复补于海藏。非有继者，谁能宏其用也？如石斛一也，今产霍山者则形小而味甘；白术一也，今出于潜者则根斑而力大。此皆近新所变产，此而不书，过时罔识。"他的这种说法是否正确，我们在此不加评论，但正是他的这种思想，促成了他致力于发展本草学这一功在长久的事业。

从书名即可看出，《本草纲目拾遗》是为了收集《本草纲目》一书所未载的药物而作。和以往一样，随着时代的发展，社会上积累的医药知识在不断增多。赵学敏与南北朝的陶弘景、唐代的陈藏器一样，凭借自己坚忍的毅力和渊博的学识，及时对本草学的发展进行了全面的总结。全书共记载药物921种，其中《本草纲目》未见记载的716种。在全部921种药物中有植物药577种，动物药160种。在药用生物的分类方面，他也有所创新，除依《本草纲目》将植物分为草、木、果、谷、蔬等部外，还另立花部和藤部。赵学敏认为《本草纲目》无藤部，把藤归在蔓类是不合理的，木本为藤，草本为蔓，不能混淆，应设藤部，并将各种以花知名的植物集中归于花部。此外，他对李时珍设立"人部"的依据很不以为然，因此在他的著作中删除了"人部"。这些变化虽然不是很大，但从中可看出经他整理后的分类系统显得更加自然一些。

赵学敏很清楚，要发展前人的工作首先要对其工作进行整理，所以他在《本草纲目拾遗》的第一章中，首先纠正了李时珍《本草纲目》中的叙述欠当和错误之处37条。这其中既有药性方面的，也有药用动植物鉴别方面的，如书中写道："羊蹄菜叶，能杀胡夷鱼、鲑鱼、檀胡鱼毒。濒湖注云：胡夷鲑鱼皆河豚名，檀胡未详。敏按：檀胡即弹涂二字之讹也。弹涂乃跳鱼，余姚、宁波皆有之，沿海沙涂上甚多，形如土附，有刺能螫人。闽中及宁人皆呼为弹涂，有中其毒者，羊蹄叶可解之。"又如书中对《本草纲目》所记及己（*Chloranthus serratus*）的正误，书中指出："吾杭西湖岳坟后山，生一种草，高三四寸，一茎直上，顶生四叶，隙着白花，与细辛无二，土人呼为四叶莲。按此即《纲目》所载獐耳细辛，乃及己也。濒湖于及己条下载其形状云：'先开白花，后方生叶，止三片。皆误。'"

赵学敏的著作就生物的形态和生境方面的描述而言，一般不如《本草纲目》详细，但有些也补充了李时珍所记之不足，譬如书中是这样记述绵絮头草（*Gnaphalium affine*）[①]的，"一名金佛草，一名地莲，俗呼黄花子草。生郊野，立春后发苗。叶多白毛，似绵絮。至立夏开黄花，一茎直上，花成簇。处处山坂有之。乡人初春采其叶，揉粉作糍食，清香坚韧，

---

① 即鼠麴草（也叫鼠曲草），在南方一些地方也称"艾"。

最适口。此草形小，布地生叶，似慎火而薄，摘之有白丝，色清白，本小如剪刀草。按：《纲目》有鼠曲，俗名毛耳朵。叶有白茸，又名茸母。……然其功用亦只载其能治寒热咳嗽，去肺寒，大升肺气而已。今别补其功用。……"

《本草纲目拾遗》在纠正前人错误的基础上还记载了大量的新药。这些新药很多是新近由民间积累的，还有相当部分是从域外传入的动植物，如牛筋草、山海螺（羊乳）、马尾连（多叶唐松草或高原唐松草）、子午莲（睡莲）、鸦胆子、鹧鸪菜、接骨仙桃、金鸡勒、东洋参、西洋参、香草等。这些新增药，有一些在书中也有较翔实的形态记述，像牛筋草（Eleusine indica），书中记载："一名千金草。夏初发苗，多生阶砌道左。叶似韭而柔，六七月起茎，高尺许，开花三叉，其茎弱韧，拔之不易断，最难芟除，故有牛筋之名。"

令人钦佩的是，赵学敏在学术方面是很严谨的。从他的著作中可以看出，他经常深入民间，通过调查访问来取得第一手资料。他注重实证，不轻信文献，收入书中的草药，他一般都作一定的考察。他在书前的凡例中写道："草药为类最广，诸家所传，亦不一其说。予终未敢深信，《百草镜》中收之最详，兹集间登一二者以曾种园圃中试验，故载之。否则宁从其略，不敢欺世也。"就是说，他确曾亲自在药圃中种植药用植物，详细观察其生长情况和形态特征。这种实事求是的科学态度，是他能在本草学的发展中做出贡献的重要原因。当然，他的著作对生药的原植物或动物的形态描述远不及对药物的性质来得详细，他的著作在生物学方面的贡献也因此受到一定的局限。

第二节　园艺植物研究的发展

明清时期是我国商业性农业迅速发展的时期。在这个阶段，由于城市的繁荣与人口的增长，粮食、蔬菜、水果及其他经济作物的需求量不断增加，农产品的生产朝着商品化的方向发展。农家在自己的园圃里除种植粮食外，还种植起果树、蔬菜、花卉及其他经济作物，有的甚至开辟专门的种植园做单一性的商业经营。由于园艺事业的更加繁荣，有关园艺的著作层出不穷。因此，我们可以借助于这些文字记载来窥视当时园艺发展的概况。

一　有关的园艺学的著作

这一时期有关园艺学的著作大体可以分为这样几个方面：第一是有关园艺植物的专书，如《群芳谱》、《广群芳谱》、《花镜》、《花史左编》、《植品》、《茶花谱》、《荔枝谱》、《菊谱》、《菊说》等；第二是有关造园的著述，如《长物志》；第三是有关园艺的杂记，如《北墅抱瓮录》、《遵生八笺》等；第四是有关园圃的著述，如《豳风广义》；第五是农书，如《农政全书》、《便民图纂》、《三农记》、《种树书》等；第六是方物志，如《滇海虞衡志》、《湖南方物志》等。此外在一些本草学（如《本草纲目》）、植物专书（如《植物名实图考》）及类书（如《三才图会》）之类的著述中也有关于园艺的记述。

（一）《群芳谱》

《群芳谱》从字面上很容易理解成是一本研究花卉的专书，其实它所收录的植物除花卉之外还包括谷物、蔬菜、果木等。这里的"芳"是对植物的泛称，除少量的菌类（如茯苓、芝）等低等植物外，大体相当于今天的种子植物。因此，《群芳谱》是一本明代有关种子植物的专书。

《群芳谱》为明代王象晋所撰。王象晋，生卒年代不详，字荩臣，号康宇，山东新城（桓台）人，万历年间进士，曾官至河南按察使。他自称喜爱种植，并专辟园圃，广植谷、蔬、果、木、花卉，闲暇时日，泛读农经花史，历经十余年苦辛，始编成《二如亭群芳谱》，后人简称为《群芳谱》。

《群芳谱》成书于天启元年（1621），共分天、岁、谷、蔬、果、茶竹、桑麻葛苎、药、木、花、卉、鹤鱼等 12 谱，谱之下标某种植物（鹤鱼）为目，目之下又分 4 个子目。第一子目无标题，大体上是对植物名称来源、生态习性、形态特征、性味、功用、浇灌、施肥栽植、嫁接的叙述；第二子目为"栽种"项，叙述该种植物的栽植技术与方法；第三子目为"典故"项，记载自先朝有关著述及名人轶事中摘录的传说、轶闻、名木等，内容相当丰富；第四子目为"丽藻诗"或"丽藻散语"，摘录历朝与该种植物有关的诗词歌赋，所占篇幅较大。

《群芳谱》共收载植物 275 种，属于谷谱的有麦、谷、豆等 18 种；属于蔬谱的有姜、韭、白菜、萝卜、瓜类等 51 种；属于果谱的有梅、苹果、梨、文冠果、橄榄、石榴等 42 种；属于药谱的有甘草、艾、人参、当归、百部等 53 种；属于木谱的有梓、松、柏、椿、楸、樟、杉等 24 种；属于花谱的有海棠、紫薇、玉兰、紫荆、山茶、栀子、合欢、牡丹、木香等 46 种；属于卉谱的有薯、芝、虎刺等 38 种，此外还有茶（谱）、竹（谱）、棉（谱）等若干种。书中对植物的描述大多是录自前人的著作，也有部分是作者自身经验的总结。书中对植物的栽培、育种、嫁接、管理、利用有不同程度的叙述，尤其将果树的嫁接总结为身接、根接、皮接、枝接、靥接、搭接等六种方法，为后人留下了宝贵的资料。另外在"典故"项中，所记述的许多传闻轶事、古树名木，对植物发展史的研究有一定意义。"丽藻诗"项中所录诗词似乎与科学技术关系不大，但仔细研究，可以依稀获得不少有关植物名称、形态特征、生态习性、地理分布及利用等方面的信息。《群芳谱》早在 1735 年就传入日本，后来其部分内容又被译为英文，对国外园艺事业的发展产生了一定的影响。

（二）《广群芳谱》

《广群芳谱》是在《群芳谱》基础上增删改编而成的植物专书。作者汪灏，字文漪，山东临清人，清康熙年间进士，官至内阁学士、吏部侍郎、河南巡抚。他受命于康熙皇帝，以《群芳谱》为基础，博录宫廷藏书，考据经史，广泛收集当朝有关资料，经过增、删、改编，于康熙四十七年（1708）写成《御定佩文斋广群芳谱》，后人简称为《广群芳谱》。

《广群芳谱》分天时谱（6 卷）、谷谱（4 卷）、桑麻谱（2 卷）、蔬谱（5 卷）、茶谱（4 卷）、花谱（32 卷）、果谱（14 卷）、木谱（14 卷）、竹谱（5 卷）、卉谱（6 卷）、药谱（8 卷）共 11 谱，100 卷，收载植物约 1400 余种，超过《群芳谱》数倍（《群芳谱》收载植物 275 种）。

《广群芳谱》的编写体例与《群芳谱》有所不同，它在谱之下标植物为纲，纲下第一目无题，是对该植物的概述，其中涉及内容颇多，有名称来源、形态特征、生态习性、性味、功用以及培植技术等；第二目为"汇考"，相当于群芳谱中之"典故"，但与"典故"比起来，增删内容颇多；第三目为"集藻"，相当于《群芳谱》中的"丽藻诗"，但增加了许多内容；第四目为"别录"，包括《群芳谱》中的"栽种"、"制用"等项。目之下，凡是《群芳谱》中原有的，便冠以"原"字；凡是新增的，便冠以"增"字，使人一目了然。

《广群芳谱》和《群芳谱》一样，总结了许多植物的形态特征和栽培方法，给后人留下了不少珍贵的资料，虽然书中引用了许多典故与艺文，所占篇幅很大，但却为植物发展史的研究提供了许多难得的信息资料。

（三）《花镜》

《花镜》是我国历史上最有代表性的观赏园艺植物著作。作者为清代陈淏子，全书共六卷，记述了观赏园艺植物的花事月令、形态特征、生态环境、繁殖技术、栽培管理等，此外还涉及一些庭园设计、植物配置、插花技艺等方面的内容。书中记载了观赏植物352种，分为花木类、藤蔓类、花草类等，每一植物分别叙述了它们的名称、产地、形态特征、栽培管理、用途等。在繁殖技术方面，作者尤其是对嫁接这一无性繁殖方法有精辟的论述，例如，"凡木之必须接换，实有至理存焉。花小者可大，瓣单者可重，色红者可紫，实小者可巨，酸苦者可甜，臭恶者可馥，是人力可以回天，惟在接换之得其传尔。"是说嫁接可以改变植物的遗传特性，通过人工的方法改造植物。作者对嫁接的理论也有很深的探讨："如以本色树接本色，惟以花之佳，果之美者接，自不待言。若以他木接，必须其类相似者方可。如桃、梅、李、杏互接，金柑、橙、桔互接，林擒、棠梨互接。"说到近缘植物容易嫁接成功。"凡树生二、三年者易接，其接枝亦须择其佳种；已生实一、二年，有旺气者过脉乃善。"具体地说到嫁接对砧木和接穗的要求。

（四）《长物志》

《长物志》可以说是一本园艺占相当大比例的小型日用百科全书，为明末清初学者文震亨所编撰。文震亨（1585~1645），字启美，长州（今江苏）人。明代天启年中以恩贡为中书舍人。他的曾祖父文徵明曾授翰林院待诏，诗文书画，无所不通，以画尤为突出。文震亨继承家风，擅长书画。

《长物志》全书约5万字，分室庐、花木、水石、禽鱼、书画、几榻、器具、衣饰、舟车、位置、蔬果、香铭等12卷。在花木、蔬果、香茗等卷中，共记述植物数十种，其中庭院绿化树种有松、竹、柳、桂、黄杨、槐、榆、椿、银杏、乌桕等；观赏花木有牡丹、玉兰、海棠、山茶、梅、瑞香、蔷薇、木香、玫瑰、紫荆、棣棠、薇花、栀子、茉莉、素馨、杜鹃、木槿等；水果有樱桃、桃、李、梅、杏、桔、橙、柑、香橼、枇杷、杨梅、葡萄、荔枝、枣、生梨、栗、银杏、柿、花红、石榴等。其中对水果类的叙述以产地、特点、风味、食法等为主。对庭院绿化树种、观赏花木则偏重于欣赏与配制，也间有生态、培植、保护等方面的内容。《长物志》文字简洁、清秀，叙述中肯、准确，常为后人引用。它与明代计成所著的《园冶》一起被称为中国历史上两部著名的造园理论专著。

（五）《北墅抱瓮录》

《北墅抱瓮录》则是一本针对庭院植物的杂记或随笔，为清代史学家高士奇所著。高士奇（1645~1704），字澹人，浙江钱塘人，有著述多种，其文得到康熙皇帝的赏识，遂令他供奉内廷，官至吏部侍郎，后被罢官回籍。书中所记录的植物有花木、果蔬以及宅旁路边的野草等，共计 220 种。书中对植物的记述基本上凭借作者本人的细微观察与亲身感受，很少引经据典，主要着重于植物的生态特性以及在园林中的配置。其文字清逸隽永，描述忠实，对植物学及园林工作者均有一定参考价值。

（六）《豳风广义》

清代杨屾所写的《豳风广义》虽然是一部有关桑蚕的专书，但也涉及一些有关园艺的内容和植物。杨屾（1699~1794），陕西兴平县（旧属西安府）人。他博学多才，一生居家讲学，深入研究栽桑养蚕技术。豳是古代陕西等的地名（今西安市西北的旬邑县），"豳风"是《诗》中属于陕西彬县之北一带的民歌（即"国风"的一种），记述了陕西种桑养蚕的一些农事活动。杨屾为了振兴陕西的蚕桑事业，受到《豳风·七月》这首著名农事诗的启发，集 13 年之经验写下这部专著。书分三卷，其最后的三节为养素园序、园制及养素园图，虽篇幅不大，但为人们描摹了一幅典型的农家园圃图，同时较详细地讲授了多种植物的栽培方法以及造园管理技术，所涉及的植物种类有桑、柘、荆条、酸枣、枳、葡萄、梨、苹果、槟果、石榴、红果、白果、韭菜、百合、山药、豇豆、刀豆、瓜、茄、菠菜、麦、葱、莴笋、芫荽、萝卜、白菜、莲、草决明、青葙子、葫芦、巴紫苏、牵牛、益母、荆芥、白芷、桃、李、麻、棉等近 40 种。他对园圃的设计新颖别致，结构科学合理，可说是林、果、蔬、药、畜、禽集约经营的一套立体农业生态复合系统，对当今园艺的研究仍具有一定的现实意义。

（七）《便民图纂》

《便民图纂》是明中期的一本农用"通书"，换言之，就是一本农家的日用百科全书。编者邝璠（生卒年不详）[1]，字廷瑞，任丘人，曾任过吴县知县，对江南一带的农村生活和农业技术相当熟悉。全书共 16 卷，记述了杞柳、桑以及梅、桃、杏、李、杨梅、桔、梨、花红、栗、枣、柿、金橘、银杏、枇杷、樱桃、石榴、葡萄、牡丹、木樨、海棠、山茶、栀子、瑞香、芙蓉、蔷薇、椒、茶、棕榈、冬青、槐、杨、柳松、杉、桧、柏、榆、竹等 40种植物的栽培技术，对少数种类还提到防治虫害的方法。此外，还记述了梨、林擒、石榴、柿子、桃、柑橘、金橘、橄榄、栗子、核桃、荔枝、榧子等多种干鲜果品的储存方法。虽然以上许多内容因袭自元末明初俞贞木的《种树书》以及托名明初刘基[2] 的《多能鄙事》，但却因它精美的插图、朗朗上口的诗句、醒目的标题、明晰的条目而得以广泛流传。

（八）《农政全书》

《农政全书》是我国古代重要的农学巨著，它和李时珍的《本草纲目》、宋应星的《天工开物》、徐宏祖的《徐霞客游记》一起被誉为明代晚期科学文化上的四大杰作。全书共 60 卷12 目，共记载了栽培植物 159 种，转录《救荒本草》和《野菜谱》所记植物各 413 种和 60种，大都是常见的果木、园林植物及经济植物。其中对许多植物的栽培历史、名称来源、地理分布、形态特征、生态习性、栽植技术、病虫害防治、果实储存与经济价值、食用方法均有不同程度的记述，虽然内容多辑自《齐民要术》、《便民图纂》、《种树书》等以往的著作，

---

[1]　实际上此人只是刊行者，见王毓瑚，中国农学书录，农业出版社，1979 年，第 133 页。
[2]　即小说中的刘伯温。

但均经作者精心裁剪，并加了许多批文注语。

《农政全书》作者徐光启（1562～1633），字子先，号玄扈，上海人，曾任明代吏部尚书兼东阁大学士。他幼年家道中落，生计艰难，曾和父母一起进行过农业及手工业生产劳动，以至他后来虽身居高官仍坚持节约，念念不忘农事。《农政全书》成书于明天启五年至崇祯元年（1625～1628）之间，直到徐光启逝世后的第六年，即崇祯十二年（1639），才由陈子龙整理编定，并由张国维、方岳贡刊行。

（九）《三农记》

《三农记》是我国清代中期的一本重要农书。作者张宗法，四川什邡县人。他一生务农，根据自己的实践经验、周围老农的谈论以及前人的农书和本草著作，写下了这本具有四川特色的农书。

《三农记》共分 10 卷，内容涉猎很广，其中收载植物 187 种。他按照利用情况将植物分为谷属、蓏（瓜）属、蔬属（蔬菜）、果属、服属（纤维）、油属、染色叶属（染料）、植属、材属、草属、药属等。他的分类与过去对植物的分类相比，虽然都是从利用出发，但要详细地得多，显然比以往的分类又进了一步，更接近我们当今对植物资源的分类，这是本书可贵的一点。本书对植物的描述，内容也很丰富，包括形态特征、生态习性、品种类型、栽培管理、保护、采收、储藏、性味、用法、典故等，其中的形态特征、生态习性等方面的内容多录自前人的著作。栽培管理、采收、储藏等为经验之谈，大都符合植物的生长发育规律，科学性相当强，是本书最可贵的部分，对植物学和园艺学的研究有重要参考价值。

（十）《种树书》

《种树书》的书名很容易让人把它理解为是专门介绍种树知识的书，其实不然，它叙述的是关于园艺植物的栽培技术。这里的种是种植之意，"树"指的是"树艺"即栽培的意思，书的内容当然就不仅仅局限于树木，还涉及许多草本植物。

关于本书的作者，还存在一些争议，各种不同的版本，有不同的说法。有的题"唐·郭橐驼"，有的做"元·俞宗本"，但多数学者认为是明初俞贞木所著。俞贞木（1331～1401），原名桢，字有立，江苏吴县人。他曾当过乐昌县令，晚年在"靖难之役"时因曾劝太守举兵，被当朝处死，因而有人认为这就是某些版本不署俞贞木，而署其他人名的原因[1]。

《种树书》的版本不同，内容也不一致。《丛书集成初编》所选的《夷门广牍本》分上、中、下三卷。上卷为月令；中卷分豆麦、桑、竹、木等四节；下卷分花、果、菜三节。还有一些版本，不分卷，只分木、桑、竹、果、谷麦、菜、花等七节。

《种树书》记述了许多园艺植物的栽培方法，其中花木有桑、李、杨、柳、木香、蔷薇、石榴、栀子、木棉、木槿、槐、木瓜、桐、桃、李、梅、杏、枣、桔、柿、葡萄、花椒、茶、竹、牡丹、茱萸、山茶、腊梅、栗、松、柏、桧、苹婆树、柘、银杏、梨、橄榄、林檎、海棠花、月桂、瑞香、茉莉、木樨、楝等 40 余种。由于本书记载了许多在当时来说是比较新颖的栽培技术，特别是嫁接方法，因而受到农学界的重视，甚至受到外国学者的称道，其后的许多著作（如《本草纲目》）也常加以引用，因此影响较大。

---

① 王毓瑚，中国农学书录，农业出版社，1979 年，第 125 页。

（十一）《滇海虞衡志》

《滇海虞衡志》是记述云南地理风物的一本志书。作者檀萃，清代安徽望江人，号墨斋，乾隆年间进士，曾做过云南禄劝县的知县。他在云南居住了数十年，对云南的地理、风物十分熟悉。宋代的范石湖（成大），居桂林，曾写过《桂海虞衡志》，檀萃沿用该书的标目，并用比较的形式将云南的地理风物进行记述。因此，其中有一些广西的内容，本书也可说是《桂海虞衡志》的续集，或者说是广西、云南的合志。书中把植物分为香（料）、花、果、草木等类，其中有关花卉的有郁金香、梅、紫薇、扶桑、木槿、素馨、杜鹃、马缨花（合欢）、含笑等；有关果树的有石榴、花红、梨、桃、香橼、荔枝、龙眼、核桃、葡萄、波罗蜜（菠萝蜜）、无花果、榧、橄榄等；有关其他经济与园林树木的有茶、柏、松、杉、楠、苏木、白蜡、竹等。有的植物内容记述颇详，涉及起源、分布、形态、特点、经济价值等。难能可贵的是，檀萃在详细分析地理环境的基础上，对某些经济树种的开发利用，提出了自己独特的见解，具有一定的学术价值。

（十二）《三才图会》

《三才图会》是明代的一部类书，它所涉猎的范围很广。周孔教在为该书所作的序言里说："上自天文，下至地理，中及人物，精而礼乐经史，粗而宫室舟车，幻而神仙鬼怪，远而卉服鸟章，重而珍奇玩好，细而飞潜动植……"对书中的内容作了生动简洁的概述。全书共105卷，有关植物的内容在草木这一部分里，占12卷，其中又分草类、谷类、木类、蔬类、果类、谷类、花卉类等7类，共记述植物532种。该书对所列内容的安排是"图绘以勒之于先，论说以缀之于后，图与书相为印证……"即先图示而后述说。其每种植物的图谱都是在写实基础上描绘的，主体之外，还配以山石、草卉，宛如一幅幅写生画，总体看来，描绘精细，技法娴熟。有不少种类抓住了主要的形态特征，因此显得比较真实生动，在400年前已经有这样的水平是难能可贵的。书中对植物的描述大体包括产地、形态特征、生态习性、品种、性味、用途等项，依种类不同，有详有略，叙述也较简洁中肯。总之，就其植物部分而言，本书具有相当的科学价值。

《三才图会》作者王圻（生卒年不详），字元翰，上海人，明嘉靖年间进士，官至御史，因与当朝宰相不和，而被贬为邛州判官。王圻自幼勤奋好学，告老还乡之后，终日种梅与著书，常至深夜，除编有《三才图会》之外，尚有《续文献通考》、《东吴水利考》、《谥法通考》、《稗史汇编》等多种著作。

这一时期尚有不少本草学著作，如《救荒本草》、《本草纲目》、《本草纲目拾遗》以及代表着中国古代植物学最高成就的植物专书《植物名实图考》，其中均有不少关于园艺的内容，在本章其他节中有专门详细的介绍，这里不再赘述。

二　经济树木研究的发展

在这一时期，对经济树木的研究有了很大发展。一方面，人们发现了一些有特殊用途的经济树木，使经济树木的种类有所增加；另一方面，随着果树、蔬菜等园艺事业的繁荣，栽培管理技术的进步，许多园艺技术被应用到经济林木中，因而促进了经济林木栽培技术的发展。

在当时的经济林木中，作为工业及建筑用材的有松、杉、柏、枞、楸、梓、柞、栎、白桦、黑桦、椿、柳、榉、楠等；作为饮料的有茶；作为工业用油的有桐、漆、乌桕等；作为造纸原料的有青檀、楮、竹等；作为白蜡虫饲料有女贞、白蜡等，此外，还有制取樟脑的樟树、提取肉桂油的肉桂、采取松脂的松树。其中，乌桕和白蜡的经济利用和栽培是空前的，已成为当时经济林木中的生力军。在女贞、白蜡树上培育白蜡虫，可从白蜡虫的分泌物中制取白蜡。《农政全书》载："种女贞树取白蜡，其利济人，百倍他树，古来遂无人晓此。"乌桕是著名的工业油料树种，因其出油率高，而与油茶、核桃、油桐一起被誉为我国的四大木本油料植物。虽然其栽培历史十分悠久，早在南北朝时期的《齐民要术》中就有记载，但到明代以后才真正发展起来。徐光启的《农政全书·树艺》中对乌桕极为推崇。书中介绍了乌桕的经济价值："子外白穰，压取白油，可造烛；子中仁压取清油，燃灯极明，涂发变黑。可造纸又可入漆……取油之外，渣仍可壅田，可燎爨，可宿火，叶可染皂，木可刻书及雕造器物。且树久不坏，至合抱以上，收子逾多。故一种即为子孙数世之利。"乌桕的品种类型："其种之佳者有二：曰葡萄臼，穗聚子大，而穰厚；曰鹰爪臼，穗散而壳薄。"嫁接技术："乌桕即佳种种出者亦不中用，必须接博乃可，未接博者，江浙人呼为草白。"以及采收方法："采柏子，在仲冬，但以熟为候。采须连枝条剥去，但留取指大以上枝，其小者总无子，亦宜剥去，则明年枝实具繁盛。"从中可以看出，当时果树的许多栽培、管理及采收技术已经被应用到了经济林木方面，对经济林木的蓬勃发展无疑起到了促进作用。

三　果树研究的发展

明清时期，随着社会分工的发展，商业的进步，城市的繁荣，农业向商品化方向进一步发展，不仅果树的树种和品种的数量有所增加，而且栽培技术也有了很大的进步。有关果树的研究除见于上述园艺学著作外，还出现在一些有关果树的专书中。

（一）有关果树的著作

就拿荔枝来说，从北宋初年到清道光年间，共出现了 16 部专谱，其中明清时期就有 11 部。在北宋蔡襄的《荔枝谱》中，记述了闽中的 32 个品种。明代万历年间徐𤊹的《荔枝谱》（1597）则记述了闽中福州、兴化、泉州、漳州等地的 100 个荔枝的品种、性状及其栽培管理、储存和食用方法等。明代曹蕃的《荔枝谱》记载了荔枝的 28 个品种及其特性。明代吴载鳌的《记荔枝》记述了 32 个著名的荔枝品种及一些栽培方法。明末邓道协的《荔枝谱》，则记述了作者亲自种植荔枝的一些经验。清代有关荔枝的著作首推吴应逵的《岭南荔枝谱》，书分 6 卷，写有总论、种植、节候、品类、杂事等内容，并记有数十个荔枝品种，值得注意的是，对广东著名品种"增城挂绿"，书中已有详细的记述。

清代褚华的《水蜜桃谱》，对于水蜜桃的栽植、嫁接、水肥管理、生物学特性、虫害防治、储存以及食用方法均有不同程度的记述，可说是我国古代惟一的一部水蜜桃专书。

说到明清时期有关果树的著作，不能不提起明代王世懋的《学圃杂疏》（1587），这是明代重要的园艺著作之一。该书分花疏、果疏、蔬疏、瓜疏、豆疏、竹疏等 6 个部分。在果疏中，按序记载了樱桃、梅、杏、杨梅、李、桃、梨、花红、核桃、葡萄、枣、安石榴、柿、柑橘、香橼、栗、银杏、栝子松、文官果、无花果等20种，再加上品种，有近50种。其中樱桃记载了尖、圆2个品种，"俗呼小而尖者为樱珠"；梅记载了消梅、脆梅、绿萼梅、鹤顶梅、霜梅、梅酱梅等7个品种；桃记载了金桃、银桃、水蜜桃、灰桃、匾桃等5个品种；梨记载了哀家梨、金华紫花梨、秋白梨、宣州梨等4种；葡萄记载了紫、水晶2种；柿记载了海门柿、罐柿、无核火珠柿等3种；柑橘记载了乳柑、朱橘、甜橘、蜜橘、金橘等6种。我们从中可以看出当时栽植的果树种类。书中对某些果树与生态环境的关系也做了一定程度的记述，如"杨梅，须山土，吾地沙土，非宜，种之亦能生，但小耳。""安石榴，无如京师，致之南方，多死，即生，多化为丛状。"书中对果树的性别也有了一定的认识，如"银杏树，有大合抱而不实，人言树有雌雄。"

（二）果树种类的增加

明清时期，果树的种类有所增加，其中因果实可作为商品而广泛栽培的果树有：柑橘、荔枝、龙眼、橄榄、香蕉、花红、槟榔、椰子、枣、栗、胡桃、桃、李、杏、梅、梨、柿、苹果、樱桃、枇杷、石榴、葡萄等，同时还出现了文官果、栝子松等果树。由于海上交通的发展，一些水果开始传入我国，如原产于南美的巴西和秘鲁等地的菠萝，大约在16世纪中期，由葡萄牙传教士带入我国的澳门，以后引种到广东、广西、福建等省，1650年在台湾种植。明末的广东《东莞县志》（1639）已有山菠萝的记载。清初顺治年间广东南梅县的《九江乡志》（1657）录有番菠萝。康熙年间的《香山县志》（1674）中有"番禺鹿布，地起郡郊，东尽菠萝"之句，可见，当时广州东郊至萝岗一带，已成为菠萝栽培的集中之地。到18世纪以后，菠萝的栽培更有所发展，范瑞昂的《粤中见闻》（1801）有"粤中几村居路旁，多种菠萝"的记载，可见一斑。发展到现在，菠萝已成为我国华南主要热带果品之一。此外，番木瓜、番荔枝也是在明末清初传入我国的。而西洋苹果于1870年由美国引入，先栽种到烟台、青岛，而后普及到河北、河南、山西、陕西。西洋梨于19世纪后引入烟台。其他引入的还有欧洲葡萄、美洲葡萄、欧洲李及草莓等。

（三）果树栽培技术的进步

明清时期，果树栽培技术有了很大的进步，突出表现在果树的整枝和修剪方面。明代宋诩撰的《竹屿山房杂部》记载了果树秋末冬初的修剪："必自秋冬枝叶零落时，始易修平攘剔。"在《便民图纂》和《农政全书》中说到葡萄夏季修剪的技术："待结子，架上剪去繁叶，则子得成雨露肥大。"而清代李江的《龙泉园语》则显示了当时的果树修剪水平："删树有五诀，去其枯枝、去其老枝，以其生气已尽也。去其内向之枝，欲其内疏也。去其腰生之枝，以津液旁泄也。去其下垂之枝，以津液之难下注也。去其老枝，去其密枝，以其碍于结实也。如此则通风见日，实大而美。"甚至把果树修剪与树木生理结合在一起。在《竹屿山房杂部》还提出用疏果的方法，克服果树大小年，防止隔年结。清初周亮工《闽小记》记载："荔树或间一岁实，土人谓之歇枝，灌培若识其性，亦岁易其方。"《农政全书》记载了柑橘的冬季养护："此树极畏寒，宜于西北种竹，以蔽寒风，又需常年搭棚，以护霜雪。霜降搭棚，谷雨卸却。树大不可搭棚，可用砻糠衬根，柴草裹其干，或用芦席宽裹根干，砻糠实之。"王世懋的《学圃杂疏》也有类似的记载："柑橘性畏寒，值冬霜雪稍盛，辄死，植地须北蕃多竹，霜时以草裹之……"把柑橘的栽培管理技术提高到一个新的水平。

　　无性繁殖一般包括扦插、压条、分蘖和嫁接等方法。《便民图纂》记述了多种果树的无性繁殖技术和方法。葡萄："二三月间，截取藤枝插肥地，待蔓长，引上架。"石榴："三月间将嫩枝条插肥土中，用水频浇，则自生根。根边以石压之，则多生果。"讲述了这两种果树的扦插技术；李："取根上发起小条，移栽别地"，梨："或将根上发起小科栽之亦可"，枣："将根上春间发起小条移栽。"说的是它们的根蘖繁殖；海棠："春间攀其枝着地，土压之。自生根二年凿断，二月移栽。"则叙述了压条繁殖的方法。从中可以看出，当时果树的无性繁殖技术已经接近当今水平。《广东新语》对南方果树的栽培繁殖也有不少记述，如荔枝"凡近水则种'水枝'，近山则种'山枝'"。山枝和水枝为两个不同的品种群，两者果实的品性不同，是在不同栽培条件下所形成的。说明当时人们已经对果树品种的变异与生态环境的关系有了更进一步的认识。

四　蔬菜及经济作物研究的发展

（一）种类的增加

　　明清时期，随着蔬菜的引进和植物培育技术的发展，当时又增加了不少蔬菜及经济作物的种类。16 至 17 世纪时，随着海内外交通和贸易的发展，辣椒、马铃薯、菜豆、西葫芦、甘蓝、花生、向日葵、玉米、甘薯、烟草及后来的花椰菜和番茄等许多蔬菜和经济作物迅速传入我国。另一方面，一些古老的蔬菜渐渐退出历史舞台，而被其他蔬菜所代替。例如葵，是一种古老的蔬菜，《诗经》中已有记载，在《齐民要术》、《农政全书》均有记述。由于它鲜嫩不如菘（白菜）、菠菜，而栽培艰于白菜、萝卜，在明清之际逐渐被白菜、萝卜、菠菜所代替，栽培随之减少。尤其是夏季蔬菜增加了许多种类，《齐民要术》中的夏季蔬菜有甜瓜、冬瓜、瓠、黄瓜、越瓜、茄子等 6 种，《王祯农书》中增加了苋。明代王世懋《学圃杂疏》的"蔬疏"、"瓜疏"、"豆疏"中记述了韭、韭黄、芥、蔓菁、菘（白菜）、蕹菜（空心菜）、芹、莴苣、菠菜、君达菜（叶用甜菜）、萝卜、胡萝卜、葱、蒜、薤、薯蓣、糯、芋、香芋、落花生、苋、马齿苋、荠菜、枸杞苗、五加菜、藜蒿、芡、菱、茭白、茨菰、荸荠、莲藕、莼、蒲笋、芦笋、西瓜、甜瓜、南瓜、王瓜、菜瓜、冬瓜、丝瓜、锦荔枝（苦瓜）、瓠（葫芦）、白匾豆、龙瓜、蚕豆、刀豆、草决明、西番麦、薏苡仁等 50 余种。清代《农学合编》也编集了 50 多种蔬菜，其中有白菜、菜瓜、南瓜、苋、蕹菜、黄瓜、冬瓜、丝瓜、瓠子、辣椒、刀豆、豇豆、菜豆、茄子、扁豆、西瓜、甜瓜，多为夏季蔬菜瓜果。此时期作为商品广泛栽培的蔬菜和其他经济作物有：韭、竹笋、菱、莲藕、慈菇、蕹菜、姜、百合、荸荠、萝卜、胡萝卜、芜菁、山药、番薯、芋头、马铃薯、榨菜、莴苣、苋菜、白菜、芥菜、菠菜、雪里红、金针菜、紫菜薹、西瓜、南瓜、冬瓜、茄子、毛豆、豌豆、蚕豆、大豆、香蕈、白木耳以及棉、蔗、桑、茶、烟、蓝靛、红花、苎麻、大麻、蕉麻、席草、葛、芝麻、油菜、花生、苏子、香、茯苓、厚朴、黄连、乌桕、油桐、漆树、蒲葵等。从中可以看出，明清时期的蔬菜种类已经十分繁多，和我们现在栽培的种类已经非常接近。

（二）栽培管理技术的发展

　　蔬菜的栽培管理技术在明清时期也有长足的发展。明代的《便民图纂》记述了许多这方面的内容，如对莴苣移栽，"以粪壅则肥大"；甜菜分栽，"频用粪水浇之"；豆芽菜培育"拣绿豆水浸二宿，候涨，以新水淘，控干，用芦席洒湿衬地，掺豆干上，以湿草荐覆之，其芽自长。"《群芳谱》记载了培植韭黄的方法："北人冬月移根窖中，养以火炕，培以马粪。叶长尺许，不见风日，色黄嫩谓之韭黄，味甚美。"清代《马首农言》记述了多种瓜类蔬菜整蔓的关键方法，如："葫芦切其正顶。瓠子独留正顶。甜瓜则又切其正顶，留其支顶。见瓜又切其支顶，切时必正午方好。黄瓜任其支蔓，不用切顶。"

五　花卉研究的发展

诚如前述，在明清时期的园艺发展中，最为突出的是花卉。对花卉的记载在各类有关园艺的著作中占据了重要地位。除去上述与花卉有关的重要园艺著作，如《群芳谱》、《广群芳谱》、《花镜》、《长物志》、《北墅抱瓮录》、《便民图纂》、《三才图会》、《遵生八签》等之外，根据《中国农学书录》统计，仅菊谱就有37种，兰谱30种，牡丹谱10种，茶花4种，此外月季、芍药、杜鹃、竹、梅、缸荷、凤仙花等都有专谱。另外还有明代袁宏道专门记述插花的《瓶史》以及张谦德（1577~1643）著的《瓶花谱》、王世懋的《花疏》等。

（一）《群芳谱》中关于花卉的记载

王象晋的《群芳谱》可说是最早最完备的花卉园艺学著作，其中的花谱记述了46种，卉谱记述了38种，共记述了80多种花卉，其中仅菊花就有275个品种。陈继儒曾在本书的序中说："自王公群芳谱出，而觉花史尽可废。"书中对花木管理的记述尤为详尽，例如："诸花木芽时，下便行根，此时不宜浇粪。俟嫩条长成生头花时，可浇清粪水，忌浓粪。花开时又不可浇粪，遇旱只浇清水。初结实，浇粪即落实，大则无妨。大约花木忌浓粪，须用停久人粪和水浇。新粪宜腊月施，亦必和水三之一。凡用肥须审时，如正月须水与粪等，二三月发嫩枝，则下生新根，浇肥则损根而死，未发萌者不妨。五月雨时浇肥，根必腐烂，六月发生已定，可轻轻浇肥。八月亦忌浇肥，白露雨至，必生嫩根，见肥则死。惟石榴、茉莉之属喜肥，柑橘之属用肥，反皮破脂流，至冬必死。能依月令浇灌，自然旺中易茂。"从中可以看出，当时对花木的水、肥管理有了很大发展，技术已达到炉火纯青的地步。

（二）花卉专谱

明代高濂撰写的《遵生八笺》，在"燕闲清赏笺·四时花纪"中记载各种花卉128种，并对这些花卉的形状、颜色、栽培方法均有不同程度的描述，同时还记载了盆栽花木22种。在《花竹五谱》中则包括了牡丹花谱、芍药谱、菊花谱、兰谱、竹谱等花卉专谱。

清代朴静子的《茶花谱》（1719）记述了福建漳州的43个茶花品种及其栽培技术，此书被认为是我国第一部茶花专谱。

这一时期有关牡丹的专谱有明代薛凤翔的《亳州牡丹史》等。清代余鹏年的《曹州牡丹谱》，记述了7个黄色品种、1个青色品种、15个红色品种、8个白色品种、3个黑色品种、11个粉色品种、6个紫色品种、5个绿色品种，共记述了56个牡丹品种以及栽培技术。清代计楠的《牡丹谱》，记述了亳州、曹州、洞庭、法华等地的牡丹品种103个以及栽培管理方法。

关于兰花的著作有明代张应文的《罗钟斋兰谱》、冯京易的《兰易》等。清代有屠用宁的《兰蕙镜》、刘文淇的《艺兰记》、周寿的《培兰新法》、朱克柔的《第一香笔记》及庄继光的《翼谱丛谈》等。

关于菊花，有明代黄省曾的《艺菊谱》（又名《艺菊书》，成书于 1255～1566 年间），书分 6 部分，记述了菊花的栽培、管理与养护方法，以及周履靖的《菊谱》，张应文的《菊书》等，清代有计楠的《菊说》，载有菊花品种 236 个，以及何鼎的《菊志》、顾禄的《艺菊须知》等。邹一桂的《洋菊谱》，记载了乾隆年间的名菊 36 种，书中说："或曰蒿本，人力所接，冒以洋名，实出中国"。

关于月季，有清代评花馆主的《月季花谱》，记述了月季花的播种、培育、扦插、修剪、栽培管理 、虫害防治等技术方法以及 34 种当时著名的品种。

关于凤仙花，有清代赵学敏的《凤仙花谱》，书分上、下两卷，上卷记述了 180 多个凤仙花品种的特性，下卷记述了凤仙花的播种、栽培管理技术、采收以及药用价值和验方，是我国惟一的一部关于凤仙花的专著。

（三）插花及盆花

明清时期，我国插花技术有了很大发展，其中明代袁宏道（1568～1610）的《瓶史》，全面记述了中国古代瓶花技艺。书分 12 章，对插花的技艺有精辟的论道，特别是对各种花卉主次的配置有独到的见解："梅花以迎春、瑞香、山茶为婢；海棠以频婆、林擒、丁香为婢；牡丹以玫瑰、蔷薇、木香为婢；芍药以莺粟（罂粟）、蜀葵为婢；石榴以紫薇、大红千叶木槿为婢；莲花以山矾、玉簪为婢；木樨以芙蓉为婢；菊以黄白山茶、秋海棠为婢。"这里的"婢"意指陪衬，我们从中可以看到当时插花所常用的植物材料种类。《瓶史》1696 年就被译为日文，对日本的花道产生了很大的影响。

关于插花的著述尚有明代张谦德（张丑）的《瓶花谱》，内容包括品瓶、品花、折枝、插储、滋养、事宜、花忌、护瓶等 8 项，叙述了插花的方法和注意事项。在"品花"项中，他把适于瓶插的花卉分为九个品级，其中一品中记有兰、牡丹、梅、腊梅、细叶菊、水仙、滇茶、瑞香等 9 种；二品中记有蕙、西府海棠、山茶、岩桂、白菱、松枝、含笑、茶花等 10 种；三品中记有芍药、千叶桃、莲、丁香等 5 种；四品中记有山矾、秋海棠、锦葵、杏、辛夷、梨等 11 种；五品中记有玫瑰、栀子、紫薇、金萱、豆蔻等 6 种；六品有玉兰、迎春、芙蓉、素馨、柳芽、茶梅等 6 种；七品中记有枸杞、枳壳、杜鹃等 7 种；八品中记有玉簪、鸡冠、林禽、秋葵等 6 种；九品中记有剪秋罗、姜、牵牛、淡竹叶等 6 种；共计 66 种。插花的种类更加广泛。

此外，明代高濂《遵生八笺》的"瓶花三说"中也有关于插花技艺的叙述。明代屠本畯的《瓶史月表》记载了各月开放的供插花用的花卉种类。明末孙知伯的《培花奥诀录》则记载了 21 种养护瓶花的方法。

我国用盆缸栽培荷花的历史由来已久。在东晋王羲之（321～379）的《柬书堂贴》中已有记载，在明代宋诩的《种畜部》、高濂的《遵生八笺》、文震亨的《长物志》、徐光启的《农政全书》、清代丁宜曾的《农圃便览》等著作中，都有关于盆缸栽培荷花的记述。而清代杨钟宝的《缸荷谱》（1808 年）则是我国惟一的一本专门记述盆栽荷花的著作。书中描述了 33 个缸荷品种，包括单瓣 16 种、重台 1 种、千叶 9 大种、单瓣 7 小种、千叶 6 小种，同时对其形态特征、生态特性、营养、繁殖、栽培管理也有记述。

明末孙知柏的《培花奥诀录》详细记述了松、梅、竹、柏等60多种盆景的培养方法。

(四) 其他有关花卉的记载

除了上述之外,明清时期还有许多关于花卉的著作,其中很值得一提的是明代万历年间王世懋的《学圃杂疏》。这是一部相当系统的园艺学著作,内容分为花、果、蔬、瓜、豆、竹等六类,其中"花疏"叙述最多,几乎占了一半的篇幅。记述的花卉按出现的顺序依次有:梅、迎春、兰、蕙、玉兰、山茶、海棠、杏、桃、梨、紫荆、郁李、绣球、金雀、锦带、棣棠、剪春罗、牡丹、芍药、玫瑰、蔷薇、木香、杜鹃、罂粟、虞美人、蜀葵、金萱、石竹、凤仙花、虎斑、百合、蛱蝶花、金系芋、高良姜、麝香百合、曼陀罗、夹竹桃、佛桑、茉莉花、木槿、建兰、石榴、素馨、树兰、赛兰(珍珠兰)、紫薇、百日红、莲花、山矾(海桐)、柑橘花、香橼花、栀子、凌霄、紫藤、玉簪、剪秋罗、秋葵、鸡冠、老少年、秋海棠、木樨、丹桂、芙蓉、菊、山茶、白菱、腊梅、水仙、兰桂、月桂、长春菊(金盏花)、芭蕉、虎刺、旱珊瑚、水珊瑚、菖蒲、铁蕉、凤尾蕉、翠筠草、天目松、栝子松、千头柏、璎珞柏、金线柳、丹凤、石楠、梧桐、黄杨、西湖柳、乌绒树(马缨花)、樱桃、李、枇杷、橘、栗、葡萄、竹等,约有近100个种类。如果再加上所记载的品种,当有一百几十种,例如,他把海棠分为5个品种:垂丝、西府、棠梨、木瓜、贴梗,并认为"就中西府最佳,而西府之名紫锦者尤佳,以其色重而瓣多也⋯⋯"书中也不乏花卉种植经验之谈,如对牡丹:"人言牡丹性瘦,不喜粪,又言夏时宜频浇水,亦殊不然,余圃中亦用粪,乃佳,又中州土燥,故宜浇水,吾地湿,安可频浇,大都此物宜于沙土耳。"清楚地认识到,花卉的栽培管理不应墨守成规,要因地制宜。

明代赵崡,根据自己的经验写成《植品》(1617),书中记载了陕西关中地区生长的和他本人种植的各种观赏植物70余种。另外,同一时期代王路的《花史左编》(1617),共24卷,辑录历代花木的品种、栽培方法、病虫害防治,并收录了许多前人的花卉著作。此外,明代夏旦的《药圃同春》按月历记载了84种应时花卉及其品性。除上述提到的之外,明末清初孙知伯的《培花奥诀录》,共3卷,记述了60多种花木以及松、梅、竹、柏等60多种盆景和20多种插花的方法。在附记中,介绍了接剥、扦插、布种、移栽、截取、骗嫁、除虫、蔽日、御寒、浇粪等栽培管理方法,并对插花、盆景、庭院植物的配置都有不同程度的记述。

(五) 花卉种类和用途的扩大

与宋元时期的有关著作相比较,此时期花卉的种类又有很大的增加,如秋海棠、黄白山茶、夜合蔷薇、白菱、锦葵、佛桑、赛兰等几乎是以前从未记载过的。而松枝、淡竹叶、柳芽等一些过去一向不作为花卉的种类,也被列入花谱。牡丹、芍药、兰、蕙、腊梅、蔷薇、梅、菊、玫瑰、瑞香、梨、石榴、水仙、杜鹃、莲、山茶、芙蓉、玉兰、碧桃、茉莉、玉簪、紫薇等始终是唱主角的花卉。

此时期的花卉,除了作为观赏之外,有的入药,有的配茶,有的供作香料,有了不同的用途,于是有了专门的经营者,许多种类具有了商品色彩。当时作为商品栽培经营的花卉有:珠兰、茉莉、玫瑰、蔷薇、金银花、瑞香、桂花、腊梅、荷花、木樨、兰、牡丹、芍药、素馨、菊、水仙等。

随着东西方交通和海外贸易的发展，我国的菊花、茶花、牡丹、芍药、月季、蔷薇等多种观赏花木传入世界各地，一些有关花卉的园艺著作也传到日本。

第三节　对野生食用植物的研究

一　朱橚和他的《救荒本草》

在明初，由于饱经战火的摧残，社会经济遭到巨大的破坏，亟待恢复；加之各地自然灾害频繁，人民的生活极端困苦，在中原大地的河南开封一带的民众尤其如此。在这种特殊的环境条件下，我国的一些学者为扩大食物来源，投身于对野生食用植物的考察研究，并出现了不少这方面的作品。它们大多对植物有比较准确的描述，同时有较准确的插图，对我国古代植物学的发展有着深远的影响，而其中最引人注目的作品是明初期的《救荒本草》，它的作者是明太祖朱元璋第五子朱橚。

朱橚是明初杰出的方剂学家和植物学家。据《明太祖实录》记载，他生于辛丑年秋七月丁巳（即 1361 年 8 月 9 日），为马氏皇后所生。但也有人根据其他一些资料，怀疑他和明成祖朱棣是朱元璋的一个妃子所生①。明洪武三年（1370），朱橚九岁时，被封为吴王，与他另外三个兄弟一起驻守凤阳，洪武十一年改封周王，十四年就藩于开封。据《明史》记载，朱橚好学多才，素有大志。他在政治上比较开明，到开封之后，执行恢复农业经济的政策，曾兴修水利，减轻赋税，发放种子，做了些于民众有益的事。

青年时代的朱橚对医学很有兴趣，曾组织人撰《保生余录》方书两卷，并着手《普济方》这部巨著的编著工作。洪武二十二年（1389），他离开封地前往凤阳，这种"弃国"的举动，在当时是违反常规的，因此被其父朱元璋怀疑为有不轨之心，为此，他被贬徙到当时偏僻落后的云南。在流放期间，朱橚对民间疾苦的了解增多，他看到当地"山峦瘴疟，感疾者多"而缺医少药的情况非常严重，于是让本府的良医李恒等编撰《袖珍方》一书，在当地发行。这本书共四卷，收集历代验方三千余个，包括周王府的一些良方，全书"条分类别，详切明备"，颇便应用，结果大受欢迎，仅在明代就被翻刻了十余次之多，可见受医家重视的程度。这种情况表明，朱橚很重视在各地传播医药知识，并对我国西南边陲医药事业的发展做出了贡献。

在《袖珍方》刊行后不久的洪武二十四年（1391）十二月，朱橚得到其父的原谅，回到开封。此后，他继续组织一批幕僚进行医药书籍的编写工作。建文初（1399），他被指控有谋反行为，第二次被流放到云南，后被禁闭在南京。永乐元年（1403），其胞兄明成祖夺取建文帝位在南京登基后，他才复职回到开封。尽管遭遇上述打击，朱橚仍然对有关医方和救荒的工作十分热心，返回封地后，很快组织相关学者大规模展开《普济方》和《救荒本草》等书的编写工作。永乐四年（1406），由滕硕、刘醇协助，朱橚亲自订定的《普济方》编成。这部多达 168 卷的方剂学空前巨著，收集了药方 61 700 多个，保存了大量明以前的医学文献资料，成为我国现存最大的古代方书，为后世的医药学家提供了一座很有价值的方剂资料

---

①　见傅斯年，明成祖生母记疑，国立中央研究院历史语言研究所集刊，第二本第一分册，1932 年，第 406～414 页。李晋华，明成祖生母问题，国立中央研究院历史语言研究所集刊，第六本第一分册，1936 年，第 55～77 页。

库。在《普济方》成书的同一年，朱橚在本草学上别开新面的重要著作《救荒本草》也问世了。

除科技方面的著作之外，朱橚还作过《元宫词百章》。永乐十三年（1415），朱橚为适应社会的客观需要，将《袖珍方》做了订正。洪熙元年（1425），朱橚卒于开封。

朱橚博学多才，堪称是一位出色的科研组织者和工作者。在他的主持下，一批专家学者在方剂学和救荒植物学专著方面做了空前的工作。作为一个锦衣玉食的藩王，他之所以要做这些工作，当然与他的理想和抱负有关。据《明史》记载，朱橚是一个不满当时政治、时有"异谋"的人。他曾因谋反被传讯，幸朱棣念其是同胞，未加深究。他之所以大力编写刊行这些以"保生"、"普济"、"救荒"为宗旨的医药书籍，表面看来不过是由于目睹当时哀鸿遍野、民不聊生的惨状，意在"救国救民"，实际上这是他争取民心的一种方法，是有其政治目的的。正因为有这一主导思想，他利用自己特有的政治经济地位，聚集了一大批有名的学者，如长史刘醇、卞同、瞿佑、王翰，教授滕硕，良医李恒等，此外还打下了"开封周邸图书文物甲他藩"的坚实基础，为上述工作准备了条件。所以，在他的主持下编成许多医药和实用植物学方面的鸿篇巨制，并非偶然。

朱橚的《救荒本草》从各方面来看都是一部重要的书。在我国封建社会时代，赋税繁重，灾害频繁，劳动人民的生活很贫苦，用草根树皮果腹是常事。元代民族压迫极其严重，到明初战乱刚停，民众尚未得到休养生息，生活自然更苦，吃糠咽菜更是常事。因此，劳动人民在长期食用野生植物的过程中，积累了不少经验性的知识，亟待加以总结提高。另一方面，我国自古药食同源，本草学的发展也为对野生植物的认识利用提供了不少有用资料和方法。朱橚和聚集在他周围的专家学者们，正是以这些知识为基础进行《救荒本草》的编写工作的。此书记载的可食野生植物，有138种左右是见于以前本草著作的；在对这些植物的文字描述中，不少来自宋代的《图经本草》和《本草衍义》；有关食用植物的制备方法，有的也见于《食疗本草》等书。此外，如书中所述处理商陆的"豆叶蒸汽消毒法"等，也显然受到传统本草的启发。凡此都可以说明此书与以前本草著作的密切关系。但《救荒本草》具有资源调查性质，其编纂仅以食用植物为限，在这一点上又与传统本草著作有所区别。因此可以说，《救荒本草》作为一种记载食用野生植物的专书，是从传统本草学中分化出来的产物，同时也是我国本草学从药物学向应用植物学发展的一个标志。

二 《救荒本草》的植物学成就

要编写植物学方面的著作，首先要辨识植物，在这方面，朱橚等做了一些非常出色的工作。他们首先从民间实地调查各种可食用的植物，弄清楚它们的分布和生长环境。然后组织人将从各地收集采购得的四百多种植物种苗"植于一圃"，也就是一个专设的园子里，为研究创造了良好的条件。这样就可以在随时有目的地对各种植物进行"躬自阅视"，详细观察植物的形态特征，以及其生长发育和繁殖的全过程，最后选择"滋长成熟"的植物，命"画工为图"，为书中图文的准确性打下了必要的基础。此外有了这样的植物园，在对研究食用植物的有关处理、制备技术时，需做的取材也是十分方便的，这在当时显然是很先进的工作方法。应当指出的是，尽管我国在周代时已有果菜园，唐代时有药园，但它们都属于生产性质，而朱橚的"圃"则纯粹为认识形态和性质服务，这在植物学发展史上显然是很有意义

的。在同一时代的欧洲，还没有这样的植物园，无怪乎美国著名科学史家萨顿（G. Sarton）[1]
在谈到中世纪的植物园时不无感慨地说，"杰出的成就产生在中国。"朱橚的工作开了实验生
物学的先河。

在叙述植物的形态特征时，《救荒本草》比较系统地使用了一套植物学术语。其中有些
是此书创用的，有些虽然前人提到过，但在此以前并未形成一种有确切含义的概念。这些术
语的使用，减少了依靠使用类比法的模糊性和不确切性，在植物学发展史上有重要意义，特
别是关于花序和果实分类的术语，有些一直沿用至今。较为重要的有下面几类：

1. 茎的着生方式和形态：常用"塌地生"、"延蔓"、"科生"（直立生长）、"丛生"以及
"四楞"、"圆形"等。

2. 叶的着生方式和形态：常用"对生"、"攒生"、"层生"（轮生）、"播茎"（抱茎）、
"花叉"（深裂）、"云头"（波纹）、"锯齿"、"尖角肖"（锐尖）、"团"（钝、圆）、"纹脉"（叶
脉）、"芽叶"（托叶）、"裤叶"（叶鞘）、"叶间"（叶腋）等。

3. 花和花序的形态：花"心"、"蕊"、"小铃样"（钟形花）、"菊花头"（头状花序）、
"伞盖"（伞形）、"穗状"、"千叶"（重瓣）等。

4. 果实的形态术语："棣汇"、"壳斗"、"房"（由总苞形成的外壳，或某些类型的蒴
果）、"角"、"长角"、"短角"、"荚"、"蓇葖"、"蒴"等。

这些形态术语，有些已见于以前的文献，但像这些分成几类，频繁使用，则始于《救荒
本草》。

这些名词术语主要依外形而分，与今天的涵义当然不尽相同，如"蓇葖"既用以描述
果，也用来形容花，名词概念欠准确。但它毕竟朝着渐离前人所习用的类比法、进而往直接
描述的方向迈进，应该说是一大进步。加之此书对后世的影响颇大，因而对植物学术语的确
定和趋向统一具有重要的意义。

在野生食用植物的制备方面，《救荒本草》提出了一些消除毒性的方法，如章柳根（即
商陆 *Phylotacca acinosa*）是这样制备的："白色根……凡制：薄切，以东流水浸二宿，捞
出，与豆叶隔间入甑蒸，从午至亥。如无叶，用豆依法蒸之亦可。"这种除毒方法的指导思
想显然出自传统本草学著作，如《神农本草经》即有豆"煮汁饮，杀鬼毒"的说法，至于效
果如何，还有待于验证。

另一有意义的例子是白屈菜（*Chelidonium majus*）的制备："采叶和净土，煮熟捞出，
连土浸一宿，换水淘洗净。"我们知道，白屈菜含有不溶于水的有毒生物碱，如只用水煮不
易将有毒成分除去，而净土则可吸附其中的有毒物质。有人认为近代植物化学领域中吸附分
离法的应用，可能即始于《救荒本草》[2]。

上面的论述表明，朱橚在编著《救荒本草》的过程中，非常注重观察和实验。在古代的
植物学研究中，较早运用了一些相对更科学的方法，并开辟了一些新的研究领域。

《救荒本草》全书 2 卷，共记载植物 414 种，其中除见于以前本草书的 138 种外，新增
276 种。一次增加这样多的植物种数，这在我国古代的本草著作中是罕见的。按分类来说，
有草类 245 种、木类 80 种、米谷类 20 种、果类 23 种、菜类 46 种，基本都属被子植物。它

---

① G Sarton, Introduction to the History of Science, Vol. Ⅲ, New York, 1948, p.1177.

② 宋之琪等，《救荒本草》与我国古代分离法的应用，药学通报，1980，15（9）：19.

们大都见于当时开封府属的祥符（今开封）、中牟、郑州、荥阳（今荥阳西北）、密县、钧州（今禹县）、许州（今许昌）及附近的辉县和上蔡等州县。

《救荒本草》对每种植物的形态和食用制备有较好的记载。与传统的本草著作相比较，其记载有两点明显的不同：第一，《救荒本草》对植物的生长和采收季节没有细致的描述，该书新增添的植物一般不说明根的颜色。这是因为传统的本草书很注意药物的效能，因此必须关注时令，而此书只着眼临时的救饥。第二，作者的描述来自直接的观察，不作繁琐的考证，只用简洁通俗的语言将植物形态特征等表述出来。书中每页附一插图，描绘一种植物，图文配合相当紧凑，就形式而言很像是一部区域的被子植物志。

《救荒本草》在"图以肖其形"这一点上，在古代本草著作中是非常突出的。书中许多图，刺蓟菜（即小蓟 *Cirsium chinensis* 图 5-2）、大蓟（*C. leo*）、土茜苗（茜草 *Rubia cordfolia*）、委陵菜（*Potentilla multicaulis*）、萱草花（图 5-3）、孛孛丁（蒲公英 *Taraxacum mongolicum*）、兔儿伞（*Cacalia krameri* 图 5-4）等植物的插图都画得相当生动逼真[①]。像《救荒本草》这样的植物图谱，插图是非常重要的，它通过直观的形象使人能够按图索骥，这在劳动人民中就增加了实用价值。

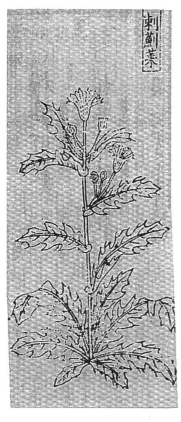

图 5-2

图 5-3

①　这里指的是明嘉靖四年（1525）的刊本，即现在所能见到的最早刊本。《农政全书》的《救荒本草》插图已失真。

图 5-4　　　　　　　　　　　　　　　　　　　　　图 5-5

　　由于作者具有较先进的观察和研究手段，《救荒本草》在对植物的描述上达到了较高的水平。大的方面，如单子叶植物和双子叶植物的主要区别之一，是前者花三数，后者花四数或五数，这在书中有较好的反映。单子叶植物以水慈姑、茅嫂（草头）根、泽泻为例，在图和文中都较好地体现了这一点。如水慈菇（*Sagittaria trifolia*）有这样的文字"稍间开三瓣白花，黄心"；矛嫂根"中间窜葶，上开淡粉红花，俱皆六瓣"等。双子叶植物开四数花的，如罂粟科白屈菜"四瓣黄花"、柳叶菜科的柳叶菜"四瓣深红色花"、十字花科的银条菜（*Roripa globosa*）"四瓣淡黄花"；开五数花的，如木槿（*Hibiscus syriacus*）、龙芽草（*Agrimonia pilosa* 图 5-5）、丝瓜苗（*Luffa cylindrica*）、雨点儿菜（*Pecnostelma chinensis*）、天门冬（图 5-6）等。这些在图文中都有很好的体现。

　　对于双子叶植物，《救荒本草》的图文显然都抓住了植物的一些典型特征，如伞形科植物的重要特征是花序伞形，双悬果，种子有线棱，叶互生，复叶，这在蛇床子、茴香、柴胡（*Bupeurum chinensis*）、前胡（*Peucedanum terebinthaceum*）、野圆荽（*Carum carve*）、野胡萝卜等伞形科植物中，都真实地反映出来了。书中不但对伞形花序和其他一些特征画得相当逼真，解说也很得当，例如茴香，书中写道："一名蘹香子，北人呼为土茴香……今处处有之。人家园圃多种。苗高三、四尺，茎粗如笔管，旁有淡黄裤叶，播茎而生；裤叶上发生青色细叶……叶间分生叉枝；梢头开花，花头如伞盖，黄色；结子如莳萝子，微大而长，亦有线瓣（棱）"；蛇床子，"每枝上有花头百余，结同一窠，开白花如伞盖"。根据图文的刻画，人们很容易辨别出这些植物。又如菊科植物的典型特征是头状花序和聚药雄蕊，虽然当时人

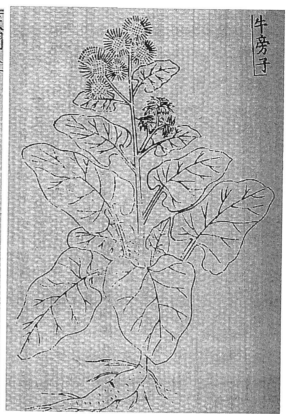

图 5-6   图 5-7

们尚未注意到聚药雄蕊，但头状花序在大蓟、小蓟、旋复花（*Inula britannica*）、漏芦（*Echinops dahuricus*）、稀莶（*Siegesbeckia orientalis*）、牛蒡子（*Arctium majus* 图 5-7）、斜蒿（*Seseli libanotis*）等许多植物的图文中都有所体现。豆科的荚果和羽状复叶、车前草的穗状花序、唇形科的四棱茎等，都在图文中如实地反映出来了。

上面我们从大的方面讨论了《救荒本草》对植物描述的准确性，下面我们再举一些具体的例子进一步予以说明。以泽泻科的泽泻（*Alisma plantago*）为例，书中说："俗名水蓿菜，一名水泻……生汝南池泽及齐州，山东、河、陕、江淮亦有，汉中者为佳。今水边处处有之。丛生苗叶，其叶似牛舌草，叶纹脉竖直。叶丛中间窜葶对分茎叉，茎有线棱，稍间开三瓣小白花。结实小，青细。"和以前的本草著作相比，以《图经本草》为例，它是这样表述的："生汝南池泽，今山东河陕江淮亦有之，以汉中为佳。春生苗多在浅水中，叶似牛舌草，独茎而长，秋时开白花作丛，似谷精草。五月、六月、八月采根阴干。"可以看出，《救荒本草》描述植物虽然有时沿袭以前的本草，但大有进步：它抓住了单子叶植物的两个重要特征，即花三基数和平行脉（竖直脉），这就使得它的描述脱离了前人的窠臼，有了质的飞跃。

书中对新增的植物羊角苗（*Metaplexis stountoni*）是这样描述的："又名羊妳科……生田野下湿地，拖藤蔓而生，茎色青白，叶似马兜铃叶而长大，又似山药叶亦长大，面青背颇白，皆两叶对生，茎叶折之俱有白汁出。叶间出穗，开五瓣小白花，结角似羊角状，中有白穰。"这一段文字表明，作者已经注意到萝藦科这种植物体有乳汁，藤本，叶对生，花五数，叶间出穗（聚伞状花序），结角（二或一蓇葖果，与角果相似）。这种描述是准确而真实的，显示了作者的观察深入细致，超越前人。

三　朱橚以后的其他救荒植物作品

朱橚的《救荒本草》不仅在救荒方面发挥了巨大的作用，而且开创了对野生食用植物的研究工作，对后世产生了深远的影响。《救荒本草》在明代已被反复翻刻，而且后来有不少文人学者纷起效之，形成一个研究野生可食植物的流派。

最早出现的类似《救荒本草》式的著作是《野菜谱》，它只记有 60 种植物。其作者是明正德年间（1506～1521）的王磐。此人字鸿渐，号西楼，南京高邮人，大约生于正德、嘉靖年间，他大约是一个隐士式的人物。据作者自序，他之所以作《野菜谱》是有感于灾荒难免，应有救灾方法。当时江淮间水旱灾害频繁，食物无着的民众常常只有靠采集野菜充饥活命。王磐考虑到不少植物"形类相似，美恶不同，误食之或至伤生"，有必要作一本有图、并"因其名而为咏，庶几乎因是以流传"的"《野菜谱》"，来帮助人们记住和辨识可食用的一些植物。因此他通过自己的调查，写下这样一个小册子。

王磐的《野菜谱》中的插图比较粗糙，没有值得称道之处，文字记述也基本不涉及植物形态，主要是让人记住可食植物的名称、生长的地方及采食方法。如书中对牛塘利（可能是过塘蛇）是这样记载的：牛塘利，牛得济，种草有余青，蓄水有余味。年来水草枯，忽变为荒芥。采采疗人饥。更得牛塘利。救饥：二三月采熟食；亦可作虀。从这些文字中不难看出，作者的目的在于让人们记住，在那些比较熟悉的植物中哪些可以食用，应当如何食用。因此其中的植物学内容不多，主要是指导人们开发植物。

在王磐之后，万历十年（1582）浙江人周履靖编了一部《茹草编》，全书四卷。前二卷记述可食用的野生植物 101 种，大多由作者在山野采集、查访过，附有插图，并以歌赋的形式介绍各种植物的采集时间及食用方法。后两卷收载古书中所记食用植物的资料，大约有数十种是前人未曾记载的。与周履靖同时或稍后，另一浙江人，习于养生而又不乏才气的文人高濂写了一部《遵生八笺》，其中"饮馔服食笺"有"家蔬类六十四种"、"野蔌类一百种"两篇。前者皆为常蔬，不是这里探讨的内容。对于后者，高濂自己有这样的说明："余所选者，与王西楼远甚，皆人所知，可食者，方敢录存，非王所择，有所为而然也。"大约是说，他记的野菜，都是可食的，并非为备荒而作，文中的王西楼即王磐。他说的是实话，他写这种作品主要是为改善饮食而作"野蔌"和"清供"，书中没有植物学方面的描述。如书中记甘菊苗，只记载："甘菊花春夏旺苗，嫩头采来，汤焯如前法食之。以甘草水和山药粉，拖苗油炸，其香美佳甚。"高濂仔细地参考过王磐的著作，收录其中约 30 种植物，其中对"眼子菜"的记述，亦从王文修改而来。来自《救荒本草》的内容也不少。这说明，在明晚期，已有人从朱橚等提示的备荒植物中，寻找可供改善日常生活的食物了。这是很有意义的，因为正是这种一步步的筛选，最终使一些野生可食植物成为栽培植物，如苦瓜、百合、文冠果等。

到了明末时，同样是浙江学者屠本畯，写了一本叫做《野菜笺》的作品，此著作是对周履靖《茹草编》补遗性质的文字。书中记有 22 种产于浙江的植物，都是《茹草编》和《遵生八笺》所未记载过的。

屠本畯之后，安徽人鲍山于天启壬戌（1622）完成了《野菜博录》一书。据作者自己在序中说，他有感于植物之于人类的重要，平常又喜素食，读到王磐的《野菜谱》以后，常将一些调查得知可食用的植物种植在家中的菜园中，作为平时的野味，但总觉王书所记载的种类太少。后来又从黄山的诸方游僧那里了解他们采食的一些食用植物，从中学到数种，但仍所获有限。其后他的一个朋友带来一本《备荒本草》，经阅读后他感到如果根据书中记载"按时采取，如法调食"，特别适合于素食者。当然，从植物被用于治疗疾病和用作充饥，可以看出植物的用处是很多的，尤其是在灾荒年月，野菜对于百姓活命是非常重要的。因此，他将查访所得并尝试过的四百多种植物刊印出来，帮助一般黎民辨别野菜。鲍山的书的主要内容来自《救荒本草》，插图比较准确，如蒲公英（图5-8）及葵菜（图5-9），但新的东西不多。

图5-8

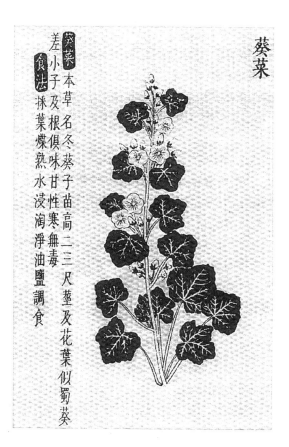

图5-9

在1642年的时候，适应当时饥荒不断的社会现实，姚可成编了一本叫做《救荒野谱》的书。他从卢和编的《食物本草》中抄来一部分内容，又从别的本草中再抄一些内容加上王磐的《野菜谱》拼凑而成此书。从中可以看出，朱橚的作品确实开了一片新的天地，并由于它符合社会需要，而富有生命力。但是，由于受才智和经济因素的限制，后来的发展者却很难深入下去。在明朝灭亡、清代统治者已登上历史舞台的 1652 年，湖北人顾景星根据自己的活动经验又写了一本《野菜赞》，在传播自己经验的同时，还注入了对野菜活命之功的赞美。总之，由于明代特殊的社会现实，我国不少学者曾投身于对野生食用植物的研究，这不仅对当时的救灾有积极的作用，对我国古代植物学的发展也起了一定的作用。

明清时期还出现过一些颇具特色的地方性本草，其中最有代表性的是《滇南本草》。《滇南本草》的作者是谁还有争议，一般认为是云南崇明县的兰茂（1397～1496）。兰茂字廷秀，号止庵，虽终身为平民，然而颇为博学，且通医药，常在云南各地采药和为百姓治病，因此深得民众的爱戴。此书约成书于 15 世纪中期，流传下来的有清初云南刊本和光绪年间的云南务本堂刊本两种。前一种本子收载药物 279 种，多为我国亚热带地方的特产药品，许多种类的动植物为一般的本草著作所未收载。

第四节　博物学方面的著作

受宋代"鸟兽草木之学"的影响，明清时期也出现了一些较有影响的生物学类书。明代有慎懋官的《华夷花木鸟兽珍玩考》、王象晋的《群芳谱》；清代则有吴宝芝的《花木鸟兽集类》和汪颢《广群芳谱》等。由于在上一节已经介绍过《群芳谱》和《广群芳谱》，而《花木鸟兽集类》所记科学性较差，因此本节着重介绍《华夷花木鸟兽珍玩考》。

一　作者及其著述背景

《华夷花木鸟兽珍玩考》成书于明晚期的万历元年（1581）。作者慎懋官，字汝学，号戴笠子，吴兴郡（今浙江湖州人）人，生活于嘉靖、万历年间。其父慎蒙，字山泉，曾为朝廷御史。慎懋官生于官宦之家，年少时本来也想继承父业，通过科举谋取一官半职，后来因未能得志，所以转而投身博物学当中。他在书前的《序》中这样写道："尝诵学诗之训，未尝不抚卷而叹曰，人生不可必于天者，远之事君也；所可必于我者，兴观群怨，迩事多识之道也。"也就是说他感叹不是每个人都有机会实践孔夫子"诗训"说的"远一点可以侍奉君王（远之事君）"的，但每个人都可能去做孔夫子"诗训"的另一部分，即学所谓"兴观群怨"，就近研讨草木鸟兽虫鱼。换言之，他有古代学者都具有的特点，就是当官不成，就产生了出世的念头，转而到大自然中寻找慰藉，在花木鸟兽中找乐趣。

作者大约是一个对花卉草木早有留心的人，因此在所编书的《序》中自鸣得意说："予治菑经游泮久矣。"加上生于显贵之家，有一广大的花园，园中栽有不少花卉果木。据其《成趣堂记》载，园中植有柚、杨、槐、细叶冬青、梧桐、栝（桧，即圆柏）、玉兰、璎珞、牡丹、芍药、柿、松、柏、桃、李、千叶莲、红槿、海桐、竹、垂杨（垂柳）。有些植物还有很多的品种，如牡丹有 300 多株，芍药以千计，"洛阳、濮州、江阴之品无不勉致"。此外，园中还养有"锦鳞千尾"（当是金鱼或红鲤或金鲫），还有因植被良好招来的鹳等鸟类。仕途的挫折和良好的家庭条件都是促成作者日后从事博物学著述的重要原因。

为了拓展自己的知识，作者还到外地旅游考察，据称曾"买舟裹粮，携两童子，泛太湖、溯九江，进帆彭蠡、攀豫章铁树，访洪厓玉笥诸仙迹。已乃逾长沙、浮湘沅，窥九嶷、南岳。顺流下鄂渚，流览赤壁……所著《云游录》……"①。书前自撰的《序》中，也曾写道：于仕途无望后"意绝勋名，心耽艺圃，携吾父所刻《名山记》，循道入闽，以登接笋之峰，抵信以陟飞云之阁，而黄山九云齐华五岳之胜，无不遍历，而梦游。道遇云贵两广之友，殊域贡献之夷，凡我江浙不见之物，耳目不闻之事，悉摘叶以记。是虽未遍中国，尽蛮貊，而各方花鸟珍玩俱在我胸中。归而面父，历道各方之物。父因谓曰，大孝在乎扬名，子不能矣。尚其萃成多识之编，以卒蓖经之业，聊以成其迩事之道乎。"上述资料说明，他到过山东、两湖、江西、福建和安徽等地游历，还写过游记，用心收集各地有关的博物知识，并且得到其父亲的鼓励和支持。

当然，作者在编此书的时候，进行了相当的文献资料准备。书前吴国伦《序》中有这样的评价："吴兴慎汝学氏，故御史子正公子也。……少负隽才不售，乃得日侍其父翰墨图史间，而于所藏掌故异闻、遗书、逸典无所不窥。因自著鸟兽珍玩考，遮几鼓吹三雅，羽翼博物志、山海经诸书。"也说他得益于父亲的藏书，阅读了大量的文献资料②。经过多年的努力，他终于完成了《华夷花木鸟兽珍玩考》这样一本有助于"迩事多识"的博物学著作。

根据书前李时英和他的自《序》，慎懋官从万历元年（1572）开始写作这本书，中间经过多次修改，完成于万历辛巳（1581）。全书分 12 卷，其中考 8 卷，续考 3 卷，杂考 1 卷。

该书诚如慎氏自己在文中注出的那样，是"选集"而成的作品，且收录的资料取材不够严谨，有猎奇倾向。写作有明人的陋习，即从古人的作品中取材不加以注明。另外编排无绪，有些颠三倒四，甚至重复啰嗦，卷十中有许多的内容，如七名马、罴、牛、星虎、天铁熊、马鲮鱼、抱石鱼、枫叶鱼、海鳅、海鳅、金龟子（红娘）等条都重出，卷十一也有类似的情况。因此，后来编撰《四库全书》的馆臣说它"剽取旧说"、"真伪杂糅，饾饤无绪"。这种评语，在很大程度上指出了这本书中类似编类书似的大量抄袭前人作品内容而不注明出处，甚至抄袭时，有关的前提也不加以交代，使人读起来有莫名其妙的感觉等。存在的弊病很多，譬如在一处已经记载过温肭脐是一种什么样的动物，在另一处又说海狗是温肭脐。分类不但混乱而且也没有什么创新，把寒号虫（当是鼯鼠）当作鸟类一种，说猴"又有一种长臂善啸者，谓之猿"。卷十的章举实即前面提到的章巨。这一方面说明编者动物知识水平不够，另一方面也显露编者缺乏严谨的学术态度。

尽管如此，作为古代的一本博物学著作，它发扬了宋元以来《埤雅》、《尔雅翼》、《竹谱详录》等作者的博物传统，整理了不少新的生物和地学知识，使书中的内容显得比较丰富。因此，还应当承认它在古代生物学史上具有一定的地位。李时英在书中的序中写道："余忆官钦（广西钦州）时，去神京万里，奇蓖异卉神禽异兽，种种不可名状，而窃思博物有余憾焉。余观是编，不觉鼓掌。"③虽不无夸饰，但也足以说明它在博物学方面的价值。

二　《华夷花木鸟兽珍玩考》所记的动植物

《华夷花木鸟兽珍玩考》的前三卷记有大量的树木。由于慎懋官喜欢猎奇，因此卷一的

---

① 吴国伦，《刻万里云游录序》。
② 李时英《序》中说他"博极群书"，"侍其尊甫山泉先生宦游，闻见益宏肆，三余暇日，著《花木鸟兽珍玩考》"。
③ 明·慎懋官，《华夷花木鸟兽珍玩考》，中国科学技术典籍通汇，生物卷，2～289，河南教育出版社，1994 年。

内容中就充分证明《四库全书》编者的评语很有见地。卷一中记有不少名为"树"的条文，有些其实不是植物，如珊瑚树；还有不少是传说中的东西，如抄自《山海经》等著作的迷谷、风流树；当然相当部分还是确实的植物如铁树、毕钵罗树（即菩提树或思维树）。书中还收有一些很有启发性的文字，如"胡致堂云：奉佛者，每假树木花草为佛之名，愚惑世道，故以仙人柏为罗汉松，三春柳为观音柳，独脚莲为观音莲，薏苡子为菩提子，大林檎为苹（盆）婆果，金莲花为优钵罗花[1]"。此卷还记有大量的"香"。卷二中记有大量的果树，卷三则收录了对各种树的描述。

书的第四卷到第七卷收录了大量的花卉、竹子、药物和蔬菜的文字。其中卷四包括大量的一般花卉。卷五收录不少竹子、药物、花草、瓜瓠、蔬菜方面的内容，其中提到木乃伊，还提到一些其他作物如甘蔗和蔓胡桃。书中说蔓胡桃："大如扁螺，两隔，味如胡桃，或言蛮中藤子也。"从描述来看，可能是花生，并且是从南方传入。另外，这卷中不但提到"蚁漆"、杜芳（绞杀植物）、大茄等带有热带植物特色的生物，而且还记载有可供织布的水蕉、海中的藻类石花菜。书中对这种海藻是这样记述的："石花菜一名琼枝，见琼州文昌县，即越中鹿角类。琼枝出乐会县，贩者径自取载，琼人莫之用也。"书中还直接出现了蘑菰（菇）一词（原先这种植物通常叫芝）。卷六主要收录有我国名花牡丹和芍药的资料。

总体而言，书中这部分收录的植物资料也比较丰富，包括四川的黄葛木（树）、多种竹子、多种的藤本植物等，其中提到种花用"插枝"法，也较有新意。

书的第七卷到第十一卷记有各种动物，其中卷七记有各种鸟、兽和鱼。书中收录有乌凤、山凤凰（可能是犀鸟）、九色鸟（可能是锦鸡）、白鹦鹉、黄鹦鹉等华南等地的珍贵鸟类。书中提到："鹦鹉，大而白色，远出西洋。鹦哥，小而毛羽鲜明，海南、暹国、真腊、地闷、阇婆诸番皆有。其种有十余，西洋远番多不能言。广人望而知其所生之地焉。"还说："近海郡尤多，民或以鹦鹉为鲊，又以孔雀为腊。皆以其易得故也。……南人养鹦鹉者云：此物出炎方，稍北中冷则发瘴噤战，如人患寒热。以柑子饲之则愈，不然必死。"对鹦鹉分布的地区资料和一些习性资料也作了收录，说："广之南新勤春十州呼为南道，多鹦鹉，凡养之俗，忌以手频触其背，犯者即多病鹪而卒，土人谓为鹦鹉瘴，愚亲验之。"

值得注意的是书中收录了当时从海外传入的一些鸟兽，其中提到鸵鸟[2]，书中的这部分记载："吐火罗，高宗永徽初遣使献大鸟，高六七尺，其色玄，足如驼。鼓翅而行，日三百里。能啖铁。夷俗谓为鸵鸟。颈项胜得人骑行五六里。其卵大如三升。"卷十中记载的麒麟则无疑是产于非洲的长颈鹿。书中还记有火鸡，书中写道："潘剌加火鸡躯大如鹤，羽毛杂生好食火炭。驾部员外张汝弼亲试喂之。"[3] 同卷中还记有各种兽，包括"犀"，书中说："形似水牛，猪头大腹，庳脚，脚有三蹄，黑色。三角，一在顶上，一在额上，一在鼻上……好食棘。亦有一角者。"卷十中描述的犀显然是黑犀。此外该书还收录不少前人笔记中的史料，如"果然"，说它是仁兽，形态似猩猩（出《国史补》）。还提到宋建武中，南蛮进狒狒。称建宁郡产貊（貘?），说它"黑毛白膺，似熊而小"。还记有"大尾羊"，说它出康

① 书中提到岑参有"优钵罗花歌"说的是另一种花。书中另一处有"优钵罗花"条，说该花产于波斯。
② 此种动物在《后汉书·和帝记》称"大爵"，《广志》将"大爵"释称鸵鸟。但古代博物学著作和生物学著作提到此鸟的不多。慎书的这部分内容可能来自《新唐书·吐火罗传》。《本草纲目》中的"火鸡"即鸵鸟?
③ 这部分资料来自马欢《瀛崖览胜·旧港国》（1416）?

居。书中卷十还收录有分布于我国荒漠地区的"跳兔"，并认为这就是《尔雅》中记载的蟨兔。还收录有狝猴和金丝猿（金丝猴）等西南地区的珍贵兽类史料。书中还记有狗拉雪橇这样一些域外的运输形式（女直狗车条）。

书中这部分还收录不少关于海兽（有些有鱼名）的资料，如奔鲜（可能是儒艮即海牛）、黄腊鱼（可能是江豚）、海人鱼（带有传说性质的美人鱼）、海蛮师（当是海豹或斑海豹）。同时收录的还有海狗的资料。提到的海兽名称还包括海牛（实为海豹）、海驴（不知为何）、海豹等。另外书中还提到不少啮齿类动物，如鼮鼠、沙碛鼠、鼦（当是花鼠）。

值得一提的是，书中还收录了马的年龄和牙齿关系的资料，这应当是古人在对动物观察中，积累的很有价值的实践经验。

此外，书中提及海燕和名菜——燕窝①，值得注意的是编者收录了不少关于野生动物养殖的资料，如书中说白鹇在当时已有人驯养。另外，书中说珍珠鸡即绶鸡，或吐绶鸡，说："珍珠鸡，生夔峡山中，畜之甚驯。以其羽毛有白圆点，故号珍珠鸡，又名绶鸡。生而反哺，亦名孝雉。每至春夏之交，景气和暖，颔下出绶带方尺余，红碧鲜然，头有翠角双，立良久，悉敛于嗉下，披其毛，不复见。……《苕溪鱼隐》曰，广右闽中亦有吐绶鸡，余在二处，见人多养之。不独巴峡中有也。"书中还收录了《东齐记事》中所谓鸟类"胎教"的现象。

书中收录不少关于爬行动物的史料也很丰富，包括鼍（扬子鳄）、鲵、蛤蚧、变色龙、守宫（壁虎）、蜥蜴、白花蛇、蚺蛇。其中鳄鱼条则收录了《梁书》的资料，说"大者长二丈余，状如鼍，有四足，喙长六七尺，两边有齿，利如刀剑，常食鱼，遇得獐鹿及人亦啖。自苍梧以南及外国皆有之。"另外，编者提到守宫和壁虎②两种动物的形态和生长环境的差别。此外，有关鳖、龟和玳瑁的资料也被收录不少，尤其是书中提到背上长有毛③的绿毛龟。

除上述提到的鸟兽和爬行动物外，书中还收录了大类鱼类及其他动物的资料，包括古人认为的"鱼主"鲤鱼及其侧线为36鳞片的资料。另外还有关于翻车鱼、石首鱼（大黄鱼）、鳣（中华鲟）、鲔（白鲟）、文鳐（即飞鱼）、斗鱼和河屯（豚）、吹鲨鱼（屋角钉）、鲨鱼、鳟、鲫（鲋）、黑鱼、鳗鲡、鲂的资料。无脊椎动物也收录了一些，其中有紫铆，这种现在称作紫胶虫的生物；还收录白蜡虫的生产资料④。另外，还收录了许多节肢动物和软体动物（介壳动物？）的资料，如蟹、神虾（龙虾）、乌贼、鲎、淡菜、螺、章巨（章鱼）、江瑶柱、蚝、虾、蜘蛛、蛱蝶、蚁等。

第五节　普通动物学著作

在明清时期出现了不少一般性的生物学著作，动物学著作有黄省曾的《兽经》、屠本畯的《闽中海错疏》以及谭贞默的《谭子雕虫》和徐鼎的《毛诗名物图说》等，其中比较有代

---

① 明·慎懋官，《华夷花木鸟兽珍玩考》，中国科学技术典籍通汇，生物卷，2～496。
② 一般认为守宫和壁虎是一种动物的两个名称。
③ 实为绿藻。
④ 《华夷花木鸟兽珍玩考》，中国科学技术典籍通汇，生物卷，第2～433页。

表性的是《闽中海错疏》和《谭子雕虫》；植物学著作有代表性的则是吴其濬的《植物名实图考》。

一　屠本畯的《闽中海错疏》

明代出现了不少专门类型的生物学著作，如黄省曾的《兽经》、屠本畯的《闽中海错疏》和谭贞默的《谭子雕虫》。其中《兽经》是模仿宋人《禽经》方式写作的一本关于哺乳动物的著作，资料全是录自前人的作品，篇幅不大，因此学术价值不是很高。黄省曾可能是一个对生物学和农学知识很感兴趣的学者，除本书之外，还编有《稻品》、《蚕经》、《种鱼经》、《艺菊书》和《芋经》等作品。由于都是资料性的著作，学术价值相对要差一些。

明代有代表性且学术价值较高的动物学著作是屠本畯的《闽中海错疏》。屠本畯，字田叔，浙江鄞县人。因父亲有功，曾出任太常典簿、辰州知府和福建同知等官职。他是一个很有才华的博物学家，除写了这本著作之外，还写有《野菜笺》、《离骚草木疏补》等。

（一）《闽中海错疏》的写作及主要内容

《闽中海错疏》是他在福建做官的时候写下的。根据书前的写于万历丙申（1596）自序，则此书当完成在此前后。

《序》中写道："夫水族之多，莫若鱼；而名之异，亦莫若鱼；物之大，莫若鱼；而味之美亦莫若鱼。多而不可算数穷推；大则难以寻常量度。是惟海客谈之，波臣辨之，习者甘之。否则疑而骇，骇而弃矣。禹奠山川，鱼鳖咸若，周登俎豆，鲂鳢是珍。海镜江珧，虎头龟脚，凭虾寄蟹，变蛤化凫。奇形异质，总总林林。闽故神仙奥区，天府之国也。并海而东，与浙通波，遵海而南，与广接壤。其间彼有此无，十而二三，耳记目睹十而四五，不有剖记，曷状厥形？"很显然屠本畯在这里指出，鱼是数量非常众多、经济价值很高的一个门类，而福建又是个水产品非常丰富的地方，"不有剖记，曷状厥形"？因此，作者的意图就是通过记述，使人们更好地认识数量繁多而且与人们生活关系密切的"鱼"，又因为福建所产很有代表性，因而就近取材写作这方面的著作。屠本畯的这本著作后来有徐㶳做了补充，并在所补充的条文后面注有"补疏"二字。

如果说宋代的《益部方物略记》、《南方草木状》等作品是从以前的"异物志"、"水土志"分化出来的作品，那么《闽中海错疏》就是在这类比较一般的普通生物学或普通植物学中进一步分化的作品。

值得指出的是，屠本畯的"海错"并非完全是"海味"，其实是"水错"，也就是说记载的主要是水生动物产品，因此这里的"海错"应当做宽泛的理解。《闽中海错疏》全书分为三卷，除后面附记的两种水产外，其余都是福建产的水生动物。前二卷分为"鳞部上"、"鳞部下"，记"鳞部"（包括一些当鱼吃的乌贼等软体动物和田鸡等两栖类动物）共有 167 种，后一卷为"介部"，记载有爬行类龟鳖及节肢类的蟹尤其是贝壳类软体动物 90 种。最后还附记两种产于广东一带、但在当地常常可以见到的动物。书中对每种生物的形态和习性都做了描述，有时还加上按语进一步阐明有关情况或辨别是非。书中除记载了各类"海错"可供食用外，还记有其他一些用途，如述及有些鲨鱼的油可供食用，也可作燃料等。

屠本畯的著作卷上"鳞部上"记载的是我国南方常见的鱼类，包括我国类型最多的鲤科鱼类鲤鱼及与其形态相近的种类，包括黄尾、大姑、金鲤、鱐、鲫、金鲫、乌鱼、金箍、棘鬣、赤鬣、方头、乌颊等；还有比较常食用的优质淡水鱼类鲂、鲌，海洋中产的各种凶猛的鲨鱼，如虎鲨、锯鲨等；还有小型的吹沙鮂鱼（即棒花鱼）、海中珍品鲳鱼（俗称平鱼）及相近的鲮、斗底鲳、黄腊樟等。书中这部分记载的鱼类还有鱾（即鲦、棱鳀 *Thrissa* spp.）这种海产鱼类。对鳘（即鳕 *Gadus macrocephalus*）这种生活在东海北部水域的冷水性海底鱼类也在这部分中做了记述。

在卷上中还记载了鲻（也叫白眼 *Mugil cephalus*）这种分布在我国沿海、能适应淡水的优质鱼类，并将形态与之类似的鮻记在后面。另外，作者还将几种我国常见的优质鲱科鱼类罗列在一块做了记述，它们是鲥（在南方也叫曹白鱼，北方叫脍鱼、白鳞鱼 *Ilisha elongata*）、鰶（*Clupanodon* spp.）和鲥（*Hilsa reevesii*）。其中鲥是近海产的一种很重要的食用鱼类；鰶则是我国常见的一种暖水性浅海鱼类，可供食用和制鱼干；鲥鱼则是我国非常著名的鲜美鱼类，久负盛名。见于这部分的著名海产还有石首（也叫鲸，即大黄鱼）、黄梅（即小黄鱼）。

值得注意的是，《闽中海错疏》卷上还记载了我国养殖的几种家鱼，而且被排列在一块，它们是草鱼、鲢鱼和乌鳢（也叫乌鲭，即青鱼）。

此外，在书的这部分还记载了数种形态相近的细长鱼类，包括鳝鱼（*Monopterus albus*）、土龙（鳝鱼的一种）、鳗鱼（*Anguilla japonica*）、泥鳅（*Misgurnus anguillicaudatus*）、鲇鱼（*Silurus asotus*）、海鳅[1] 以及鳟（*Squaliobarbus curriculus*）、鲽鲨[2] 与过腊（真鲷，也叫加级或铜盆 *Pagrosomus major*）。

在屠本畯著作的卷上中记载了许多的"无鳞鱼"[3]，如乌贼、柔鱼（即鱿鱼）、鳟鱼、石拒、章举（上述三种都应是章鱼）等头足纲的软体动物；还有鳞退化的马鲛（也叫鲯 *Scomberomorus sinensis*）这种分布于当地海域、常结群作远程洄游而性情凶猛的中上层洋流中的海产经济鱼类；还有同样性情凶猛而无鳞但更为著名的带鱼、带柳（当也是带鱼）；还有一类同样无鳞、很有名气、肉味鲜美但血液和生殖腺、肝脏有剧毒的鲐（一名胡儿、鯸鲐，即河豚，也叫东方鲀 *Fugu obscurus*）这种洄游性鱼类。质量较差的海鱼鲭鳀（鲭鱼）在这里也被提到。书中还记有现今属于腔肠动物的水母以及多种产于我国沿海、身体扁平而有毒刺的缸（即鳐 *Raja* spp.），如黑缸、斑车、黄貂等。书中本卷也记载有海燕、飞鱼（当是燕鳐鱼，亦名文鳐鱼，飞鱼之一种）。常见于沿海滩涂的弹涂鱼（*Periophthalmus cantonensis*）和涂虱（在福建也叫塘虱即鲇的一种）这种池塘、渠沟很寻常的淡水鱼类，分布在我国东海等海域的洄游小型鲜美鱼类——银鱼（*Hemisalanx prognathus*）也见于这部分的记载。另外，那一带海域产的大型鱼类镜鱼（翻车鱼 *Mola mola*）作者也在这里做了介绍。

除无鳞的鱼类之外，屠本畯在本卷中也记有不少有鳞的鱼类，如鰛（即著名的沙丁鱼 *Sardinella zunasi*）这种福建沿海盛产的经济鱼类以及丁斑（即叉尾斗鱼 *Macropodus opercularis*）这种福建山塘和河渠非常常见的著名的观赏鱼类。鱵鱼（针鱼 *Himirhamphus ku-*

---

[1]　当是鲸。
[2]　当是比目鱼（虽然作者拘泥于古人传说不这样认为）。
[3]　古人把许多可作食物的水生动物都当作"鱼"，与现在的概念有所差别，如墨鱼、鱿鱼等。

rumeus）这种生活在池塘、湖泊中的小型鱼类和白刀（当是银飘鱼）也见于这部分的记载。古人认为由鲤鱼变化而来的披甲爬行动物鲮鲤（一名穿山甲）也被收录在这里。

卷中的内容还有披甲无鳞、当今视作节肢动物十足目的虾类，其中包括虾魁（即龙虾）、虾姑（即螳螂虾）、白虾、草虾（沼虾）、梅虾（米虾）、芦虾及著名的对虾等。

在书的这部分内容中，还记载有一些两栖类的动物[①]，包括蛤蟆、蟾蜍、雨蛤（雨蛙）、石鳞（棘胸蛙）、水鸡（在福建也叫田鸡，即虎纹蛙）、尖嘴、青约、青鲫、黄鲫（后面四种都是福建较常见的青蛙）。顺便说一下，现在福建的山区仍把棘胸蛙称做石鳞、虎纹蛙叫做田鸡、青蛙叫做青鲫鬼。

在《闽中海错疏》的卷下，是所谓的"介部"。按照传统，作者把有背甲的龟、鳖和蟹都放在这类。这里记载了多种蟹，其中包括毛蟹、石盐、蟛越、螃蜞（即蟛蜞）、虎狮、桀步（当是招潮蟹）、海蟳（当是多种海蟹）等。

在这部分中，还包括古代"介类"的另一大类群，即各种各样的贝壳类软体动物，其中有各种蚶、蛤蜊、牡蛎（蠔）、壳菜（即贻贝，也叫淡菜）。属于瓣鳃纲江珧科的美味的江珧柱（干制品俗称干贝或扇贝 *Alrina pectinata*）也记载在这里。此外还有贝壳内寄生有小蟹的蛣、海月（又名窗贝、明瓦 *Placunh placenta*）、龟脚、蛏等。今天视为腹足纲的另一类软体动物——各种螺也罗列在这里。有意思的是，被福建人当美味的昆虫纲鞘翅目的昆虫龙虱（*Cybister japonicus*）也因为"背壳"被记载在这部分。

（二）《闽中海错疏》记述动物的特点

《闽中海错疏》的记载与《救荒本草》有相似之处，记载颇为简明，除有些加有必要的按语之外，不像其他常见的古代博物学书籍那样，有大量的传说典故甚至诗词文赋；而且都有地域特色。《闽中海错疏》还有一个很大的特点就是作者常常举其家乡等地的产品来加以比较，以加强读者对所记动物的理解。

书中对鱼类的记载颇为简明，没有繁琐的考证。这可能跟作者治学比较严谨、所记的东西都是比较熟悉或见过的有关。不像以前的一些文人，只是根据传闻或者靠掉书袋卖弄自己的"博闻强记"。另外，作者记载这些东西，实际上也是为了给读者提供具体的有用知识，而不是茶余饭后的谈资，因此作者的态度非常值得称道。

书中对动物的形态描述是比较准确的。例如鲂："青鳊也，板身锐口，缩项穿脊，博腹细鳞，色青白而味美……一名贴沙，一名鳊鱼"，很突出地描绘出嘴比较尖、头短、脊背较圆、腹部较宽、体态较圆而扁、细鳞、颜色泛青白和肉味鲜美这些特征。又如对鲨鱼的记载："虎鲨，头目凹而深身有虎纹；锯鲨，上唇长三四尺，两旁有齿如锯。"比较形象地刻画出这类凶猛鱼类的一些典型特征。书中是这样记载"石首"（即黄花鱼）的："头大尾小，无（论）大小，脑中俱有两小石，如玉鳔，可为胶。鳞黄璀璨可爱，一名金鳞，朱口厚肉，极清爽，不作腥。"对这种经济价值很高的鱼类的形态甚至内部构造都有扼要的描述。又如对鳝的描述："似蛇无鳞，黄质黑章，体有涎沫，生水岸泥窟中。"非常准确地描绘出这种鱼类的形态特征和栖息地。

书中甚至还有一些对动物细微观察的记载，如鲤鱼，记载了它的侧鳞 36 片。又如鳟，

---

① 即古人所谓的"坐鱼"。

书中写道："似鳗，目中赤色一道，横贯瞳，食螺蚌，好独行。"书中的描述很好地突出了鳟（即赤眼鳟）的特点、食物和习性。由于对鱼群的习性有相当的了解，因此书中还记载了相应的捕捞时节，如书中指出带鱼"冬月最盛"。

屠本畯在书中对乌贼、章鱼等软体动物的记载也十分的准确。他写道："一名墨鱼，大者名花枝，形如鞋囊，肉白皮斑，无鳞八足，前有二须极长，足在口缘，喙在腹。腹中血及胆正黑，背上有骨，洁白，厚三四分，形如布梭，轻虚如通草，可刻镂，以指剔之，如粉，名海鳔鞘，医家取以入药。……按：乌鲗遇风波捉石浮身水上，见人及大鱼辄吐墨方数尺，以混其身……小鱼虾过其前，辄吐墨涎致之。性嗜乌，每暴水上，乌见以为死，便往喙之，乃卷而食之。"对乌贼的身体形态、体汁、身体构造和一些习性都有准确的记述。

从书中对一些鱼类的辨异也可以看出作者的记述有较高的学术价值。如书中在对鲥、鲦的记载之后有这样一段按语："按鲥、鲦其美在腴，鲥侈口圆脊，多鲠，大者长三四尺，重七八斤；鲦狭口剑脊，多鲠，大者长三四尺，重三四斤。鲻小口圆身，少鲠，大者长五六尺，重二三十斤。《泉志》云：鲥与鲦相似；《福志》云：鲻与鲥味相似；俱误。"又如在马鲛条下指出："《闽志》称鲳鱼肉理细嫩而甘，马鲛肉稍涩气腥而不及鲳。此说非也。盖鲳细口扁身而圆，无鳞，无肠；马鲛锐口圆身而长，无鳞有肠。"通过形态进行辨异，更加实用而准确。徐勃的补疏文字也常有一些很有价值的见解。如在评论陶弘景提到的鳝为人发所化这种观点时，指出："（鳝）腹中有子，未必尽是化生。"在补充鳗的说明时指出："鲡鳗之大者亦有八十余斤，肥美无比，产在咸淡水之介。"我们知道，鳗是洄游鱼类，所以说它产在"咸淡水之介"是很有见识的。对鲇的形态描述也非常准确："额两目上陈，头大尾小，口方，背青黑，无鳞，多涎。"

书中记载的一些海产哺乳动物的习性也很有特色，如海鳅（即鲸①），书中写道："海鳅喷沫飞洒成雨，其来也，移若山岳，乍出乍没。舟人相值，必鸣金鼓以怖之，布米以厌之，鳅攸然而逝。否则鲜不罹害。间有毙沙上者，土人梯而脔之。刳其脂为油，舰船甚佳。"文中生动地反映了鲸呼吸和游动的情形以及人们对其脂肪的利用。

上面提到书中记载有多种虾类，其中也不乏比较详细的形态描述。当然书中也有一些不实的记载，如说芦虾是芦苇所变等。书中记载的螃蟹种类也很多，书中对它们的形态差异、生活环境都有简明的记载，主要是常见的淡水和近海种类。

（三）《闽中海错疏》的地域特色

正如书中所表明的那样，屠本畯的著作记述的是福建的产物。书中还可发现不少颇具特色的鱼类养殖技术，比较典型的是作者记述当地池塘养鱼的方式。书中写道："草、鲢二鱼俱来自江右，土人以仲春取子于江，曰鱼苗，畜于小池，稍长，入藤塘曰藤鳙，可尺许，徙之广池，饲以草，九月乃取。"书中记载的养鱼方式，现在福建一些地方仍在沿用。更有意思的是，书中记载的这部分内容包含了福建的方言。这里的藤是指福建专门用于喂草鱼的优良的水生植物，大概是金鱼藻。藤塘指的是种植有大量这种植物、用来放养幼鱼的池塘，它在福建相当于把鱼苗从江中捞来之后，放养到养殖的池塘间的一个饵料相当充分的一个过渡基地。

---

① 这种动物在福建沿海仍常被称作"鲸鱼"。

另外，作者在描述一些淡水鱼的形态和习性的方面，还保留一些至今沿用的当地方言。如书中记载乌鳢"形似草鱼，头与口差小而黑色，食螺。"从书中的记述看这种鱼毫无疑问是现在的青鱼。但这种鱼在福建叫乌鳢，通常也叫乌鳍（鲹），原因在与古代青、黑二字相通①。因为这种生活在水底层的鱼，颜色深而发黑的缘故。另外，福建一些山区的百姓相信，这种鱼会在水中吐一种黏液，使獭不敢到池塘侵害鱼类，所以一般在山中的池塘，农民都会放养一两条这种鱼。它有"鳢"这个名称，可能与当地百姓认为它会吐黏液，身上滑溜溜有关。

此外，如上所述，《闽中海错疏》所记述的两栖类动物中，也有不少保留了福建的地方名称，如水鸡（虎皮蛙）、石鳞（棘胸蛙）、青蚓（青蛙）等。

屠本畯的著作对清代的学者有一定的影响。清代学者郝懿行的《记海错》一书无疑是效法其著作写成的。郝懿行是一个对博物学非常有兴趣的人，在书前他写道：自己"逐鸟啼花落，欣然有会于心。余萧斋岑寂，闭涉物情，偶然会意，率尔操觚，不堪持赠，聊以自娱"。此书的一个突出之处是对海错的辨异。该书提到昆布（海带），还指出土肉即海参、沙即鲨。

二　谭贞默和他的《谭子雕虫》

明代另外一本具有一定学术价值的生物学著作就是《谭子雕虫》。它是明末浙江嘉兴人谭贞默写的一本关于虫的作品。古人所谓的"虫"意义很泛，广义甚至可以指所有动物；狭义的虫指昆虫、节肢动物和小型的两栖爬行动物以及软体动物。《谭子雕虫》中所指的是后者。

（一）作者著书的缘由

《谭子雕虫》的作者谭贞默（1590～1665），字梁生，又字福征，号埽，又号埽庵，崇祯戊辰（1628）进士，官至南京国子监司业兼祭酒事，后因受到诽谤丢官。入清以后，托疾不仕。谭贞默是一位学识较渊博的人，据其后人在《谭子雕虫》重版写的跋，他在丢官后，发奋著述，曾写过多种著作。但由于明末战乱，他自焚书稿，因之传世的只有《谭子雕虫》等极少部分。

从《谭子雕虫》所反映的内容来看，作者是一位对自然充满兴趣的学者，对庄子的思想非常推崇。书中记述的上百种"虫"，按《庄子·齐物论》中提到的动物转化顺序排列，即以蜘蛛为首，以青宁结束，体现了对庄子自然观（变化观点）的尊重。同时从作者在《自序》中以庄子门人自诩也可以看出这位丢官失意文人的出世情思。

尽管自己有出世求自然知识的思想，但这位进士出身的文人似乎还是很在意自己从事这项工作是否会遭到别人的非议。因此他在正文中一开始就写道："虽然，壮夫不为雕虫②，而周公为之经（自注：《尔雅》周公经也。而昔人诗曰：姬公大神圣，《尔雅》③ 诠虫鱼）。

① 古人将黑发常说为青丝，黑线说成青线的习俗在福建西部山区民间流行。
② 语出西汉扬雄《法言·吾学篇》："雕虫小技，壮夫不为。"
③ 《尔雅》自然是古代极重要的辨识动植物的著作，一般古人说起动植物，总是要提起《尔雅》、《山经》就很好地表明了这一点。

辞曰：群物一虫，惟虫能天①……虫号混一，正统大全。"为自己写作这本"雕虫"作品找寻一个令人信服的依据。既然号称周公经的《尔雅》也注释虫鱼，那么作者"雕虫"自然就可心安理得，无可非议了。况且，虫的种类之多、适应性之强，加上多端的变化，非凡的繁殖力而使它们充满了神秘的气息，不能不引起人们对它们的格外关注。

从书中我们还可以看出，谭贞默从事这项著述还有另外一个原因，那就是作者的家乡"虫"向来繁盛，即所谓"人虫滋繁"，因此从事这样一项工作似也带有"特产"记述性质，也是在传承前人的博物学传统。

虽然对自然的喜爱和家乡"虫"多是他写作此书的重要原因，但更根本的原因恐怕还在于昆虫与人类社会的密切关系，以及其生命形式的丰富多彩。众所周知，昆虫不仅是生物界中最大的一个类群，而且与人类生活十分密切。它们有的传播疾病、危害作物，是人类的大敌；有的则很早就为人们所利用，被人们当作各种生活资料或当作药物而被视为益虫；还有不少非常美丽可观或鸣叫动人，为人们所欣赏或养殖而成为审美的对象和宠物。更由于它们在不同的生活阶段有不同的形态，其变态即"羽化"的过程确实足以吸引人们关注其神奇的生命过程，甚至产生"飞升"的联想，"庄生晓梦迷蝴蝶"绝非偶然。毫无疑问，昆虫的种种特性和用途以及它们在人类社会的发展过程中起过的非常重要的作用，已经被作者充分注意到了。谭的好友陈子龙在该书的《序》中写道："昆虫之用其来尚矣，古之圣人考形以作书契，察色以助章采，皆有取焉。当周之盛时……姬公会议正名，爰作《尔雅》。昆虫之丑（类）亦载之详矣。"② 但为了了解各地"虫"的不同名称，贯通古今的相关知识，懂得原先不明白的东西，"所以瞻闻之士，必旁通谣俗，博观名物，孜孜错综于小学也。"正因为如此，"谭子以湛博宏丽之才，端居多暇，寄情蠕动，以审化机。"就很好地说明了这一点。

顺便指出，作者将自己的著作叫做《谭子雕虫》，也是很有意思的。我们知道，历史上以熟悉文赋为雕虫小技，本书以赋虫为主，故可称为名副其实的"雕虫"。它又名《小化书》③，之所以与"化"相连，则是书中描述了昆虫在一生中的变态习性，也就是书中所说的"化机"。该书是历史上以昆虫作为主要描述对象的第一本学术著作。根据作者的自序，成书于崇祯壬午（1642），是明晚期的作品。

（二）《谭子雕虫》的主要内容

《谭子雕虫》是一本很有特色的古代生物学著作，关于它的内容，陈子龙的《序》有这样一段话，说"（谭）既省察于林泽，复谘议于士女，又考证于典籍。自蜘蛛至青宁凡六十二种④，而同类者附见焉。罔不著其形体，抉其情态，穷其变化，推其胤族；上极经义，下至街谈，咸所罗网。又每物赋之名曰雕虫。盖自托乎小技，实游义于大雅矣。"从中可以看出该书写作的材料来源、记述的动物种类以及记述的方式。

正如陈《序》所说的那样，谭的著作全书记述了62种"虫"，连同附录的共有近百种。当然，古代的种与今天是无法对应的，当时的种部分与现在的类或属相似，如蜘蛛、蝗虫、

① 《庄子·庚桑楚》有"惟虫能虫，惟虫能天"意思是虫能适自然之性。
② 中国科学技术典籍通汇，生物卷，第2~640页的赋，可以看出。
③ 以区别南唐道士谭峭所著的《化书》。
④ 主要罗列的部分，实际上还附有不少种类。另外，古代的"虫"的涵义比今天的广，它时常包括现在属于两栖爬行类的一些动物。

蠷螋[1] 等，全部是作者在家乡[2] 日常比较常见的。如前所述其中还有少量的小型的两栖、爬行动物，这类动物在古代也被当成"虫"，可能因为它们有些与昆虫类似的习性，如青蛙的蝌蚪和成体的差别等。著作的目的也不像明代其他著名的生物学著作《救荒本草》和《闽中海错疏》那样，有较强的实用性，大体上是为了增加人们的知识而作，是比较"纯粹"的生物学著作。

从作者对书中所记述动物的排列来看，其分类大体是以常见的昆虫和寄生虫[3] 为一类，即从蜘蛛到米虫是一部分；从蜗牛到蟛蜞是一类，即传统意义上的"介"虫；从蛙到蜥蜴是另一类。

特别值得一提的是，书中记述动物的格式非常一致。不过记述方式比较特别，正如陈子龙在《序》中指出的那样，在开始描述每一种动物之前，先用一首赋将要述及的虫以文学的形式铺陈出来，也就是其所谓的"雕虫"。这种做法显然是受荀子《蚕赋》以来的"虫赋"传统的影响，但铺陈更加复杂、词藻更为华丽，叙述也更为生动。作者这样做可能是为了引起更多的学者的阅读兴趣，在知识传播方面产生更加深远的影响。然后有详细的形态和习性描写，有关的传说，另外还有别名和古人的有关论述，以及是否有前人做过此种昆虫的赋，还附上相关的种类。书中对动物的描述的细致程度，在古籍中非常少见。我们不妨举一些例子加以说明。

在书中是这样记述蜘蛛的，首先是一首蜘蛛赋。在赋蜘蛛时有这样的句子："相蜘蛛兮罗织，俨经纬兮若思。……作网罟兮是规。身自缫而自织。足为杼而为机。……挂檐甍而骀荡。"其中的赋词虽嫌啰唆，但在勾画蜘蛛的习性等方面还是非常生动的。然后是关于蜘蛛的描述和相关记载。在这方面谭贞默的这本著作和我国古代大部分涉及生物描述的著作一样，十分重视对名称的辨异，书中尽量详细地列举同种生物的各种不同的名称，例如在蜘蛛的记述中，罗列了《尔雅》、《方言》等不少古籍中关于蜘蛛的别名，同时还引用了《本草经集注》、《论衡》等许多书中的资料。文中写道："蜘蛛，禾[4] 呼织蛛。织像其织丝，蛛，义取珍珠像其圆形也。……其形：锐头，出目，尖喙，大腹，两钳，六足。小者青，大者绿，或灰褐；又大者黑斑，或赤黄五色，点对相错。深有文彩。丝出于尾，其丝右绕，缦庭院檐壁间，如箕筛空中悬布。暑热时丝如胶饴，物着辄粘。秋爽渐不复粘，然止粘蚊蝇，间粘小蜻蜓，遇蜂虻冲突而去。"对蜘蛛的形态和蛛网的特征都有细致的描述。在蜘蛛的取食习性方面，作者也接受了前人的一些观点，认为蜘蛛能"据蜈蚣背，而吸其髓"，但"蛛腹辄胀，入水吐涎乃解，不则俱毙。"实际情况是否如此，还有待于观察。

从书中对昆虫的行为习性、繁殖方式的描写可以看出，作者确实做过很细致的观察。例如书中是这样记载蟋蟀的："张口露牙，喜斗善嗜。两翅甚薄而劲。光彩焰耀。如有锈毛攒簇，亦有中腰金线如带者。其宽翅者呼琵琶，尾尖硬，如箭双插。前四足短，后二股长大。有翎刺，蹴踢跳跃皆用之。其股短者呼腿穷。……畜[5]，必觅雌配之。雌者尾岐为三，如曳三箭，呼为三母枝。与蟋蟀同处谓之贴雌。……雌雄并宿其中。登盖则鸣，谓之呼雌，亦云

---

[1]　一作蠼螋，亦称蛷螋，革翅目昆虫的通称。

[2]　即书中所谓的"禾（嘉禾，即嘉兴）"。

[3]　它们不属于现代意义上的昆虫。

[4]　即嘉禾，也就是嘉兴。

[5]　即养，这似是一古汉语遗存。六畜的原意很可能就是"六种畜养动物"。

聒子。子胀则病不能斗，或竟死。……子在尾，有白如蚕卵者一粒，呼三母枝而逐之，以尾授之。三母枝登蟋蟀背，以尾接其子。据子在蟋蟀尾，三母枝登其背，似蟋蟀为雌，而俗呼三母枝为雌不可解也。”这里对蟋蟀繁殖过程记载得很详细，只是有一点不太准确，就是作者不知道雄蟋蟀的尾部向雌蟋蟀（三母枝）传递的是精子，而把它当成幼子或卵，因此难以理解为何由雄的产“子”。

　　类似的，书中对苍蝇的行为习性的描述同样非常具体生动。书中说：苍蝇“翼大于身，平张不翕，时复扇鼓。足长喜交，或交前，或交后，如绞绳状；或以后二足交于背翼之上，如把搔状；或以前二足交于头面之间，如盥沐状。其交感时，于空中相结，负而飞，不如蚊之久。就食飞集，争夺相惊。时投明窗，半晌不知出。钻突殊苦。其声如自呼，声在鼻，或云声在翼。亦善听。”

　　此外，书中对一些昆虫的寄生习性有细致的记述，指出：“蠁旧说蝇于蚕身上乳子，既茧，化而成蛆。俗呼蠁子，入土为蝇。埽亲验之，果然。盖非初蚕所有，乃二蚕茧中所出。初蚕茧所出皆蛾，二蚕茧十三为蛾，十七为蛆。凡蝇所乳子于蚕背者，皆成蛆乃食蛾而出也。《尔雅》云，‘国貉虫，蠁。’郭注，今呼蛹虫为蠁……有疵，注当云，今呼蛹变蛆虫者为蠁。”对蚕蛾寄生蝇的寄生状况和危害情形做了形象的刻画。

　　除对昆虫的形态、行为习性加以描述外，书中还记述了大量有关昆虫的其他知识，其中一个很重要的方面就是存在于昆虫中的社会性。我国古人早就注意到，蚂蚁和蜜蜂等昆虫都是社会性昆虫①，但在本书中记载是比较细致的。书中记载蜜蜂：“非甚怒之不螫也，螫则失刺归，即为众蜂螫死。……嗅花则以须代鼻，采花则以股抱之……日出游行十里，能于南北东西穷四十里香花之地，而无迷失道路。先后必同时往还，飞必从风起处，逆往顺归。……或云所采皆无毒之花，先以屎溺而厚粘之，入筒顿放，以翼鼓煽，声如炊沸，轮次，昼夜不停。”又说：“蜂必有王，大于众蜂而色青苍，腰有金线，众裹不易见。王之所在，众蜂旋绕如卫……有君臣之义。蜂王无毒。窠之始营，必造一台，大如桃李，王居台上。生子于中，尽复为王，岁分其族而去。其分也，或铺如扇，或圆如罂，拥其王而去。……若失其王，则众溃而死。”这些虽然观察不够准确，如失刺峰的死亡，以及蜜蜂在使花蜜变成蜂蜜的过程中扇翅使水分蒸发，但毕竟注意到了这些现象。

　　书中同样记述了有关蚂蚁的社会性。书中列举了蚂蚁、赤腰（腰有红线）、飞蚂蚁和白蚁，说它们：“其居有等，其行有队。能知雨候。春出冬蛰。壅土成堆，甚细而躁，俗呼蚂蚁窠，所谓垤也”。“将阴则避湿上堆，逢大雨辄漂失，雨过亦不死。晴日持物列行，徐徐有次第，谓之蚂蚁行盘，将雨持物急争先，谓之蚂蚁担箱；择地迁穴，其行稍缓，谓之蚂蚁搬房。聚举一物，数至十百而多，各能着力，谓之蚂蚁扛抬；或独力，或众力，举不能胜，则盘旋移走，谓之蚂蚁推磨。从高而下，复自下而高，数数不止，谓之蚂蚁提猴。列队而斗，良久，似分胜负，亦似和解始散，谓之蚂蚁摆阵。相引从高处渡水，或御土填窳而渡，谓之蚂蚁造桥。”对蚂蚁的社会性行为特征做了非常生动的描述。

　　此外，在书中作者非常注意的一个方面就是昆虫对环境的适应。实际上庄子已经指出虫有很强的适应性，因而有所谓“唯虫能天”的说法。作者在创作此书时早就持有这种观念，因此他注意这方面的情况是在情理之中的。

---

　　①　唐代《酉阳杂俎》就有相关的记载。

谭贞默注意到昆虫对环境的适应的一个重要方面，就是认识到昆虫产生的保护色。书中在记述尺蠖时这样写道："禾（即嘉兴）呼像梗虫。似桑虫，行则首尾相就，屈而后伸；老则以叶自卷作茧，与树梗无辨。渐蜕为蝶。"书中对动物的生存环境也有相当的注意，如指出鼠妇是"湿生虫"。另外，在其书后部分写有关于昆虫适应性的长赋。

另一方面，书中记述动物时，也保持了《尔雅》等以往著作注意以类相从的传统。在蜘蛛这个条目中，除总论蜘蛛的一般形态、习性等情况外，书中还具体记载了土蜘蛛、草蜘蛛、蟏蛸（喜子）、颠当（地蜘蛛）、壁钱、蝇虎等多种同类动物的形态、习性及它们之间的区别。这些记载大多准确可据，如记载草蜘蛛："禾有之，青翠而小，如草色，网止略牵数丝。"蟏蛸："郭注（《尔雅注》）云：小蜘蛛，长脚者，俗呼为喜子，……禾呼喜珠。每单丝垂于空中。当人头，则占云，有喜上，无喜下。或收其丝而上，或坠于地"。对地蜘蛛的结网、捕食和被土蜂捕食的记载更是生动。

同样的，在蝗虫后面，作者又罗列了蚱蜢（蝗科、蚱蜢亚科）、螽斯（莎鸡、麻蚱）等形态相近的昆虫。在对同类昆虫中作辨异时，作者也显示出很高的博物学水平。我们知道蝉有多种，它们都是危害果树的昆虫，有蚱蝉、蟪蛄、鸣蝉等，《谭子雕虫》中录有螗蜩、茅蝉。录入同类的苍蝇有小苍蝇、麻蝇和屎苍蝇；与蝇连排的蚊则附有乌蚊（有些地方也叫蚋子，即今蠓）、蜚虻（虻）、蠛蠓（似是果蝇）。

（三）《谭子雕虫》在中国古代生物学发展史的地位

毫无疑问，明代是我国古代生物学发展的一个重要时期，出现了《救荒本草》、《闽中海错疏》、《华夷草木鸟兽珍玩考》等在生物学发展史上有重要意义的别开生面之作。毫无疑问，《谭子雕虫》是在这种学术氛围影响下的另一新作，在生物学发展史上也很有意义。

如果说，屠本畯《闽中海错疏》是当时人们重视鱼类和两栖爬行类动物研究的一个标志，而王省曾《兽经》的出现则反映了人们对哺乳动物的进一步关注的话，那么谭贞默这本著作的出现，或可视为当时我国古人重视对"虫"这门动物研究的表征。

无疑，谭贞默的工作是在前人基础上进行的。如上所述，我国古人很早就对昆虫加以注意了。这充分体现在良渚文化等新石器遗址中已经出现昆虫形状的玉器；在殷墟妇好墓中也曾出土过玉蚕和玉蝉；在甲骨文中也已经出现了蝗、蝉等一些常见的害虫和鸣虫的名称[1]，也有蚕、蜂等昆虫的名称[2]，表示因虫致病的蛊字也已经出现[3]。在《诗》这一古老文献中，出现的昆虫名称已经不少，包括螽斯（飞蝗）、草虫（可能是油葫芦）、阜螽（蚱蜢）、蝇、蛾、蟋蟀、蜉蝣、蚕、蜩（蝉）、螟、蟊（蝼蛄）、蜂等日常习见的20余种。战国末年成书的《尔雅》更是记有大量昆虫的名称，主要是人们在生活中经常接触到的昆虫种类。而谭的著作的一个重要参照就是《尔雅》，书中常指出某种动物是《尔雅》所没有记载的也足以充分证明作者对该书的重视。

从战国末年起，人们还开始对虫进行分类，《尔雅》中"有足谓之虫，无足谓之豸[4]"

---

① 于省吾，甲骨文字诂林，中华书局，1996年，第1829、1836页。
② 周尧，中国古代昆虫学史，天地出版社，1980年，第10、38、55页。
③ 于省吾，甲骨文字诂林，中华书局，1996年，第2647页。
④ 豸字在甲骨文中就有了，见于省吾，甲骨文字诂林，中华书局，1996年，第3245页。

这种虫和豸的概念。到了东汉,《说文》中开始有今天所说的鳞翅目两类昆虫的区分,即所谓:"大曰蝶,小曰蛾",这种区分原则在某种程度上被后人接受了。因为后世的人们常说蝴蝶、蛾子。胡就有粗、大的意思,子有小的意义①。至于以赋的形式描述昆虫,从荀子的《蚕赋》开始,后来的学者不断有人加以发扬,尤其是魏晋南北朝时期涌现了大量有影响的作品。它们中有曹植的《蝉赋》、傅咸的《粘蝉赋》、《鸣蜩赋》、《青蝇赋》、《蜉蝣赋》、《萤火赋》和《叩头虫赋》等。著名的东晋博物学家郭璞也有《尔雅释虫图赞》。谭氏在对每种动物的注释中常提到某人曾有该物的赋,绝不是偶然的。

这里应当指出的是,尽管古人很早就注意到昆虫,而且在各类著作中也见有大量的昆虫记述,甚至出现了各种不同的记述方式,但所及种类大都未超出《尔雅·释虫》的范畴,而且没有一本著作是全部以昆虫,或者主要是以昆虫作为记述对象的。《谭子雕虫》的出现改变了这一状况。

很显然,作者在写作这本著作时,大量使用了前人积累的知识。但作为一本"寄情蠕动,以审化机",专门记述"虫"的作品,谭的著作不仅开启了一个专门的研究方向,而且的确提供了不少新的内容。如书中记载了一些以前古书所不载的虫子,如"蓑衣虫",说它:"身粘细稻芒,成壳,酷有裁制,形如枣核……中身细白,如米蛀虫。"

我们今天把节肢动物的一个大类群当作昆虫,它们的身体分头、胸、腹三节,六足,还有完全或不完全的变态过程。作者在这方面有很多的观察和描述,如书中在描述蚂蚁的时候指出:"两须、两钳,方头,六足。腰以上为两节(即头和腹),腰下腹为一节。"蝇:"两翼六足"。书中不仅经常提到所描述的昆虫六足,还指出"诸虫,老俱生圭角,六七日背斥,蜕为蛾蝶"。

除此之外,书中还有作者通过认真的观察得出的一些巧妙的判断,如书中指出:"《孔疏》知燐乃鬼火,而不知萤火之青正同鬼火,故名燐。"把萤光与燐(即磷)火相连,可见观察之细。

谭书虽然主要是一种博物学著作,为帮人们积累各种知识增加生活情趣所作,但对昆虫与人们的日常生活的密切联系也有不少记载。其中包含对各种昆虫的用途和危害等方面的认识,如书中指出:苍蝇"遗粪及蛆,皆败物;饮食遇之,即不洁。"

《谭子雕虫》不但对前人的工作进行了有益的扬弃,同时也对后世产生了一定的影响。清代李调元的动物学著作《蠕范》可能就受其影响。

三　其他动物学著作和动物学研究

(一)《鸽经》等其他动物学著作

明末清初由山东张万钟作的《鸽经》,也是一本有价值的动物学著作。众所周知,养鸽在我国有十分悠久的历史。至迟在唐代前期就出现信鸽了,据古籍记载,当时著名宰相张九龄曾利用信鸽传书。到了宋代的时候,鸽子已经是一种颇受欢迎的观赏动物。南宋时,养鸽子作为宠物在社会上非常盛行,当时的皇帝赵构就是一个爱养鸽子的鸽子迷,因此有诗人写

---

① 现代的蝶蛾的观念已有很大的不同,它们之间区分要复杂得多,一般根据触须的形态,翅僵和翅僵钩的有无,休止时翅膀的停放状态,活动的时间(白天和黑夜),以及蛹是否结茧等方面加以区分。

了这样一首讽刺诗："万鸽盘旋绕帝都，暮收朝放费功夫。何如养个南来雁，沙漠能传二帝书。"① 讽刺他不务正业，不卧薪尝胆以恢复山河，却在那里玩物丧志。到明代，养鸽子的风气可能在民间更为流行，因此出现了这样一本养鸽的专书。

《鸽经》作者生平事迹不详，全书 7200 余字，不分卷。书中论及鸽子的繁殖、品种、羽毛、生活习性、饮食规律和名鸽产地、疾病治疗等。书中将鸽子分为"花色"、"翻跳"和"飞放"三品，各品之下又分列各种。书中还辑有有关鸽子的艺文。

当时还有一些其他综合性动物学著作，其中有明朝李苏的《见物》和沈弘志的《虫天志》。前书共五卷，后书十卷，都是带有类书性质的动物资料著作。清代也有一些类似的书，其中以李元的《蠕范》（1816）和《虫荟》篇幅较大。前书八卷，每卷二篇，共计 16 篇，将动物分为禽属、兽属、鳞属、介属和虫属，在此基础上还有进一步的分类。书中的内容包括大量荒诞不经的传说故事，很少有编者自己调查的可靠资料。

《虫荟》是清代末期由睦州人方旭还根据前人的资料所编写。此书成书于光绪十六年（1890）。在前面的序中，作者写到："虽经子百家，在所不遗。博见广闻，盖有取焉。砚耕余暇，爰就陈编，刺其大略，析为五卷。"全书分为羽虫、毛虫、昆虫、鳞虫和介虫五卷。其中羽虫为鸟类，计 267 条；毛虫为兽类，计 384 条；昆虫即现在的无脊椎动物，计 219 条；鳞虫为鱼类等，计 236 条；介虫为龟鳖类动物，共计 93 条。

《虫荟》主要根据前人的资料编成，虽然编者常常在各条下加有按语，表达自己的见解，但自己亲眼所见的动物很有限，主要根据文献辨异，性质上与《植物名实图考长编》相似，学术价值不能与《植物名实图考》相提并论。

除上述专门的动物学著作之外，明清时期的动物学研究还有不少其他方面的成就，这里着重介绍一下昆虫研究的情况。

（二）蚕研究的发展

1. 家蚕研究

明清时期，随着养蚕生产在我国江南地区的发展，人们也更加注意到了对家蚕的种类和选择的研究。明代宋应星《天工开物》中，就辟有"种类"一节，专门讨论家蚕种类问题。他指出："凡蚕有早晚两种。晚种每年先早种五六日出（川中者不同），结茧亦在先。其茧较轻三分之一。……凡茧色唯黄白两种。川、陕、晋、豫，有黄无白，嘉湖有白无黄。若将白雄配黄雌，则其嗣变成褐茧。凡茧形亦有数种，晚茧结成亚腰葫芦样，天露茧头长如榧子形，又或圆扁如核桃形。又一种不忌泥涂叶者，名为'贱蚕'，得丝偏多。风蚕形亦有纯白、虎斑、纯黑、花斑数种。"（《天工开物·乃服》）可见当时宋应星已从家蚕的化性（早蚕为二化性蚕，晚蚕为一化性蚕）、茧丝颜色、茧形、蚕体斑纹、食性等各个角度区分家蚕的不同品种。同时对蚕种的分布情况，亦有一定的认识。

《天工开物》中提到的"贱蚕"很可能即是后来崔应榴在《蚕事统纪》中提到的山种蚕。他说："蚕有杜种、山种。山种者买之余杭，其蚕食叶粗猛，兼耐燥湿，比杜种为易养，缫丝分两（量）也较杜种为重；乡人牟利，趋之若鹜，每当蚕将二眠之际，各乡买蚕之船，衔

---

① 引自明·张万钟，《鸽经》，载中国科技史典籍通汇·生物卷，河南教育出版社，1994 年，第 2～656 页。

尾而至。"[1] 这说明当时养蚕非常注意蚕种的选择。出产于浙江余杭的山种蚕，显然以其食叶多、耐燥湿、茧丝量高、易养，而受到蚕农的欢迎。

很难得的是，在明代人们已经发现杂种优势并应用于蚕丝生产。《天工开物·乃服》中说："今寒家有将早雄配晚雌者，约出嘉种"。这是将一化性雄蚕与二化性雌蚕杂交，根据遗传规律，它将产生二化性的后代。它可以作为夏蚕生产的蚕种，而且是"嘉种"[2]。

在蚕种保护方面，明代亦有所发展，特别是发明了盐浴和石灰浴。《天工开物·乃服》中说："凡蚕用浴法，唯嘉、湖两郡。湖多用天露、石灰，嘉多用盐卤水。"盐浴和石灰浴，根据《天工开物》的记载，其方法都是很简单的。盐浴法是"海蚕纸一张用盐仓走出卤水二升，参水浸于盂盆内，纸浮其面。逢腊月十二浸浴至廿四日，计十二日周即漉起，用微火烘干。"石灰浴的方法与盐浴法相同。

比宋应星稍许早一些时候的王省曾，在他所著的《蚕经》（约1560）一书中，也曾经谈到了嘉湖地区的浴种方法。

《蚕经》："……至腊之十二浸之于盐之卤，至廿四出焉，则利于缫丝。或曰，腊之八日，以桑柴之灰或草之灰淋之汁，以蚕连浸焉，一日而出。……或悬桑木之上以冒雨雪，二宿而收之，则耐养。"

黄省曾所记述的盐浴与宋应星所记述盐浴几乎没有什么差别，可见盐浴方法早在《天工开物》之前六七十年就在嘉湖地区应用。至于《天工开物》中所记载的湖州地区所用的石灰浴，在《蚕经》中没有提到，但在《蚕经》中提到了用"桑柴之灰"或"草之灰""淋之汁"浴种的办法，所以石灰浴很可能就是从草木灰淋汁浴种方法演变而来的。

盐水和石灰水在明代被嘉湖地区蚕农广泛地作为消毒蚕卵的药物应用。食盐和石灰都具有杀菌的功能，蚕卵经过盐水和石灰水的处理，卵面得到消毒，这样不但可以保证蚕胚子不受细菌或污物的侵害，而且可以避免蚕蚁出壳时受细菌的感染。在现代养蚕业中，已用漂白粉或福尔马林的稀释液来代替盐水和石灰水了。

《天工开物》中，还提到一种"天露浴"。所谓"天露浴"就是在腊月里将蚕种放在屋外"任从霜雪风雨雷电，满十二日方收"，也就是让它受屋外冬天的自然低温影响十多天。类似这种的做法，在宋朝就已经有了。陈旉《农书》中说："待腊日或腊月大雪，即铺蚕种于雪中，令雪压一日，乃复摊之架上。"元司农司《农桑辑要》中也说："腊日取蚕种笼挂桑中，任霜露雨雪飘冻，至立春收，谓之'天浴'。"又"比及月望，数连一卷，桑皮系定庭前立竿高挂以受腊天寒气。"

由上所述，可以看出我国古代养蚕是相当重视越冬蚕种在一定时期内接触低温的，远在宋朝和元朝就已经有这方面的记载。《天工开物》中所说的"天露浴"与《农桑辑要》中所说的"天浴"是有着密切联系的。"天露浴"和"天浴"无论从名称或做法看，都没有很大差别，其目的无非是使越冬种受到自然低温的影响。目前由于养蚕科学研究的发展，已经阐明了越冬种在一定时期内接触低温的好处。家蚕胚子发育时的呼吸强度是随着温度而变化的。在一定范围内，生物在高温时二氧化碳的呼量增加。但是休眠卵则是另一种情况。温度对于正处于休眠期的胚子的呼吸不发生影响。蚕卵虽在夏季的高温中，仍逐日减少本身的呼

----

[1]　引自嘉庆《余杭县志》序。
[2]　具体详见第三章所述。

吸量。但是随着越年卵的活性化，温度对胚子的呼吸又开始发生影响。由不依赖温度的呼吸阶段——眠性卵，恢复为依赖温度的呼吸阶段——活性卵，这种过程是逐渐的，是蚕卵在接触低温以后才发生的。所以接触低温是促使休眠卵转为活性卵的必要条件。休眠期间接触低温，可以看作是有机体进行恢复对外界影响的反应的过程。在没有接触过低温的情况下，休眠后的蚕卵，通常发育极慢，孵化不齐，部分蚕卵甚至不能发育。

这里应该指出，古人对越冬蚕种必须经过接触低温的理解是错误的。他们认为蚕种经过低温接触，可以起一种淘汰作用，即弱种经过低温作用就被冻死，而留下来的都是强种。另外，他们将蚕种挂在野外桑园，虽也能接触到冬天的野外自然低温，但由于野外朝夕日夜温度变化很大，因此对蚕卵生理变化也有不利的影响。

《天工开物》还辟"病症"一节，专门讨论蚕之病症。《乃服》篇中说："凡蚕将病，则脑上放光，通身黄色，头渐大而尾渐小，并及眠之时，游走不眠，食叶又不多者，皆病作也，急择而去之，勿使败群。"这里宋应星对蚕儿的病症做了真实的描述。显而易见，他所说的正是患了软化病的蚕儿的症状。软化病乃是一种细菌性的疾病，由于病源的不同，其种类也很多，根据宋氏的描述，我们认为它可能是属于一种肠胃病的空头蚕。这种病蚕的主要特点是：蚕体软弱，懒于行动，食欲减退，胸部透明并显著膨大，体躯缩小，尾角向后倾倒，皮肤失去光泽并呈现淡黄色，即所谓"脑上放光，通身黄色，头大而尾尖"。空头病是链球菌在蚕儿肠内寄生的结果，它具有很大的传染性。所以宋氏指出，如果发现有这种病蚕，就应该立刻淘汰掉，不使它们互相传染，滋生蔓延。《乃服》篇中还提到风与僵病发生的关系，说："若风则偏忌西南，西南风太劲，则有合箔皆僵者。"这里把僵病的发生与西南风联系起来。历代养蚕家，都屡屡提及风与防止蚕病的关系。如前面提到过的《农桑辑要》说："大眠之后剪开窗纸，有西南风起，此风大伤蚕，陕西、河南尤盛，赵地以北颇缓。"这里也明确地指出了西南风对蚕儿的危害。比这更早的陈旉《农书》中还提到南风对蚕儿的危害，《农书》说：蚕"最怕南风，若天气郁蒸，即略以火温解之，以去其湿蒸之气，略疏通窗户，以快爽之"。这里陈旉指出了南风造成了湿温的环境，因此对蚕儿生长发育不利。我们知道，南风尤其西南风是我国夏季最暖湿的气流，这种气流因水气含量高最容易兴云致雨。温湿的气流，直接吹入蚕室，不但不利于蚕体的生理发育而且会造成各种病菌有利的繁殖条件。由于高温多湿不利于蚕体的生理发育，所以常常导致蚕体体质虚弱并诱发各种蚕病。另外一方面，许多病菌适于在高温多湿的环境中生长和繁殖，致使家蚕发生僵病的僵菌就属于这类病菌。环境的温湿度越大，僵菌的生长越快，繁殖力越大。有些僵菌如危害家蚕最严重的白僵菌，不但寄生于家蚕，而且还寄生于其他鳞翅目的昆虫。僵菌还有着相当强的腐生能力，它们在一些死物如稻草、木材、竹器、蚕烘、残桑等上都能寄生繁殖，因此在自然界里的分布是相当广泛的。高温多湿的条件，就大大地增加了它们生长和繁殖的机会。在高温多湿条件下，繁殖出来的大量僵菌和它们所形成的孢子，便混在尘灰里随处飘扬，由于风力的作用，这些孢子便直接或间接地侵入蚕室并寄生于蚕体上。

综上所述，我们认为西南风与僵病发生的关系可能有下列三个方面：①多湿的西南风，造成了湿温的环境，直接地影响了蚕儿的正常生理代谢，导致蚕儿体质虚弱，降低了蚕儿对致病僵菌的抵抗力。②高温多湿的西南季风，造成了僵菌生长繁殖的有利环境，使自然界和蚕室、蚕体上的菌丝得到大量生长繁殖的机会，这就扩大了僵菌的传染源地，增加蚕儿感染病菌的机会。③由于风力的机械作用，使僵菌孢子或丝从极为广泛的传染源地直接或间接污染蚕儿。

以上所述表明，古人在长期的生产实践中，察觉到西南风或南风对蚕病发生和蔓延有影响，不是没有根据的。根据宋应星记载，当西南风劲吹的时候，"则有合箔皆僵"的严重损失。

对蚕儿老熟的正确判断，是适时捉蚕上簇的重要依据。《乃服》篇说："凡蚕食叶足侯，只争时刻。……老足者喉下两夹通明，捉时嫩一分则丝少；过老一分，又吐去丝，茧壳必薄。捉者眼法高，一只不差方妙。"这里是讲适时上簇的重要性。我们知道，上簇过早，蚕儿还要吃叶，在簇中一时不肯作茧，常常发生簇中死蚕，即使结了茧，茧层也薄，即所谓"丝少"。"过老"亦即过熟上簇，部分丝已经吐出，当然要造成"茧壳（层）必薄"的损失。所以宋应星说，"眼法高"的人，要做到"一只不差方妙"。

蚕在上簇前两天，第五环节腹面透明；上簇前一天，透明部分增进到第四环节腹面；到上簇的当日，其透明部分进一步向前扩展到第三环节。古人常常误把蚕儿的胸部当作蚕儿的头部，把靠近胸部的腹节当喉部，所以喉下两夹正是指蚕儿的第二、三腹节。他们把喉下两夹通明作为检验蚕儿是否老熟的标志，是比较正确的。

2. 柞蚕的研究

柞蚕食柞树叶，我国很早就利用这种山林中野生的柞蚕茧丝。晋代崔豹《古今注》记载："汉元帝永光四年（公元前40），东莱郡东牟山，野蚕为茧，收得万余石，民以为丝絮。"[①] 这里说的野蚕即是柞蚕。可见我国古代山东半岛东牟山（今牟平县）一带，在2000多年前，已经利用野蚕茧作丝绵。但是人工放养柞蚕的历史并不很长。我国古代著名的农书贾思勰《齐民要术》、元代《王祯农书》和司农司《农桑辑要》等都没有提到放养柞蚕的事。贾思勰和王祯都是山东人，他们都很熟悉蚕事。所以在宋元前，我国大概还不具有人工放养柞蚕技术。明末，孙廷铨在《沚亭文集·山蚕说》中说："野蚕成茧，昔人谓之上瑞，乃今东齐山谷，家家有之，与家蚕等。"可见在明末，我国山东东部山区人工放柞蚕，已很普遍。据有关研究[②]，在清代初期，柞蚕放养技术已在山东的诸城、蒙阴、沂水等地形成了规模，并据此推断，我国柞蚕之人工放养，大约始于明代中期山东中南部地区。

到清代初期，柞蚕放养技术开始逐渐地从山东传播到全国各地。大概在康熙、雍正年间，就有山东人携带柞蚕种，来到河南合作放养，并取得成功。

清朝初年，康熙皇帝把柞蚕饲养的方法，传播到他的家乡东北地区。后来由于汉族人移居，移民将柞蚕大量地传播到辽东半岛上，并在那里建立了第二个饲养柞蚕的中心。乾隆年间，柞蚕被带到四川、贵州、陕西，并有专人从山东学习了饲养方法。

被后人称颂的山东历城人陈玉璧于乾隆三年（1873），被派遣任贵州遵义知府。他发现当地大量出产柞树，但只供作薪炭，非常可惜，于是他便从山东引进柞蚕，进行试养。但是，最初因气候的差异等原因未获成功。因为贵州地处我国南部，春天回暖较早，气温较高，所以从山东运回的茧种在半路上就都羽化为蛾了。吸取了这次失败的教训，后来遵义人改为冬天从山东购种，结果第二年成功地放养了第一批春蚕。但是柞蚕是一年发生两代，因此要靠放养秋蚕传种，而遵义的秋天却是十分闷热，不利于柞蚕生活，加上缺乏经验，因此

①　注引自《古今图书集成·禽虫典》卷116。
②　华德公，人工教养柞蚕以鲁中南山区为早，蚕业科学，1987年，第3期。

这一年虽然春蚕放养成功了，而秋蚕却因天气闷热死亡而失败了。陈玉璧并没有因此而灰心。他总结经验、吸取教训并再度派人到山东购种。在克服了重重困难之后，柞蚕终于在贵州遵义放养成功了，很快地又从遵义传播到贵州其他地区。后来，云南又从贵州引进柞蚕种，从此云南也有了放养柞蚕的生产。

经过历代实践总结，我国传统的柞蚕饲养技术也得到不断提高。到清代，对柞树的种植，柞蚕的留茧、出蛾、卵产、匀蚕、捉虫等技术，做了全面总结，出版了大量有关柞蚕的专著，其中重要的有张松《山蚕谱》（1722）、陈玉璧《樗蚕谱》（1742）、刘祖震《橡虫图说》（1827）、郑珍《樗蚕谱》（1837）、夏与赓《山蚕图》和王元《野蚕录》（1902）等。

《野蚕录》作者王元綎，字文甫，山东宁海（今山东牟平县）人。他对中国各种野蚕的名称、野蚕所食树叶的种类和种植、柞蚕的饲养以及缫丝和织绸的技术等都做了很详细的说明。书中还绘了蛾图、蚕图和九种饲养野蚕的树图。

3. 关于蜂习性的研究

在元初《农桑辑要》一书中就已对蜂群管理作了初步的阐述："新添：人家多于山野古窑中收取。盖小房；或编荆囤，两头泥封。开一、二小窍，使通出入。另开一小门，泥封，时时开地，扫除常净，不令他物所侵。秋花雕尽，留冬月蜂所食蜜，余密脾割取作蜜蜡。至春三月，扫除如前。常于蜂巢（窠）前置水一器，不至渴损。春月蜂成，有数个蜂王，当审多少，壮子不壮。若可分为两巢，止留蜂王两个，其余摘去。如不分，除旧蜂王外，其余蜂王尽行摘去。"① 这里，对新收蜂群、蜂巢设置、扫除管理以及分封方法等，都说得很详细，说明对蜂群的管理水平又有提高。

明代刘基根据蜂群特性进一步阐述了养蜂的原理。他在《郁离子》一书中写道："灵邱之丈人善养蜂，岁收密数百斛，蜡称之。于是其富比封君焉。丈人卒，其子继之，末期月，蜂有举捉去者，弗恤也。岁余光且丰，又岁余尽去。其家遂贫。陶朱公之齐，过而问焉。曰'是何昔之熇熇，而今之凉凉也？'其邻之叟对曰：'以蜂。''请问其故？'对曰：'昔丈人养蜂也，园有疥，庐有守。刳木以为蜂之宫，不罅不庮（朽），其置也，疏密有行，新旧有次。坐有方，牖有乡。五五为伍，一人司之。视其生息，调其喧寒。巩其构架。时其墐发（启闭），蕃则从之析之，寡则与之哀之。不使有二王也。去其蛛蝥、蚍蜉，弥其土蜂、蝇豹。夏不烈日，冬不凝淇澌，飘风吹而不摇，淋雨沃而不溃。其取蜜也，分其赢而已矣，不竭其力也。于是故者安，新者息。丈人不出户而收其利。今其子则不然矣；园庐不葺，污秽不治，燥湿不调，启闭无节，居处危危，出入障碍，而蜂不乐其居矣。及其久也，蚰斯同其房而不知，蝼蛄钻其室而不禁，鹩鸟掠之于白日，狐狸窃之于昏夜，莫之察也，取密而。又焉得不凉凉也哉！'陶朱公曰：'噫！二三子识之。为国为民者，可以鉴矣。'"全文通过善于养蜂和不善于养蜂的父子两代人的对比，把一位对蜂群的清洁、寒暖、晴雨、燥湿以及敌害防除各方面照顾得十分周到的养蜂老人，描绘得栩栩如生；对丈人的制箱、排放、管理、取蜜、分封一系列养蜂措施，记述得清清楚楚，使我们对当时的养蜂技术水平有了完整的了解。把对蜂群管理的总则，介绍得既概括又系统，而这些原则至今完全适用。这真是一篇不可多得的佳作，它比世界推崇的德国齐松（J.Dzierzon）1945 年发表的十三条养蜂原理，早了 500 多年。

---

① 《农桑辑要》卷七。

4. 白蜡虫和紫胶虫

宋代周密已将放养白蜡虫、收蜡的时间和方法作了论述。明代汪机《本草会编》、李时珍《本草纲目》和徐光启《农政全书》对白蜡虫的寄生植物的种类、性状、产地和白蜡虫的习性以及采蜡方法等都有更详细的记述。如李时珍在《本草纲目·虫白蜡》中指出：白蜡虫的寄主白蜡树是一种枝叶类似冬青的树木。它四时不凋，五月开白花成丛，果实累累，大如蔓荆子。他说："白蜡虫大如虮虱，芒种后则延缘树枝，食叶吐涎粘于嫩茎，化为白脂，乃结成蜡，状如凝霜。虫嫩时，白色作蜡，及老则赤黑色，乃结苞于树枝，初若黍米大，入春渐长，大如鸡头子，紫赤色，累累抱枝，宛如树之结实也。盖虫将遗卵作房，正如雀瓮、螵蛸之类。俗乎为蜡种，亦曰蜡子。子内皆白卵，如细虮，一包数百，次年立夏日摘下，以箬叶包之，分系各树，芒种后，包拆卵化，虫乃延出叶底，复上树作蜡也。树下要洁净，防蚁食其虫。"这里，李时珍对白蜡虫的生活史作了相当详细的描述。又如在徐光启《农政全书》中对白蜡虫寄主女贞树以及蜡虫的放养技术等，都做了详细的记述。这些反映了我国当时对白蜡虫的生物研究已取得了重要进步，在白蜡虫的放养和虫白蜡的生产方面也都取得了丰富的经验。

在西方，直到 17 世纪，耶稣会教士才把关于中国饲养白蜡虫的消息传到欧洲。1853 年由罗克哈特从上海把白蜡样品送到英国。

五倍子是染色、制革工业的重要原料，也是一种重要药物，它是五倍子虫在盐肤木叶上所形成的虫瘿。五倍子虫的生活史很复杂，不容易为人所知。宋代人虽然已知道五倍子（虫瘿）是生在盐肤木上，但并不知道里面有虫。直到明代，李时珍在《本草纲目》中才做了比较详细的描述："此木（即盐肤木）生丛林处者，五六月有小虫如蚁，食其叶，老则遗种，结小球于叶间……起初很小，渐渐长坚，其大如拳，或小如菱。形状圆长不一。初时青绿，久则细黄。缀于枝叶，宛若结成。其壳坚脆。其中空处，有细虫如蠛蠓。山人霜降前采取，蒸杀，货之。否则虫必穿坏。"李时珍认识到寄主不同，其虫瘿也不一样。但是限于时代，他没有完全弄清五倍子虫的生活史。

虫白蜡、紫胶、五倍子都是我国自古以来对昆虫资源开发利用的成果，这些产品除了供应国内，还源源不断地输往国外。对白蜡虫、紫胶虫、五倍子虫的认识利用，是我国古代生物学的又一成就。

5. 蝗虫研究的进步

到了明清时代，人们对蝗虫的生活史和蝗虫的发生与周围环境的关系，都有更进一步的认识，从而提出了改造蝗生基地、根治蝗虫发生的思想。徐光启在《除蝗疏》中，明确地指出，夏天蝗卵容易孵化，但卵要是在产后八日就遇到雨水，那么卵就会"烂坏"。冬天时，卵不会孵化，过冬卵要是遇到严寒和春雨，那么卵也多半要"烂坏"。徐光启还研究了蝗虫的滋生地。他指出："蝗之所生，必于大泽之涯。然而洞庭、鼓蠡、具区之旁，终古无蝗也。必也骤盈骤涸之处，如幽涿以南，长淮以北。青兖以西，染宋以东，都郡之地，湖缥广衍，潦溢无常，谓之涸泽，蝗则生之。历稽前代，及耳目所睹记，大都若此，若外方被灾，皆所延及与其传生者耳。"（《农政全书·荒政》）

清顾颜在《治蝗全书》中也说："大河、大湖、大荡水边有草处，如水不常大盈满；小河、小港、沟漕滨底有草处，水不常满，忽大忽小，忽有忽无，则生蝻。芦稞滩荡及一切低潮有草处，水虽常有，浅而不深，忽有忽天，日晒易暖，则生蝻"。

　　由于这时期人们对蝗虫的发生规律，有了进一步的认识，因此也提出了比前人更为进步的治蝗方法，除了组织人力捕打成虫、掘除蝗卵等方法外，徐光启在《农政全书·荒政》中更提出了改造蝗虫生长基地，根治蝗虫的思想。他说："涸泽者，蝗之原本也，欲治蝗，图之此其也矣。"当然在当时的社会条件下，这种改造大自然、根治蝗灾的设想，是无法实现的。

　　明清时期，蝗灾频繁，迫使人们寻找蝗虫发生的规律，以治蝗减灾，并留下了大量的治蝗著作。除《除蝗疏》外，重要的还有陈芳生《捕蝗考》（1684）、俞森《捕蝗集要》（1690）、陆曾禹《捕蝗必览》（1739）、王勋《扑蝻历效》（1732）、《捕蝗要决除蝗八要》、陈崇砥《治蝗疏》（1874）等，在这些著作中对蝗虫的生物特性以治蝗方法，多有新的论述。《捕蝗要决》中写道："蝗性顺风，西北风起，则行向东南。东南风起，则行向西北。亦间有逆风行者，大约顺风时多。每行必有头，有最大色黄者之始行。扑捕者刨坑下箔，去头须远，右惊其头，则四散难治矣。蝗性喜迎人，人往东行，蝗则趋向西。人往北去，蝗则向南来。欲使入坑，则以人穿之。"这里指出了蝗的各种习性，都是从实践中得来的。特别是书中还首次指出，蝗虫"喜食高粱谷稗之类。黑豆、芝麻等物或叶味苦涩，或甲厚有毛，皆不食"。陈崇砥《治蝗书》中，首次提出了用药灭蝗卵的办法："凡飞蝗遗子，虽有空可寻，而刨挖甚属费手，不如浇以毒水，封之以灰水。其法用百部草煎成浓汁，加极浓硷水，极酸陈醋，则用盐卤，匀置贮壶内，先用铁丝如火箸大，长尺有五寸，磨成锋芒，务要尖利。按孔重戳数下，验明锋尖有湿，则子简戳破。随用壶内之药浇入以满为度。随戳随浇必遍而已，勿令遗漏。次日再用石灰调水，按孔重戳重浇一遍，则遗种自烂，永不复出。"

6. 食用昆虫

　　自然界中昆虫种类繁多、资源丰富，有许多种类，富含营养，味道鲜美，是人类的重要食品来源。早在二千多年前，昆虫就是我们祖先餐桌上的美味佳肴。

　　《周礼·天官》中，就记有"蚳醢"，"蚳"就是蚁卵，"蚳醢"就是用蚁卵加工成的蚁卵酱，由鳖人（古代职官）搜集蚁卵，交给醢人（古代职官）加工制成蚁卵酱，供"天子馈食"和"祭礼"之用，是古代统治者的席上佳肴。唐代段公路《北户录》记："广人于山间掘取大蚁为酱，名蚁子酱。"刘恂《岭表寻异》也提到："交广间润首长收蚁卵，淘淬令净，卤以为酱。或去其味酷似肉酱，非官客亲友不可得也。"可见已被广泛食用。《礼记·内则》还有古代用白蚁幼虫作酱供天子祭祀之用的记录。

　　古代供"人君燕食"的昆虫，据《礼记》记载还有"蜩"（蝉）和"范"（蜂）。《庄子》记："仲尼适楚，出于林中，见痀瘘承蜩，犹掇之也。"就是描写一位驼背老人，在林中熟练捕蝉，以供食用的情景。三国时，曹植还写过《蝉赋》，记述了蝉一生遇到过各种天敌，而最后的"天敌"是厨师，可见那时吃蝉的人很多。南北朝时，吃蝉的人少了，取而代之的是"蜂"。《神农本草经》认为：蜂子，气味甘平微寒，补虚羸伤中，久服令人光法不老。唐刘恂《峰表录异》中记："房存蜂子五六斗至一石，以盐炒曝干，寄入京洛，以为方物（作贡品用）。"有趣的是，古代人们还把臭虫、蜻蜓、天牛等昆虫作为"山珍海味"，例如《耕余博览》中记有：唐剑南节度使鲜于叔明嗜臭虫，"每采拾得三五升，浮于微热水，泄其气，以酥及五味遨卷饼食之，云天下佳味。"古人竟能把臭虫加工成天下佳味，可见他们的加工技术多么高超。晋·崔豹《古今注》记载了食用蜻蜓的情况。陶弘景在《本草经集注》里记有：把蛴螬（金龟子幼虫）与猪蹄混煮成羹，白如人奶，勾人食欲。

明清时期，人们食用蝗虫、蚕蛹、蜂等十分平常。明代徐光启为了灭蝗，提倡食蝗。其实早在唐代蝗虫就被列入食品，"唐贞观元年（627），夏蝗，民蒸蝗曝，去翅足而食之。"①徐光启在《屯盐疏》中说：天津地区的田间小民，"不论蝗、蛹，悉将煮食。城市之内用相遗"。徐光启赞扬天津人食用蝗虫的举动，同时批评山西、陕西人把蝗虫当神物加以祭拜而不敢扑打的错误做法。方以智《物理小识》记载："智少随老殳福宁，曾见龙虱。后在姚，有仆署中食此。云自濠镜末，则他处亦出此，何漳独异也。盖是甲虫，大如指顶，甲下有翅。熏干油润去甲翅啖。"龙虱是水生昆虫，现在是很普通的食品，但在方以智所处的时代，它可能只是普通下层百姓的食品，还不是所有人都敢吃的。据乾隆广东《澄海县志》记载，龙虱又叫水龟，也可以"盐蒸食之，土人以为味甚美"。

清代赵学敏在《本草纲目拾遗》中引《滇南各甸土司记》说：腾越州外各土司，把一种穴居棕木中食其根脂、黑色粗如手臂状如海参的棕虫（可能是一种天牛类的幼虫），视为珍馔。土司饷贵客必向各峒索取此虫做供，"连棕皮数尺解送，剖木取之，作羹绝鲜美，肉亦坚韧而瞍，绝似辽东海参云。"赵学敏《本草纲目拾遗》还提到一种被人称为"洋虫"的可食昆虫："洋虫，一名九龙虫。出外洋，明末始传入中国。或云出大西洋，康熙初年始有此物。形如米蟀子。初生蚁如蚕，久则变黑如豆瓣。有雌雄。今人用竹筒置谷花饲之。性极畏寒，天冷须藏之怀袖中，夜则置衾裯中，否则冻死。得人气则生极蕃衍。有饲以茯苓屑、红花、交桂末者，则红色而光泽可爱。"这里所说洋虫，就是拟步虫科昆虫洋虫（*Martianus dermestoides* Chevr）。它们分布于东南亚各国及我国的海南岛。

《本草纲目拾遗》还提到可供食用的蜜虎。赵学敏说："此虫着露体重翅轻不能飞易于捕取。人捕得，去其翅，群置瓦罐内，令其自相扑郑，其体上细毛自落，然后以油盐椒姜炒食之，味胜蚕蛹。"（《纲目拾遗·虫部》）蜜虎为天蛾科昆虫，其幼虫入蜂巢食蜜，这里说的可供食用的蜜虎是指其成虫。食用天蛾科昆虫的成虫，这还是首次提到。

古人餐桌上的昆虫，在现代人类的"食谱"中大部分已经消失了。当然，像蚁卵、龙虱、蚕蛹、蝗虫等仍是人们的佳馔。昆虫资源丰富、种类繁多、繁殖力强、营养价值高，因此进一步开拓和发展中国古代已经开创的食用昆虫的道路，前景一定是美好的。

第六节 植物学研究的新发展
——吴其濬及其《植物名实图考》

明清时期，除出现上述颇值得称道的动物学著作之外，植物学著作也很有一些出类拔萃的作品。在《救荒本草》、《野菜博录》这些图文并茂的植物学著作的启导下，清代出现了成就空前的植物学巨著，这就是吴其濬的《植物名实图考》。

一 植物学家吴其濬

吴其濬（1789～1847）是河南固始人，字沦斋，别号雩娄农，出生于官宦家庭。由于家庭条件优越，他从小受到良好的教育。嘉庆二十二年（1817）才华出众的吴其濬考中进士，

---

① 徐光启《除蝗疏》。

图 5-10

后来又被钦点为状元，在翰林院供职。此后，他先后出任过兵部左侍郎，提都江西学政，湖广总督；云南、浙江、福建、山西等地巡抚。他为官一生，宦迹半天下，堪称阅历丰富，见多识广，加上学识超群，又留心经世致用，致力于实现自己为朝廷为社会多做贡献的抱负，因此一生中在社会建设和科学事业中做出了显著的成绩。他的某些方面与北宋的科学家苏颂颇有相似之处。

吴其濬留下的著述有《滇南矿厂图略》、《云南矿厂工器图略》、《军政辑要录》、《植物名实图考长编》、《植物名实图考》（图 5-10），以及《念余阁诗抄》、《奏议存稿》和《滇行纪程集》等。从上述作品中可以看出，他注重资源开发，在矿物调查、开采方面，尤其是植物学方面是卓有建树的。

作为一个封建官吏，吴其濬能重视科学，孜孜以求，勇于实践，确实是难能可贵的。他之所以能够做到这点，正如我们上面提到的，此人很留心经世致用，认识到不断深入开发植物资源的重要性。对吴其濬编书意旨有深刻了解的陆应谷在《植物名实图考·叙》中写道："先王物土之宜，务封殖以宏民用，岂徒入药而已哉！衣则桑麻，食则麦菽，茹则蔬果，材则竹木，安身利用之资，咸取给焉。群天下不可一日无，则植物较他物为特重。"还指出："求其专状草木，成一家言，如贾思勰之《要术》，周宪王[①] 之《救荒》，殊不易得。岂其识有所短，而材力有未逮欤？沦斋先生具稀世才，宦迹半天下，独有见于兹，而思以愈民之瘼。"因此他能根据自己的卓识，很好地指导自己的行动，并富有成效地开展科研，从而最终使《植物名实图考》"包孕万有，独出冠时，为本草特开生面也"。这些言论深刻地揭示了吴其濬倾心致力于植物学研究的原因，他将自己的研究著作直接冠名"植物"一词，从而突破传统本草著作的模式，编写出类似于今天普通植物图鉴式的崭新著作。

吴其濬不愧是才子，他的科研工作很有层次地展开，很有步骤地进行。他深深地知道，要进行植物学研究，首先要积累资料。他的《植物名实图考长编》表明，他对前人的经验进行总结时，其工作是非常细致的。诚如陆应谷在《叙》中指出的那样，吴其濬"所读四部书，苟有涉于水陆草木者，靡不剟而缉之，名曰《长编》"。据说他编写《植物名实图考》时所参考的文献达 800 余种[②]。再在此基础上，吴其濬根据自己在各地所见闻的植物对前人记述的各种植物进行印证，考证它们的名实。陆应谷指出，吴其濬在积累了大量的文献资料之后，"乃出其生平所耳治目验者，以印证古今，辨其形色，别其性味，看详论定，摹绘成

① 应为周定王（朱橚），周宪王乃周定王之子朱有敦。《救荒本草》的明万历刊本造成这一错误，后来不少学者沿袭了这个错误。

② 清·吴其濬《植物名实图考》出版说明，商务印书馆，1957 年。

书"，同时进一步调查各地所出植物，记其名称形态，开发新的植物资源。正因为他的研究工作经过缜密的思考，认真细致的观察和分析，加上收录的植物多，对其不但有详细的描述，而且有准确的插图，所以《植物名实图考》不愧为我国最出色的古典植物学著作。

图 5-11

　　从书中我们不难看出，吴其濬和朱橚、李时珍等许多有成就的学者一样，是一位很注重实践的学者。他知道如果不作实际调查考察，只是像以前一些钻故纸堆的文字学者一样，"徒以偏旁音训，推求经传名物"，结果会"往往不得确诂"，所以他认为自己的作品与那些从文字到文字的书生作品是有本质差别的。他说："经生家言，墨守故训，固与辨色、尝味、起疴、肉骨者，道不同不相谋也。"为了编写好《植物名实图考》，他到各地做官时，都设法亲自观察各种植物，向当地百姓了解种种有关它们的知识。如书中卷 6 蔊菜（*Rorippa indica* 图 5-11）条记载："《江西志》以朱子供蔬，遂矜为奇品，云生源头至洁之地，不常有，亦耳食之论。吾乡人摘之而腌之为菹，殊清辛耐嚼。伶仃小草，其与荠殆辛甘，各具其胜。然荠不择地而生，此草惟生旷野，喜清而恶浊，盖有之矣。"又如卷 24 芫花（*Daphne genkwa*）条中记载："余初归里时，清明上垄，见有卧地作花如穗，色紫黯者。询之土人，曰'此老鼠花也'。其形如鼠拖尾，嗅之头痛，盖色、臭俱恶。及阅《本草》，知为芫花。"为了更好地观察某些植物，吴其濬有时还把一些植物加以种植，以便仔细研究。在书中卷 7 党参条，作者有这样的记载："余饬人于深山掘得，莳之盆盎，亦易繁衍。细察其状，颇似初生苜蓿，而气味则近黄耆。"这些注重实际调查的方法，当然是他的著作取得成功的重要原因。

　　《植物名实图考》一书中采用的分类方式，总体而言比较科学实用，从中，我们还可看出吴其濬是一位擅长向前人学习的学者。他的植物分类方式，主要采用李时珍《本草纲目》中有关植物的分类法，但又不全囿于李的方式，如书中就增加有《本草纲目》所无的"群芳"部类，而此一部类的设立，很可能是借鉴了赵学敏《本草纲目拾遗》中，在植物药的分类时设立了"花部"，另外又从《群芳谱》一书中借来"群芳"以代"花"字。

二　《植物名实图考》的植物学成就

　　《植物名实图考》一书是吴其濬在大力总结前人经验的基础之上，并结合自己长期的实地调查、研究、采集标本，再据以记述和绘图编成。作者不但有条件阅读大量的文献资料，而且还有机会到全国许多地方旅行考察，加上我们在上面谈到的科学实践精神，所以此书取得了空前的植物学成就，在植物学史上占有重要的地位。

　　《植物名实图考》如其名称所标示，在很大程度上是为考实植物名称所作的，所以它像《救荒本草》一样，记载的全是植物。书中共记载植物 1714 种，分为谷类 52 种，蔬类 176 种，山草类 201 种，隰草类 284 种，石草类 98 种，水草类 37 种，蔓草类 235 种，毒草类 44 种，芳草类 71 种，群芳类 142 种，果类 102 种，木类 272 种，比以往任何一种本草或农书所记的植物种类都多，是我国历史上记载植物最多的植物学著作。

　　《植物名实图考》的最大特点是它的纯学术性，开始摆脱为某一实用目的编写本草著作的窠臼，是一本比较纯正的植物学著作。书中对收载的每一种植物都记载了它的文献渊源，它的别名、形状、颜色、用途、产地和分布等。受《救荒本草》的影响，该书的记述一般不注重传统本草所注意的生长节令和生长季节。书中包括大量前人记载过的药用植物、粮食作物、水果蔬菜、油料、淀粉和制糖作物，以及纤维植物、香料和众多的观赏植物，此外还有染料植物、各种饲料和用材树木等，其中许多是吴其濬根据自己调查新增的，可以说它相当程度地总结了当时人们生产生活中利用植物资源的经验。因此，本书记载的植物从类群来看，低等高等都有，孢子植物种子植物俱全；从地理分布而言，它包括了我国十几个省的植物种类；从生态学的观点着眼，其中水生、陆生植物皆有，阳生、阴生植物一应俱全，堪称集大成的著作。《植物名实图考》承《救荒本草》的应用植物学基础，进而朝普通植物学方面迈进，是我国历史上里程碑式的巨著。

诚如书名所示，此书的重要特色之一是"图考"，确实，作者在这方面是非常出色的。研究我国博物学、植物学史的人都知道，我国历史上有关植物的著作并不少，但附有插图的不多，而且早期的作品插图都比较粗糙。像宋代《证类本草》的插图（即《图经本草》中的图），《尔雅音图》的插图有许多都欠准确，其后的《饮膳正要》、《三才图会》、《本草纲目》、《本草备要》等著名作品的插图相当部分难明所绘，聊胜于无而已。像明代《救荒本草》、《野菜博录》那样，具有真实准确附图的作品是不多见的。受《救荒本草》的启发，《植物名实图考》在"图以肖其形"这一方面是做得很出色的（图5-12 蔬菜）。作者非常注重根据植物实物绘图，以求尽量真实准确。他曾经记载绘鬼臼（*Dysosma pleiantha*）这种植物图的情形。《植物名实图考》卷24记载："此草生深山中，北人见者甚少，江西虽植之圃中为玩，大者不易得。余于途中，适遇山民担以入市，花叶高大，遂亟图之。"认真的态度可见一斑。书中所记的植物均有插图，有些还不止一幅。由于插图大

图5-12

多根据实物绘制，因此大部分都很准确逼真，有些甚至堪与现代植物志书的插图相媲美，具有极高的科学价值。

　　我们在上面谈到，吴其濬对植物资源的重要性有着极为深刻的认识，他写《植物名实图考》的主要目的在于让后人更好地利用这一资源。他不但在附图这一重要环节做得十分出色，而且在文字记述方面也尽力做到明了详细。为了尽量提高本书的科学价值，吴其濬非常注意纠正前人植物记载中的错误和描述不准确的地方，这种例子很多，我们可以列举一些加以说明。在李时珍的《本草纲目》中，将通脱木（*Tetrapanax papyriferus* (Hook.) K..Koch）与通草（*Akebia quinata* (Thunb.) Decne）并列，归入蔓草类，这显然是不妥当的。当然有其客观原因，这就是因为通脱木在中药中被当作"通草"药材用，换句话说，当时药铺中所卖的"通草"，实际上是通脱木（按：现在仍然如此），因之李时珍在通草条中有

"今之通草乃古之通脱木"一说。李时珍的错误在于因它们有相似的功能而混淆了它们形态上的差异。从辨识植物的角度而言，李时珍的归类显然是不妥的，因为通脱木是直立生长的灌木，与"蔓草"相差甚远。吴其濬没有李时珍那种职业的局限，他很容易看出其中的毛病，将通脱木从"蔓草"部中划出，并归到"山草"部。又如李时珍在《本草纲目》中把鸢尾（*Iris tectorum* Maxim.）和形态相似的射干（*Belamcanda chinensis* (L.) DC.）相混，认为鸢尾"即射干之苗，非别二种也"，这显然是错误的。抱着求实的精神，吴其濬在自己的著作中对《本草纲目》中存在的这个错误给予纠正。又如葵（*Malva verticillata* L.），它曾经是我国历史上北方一种非常重要的蔬菜，但从宋代以降，由于白菜等更优良蔬菜的发展，葵的食用渐少。李时珍虽然阅历丰富，但毕竟只是民间医生，不像吴其濬身为封疆大吏，可"宦迹半天下"，对各地的风土人情和方物有更多的了解，因此，针对李在《本草纲目》中说："古者葵为五菜之主，今不复食之。"并在编辑《本草纲目》时将葵从以前本草归类的"菜部"移至"草部"，吴其濬指出：这种植物"江西、湖南皆种之。湖南亦呼葵菜（图 5-13），亦曰冬寒菜；江西呼蕲菜。葵、蕲一声之转，志书中亦多载之。李时珍谓今人不复食，殊误。"于是，他在《植物名实图考》中，重新将葵（即冬葵）划归"菜部"。仅从上述这些事例中，不难窥出吴其濬的著作是很严谨的。

　　吴其濬所作的《植物名实图考》在当时无疑是一部鸿篇巨制，但以当时的条件，吴其濬不可能对所收载的植物全据实物加以记述。对那些作者未能找出实物的植物，他就采用前人较好的图文。像以往许多有见地的作者一样，他很善于从各种植物文献中收集资料，编进自己的著作中。例如，我们在本章第一节中论述到，《救荒本草》是一部植物学成就和实用价值都很高的名著，它不但在古代植物学上别开生面，而且其中资料也为后人所喜用，这仅从明末徐光启编写《农政全书》时把其全部内容收入即可见所受重视的程度。《植物名实图考》也一样，从《救荒本草》等著作中录用了大量的资料，书中有些卷的全部或大部分的内容都来自《救荒本草》。此书参考的各种古籍甚多，从而达到作者集腋成裘的目的，有效地对前人这方面的经验进行了总结，显示出自己特有的博大精深。

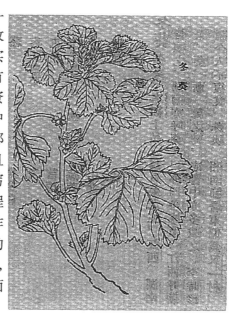

图 5-13

　　当然，《植物名实图考》的突出成就不只是这些。譬如，该书对植物的记载一般都比较细致，尤其是对植物的繁殖器官，如花、果乃至蕨类的孢子的记述等，这些都是吴其濬细致观察的结果。

三　《植物名实图考》对图谱学的发展

　　我们在前面提到，吴其濬的《植物名实图考》的插图是相当出色的，它是我国植物学图谱里程碑式的著作。研究中国植物学史的人都知道，在古代典籍中为有关动植物解说文字配图的形式很早就出现了，比较典型的如东晋著名学者郭璞为《尔雅》作注时，就曾为《尔雅》中的动植物配过插图，可惜他的配图未能流传下来，今传的《尔雅音图》的插图是后人绘的。对后代影响比较大的是唐宋的本草著作插图，唐初政府组织编写《新修本草》时，同时编撰了药图和图经。在五代时，后蜀编写的《蜀本草》主要是根据《新修本草》改编的，也有图和相应的说明。它的图经过战乱以后到宋代已不复可见，但文字说明（即《蜀本图经》）还得到一定的保存，它对后世生物形态学的发展有重要的承先启后之功。宋代的《图经本草》是在唐代编本草图和图经故事的启发下产生的，它将图和文字说明有机地结合在一起，是本草学图谱的经典性著作。《图经本草》对药物形态、习性等描述的规范化有重要的贡献，它的主要内容因被收在《证类本草》中得以流传。以后的许多本草著作和类书中的有关插图和说明，都引用或借鉴过这部著作，对后世生物图谱的影响极大。

受北宋苏颂《图经本草》的影响，明代出现了帮助百姓寻找野生可食植物的《救荒本草》。我们在上面已经谈到，这是我国古代一部优秀的植物学图谱。在《救荒本草》的影响下，明季出现了两本很有特色的有关生物的图谱著作：其一是同样出现在开封府的《本草原始》，此书的生药图较为真切，深得后世医家的赞许；其二便是《野菜博录》。考察《图经本草》、《救荒本草》和《植物名实图考》之间的关系，我们很快就会发现一个有趣的现象，即这三部著作皆出现在河南，而且两部出现在开封；他们的作者都是见多识广的高官显贵，只不过《图经本草》由政府组织，《救荒本草》由王府组织，《植物名实图考》由吴其濬自编而已。这是否说明科学技术的发展在一些情况下，也受地域和传统的影响，除科研者本身应具备的素质外，还要有可靠的经济条件作保障。

《植物名实图考》受《图经本草》和《救荒本草》的影响非常明显。他们编书的共同之点，都是突出图鉴的作用，以帮助人们更好地认识植物，从而更有效地利用植物资源。不同之处在于，《图经本草》是一般的本草图谱，除植物外还有动物、矿物等，《救荒本草》是偏重野生可食用植物的图谱，即某一类型资源的图谱，可视为应用植物学图谱，而《植物名实图考》是眼界更为开阔的普通植物学图谱。它们都是我国古代植物学发展史上重要的著作，显示了本草学经长期的发展之后，向应用植物学转化并向普通植物学迈进的过程。

《植物名实图考》是我国古典植物学发展的高峰，其插图除部分来自《救荒本草》外，基本上都是依据实物绘制的，大都比较准确可靠，颇得近代国内外植物学者的好评。出生于拉托维亚的俄国植物学家贝勒（E.Bretschneider）在其《中国植物学文献评论》一书中，对吴其濬的这部著作有较高的评价。他认为书中的插图非常精美，其精确程度往往可以鉴定科目。他强调欧美研究中国植物的学者都应该阅读这部著作。1919 年，商务印书馆发行了铅排的《植物名实图考》时，西方的学者竞相购买。日本在明治年间也刊行过这部著作。日本近代植物学家在编写《日本植物图鉴》时，也参考过这本书。直至今日，《植物名实图考》仍是我国植物学者的重要参考书。

第七节　综合性生物学著作

这一时期的综合性生物学著作以《毛诗名物图说》比较引人注目。《毛诗名物图说》是清代徐鼎于乾隆年间（1771）刊行的一本解释《诗》中动植物的一本著作，配有插图。作者字峙东，号雪樵，生卒年不详，清乾隆年间贡生，江苏吴县人。他善画山水，聪颖好学，除

《毛诗名物图说》之外，还著有《霭云馆诗文集》[①]。

由于孔丘的提倡，历代学者对《诗》中的生物知识一直非常重视。对《诗》中动植物进行研究的历史是很长的，前面说到三国时期的陆机因此写了《毛诗草木鸟兽虫鱼疏》这样一本我国历史上最早的生物学著作。后来由于对包含生物种类更多的《尔雅》的注释不断增多，对《诗》中动植物的研究相对少了一些。另外，对《尔雅》中所记的生物进行配图的工作从晋代郭璞就开始了，但给《诗》中的生物配图即使有过，也没见早期工作的遗存。徐鼎早年对《诗》学一直颇为留意，认为从中可以学到丰富的生物学知识，提出"仰观天文，俯察地理，下及飞潜动植百千万状，靡不具举者，莫《诗》若矣"。另一方面，他对图在传播知识的重要性方面有很深刻的认识，他认为："有物乃有名，有象乃知物。有以名名之，即可以象像之。……不辨其象，何由知物？不审其名，何由知义？"[②]这里的象就是图的意思。正因为徐鼎注重《诗》中的生物知识，所以非常留心有关的史籍资料和在劳动人民中调查有关的生物知识。经过20年的努力，他终于写成了《毛诗名物图说》这本著作。不但根据查访所得归纳了历代学者对各生物的看法，同时根据调查所得，绘制了各生物的插图。他调查比较细致，加上突出了图的重要性，因而他的工作在前人工作的基础上有了明显的发展。

《毛诗名物图说》全书共分九卷，卷一记载鸟类38种，卷二记载兽类29种，卷三记载虫类27种，卷四记载鱼类（包括龟等现在认为是爬行动物的种类）共19种，卷五至卷七记载草类88种，卷八至卷九记载木本植物54种，全书共记载动植物计255种，《诗》中大部分的生物种类都包括其中。

徐鼎解释有关的生物时，文字比较简明，大量采用了前人的资料，包括以前比较有分量的作品，如《尔雅》及郭璞的"注"，陆机的《毛诗草木鸟兽虫鱼疏》，《埤雅》、《尔雅翼》；历代的本草著作，以及《禽经》等，最后常以"愚按"的方式加上自己的见解。这部分心得式的总结性文字，不乏真知灼见，如在雉条的解释方面，他的"愚按"是这样写的："雄雉有冠，善斗，文采而尾长；雌雉无冠，嗃鸣，文暗而尾短。其卵褐色。"基本上把雌雄雉外形的主要差别给描绘出来了。另外，还介绍此种鸟类卵的颜色，这在古代著作中是比较少见的。和陆机的工作类似，徐鼎的注释吸收了不少民间的知识。书中称乌（鸦）为老鸦，对鼠类的行为也有很生动的描绘。

如上所说，作者注意"图说二者，相为经纬"，"物状难辨者，绘图以别之"[③]，因此其中图画不少比较准确，有一定的学术价值，有些能体现各类动植物的主要特征。在绘鸟类时，作者注意到它们的体型、体色、喙的形状、颈的长短、趾的特点等，对鸳鸯、鹭的冠毛、鸢的钩喙、雁的长颈、蹼足等都描绘得很清晰；兽类中，注意到食肉类和食草类动物爪的区分，奇蹄目（马）和偶蹄目（鹿、牛等）（图5-14）动物的区分，灵长目（如猱）动物双眼位于面部同一平面上，以及五指中拇指可与其他四指对握等特征（图5-15）也都得到充分的体现；在对昆虫的表现方面，也注意到其躯体分三部分、四翅六足、腹部分节等基本特征（图5-16

图 5-14

① 程宝绰，《毛诗名物图说》提要，中国科学技术典籍通汇，生物卷二，河南教育出版社，1994年，第673页。
② 《毛诗名物图说·序》。
③ 《毛诗名物图说·发凡》。

阜螽），另外对蛾类的触角、蟋蟀雌雄生殖器的区分也有所体现（图5-17蟋蟀）；对于鱼类，不仅注意到它们的体型，还注意到它们鳍的种类、数量和部位，以及颌的上下长度，从而加以区分；草木类的描绘则注意到叶的着生、茎的形状、花的形态（如菲的十字花冠）、果的特点，如荠的三角形角果、栗的壳斗等。

图 5-15

图 5-16

图 5-17

第八节　生态学知识的积累

在明清时期，随着人们地理知识和生物知识的积累，有关生态学方面的知识也在迅速增多。如明代王世懋撰《闽部疏》中记载："蛎房虽介属，附石乃生，得海潮而活。"注意到贝类软体动物的生长环境和所需的必要条件。明代方以智《物理小识》则记载："广地多蛇，北地多貉"；"江北少蜈蚣，关北无蝉。"注意到各地动物分布的差异。关于这方面的知识比较集中体现在清初的《广东新语》一书中。

《广东新语》的作者屈大均生于明崇祯三年（1630），卒于清康熙三十五年（1696），广东番禺人。他曾行游南北，在各地与很多著名学者有过交往，后来隐居著述，写了很多著作。《广东新语》是作者晚年的作品，主要目的在于补《广东通志》记述的不足①。书中有关动植物的章节中含有丰富的生态学知识，主要体现在以下几个方面。

一　关于鱼类的分布和习性

广东地处南海之滨，作者又生活在珠江三角洲，因此他积累了大量鱼类学方面的知识，其中尤以生态学方面的知识为多。在淡水鱼方面，作者记载，广东人普遍养殖鲢、鳙（即胖头鱼）、鲩（即草鱼）、鲮和鲫鱼，同时指出，鲮鱼生活在水的表层，鲫鱼生活在水的深层②。书中还记载了一些鱼的生活习性，指出："凡鲈鱼以冬初从江入海，趋咸水以就暖。以夏初从海入江，趋淡水以就凉。渔者必惟其时取之。语曰：'鱼咸产者不入江，淡产者不

---

① 参见《广东新语》出版说明，中华书局，1985年，第1~2页。
② 清·屈大均，《广东新语》，中华书局，1985年，第553页。

入海。'未尽然也。"① 他的记载大体上是正确的。我们知道，鲈鱼栖息在近海，也进入淡水，早春的时候在咸淡水交界的地方产卵。

《广东新语》记载了当时人们根据黄鱼的习性进行捕捞作业的情况，说："黄花惟大澳乃有，大澳者咸水之边也。自十月至十一月，以日昃尽浮出水。渔者必以暮取之。听其声迟，则知未出大澳也。声老则知将出大澳也。声老者，黄花鱼啸子之候也。……取鱥及黄皮蚬、鲚、青鳞，亦皆听其声，声齐则开罛取之。鲥鱼以孟夏随鲚鱼出，其性喜浮游，网入水数寸即得。或候其自海入江，逆流至浔州之铜鼓滩。"② 此外，书中还记载："嘉鱼以孟冬大雾始出，出必于端溪高峡间。其性洁，不入浊流。尝居石岩，食苔饮乳以自养。霜寒江清，潮汐不至，乃出穴嘘吸雪水。凡嘉鱼在蜀中丙穴者，以三月出穴，十月入穴。在粤中大小湘峡者，以十月出穴，三月入穴。西水未长，则四五月犹未入穴。蜀嘉鱼畏寒而喜热，粤嘉鱼则不然。"对该鱼的习性也有较好的描述。作者还提到"鲥、鳡皆以仲春出……竹鱼产二禺连口，以盛夏出。色如筱叶清翠，鳞下多朱砂点，味甘。马膏鲫以腊月出至三四月。有名马伍者，以九十月出，似鲈而肉厚。为马膏郎？之次，故曰马伍。贴沙一名版鱼，亦曰左鲆。身扁喜贴沙上，故名。"鹅毛鱼："乘夜张灯火艇中，鹅毛鱼见光辄上艇。""鯥鱼状如鲈，肉松少刺味甘，大者重数十斤。出海丰。"书中还描述了不同环境中鱼类颜色的差异，说："鲇鱼出流水者清白，出止水者青黄，故以滩濑中为美。"

书中对各种鱼的形态和产地也有较为准确的记述，如比目鱼："一名鲽，一边青绿一边白，一目在青绿边，亦有两目合二为一者。"对鲟鱼的记述也很准确，书中写道："鲟鱼多产端州，以春时出浮阳，见日则眩，渔者辄于阳处取之。一曰鲟龙鱼。长至丈，有甲无鳞。鱼之至贵者也。"记载鲂："状如鳊，圆头缩尾狭鳞，肉厚而细。一脊之外，其刺与骨皆脆美……一名镜鱼，以其圆也。"作者还认为，鲨有多种："有犁头鲨、剑鲨、斑点鲨、虎鹿锯鲨，背鬣而翅平，大者丈余。皮有沙圆细如珠……一名潮鲤，腹中有两洞，以贮水养子，子必二，皆从胎生。"已经注意到鲨鱼是胎生（卵胎生）的生殖特点。蜡鱼："产阳江，似鲫而白，肉柔腻，性喜温暖。"鮔鱼："一名狼藉。"笋鱼："如笋，长尺许，与鲻、鳗二鱼皆惠州出。鲻鱼大者盈丈；鳗鱼大如指许，长七八寸。"葵鲤："出罗旁水口，圆如葵扇。"鳒鱼："春时自岩穴中出，状似初化鱼苗。"银鱼："以秋九月出……其出惠州丰湖之第一桥下者，长二黍许，光滑无鳞，表里朗彻。"锦鳞鱼"大可二指，长寸许。身有横理十二道。鳞如错锦，具五色，尾长于身如带，金采缕缕。以盘盂畜之，于午日中，投花一二瓣，皆争覆阴，不得者忿而相斗，翩反鼓舞，各有态度。斗罢复比目而游。"金鱼："分鲤、鲫二种……尾又以撒开象木芙蓉叶者为贵。"书中还指出："南海多鲨鱼……有黑纹，巨者二百余斤。""南海多飞鱼……飞鱼有两翅，飞疾如鸟……夜见渔火，争投船上。"很好地描绘了飞鱼的趋光性。另外，书中对鳗鲡、鳝和泥鳅的形态和习性都有较为准确的描述。

作者对各地所产的海鱼质量也有一些考察。如："河鲀以番禺茭塘所出者为美。自虎头门至茭塘，六七十里许，其河鲀小，色黄而味甘，少毒。与产他县大而版牙色白者异。"倒挂鱼："鲜食醉人，宜酢，出万州。"凤尾鱼："一名马鲚，其子宜醢。"

在捞取鱼苗方面，也体现出了当地人们对鱼类的繁殖习性有相当的了解。书中记载：

---

① 清·屈大均，《广东新语》，中华书局，1985 年，第 553 页。

② 同①。

"南海有九江村，其人多以捞鱼花为业。……粤有三江，惟西江有鱼花。取者上自封川水口，下至罗旁水口，凡八十里。其水微缓，为鱼花所集。过此则鱼花稀少矣。"书中还记载："当鱼汕种时，雄者察雌者之腹则卵出，卵出多在藻荇间。雄者出其腹中之膘覆之，卵乃出子。然见电则不出矣。土人谓鱼散卵曰汕，膘者鱼之精也。子曰花者，以其在藻荇之间若花……亦曰鱼苗。……凡取鱼花，自三月至于八月，当日落时……某方之水长，长则某鱼花至矣。西南为南宁左江，其水多土鲮，正西为柳州右江，其水多鲢、鳙；西北为桂林府江，其水多草鱼……鱼花以此四种为正，畜于池易长，故务取之。……鲤、鲫……以其雌者放子也。"①这里不但对鱼苗的流动区域有细致的把握，而且对鱼卵受精的描写也很准确。当时的人们已经知道鱼有分层的习性，如将鱼苗放置在一处，则："其浮而在盆上者鳙也，在中者鲢，在下者鲩（同鯇，即草鱼）也。最下者则鲮也。"此外由于对鱼的习性有很好的了解，因此在放养的时候，也总结出较好的原则。《广东新语》记载："凡池一亩，畜鲩三十，鲢百二十，鳙五十，土鲮千。日投草三十余斤，鲩食之，鲢、鳙不食，或食草之胶液，或鲩之粪亦可肥也。"作者谈到的这种养鱼方法今天在南方农村仍然使用，而且人们依然相信鲢和鳙（即鳙）是吃草鱼粪的。这主要是观察不够精细造成的，实际上它们是吃藻类等成长的，只是藻类长在水草或鱼粪周围，因而产生了误解而已。

二　各种节肢动物和软体动物的分布及习性

作者在《广东新语》中还记载了一些当"鱼"吃的海产软体和节肢动物的形态和习性。如龟鱼："如小儿臂大，有腹无口，其足三十如笋簪。"章鱼："足有八，一名章举。"石冷鱼?②："似虾蟆而黑，生石穴中。"

书中记载了不少现在视为软体动物的"介"，如鲎："大者尺余，如覆箕。其甲莹滑而青绿。眼在背。口藏在腹。其头蜈螂而足蟹。足蟹而多其四。尾三棱。长一二尺。其血碧……其子如粒珠。……鲎者候也，善候风……故曰鲎。性喜群游。雌常负雄于背。背有骨如扇，作两截，常张以为帆，乘风而行。"我们知道，这种节肢动物的头胸甲宽广，有六对附肢，腹部较小，两侧有若干锐棘，尾长，呈剑状，在我国浙江以南的浅海中常见，作者的描述是比较正确的。在描述龙虾时，书中写道："巨者重七八斤，头大径尺，状如龙。采色鲜耀，有两大须如指，长三四尺。其肉味甜。……东莞、新安、潮阳多有之。"③书中对南方沿海人们常食用的软体动物蛏也有比较形象的记载，说："生海泥中，长二三寸，大如指，两头各有两歧，以其状怪，故曰蛏。"书中还记载了蠔："咸水所结，其生附石。魂蠝相连如房，故一名蛎房。"还记载了当地人们养殖蠔的情况，记载了蚬等其他可食用的软体动物。

作者还注意到一种叫璃珸的软体动物与小蟹共生的情形。书中记载它："壳青黑色，长寸许，大者二三寸，生白沙中，不污泥淖。互物之最洁者也。有两肉柱能长短。又有数白蟹子在腹中，状如榆荚，合体共生，常从其口出，为之取食，盖二物相须。璃珸寄命于蟹，蟹命托身于璃珸。"记述得很生动。

---

①　清·屈大均，《广东新语》，中华书局，1985 年，第 556～557 页。
②　即《闽中海错疏》中的石鲮（棘胸蛙）。
③　清·屈大均，《广东新语》，中华书局，1985 年，第 565 页。

作者还记载了各种称为"蠃"的软体动物，书中写道："种最多，以香蠃为上，产潮州。大者如盘盂。其壳雌雄异声。……次则珠蠃，出东莞大步海。……有银母蠃，状若蚌，内多小珠，而珍色不及，壳厚而莹。……有九孔蠃，产珠与蚌珠类。有鹦鹉蠃，珠光隐隐可烛，文采五色类鹦鹉。有指甲蠃……有马甲柱，形如指甲蠃，壳薄肉少。……有寄生蠃（可能是寄居蟹），生咸水者，离水一日即死，生淡水者可久畜。壳五色如钿，或纯赤如丹砂。其虫如蟹有螯足，腹则蠃也。以佳壳或以金银为壳，稍炙其尾，则出投佳壳中。海人名之借屋。……有螺螯者，二螯四足似膨蜡。其尻柔脆蜿屈。则蠃每窃枯蠃以居。出则负壳，退则以螯足插户。稍长更择巨壳迁焉。与寄居虫异名。多足蠃亦名窃蟹。……有神仙蠃……尾端尽破。……有流蠃，大如小拳，一名甲香蠃，肉亦视月盈亏。有蛤蜊生海滨土中，白壳紫唇，一名赤口蠃。……凡蠃类两壳相合结名蛤。而此蠃肉壳并利于人，故曰蜊。有车螯者，似蛤蜊而大，甲厚而莹，有斑点如花。绝水俟死，乌鸟信而得之，辄为所得。一名沙蚆。有海胆，生岛屿石上，壳圆有粟珠，大小相串，粟珠上又有长刺。累累相连，取一带十。如破其一，余皆死粘于石上。壳破流浆终不得起。"从上面的描述可以看出，所谓蠃是包括多种含螺壳和贝壳的软体动物，甚至寄居贝壳中的寄居蟹。

书中记述的软体动物还有蚌，作者认为："凡狭而长者皆曰蚌，广而圆者皆曰蛤。"[1] 此外，书中还记有水母，并认为"干者曰海蜇"。

屈大均还记载了南部沿海很常见的节肢动物蟹。其中招潮蟹的习性记述得非常生动，说："蟹善候潮，潮欲来，举二螯仰而迎之。潮欲退，折六跪俯而送之。"书中指出稻田中也有蟹："蟹从稻田求食，其行有迹，迹之得其穴。一穴辄一辈，然新穴有蟹，旧穴则否。其匡新蜕，柔弱如棉絮，通体脂凝，红黄杂糅，结为石榴子粒，四角充满。手触不濡，是为奭蟹。其未蜕者曰膏蟹，盖蟹黄应月盈亏。……次曰肉蟹，自扶胥以上，水淡，多肉蟹。近大小虎门，水咸，多膏蟹。……蜕必以秋，然每年四月八日，潮不大长，是日奭蟹尤多。……然大抵潮减则蟹肥。潮满则蟛蜞肥。……蟹产于咸淡水之间，有白蚬之所，盛寒时白蚬子肥，故蟹食之而肥。又蟹以流水生之色黄而腥，止水生者绀而馨。"对蟹的习性描述非常细致。书中还记载："蟹类甚多，有曰小娘蟹，其螯长倍于身，大者青绿如锦。……有拥剑，五色相错。螯长如拥剑然……有飞蟹，小者如钱，大者倍之，从海面飞越数尺，以螯为翼。"此外，书中还记载了石蟹和蟛蜞。

《广东新语》中记载的节肢动物还有各种虾。作者指出，它们"种类甚繁，小者以白虾、大者以蟳为美。蟳虾产咸水中，大者长五六寸，出水则死。……两两干之为对虾。其次曰黄虾、白虾、沙虾，最小者银虾"。

三　对华南两栖爬行类动物等的记叙

《广东新语》中还记载了一些当地人食用的两栖类动物，其中有田鸡（应当是皱皮蛙 *Rana rugulosa*。这种动物之所以归于介，不像蚬、蟹、虾外有壳，而是因为蛤蟆与称做蛤的软体动物一字相同的结果）。另外，也记载有玳瑁（海龟），还记有一种"蛇头鼍身"的吊，可能是鳄蜥或鳄鱼之类的爬行动物。

---

[1]　清·屈大均，《广东新语》，中华书局，1985年，第582页。

华南是爬行动物最丰富的地区之一，书中对此也有很好的体现。作者记述的其他爬行动物有蚒蛇、乌梢、藤蛇、山乌蠡、两头蛇、土锦、王虺、时辰蛇（可能是避役，即变色龙）、猫蛇、雷公马、箪箕荚（可能即银环蛇）[1]、金角带、七寸锦、过路蟒等。

除上述水生动物和爬行动物之外，《广东新语》也记有一些其他动物的生活习性，如书中记载鲮鲤："似鲤有四足，能陆能水，其鳞坚利如铁……一名穿山甲。……杨孚《异物志》：'鲮鲤吐舌，蝼蚁附之而因吞之；又开鳞甲，使蝼蚁入之，乃奋迅而舔取之。'"同时还记载："粤山多岩洞，蝙蝠宫之……纯白者大如鸠鹊，头上有冠。……而皆倒悬。……余皆背腹茜红而肉翼浅黑，多双伏红焦花间。雌雄不舍。……仁化有夜燕岩，蝙蝠多至数万。且暮分三道往还。声如飘风，倏忽数十里。"还说："从化鳌头岭之右，有蝙蝠石，石穴中多黄白蝙蝠；……肇庆七星岩，有五色蝙蝠。"书中还记有催生鼠（即鼯鼠），说："罗定有催生鼠，状如兔而鼠首，以其臎飞。飞且乳。声如人呼。喜食火烟。能从高赴下，不能从下上高。其毛可治难产。一名飞生，亦即蝙蝠也。"当然书中把"催生鼠"当作蝙蝠是不对的，不过，可能古人把会飞翔的兽类通称蝙蝠。当然也存在另外的情况，像南方一些地区的人民常把蝙蝠称做"盐老鼠"。

四　对地区性植被特色的描述

广东地处南亚热带地区，植物类型众多。屈大均指出：在广东"松多而柏少"，到"琼州（即海南岛）无松"。书中记载了具有地方特色的水松、桂（肉桂）、枫、榕、木棉、红豆、海枣（紫京）、桄、菩提、荔枝、龙眼、梨、橄榄（白榄、乌榄）、槟榔、桄榔、椰、菠萝蜜、诃子、蒲桃、橘柚、芭蕉、朱蕉（朱竹）等。作者同时指出，杉这种用材树种在粤东很少，梅岭的梅花很多。还介绍了其他带有岭南特色的花卉，木芙蓉、木槿、素馨、月贵（月季）、茉莉、佛桑、瑞香、指甲花、凤仙花、露头花、换锦、数种蝴蝶花、雁来红（老少年）和南烛、山矾、刺桐、散沫花、朱槿、凤尾花（凤尾蕉）、留求子、桃金娘和海南有一种花如粟的大树木兰[2]、铁树，以及从域外传来的仙人掌、贝多罗等。顺便提一下，贝多罗这种植物在唐代可能就为国人所知，但描述其形态的很少见，《广东新语》记载："花大如小酒杯，六瓣，瓣皆左纽，白色近蕊则黄。有香甚缛。"

另外，作者还记下富有华南特色的多种兰花，包括桠兰（隔山香）、公孙偪、出架白、青兰、黄兰、草兰、风兰、鹿角兰、石兰、小玉兰、报喜兰、贺正兰、夜兰、翡翠兰、鹤顶兰、凤兰、龙兰、朱兰、球兰、珠兰、文殊兰。书中提到，兰不能适应寒冷的气候，一些种类能靠空气中的水分生活，指出风兰："花如水仙，系置檐间无水土自然繁茂。"报喜兰："悬树间勿侵地气，以花根悬户上即生"，"是皆以空为根"、"以露为命、乃风兰之族"等。

书中对当地植被的描述也很有特色，注意到了一些当地植物的特征，如有些树木有一定的分布界限，像榕树不耐寒，过了梅岭就不生长，而这种树木在广东常做绿化树种，里社边常种（即土地神坛风水树）。类似的情况还有不少，如在祠堂和庙宇多种植桄榔、蒲葵和木棉，佛寺多种植菩提，在水边常种植木棉树、水松和荔枝。同时还指出，南方奇木、奇草种

---

① 闽西一带也称银环蛇为簸箕荚。
② 清·屈大均，《广东新语》，琼南花木，中华书局，1985年，第666页。

类多，尤其多棕、蕉和像竹子类型的植物，亦即今天所谓的棕榈科和芭蕉科的植物，声称："粤故芭蕉之国。"[①] 其中不少植物经济价值很高，如桄榔、椰、蒲、香蕉和葵等。作者还注意到，广东攀缘植物很丰富，说："大抵岭南藤类至多"，"南藤有数百种"[②]。有的可以食用，有的可以当药用，有的可以剥出纤维，有的可以编制器物。值得一提的是，作者还注意到，由于气候炎热，当地含挥发油的芳香植物众多，即所谓："峤南火地，太阳之精液所发，其草木多香。"[③] 书中记载了不少当地出产的多种芳香植物。

另外作者还注意到："东粤多竹，多异竹"，"有碧玉间者，其茎黄，有青丝间之，名碧玉间黄金；有黄金间者，其茎翠碧，有黄丝间之，名黄金间碧玉。"书中还记载了桃丝竹、青皮竹、黄皮竹、人面竹、佛肚竹、鹤膝竹、马蹄竹、马鞭竹、牛角竹、象牙竹、石竹、筋竹、笏竹（又名勒竹、篃篛）、蒲竹、大头竹、单竹、篱竹、水竹、长节竹、笙竹、扶竹、苦竹、龙公竹、箻篜竹、沙筋竹、桃枝竹、桃竹、慈竹、邛竹、方竹、观音竹、油筒竹、甜竹、猫竹、思摩竹，等等。书中提到竹类的用途极广，有些纤维可以织布，如单竹，有些可以制弓箭，如离竹等。同时还指出，由于气候过于炎热的缘故，岭南产的竹笋不如江浙。此外，他还记述了不少他认为值得称述的"异草"，其中包括万年松（卷柏）、还魂草（地胆草）、凉粉草等。

在《广东新语》中，作者还记有不少具华南特色的农作物，如芋，包括黄芋、白芋、红芽芋、南芋，甘蔗、蒌叶、蕹、藤菜（落葵）、高良姜、鲜草果（杜若）、缩砂密（草头）、益智子等。

值得注意的是，书中还记载了当地向西方出口土茯苓这种药材，也记载了从西方传进来的西洋莲（一种藤本花卉）、从中亚传进的木葱（胡葱）。

除《广东新语》外，当时还有不少有关的农学和生物学著作提到生物分布方面的知识。众所周知，除少数世界广布的种类之外，由于长期对环境的适应，不同的生物有不同的分布区域。为了有效地利用生物资源，古人除注意到生物对气候和光周期的反应外，他们还很早就注意到不同地域间生物分布是有差异的。古代的本草著作中经常强调，各地气候地理环境（即古人所说的"风土"）的差别，导致各地动植物种类的不同。

在明代，著名学者徐光启在《农政全书》中指出，荔枝和龙眼这种热带水果不能移植到南岭以北，橘、柚、橙和柑等过了淮河就不能栽培，更加明确注意到南岭也是一条生物分布的重要界线。

约与屈大均同时的《花镜》作者陈昊子指出：环境条件存在差异，长出的草木当然就不一样。通常生长在北方的植物耐寒，而生长在南方的植物则耐热。荔枝和龙眼等果树在福建、广东可以生长得很好，而榛子、枣树和柏树又以在河北和山东长得繁盛；柑橘生长于南方，移植到北方就干枯；芜菁生长在北方，到了南方就不长块根。他就植物分布的差异，提出自己的见解：生物的分布存在一些特定的界线，而且随地形的高度不同，分布的种类也不同。

①　清·屈大均，《广东新语》，中华书局，1985 年，第 688 页。
②　清·屈大均，《广东新语》，中华书局，1985 年，第 725～727 页。
③　清·屈大均，《广东新语》，中华书局，1985 年，第 669 页。

第九节　免疫思想的发展

一　我国古代免疫思想的概况

免疫学虽然是近代微生物学形成并得到充分发展之后，才出现的一门崭新的学科，但免疫的思想在我国很早就存在了。前面提到约成书于战国年间的著名医学经典著作《黄帝内经·素问·四气调神大论》，有这样的记载："是故圣人不治已病治未病。"意思是知道对疾病在未发病之前予以预防的人是高明的人。同时还指出，"正气内存，邪不可干"，"邪之所凑，其气必虚"。大意是说，如果一个人，他的身体健康而具备强的抵抗疾病能力的话，那么他是不容易受到疾病的侵袭的；如果一个人他感染上疾病了，那一定是他的抵抗力太弱。显然，这里包含着今天免疫的概念。"免疫"一词，在我国出现于 18 世纪左右，《杭州府志》载有《免疫类方》一书。书中的免疫二字指"免除疫疠"，也就是预防疾病的意思。虽然免疫这个名词出现得比较晚，但有关免疫的医学实践在我国很早就开始了。

我国较早的医学免疫实践，当是对狂犬病的防治。对此种疾病的危害性，古人似乎很早就有认识。《春秋·襄公十七年》记载：公元前 556 年，"十一月甲午，国人逐瘈狗"。说明当时人们以逐打狂犬来消除病源。汉代《淮南子·氾论训》还记载狂犬惧水，"不投于河"。在晋代的时候，我国的医生已经知道应用狂犬脑敷在被狂犬咬伤的伤口上以防止狂犬病。葛洪《肘后备急方》载："疗狂犬咬人方：乃杀所咬犬，取脑敷之，后不复发。"其后唐代的孙思邈在《千金要方》、崔知悌在《纂要方》、王焘在《外台秘要》中都有类似的记载，这说明前人积累的防治狂犬病的经验，在实践中是行之有效的，因而能长期为人所用。1885 年，法国著名微生物学家巴斯德成功地利用死于狂犬病的兔子脊髓制成了狂犬病疫苗，并成功地用于人体接种，有效地挽救了被狂犬咬伤的病人。由此种事实可以看出，葛洪等人记述的狂犬病防治方法在原理上与巴斯德的做法基本相同，应当是可行的。

在葛洪的《肘后备急方》和隋代巢元方的《诸病源候论》里，后者还记载了对一种被称做"射工候"（即今天所谓丛林斑疹伤寒）的免疫方法。现节录如下：

> 江南有射工毒盅，一名短狐，一名蜮，常在山涧水内。……大都此病多令人寒热欠伸、张口闭眼。此虫冬月蛰其土内，人有识之者，取带之溪边行，亦佳。若得此病毒，仍以屑渐服之。夏月在水生者，则不可用。（卷25）

这里所记述用以治疗丛林斑疹伤寒的方法，是用带有斑疹伤寒病原体的恙螨研成粉末，随身携带让其稍微感染，从而达到预防斑疹伤寒发作的目的。

上面的两个事例表明，我国古人很早就在免疫学方面进行了可贵的实践，并取得了一定的成果。当然，我们的前人在免疫方面的突出成就也许还是在天花的预防上。

天花是一种恶性的病毒传染病，曾给人类带来巨大的灾难。（据说这种病是在东汉年间，由战争中的俘虏所带进，因此又被叫做虏疮。）葛洪的《肘后备急方》曾对天花的症状做过描述。他说："比岁有病时行，仍发疮头面及身，须臾周匝，状如火疮，皆戴白浆，随决随生，不即治，剧者多死，治得差者，疮瘢紫黑，弥岁方灭。此恶毒之气，世人云永嘉四年，此疮从西东流，遍于海内……建武中（25～56）于南阳俘虏所得，仍呼为'虏疮'。"大意是说，当时流行着这种传染病，患者的头部和脸部生疮，而且很快蔓延全身，形状有如火疮，疮内有白浆，很易破裂，但很快又长出来。不及时治疗，严重的大多会死亡，治好的也会留下各种斑痕。这种病流行了差不多一年才消失，是一种恶性的流行疫气，是东汉时传入的。于此可以看出，葛洪对天花的危害已有十分明确的认识。

天花的流行是如此危险，我们的前人也为此作了不懈的探索，以找出有效的防治方法，其中最有效的是通过接种人痘以预防此病。自宋代以来，我国出现了大量有关天花防治经验的著作，据清光绪十年（1884）董正山的《牛痘新书》载："自唐代开元之间，江南始传鼻苗种痘之法。"提出唐代开始有种痘的方法。另外，朱纯嘏在其《痘症定论》中记载了北宋时，在四川的峨眉山出现了专门给人种痘防治天花的医生，书中记载："宋仁宗时，丞相王旦生子俱苦于痘。后生子素，招集诸医探问方药。时有四川人请见，说：'峨眉山有神医能种痘百不失一……凡峨眉山之东南西北，无不求其种痘，若神明保护，人皆称为神医，所种的痘称为神痘。若丞相必欲与公郎种痘，某当望峨嵋敦请，亦不难矣'。不逾月，神医到京。见王素摩其顶曰：'此子可种！'即于次日种痘。至七日发热，后十二日正，痘已结痂矣。由是王旦喜极而厚谢焉。"生动地记述了一次种痘的过程。但同是清代的俞茂鲲则认为："闻种痘法起于明朝隆庆年间（1567～1572），宁国府太平县，姓氏失考，得之异人丹传之家，由此蔓延天下。至今种痘者，宁国人居多。"说种痘法是从明代中期开始出现的。万历、天启年间的一些作品，如程从周的《茂先医案》、周晖的《金陵琐事剩录》都有关于种痘的记载。

由于种痘防治天花确有疗效，所以后来运用日益广泛，在清初时这一方法已在一定的范围内得到普遍使用。1681 年，朱纯嘏把种痘法介绍给清朝廷，很受朝廷重视，康熙还下令予以推广[①]。1682 年，康熙在《庭训格言》中提到："国初人多畏出痘，至朕得种痘方，诸子女及尔等子女，皆以种痘得无恙。今边外四十九旗及喀尔喀诸藩，俱命种痘，凡所种者，皆得善愈。尝记初种痘时，老年人尚以为怪，朕坚意为之，遂全此千万人之生者，岂偶然哉！"从中可以看出通过种痘法较好地防止了天花的流行，这种方法也得到了朝廷的重视。后来种痘的方法在民间也逐步得到推广，张璐在撰于 1695 年的《张氏医通》中说："迩年有种痘之术，始自江右，达于燕齐，近则遍行南北。"随后俞茂鲲在其《痘科金鉴赋集解》中也说："近来种花一道，无论乡村城市，各处盛行。"

随着种痘法应用日广，这项技术也不断得到发展和改进，效果越来越好。早先的通过在接种儿的衬衣沾染上痘浆，使其感染的接痘方法叫做痘衣法，此种方法很原始，效果不可靠。后来此种方法被改进为痘浆法，亦即用棉花蘸上天花患者的疱浆，塞入被接种者的鼻孔，使其感染，这种方法的危险性仍很大，后来一般也不使用。随着接种经验的积累，又出现了旱苗法，即将患者的痘痂阴干研成细末，接种时将它吹入接种者的鼻腔。此种方法后来进一步被改进为水苗法，其方法首先也是将痘痂阴干研成细末，接种时再用水调湿，再用棉花蘸此种"痘苗"塞入被接种的鼻孔使其感染。后两种方法比较安全可靠，因其使用于接种的痘痂系患者病程后期所形成，毒性比正发作时的疱浆小许多，又因其通过鼻腔接种，故此又称"鼻苗"或"鼻痘"。

在人们不断改进接种方式的同时，也注意痘苗的改进，如余茂鲲在上述著作中较详细地记载了人痘接种术。书中提倡为人种痘接种时选用"熟苗"，亦称"种苗"，指的是鼻苗发出的痘痂，或经过几次接种后的痘痂制作的痘苗，还指出痘苗递传越久越好，反对采用"时

① 俞慎初，中国医学简史，福建科学技术出版社，1983 年，第 298 页。

苗"（即危险性极大的直接取自天花患者的痘痂苗）。受清廷之命编纂的《医宗金鉴》，对人痘接种法也有详细的记载。到 1808 年，朱奕梁在其《种痘心法》已有较合乎科学原理的理性认识，他说："其苗传种愈久，则药力提拔愈清，人工之选炼愈熟。火毒汰尽，精气独存，所以万全而无害也。若时苗能连种七次，精家选炼，即为熟苗。"由于熟苗安全稳妥，所以为人们广为运用，而时苗则逐渐被淘汰。人痘法成为一种可靠的天花防治方法，清代张琰在《种痘新书》中说到他种痘的效果为："经余种者不下八九千人，屈指纪之，所莫救者不过二三十耳。"有效率还是比较高的。

随着中西交往的增多，种痘防治天花的方法很快传到国外。首先从我国学去种痘法的有俄罗斯，据俞正燮《癸巳存稿》卷九记载，1688 年，"俄罗斯遣人至中国学痘医"，并"在京城肆业"。此期间中国一位医生戴曼公也东渡日本，传播人痘接种术[1]。1744 年，杭州人痘医李仁川到日本长崎，有两位日本医生奉命向他学习人痘接种。不久，《医宗金鉴》传入日本，使人痘接种术在日本得到进一步的传播。接着，人痘接种的方法又传到朝鲜，还从俄罗斯传入土耳其和北欧。18 世纪初期，英国驻土耳其公使在君士坦丁堡学会了种痘法，随即种痘法传入英国，随后又传入欧美其他国家。种牛痘方法的发明者琴纳（E.Jenner）原来也是一位人痘接种医生，他的发明是在我国人痘法的基础上完成的。我国的人痘接种法确实是对人类免疫学的一项重要贡献，下面就上述的有关成就进行比较深入的探讨。

二　对流行病的认识

早在战国时期的名著《左传》中就记载："哀公元年（公元前 494）天有灾疠"。又载："昭公十三年（公元前 529），蔡公以楚公子比等，准备帅师入楚时说：'欲速，具役人病矣'。"役人病即士卒患了流行病[2]，其后流行病便称为疫。另外，《周礼·天官·疾医》[3] 载有"时疾有四，四时皆有疠疾。"这是说流行病与一年四季的气候变化有关系。此外，《左传》还记载："哀公十二年（公元前 482），子曰：'往之，长木之毙，无不摽也。国狗之瘈，无可嗾也，而何况大国呼'。"这说明那时人们已经知道瘈狗（狂犬）咬人后，可传染疾病，并采取赶走或击死的办法，预防狂犬病[4]。这些史料都表明，国人对流行病的认识是很早的。

（一）对流行病认识的发展

《黄帝内经》中刺法篇记有："五疫之至，皆相传易，无论大小，病状皆是。""五疫之症候，基于五邪之暴发。"[5]这是说流行病五疫有传染性，其流行是五邪的暴发性，表明对流行病规律的认识有所发展。

（二）丛林斑疹伤寒

这是病原东方立克次氏体寄生在恙虫体内，通过恙虫侵入人体使其感染患病。东晋时葛

① 新中国预防医学历史经验编委会，《新中国预防医学历史经验》第一卷，人民卫生出版社，1991 年，第 4 页。
② 范行准（伊广廉等整理），1989 年，中国病名新义 263~268 页，279~289 页，中医古籍出版社
③ 同②。
④ 同②。
⑤ 时逸人，中国传染病学，上海千顷堂书局，1952 年，第 1~3 页

洪①（284~364）对恙虫进行了较为详细的观察。丛林斑疹伤寒在当时叫做"短狐"，"一或域，一名射，其实水虫也"。葛洪在《肘后备急方》中记载："山间多沙虱，其虫甚细，大如毛发之端，初著人便钻入皮里，所在如芒刺之状。可以针挑取之，得虫之，正赤如疥虫，着瓜上映光，方见行动也。""沙虱水陆皆有，其雨后，阴雨行草中，及晨暮前践涉必着人。""今东间诸山川州县，无不病水毒，每春日多得，亦如京师伤寒状。"陈述之在《小品方》中也较详细地记载恙虫的生态、形态和生活周期等。这些记载都是世界上最早的记录。

（三）早期的免疫治疗

前面提到，葛洪在《肘后备急方》②中提出，把狂犬杀掉，取其脑组织敷在被狂犬咬过的伤口上，以治疗狂犬病。葛洪是世界上最早认识狂犬病发病部位在脑部，并用脑组织进行治疗狂犬病的人。

（四）天花的最早记载

葛洪是我国第一位对天花进行详细描述的医家，其记载在世界上也是最早的。《肘后备急方》③记有：近年来有一种疾病流行，先在头面，后在全身出疮，很快蔓延，形状很像火疮。疮头上有白浆，流出后很快又产生脓浆。不及时治疗，重病者多死。治好了以后，有瘢痕，呈紫红色，要一年才会消退。这是一种恶毒之气引起的。大家都说永嘉四年（310）此病从西向东流传来的，很快传遍全国。建武中在南阳俘虏中发现此病，叫"虏疮"。从这一记载看，天花是从国外传入的流行病，很快在全国流行。

三　古人对流行病的解释

（一）戾气说的提出

隋代巢元方（605~618）曾任太医博士，大业六年（610）他编著的《诸病源候论》是我国中医学第一部病原病理的专著。巢元方对流行病学的最大贡献，是突破了自《伤寒论》以来"六淫致病"的观点。他提出："岁时不和，温凉失节，人感乖戾之气而生病。则病气转相易染，乃至天门，延及外人。"④这一新观念是说，在气候变化失常的季节，人们感受乖戾之气而染病，先是在家中传染，然后又传染给别人。它基本上概括了流行病发病的病因及其传染性，在我国医学史乃至世界医学史上都具有科学性和独创性，对我国流行病学的发展具有深远影响。

（二）第二次免疫实践

巢元方在前人研究丛林斑疹伤寒的基础上，提出杀死寄生主恙虫的简单方法："熟看见处，以竹篾挑拂去之。已深者，用针挑取虫子。挑不得，炙上三七壮，则虫死病除。""此虫

①　范行准（伊广廉等整理），1989年，中国病名新义263~268页，279~289页，中医古籍出版社。
②　晋·葛洪，引自刘锡琏《中国古代的免疫思想和人痘苗的发展》，微生物学报，1978，18（1）：3~7。
③　晋·葛洪，1990年，引自李经伟、李志东著《中国古代医学史略》，河北科学技术出版社，第125~126页。
④　同③。

冬月蛰于土内，有人识之者……若得此病毒，乃以屑渐服之。夏日在水中生者，则不可用。"恙虫冬季在土中越冬，东方立克次氏体在宿主体内也不进行繁殖，毒力相应弱些，这时取来服用以产生免疫能力，防治疾病。这是我国医学史上第二次进行的免疫实践。

（三）戾气说

吴有性，字又可，江苏吴江县人。据《吴江县志》记载，在《温疫论》成书（1642）前后，流行病肆虐，"一巷百余家，无一家仅免；一门数十口，无一口仅存者"。吴有性是在瘟疫严重流行的历史背景下，将"平日所用历验方法"，写成了《温疫论》。这是一部论述急性流行病的专著[①]，书中提出了划时代的学说——戾气说，阐述了流行病的病因、感染的专一性和流行病流行规律等概念和原理，并为现代微生物学所证明。此书是流行病学史上的里程碑。

（四）流行病的病因说

吴有性提出："大温疫之为，非风、非寒、非暑、非湿，乃天地间别有一种异气所感。"[②] "然气无形可求，无象可见，况无声复无臭，何能得睹得闻？"[③] "天物者气之化也，气者物之变也，气即是物，物即是气。"[④] "寒暑损益，安可以为拘，此天地四时之常事，未必为疫，夫疫者，感天地之戾气也。"[⑤] 流行病的病因是看不见听不到的一类物质性异气、戾气，与季节气候变化无关。吴有性的这一论点是科学的，病原微生物是人们眼睛看不见、耳朵听不见的，并把病原微生物称为异气、戾气或杂气。

（五）气的多样性

"而唯天地之杂气，种种不一"，"众人有触之者，各随其气而为诸病焉"。"为病种种，难以枚举。大约遍于一方，延门阖户，众人相同，此时行之气，即杂气为病也。为病种种是知气之不一也"。杂气有很多类，每一种戾气只能引发一种流行病，很多种戾气便引发出很多种流行病。这是对杂气概念的进一步阐述，同时也提出病原的多样性。

（六）戾气的"偏中性"

"至于无形之气，偏中于动物者，如牛瘟、羊瘟、鸡瘟、鸭瘟，岂当人疫而已哉。然牛病而羊不病，鸡病而鸭不病，人病而禽兽不病，究其所伤不同，知其气各异也。"[⑥] 所谓偏中性，即吴天性根据对人和禽兽所患流行病不同的观察，提出戾气（病原微生物）感染的专一性。

---

① 浙江省中医研究所评注，《温疫论》评注，人民卫生出版社，1977年，第2～3页。
② 浙江省中医研究所评注，《温疫论》评注，人民卫生出版社，1977年，第1页。
③ 浙江省中医研究所评注，《温疫论》评注，人民卫生出版社，1977年，第195～197页。
④ 浙江省中医研究所评注，《温疫论》评注，人民卫生出版社，1977年，第210页。
⑤ 浙江省中医研究所评注，《温疫论》评注，人民卫生出版社，1977年，第336页。
⑥ 同④。

（七）戾气对组织的特异性

"盖当其时，适有某气专入某脏腑经络，专发为某病，故众人之病相同。"[1] 吴有性根据发病的组织部位不同，提出戾气对组织的特异性。现代微生物学研究证明，病原微生物对寄主侵染组织的特异性，是双方细胞表层结构识别信号所决定的。

（八）流行病的传染途径

"邪之所着，有天受，有传染"，"凡人口鼻之气，通乎天气，本气充满，邪不易入，本气适逢亏欠，呼吸之间，外邪因而乘之"。"此气之来，无论老少强弱，触之者即病"[2]。流行病的传染途径，有空气传染，有接触传染。假若身体强壮则不易感染，若身体不适则易于感染。只要有病原戾气存在，不管老少，不管身体强弱，感染戾气之后，都有生病的可能。

（九）流行病的散发性

"疫气不行之年，微疫亦有"[3]，"但目今所钟不厚，所患稀少耳。此又不可以众人无有，断为非杂气也"[4]。在流行病不大流行的时候，也有散发性的发生，这是流行病发生的另一个规律，对于医生来说，千万不能忽视这一现象，从而误诊病情。

（十）流行病的治疗

"知气可以制物，则知物可以制气矣。夫物可以制气者药物也。"[5] 这意思是知道流行病是气（病原菌）引起的，就可以用药物来治疗。

（十一）戾气与外科感染的关系

"如疔疮、发背、痈疽、流注、流火、丹毒，与失斑、痘疹之类，以为诸痛痒疮皆属心火……实非心火，亦杂气之所为耳。"[6] 吴有性首先否定了疔疮等的病因为心火，继而提出这些外科疾病也是由杂气感染而发的新观点。这一论述把外科感染与戾气学联系起来，扩大了戾气说包含的范围。

吴有性的戾气说全面而又系统地阐述了流行病学的原理，以及外科感染的病因。这些已为现代医学微生物学所证明，而且远远超过该时代前后西方对流行病的认识。意大利福瑞卡斯图茹（G.Fracastoro，1483～1553）认为流行病的传播有直接、间接和空气等途径[7]。奥地利医生浦兰席兹（Plenciz，1705～1786）主张流行病的病因是活的，每种传染病是由独物体引起的[8]。

① 浙江省中医研究所评注，《温疫论》评注，人民卫生出版社，1977年，第195～197页。
② 浙江省中医研究所评注，《温疫论》评注，人民卫生出版社，1977年，第10～11页。
③ 浙江省中医研究所评注，《温疫论》评注，人民卫生出版社，1977年，第207页。
④ 同①。
⑤ 浙江省中医研究所评注，《温疫论》评注，人民卫生出版社，1977年，第210页。
⑥ 同①。
⑦ 余某主编，医学微生物学，人民卫生出版社，1983年，第4～6页。
⑧ 同⑦。

到清代中期，人们已经知道传染病的存在。清代学者郝懿行（1756～1825）已经提到"传染病"[①] 一词。

四　人痘预防天花

人工接种人痘预防天花，于 16 世纪首先在我国试用成功，并相继传入欧洲、亚洲和美国。这是免疫学史上的重大事件，为免疫学的建立和发展，乃至今日全世界消灭天花，写下了辉煌的第一页，做出了历史性的贡献。

（一）接种人痘起于何时

接种人痘起于何时，医学史研究者大多认为明代隆庆年间较为可信。更确切地说隆庆年间为接种人痘有文字记载的起始时间。俞茂鲲[②]《痘科全境赋集解》中记有："明隆庆年间（1567～1572），宁国府太平县（安徽太平县）姓氏失考，得之异人，丹传之家，由此蔓延天下。至今种痘者，宁国人居多。"

（二）人痘接种方法

《医宗金鉴》[③]（1742）等医书记载的接种人痘方法有四种，可分为两种类型：一为采用未愈病人的人痘浆液，"以稀痘浆……染衣小儿"，或"以痘汁纳鼻"的痘衣法和痘浆法。另一种类型为取用痊愈病人的痘痂，"碾痘痂极细，纳于管端……对鼻孔吹入之"，或"一岁者用二十余粒，三四岁者用三十余粒。置于干净瓷钟内，以柳木为杵，研为细末。以净水三、五滴滴入钟内，春温用"的旱苗法和水苗法。这四种方法都是用少量天花病毒接种人体，使幼儿患病较轻，同时产生免疫能力。这是医学史上第一次获得成功的人工接种预防天花的事例。

《种痘心法·审时熟苗》[④]（1804）载："种痘之派有二。其一为湖州派的时苗法，选时痘之极顺者，取其痂以为苗，是名时苗。种出之痘，稀密不常，时或有失。"该法选出的痘痂是出痘极顺的，即毒中减弱了的人痘，比前几种方法安全些，但因所选时痘是随机的，毒力不一，有时便有失了。其二为松江派种苗（熟苗）法："专用种痘之痂以为苗，是为熟苗。种出之痘，稀密视于胎毒之轻重。轻者，不过数颗，其毒已尽。即重者，亦不过三四百颗。……良其苗，传种愈久，则药力之提拔愈精，人工之选炼愈熟，火毒汰尽，精气独存，所以万全而无患者也。若时苗能连七次，精加选炼，即为熟苗，不可不知。"种苗法最大的进步是使用专一痘苗至少连七次接种人体，使病毒的毒性减弱，即"火毒汰尽"，而乃留其免疫力，即"精气独存"。

这是世界上第一次明确提出减毒原理，并成功地得到了"万全而无患"的天花疫苗。现在看来那时选出的疫苗毒力还是比较强的，"重者……三四百颗"人痘。

---

① 见《记海错》鳗鲡条。
② 清·余茂鲲，引自李经伟、李志东著《中国古代医学史略》，河北科学技术出版社，1990 年，第 247 页。
③ 清·吴谦等，《医宗金鉴·痘诊心法要诀》，人民卫生出版社，1973 年，第 122～124 页。
④ 剂锡珺，中国古代的免疫思想和人痘苗的发展，微生物学报，1978，18（1）：3～7。

（三）人痘免疫法的推广

1681 年，清代康熙[1]皇帝诏令江西种痘师朱纯嘏来北京给皇族子弟和满蒙官员的孩子种痘。在《庭训格言》中有："国人多畏出痘，至朕得种痘方，诸子女尔等，皆以种痘得无恙。至边外四十九旗及喀尔喀诸藩，俱命种痘，几所种皆得善愈，尝记。"张琰[2]在《种痘新书》（1741）中写道："经余种者不下八九千人，屈指计之，所莫救者，不过二三十耳。"这表明人痘的成功率是相当高的。

（四）人痘免疫法传向欧、亚、美各国

1688 年帝俄向中国请求派医师来中国学习种痘法。俞正燮[3]《癸巳存稿》（1817）载："俄罗斯遣人至中国学痘医，在京肄业。"英国驻土耳其公史夫人蒙塔古（M. W. Montagu，1689～1762)[4]，在土耳其接种了人痘，并学会了人痘接种术。1718 年返回英国后，在英国进行人痘的接种，后由英国传播到非洲和印度。法国伏尔泰[5]（1692～1778）说："我听说一百多年来，中国人一直就有这种习惯，这是被认为全世界最聪明最礼貌的一个民族的伟大先例和榜样。"

马瑟牧师[6]在《皇家学会报告》中记有："1721 年 6 月为布鲁克林一家医院院长的儿子和两名奴隶接种了人痘，得到了成功。后来华盛顿让他的家族和美国军队接种人痘。富兰克林[7]（1706～1790）在儿子死于天花后，呼吁人们接种人痘。"朝鲜和日本于 18 世纪先后来中国学习种痘术。

（五）人痘与牛痘

英国人琴纳[8]（E.Jenner，1748～1823）曾是一位人痘接种师，他本人也因接种人痘获得天花的免疫。后来他听一位挤奶妇人说："我已患牛痘，不会再患天花。"随即他对牛痘进行了长期研究，制成了牛痘疫苗。由于牛痘的毒力更弱，逐渐取代了人痘。1779 年英国商人团体来华，随员中有医生，其中皮尔逊[9]于 1805 年把介绍牛痘接种技术的《种痘奇书》带到中国。邱熺[10]跟皮尔逊学习接种牛痘法，是第一位在中国进行牛痘接种的人，并著有《引痘略》。

[1] 清·康熙，引自李经伟、李志东著《中国古代医学史略》，河北科学技术出版社，1990 年，第 248 页。
[2] 同[1]。
[3] 清·俞正燮，引自李经伟、李志东著《中国古代医学史略》，河北科学技术出版社，1990 年，第 249 页。
[4] Parish, H.J., 1965, A History of Immunization, E&S Livington Ltd., Edinburgh & London.
[5] 伏尔泰，引自李经伟、李志东著《中国古代医学史略》，河北科学技术出版社，1990 年，第 249 页。
[6] 马瑟，引自李经伟、李志东著《中国古代医学史略》，河北科学技术出版社，1990 年，第 249～250 页。
[7] 富兰克林，引自李经伟、李志东著《中国古代医学史略》，河北科学技术出版社，1990 年，第 250 页。
[8] 引自李经伟、李志东著《中国古代医学史略》，河北科学技术出版社，1990 年，第 250～251 页。
[9] 皮尔逊，引自李经伟、李志东著《中国古代医学史略》，河北科学技术出版社，1990 年，第 335 页。
[10] 同[9]。

第十节　解剖学的发展

明清期间，我国的解剖学在相当一段时间内发展缓慢，直到王清任和他的《医林改错》的出现，才改变了这一局面。

王清任（1768～1831），字勋臣，河北省玉田县人。年轻时曾经是武庠生，并出资捐得个千总的职衔，后来对医术发生兴趣，便学习岐黄之术，同时在京城行医。由于潜心医道，业医有成，颇得当地民众的赞誉。在长期的医学实践中，王清任深切地认识到，要当一名好的医生，首先必须明确相关的医理，否则，"利己不过虚名，损人却属实祸"，"窃财犹谓之盗，偷名岂不为贼"。尤其必须充分了解人体脏腑，也就是要掌握人体解剖学知识，用他自己的话来说就是"业医诊病，当先明脏腑"，如果对人体的脏腑认识不清，就很难把握疾病的根本原因。他认为以往的良医所以无一全人，根本原因就是前人在创著医书时，脏腑叙述错误。后人据以诊病疗疾，其结果是"病情与脏腑绝不相符"，当然就不可能期望出现全人。

正是基于这样一种认识，王清任指出编写医学著作尤其应当具备解剖学知识，否则"著书不明脏腑，岂不是痴人说梦；治病不明脏腑，何异于盲子夜行"。他很注意查阅前人有关人体解剖方面的书籍，发现古人关于脏腑的论说和图解互相矛盾之处甚多，很难自圆其说。他意识到以前的这些医籍有关脏腑的论述谬误太多，很不利于指导人们的行医实践，于是下决心想办法解决这方面的问题。

在当时的宗法社会中，王清任不可能进行正规的尸体解剖。须知道，在当时儒家"身体肤发，受之父母，不敢毁伤"封建礼教的桎梏下，谁要对尸体动刀子，马上就会被视为毒蛇猛兽，无异于冒天下之大不韪。因此，王清任要对前人在脏腑记述方面的谬误进行纠正，困难是很大的，诚如他所说，"余尝有更正之心，而无脏腑可见"。但作为一名有勇气的学者，王清任并未因此而退缩，以不怕别人"议余故叛经文"而追求真理的可贵精神，探索解决问题的方法。

受当时社会的局限，王清任虽不敢直接做尸体解剖，但由于有坚定的信念，因而他利用一切可能的机会，观察尸体器官。嘉庆二年（1797）春，王清任在河北滦州（今滦县）稻地镇行医，当地因流行小儿病毒性痢疾，死了大量的小孩。许多贫苦家庭只是把死婴用破草席一卷，挖个浅坑掩埋了事。结果，许多死婴被狗刨出啃食，每天都有百余个"破腹露脏"的小孩尸体。王清任行医每天都要路过那些埋死婴的地方，开始时对这里的狼藉残尸和逼人臭气感到很恶心，后来他马上想到，这正是自己纠正前人脏腑记载错误，观察人体脏腑的好机会。以后他便"不避污秽"，每天清晨到埋葬死孩的义冢那里，仔细观察那些裸露的尸体器官，因每个尸体所剩的脏器不一，王清任就各尸互相参看，连着看了十天，看了一百多具尸体，自认为看完整了相当于三十人以上的人体器官。

经过此次的实际观察，他发现以往医书中所绘的形状和脏器的多寡与实际不相符合。王清任求知的态度非常认真，由于所观察的尸体中，胸腹间的一片膈膜很薄，这部分全遭破坏，因此他一直未能看到胸腹之间的横膈膜。他觉得搞清它的形状和部位很重要，为此，王清任多次到刑场，试图从受剐刑犯人尸体中观察这一器官，但不是因为它破了就是因为自己不能近前，一直没有结果。尽管如此，他仍多方做调查，经长期不懈的努力，终于了解到有一边关守将，见过很多犯人尸体，对这种膈膜有详细的了解。他赶紧前往寻访，最终得到了满意的结果。经过长时间的观察积累，王清任终于掌握了较丰富的解剖学知识，并在此基础上编成了《医林改错》一书。

从《医林改错》一书中我们可以看出，王清任在解剖学和解剖生理学方面都做出了很有意义的贡献。在解剖学方面，他不但绘出前人所画的脏腑图和自己亲眼所见的人体脏腑图两相对照，指出先前的一些谬误，而且通过比较，纠正了以前的错误说法。例如，我国古代医籍对于横膈膜的形状和位置的记述一直比较模糊，王清任根据自己的长期留心观察，指出横膈膜是隔开胸、腹腔的分界物，在膈膜之上的胸腔只有心和肺两种脏器，别的脏器都在腹腔内。对于肺脏，以前的医书记载有六叶两耳共八叶，还有行气的二十四个孔。经过实际的观察，王清任指出："肺两叶，大面向上。上有四尖向胸。下有小片亦向胸。肺管下分两杈，入肺两叶。每杈分九中杈。每中杈分九小杈。每小杈长数小枝。枝之尽头处，并无孔窍。其形仿佛麒麟菜。"比较形象地描绘出了肺气管、支气管和细支气管及其与肺泡之间的关系。此外，王清任还指出了人体动脉和静脉在全身的分布及其和心脏的关系，肝脏的真实形态，胆的正确位置等。

由于在解剖学上有所进展，王清任在解剖生理上也有深一层的认识，比如对脑的生理功能的认识方面，虽说在我国最早的医籍《内经》中即提出"脑髓"与人的视觉、听觉和运动器官的正常与否有关，但此后这种说法并未被人们所重视，直到明末清初，西方医学传入之后，才又逐渐引起重视。王清任认为脑是记忆的器官，他在《医林改错·脑髓说》中写到："灵机记性不在心，在脑。"还说"灵机记性在脑者，因饮食生气血，长肌肉，精汁之清者，化而为髓，由脊骨上行入脑，名曰脑髓。盛脑髓者，名曰髓海……两耳通脑，所听之声归于脑，脑气虚，脑缩小，脑气与耳窍之气不接，故耳虚聋；……两目系如线长于脑，所见之物归于脑；……鼻通于脑，所闻香臭归于脑。"他还说"所以小儿无记性者，脑髓未满；高年无记性者，脑髓渐空。"这些见解，虽说嫌粗疏，但在当时的社会条件下，应当说是难能可贵的。

王清任能取得上述成就，与其具有清醒的科学头脑密切相关。他从未进行过真正的解剖，但他不拘泥于古人陈说，勇敢地通过自己的刻意观察，指出以前医籍的错误，其探求真理的无畏精神是十分可贵的。他指出："张仲景论伤寒，吴有可著瘟疫，皆独出心裁，并未引古经一语。"表达自己行医辨证注意"细心研究"，重调查、重实践，然后才能得到正确的知识，对"医道"做出自己的贡献。

值得注意的是，明清时期，我国藏族医学解剖学的成就十分引人注目。藏医有悠久的历史，并在很早的时候就形成了自己的体系。在16世纪中叶的时候，藏医北方学派的名医伦汀·都孜吉美不但精通医学，同时还擅长绘画，曾绘过大量的藏医药挂图。17世纪的下半叶，在西藏执政的第巴德西·桑结嘉措为了更好地让各地的藏民传习藏医经典——《四部医典》，便召集全藏著名画家以都孜吉美所绘的《四部医典》教学挂图为基础，再适当地加些补充，由洛札·诺布嘉措主持图形起草，黑巴格涅主持着色描绘，在1688年，完成了第一套60幅的《四部医典》系列彩色教学挂图。之后，又根据另一藏医名著《月王药诊》等书的内容，和各地收集来的新鲜药物标本，补画了一些挂图，使其总数增加到79幅。在绘图人员中，负责绘制"人体脏腑解剖图"的洛札·丹增诺布，对脏医解剖学的发展做出过很大贡献。藏医传统的解剖图都按宗教的观点把心脏绘在胸部的正中，而且心尖朝上，各内脏器官的形态和位置大多失真不确。当洛札·丹增诺布分工绘制人体脏腑解剖图时，他既将传统的图形画上，又在两侧同时画上他在天葬场观察到的尸体内脏的真实形状和位置，还在上面注明："这是洛札·丹增诺布亲眼目睹的真实情形。"其追求真理的勇敢精神同样是十分感人的[①]。

第十一节　遗传变异研究的发展

明清时期，对遗传变异的研究有了进一步的发展，不仅在生产实践方面取得很大成就，在遗传理论上也有所阐述。

一　遗传物质传递和"气种"说

明初叶子奇继承了王充"种类相产"的理论，他在《草木子》中写道："草木一荄（根）之细，一核之微，其色、香、葩、叶相传而生也。"他和王充一样，也把种子看成是生物性状传递的载体："草木一核之微，而色香臭味，花实枝叶，无不具于一仁之中。及其再生，一一相当。"（《草木子·观物》）这里，显然对生物性状的遗传机理，做了初步探讨，其中心思想是性状的传递是通过种子实现的。清代戴震（1732~1777）在他的著作中也有类似的论述，他说"如飞潜动植，举凡品物之性，皆就其气类别之。……桃与杏，取其核而种之，萌芽甲坼，根干枝叶，为花为实，桃非杏也。杏非桃也。无一不可区别，由性之不同是以然也。其性存乎核中之白，形色臭味，无一或阙也。"（《戴东原全集·孟子字义疏证》）在这里，戴震不仅指出自然界中各种不同种类生物的性状，是由它们不同的遗传性决定的，而且着重指明了这种遗传性包在果仁（胚）的物质之中，即所谓"其性存乎核中之白"。

明代王廷相（1474~1544）在前人认识的基础上，进一步提出遗传物质的"气种"说。他在《慎言·道体篇》中说："人化生之后，形自相禅。"这说明了遗传性的连续性。又说："人有人之种，物有物之种。如五金有五金之种，草木有草木之种，各个具足，不相凌犯，不相假借。"这说明了遗传性的相对稳定、独立和生物的多样性，取决于遗传物质——气种。还说："万物巨细刚柔，各异其才、声色、臭味，各殊其性。阅千古而不变者，气种之有定也。"这说明遗传性的稳定性取决于遗传物质（气种）的稳定性。对于遗传过程中有时出现"人不肖其父，则肖其母"和"数世之后，必有与祖同其体貌者"的现象，他认为是"气种之复其本也"，对生物遗传过程中的间接遗传返祖现象，做了科学的解释。王廷相这里讲的"气种"，已经是很具体的遗传物质了，只是由于缺乏科学实验，也就未能进一步阐明遗传规律。由此看来，"气种说"已经颇像后来魏斯曼于1892年提出来的"种质说"了。"气种"已是呼之欲出的"遗传因子"或"基因"，而"气种的复本"简直和"基因的复制"有些相似了。

二　"忽变"与种类差异

对变异性的研究，明宋应星在《天工开物·乃粒篇》中说："粱、粟种类甚多，相去数百里，则色味形质随之而变，大同小异，千百其名。"这说明对变异的普遍性有了一定认识。

① 王镭，古代藏医学史略，中华医史杂志，1981，11（1）：54~57。

"大同小异"正确地反映了自然界中生物变异的实际情况，亲本的后代既同于亲本，也与亲本有所差异。"相去数百里，则色味形质随之而变"，指出了生物的变异与生物生活环境的变化有着密切的关系。

不同环境有与之相适应的生物，不同生物适生于不同的环境，其原因何在？清代《花镜》的作者陈淏子曾进行过解释："生草木之天地既殊，则草木之性情焉有不异？故北方属水，性冷，产北者耐寒，南方属火，性燠，产南方者不慎炎威，理皆然也。"这里显然认为生物产生变异的导因，是由环境不同引起的。

明清之际的著作中，有很多关于突变遗传的记载。宋应星在《天工开物·乃粒篇》就多次提到具有可遗传性的突变，如"凡稻旬日失水，则死期至，幻出旱稻一种，粳而不粘者，即高山可播。一异也"，幻指变化，"幻出"就是变化与出现的意思。当大批水稻因环境失水的恶劣条件大部分死去（淘汰了）时，偶有个别突变植株出现，由于这种突变是可以稳定遗传的，同时又是适应干旱环境的，所以被选择保留下来了。

夏之臣总结了我国历代园艺实践的经验，进一步意识到了"忽变"（突变）与园艺植物品种日新月异的关系。夏之臣，字一无，明亳州（今安徽亳县）人，万历十一年（1583）进士，做过三任县令，官至湖广监察御史。明代亳州商业发达，并盛产牡丹。由于气候适宜，居民非常喜好花卉，仅私家园圃，就有20多所。16世纪初，亳州始产牡丹，此后百年间，牡丹大发展，种类繁多，正如袁中道在《牡丹史·序》中所说："其种、其色、其名，新故大不相侔"，"奇奇怪怪，变变化化，故者新，新者又故"。至17世纪初，其牡丹品种总数竟多达247个。夏之臣酷爱牡丹，他的园圃占地十余亩，是当时亳州三大名园之一，以出产牡丹著称。

夏之臣精于牡丹种植技术，并积累了丰富的经验和知识，著有《评亳州牡丹》一书。他在书中写道："吾亳土脉宜花，无论园丁、地主，但好事者，皆能以子种，或就根分移。其捷径者，惟取六寸之芽，于下品牡丹根上，如法接之。当年盛者，长一尺余，即着花一二朵，二三年转盛。如'娇容三变'之类，皆以此法接之。其种类异者，其种子之忽变者也。其种类繁者，其栽培之捷径者也，此其所以盛也。"这里特别引人注目的是"其种类异者，其种子之忽变者也"这句话，这表明约400年前，夏之臣就已经以"忽变"来解释牡丹种变的差异，这是十分难能可贵的。在这里，"忽变"一词，已相当于荷兰植物学家德弗里斯（H.de Vries）所创用的"突变"（Mutation）一词。当然，由于时代的限制，当时中国学者还不能像后来德弗里斯那样，提出一套完整的突变学说。

三　对变异的有意识选择和利用

明清以来，人们有意识地利用生物普遍存在的可遗传的变异，进行定向的人工选择和培育，产生了许多优良的品种。

（一）作物选种

这里特别要提到的是，清代在选择育种方面，应用了单株选择法。根据《康熙几暇格物编》记载，当时乌喇地方（今吉林省吉林县境内）有棵树孔中"忽生白粟一科"，当地首先选用了这棵白粟种进行繁殖，结果是"生生不已，遂盈亩顷，味既甘美，性复柔和"。康熙皇帝在获得这种白粟良种后，也叫人在山庄里进行试验，结果证明这种白粟的茎、叶、穗都比其他种大一倍，而且成熟还快，果然是良种。这种单株选育的成功，对康熙有很大启发。他由此推想，古代的各种优良作物品种，也绝非是原先就有的，而是人们通过对变异的选择培育才逐渐形成的。他说："想上古之各种嘉谷或先天而后有者，概如此。"后来康熙又应用这种单株选择法，成功地选育出一种早熟高产的优质水稻，取名御稻。据前书记载，事情的经过是这样的：有一次，康熙在田间巡行，"忽见一棵高出众稻之上"的稻子，他还发现这株稻比普通稻子成熟早，当时是阴历六月下旬，普通稻"谷穗方疑"（灌浆），而这株稻的子实却已"坚好"。为了弄清这种早熟性状能否遗传下去，康熙便把这株稻的种子单独收下来，第二年在田间实验种植。结果证明这株稻的早熟性状是遗传的，六月时先熟，并"从此生生不已，发取千百"，自此以后，一直成为皇宫中用稻米的主要来源。康熙是很有见识的，他想，这种稻子既然适合在无霜期短的东北地区种植，应该也适于在无霜期长的江南地区一年两熟，康熙决定在更大的地区范围推广。1715 年，首先在江浙地区推广种植，第一年在苏州地区就获得了一年两熟的成绩。在推广"御稻"过程中，康熙始终坚持"御稻"与普通稻进行对比试验。结果"御稻"在江浙地区推广的第二年，两季相加亩产已达五石二斗，比对照田亩多收一石三斗，增产效果十分明显。以后，很快就推广到安徽、江西等地。

清代包世臣著《齐民四术》中，有"农政"一卷，记述农事。他提出要在肥地里，选择单穗，分收分存。他把这种单穗选择育种，称为"一穗传"。这种一穗传的育种方法，是地地道道的单株选择法。

（二）金鱼的选育

中国是金鱼的故乡，金鱼的祖先是"金鲫鱼"，早在北宋时，它就受到人们的注意。到南宋时，金鱼不仅逐渐成为中国人民喜爱的观赏动物，而且由于广大人民群众的精心养育，已从它的祖先"金鲫鱼"的颜色变异中选育出了白色和花斑两个新的品种。

从 13 世纪到 16 世纪，金鱼逐渐由池养改为盆养，盆养金鱼的成功，使金鱼得以进一步推广和普及。李时珍在《本草纲目》中说，金鱼"自宋始有蓄者，今则处处人家养玩矣"，可见到 16 世纪末，饲养和玩赏金鱼在我国已经相当普及。饲养金鱼的普及，为培养金鱼新品种，创造了更有利的条件。盆养金鱼，也大大方便了人们对金鱼的观察和研究，使我们祖先对金鱼优良品种的培育技术不断改进。

张谦德在《硃砂鱼谱》（1596 年）中介绍经验说："大都好事者养朱砂鱼（金鱼）亦犹国家用材然，蓄类贵广，而选择贵精。须每年夏间市取数千头，分数十缸饲养。逐日去其不佳者，百存一二，并作二三缸蓄之。加意培养，自然奇品悉具。"这种大规模的精心选择，从 16 世纪中叶到 17 世纪中叶的 100 年间，不断培养出五花、双尾、双臀鳍、长鳍、凸眼、短身等新品种（图 5-18）。

到 19 世纪，人们已经知道进行有意识的人工选择。曲句山农《金鱼图谱》（1848）说："咬子时雄鱼须择佳品，与雌鱼色类大小相称。"就是指金鱼交配时，要选择性状大小相称的种鱼，有意识地育种，提高选择育种效果。从 1848 年到 1925 年短短的 70 多年中，又培育出黑龙眼、狮头、鹅头、望天眼、水泡眼、绒球、翻鳃、紫、蓝、球鳞等十个品种。近年来，变异品种更多，估计达 160 多种（图 5-19）。

英国著名生物学家达尔文对这些事实非常注意，在《物种起源》中系统描述了中国关于

图 5-18　明王圻《三才图绘》中的双尾（图上方）
和单尾（图下方）金鱼

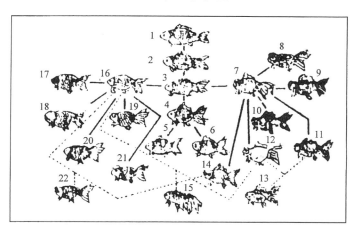

图 5-19　金鱼演化表

1. 鲫鱼　2. 金鲫鱼　3. 草金鱼　4. 文鱼　5. 珠鳞　6. 鹅头　7. 龙睛　8. 望天眼　9. 紫龙睛　10. 墨龙睛　11. 蓝龙睛　12. 透明龙睛　13. 五花龙睛　14. 龙睛绒球　15. 五花丹凤　16. 蛋鱼　17. 红头　18. 狮头　19. 蛙头　20. 翻鳃　21. 水泡眼　22. 龙背绒球

金鱼人工选择的过程和原理。

　　多姿多彩的金鱼的培育成果，是中国对世界人民美化生活的重要贡献。1502 年，中国金鱼传入日本；1611 年传入葡萄牙；1782 年，由于荷兰人工繁殖金鱼的成功，遍及欧洲；1900 年以后，美国先后由日本和中国引进金鱼品种。现在金鱼已经成为世界人民普遍喜爱的观赏动物。

（三）著名花卉品种的形成

古代人民利用生物的变异培育了无数的花卉品种。宋代刘蒙在《菊谱》一书里，曾经描述了 35 个菊花品种。面对这么多怪异多姿的菊花，他悟出一个非常深刻的道理。他说："余尝怪古人之于菊，虽赋咏嗟叹，尝见于文词，而未尝说其花瑰异，如吾谱中所记者。疑古之品未若今日之富也。今遂有三十五种。又尝闻于莳花者云，花之形色变异，如牡丹之类，岁取其变者，以为新。今此菊亦疑所变也。余之所谱，虽自谓甚富，然搜访有所未至，与花之变异后出则有待于好事者焉。"他认为：无论是菊花或是牡丹，在古代，其品种都不如现在的多，菊花和牡丹一样，都是时常产生变异的。只要人们年年选取并保存其变异，就可以得到新的菊花品种。现在之所以有这么多新的菊花品种，就是这样不断选择变异形成的。他还认为：无论是牡丹或是菊花现在还都在发生变异，将来也还要继续发生变异，只要"好事者"继续不断地进行选择，新品种就会继续形成和出现。这种把变异和对变异的不断选择看成是生物由少数类型发展为多数类型的原因，反映了我国古代关于生物变化发展的观念，这对后人是有深刻影响的。

总之，我国古代在人工选择育种方面，有着丰富的经验。达尔文曾从我国古代的人工选择的经验中吸取了丰富的养料，并给以高度的评价。他在《动物和植物在家养下的变异》这部著作中写道："在前一世纪，'耶稣会会员们'出版了一部有关中国的巨大著作，这一著作主要是根据古代《中国百科全书》编成的。关于绵羊，据说'改良它们的品种在于特别细心地选择那些预定作为繁殖之用的羔羊，给予它们丰富的营养，保持羊群的隔离'。中国人对于各种植物和果树也应用了同样的原理。皇帝上谕劝告人们选择显著大型的种子，甚至皇帝还亲自进行选择……关于花卉植物，按照中国传统，牡丹的栽培已经有 1400 年了，并且育成了 200 到 300 个变种。"[①] 达尔文研究过关于中国的许多著作，他对中国在人工选择育种方面取得的重大成就是了解的，他认为，实际上中国古代人民早已发现了人工选择的原理，所以他在《物种起源》中说："如果以为选择原理是近代的发现，那就未免与事实相差太远……在一部古代的中国百科全书中，已经有关于选择原理的明确记述。"[②]

四　杂种优势

（一）远缘杂交

我国古代很早就从事杂交育种的工作，利用驴和马杂交，获得骡，便是其中一例。《吕氏春秋·爱士》中说："赵简子有两白骡，而甚爱之。"可见远在春秋时代，就已经出现骡。骡在古代文献中又写作"驘"，《说文》："驘，驴父马母也。"又"駃騠，马父驴母者也。"清代段玉裁注云："谓马父之骡也，以别于驴父之骡也。今人谓马父驴母者为马骡，谓驴父马

---

① 达尔文著，动物和植物在家养下的变异，叶笃庄等译，科学出版社，1957 年，1982 年第 5 次印刷，第 561 页。
② 达尔文著，物种起源，谢蕴贞译，科学出版社，1972 年，第 24 页。

母者为驴骡。"晋崔豹《古今注》中说："公驴母马生骡，公马母驴生驹。"《齐民要术》进一步指出："驴覆马生赢，则准常。以马覆驴，所生骡者，形容壮大，弥复胜马。然必选七八岁草驴（即母驴）、骨目正大者。母长则受驹。父大则子壮。草骡不产，产无不死。"这些论述表明，我国古代对驴马杂交已积累了丰富的经验。

在古代，人们还利用牦牛与黄牛杂交，产生犏牛。明代叶盛在《水东日记》中说："牦牛与黄牛合，则生犏牛，状类牦牛，犏气使然，故谓之犏。"这是有关牦牛与黄牛杂交，产生犏牛的最早文字记载。但是犏牛的名称在唐代颜师古的《汉书》注中即已出现，可见杂交工作也并非是在明代才出现的。另据有关藏文史籍记载，在吐蕃王朝建立之前几代，达布聂塞赞普当政之时，即已有犏，因此犏牛有可能早在公元 5 世纪之前，即已培育成功。犏牛性格温顺、力气大、对环境适应力强，很受欢迎。

此外，古代云南傣族人民还将家鸡与野鸡进行杂交而生成"罢夷鸡"。清代桂馥(1936～1805) 在《札朴》中说："罢夷地方有野鸡，小于家鸡，能飞、声短。捕其雄与家鸡交，抱出雏。体大而声清，呼为夷鸡。其距长寸许。"这种杂交鸡，体大而声清，所以也称之为叫鸡。檀萃在《滇海虞衡志》中说："罢夷鸡，鸡声而凫脚，鸣声无昼夜，寺院多畜之。镇源谓之小鸡，南甸谓之叫鸡。然鸡非小也。"由于杂种罢夷鸡，好啄小儿眼睛，所以许多人家不敢养。因此未获发展，但的确不失为我国西南地区动物远缘杂交之实践。

（二）品种间杂交的利用

《论语·雍也》中有："犁牛之子骍且角"之语，意思是说，黑色的黄牛却生出了赤色的牛犊。据姚德昌近年研究指出，这"应是中国黄牛品种间杂种回交后性状分离的结果"[1]。黑色黄牛和赤色黄牛，都是我国古代人民辛勤培育出来的不同的黄牛品种，它们虽颜色不同，但都有角。现在遗传学研究表明，黑色为显性 (Y)，赤色为隐性 (y)。如果以黑色的母牛 (YY) 与赤色的公牛 (yy) 杂交，那么第一代杂种，就会是黑色的。如果再将黑色的杂种母牛与赤色公牛杂交，那么便可以得到赤色的黄牛后代，便是《论语》中所提到的"骍且角"的个体。

$$
\begin{array}{c}
黑色母牛 \quad\times\quad 赤色公牛 \\
(YY♀) \qquad (yy♂) \\
\downarrow \\
F_1 \qquad 黑色（犁牛）\quad\times\quad 赤色 \\
(Yy♀) \qquad (yy♂) \\
\downarrow \\
黑色 \quad 赤色（骍且角）\\
(Yy) \qquad (yy)
\end{array}
$$

这个事例告诉我们，早在 2500 年前，我们的祖先也许在家畜配种实践中，已经自觉或不自觉地应用了品种间的杂交和杂种回交法。

有关杂交种优势利用的一个突出例子，是《天工开物》中所记载的明代关于家蚕杂交的工作。《天工开物·乃服》说："凡茧色唯黄白两种。川、陕、晋、豫有黄无白，嘉湖有白无

---

① 　姚德昌，犁牛之子骍且角辨析，自然科学史研究，1984 年，(第三卷)，第 4 期。

黄。若将白雄配黄雌，则其嗣变为褐蚕。"又说："今寒家有将早雄配晚雌者，幻出嘉种，此一异也。""幻"是变化的意思，"幻出嘉种"即变化产生了优良蚕种。从这两则记载，可知当时蚕农做了两组家蚕杂交工作：其一是，吐黄丝种的雄蚕和吐白丝的雌蚕杂交；其二是，雄性的"早种蚕"与雌性的"晚种蚕"杂交。第一组杂交产生了吐褐色丝的杂种，第二组杂交产生了"嘉种"，即产生了优良品种。

在这里，我们要记述的是第二组杂交。我国幅员广大，各地气候环境有别，我国古代人民在长久的生产实践中，选育出了许许多多家蚕品种，就化性而言，有一化性蚕、二化性蚕和多化性蚕。一化性蚕和二化性蚕是明代嘉湖地区常饲养的蚕，《天工开物·乃服》中说："凡蚕有早晚两种，晚种每年先早种五六日出，结茧亦在先，基茧较轻三分之一。若早蚕结茧时，彼（指晚种）已出蛾生卵，以备再养。"这里所说的"晚种"蚕，显然是二化性蚕。"早种"蚕比晚种出蛾时间要晚，结茧时间也晚，也没有提到当年再养，所以该是一种一化性蚕。所谓"早雄配晚雌"，就是一化性的雄蚕与二化性头二蚕的雄蚕的杂交。《天工开物》明确指出杂交种亲代双方的雌雄关系，这一点颇为重要。现代养蚕学对家蚕化性遗传的研究证明，不同化性的家蚕的杂交，有个重要的遗传现象，这个遗传现象告诉我们，一化性蚕与二化性蚕杂交，其杂种一代的化性与亲代雌性化性相一致：亲代雌性是一化的，则杂种 F1 代的化性也是一化的。反之，如亲代雌性是二化的，则杂种 F1 代的化性也是二化的。

$$一化(♀) \times 二化(♂) \qquad 二化(♀) \times 一化(♂)$$
$$\downarrow \qquad\qquad\qquad \downarrow$$
$$一化 \qquad\qquad\qquad 二化$$

根据家蚕杂交的这个遗传规律，可知《天工开物》中所记载的"早雄配晚雌"所产生的"嘉种（F1）"乃系二化性蚕。"嘉种"是二化性的，这在生产上有着直接的意义：它可以作为夏蚕种直接应用于生产。如果是"早雌配晚雄"，情况就不同，子一代杂种是一化性的，不能作为夏蚕种。大家知道，二化性的晚种蚕常常显示体系强健，耐高温，适于夏季高温环

$$晚雌(二化) \times 早雄(一化)$$
$$\downarrow$$
$$嘉种(二化)$$

境中饲育等优良性状，但是这种蚕的茧丝量较少，《天工开物》指出，它的茧量比早种蚕（一化性蚕）要"轻三分之一"。早种蚕无论是茧量或丝质都比晚蚕好，但是早种蚕的虫质较弱，抗高温能力低，不易饲育。通过两个品种的杂交，杂种继承了双亲的优点，从而可能出现蚕儿体质健强、耐高温、丝质好、茧丝量高等优良性状。

五　《鸡谱》论斗鸡三配

《鸡谱》是我国古代一部关于养鸡的专著。现在见到的是乾隆丁未年（1787）的抄本。其成书年代大约也在乾隆年间。全书约 14000 字，凡 52 篇，这是古代留传下来，并具有一定科学水平的惟一一部养鸡学专著。《鸡谱》更从理论上说明杂交在育种工作中的意义，说：

"天地生物之道，其理精微，孤阴不生，孤阳不长，阴阳配合，万物化生矣。夫养鸡之法，雄雌配合，抱卵生雏，乡野皆知，何必论也。欲求其广，千百之雏，皆易得也，安能知三配也。三配者，有头嘴之配；有羽毛之配；有厚薄之配。其妙补其不足，去其有余，方能得其中和也。世俗不知，得一佳者之雄，必欲寻其原窝之雌，以为得配。而却不知鸡之生相，岂能得十全之美乎，必有缺欠之处，太凡原窝之雌，必然同气相类，彼此相缺皆同，安能补其不足，去其有余者耶。"[1]

我国有 200 多年培育斗鸡的历史，古人在斗鸡的选育方面，积累了丰富的经验。《鸡谱》认为各种鸡不可能十全十美，杂交的好处就在能够"补其不足"，"去其有余"，"得其中和"。而近亲交配，如同窝鸡（同胞兄妹或同胞姐弟）交配，则由于它们有相同的遗传性（"同气相类"），"彼此相缺皆同"，所以就达不到"补其不足，去其有余"的目的。关于杂种优势的遗传机理，在遗传学界迄今也没有较完善的解释。距今 200 多年前的《鸡谱》所提出的"补其不足，去其有余，得其中和"的理论，颇似后来布鲁斯（A.B.Bruce）等人于 1910 年首先提出的"显性基因互补假说"。针对斗鸡选育，《鸡谱》根据杂交互补的理论，提出了"三配"措施。所谓三配，即引文中提到"头嘴之配"、"羽毛之配"、"厚薄之配"，就是根据公鸡或母鸡头部、羽毛、身躯、骨架、肌肉特点，视具体需要，去选择相应的母鸡或公鸡进行交配。

在"头嘴之配"方面，《鸡谱》指出："若雌之头脸宽、头方、皮厚、冠平、嘴粗微宽湾者，必宜凹鼻、撬嘴、冠凿之雄配之。"关于"厚薄之配"。《鸡谱》中说："若雄鸡敦厚、头大、项粗、腰长、膀阔，但腿亭微觉短者，必以头尖、腰鼓、腿亭微高、眼神暴者之雌配之。"

现代养鸡很重视羽毛彩色。古人对斗鸡毛色的要求更是严格，红、青、紫、黄四色，被视为是斗鸡羽毛的正色。《鸡谱》认为人们可以通过"正配本色"和"相宜借配"来获得所要求的毛色。所谓正配本色，就是选择相同毛色的公鸡与母鸡进行交配，例如，红雄与红雌交配，青雄与青雌交配、紫雄与紫雌交配，黄雄与柳青雌交配等，都属于正配本色。所谓相宜的借配，是指被选用来交配的公鸡和母鸡的毛色虽然不同，但杂交后的子代仍可获得所要求的毛色，例如《鸡谱》指出："红、紫借配，亦可以出红，亦可以出紫，青、紫借配，亦可出青，亦可以出紫也。"《鸡谱》还特别指出，如果"青、紫借配"是出现紫色雏鸡的毛色，就"皆如黑葡萄之深色"。此外，《鸡谱》认为，也可以用青色鸡与红色鸡、黄色鸡与海螺色鸡交配，来获得所要求的毛颜色。黄色鸡与海螺色鸡交配。"或出黄色，或出莲花白，或出银苗"，其中黄色乃合乎斗鸡所要求的羽毛颜色。（图 5-20 河南汉代画像砖上的斗鸡图）

《鸡谱》指出，并不是所有"借配"都可以获得合乎要求的羽毛颜色。例如，红色雄鸡与海螺色雌鸡杂交，其后代是五花毛鸡；红色雄鸡与白色雌鸡杂交，只能出现黑花毛鸡；紫色雄鸡与草白色雌鸡交配，得到的是紫花毛鸡；黄色雄鸡与紫勾结雌鸡杂交，得到的是油黄鸡。由于这些交配，都不能获得斗鸡所要求的羽毛颜色，所以《鸡谱》称这种借配为"借配不相宜者"。《鸡谱》共列出了 16 种"借配不相宜者"的例子。

有关家鸡不同羽毛颜色杂交的记载，在中国古代农书中，是极其少见的。《鸡谱》中所列的各种不同羽毛颜色的杂交工作，尽管是很初步的，但是它表明中国古代在鸡的良种培育

---

[1] 汪子春校译，《鸡谱校译》，农业出版社，1989 年，第 11 页。

图 5-20

工作中，不仅重视对种鸡羽毛的选择和选配，而且对羽色的遗传变异也进行了一定的研究。

上述事实表明，在 200 多年前，中国学者对家鸡性状的遗传变异已经积累了相当丰富的经验。他们实际上已经能够根据他们当时所能了解的鸡的遗传变异规律，进行着有计划有目的良种的培育工作，尽管这种工作，还不能与现在良种培育工作相比拟，但是他们在良种选配方面所采用的某些措施是具有创见性的。如果考虑到这种有意识、有计划的良种培育工作，是出现在孟德尔遗传学说产生之前约 100 多年，那么其难能可贵便可想而知了。

六　优生探索

我国古代不仅知道双亲的选配对动物育种关系很大，而且也认识到双亲选配对人类自身的繁衍、后代的质量有极大的影响。

《左传·僖公二十三年》有"男女同姓，其生不蕃"之不语。《国语·晋语》中也说："同姓不婚，恶不殖也。"这说明人们很早就认识到，近亲婚配，是很不利于人群发展的。《左传·昭公元年》中说："内官不及同姓，其生不殖，美先尽矣，则相生疾。"可见在古代的上层人物里，已很明确地认识到近亲婚配所产生的恶果。所谓同姓，就是同一家族，最初为属于同一个系统。因此古人认为同一姓氏内男女间婚配，所生的后代是不会昌盛的，会给子孙后代带来各种疾病，使后代难以繁衍。这些认识无疑是很正确的。在古代甚至以法律形式，明令禁止近亲婚配。朱元璋执政时，就明令禁止近亲结婚。《明史·朱善传》记载："洪武初……民间姑舅及两姨子女，法不得为婚。"《阅微草堂笔记》中也说：当代民间"中表为婚，礼所禁，亦律所禁"。

在古代，人们已在探索通过婚配的选择来提高后代的体质。《后汉书·冯勤传》记载："勤祖父偃，长不满七尺，常自耻短陋。恐子孙之似也，乃为子伉娶长妻。伉生劲，长八尺三寸。"这段记载表明：①冯劲祖父偃知道，人的身长是遗传的。他的矮短特征，已传给他的儿子仿，而且担心还会往下传给子孙后代；②偃知道，可以通过婚配的选择，来改善子孙后代的矮短特点，所以他为儿子仿娶了一个高个子的妻子；③结果仿的后代冯劝身长为八尺三寸，比他父亲高，满足了偃的期望。

明代著名医学家张介宾，也十分强调婚配选择对优生的意义。他在《景岳全书·基址》中写道："盖种植者必先择地，沙砾之场，安望稻黍？求子者，必先求母，薄福之妇，安望熊罴？倘欲为子嗣之谋，而不先谋基址，计非得也。然而基址之说，隐微叵测，察亦诚难，姑举其显而易者十余条，以见其概云耳。大都如人这质贵静而贱动，贵重而贱轻，贵厚而贱薄，贵苍而贱嫩。故凡唇短嘴小者不堪，此子处之部位也；耳小轮薄者不堪，此肾气之外候也；声细而不振者不堪，此丹田之气本也；形体薄弱者不堪，此藏蓄之宫城也；饮食纤细者不堪，此仓廪血海之源也；发焦齿豁者不堪，肝亏血而肾亏精也；睛露臀削者不堪，藏不藏而后无后也；颜色娇艳者不堪，与其华而去其实也；肉肥胜生骨者不堪，子宫隘而肾气诎也……倘使阴阳有序，种址俱宜，而稼穑有不登者，未之有也。是种之不可不择者有如此。"这里提出了对双亲中母体的选择，认为女性的体质、形态、气质、心理等因素都对子代有深刻的影响。当然后代质量高低，不只由女方所决定，相反男性的遗传因子也同样起了重要作用，尽管如此，"基址篇"还是反映了我国古代对人类优生的探索精神。

第十二节　应用微生物学的发展

一　红曲的制法

明代宋应星[①] 所著《天工开物》中第十七节为"曲蘖"，但该卷记载的只有曲，而没有蘖，文中说明因"后世厌醴味薄，遂至失传，则并蘖法亦死"。由此可见这里的曲蘖实际上是指曲而言。这节所记载的酒母，相当于《北山酒经》中的小曲。神曲也是小曲，或者相当于《齐民要术》中的大曲，而丹曲的制法以前没有记载。

"凡丹曲一种，法出近代。其义臭腐神奇，其法气精变化。世间鱼肉最朽腐之物，而此物薄施涂沫，能因质于炎暑之中，经历旬日，蛆蝇不敢近，色味不离初，盖奇药也。"（《天工开物·曲蘖》）

丹曲即现代所说的红曲，它是红曲霉在酸性米上生长时，分泌的红曲霉色素把米粒染成红色，故叫做红曲。红曲的制法是近代的事，前已述及在宋代已有用红曲作为染色剂用于菜肴。红曲霉素有抑菌作用，用于最易腐败的鱼肉夏天防腐，使其色味不变，这是红曲霉抑制腐败细菌的最早记录。

红曲的制法，《天工开物》中说："凡造法用籼稻米，不拘早晚，舂杵极其精细，水浸一七日，其气臭恶不可闻，则取入长流河水漂净（必用山河流水，大江者不可用）。漂后恶自犹不可解，入甑蒸饮，则转成香气，其香芬甚。凡蒸此米成饮，初一蒸，半生即止，不及甚熟。出离釜中，以冷水一沃，气冷再蒸，则令极熟矣。熟后数石，共积一堆拌信。凡曲信必用绝佳红酒糟为料，每糟一斗，入马蓼自然汁三升，明矾水和化。每曲饭一石，入信二斤，乘饭熟时，数人捷手拌匀。初热拌至冷，候视曲信入饭，久复微温，则信至矣。凡饭拌信

后，倾入箩内，过矾水一次，然后分散入箕盘。登架乘风后，此风力为政，水火无功。……
一个时中，翻拦约三次。……其初雪白色，经一二日，成至黑色，黑转褐，褐转代赭，赭转
红，红极复转微黄。目击风中变幻，名曰生黄曲。……凡造此物，曲工盥手与洗净盘箕，皆
令极洁，一毫滓垢，则败乃事也。”由此可见，红曲制作包括下列许多过程：

（一）浸米

红曲用米浸泡七天。在浸渍过程中可溶性淀粉和蛋白质溶于水中，供落于水中的乳酸菌
生长。乳酸菌分泌乳酸，与蛋白质分解产生的氨基酸，脂肪分解生成长链脂酸。这样浸米的
水偏酸性，有利于落于水中的酵母生长，同时生成酒精。酒精与各种酸起反应生成酯类。低
分子量的酯有芳香气味，高分子量的酯则有难闻的臭味。浸好的米漂洗后恶臭犹不可解，这
可能是挥发性低的高分子量酯仍然存在。入甑蒸饭以来，气味难闻的酯类随蒸气挥发后，剩
下尚未挥发完的低分子量酯类香味继续散发出来，米便由恶臭转为芬芳。漂洗浸米为什么要
用山河流水呢？山河流水中泥沙含量少，所含的各种微生物的数量和种类也少，对米的污染
概率低。而大江中水含泥沙量大，微生物的数量和种类自然就高，污染的概率也大。

（二）蒸饭和拌信

将酸化过的米入甑蒸饭，使淀粉糊化，有利于以后淀粉酶的糖化。第一次蒸至半生，取
出加冷水冲洗，然后再蒸。这是利用加热的办法，先使吸足水的淀粉链部分断开糊化，然后
再可使淀粉糊化程度高些。蒸熟后的米堆成一堆，进行拌信。所谓拌信，是用绝佳红酒糟，
加入马蓼汁和明矾水作为信（即菌种）。红酒糟中含红曲霉、黑曲霉和酵母。经过酒精的抑
菌淘汰，其他微生物的种类就很少了。这种信相当于《北山酒经》的传醅。拌信时待饭凉至
初热，大约稍高于人体温度，几个人一齐将信与饭按一石饭与二斤信的比例拌。信中加入明
矾水是用来调节信与饭的酸度，使其偏酸性，有利于霉菌和酵母的生长繁殖。利用明矾水调
节酸度，这是第一次记载。拌信后待曲饭重新开始升温，即霉菌和酵母开始生长繁殖时，把
曲饭分放于竹盘中，每盘约有五升。这样有利于通风降温。

（三）红曲的培养

放入曲盘中的曲不能厚，大约两个小时翻两至三次，以降温和通气，以利于曲霉的生
长。一般培养七天曲可成熟。在培养初期曲霉菌丝体大量繁殖，曲呈雪白色，一两天后黑曲
霉长出黑色分生孢子，曲呈黑色。接着红曲霉也形成红色的分生孢子，黑色和红色相混形成
褐色，即黑转褐。红色孢子量增加，曲的颜色又从褐变为赭，进而转红，表明红曲霉生长比
黑曲霉占优势。然后再经几天，曲的颜色出现微黄，这表明曲中有米（黄）曲霉生长，叫做
生黄曲。

为了增加曲中水分，防止因水分蒸发过多影响霉菌的生长，在曲呈黑色转变为褐，和褐
转为红色时，将曲过水一次，以后不再加水。

为了防止杂菌的污染，宋应星强调曲工要洗手，所用器具都要洗干净，稍有不干净的地
方，都可能因污染杂菌使制曲失败。

红曲是我国特有的酿酒用曲（图5-21）。在我国浙江的东南部和福建的建瓯、古田一带
多用红曲制酒。由于曲中的红曲霉、黑曲霉（或米曲霉）具有强的淀粉糖化酶活力，酵母转

化糖为酒精，酿出来的酒呈鲜红色。红曲又可作为天然色素应用于食品制造业。

图 5-21

二　明代制曲的专业化

（一）制曲的商品化

　　明代宋应星[①] 在《天工开物》中记叙了当时酿酒用的曲商品化的情形："凡造酒母家，生黄未足，视候不勤，盥拭不洁，则疵药数丸，动辄败人石米。故市曲之家，必信著名闻，而后不损酿者。凡燕齐黄酒曲药，多从淮郡造成，载于舟车北市。南方曲酒酿出，即成红色者，用曲与淮郡相同，统名大曲。"

---

　　①　明·宋应星，《天工开物》第十七卷，商务印书馆，1933 年，第 285～287 页。

从这段记载可以看出北方燕齐一带，酿造黄酒用的曲，是江淮一带曲商制造的，用船车运往北方，可见其产量相当大。曲作为商品出售可以说明，制曲生产由于酿酒的需要，也已经专业化生产了。但制曲商生产出来的曲质量不高，使用后酿酒不成，一次损失达石米之多。制曲人要重守信誉，不要使酿酒人遭受损失。对曲质量差的原因，宋应星作了调查：一是生黄不足，即黄（米）曲霉生长不好。曲霉生长不好，淀粉酶活力也相应地不高，制酒时水解淀粉的量就不多，糖的产生量低，酒精产生量也高不了，酒的品质自然就差了。二是视候不勤。所谓视候不勤，是指制曲后在曲室培养时，不注意管理观察，及时采取降温措施和调节水分。这样曲中霉菌不会生长得好，是影响曲质量的重要因素。三是盥拭不洁。制曲用器具洗涤时用水不干净，污染杂菌多，制曲后污染曲，杂菌随着曲的培养而繁殖。这样的曲质量肯定差，酿酒的成功率不会高。

（二）看曲论[①]

《看曲论》为太原市徐沟镇（清代为徐沟县）前"福源涌"曲店陈步明所献。据考证该书距今约300多年。孟乃昌对《看曲论》进行了初探并加以校正。为了验证《看曲论》中记载的经验，及制曲的专业化生产，孟乃昌进行了考证和调查。太原、清徐和汾阳一带的曲店，店主仅购买原料，每批大曲由雇来的专业踩曲人制作。每批踩制为3600块。踩曲工人是流动的，他们在太原、汾阳一带流动到各曲店踩曲，由此可见大曲生产的规模了。

《看曲论》的写作历史背景，和孟乃昌调查的情形相仿。在中国相当长的历史中，手工匠人的技术是保密的，只能心手之用，不传文字的。从《看曲论》中作者说话的口气，像是指导新手如何观察现象和采取措施。《看曲论》于近期才献出来，这本书可谓祖传秘诀了。对于该书的微生物方面的讨论尚未见有报道，现讨论如下：

1. 看曲总论（上本）

看曲总论是本书的总纲，提出了三个方面的问题：一是曲房生火的控制；二是曲中水分多少；三是制曲原料的选择。

"看曲最要者，忌大火。凡坏曲俱是火大之过。学者谨记，万万不可曲有时刻火大耳。造曲宜造坚硬者……切忌浆水大软浓。""磨制曲面，要看粟粮轻重。"

（1）曲房生火的控制。"看曲论火大小，是用手摸曲，或冰手，或炀手，勿论曲房冷热。用手摸曲，宜摸上数层，检火大者深摸。只要火势合适，勿令火大，永远无害。""曲初造之时……要看天道冷热，随时尔等关上窗户。曲霉要早上为妙。拉霉后总要速起胎火，使火气出现。万万不可误日期，使水在内糟沤。看曲使火，前后不一。如曲左胎火之时，宜用急速温火，专出水气。如曲到干火之时，宜用温火。如曲将成之时，须用微末之火，不可断绝。"

由于曲的生产已经专业化，制曲人为了适应市场需要，扩大了制曲的生产季节。在北方为了解决曲房中的温度问题，采用生火办法提高曲房中的温度。这是一个很大的进步，用人工取暖的办法使得在气温低的季节能够制曲。太原、汾阳一带地势较高，昼夜温差也较大，生火升温更是必要。生火加温制曲不仅在我国是第一次，在世界上也是最早的记录。它标志着人工控制温度的手段向前进了一大步，提高了制曲的产量和技术水平。

---

① 孟乃昌，古抄本《看曲论》初探，中国酿造，1987，（4）：29～34。

由于曲房的温度采用了生火来解决，如何进行火的调控，以适合曲中霉菌的生长，便成为制曲过程中的关键问题。《看曲论》把制曲过程，即曲霉孢子萌发和生长成熟过程分为三个阶段。第一阶段为胎火。制成的曲送入曲房之后，曲块中含水量较多，品温低，要用急速温火，使曲块中的品温快速上升，促使曲中霉菌孢子吸水萌发，开始菌丝体生长。所以"曲霉要早生为妙"。在曲块外部能看到"拉霉"，这时候一定要"速起胎火"。菌丝体大量生长时释放热量，品温随之上升，曲中水分便蒸发出来，外观上可以看到水汽出现。这时曲房里的温度不能低，以免霉菌生长不好，品温升不上来，曲内水分蒸发不出来，导致过多的水分留在曲内引起糟沤，使制曲失败。第二阶段为干火，即霉菌生长的旺盛期已过，品温开始下降，曲块中含水量很低。生火宜用温火，不然火大品温高会损伤菌丝体。第三阶段曲将成之时，曲中霉菌菌丝体已不再生长，并转入分子孢子形成时期。这时宜用微末之火，逐渐降温。这三个阶段完全与霉菌的生长发育相符合，证明看曲人已了解了霉菌的生理变化，并掌握在不同发育阶段如何调节生火的大小和升温的快慢规律。

（2）制曲原料。在明末清初（17 世纪 50 年代），我国北方大曲制作的原料改为："造曲以大麦为主，有搀小豆者，有搀豌豆者，有搀芸豆者。"汾酒厂[①] 制曲用的原料便是大麦和豌豆。大麦皮多，疏松性好，微生物容易生长繁殖，但水分与热量容易散失，故有"上火快，退火也快"的缺点。豌豆性质黏稠，容易结成块状，水分不易蒸发，热量也不易散去，微生物不易繁殖，温度增高又不易下降。所以把两者按适当比例配合，便适宜制曲了。

2．看曲捷径法（中本）：看曲八论

看曲八论是对总论的进一步论述，包括曲根、曲面、水、造曲、曲初、曲胎火、曲干火和曲房。其中大部分内容已有讨论，现对曲面和造曲讨论于下：

（1）曲面。曲面是指曲磨面的粗细。面的粗细与曲块的物理性状关系很大，而曲的物理性状直接关系到霉菌生长的微生态环境，与霉菌生长密切相关。《看曲论》提出这一问题，标志着制曲的理论和技术，已经达到比较高的水平。

"磨制曲面，宜制精细均匀，曲到终永保无患。虽然也不可过细。若十分甚细，总要始初曲皮不干尤可。若等曲火既起，闪开窗户再凉，曲生紧皮之病；如仍然不凉，曲犯悠皮之病。犯此二病，外火不能攻于内，内火不能攻于外，非烧即生，不可不防。若粗面造曲，为害更大。曲始之时，火起甚急，必犯烤皮之症。如初火未起，又有风吹口，准生干皮之症。"

曲面磨制颗粒的粗细，与曲培养过程的温度、水分变化有关。若面的颗粒过细，曲的品温上升后，水分向外散发的速度就慢。当表层水分散完后，内部水分不能及时补充，是开窗降温，或者是将室温、品温继续升高，都会使曲皮变硬变干，进而阻碍了曲外和曲内热的传导。其结果，或是高温杀死曲中的霉菌，即烧曲；或者低温度抑制霉菌生长，即曲生。若面的颗粒粗大时，温度升高或有风吹时，表层水分很容易散发掉，内部水分因颗粒粗间隙大，不能与外层水分散发速度相匹配，造成烤皮或干皮，其后果与颗粒过细相仿，严重影响曲的质量。

（2）造曲。"造曲亦不宜浆水甚少，造成干曲。若曲干必坏。造曲宜造坚硬，搅拌均匀，足踏结实，而曲到底佳妙。亦不可贪图厚，装十分饱满。估摸若拌不均匀，有干面裹在内

[①]　万良适，吴伦熙，汾酒酿造，轻工业出版社，1957 年，第 11 页。

中，使浆水甚大，造成软浓之曲……为害不浅。造曲要不惜银钱，惟求多人踏实，方保始终无害。有等不明之人，不用多人踏曲，只图先省微末之利。造不结实，不管后坏无数粟粮。学者须当谨记。"

造曲加水过多过少，都对曲的质量有影响。《看曲论》首次提出："造曲要不惜银钱，惟求多人踏实。""造不结实，不管后坏无数粟粮。"笔者分析可能的原因，一是使曲块内部与外部形成类似于毛细管的结构。当曲房生火加温、曲块品温上升，或者开窗降温、风吹，曲内水分会沿着毛细管结构向外排出，不会造成阻断水分散发的通道，导致上一节讨论的坏曲现象。二是造成曲块内部的厌氧微生态环境，有利于曲霉或根霉菌丝体的大量繁殖，抑制有害细菌生长，以保证曲的质量。为此，一定要不惜银钱，更不要去图微末之利，若造曲失败，反而损失大量粮食，是得不偿失的。

3.捷径看曲法（下本）：冷热虚实干湿六证论

关于温度的高低、曲踏不实（虚）、曲面过细（实）及加水量的多少，前面已有讨论，不再赘述。

4.论曲内外病源诸论须知

这一部分是讨论曲块外部或内部污染杂菌的问题。《看曲论》把各种杂菌称为病源，这一问题的提出是微生物学史上的第一次。在大约 400 年前还不能进行微生物纯培养，不能够辨别出霉菌的种属，以及生理生化特性差异的历史条件下，制曲人根据长期对各种霉菌形态特征与曲酶活力强弱的宏观观察，提出了"病害"（即杂菌污染）的概念。表明制曲人已经能够区分出，哪些霉菌是曲中的优势菌，哪些霉菌是杂菌。曲内外病源诸论包括曲内、曲外污染杂菌，曲中优势菌和曲皮变干发硬或水渍。曲内的霉菌多是曲外霉菌菌丝体向曲内漫延形成的，所以曲内霉菌与曲外霉菌是同一种霉菌，其外观形态特征也是一样的，因此，曲内霉菌部分不再讨论。

"曲有红霉者，是寒潮之故也。皆因天道寒冷，而曲不能起火，看者又不大大弄火以引之，使糟沤日散甚多，以致有此红霉之证耳。"笔者推测生长的红霉可能是粗糙脉孢霉，它的孢子呈鲜艳的橘红色，此菌可在低温和曲中水分过多时生长，是杂菌之一。

"曲有绿霉者，是曲皮成就，曲火断绝，而看者仍不弄火，使曲寒数日甚多，曲房内地潮，以致有绿霉之证也。"笔者推测，此绿霉可能是青霉，因该菌生长温度较低。青霉可使酒味发苦，是杂菌之一。

"曲有黄霉者，皆潮湿之故，而看者不关窗户大晾，以致生毫毛，终变黄曲之证。"一般曲霉的菌丝体呈绒毛或棉絮状，外观看去像毫毛。此菌成熟时形成分生孢子，颜色为黄色，似黄曲或米曲霉，这两种霉菌都含有淀粉酶和蛋白酶，是曲中的优势菌。

"曲有皱霉者，皆曲软之故，而看者用火紧急，以致生皱霉之证。"一般霉菌菌落很少呈现皱纹形状，此菌似放线菌。放线菌菌落有呈放射状的皱纹，是杂菌之一。

"曲有白霉如官粉者，皆曲潮火悠之故，以致有此等之症。"笔者推测此菌为念珠菌，是大曲"穿衣"的主要霉菌，为杂菌之一。

"曲有黑霉者，皆因下雨之日造曲，使曲着雨，以致生黑霉之症。"黑霉为黑曲霉，此菌为曲中的优势菌。

"曲有大厚霉者，皆不开窗户之故，以致有厚霉之症。"笔者推测此菌可能是毛霉，它在湿度大时繁殖较快，宏观上看到又厚又长的菌丝全，呈头发状，是经常污染的杂菌之一。

"凡论曲查口，人言黄查者善，青查者美。以愚之见，勿论青查、黄查，总要查口明亮为佳。"在讨论曲的查口时有两种看法，一种认为查口（曲的剖面）呈黄色，即分子孢子为黄色的黄曲霉或米曲霉，曲的质量好；另一种看法为查口为青者，即黑曲霉分子孢子的颜色，这种曲质量好。《看曲论》作者提出判断曲的质量新标准，查口明亮的质量好。所谓查口明亮，即菌丝体生长旺盛，并且新鲜。若曲存放时间长了，或菌丝体生长时间过长，为灰褐色或茶褐色，其淀粉酶活力有所下降。这一新标准纠正了以前认为陈曲比新曲酶活力高的看法。至于曲中优势菌以哪种霉菌好，根据近代对两种霉菌的淀粉酶和蛋白酶分析来看，米曲霉的蛋白活力高，淀粉酶活力低；黑曲霉恰恰相反，淀粉酶的活力高。从曲的主要功能来看，曲中优势菌黑曲霉为好，对淀粉降解为糖的效率高，有利于提高酒的产量。《看曲论》为什么把曲外部长的黄（米）曲霉和黑曲霉当作病害呢？笔者推测，曲外部生长的米曲霉和黑曲霉分生孢子的量，比曲内的量多。一般曲块外部没有霉斑，《看曲论》的作者把黑霉、黄霉误认为是杂菌，这是其不足之点。

酿酒用的曲，包括大曲、小曲和红曲，其中培养的微生物都不是单一的纯种，而是有几种微生物构成的区系。不同地区、不同特色的曲，其中微生物区系也有差异。由于菌种不是纯种培养，即使是从不同曲中分离的同一种微生物，它们的酶活力也有差异。这样就造成了不同地区酿出酒的风味不同，质量有高有低。

三 窖 池 发 酵

窖池发酵是酿酒固体发酵方式革新的重要措施，对大曲酒的风味形成关系很大。窖池发酵起始于何时，至今还没有确切的资料。庆尚远[①] 在"泸州老窖大曲的起源与发展"一文中，介绍了泸州老窖的起始时间。清嘉庆十二年（1807）重修舒聚源酒龙泉井碑记记载：明末泸州舒姓武举，任职驻陕西略阳，喜饮酒，对当地所产大曲酒十分欣赏。他看到造曲酒获利甚大，便想告老还乡后，在泸州办一家大曲酒作坊。舒武举在略阳遍访酿酒名师，多方探求大曲酒制作技术和设备。清顺治十三年（1657）舒解甲返泸，把略阳的万年酒母、曲药、泥样用篾篓装上，还雇用略阳大曲酒的酿造技师，一起回泸州。回泸州后经勘探选中泸州南城中云沟一带土质柔软、黄泥中夹有少量沙子的地方建窖。此地附近有山谷浸来涓涓流水，汇集成龙泉井，井水清冽甘甜，适宜酿酒，在这里创造了泸州第一家大曲酒作坊。到乾隆二十三年（1757）已开建了四个窖。开始造曲酿酒，但酒性燥，经十余年酒质渐好转，后酒已驰誉川境。此段碑文中有两点值得注意：一是用篾篓装上泥样；二是开始造曲酿酒，但酒性燥，经十余年酒质渐好转。泥样即发酵窖池中的窖泥。为什么不远千里带上窖泥呢？发酵窖池是泥窖，拌过曲的原料装入池中厌氧发酵。窖池使用过程中，在窖池四周壁的泥土中形成了特殊的厌氧微生物区系，它们产生多种有机酸，与酒精（乙醇）起反应，形成各种具有香味的酯类。据对泸州大曲酒分析，形成香味的成分有几十种，其中主要呈浓香型的成分为乙酸乙酯，也含有丁酸乙酯等。对微生物代谢成分分析，产生乙酸的菌为乙酸菌，种名为克氏

---

① 庆尚远，泸州老窖的起源与发展，中国酿造，1982，（2）：35。

梭菌（*Clostridium* Klwvery）。开始建窖时，泥中没有这类特殊的微生物区系，为了加快窖中这类微生物区系的形成，将老窖的窖泥移植于新窖壁上，即人工接种法，是非常有效的。开始接种窖泥的数量不多，要经过一段时间的培育才能逐渐显示出效果来。泸州酒厂开始建窖时酒性燥，经十余年后酒质逐渐好转，便是这个原因。在约400年前酿酒技师已经了解窖泥的功能，竟不辞劳苦，千里迢迢，从陕西运到四川，可见对窖泥的重视了。这是窖泥微生物区系与酒质量关系的生动记载，是应用微生物学中最早记载和应用的先例。

综上所述，中国的酿酒发酵，是混合微生物发酵类型。在几千年的发展中，经过长期不断地选择和培育，形成了特殊的微生物区系，在不同地区又形成了不同香型的酒，其酿造方法与微生物区系便发生了差异，如汾（阳）酒的发酵不用窖，而用大缸，酒呈清香型。汾（阳）酒的酸度比一般酒的酸度都高，这种酸为乳酸，是乳酸菌的代谢产物。乳酸乙酯是清香型挥发性酯的主要成分。混合发酵过程的机理至今仍是国际上没有研究清楚的一个大课题。我国经过近几十年的努力，也仅仅弄清楚了其中的一小部分，大量工作还有待今后去研究。已经取得的成果在生产中得到应用，如发酵窖池中添加人工培养的乙酸菌，从有特色的酒厂中取用老窖窖泥建窖等，使不少酒厂的酒提高了质量。展望未来，中国传统的混合微生物发酵制酒的机理一定会研究清楚，那时对应用微生物学的原理发展定会做出重大贡献。

四　酱油的制作

明代李时珍《本草纲目》中载有豆油的制法[①]。

"用大豆三斗，水煮糜，以面二十四斤拌和，罨成黄。每十斤入盐八斤，井水四十，搅晒成油，收取之。"豆油即酱油。制作特点第一是加入面粉的量较多，其目的是增加酱油中糖分的含量，在晒制过程中形成深褐色的酱色，同时也增加酱油的风味；第二是盐的用量为16％，与呈味氨基酸形成钠盐，是酱油中鲜味的主要成分。该法是专门制作酱油的方法，用水量达70％之高。这是酱油制作的第一次详细记载。

明代戴羲[②] 在《养余月令》（1633年）中记载了南京酱油法。"（六月）每大豆黄一斗，用好面二十斤，先用豆煮，下水以豆上一掌为度。摊冷，汁存下。将豆并面用大盆调匀，于以汁浇，令豆面与汁俱尽，和成颗。推在门片（板）上，上下俱用芦席，铺豆黄于中，盦之。再用夹被搭盖，发热后去被。三日后，去豆上席。至一七日，取出，用布被单摊晒。二七（日）晒干，灰末微尘俱莫弃莫洗。下时，每豆黄一斤，用筛净盐一斤，新汲冷水六斤，搅匀，日晒夜露，直至晒熟堪用为止。以篾筛隔下，取汁，淀清听用。其末及浑脚仍照前加盐一半，水一半，再晒复油，取之。脚豆极咸……可当豆豉，但微有沙泥耳。"

在生黄之后，要把豆黄晒干，一是为了使豆黄保持颗粒开头，二是利用晒封的热量，加速霉菌分泌蛋白酶对蛋白质的降解，另一方面由于豆黄中水分的蒸发，适当控制酶解速度。晒灰末微尘都不要去掉，这一点很不卫生，对酱油的品质也没有什么好处。晒制酱油时间较长，使蛋白酶尽多地分解蛋白质为氨基酸。取出一次酱油后，再次加水加盐浸渍，以充分提取豆中的氨基酸，增加酱油的产量。最后剩下的脚豆也制成豆豉，达到充分利用资源的

---

① 李时珍，《本草纲目》下册，谷部，第二十四卷，人民卫生出版社，1975年，第1552页。

② 明·戴羲，《养余月令》。

目的。

五　暖房生黄法

清代李化楠[①]《醒园录》中记载了做甜酱的方法："白面十斤，以滚水作成饼子，不可太厚。中抢一孔，令其透气，蒸熟。于暖房内，上下用稻草铺盖，草上加席，放饼于上，覆以席子，勿令见风。俟七日发黄。"

用暖房生黄是制酱法中的第一次记载。这是继用暖房制酒曲之后，用暖房培养微生物的第二个实例，标志应用微生物学逐渐向人工调节温度方向发展。生黄虽然使用了暖房，在生黄时仍用稻草铺排，其作用在于保温，同时还防止饼中水分散失过快过多，以免影响生黄。为避免稻草中的杂菌污染曲饼，以席进行上下隔离，以保证曲饼生黄的成功。这一办法虽然简单，在防止污染上却起了大作用，这表明制酱工人已经了解和掌握了防止污染的原理及其在生产上的意义。

六　潼川豆豉[②]

据调查四川三台县的潼川豆豉已有200多年的历史，是由江西泰和县传去的。豆豉制作的时间为从立冬起（农历十月）到第二年的雨水（一月），这时成都一带的气温为 16～12℃，因之在豆坯上生长的霉菌以毛霉为主，也杂有青霉和细菌。分离的毛霉经鉴定为总状毛霉（*Mucor recemosus*）。潼川豆豉的发酵周期长，将豆装在坛中，在较低温度发酵 6 个月，制成的豆豉味香回甜。

七　对根瘤菌的认识

根瘤菌是菌类中比较特殊的，它会侵入大豆的侧根使根部受到刺激长成膨大的瘤状物。根瘤菌可以直接吸收空气中游离的氮元素来供给寄主（大豆）营养和使土壤变得肥沃，另外，它也从寄主根部那里吸取分泌物作为养分。这种互惠互利的生存方式叫共生。通常大豆根部都存在与它共生的根瘤菌。我国在世界上最早栽培大豆，并把大豆当作最重要的作物之一，在长期栽培大豆的生产实践中，我国古人逐步注意到大豆的形态特征和生长习性，初步认识到大豆根瘤菌的作用。

我国古代称大豆为菽，据专家研究，古人在造菽字时就注意到其中的根瘤。"尗"中的下面原是三点，表示的就是根瘤。后代的农民将豆根中的根瘤叫"土豆"，并发现"土豆"长得多，豆子收成就好，说明他们已经注意到根瘤的作用。清代的学者王筠在《马首农言》中根据农民的经验，指出收成好的年份，豆根的"土豆"坚实良好，收成不好的年份，土豆就虚浮不实。同时他也是最早指出尗下三点是代表"土豆"（即根瘤）的第一位学者。

①　清·李化楠，《醒园录》。
②　门大鹏，《齐民要术》中的豆豉，微生物学报，1977，17（1）：5～10。

第十三节　明清时期的生物资源保护

一　生物资源保护思想的发展

　　野生生物资源是人类赖以生存的生产和生活资料的重要组成部分。我国在先秦时期即产生了生物资源保护思想，经过漫长岁月的发展，在明清期间又有了一定的进步，这从明清一些学者的作品中可清楚地反映出来。

　　被称为扬州八怪之一的清代著名书画家郑板桥，一生钟爱大自然。人们都知道他喜欢花草，尤其喜欢竹子和兰花，其实他同样主张爱护动物，让各种动物在自然界中和人一样自由地生活。因此，他反对残害动物，甚至对"笼鸟"也很不以为然，他曾经发过这样的感慨："欲养鸟，莫如多种树，使绕屋数百株，扶疏茂密，为鸟国鸟家。将旦时，睡梦初醒，尚展转在被，听一片啁啾，如'云门''咸池'之奏。及披衣而起，颒面漱口啜茗，见其扬翚振彩，倏往倏来，目不暇给，固非一笼一羽之乐而已。大率平生乐趣，欲以天地为囿，江汉为池，各适其天，斯为大快；比之盆鱼笼鸟，其巨细仁忍何如也！"[①] 在这里，艺术家描述了一种人们向往的清新秀丽的生活图景：周围是树影婆娑，睡梦初醒便可倾听百鸟啁啾，晨起便可欣赏莺飞雀舞。把天地间当作巨大的动物园囿，江河湖泊视做赏鱼池，融我于美妙的大自然之中，这是一种超凡脱俗的境界。在这里，艺术家以自己敏锐的情思和洗练的笔触，使古人的生物保护思想得到弘扬、得到升华，暗示了与自然生物和谐相处的无比乐趣。

　　如果说郑板桥代表的是一种从环境美学的角度来考虑生物保护的思想的话，那么还有另一种更直接从衣食资源出发考虑保护生物的思想。这种思想在清代同样很突出。众所周知，在清中后期，由于人口增长很快，对环境的压力有增无减，破坏生物资源的现象很普遍。这引起一些"知书达理"人士的严重不安和关注。《德化县志》（福建）记载有人向上反映生物资源受到严重摧残，请求立即加以制止时写到："自来天地有好生之德，帝王以育物为心。是以宾祭必用，圣人钓而不网。数罟入池，三代悬为厉禁。近世人心不古，渔网之设，细密非常，已失古人目必四寸之意，犹仍贪得无厌。于是有养鸬鹚以啄取者；有造鱼巢以诱取者；有作石梁以遮取者，种种设施，水族几无生理。更有一种取法，浓煎毒药，倾入溪涧，一二十里大小鱼虾，无有遗类。大伤天地好生之德，显悖帝王育物之心。其流之弊，必将有因毒物而至于害人者。……恳祈示禁四十社：无论溪涧池塘，俱不准施毒巧取，如敢故遗（违）依律惩治。此法果行，不特德邑一年之中全百万水族之命，且可免食鱼者因受毒而生病。……若再将毒药取鱼一事，出示严禁，则由仁民推以爱物，从此鳞介得遂其生，鱼鳖不可胜食。富庶之本，未必不在此矣。"[②]

　　从文中可以看出，作者对于那些只顾眼前小利，不择手段捞取鱼类，破坏生物资源的做法痛心疾首。他严厉斥责这种伤天害理、流弊极大的愚昧行为，指出其恶果在于不但会把水生生物斩尽杀绝，而且暂时获得的产物，如毒死的鱼鳖，也会危害食用者的身体。他强烈主张上级不能任其泛滥，应当严加禁止。同时也很有见地地指出，只有加强保护，才能使水生

---

① 郑板桥，潍县署中与舍弟墨第二书，《郑板桥集》，上海古籍出版社，1979年，第17页。
② 朱朝亨，《德化县志》卷十七。

生物正常繁殖生长，人民也会因此得到更多的生活资料和财富。从中可以看出作者对保护生物资源之于生产的重要意义有非常深刻的认识。

二 保护生物资源的礼法

为了保护野生生物资源的正常生长和繁殖，和以前的有些朝廷一样，明代的统治者曾对狩猎和鱼类捕捞做过一些保护性的规定。有关部门明令冬春之交，不准放置捕鱼网具于河流川泽，春夏之交不准施放毒药于原野①。洪武二十六年（1393）的"采捕禁令"还规定："凡历代帝王、忠臣烈士、先圣先贤、名山岳神祇，凡有德泽于民者，皆建庙立祠，因时致祭。各有禁约，设官掌管，时常点视，不许军民入内作践。"② 后来的清代统治者也曾根据传统礼法，做过一些保护生物资源的规定。与明代相比，清朝统治者似乎特别注意对其发祥地东北地区生物资源的保护。

三 苑囿封禁地对生物资源的保护

明清期间，由朝廷和地方上出于各种原因设立的封禁地，对生物资源的保护有重要的作用。明代自永乐年间即在京郊设立了大范围的封禁地。永乐十四年（1416）朝廷规定东至白河，西至西山，南至武清，北至居庸，西南至浑河的地界，不许在其中围猎。明代还在宫廷的太液池北养了不少珍贵动物，如孔雀、金钱鸡、五色鹦鹉、白鹤、文雉、貂鼠、金狸狲、海豹等。宫城的西部有虎城畜虎豹，旁边有牲口房，养着各种珍禽奇兽。明代初期，明孝陵的陵园内养有数千头鹿，这些鹿受到严格保护。它们项系银牌，盗猎者将被处死。

明代北京城南永定门外还设立了南苑，这里也叫南海子，原是元代的一处苑囿。它在明代被扩展至周垣120里，政府还雇人在周围种作兼守护。《帝京景物略》记载：苑内繁殖"鹿、獐、雉、兔，禁民无取。设海户千人守视，永乐中，岁猎以时，讲武也"。也就是说，这里也是一处以狩猎当作军事演习的场所。

明代的苑囿规模远不及清代。清代的统治者原是东北的游牧民族，进关掌权后，一为保持游猎的乐趣，二为习武，先后在东北和华北设立了数处围场（即苑囿），其中有数处较为有名，其一就是前述永定门外的南苑。清承明制设海户1000多人，每人给地24亩，令他们守卫苑中。南苑的管理非常严格，对到苑中割草的，杖打一百，罚劳役三年；如果在苑中砍伐树木，犯者将被发往乌鲁木齐充军；犯三次的发配给乌鲁木齐的兵丁为奴③。南苑中繁衍着各种动物，其中最著名的就是当时世上仅存的一群四不像——麋鹿。这群四不像后来部分被西方人巧取豪夺弄到西方。这种珍稀动物意外地免于灭绝，应该说此苑的豢养是有功于世的。

清代的另一著名苑囿是康熙二十年（1681）设立的木兰围场。木兰围场的全称是热河木兰围场，地处今承德地区北部。今天的围场县就是由此得名的。它东接赤峰、喀拉沁，南近

---

① 《明史·职官志》。
② 《明会典·工部》。
③ 《清会典事例》，卷七百九十二。

隆化，北毗克什克腾，西近丰宁。东西长 150 公里，南北宽 100 余公里，周环 650 余公里，是我国汉代以后设立的最大的狩猎保护地。清统治者在这里行围打猎称"木兰秋狝""秋狝"即享乐和习武的意思。此外这里还是清朝统治者用做和蒙古及其他少数民族联谊的重要政治场所。

木兰围场原是蒙古几个部落的游牧地，农业开发的程度很低，原来的植被保护良好，动植物资源非常丰富，森林覆盖率高达 70%。生物的种类很多，木本植物有海树木兰、华北落叶松、细叶云杉、白桦、山杨、蒙古栎、小叶樟、黑桦、油松等；草本植物主要有针茅、羊草、黄花菜、金莲花、百里香等；动物有虎、鹿、狍、野猪、黄羊、山羊、狐、兔、雕等。直到开围的初年，当地的老百姓还流传着这样的口头禅，即"棒打狍子瓢打鱼，野鸡落在饭锅里"；到河边挑水要"边走边得敲水桶，恐怕柳灌丛中的老虎出来咬屁股"[1]，说明封禁后这里的野生动物得到很好的休养生息，数量众多。围场和其他苑囿一样，管理非常森严。它的周边设置了 40 个哨所负责巡逻守卫，设有专门的官员和机构进行管理。《清会典事例·刑律》载：在围场割草、抓野鸡的，枷号一至数月，伐木或打野兽的，初犯者杖一百，服役三年。即使未得任何猎物，也要在脸部刺上"私入围场"等字样。

在围场内，还根据地形及禽兽的分布，再划分出 72 个小围场（猎区）。每年秋天，皇帝亲率王公大臣前往打猎，称为"木兰秋狝"，轮流在若干个小围场内行猎。由于狩猎都是在局部小范围进行的，禽兽多时还网开一面，任其逃窜，因此这里的动物资源实际上是得到很好保护的。直到 1910 年，辛亥革命前夕，这里还保存有相当大的森林面积，林中仍有种类繁多的动物。

明清期间，一些官吏乡绅也在地方上设立过一些保护地，对生物资源的保护起过一定的作用。在明代值得一提的是福建的万木林。万木林是福建省建瓯县西部一处面积为 110 公顷的中亚热带阔叶林，这块林地在元末明初是建安龙津里（今建安县房道乡）杨福兴的私有林。杨是当地的富户，荒年时以工代赈，凡给他种树的，酬以粮食，所以树木不断增多。后来杨氏家族把这片林子作为风水林加以保护，终于长成林相复杂、植物种类繁多的一片常绿阔叶林，其中有不少珍贵物种，如闽鄂山茶（长瓣短柱茶）和黄樟等。由于植被保存完好，生物资源丰富，后来这里成为福建一处著名的自然保护区。

明清期间，由于人口增长迅速，山区开发很快，森林资源急剧减少，一些地方的百姓自发行动起来，建立乡规民约，保护森林资源，以期持续利用。20 世纪 80 年代，在福建省南平市后坪村小学门口发现一块清咸丰六年（1856）所立的合乡公禁的"护林碑"，就是一个典型的例子。

这块碑文说："王政无斧之纵，不过因时而取材。此虽天地自然之利，先王曾不少爱惜而樽节焉。吾乡深处高林，田亩无多，惟此茂林修竹，造纸焙笋，以通商贾之利，裕财之源耳。迄今以来，斫伐不时，几至童山之慨；保养无法，难同淇水之歌。"首先指出保护当地林木资源对于人民生活的极端重要性，以及目前存在的严重问题。接着，碑文引出立碑的目的："定理一时之规，树百年之计。不惟守业封家，端因山产出息享货殖之赏。"同时还有使环境得到良好保持的重要意义，亦即"虽然山场竹林禁约，固非所缓，而风水荫木保护更须有方。"因此，"务珍惜永念先人培植之功，宏开后世兴隆之业。"具体的禁规内容如下：

---

① 毕宪明，围场县的动物地名与野生动物资源，承德林业科技，1988，(4)：32～33。

禁猫竹不许砍伐樵薪以及破售香条趁便盗用，一切如系缺山人等造作家器，须向主家问明，毋得私自纵砍，永远立禁。

禁春笋定于递年二月初五起至立夏止，概不许盗挖。所留笋种毋得斫尾，永远立禁。

禁本境荫木暨水尾松树、杂树概不许盗砍私批（修枝），斫伐松光，以及砍荫耕种，永远立禁。

碑文很明确地阐述了保护森林资源在经济生产上的重要意义，提出三项永远立禁的具体内容。其目的主要体现在两个方面：一是保护山场的"自然之利"；二是保护生活环境和水源。体现了先秦以来我国一向重视的以时禁发、永续利用的深刻思想内涵。

贵州梵净山是黔中胜地，清道光年间，贵州铜仁知府见当地人大肆砍伐林木，于是立碑对梵净山区的森林进行了封禁。碑文说："十年之计树木，况兹崇山茂林岂可以岁月计？宜止焉，戒勿伐……草木者，山川之精华；山川者，一郡之风光也。"[1] 教导人民珍惜森林、爱护环境，立碑"永为之禁"，客观上对这里的珍稀动植物如灰金丝猴、珙桐和桫椤等也间接起了一定的保护作用。

四　对特殊经济植物的保护

在清代，统治者还曾考虑对人参等名贵药材资源进行保护。众所周知，人参是我国人民所用药物中最名贵的之一，在我国有悠久的应用史。它以其独有的补益养生作用，博得人们的普遍信赖，常用不衰。据《名医别录》等古籍记载，它的主要产地在山西上党山谷和辽东。上党产人参除见于古籍记载外，古人不少诗句也可以作为佐证。唐代韩翃《送客之潞府》诗云："佳期别在春山里，应是人参五叶齐。"更重要的是宋代的《证类本草》所绘的"潞州人参"无疑即是今五加科的人参，但由于人们长期的过量采掘，人参在华北大地绝种了，人去楼空，徒留"潞党参"[2] 的名称而已，辽东和高丽（今朝鲜一带）的人参遂成为一枝独秀，声名远播。

清初，人参是宫廷的重要营养补品和国库的财源，加之产地东北是满族发源地，为了垄断财富和参源，朝廷采取了一系列措施严格限制平民采挖人参。《清会典事例·刑律》记载：在山场私采人参将受到轻则杖责，重责充军或发配各边为奴，甚至斩首的严厉惩处。不难想见朝廷对人参资源重视的程度。

清代采挖人参采取政府发放参票，领票者按规定交纳人参的办法。采用这种管理方法，在一定程度上避免了人参资源在短期内消失殆尽的危险。其具体做法是：政府发给参票后，领票人率参票上限定的人数往指定的地点挖取人参。如果人数超过参票所规定的数目或不在指定的地点采挖，都将受到惩处。领参票者在规定的期间内，据参票的定额向政府有关部门上交人参。为了保证所交人参的质量，防止栽培参混入，清政府对采挖参苗出卖，以及潜入山场购置参苗栽种的人，按照私采、私卖人参的有关法律治罪。

为了保证人参采收的官营，清政府经常派人在各处巡查，防止无票私采。还在山海关等

---

① 余上华，《光绪铜仁府志》卷十七。

② 这里应指出的是，潞党参今天称的是桔梗科植物党参。

关卡严加盘查，对查出违法率领或容留挖参人至百名，以及采参至 500 两以上的首领都处以极刑。尽管如此，由于官采数量惊人，人参资源还是急剧下降。对此，清政府在雍正年间曾采取歇山的办法，即轮换隔年在各参山采集，以免人参绝迹。但在实行的过程中没有得到很好的贯彻，后来这一法令实际上被废止。野参资源岌岌可危，而清廷的贪欲有增无减。所幸的是，人参在挖参人从"秧参"到"籽参"的顽强种植下，得以发展，并最终在清末得到政府的认可而可以公开种植。

在清代，政府对另一名贵药材黄芪也采取过一些保护措施。对在张家口外出钱雇人也有禁律，对招收人数不足十名，或囤积黄芪不足十斤的，杖一百，黄芪入官。一般平民采挖少量黄芪售卖的予以放行，但人数和持有黄芪的数量都有严格的限制。这些措施也在一定的程度上保护了这种名贵的中药资源。

第六章 近代生物学的传入

清代我国的科学技术发展比较迟缓，生物科学也不例外，就反映生物学知识积累较集中的农书和医书本草著作而言，也只是到了中晚期才有一些相对出色的作品出现。上一章提到赵学敏《本草纲目拾遗》和吴清任的《医林改错》等著作，都是体现我国当时动植物学知识和人体解剖学知识积累的杰作。当然，有清一代最出色的生物学著作也许要数我们上面说到的吴其濬的《植物名实图考》了，它充分显示出我国古代植物学发展的水平。毫无疑问，《植物名实图考》是我国古典植物学发展的高峰，其插图除部分取自《救荒本草》外，基本上是根据实物绘制的，一般都比较准确可靠。欧美及日本的学者都对此书予以了高度的评价。在这之后，随着中西方文化交流的加强，西方近代生物学逐渐传入我国，下面就简单地介绍一下其在我国传播的早期情况。

第一节 西方近代生物学的传入

一 西方在华人士传播生物学知识

随着西方商人和传教士的不断东来，我国与西方的文化交流与日俱增，西方的生物学知识也逐渐传到我国。最初向我国传播生物学知识的是传教士。当然传教士的本意并非是为了中国科学技术的发展，其原因是由于当时他们的那一套上帝学说在华并不能引起人们的兴趣，更谈不上让人相信它。在这种情况之下，他们必须拿出一些让人信服的东西来唤起人们的注意，并借以显示他们所兜售的东西绝非无稽之谈，也就是说传教士是把传播科学技术当作传教的手段加以利用的。

最早从西方传入的生物学知识是人体解剖学知识。明万历年间来华的意大利传教士利玛窦（M.Ricci）于 1595 年写了《西国记法》。全书分为六篇，分别是：原本篇、明用篇、设位篇、立象篇、定识篇和广资篇，其中"原本篇"介绍了一些有关生理学方面的知识，主要是论述了脑是记忆中枢这样一种观点。文中写道："记含有所，在脑囊。盖颅后、枕骨下，为记含之室。"还说"人脑后有患，则多遗忘"，并对记忆的机制和影响记忆的因素作了一些论述，指出："盖凡记识，必自目耳口鼻四体传入。当其入也，物必有物之象，事必有事之象，均似以印脑"；记忆的好坏与脑的存在状态有关，"其脑刚柔得宜、丰润完足，则受印深而明，藏象多而久；其脑反是者，其记亦反是"；此外，情绪的好坏、起居饮食的得当与否也影响记忆。文中还对脑是记忆器官有进一步的论证，指出："曩有博学强记之士，人以石击破其头，伤脑后遂尽忘其所学，一字不能复记；又人有坠楼者，遂忘其亲知，不能复识。又人因病遂忘一切世故，虽己名亦不能记忆之矣。"这是西方传教士最早向我国传入的生理学知识，虽然还很粗浅和不无谬误，但比起我国传统的"心主记忆"的说法应该说是先进的。

利玛窦之后，另一意大利传教士熊三拔在其所撰的《泰西水法》一书中也介绍了一些有关消化和排泄方面的生理知识。1623 年，同是意大利来的传教士艾儒略（G. Alèni）出版了他所撰的《性学粗述》，其中介绍了一些解剖生理学方面的知识，主要涉及消化、血液循环、神经和感觉系统等，例如，书中在叙说听觉原理时这样写道："论闻之具，人脑中有二细筋，以通觉气至耳，耳内有一小孔，孔口有薄皮稍如鼓面，上有最小活动鼓锤，音身感之，此骨即动，气急来则急动，缓来则缓动，如通报者然。"描述得很是形象生动。

比较系统地向我国介绍西方解剖学知识的是著名的传教士邓玉函（J. Terrenz）。邓玉函是日耳曼人，是早期来华传教士中科学文化素养最高的人之一。他 1621 年来华，先在澳门行医，随后到浙江的嘉定学汉语，不久到杭州传教。在杭州期间，他著了《泰西人身说概》。在他死后稿子为毕拱辰所得，毕拱辰将它润色后于 1643 年刊行。全书分上下两卷，约15 000字，上卷记有骨部、脆骨部、肉块筋部、皮部、亚特诺斯部、膏油部、肉细筋部、络部、脉部、细筋部、外面皮部、肉部、肉块部和血部，计 15 个部，所述内容涉及今天所谓的运动系统、循环系统、神经系统等；下卷分总觉司、附录利西泰记法五则、目司、耳司、鼻司、舌司、四体觉司、行动及言语，计 8 个部分，主要解释脑及各种感觉器官和运动器官的形态和生理功能。他比较详细地向我国介绍了当时西方这方面的知识。

此外，邓玉函还与另外两位传教士译有《人身图说》一书。这本书约译成于 17 世纪 30年代末，但未刊行，仅有抄本传世。书中对呼吸、循环、神经、消化、排泄、生殖等解剖学内容都有较详尽的解说，并且记载比较准确和细致。

随后在清康熙年间，法国传教士巴多明（D. Parennin）也曾向康熙介绍过当时的西方解剖学知识。巴多明还用了数年时间将一部西方解剖学著作翻译成满文，但该书未被刊行，所抄三部都深藏秘府，很少为外人所见，因此在生物学和医学方面几乎没有什么影响。在此期间，另一些西方人编写的《无极天主正教真传实录》、《狮子说》、《鹰论》、《职方外记》等，也零星地向我国传播了一些西方的动植物学知识。

总体而言，鸦片战争以前西方传入我国的生物学知识很有限，影响也很小。鸦片战争以后，我国被迫进一步对外开放，西方传进的生物学知识随之增多，内容也比以前更为广泛。

鸦片战争以后，西方来华传教士人数大增，他们借办慈善事业为名，扩大传教的影响。而他们所办的这类事业中，教会医院尤其能吸引人，因此，与医学有关的解剖学和生理学知识的传播占有明显的地位。与此同时，西方人也逐渐开始在我国设立出版机构，1843 年，英国传教士麦都思（W. H. Medhurst）把他在印度尼西亚巴达维亚办的印刷所放到上海开办，同时设立了西方人在华的最早出版机构——墨海书馆。在这个馆工作的除麦都思本人外，还有英国传教士、医生合信（B. Hobsen），传教士艾约瑟、慕维廉、伟烈亚力，和中国学者李善兰、王韬和张福僖等。这个机构主要出版的是宗教书籍，但也出版了几本介绍西方近代生物学方面的书。

1851 年，墨海书馆出版了合信和我国学者陈修堂共同合译的《全体新论》一书。这是一部解剖学纲要式的著作，书中论及骨骼、韧带、肌肉、大脑、神经系统、五官、脏腑、血液循环和泌尿系统等，叙述简明，插图精美，在当时引起了人们的重视，产生了较大的影响。1855 年，该馆又出版了合信编译的《博物新编》一书，其中第三集为《鸟兽论略》，在这集中介绍了一些西方近代动物分类学方面的知识。书中提到，动物通常可分为胎生类、卵生类、鳞介类和昆虫等，还说，"天下昆虫禽兽种类甚多，人知其名而识其性者，计得三十万种。其有脊骨之属，一为胎生，二为卵生，三为鱼类，四为介类。四类之中，以胎生为最灵。西方分其类为八族，一曰韦族，如犀象豕马是也；二曰脂族，如江豚海马鲸鲵是也；三为反刍族，如牛羊驼鹿之类；四为食蚁族，如穿山甲之类；五为错齿族，如貂猬兔鼠之类；六为啖肉族，如猫狮虎獭豺熊之类；七为飞鼠族，如蝙蝠之类；八为禺族，如猿猴之类。"这是西方动物分类方法最初传入我国的记述。这里分的八族，大体相当于后来所谓的食草动物、海兽、反刍动物、鳞甲动物、啮齿动物、食肉动物、翼手类动物和灵长类动物。书中还介绍了动物对自然适应的一些特点，另外还介绍了世界各地的一些很引人注意的大型鸟兽，包括猩猩、长尾猿、山魈、犀、象、狮、虎、梅花鹿、驼鹿、驯鹿、长颈鹿、鲸、鸳、猫头鹰、鸵鸟、鸸鹋、火烈鸟等。

1858 年，墨海书馆出版了英国传教士韦廉臣和李善兰合作编译的《植物学》（其中最后一章是艾约瑟与李善兰合译），这是在我国出版的第一本介绍西方近代植物学的著作。这部著作据说是从英国植物学家林德赖（J. Lindley）的有关植物学著作中取材的。它比较全面系统地向我国传播了当时新的植物学基础理论知识。全书分为八卷，约 35 000 字，有插图200 多幅。主要内容包括植物的地理分布、植物分类方法、植物体内部组织构造、植物体各器官的形态构造和功能、细胞等。此外，书中还述说了雌雄蕊在生殖过程中的作用。特别值得一提的是，李善兰较好地处理了翻译植物学著作过程中存在的新名词和术语的问题，用了一系列的植物学名词和术语来表述西方传入的植物学内容。这些词有些是沿用我国传统的，有些则是他创造的，如描述植物形态和组织的花瓣、萼、子房、心皮、胎座、胚、胚乳和细胞，分类等级的"科"，以及各种科的名称，如伞形科、石榴科、菊科、唇形科、蔷薇科、豆科等。

韦廉臣、李善兰所编译的《植物学》一书，在我国近代植物学的发展史上带有启蒙性质，因此李善兰所用的植物学名词对后世有相当的影响。譬如，他很贴切地将英语 botany一词译成"植物学"，这个词不但为我国学者所沿用，而且也为邻国日本植物学界所采纳。日本早先翻译该词时译作"菩多尼诃经"或"植学"。

另外，1876 年由英国人傅兰雅（J. Fryer）编辑创刊的我国最早的一种自然科学期刊——《格致汇编》，也曾刊登过一些有关动植物方面的文章，如"论植物学"、"潮水与花草树木有相因之理"、"大莲花"、"城市多种树木之益"、"桃树去虫法"、"蚂蚁性情"、"种树不但有利于己而且有益于人"、"说虫"、"霍布花等醉性之质"、"西国植物学家林娜斯记"、"西国名菜佳花记"和"虫说略论"等，对于扩展一部分知识分子的视野，增长他们的动植物学知识起到一定的作用。

1886 年，曾在墨海书馆工作，后任翻译的英国人艾约瑟（J. Edkins）出版了他编译的《格致启蒙十六种》。其中《动物学启蒙》、《植物学启蒙》和《身理启蒙》分别介绍了西方近代动物学、植物学和生理学的一些基础知识。其中的《动物学启蒙》是第一部比较系统全面介绍西方动物学知识的著作。

《动物学启蒙》据译者所言是译自法国著名生物学家居维叶（G. Guvier，书中译作古非野）的作品。原书十卷，他只译了八卷，后二卷分别为软体动物和原生动物，译者认为"较之无关轻重"，所以予以省略。其中第一卷相当于总论，介绍了动物可分为四大部类（大体类似后来分类阶元上的门），即脊骨（脊椎）动物、环节（节肢）动物、柔体质（软体）动物和动植难分（原生动物），并指出动植物的差异、四大部类动物解剖上的特征，及它们还可再区分成数个类别。其后各卷相当于各论，重点介绍了脊骨动物的乳养（哺乳）动物、羽族（鸟）类、龙蛇类或爬地（爬行）类、蛙类（两栖类）、鱼类的解剖学特征、外形和生活方式，最后简单介绍环节动物的形态特征和解剖学特点。该书的内容对我国的读者而言还是相当新颖的，但限于当时的社会环境，似乎没有产生什么大的影响。

19世纪末我国还出现了数本传播西方生物学知识的小册子，这就是傅兰雅编的《植物图说》、《植物学须知》和《动物学须知》。当时会文出版社出版的《普通百科全书》，也有《植物新论》、《霉菌学》、《植物营养论》等一些有关生物学的书籍。总的来说，自明末起，西方生物学知识虽然开始在我国有所传播，但内容简单，影响不大。尽管如此，应该承认它还是起了启蒙作用。

另一方面，自西方人到我国后，出于商业和学术等诸多目的，千方百计地从我国收集有关生物资源的情报资料，并进而大举在我国收集动植物种苗和标本。像上面提到的传教士韦廉臣就曾在我国的东北收集过植物标本。他们的这种举动，既给西方带去了大量的生物资源，也大大促进了西方生物科学的发展，并且也在一定的程度上加速刺激了我国近代生物学的萌芽。

我国是一个幅员辽阔、生物种类众多的大国。因此，当明末西方商人和传教士等各色人物一踏上我国，马上注意到我国生物资源的丰富。首先是传教士想方设法搜集动植物资源的资料，与此同时，他们和当时来华的商人一起将所能得到的各种动植物种苗送回西方。稍后，不仅传教士和商人，许多来华的军人、外交使团人员、海关官员、旅行者、探险者也都在我国采集动植物标本。著称者如法国传教士谭微道（A.David）、赖神甫（J.M.Delavay）、法尔热（P.G.Farges）、苏利埃（J.A.Soulie）和韩伯禄（P.Heude）；德国传教士花之安（E.Faber）；英国驻华领事人员汉斯（H.F.Hance）、郇和（R.Swinhoe），东印度公司雇员福琼（Robert Fortune），一些大的花木公司和植物园派出的威尔逊（Ernest Henry Willson）、福雷斯特（G.Forrest）和进入我国海关的韩尔礼（A. Henry）；沙俄军人普热瓦尔斯基（H.M.Przewalski）、科兹洛夫（P.K.Kozlov）、地学探险家波塔宁（G.N.Potanin）、植物学家马克西姆维奇（C.Maximowicz）、科马洛夫（V.L.Komarov）；美国纽约自然博物馆的安得思（R.C.Andrews）、蒲伯（Clifford H.Pope）、美国农业部雇员梅耶（F.N.Meyer）、洛克（ J. Rock）；瑞典探险家斯文赫定（Sven A.Hedin）、植物学家史密斯（Karl A.H.Smith）；奥地利植物学家韩马迪（H.Handel－Mazzetti）等都在我国采集过大量的生物标本。这些标本材料的研究整理，对世界生物学的发展起了一定的推动作用，对我国以后生物学的发展也有相当的影响，这既有正面作用，也有反面影响，体现在：一方面，它为我国后来的生物分类学积累了一定的基础；另一方面，由于大量的模式标本流落在外，而对其进行研究定名的原始文献也都在国外，这使得我国自己的分类学家进行相关的研究时困难重重。

二　国人主动介绍和引进西方的生物学

鸦片战争的接连失败，使我国的统治阶层初步意识到自己的落后，不得不搞"洋务"、以"师夷长技"而求自强。在此种情形下，当权者逐渐认识到培养外语人才和翻译西方书籍的重要性，并设立了一些翻译和传授西方科技知识的机构。1862年，清政府在北京开设京师同文馆，随后聘用了一些外国人教授外语和科技知识。1863年和1864年又分别在上海设立广方言馆和广州同文馆。1866年，设福州船政学堂。次年又在上海江南制造局内设上海机械学堂。1874 年，还创办有由在华西方人倡设但有部分中国人参加的格致书院。但是这些学堂以及稍后成立的一些学堂主要教授外语、工业技术或军事，基本与生物学无关，只有 1893 年湖北设立的自强学堂设有博物科，讲授动、植物课程①。但由于师资困难，1897 年博物科即停办。

1897 年创刊的《农学报》是我国最早的一种传播农业科技的专业刊物，此刊出版时间长达十年，共出版了 315 期。在《农学报》上刊出的文章主要是译文，有不少与生物学有关，如"论橡胶"、"植物始产诸地"、"论稻中成分之转移"、"论植物吸取地质多寡之率"、"阿芙蓉考"。日本宇田川榕庵编译的《植学启原》，松村任三的《植物学教科书》、《植物名汇》，以及"论益虫"、《普通动物学》、《日本昆虫学》等。负责出版《农学报》的农学会还于 20 世纪初期翻译出版了一套《农学丛书》，其中有《森林学》和《造林学》等②。

1903 年，上海科学仪器馆钟观光等创办的《科学世界》，也刊载了一些传播生物学知识的文章。诸如"原生物"、"论动物学之效用"、"动物与外界之关系"、"人类与猿之比较"，及虞和钦的"植物对营养之适应说"、"植物受精说"、"植物吸收淡气之新实验"；虞和寅的"植物学略史"，虞翼祖的"有用植物及有毒植物述略，胡雪斋的"植物营养上之紧要原质"等③。

在 20 世纪前十年，继《科学世界》而起，介绍生物学知识比较多的有上海宏文馆薛蛰龙等办的《理学杂志》。其 1906 年发行的第一期中有神武的"说蚊"，公侠（即薛蛰龙）的"植物与日光的关系"（第二、三期连载），仲篪的"野外植物"（第二、三、四、六期连载），侠民的"植物学语汇"（第二期连载）。第二期有金一的"人猿同祖说"，公侠的"论动物之本能与其习惯"。1907 年继续刊出的第三期有金一的"蚕性说"，公侠的"我国中世代之植物"，志群的"植物园构设法"（第四、五期连载）。第四期有松岑的"动物之彩色观"、"拔克台里亚（细菌）广论"。第五期刊有 19 世纪五位德国植物学家的照片，登载了清任的"蚕体解剖学"，国城的"植物品种之改良"，公侠的"昆虫采集之预备"（第六期连载），"十九世纪德国植物学家传略"，"植物研究会缘起"，还节录福勃士和赫姆斯莱的《中国植物名录》的部分内容编成"中国植物之种类"。第六期有凤尾生的"生物之道德观"，仲篪的"养蚕谈"，以及"犬与狼及豹之关系"，据文中介绍，至迟在 1906 年，京师大学堂已设有植物园。

1909 年金陵大学创办的《金陵光》，1910 年中国地学会创办的《地学杂志》也刊出一些生物学方面的文章，如植物学家钟观光的 10 篇"旅行采集记"就是在《地学杂志》中刊登的。很显然，在 20 世纪的前十年，一些有识之士已进行力所能及的铺垫工作，除较系统地介绍各种生物学知识外，主要体现在已有初步的组织，注意到植物学术语，设置了研究实习用的植物园，并传播了野外动植物实习采集的一些基本知识。热心的推进者还开始介绍生物学史，以引起公众更广泛的兴趣，促进生物科学的发展。在这一时期，有些从日本留学回来的学生可能开始采集植物标本。

当然，稍后几年一些与生物学关系更加密切的科学杂志进一步涌现。1914 年，由中华

① 李亮恭，中国生物学发展史，（台湾）中央文物供应社，1983 年，第 164 页。
② 汪振儒等，中国植物学史，科学出版社，1994 年，第 124 页。
③ 谢振声，上海科学仪器馆与《科学世界》，中国科技史料，1989，10(2)：61～66。

博物学会创编、商务印书馆印行的《博物学杂志》开始出版。1915 年，中国科学社主编的高质量自然科学期刊——《科学》开始刊行，此刊从一开始就登有大量的生物学文章。1918 年，武昌高等师范学校博物学会创办了《博物学会杂志》（后改名为《武昌师范大学博物学会杂志》，1924 年又改名为《生物学杂志》）。五四运动以前，许多一般性的杂志，如《东方杂志》、《中华学生界》、《妇女杂志》也都刊行过一些生物学的科普文章，如 1913 年的《进步杂志》和 1915 年的《东方杂志》都刊登过介绍孟德尔遗传学说的文章。显然，在 20 世纪的前 20 年，无论是刊登生物学文章的杂志数量，还是生物学文章本身的数量都比上个世纪大大增加，而且质量也在不断提高。

进入 20 世纪，有关生物学的教科书和教学参考用书也有所增加。1905 年，出现了由黄明藻编写的一本小书——《植物讲义》。1906 年，山西大学也翻译出版了《植物学教科书》。上海宏文馆等书局出版了供中学用的《动物学》、《植物学》教材及《博物学大辞典》等参考书。1908 年，京师译学馆教授及农工商部农事试验场场长叶基桢编写了《植物学》。1911 年，商务印书馆出版了奚若等人翻译的《胡尔德氏植物学教科书》。1918 年，商务印书馆还出版了马君武编译的《实用主义植物学教科书》，此书大部分取材于德国施迈尔（Schmeil）的《植物学》（Lehrebuch der Botanik）。全书 421 页，总论部分第一章讲述了"细胞学"，包括细胞概论、细胞之内容、细胞膜、细胞团体；第二章讲述了植物形态学及生理学，包括叶之形态及生理、根之形态及生理，茎之形态及生理，花之形态及生理，果实和种子之形态及生理。各论部分讲述了植物分类学，第一部为隐花植物，第二部为显花植物。全书有图 356 幅①。

1905 年，科举制度被废除，新学得以发展，各级学堂逐渐增加。虽然还有些学堂仍然聘用外国人担任动、植物课教师，但多数学堂已由中国教师任课，并且开始由本国教师自己编写教材。《动物学讲义》就是当时中国教师编写的教科书中的一种。

《动物学讲义》是光绪丁未年（1907）由湖南中学堂出版的。作者汪鸾翔是广西省临桂县人，可能是一位早期留日回国的教师。值得注意的是，这部著作是名之为"讲义"而不是叫"教科书"。"教科书"一词是从日本搬来的，日本学者实藤惠秀指出："中国近代早期凡以'教科书'为名的书籍，都可以看作是从日本翻译过来的东西"②。但"讲义"一词，则是中国传统文化固有的，它是指讲解经书的书籍。宋代邢昺《孝经注疏·序》："今特剪截元疏，旁证诸书，分义错经，会合羽趣，一依讲说，次弟解释，号之为讲义"。我国学者借用"讲义"作为中国人自己编写的近代科学教学用书的名称，是很贴切的。

"癸卯学制"从 1903 年公布后一直实行到清朝末年。根据这个学制，中学堂的博物学科包含植物、动物、生理、卫生和矿物等五个方面的课程。在五年中学中，前四年都设有有关博物的课程，第一二学年开设植物和动物课，每周是两小时。第三四学年开设生理、卫生和矿物课，每周也是两小时。从上面可以看出，植物和动物都是一学年，每周两小时，分量是不少的。按照"癸卯学制"的要求，"其植物当讲形体构造，生理分类功用；其动物当讲形体构造，生理习性特质，分类功用；其人身生理当讲身体内外之部位，知觉运动之机关及卫

---

① 王宗训，近代植物学史总论，载汪振儒主编，中国植物学史，科学出版社，1994 年，第 121～143 页。
② 实藤惠秀，中国人留学日本史，三联书店，1983 年，第 233 页。

生之重要事宜；其矿物当讲重要矿物之形象性质功用，现出法，鉴识法之要界。"①《动物学讲义》正是根据上述动物学讲课的内容要求而编写的。《动物学讲义》全书约两万字，分两编。

第一编"各论"，除系统描述各类动物的特点外，还包含"绪言"一篇。"绪言"叙述动物学的分支及学习、研究动物学的意义。"各论"共有 12 章。每一章都以一种或两种动物为实例，介绍各纲动物的形态、构造和生理机能、特点。第一章以兔为实例，讲述哺乳纲动物之形态构造及生理特点，如指出："凡胎生动物，其子初生之时，恒不能自觅饮食，必赖母体中自生一种乳汁哺乳之。人之初生亦全赖哺乳然后生存者也；故凡类此等之动物总之曰：哺乳动物。"又"哺乳动物其类甚多，就中之最灵而杰出者别称曰人。此外有飞行于空气中如蝙蝠者；有游泳于海洋如鲸鱼者；有以鸟兽鱼虫为食如虎豹猫獭者；有以刍草为食如牛羊鹿兔者，可谓动物中最高等与人类相去最近者也。"② 以下各章依次分别以鸡、石龙子、蜥蜴、金线蛙、鲤、阜螽、蜘蛛、龙虾、蜈蚣、文蛤、蚯蚓及海胆、海绵等为实例，叙述鸟类、爬虫类、两栖类、鱼类、昆虫类、蜘蛛类、甲壳类、多足类、软体动物、蠕形动物、棘皮动物、腔肠动物等各纲动物的特点。在讲述鸡时，编者处处将鸡的构造特点与第一章讲的兔的构造特点进行比较，最后总结指出："凡如鸡之皮肤被以羽毛，有肺呼吸，血液温度颇高、卵生而孵化者，总名之曰：鸟类。"③ 第五章讲完鱼类后总结说："综观以上五章如哺乳类、鸟类、爬虫类、两栖类、鱼类，无论何类，其体中必有椎骨相连而成脊骨，因此之故，又总括此五类动物总名之为脊椎动物云。"从上述内容可以看出，第一编"各论"实即系统动物学。

第二编是"通论"，共 8 章，分别论述动物之分类、动物之构造、动物之生殖、动物之发生、动物之自力（即动物的独立生活能力）、动物与外界之关系、动物之竞争、动物之进化等。其中后三章的内容，都和生物进化论有关。虽然早在 19 世纪 70 年代和 80 年代，中国就已经从传教士的译著中知道了生物进化论和达尔文、拉马克的名字，但直到 19 世纪末，进化论并没有在中国传播开来。1898 年严复《天演论》问世，进化论才真正开始在中国传播开来。到 20 世纪初，有许多翻译介绍生物进化论的书出版，进化论思想在当时成为一部分先进知识分子变革图强的思想武器。正如鲁迅当年（1907）指出的，"进化"一词虽然已几乎成为人们的口头禅，但顽固守旧的人，还是竭尽全力反对的④。可见当时社会上反对进化论的，还是大有人在。那么，当时在新学堂中教不教进化论呢？过去很少见到这方面的史料说明。《动物学讲义》首次向人们提供了明确肯定的答案。它充分说明，本世纪初在新兴办起来的中学堂中，是学习进化论的。《动物学讲义》在论述进化论中，提到了生存竞争；提到了生物遗传和变异，认为变异是生物进化的开端；提到了自然选择（自然淘汰）和人工选择（人工淘汰）；提到了个体发生和系统发生的联系，认为个体发生是系统发生的重演。在解释进化论时还用了拉马克的"用进废退"的理论。《动物学讲义》中有关进化论的论述，很可能受了日本教科书的影响，其中有些名词术语，显然是来源于日本，如：遗传、进化、

① 《动物学讲义》第一编，第 5 页。
② 《动物学讲义》第一编，第 7 页。
③ 《动物学讲义》第一编，第 7 页。
④ 参见鲁迅《坟·人之历史》。

自然淘汰、人为淘汰、保护色、拟态等。

《动物学讲义》的最后部分是"昆虫标本制作法"，它强调了制作标本的重要性，认为"博物之学以标本为最要。如能自行制作，利便殊多"。《动物学讲义》主要介绍了制作昆虫标本的工具及其制作法。

作为一部中等学校的教科书，《动物学讲义》深入浅出，通俗易懂。前已述及第一编的"各论"，实际上是动物系统学。通常的教科书，总是从低等动物讲到高等动物，而《动物学讲义》的作者却采取了与众不同的写法，即是从高等种类讲到低等种类，这显然是考虑到一般中学生对那些高等动物如兔、鸡等更为熟悉，更易于理解。对每一纲的叙述，作者也总是寻找最为常见的动物做代表，进行生动的描述，例如，对于甲壳类的叙述，便选取了人们最常见的动物——龙虾。书中描述道："龙虾由头胸部及腹部相续而成，腹部环节明瞭，头胸部无单眼、无翅，仅有一对之复眼。又有触角二对，其长者司感触，籍此以侦知外界之情状；短者用以听音嗅味，故又曰嗅毛。口之前方有一对之小口，即泌尿器之出口。又口近旁有数个之小足，谓之鄂足，用以捕获食物。鄂足后又生五对之足，谓之节足，以供步行之用。腹部复生数对团扇之短足，谓之桡足，以供游泳之用。桡足之最后者，其形颇大，向后申出即谓之尾。"这些文字描述，生动活泼、简洁明了。学生根据这些描述，可以很容易地对照实物进行观察和学习。光绪三十二年（1906），清廷颁布的"学部奏请宣示教宗旨折"中指出："今要推行普通教育，凡中小学堂所用之教科书，宜取浅近之理与切实可行之事以训谕生徒。"[①] 显然，《动物学讲义》正是本着"奏折"精神撰写的。

1905 年，清政府被迫废除科举、广设学堂之后，如何编好教科书以贯彻新学是摆在当时教育工作者面前的头等大事。为办好新学堂，编写教科书，遂有上述之 1906 年颁布的"奏折"。"奏折"明令："编书各员守定宗旨，迅即编纂中小学堂教科书，进呈。"《动物学讲义》可视为废除科举的产物，它从一个侧面反映了我国 20 世纪初生物学的教育情况。

1918 年，商务印书馆又出版了《植物学大辞典》，这是一部重要的著作，在 1905 年前后即着手编写。除作为主持人的著名学者杜亚泉外，留学日本归来的植物学者黄以仁也是主要的编辑人员之一。1917 年，蔡元培曾在《东方杂志》发表该书的序言，文中指出编者们"有感于植物学辞典之需要，而商务印书馆乃有此植物学大辞典之计划，集十三人之力，历十二年之久，而成此一千七百有余面之巨帙，吾国近出科学辞典，译博无逾此者"。杜亚泉在书中的序言写到该辞典编著的缘起和目的："吾等编译中小学校教科书，或译自西文，或采诸东籍，遇一西文之植物学名，欲求吾国固有之普通名，辄不可得，常间接求诸东籍……故其计划不过作一植物学名与中日两国普通名之对照表而已。既而以仅列名称不详其科属、形态及应用，则其物之为草为木，为果为蔬，茫然不辨，仍无以适用。吾等乃扩张计划，而系之以说，附之以图。"从中不难看出编者的良苦用心。

《植物学大辞典》包含植物名称和植物学名词 8980 条。每种植物之下给出中文名称、拉丁学名和日文名称，描述该植物的形态、产地和用途，以及别名的考证等，还附有插图 1000 余幅。植物学名词之下则给出对应的英文和德文。书后还附有拉丁学名和日名的索引。很显然，这本植物学辞典对于普及近代植物学知识、推动我国近代植物学的发展，有深远的意义。

---

① 《大清教育新法令》第一册第二编，商务印书版，第 3 页。

三　生物学教育和科研的始萌

1898 年，京师同文馆改为京师大学堂，这是我国有大学之始。1902 年，京师大学堂创立师范馆，目标是培养"中学堂的教员"。教学的内容分四个门类，其中第四类（博物类）为植物学、动物学、生理学和矿物学，授课教师是日本人。1904 年，师范馆改为优级师范科。1907 年，原师范馆第四类有 24 人毕业。1908 年，京师大学堂的优级师范科改为优级师范学堂，课程设置与原来类似，主要是植物学、动物学、生理学，其次是矿物学和农学。在这以后，许多省份都先后设立了优级师范学堂，也有类似上述的课程设置[①]。此外，京师大学堂还曾开办过博物实习科简易班，于 1907 年招生。重要课程分为三类：①制造标本。专以制造动植物标本为能事，其中又分剥制、解体、卵壳、骨骼、昆虫、切片。②图画。③模型。当时的教师大多为日本人。据说在 1906 年的时候，京师大学堂设立了供教学实习用的一个植物园，这可能是我国近代植物学意义上的第一个植物园[②]。

民国初年，前清时期的优级师范学堂都改为高等师范学校。教育部在全国分区创办的 7 所高等师范学校和另外 6 所省立的高等师范学校，大多设立了包含生物学的博物部，其中影响较大的是民国元年（1912）成立的北京高等师范学校。该校将原第四类设置改为理科第三部，后来又改为博物部，聘请出国归来的留学生任教。当时博物部动物学教授兼主任是人类学家陈映璜（此人曾于 1918 年出版《人类学》一书，这是我国学者自己编写的第一本人类学专著），植物学教授是彭世芳，以及蒋维乔、吴续祖、张永朴等。我国著名的生物学家雍克昌、孔宪武、张作人、陈兼善都是该校早年的毕业生。民国 2 年成立了武昌高等师范学校，次年设立博物部。在这里任教的还有王其澍、王海铸、薛德焴等。生物学家何定杰和辛树帜是该部的第一届和第三届的毕业生。民国 4 年，南京高等师范学校成立，该校未设博物部，但从 1917 年开始设有农业专修科，由留学美国的农学家邹秉文任主任并讲授植物学。从 1919 年开始，从美国留学回国的胡先骕、秉志、钱崇澍都曾在此授课。虽其任务主要在培养农业院校的师资人才，但其基础学科也是动植物学。该校后与东南大学合并成立了生物系。该科的前两班学生分别于 1920 年和 1921 年毕业，其中不少后来成为著名的农学家和生物学家，如金善宝、冯泽芳、王家楫、伍献文、寿振黄及严楚江等。广东、成都，及沈阳的高等师范学校设立博物部晚一些，但最迟到民国 7 年都已招生。1923 年以后，这些学校都改为大学，为我国的生物科学教育做出了巨大的贡献。此外，1917 年，北京大学也设立了生物学门（后改系），教授有留学法国归来的李石曾和谭熙鸿，以及钟观光，其后金陵女子大学也于 1920 年成立了生物系。

上面的论述表明，我国生物学教育的形成，主要依靠从海外留学归来的学者。众所周知，自 19 世纪末开始，为了国家的富强和发展，我国有许多青年出国留学。正是早期我国这一批批留学人员把西方的近代科学引进到我国，并使之在我国立下根基和得到发展。在19 世纪末和 20 世纪初出国留学的以去日本的为多，其中有不少是学林学和生物学的，如林

---

① 薛攀皋，我国生物系的早期发展概况，中国科技史料，1990，11(2)：65。
② 以益，植物园构设法，《理学杂志》，1907 年第 3 期 52 页。另外东方杂志 1908 年 2 月（第 5 卷 1 号）的第一期有题为："京师大学堂附属博物品实习科规则"的文章。

学家陈嵘和梁希都是 1906 年留学日本的学生，差不多同一时期，在日本学习植物学和动物学的大约还有黄以仁和张珽及张巨伯等。但 1907 年以降，留学美国和西欧各国的学生也迅速增加，其中学农林生物的人也不少，如 1907 年，韩安到美国密执安大学学林学，并于 1911 年获林学硕士学位。次年，邹树文亦至康奈尔大学学习昆虫学。1909 年，秉志进入美国康奈尔大学农学院（生物系）学习，并于 1918 年获得哲学博士学位。与他同年出国留学的金邦正和凌道扬则分别在康奈尔大学和耶鲁大学获得林学硕士学位。1910 年和 1912 年，钱崇澍和胡先骕也先后到美国留学。较早到西欧留学学生物的有去法国的李石曾等。早期这批留学生大多怀着满腔的报国热情求学，学成归来后，成为我国生物学教育和科研的中坚力量，为我国的生物科学培养了大批的人才。

大约在 1907 年的时候，有人即在上海成立过植物研究会[①]，但没有什么影响。1915 年，留美学生任鸿隽、赵元任、胡达、秉志、过探先、金邦正等人在美国纽约州的伊萨卡成立了中国科学社。该社的成立在我国近代科技史上具有重大的意义，同时对于我国生物学的发展也起了极大的推动作用。同年，他们还创办了《科学》期刊。1918 年，科学社总部从美国迁回中国的南京。

在我国，最早进行生物标本采集的可能是上面提到的留日学者黄以仁，1910 年前后，他在江苏和山东采集过植物标本，而且曾将标本送到日本请有关的专家鉴定，1911 年日本的《植物学杂志》发表了这批标本的鉴定文章。黄采的标本数量不多，且送到国外，所以在国内没有什么影响。从 1911 年开始，钟观光先生也开始采集植物标本，他是我国学者大规模采集植物标本的第一人。1916 年，钟观光在北京大学任副教授，这给他提供了更好的考察、采集和研究植物的机会。从 1918 年开始，他带着数名助手，先后到福建、广东、广西、云南、安徽、江西、浙江、湖北、四川、陕西、河南、山西等省进行了四年多的生物学采集，历尽艰辛，共采得腊叶植物标本 16 000 多种，计 15 万多号；动物标本数百种；以及大量的植物果实、根茎和竹类等，为创建北京大学和浙江大学农学院的标本室打下了良好的基础。

在 20 世纪 20 年代以前，我国的学者主要进行的工作是传播和吸收西方近代生物学，但也有一些学者开始发表研究论文，如秉志于 1915 年发表的"加拿大金杆草上部的昆虫"，钱崇澍于 1916 年发表的"宾州毛茛的两个近缘种"，胡先骕 1915 年发表的"菌类鉴别法"。一些学者在调查研究的基础上开始进行地方动植物名录的编写工作。1914 年，吴家煦发表了"江苏植物志略"；1918 年至 1923 年间，张珽发表了十余篇的《武昌植物名录》；此外还有一些学者发表了广东和浙江一些地方的植物名录等。

总之，在 1915 年前后，随着我国一批在海外受过良好生物学教育并学成归来的留学生与像钟观光等国内成长起来的富于创业精神的生物学家的共同奋斗，我国近代生物学研究进入了一个崭新的发展阶段。他们教书育人，普及生物学知识，培养和造就了大批的生物科学人才；他们带头考察、采集生物标本并进行开创性的生物学研究工作；他们还在"科学救国"的旗帜下，团结一致，切磋学术，为祖国的生物科学事业努力奋斗。正是这批人在这一时期为我国近代生物科学的发展奠定了基础。

---

① 公侠，植物研究会缘起，理学杂志，1907 年，第 5 期，第 9～10 页。

四　达尔文学说在中国的传播和影响

1859 年，达尔文《物种起源》的发表，标志着人类对生物界认识的重大进步。以自然选择理论为基础的生物进化论，科学地解释了物种的起源和发展，阐明了生物界发展的规律，从而在生物学领域中完成了一次伟大的革命。

一百多年来，达尔文学说在世界各国获得了广泛的传播和发展，并在许多科学领域里产生了深刻的影响。这里着重讨论达尔文学说在我国的早期传播和影响。

（一）严复和《天演论》

大家知道，真正将达尔文学说传到中国来，是从严复翻译《天演论》开始的。当然，在这之前，中国人对达尔文的名字和学说，就已有所闻。1871 年，由我国学者华衡芳和美国传教士玛高温（J. Macgowan）合作翻译的《地学浅释》[①] 中说："有勒马克（Lamarck）者，言生物之种类，皆能渐变，可自此物变至彼物，亦可自此形变至彼形。……近又有兑尔平（Darwin）者，言生物能各择其所宜之地而生焉，其性情亦时能改变。"[②] 这里提到了拉马克和达尔文的名字，而且极其简要地介绍了他们的进化思想。

1873 年，即达尔文《人类起源和性的选择》出版后一年多，《申报》就曾以"西博大新著《人本》一书"为题，报道了达尔文这部新著的出版消息。

1877 年，由英国在华传教士主办的《格致汇编》刊登有"混沌说"一文。文章说："动物初有甚简，由简而繁。初有虫类，渐有鱼与鸟兽。兽中有大猿，猿化而为人。"[③] 不可否认，这些都是国内报刊杂志中，有关生物进化论的较早报道，但是这并不表明传教士热心在他们主办的杂志上宣传进化论，事实是，自从 1859 年《物种起源》发表后，在社会上引起了激烈的争论，但达尔文学说却在斗争中越来越深入人心。它动摇了一般人对上帝分别创造万物的普遍信仰。迫于科学的事实，原来持反对态度的教会人士，也不得不改变他们的手法。不久，有些神学家领袖和教士便开始认识到必须把世界的创造看成是一个连续不断的过程，因此他们不再直接反对达尔文学说，而是对它进行歪曲，把它说成是与《圣经》教义没有矛盾的学说[④]。1886 年，英国有位主教在达尔文墓前铜像落成典礼上就声称：进化论与《圣经》教义一点也没有矛盾。神学家们对待达尔文学说态度上的这种转变，在传教士中也有所反映。这在传教士丁韪良（W. A. P. Martin）所作的《西学考略》一书中，反映得很明显。丁韪良当时在北京同文馆任教。1881 年，他利用回国探亲的机会，周游了西方各国，考察了当时西方各国的科学、教育情况。1883 年，他回到同文馆，并在馆里做了有关西方科学、教育情况的介绍报告。报告由同文馆学员加以翻译整理，于 1884 年出版，这就是《西学考略》一书的由来。《西学考略》对当时中国人了解西方科学技术的发展，起了一定的作用。《西学考略》在介绍生物学时，提到了拉马克和达尔文的进化学说，指出：拉马

---

① 《地学浅释》系根据英国地质学家赖尔（C. Lyell）原著 "Elements of Geology" 一书第六版（1865 年）翻译的。译稿完成于 1871 年，1873 年由江南制造局出版。

② 《地学浅释》第十三卷。

③ 《格致汇编》1877 年秋季卷。

④ 参见（英）W. C. 丹皮尔著，李珩译《科学史》，第 416 页。

克认为物种"并非恒古不易",一切动、植物都是从一个共同的祖先演变而来的,达尔文重申了拉马克学说,认为地层古生物的材料可以证明太古之时,地上多水,所以生物水陆都能适应,后来水陆分开,于是陆地上开始出现了鸟类和兽类,人类化石出现于最新地层,由此可知人类是最后出现的。《西学考略》已不再坚持世界万物是由上帝分别突然创造的说法,认为那是一种"旧说",但是它并没有放弃神创论的立场。丁韪良虽然承认生物是进化而来的,但他却又把这种进化说成是由聪明智慧的造物主主宰,"次第经营而成"的。

这里特别要指出的是,虽然早在 19 世纪 70 年代和 80 年代,传教士就已经将进化论的某些观点介绍到中国来,但是他们的那些介绍都是非常简单和不得要领的。更重要的是,他们回避了达尔文进化论的核心自然选择理论。所以传教士的那些介绍,并没有在中国产生多大影响。

直到严复翻译了《天演论》,达尔文学说在中国才真正产生了重要的影响。严复,字几道(1854~1921),福建侯官人,1877 年被派往英国留学。严复留学英国之时,达尔文进化论在西方已经极盛一时,并且那时达尔文、赫胥黎等都还健在,他当时就对他们的学说倾心笃信,回国后,更是不断地钻研。1894 年中日甲午战争之后,严复深感民族危亡迫在眉睫,于是便开始翻译西方资产阶级学术著作,撰写论文,积极宣传维新变法。在他所翻译的著作中,以《天演论》一书影响最大。

《天演论》是根据赫胥黎(T. H. Huxley, 1825~1895)于 1894 年出版的《进化论与伦理学及其他论文》一书中的两篇文章("导论"和"进化论与伦理学")编译的。译稿至迟完成于 1896 年,先是分期连载于 1897 年的《国闻报》上,1898 年正式出版。《天演论》分上、下两卷。虽然整部《天演论》都贯穿了达尔文学说的基本精神,但是有关达尔文学说基本观点的介绍,则主要反映在上卷的"导言"及其"按语"中。与传教士传播的进化论不同,严复抓住了达尔文学说的最基本精神。他在《天演论·导言一》的"按语"中说:"物竞、天择二义发于英人达尔文。达著《物种由来》一书,以考论世间动、植物类所以繁殖之故"。这表明严复完全了解"物竞"、"天择"是达尔文学说的核心,是达尔文用以说明生物界进化的最基本原理。

严复说:"物竞者,物争自存也。以一物以与物物争,或存或亡,而其效则归于天择。天择者,物争焉而独存。则其存也,必有其所以存,必其所得于天之分,自致一己之能,与其所遭值之时与地,及凡周身以外之物力,有其相谋相剂者焉,夫而后独免于亡,而足以自立也,而自其效观之,若是物特为天之所厚而择焉以存也者,夫是谓之天择。"[1] 这意思是说,每种生物,在生存过程中,都要同周围环境进行竞争。在竞争中,只有那些具备有适应环境条件能力的生物,才能生存,而不适应者,则被淘汰。大家知道,斯宾塞(E. Spenser 1552~1599)是用"适者生存"来表述自然选择的。《天演论》也引用了斯宾塞的说法,"天择者,存其最宜者也"[2]。《天演论》还指出,生物界之所以能够变化发展,正是由于自然选择作用的结果,"夫物既争存矣,而天又从其争之后而择之,一争一择,而变化之事出矣"[3]。

《天演论》告诉人们,不仅生物界受自然选择规律支配,不断变化发展,而且人类本

---

[1]　《天演论·导言一》。

[2]　同[1]。

[3]　同[1]。

身也是生物进化的产物。"人之先远矣，其始禽兽也，不知更几何世，而为山都、木客①，又不知更几何年，为毛民猺獠，由毛民猺獠，经数万年之天演，而渐有今日，此不必深讳者也。自禽兽以至为人，其间物竞天择之用，无时而或休。"② 这就是说，人也是经过从禽兽、人形动物、原始人类等几个阶段，逐渐演变而成的。如同一般生物进化一样，严复认为从动物进化到人类，自然选择规律一直在起作用。

对中国人来说，这些道理都是头一次听说的。从《天演论》开始，中国人才真正知道自然界里还存在有物竞天择、进化不已这样的客观规律。严复对达尔文学说在中国的传播，有着不可磨灭的贡献。

（二）达尔文著作的介绍

从 20 世纪初以来，达尔文学说在中国获得了更加广泛的传播。《天演论》的问世，为达尔文学说在我国的进一步传播开了头。以"物竞"、"天择"为核心的进化论思想一传入中国，便受到当时进步的中国知识分子的热烈欢迎和重视。有的同志做过统计，《天演论》问世后十多年间，曾发行了 30 多种不同的版本。③ 上海商务印书馆有一个版本，从 1905 年到 1927 年间，曾再版了 24 次，④ 这在我国出版史上是少有的。不仅《天演论》被一版再版，而且有关介绍达文学说的文章和书籍也很快相继出现。

当时人们很快就认识到，要使我国人民真正了解达尔文学说，就必须介绍达尔文的最重要著作——《物种起源》。早在 20 世纪初年，马君武（1882～1939）就开始着手翻译这部著作了。1902 年和 1903 年，他先后将《物种起源》一书中最重要的第三章"生存竞争"和第四章"自然选择"译为中文，并以《达尔文物竞篇》和《达尔文天择篇》分别单行出版。1903 年，《新民丛报》在介绍这两个中译本时说："今日报纸中二哲之名（指达尔文和斯宾塞）虽脍炙人口，而原书久未译出东大陆，实我学界之大缺点也。译者奋然从事于此，虽未能尽全貌，亦足以破译界之寥寂矣。"⑤ 可见《物种起源》中这两章的节译出版，受到了人们的重视。

《天演论》出版后，人们不仅很快注意到达尔文原著的翻译，而且也很快注意到了达尔文生平的介绍。1902 年《新民丛报》第二期上就登有"天演学初祖达尔文学说及其传略"一文，对达尔文学说及其生平事迹做了简要介绍。近年吴德铎同志发现，《达尔文自传》的第一个中文译本《天演学者初祖达尔文传》也早在 1903 年就已经问世，译者是进化论的热烈拥护者李郁（号竞强）。译著共 112 页，李郁在这本书的"凡例"中指出，本书的内容除达尔文的自传外，还特增"达尔文以前之生物学"和"天演学"两章，使读者"既知达氏历史，并可粗识其进化原理"⑥。从这里可以看出译者在编译此书时用心之细。

---

① 山都和木客都是中国古代沿传下来的名称，指人形动物。《异物志》记载："卢陵、太山之间有山都，似人裸身，见人便走，自有男女，长四、五尺。"
② 《天演论·导言十二》。
③ 参见王栻著《严复传》，上海人民出版社，1976 年，第 45 页。
④ 参见郭学聪《达尔文学说在我国的传播》，《生物学通报》1959 年第十一期。
⑤ 《新民丛报》25 号 89 页"介绍新书"。
⑥ 参见吴德铎："《天演初祖》及其他———份有关马克思主义与达尔文学说在中国传播的文献"，《战地增刊》，1979 年第一期。

在达尔文学说刚刚开始在我国传播的情况下，这种安排是必要的。把介绍达尔文生平和介绍达尔文学说结合起来，无疑增强了对进化论的传播和宣传。

这里特别要提到的是，进化论在中国初期传播时，还受到了日本的影响。过去很少有人注意到这个问题。其实早在马君武翻译的《达尔文天择篇》和《达尔文物竞篇》中，就已经反映出了日本的影响。《新民丛报》25 号在介绍这两篇译著时指出，译者是根据"英文、东文参酌译出的，其中述语名词，多沿东译旧本，与严氏之作稍异撰"。中译本《天择篇》和《物竞篇》中所用的"天择"、"物竞"、"天演"、"物种"等术语，都是沿用《天演论》中严复所创译的术语。但是这两篇译著中，所用的"遗传"、"变异"、"杂交"等术语，则显然是来源于日本的有关著作。这是进化论在中国传播，受日本影响之开端。

达尔文学说很早就传入日本，早在 1877 年美国动物学家莫斯（E. S. Morse 1837～1925）就已在东京大学讲授生物进化论。到 19 世纪末 20 世纪初，进化论在日本已经深入人心，并且成为左右日本学术界的重要科学思想。中日比邻，文字障碍较少，消息易于传播，因此进化论在日本的传播，不能不影响到中国。在 20 世纪初年，日本生物学家丘浅次郎（1868～1944）曾专门为中国留学生开设生物进化论讲座。丘浅次郎的名字，对于许多今天还活着的中国老一辈生物学家来说，不是陌生的。他是日本著名生物学家，早在 1897 年他就已经是东京高等师范学校的教授，他专攻水产动物的比较解剖，并热心于进化论的传播和研究。他于 1904 年出版的《进化论讲话》是日本宣传进化论的重要著作，曾被多次再版，在日本和中国都有广泛的影响。虽然《进化论讲话》迟至 1926 年才翻译介绍到我国，然而中国人民知道他的名字，则远在这以前。早在 1902 年，我国留日学生就已经在日本弘文学院听到过他专门为中国留学生所做的有关生物进化论的讲演了[①]。

自从严复《天演论》出版之后，进化论在中国进步的知识分子中，受到了广泛的注意。众所周知，20 世纪初年，许多进步知识分子在日本留学。他们在日本办刊物，传播西方资产阶级文化，宣传资产阶级民主革命思想。对于近代社会哲学思想有着深刻影响的生物进化论，很自然地受到了他们的重视。他们中许多人，不仅自己重视进化论学习，而且也十分热心于进化论在中国的传播。留学生们对丘浅次郎的讲演很感兴趣，当时有个学生就将自己的听课笔记整理成文投给《新民丛报》社，并"嘱为登录"，"以广闻见而开智识"。1903 年《新民丛报》第 28 期，刊出了这篇笔记，题目是"进化论大略"。文章约一万多字，图文并茂，对进化论在中国传播，无疑起了良好的作用。文中关于人、兔、牛、豚的发育第一期、第二期、第三期比较图，以及马蹄化石比较图等，在当时中国书刊中都是罕见的。

在 20 世纪初，人们还从日本翻译介绍有关宣传进化论的书籍和文章，例如，1903 年，一本内容丰富的传播达尔文学说的著作，便由国民丛书社翻译并作为"国民丛书"第一种出版了，这就是《动物进化论》。《动物进化论》原是日本著名的生物学家石川千代松（1860～1935）根据美国动物学家莫斯于 19 世纪 70 年代末在东京大学讲演生物进化论的讲义整理而成的。它的日文原著出版于 1883 年，是日本传播进化论的第一部启蒙著作。《动物进化论》全书九章，虽然它只叙述动物界的进化，而不涉及植物界，但从目录就可以看

---

① 光绪二十八年（1902），日本专为中国留日学生开办了一个学校，名为弘文学院，校长嘉纳治五郎。学校每周请日本专家临院讲授专门学问，大约数小时。院外的人也可以去听。丘浅次郎是被请来专门讲演进化论的。

出，它不仅详细地论述了达尔文学说的一般原理，而且在第九章还专门论述了人猿同祖论。中译本《动物进化论》可算是 20 世纪初年中国学术界中一本最详细阐明生物进化论原理的译著，它大大弥补了严复《天演论》的不足，对中国学术界颇有影响。《动物进化论》的中译本，直接采用了一些日本学术界多年沿用的进化论术语。从严复《天演论》到马君武《物竞篇》、《天择篇》，都是将 "Natural Selection" 译为 "天择"，将 "Struggle for Existence" 译为 "物竞"，但《动物进化论》则分别直接沿用日文译语，译为 "自然淘汰" 和 "生存竞争"。正因为这样，所以有一个时期，在我国学术界中 "自然淘汰" 和 "天择"、"生存竞争" 和 "物竞"，这些术语曾同时使用[1]。后来 "物竞" 这个术语渐渐被放弃不用而被 "生存竞争" 所代替，而 "天择" 则与日译 "自然淘汰" 相结合成为 "自然选择" 被广泛应用。在 20 世纪 20 年代，有人就指出了这些译名变化的原因："Struggle for Existence" 主要是指生物种类为生存而进行着激烈的斗争，日本将它译为 "生存竞争"，更符合原义。"Natural Selection" 有保留有利变异和淘汰不利变异双重意思，日译为 "自然淘汰"，偏重于 "淘汰" 而少了 "保留" 这个意思，所以不如译为 "自然选择" 更符合原义[2]。

　　另外，当时在日本的留学生也常常撰写介绍进化论的文章在杂志上发表。鲁迅（1881~1936）便是其中的一个。1907 年他在《河南》杂志上所发表的 "人之历史" 一文，着重介绍了海克尔的关于人类种系发展的学说。

　　以上事实说明，在 20 世纪初年，由于留学日本的学生增多，也大大促进了进化论在中国的传播。

　　除了从日本学术界介绍进化论外，当时人们还继续从西方介绍有关宣传进化论的书籍。例如 1905 年翻译出版的《克洛特天演论》和 1911 年翻译出版的《天演学图解》，原著都是当年英国宣传进化论的畅销书。这些译著在中国也同样受到热烈欢迎，如《天演学图解》出版不到一年，就又被再版发行[3]。

　　1914 年中国科学社的成立，是我国自然科学发展史上的重要里程碑。从此以后，更多的自然科学家，特别是生物学家参加了进化论的传播工作。1915 年由科学社创办的综合性自然科学杂志《科学》问世，在当年出版的十二期杂志中，就刊登了好几篇有关介绍进化论的文章。我国现代生物学先驱者秉志（1886~1965），在《科学》创刊号上发表的 "生物学概论" 一文，从不同角度，谈到了达尔文进化论的意义。不仅如此，他还亲自节译了达尔文《动物和植物在家养下的变异》一书中的部分章节，连载于《科学》第一卷第二、三、六期上，这是达尔文这部名著第一次被节译介绍到中国来。

　　特别要指出的是，当时我国生物学界对进化论发展的新情况，也给予了相当的重视。20 世纪初，孟德尔遗传规律（Mendel's Low）被重新发现，德佛里斯（H. De Vries）突变理论精神等，一直受到我国学者的重视。

　　"五四" 新文化运动提倡科学和民主，它促进了达尔文学说在中国的进一步传播。达尔文的重要著作《物种起源》和《人类原始和性的选择》两书完整的中译本就是在这以后由马君武翻译而相继在中国问世的。《物种起源》当时译为《达尔文物种原始》，由中华书

---

①　1903 年《大陆杂志》在 "十九世纪二大新理之发明" 中于 "自然淘汰说" 下就用小字注曰："或译天择说"。
②　张嘉森，严氏复输入之四大哲学家说及西洋哲学界最近之变迁，最近之五十年。
③　汪子春、刘昌芝，人猿同祖论在我国初期的传播和影响，科学史研究，1982，2。

局出版，很受欢迎，从 1920 年初版至 1936 年，仅仅 16 年间，就再版了 12 次①。此外马君武还翻译了海克尔的名著《宇宙之谜》。《宇宙之谜》当时译为《赫克尔之一元哲学》，先是摘要连续刊登在《新青年》1919 年的第二、三、四、五期上，后于 1920 年正式出版。另外有关介绍达尔文的著作，也深受人们重视，如钱智修写的《达尔文》一书，也被连续再版 7 次之多。这些著作的出版，对广大群众进一步完整地了解达尔文及其学说，无疑是有很大帮助的。

除上面提到的《新青年》、《科学》等杂志外，当时国内还有其他许多杂志，如《新潮》、《民铎》、《科学月刊》等，也都经常发表文章宣传进化论。1922 年，即达尔文逝世 40 周年，《民铎》杂志开辟了"进化论号特刊"，从各个方面介绍达尔文进化论。这些刊物的宣传和介绍，对达尔文学说在广大群众，特别是青年知识分子中的传播，起了积极的作用。

（三）进化论的影响

达尔文学说的传入，对中国近代政治思想和自然科学的发展，都产生了深远的影响。

以自然选择为核心的达尔文进化论，不仅以大量的自然科学事实，证明生物是进化发展的，而且还以自然选择的理论，令人信服地阐明了生物界发展的规律。人们从进化论出发，不仅深信生物界是进化发展的，而且也坚信世界万事万物也都是在变化发展之中。这种新的哲学观点打开了人们的眼界，拓宽了人们的思路，它成了当时进步的中国人观察自然、社会、国家、人生、道德以及万事万物的总观点。如当年梁启超（1873～1929）就曾说："自达尔文出，然后知地球人类乃至一切事物皆循进化之公理日赴于文明……达尔文者，实举十九世纪以后之思想，彻底而一新之者也。是故凡人类知识所能见之现象，无一不可以进化的大理贯通之。政治法制之变迁，进化也。宗教道德之发达，进化也。风俗习惯之移易，进化也。数千年之历史，进化之历史也。数万里之世界，进化之世界也。"② 孙中山经常以这种进化观点反复宣传民主革命是不可抗拒的历史潮流。1905 年，孙中山在"东京留学生欢迎会"上就说："不可谓中国不能共和，如谓不能，是反夫进化之公理也，是不知文明之真价也。"③

突变理论的提出，暴露了达尔文学说中关于遗传变异理论的弱点。这引起了人们对生物进化机理的进一步探讨和研究。少数学者根据突变说对达尔文的自然选择理论提出了怀疑，甚至否定。对此，我国老一辈生物学家是本着探索真理、实事求是精神看待这个问题的。《科学》杂志，就连续发表了"新天演学说"（1915 年 2 月）、"天演新义"（钱崇澍，1915 年 7 月）、"达尔文学说今日之位置"（胡先骕，1915 年 10 月）等文章，在反对否定达尔文学说的同时，也积极介绍新观点新学说。胡先骕在"达尔文学说今日之位置"这篇文章的结尾中说："排斥达氏学说之言，激昂过当，盲从不察，被害无限，信矣。然以数人言论不中情理，遂于反对达氏之学说充耳无闻，又不可也。达氏学说中情人理，根基稳固，摇动维艰，固也；然其弱点繁多，彰然可观，又平情之论也，达氏学说之弱点诚不可掩矣；而于他人能于达氏学说补偏救弊者，又掩耳而走，是故步自封，不求进益也。吾人为学，志在求真，是是

---

① 郭学聪，论达尔文学说在中国的传播，遗传学集刊，1956，1。
② 梁启超，物学术之势力左右世界，壬寅新民丛报汇编。
③ 《民报》第二期。

非非，不宜偏党。"只有从事生物学研究的学者，才能做出这样实事求是和中肯的评论，而这对于那些早期传播进化论的社会活动家来说，是很难做到这一点的。还需要补充说明的是1915 年 10 月这一期《科学》杂志上，在刊登胡先骕这篇文章的同时，还以很大的篇幅，发表了唐钺写的"达尔文传"一文，并用整页篇幅刊登出由哥伦比亚大学图书馆提供的精美的"达尔文肖像"。这些事实充分表明，达尔文学说的基本科学理论仍然是多数知识分子的主导思想。如当时在社会上影响极大的《新青年》杂志，在它前期所刊登的文章中，也主要是贯穿着进化论思想。《新青年》曾发表文章指出："近代文明之特征，最足以变古之道，而人心划然一新者，厥有三事：一曰人权说，一曰生物进化论，一曰社会主义是也。"[①] 可见当时进步的知识分子，已充分地认识到生物进化论对革命宣传教育的重要意义。无数青年在进化论思想的影响下，大大增强了他们冲破封建罗网、摆脱封建羁绊、投入反对封建文化、批判偶像崇拜、打倒孔家店的革命斗争的信心和力量。

19 世纪末 20 世纪初，我国在近代自然科学方面仍处于十分落后的状况。因此，当时达尔文学说的传入对自然科学的影响，远不如对政治思想的影响那么明显。但是，作为一种对近代科学发展有重大影响的达尔文学说，它对我国后来科学研究和教育的深远影响是不可忽视的。早在 20 世纪初年，鲁迅在《中国地质略论》和《中国矿产志》等著作中，就以赖尔的地球渐进学说和达尔文的生物进化论，来分析、介绍中国的地质构造和矿产分布情况。秉志、胡先骕等生物学家不仅积极参加达尔文进化论的介绍和宣传工作，而且进化论也成为他们从事教学和科学研究的重要指导思想之一。如秉志在 1915 年《科学》创刊号上发表的《生物学概论》一文中指出："十九世纪民智猛进，实由达尔文、希德逻、赫胥黎辈力持人禽关系之说之功。自有达氏诸人，人类于天演中之位置定，而人性之发达明，于是讲教育者，知人性之所以发达敷教瀹智，有以因其自然而倍其功焉；……民智既牖，格物致知，而一切封建迷信荒谬之说，不攻自破。生物学之助岂浅鲜哉。"他指出了达尔文学说对于科学教育的重要意义。在《生物学概论中》，他还指出达尔文学说对农牧业生产上的遗传育种、虫害防治等研究都有重要的指导意义，如他所说："讲求花木之蕃殖、而益其馥丽，果蔬之丰硕，更进其品质，因物产天然之良，复巧施以人功，殖良割秽，栽培倾覆，是生物学天择人择之说也。"

在达尔文学说和遗传学的影响下，陈桢（1894～1957）开始了对金鱼变异、遗传、演化的研究工作。经过多年的研究，他终于查明了金鱼的野生祖先及其演化历史。

也正是在达尔文学说的影响之下，我国老一辈古人类学家在古生物和古人类研究方面，取得了震惊世界的光辉成就。1929 年，我国古人类学家裴文中教授发现的"北京人"第一个头盖骨化石，为达尔文人类起源学说提供了极其重要的证据，它有力地推动着全世界对人类起源问题的研究。同年 12 月 9 日，当这一消息传到达尔文的故乡英国时，当天晚上英国皇家人类学会牛津大学分会便召开讲演会，英国人类学家在会上做了专题报告，指出"北京人"头盖骨的发现，具有重要的意义，报告后还与当时在场的我国留英学生刘咸握手致贺。

---

① 《陈独秀文存》第一卷，第 11 页。

五　人猿同祖论在中国的初期传播

19 世纪后半叶，经过达尔文等人的努力，关于人是从哪里来的问题，已经得到了回答。赫胥黎的《人类在自然界中的位置》（1863）、赖尔的《古人类的地质学考证》（1863）、达尔文的《人类原始及类择》（1871）以及海克尔的《人类的进化》（1874）等著作，都以大量的事实，科学地论证了人类是动物经过长期演化而成的，现代人类和现代猿类有着共同的祖先。后来，一系列古猿类和古人类化石的发现，以无可辩驳的证据，进一步证明了人猿同祖论的正确性。

早在 19 世纪 70 年代，我国人民对达尔文人类起源学说的观点就有所闻。达尔文的《人类原始与类择》出版后一年多，上海《申报》同治十二年（1873）旧历闰六月二十九日即以"西博士新著《人本》一书"为题，报道了这部著作出版的消息。1877 年，《格致汇编》秋季卷"混沌说"一文具体提到了从猿到人的观点："近来西国考究人类之原始其先处于何处，系何法所成，地球自生人以来历年多少等事。……有地学家于各层土石内细查人与各动物之骨迹，知地球已有人若干年。间有人说动物初有者甚简，由渐而繁，初有虫类，渐有鱼与鸟兽，兽内有大猿，猿化为人，盖从贱至贵，从简至繁也。"[1] 这些是国内报刊杂志对生物进化论和人类起源学说的较早介绍。由于这种介绍零散而简短，所以一直没有在我国学术界产生什么影响。

1884 年，北京同文馆出的丁韪良的《西学考略》对当时我国人民了解西方自然科学技术的发展情况起了一定的作用。《西学考略》在介绍生物学时说："法国有赖摩（即拉马克）者又创新说……谓动植各物均出于一脉，并非亘古不易。太初之世，天地既分，生物始出，如水中虫蛰，其初或一类或数类。后年代渐远，变形体，分枝脉，生足而行陆地，生翼而飞青空。又越千万代，兽之直立者（如猩猩之类）[2]，渐通灵性化而为人。此说当时鲜有信之者，皆谓动、植各物无不各从其类，不变不易。必是大造有命，而各陡然而出，生生不息。至人则抟土而成，形灵并出为万物之灵，超万物之上。若谓人类仰猩猩为宗，万无是理。（此旧说也，意固宏美，其于新说有别者，在陡渐之分。无论人、物，或陡然具出，或经历万劫次第而出，皆凭大造之命而成也。）四十年前，有英国医士达尔温（即达尔文）者……乃举赖氏之说而重申之，伊云：各类之所以变形者，其故有三，一在地势，……地之各层所藏骨迹可取以证之。盖太古之时地多水，其生物水陆皆宜，后水陆分界，陆地禽兽始出，至人则在地之最新一层方有骨迹，可知人生最后也。……由动、植万类，而溯生人之始，皆不外乎密探造化之踪迹。盖天地之生物，皆次第经营而成，实有聪明智慧而为万物之主宰也。"[3] 就是这样，他们承认生物界进化的事实，承认人是由动物演化而来的，放弃上天直接造人的说法。然而，他们却又把这一切说成是聪明智慧的造物主有意安排的。他们完全抽掉了进化论反神学目的论的精神实质。

19 世纪末，严复将进化论传入中国。他译述的《天演论》，对进化论在中国的传播有很

---

[1]　傅兰雅，《格致汇编》，光绪三年七月（1877 年 9 月），第 6 页。

[2]　方括号内的文字，系原书中以小字所作的注，下同。

[3]　丁韪良，《西学考略》下卷，第 64～65 页。

大的影响。当西方自然科学家在广泛传播人类起源学说时，严复正在英国留学，因此，他对达尔文等人关于人类起源问题的论述，可能是有所了解的。在《天演论》的按语中，严复说："人之先远矣，其始禽兽也。不知更几何世，而为山都、木客。又不知更几何年，而为毛民猺獠。经数万年之天演而渐有今日，此不必深讳也。自禽兽以至为人，其间物竞天择之用，无时而或休。"① 山都和木客是我国古代沿传下来的名称，指人形动物，如《异物志》："卢陵太山之间有山都，似人裸身，见人便走，自有男女，长四、五尺。"在严复看来，人是经过从禽兽、人形动物、原始人类等几个阶段，逐渐演化而成的。严复还认为，如同一般生物进化一样，从动物进化到人，自然选择规律起了作用。

严复在《天演论》中，还向读者介绍了西方论述人类起源学说的三部经典著作，即达尔文的《人类原始及类择》、海克尔的《人类的进化》和赫胥黎的《人类在自然界中的位置》。他说："三书皆明人先为猿之理。而现在诸种猿中，则亚洲之吉贲、倭兰两种，非洲之戈栗拉、青明子两种，为尤近。何以明之？以官骸功用，去人之度少，而诸兽与他猿之度多也。自兹厥后，生学分类皆人、猿为一宗，号布拉默特者，秦言第一类也。"② 这里所说的亚洲吉贲，显然就是长臂猿（*gibbon*）；倭兰就是猩猩（*orang*）；非洲之戈栗拉就是大猩猩（*gorilla*）；青明子就是黑猩猩（*chimpazee*）。这就是现今还生存着的四种类人猿。严复认为，以这些猿类的器官构造和功能同人和其他哺乳动物相比较，则类人猿更接近于人，所以后来的生物分类学都把人与猿归于一类，叫布拉默特（*Primates*），即灵长目。显然，这些观点，主要来源于赫胥黎的《人类在自然界中的位置》一书。

严复认为，把人看成是动物演化的产物，是19世纪科学知识的一大进步。他说："十九世纪民智大进步，以知人道为生类天演中之一境，而非笃生特造中天地为三才，如古所云者。"③

作为进化论的热烈拥护者，严复热情讴歌人猿同祖论的胜利。他说："此说初立……为世人所大骇，笃旧者至不惜杀人以敚其说，卒之证据凿然，弥攻弥固，乃知如如之说，其不撼如此也。"④

由于革命思潮的影响和出国留学人员的不断增加，20世纪初我国出现了学习西方科学文化思想的热潮。当时出国留学之风盛行，留学生人数猛增。仅以留学日本为例，1901年到日本留学的，只有几十人，1904年即已增加到1300多人，1905年已达8000多人。留学生的增多，大大加强了我国人民对西方科学文化的了解。他们之中不乏饱学之士，许多人为进化论和人类起源学说在我国的广泛传播做出了贡献。如果说，在19世纪结束时，国内有关进化论的著作还只有《天演论》这一本译著的话，那么，在20世纪的头十年里，这种状况就已经大大地改观了。当时除《天演论》被一再重印外，其他西方有关宣传进化论和人类起源学说的书籍，亦已陆续被翻译和介绍到国内来。与此同时，国内各种刊物也纷纷刊登有关文章，进行宣传。总之，20世纪初，进化论和人类起源学说在我国的传播进入了新的阶段，这与大批学生出国留学考察是分不开的。

---

① 严复，《天演论》导言，人群第十二。
② 同①。
③ 严复，《天演论》导言，人群第十二，按语。
④ 同③。

1904 年，留美学生严一利用课余时间编写了《进化要论》一书，全书 10 余万字。他在"序"中说："夫进化者，譬诸吾人之有年岁，由蒙童而少壮，有必经之程途。……呜呼！白人已为少壮矣，而我中国则犹在童，苟画焉不图速进，则欲不受欺侮而免于灭亡，乌可得哉！"可见，当时许多留学生是抱着满腔的爱国热情来宣传进化论的。本书在说到人类进化的证据时说："人之受胎也，不过一卵而已。卵者何也，卵一物胞也。……卵珠之发生极速。初不过一珠，瞬息而两珠矣，又瞬息而四珠、而八珠、而无虑千万珠矣，逐变而一小泡，名曰胎，此吾人体发达之基础矣。"又说："当初胎之时，试执生物学家而问之曰：人胎乎？兽胎乎？抑或……鱼类胎乎？必不能为之对。盖人胎与别胎于此时尚无区别之故。……数日之后，其胎必是鱼之形，再数日必是爬虫之形，至六礼拜观之，必是一兽类，八礼拜则略似小犬之形。泰西解剖学家金曰如非无稽悬想之辞，此即人类身体进化之实据也。"人类个体胚胎的发育反映了人类种系的发生，这是达尔文学派的自然科学家用来论证人类是从动物演化而来的一个重要证据。严一显然是较早地将这种论证介绍到中国来的一个。当然，严一在论述这种论证时，还是十分粗略的，他也没有把当时西方著作中经常引用的人与其他动物胚胎发育比较图介绍过来。

1905 年，山西大学堂译书院出版了黄佐廷和范熙泽译述的《克洛特天演论》一书。此书原作者是英国生物学家克洛特（Edward Clood），原书名是《进化论入门》。全书十一章，内容从宇宙进化，一直到人类进化。原书出版于 1895 年，时隔十年，仍被编译者选译。范熙泽在"序"中说，本书在英国是"天演学初级教科书，顾其义精奥，多有未之前闻者。以我今日学界幼稚，科学未备，得此新理，讵非输进文明之一助耶"。可见，译者是考虑了当时国内的科学水平，才选译这本初级教科书的。《克洛特天演论》将生物进化规律应用于人类起源。它从胚胎学、比较解剖学、古生物学、分类学和遗传学等各个方面，系统地论述了人类的起源。书中所附的"鱼、狗、人早期胎形比较图"以及其他许多图，都是在国内书刊中较早出现的。这里，特别要提到的是"人、猿骨骼比较图"。众所周知，现代人类和现存四种类人猿的直立状态的全身骨骼比较，对说明人与猿的亲缘关系，是很形象和很有说服力的。自从 1863 年赫胥黎在《人类在自然界中的位置》中首先采用这个图以后，它很快就被广泛转引，直至今天，在各种宣传人类起源学说的书刊或展览图片中仍被采用。据现在所知，《克洛特天演论》也是较早引用这幅图的中文书籍。《克洛特天演论》的出版，对普及进化论和人猿同祖论知识，无疑起了良好的作用。

1907 年，东文译书社还翻译和出版了一部讨论人类起源问题的专著，这就是日本学者寺田宽二所著的《人与猿》。书分三章，第一章"人之分类"，第二章"人与猿比较"，第三章"人类之起源"。此书详细论述了人猿同祖论的各种证据，还讨论了人类起源的几个重要理论。这些论点和研究方法，例如关于人、猿的颜面角之比较和测量方法等，对我国广大读者来说，都是初次所见所闻。《人与猿》中译本是本世纪初讨论人类起源问题的中文书籍中最完备的一本，它对传播人类起源学说起了一定的作用。

此外，《天演学图解》也对传播进化论和人类起源学说起了一定的作用。《天演学图解》系英国学者霍德所撰，1910 年春天在英国出版，很受欢迎，不到十几天，就重印了好几次。同年，吴敬恒将此书译成中文，翌年，中译本就和我国读者见面了。书之第四章是关于人类祖系的图解。中译本在中国出版不到一年，就又重印过。

除译著外，还有许多报刊杂志也开始刊登宣传人类起源学说的专题文章，例如，1906

年《理学杂志》第二期发表了金一写的专题文章，题目叫"人猿同祖论"。文章认为，人是
从古灵长类分化出来的。金一根据阿加希（Agassiz）的研究认为，从现存类人猿的产地看，
最早人类的产地当在亚非热带地区，同时他又根据最原始石器都出现在 20 万年到 30 万年前
的冰期，推想在 30 万年前的地球上存在有"不人不猿之动物"，而那个时代正是一个"衔接
迟嬗分歧变化之时代"。他还说，人与猿既为同祖，"则中间必有连锁结合之物，这好比爬虫
与鸟类之间必有连锁结合之始祖鸟"。他根据爪哇直立猿人的特征和发现的地层，认为爪哇
直立猿人应该是"结合人类与类人猿中间之一大连锁"。金一充分肯定了爪哇直立猿人化石
发现的重要意义。1907 年，鲁迅在《河南》杂志上所发表的"人之历史"一文，也是一篇
关于人类起源学说的文章。鲁迅在这篇文章中，着重介绍了海克尔关于人类种系发展的学
说，也充分肯定了发现爪哇直立猿人化石的重要意义。他说："是石现，而人类系统遂大成。
盖往者狭鼻猿类与人之系属缺不可见，逮得化石，征信弥真，力不逊比较解剖及个体发生
学也。"[①]

　　辛亥革命以后至"五四"新文化运动时期，人类起源学说在我国获得了进一步的广泛传
播。如果说，辛亥革命以前，主要是通过编译国外有关著作来宣传人猿同祖论的话，那么，
到了这个时期，除了继续编译国外著作以外，更多的则是由国内学者自己着手写宣传文章和
著作。当时国内各种杂志刊登有关这方面的文章明显增加，例如国内有名的《东方杂志》、
《科学》和《新青年》都纷纷刊登宣传生物进化论和人类起源学说的文章。进化论已成为当
时杂志宣传的重要主题之一，《东方杂志》的创刊号上就登有多篇有关的文章。据不完全统
计，这个杂志从 1911 年至 1923 年，发表有关进化论的文章达 40 多篇，其中有许多文章是
直接讨论人类起源问题的，如"佩尔博士之人演论"（钱智修，1914 年）、"人种起源"（乔
峰，1919 年）、"猿与人"（蠡才，1919 年）、"现有人类之始祖"（1921 年）等。《博物杂志》
和《科学》等杂志，也发表过不少讨论人类起源问题的文章。1914 年《博物杂志》第二期
上发表的吴元涤写的"论自然界中人类之位置及其始现之时代"一文，从肌肉、骨骼、皮
肤、感觉器官、营养器官、生殖器官、胚胎发育直至心理等方面，把人与动物做了比较，并
根据当时的科学资料，论证说："人类之始现，当在第四纪（Quaternary Period）中之洪积世
（Diluvial Epoch）与冲积世（Alluvial Epoch）之两世值冰期之后。"作者认为："人类为狭鼻
猿类所分降，与黑猩猩、猩猩、长臂猿同其祖先。"作者又认为，人类的牙齿排列与脊椎的
数目，不同于非洲所产的黑猩猩和大猩猩，而与亚洲产的猩猩和长臂猿更相似，所以"人类
实与亚洲产的猴类同其祖先"。作者还以图 6-1 表达了他对灵长类系统的看法。

　　1916 年《科学》杂志第四期上，发表了孙学悟的"人类学之概略"一文。孙学悟总结
了当时已发现的古人类化石材料，并用图 6-2 表示了人与猿之系统关系。

　　1918 年，我国出版了第一部人类学专著——《人类学》，作者是当时北京大学的教师陈
映璜。《人类学》全书约 13 万字，分总论和本论两篇。本论有十一章。商务印书馆介绍本书
是"本进化之原理，论人类之变迁。先举总纲立人类之范围与定解，继之以本论，则自人类
之特征起源，以推究人类之进化及将来。为今日著作界所绝无仅有"。该书可以说是人类起
源学说在我国深入传播后的产物。书出版后，很受欢迎。从 1918 年至 1920 年，仅三年时
间，就连续重印了三次。本书对各种古人类化石，作了深入的研讨。例如，作者在评论爪

　　① 鲁迅，坟·人之历史。

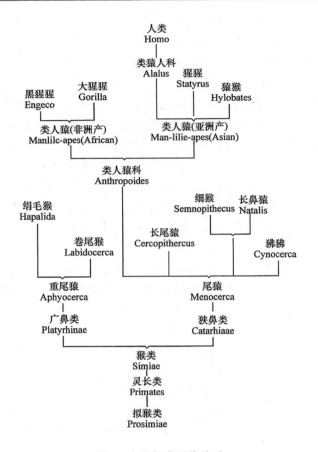

图 6-1　灵长类系统关系

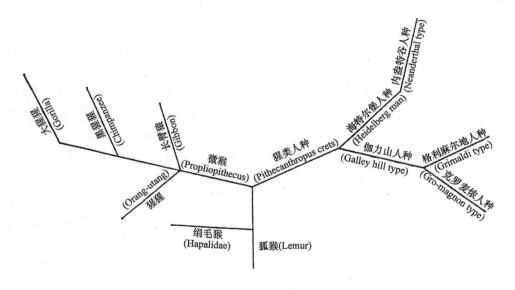

图 6-2　人与猿之系统关系

哇直立猿人时说："此等半猿半人之体状，据天演学之理，自当置之于人类之先。然迄今尚未入之于人类祖系之中者，因恐此为人类前分枝之一簇，彼特演进而具有似人之资格，中途又遭遇他故，致久已灭绝者也。惟此骨足以见重，一则可见其在猿人之上有较高级之体构，一则在生民未有之初，借此始显人类之风味。"陈映璜认为，从爪哇直立猿人的大腿骨的显著的弧度，表明这种猿人还明显地保留着祖先爬行的痕迹，但猿人肯定已是很稳的直立者。可以断定，在人类的发展史上，人类的巨大进步，就是从直立行走开始的。《人类学》一书，反映了当时我国学者对人类起源学说的认识达到了一定的水平。

此外，当时还出版了宣传人类起源学说的普及读物。例如 1916 年商务印书馆出版的新智识丛书中，就有过耀根写的普及读物《人类进化之研究》，它对当时广泛传播人类起源学说，也都起了良好的作用。

总之，到"五四"时期，达尔文的人类起源学说已在我国广泛传播，逐步深入人心，并从单纯的翻译，进一步发展到开展一些研究性的工作。

第二节 我国近代生物学的发展时期

一 教育的进步

1919 年的"五四"运动，猛烈冲击了旧的封建意识形态。一大批仁人志士在进行反帝反封建斗争的同时，大力提倡新文化，提倡科学救国。在这股强大思潮的影响下，我国学者在生物科学方面，不断引进新的东西，并进行了更为广泛的科学普及工作，使这门科学得到较快的发展。

进入 20 世纪 20 年代以后，我国的高等生物学教育有了明显的进步，一批大学出现了生物系。首先是 1923 年以后，上面提到的数所高等师范学校均改为师范大学，然后又逐渐发展为综合大学，如武昌高等师范进一步改成武汉大学；南京高师与东南大学合并，后来又改为中央大学；沈阳高师则并入东北大学；广东高师与其他专门学校合并，后来又进一步扩充成为中山大学；成都高师与其他学校合并，最终成为四川大学，原设的博物部也都改为生物系。其次是一些农业大学也设立了生物系，如北平大学农学院设立了农业生物系。此外，当时的一些教会学校如苏州的东吴大学和上海的震旦大学也设立有生物系。1926 年以后，留学欧美的学生归国数量大增，大学的师资迅速充实，设立生物系的大学不断增加，如清华、燕京、北平中法、中国、复旦、沪江、同济、南开、金陵、齐鲁、厦门、福建协和、岭南、河南、湖南等 15 所大学在这期间都设立了生物系。1927 年后，新设立生物系的大学又有浙江、山东、辅仁、云南等 10 所。到 1930 年，我国有近 40 所大学设立了生物系，生物学教师有一百数十名，学生有数百人[①]。

1928 年，政府规定了"戊辰学制"。第二年公布了中小学课程暂行标准，把小学的"理科"改为"自然"，内容包括动物、植物、生理卫生和气象等。初中设"自然科"，大体包括相同的学习内容。高中设生物课。从教学内容的设置来看，是考虑到与高等教育有机衔接的。

---

① 谢振声，上海科学仪器馆与《科学世界》，中国科技史料，1989，10（2）：61～66。

　　就教材而言，自 20 世纪初开始，上海等地都编发过中小学生物教科书和参考书，大学用书相对少一些。1923 年，商务印书馆刊行了邹秉文、胡先骕和钱崇澍等编的《高等植物学》和薛德焴编写的《近世动物学》，这是国内各大学的主要动植物学教材。当时的教材还有李积新编、胡先骕校的《遗传学》、陈桢编的《普通生物学》，后来还有蔡翘著的《生理学》、《人类生理学》和实验指导，朱洗和张作人合著的《动物学》、张珽著的《生态学》等。参考书除上面说到的《植物学大辞典》外，还有陈焕镛的《中国经济树木》、陈嵘的《中国树木分类学》、钟心煊的《中国乔灌木目录》、刘汝强的《华北有花植物科之系统植物学》、杜亚泉等编的《动物学大辞典》、贾祖璋、贾祖珊编的《中国植物图鉴》等。一般大学经常采用美国大学用的英文课本，这可能是在引进西方近代科学技术初期需要经历的一种现象，在当时也有利于与西方大学接轨，便于学生在外进一步深造，以便进行更深层次的学术引进的一面。

二　生物学研究的进展

　　上面已提到钟观光在我国十余省区采集了大量的标本，但受制于当时的客观条件，没有发表相关的研究文献。1919 年至 1920 年，胡先骕在浙江和江西采集了大量的植物标本。1922 年 8 月，他与动物学家秉志和植物学家钱崇澍在南京成立了中国科学社生物研究所，这是我国第一个近代生物学研究机构，秉志任所长，胡先骕任第一届植物部主任。生物所初创时，缺少经费，房屋、设备均由东南大学提供，设备十分简陋，研究人员全部由大学的教师兼职，在秉、胡等带头人以身作则精神的感召下，大家都积极献身祖国的生物科学研究事业。他们刻苦钻研，努力探索，在十分艰苦的条件下取得了出色的成绩。从 1922 年到 1937 年，研究所的人员由四五个人增加到三十多个人。他们不仅开展生物形态学和生态学的研究，更主要的是对我国的动植物资源进行了调查。动物调查偏重昆虫，植物调查则着重对江苏、安徽、浙江和四川等地区植物的考察和标本收集。抗日战争前，胡先骕、钱崇澍、钟心煊、郑万钧、裴鉴、孙雄才和吴中伦都参与了调查采集工作，积累了大量的标本资料。该所从 1925 年开始创办了《中国科学社生物研究所汇报》（Contributions from the Biological Laboratory, Science Society of China），至 1942 年刊出 12 卷 3 期后停刊，先后发表了研究论文数百篇。还出版了《中国森林植物志》、《中国药用植物志》、《中国马鞭草科》等书籍。

　　1920 年，植物学家陈焕镛自美国学成归来，1924 年在海南岛五指山区采集了 10 个月的植物标本。1927 年，他在广东中山大学创设了农林植物研究所，自任所长。这个农林植物所着重对华南各省植物的研究。在抗战前参与该所调查采集工作的有蒋英、左景烈、侯宽照、辛树帜和汪振儒等。1930 年，他们开始刊行《中山大学农林植物研究专刊》（Sunyatsenia），1940 年出至第 4 卷后停刊。农林植物所至 1934 年，已先后采集香港、广东和海南岛的植物标本数万号。1935 年，陈焕镛又在广西创设了广西大学植物研究所，自兼所长，两个研究所合作采集广西和贵州的植物，研究方向注重经济植物。在陈焕镛的出色领导和组织下，农林植物所的植物标本增加到 15 万号，工作人员也增至十余人。陈焕镛从 1922 年出版《中国经济树木》起，陆续刊出多种重要的植物学著作，发现了大量的新属和新种，对我国的植物分类学做出了重要贡献。

1928 年，中央研究院成立，1929 年于南京筹设自然历史博物馆，1930 年正式成立，分动物、植物两组，由钱天鹤任主任[①]。1934 年改为动植物研究所，由动物学家王家楫任所长兼动物部主任，裴鉴任植物部主任，这是我国最早由政府设立的生物学研究机构。动植物所的主要工作偏重于我国动植物的调查分类。抗战前，秦仁昌、蒋英、裴鉴、耿以礼、邓叔群和杨衔晋都曾参加调查采集工作，并出版英文刊物《国立中央研究院自然历史博物馆特刊》（Sinensia），后中文名称改为《国立中央研究院动植物研究所专刊》，到 1941 年刊出 12 卷后停刊。抗日战争期间，该所迁到重庆北碚。1941 年，动植物所扩大组织，分为动物所和植物所，分别由王家楫和罗宗洛主持。植物所除研究高等植物分类外，研究领域进一步扩充至生理、生态，以及藻类和菌类等方面。抗战胜利后，两所都迁回上海。

在中央研究院成立的那一年，北平成立了私立的静生生物研究所。这是由尚志学会拿出他生前捐款中的 15 万银元作为基金，由范静生后人捐赠其故宅作为所址，中华文化教育基金会资助经费形成的一个研究机构，由秉志出任第一任所长。静生所开始比较注重北方动植物调查。这个所刚成立时有职员 9 人，所长兼动物部主任是秉志，植物部主任兼技师是胡先骕，动物部技师寿振黄、刘崇乐，植物部助理唐进，绘图员冯澄如，庶务周汉藩，文牍张东寅。

一年以后，该所的职员增至 12 人，有动物标本近 28 000 件，植物标本 18 000 件。同时开始出版《静生生物调查所汇报》（Bulleting on the Fan Memorial Institute of Biology）第一卷，该刊为英文版，附以英文摘要。1930 年，秦仁昌与胡先骕合编的《中国蕨类植物图谱》第一卷出版。1931 年，我国木材解剖学的创始人唐耀到该所任研究员。从 1932 年起，秉志辞去所长职务，改由胡先骕任所长。为了适应动植物标本日益增多的具体情况，所内增设了动植物标本室，分别由张春霖和秦仁昌任动物标本室和植物标本室主任。同年，我国的第一家木材实验室在该所成立。与此同时，静生所还派出了以蔡希陶为首的云南生物采集团，赴滇考察、采集，1935 年王启元接替蔡希陶继续采集。另外，1932 年该所还与四川西部科学院合作，组织西南考察队到四川进行生物考察、采集，由俞德浚任采集员。1934 年，静生所与中国科学社等单位合作，组成海南生物采集团到海南考察。该所还在河北、山西、吉林、察哈尔等地进行生物收集工作。1934 年，静生所还和江西农业院成立了庐山森林植物园，这是当时我国最大的植物园。由秦仁昌任植物园主任，其标本室主任一职改由李良庆担任。到抗战初期静生所的动物标本达到 37 万余件，植物标本 43 万多号，职员最多时为 47 人。1938 年，静生所与云南教育厅合办云南农林植物研究所，职员全是静生所的人，如汪发缵、蔡希陶等。《静生生物所调查汇报》作为静生所反映科研成果的不定期刊物，至 1941 年共刊出动物学 10 卷；植物学 11 卷，从 1943 年至 1948 年又刊出新集（n.ser）三期。共刊出国内外学者的论文 269 篇，其中动物学方面的 133 篇，植物学方面的 136 篇[②]。此外，静生所还出版了《中国植物图谱》、《中国蕨类图谱》、《河北习见树木图说》、《中国山东省中新世之植物化石》等书籍。

静生生物所是我国解放前最大的生物学研究机关，并且取得了丰硕的研究成果。其中特别值得一提的是，该所蕨类专家秦仁昌 1940 年在中山大学农林植物研究专刊发表的"'水龙

①　林文照，中央研究院的筹备经过，中国科技史料，1988，9（2）：72。
②　吴家睿，静生生物调查所纪事，中国科技史料，1989，10（1）：26~36。

骨科'的自然分类"一文，把占蕨类植物 90% 以上的原水龙骨科分为 33 个科 249 个属，以一个崭新的自然系统代替传统的分类方法，这是世界蕨类植物分类发展史上的一个巨大突破，受到有关专家的高度评价，为我国植物学界赢得了荣誉。更加引人注目的是，1948 年，胡先骕和郑万钧在《静生生物调查所汇报》联名发表了"水杉新科及生存之水杉新种"一文，该文讲述了我国湖北磨刀溪首次发现水杉这种活化石，此事震惊了世界植物界，堪称我国近代植物学界最值得自豪的一件事。

　　1929 年，北平研究院成立，设有生物学研究所（1934 年改为生理研究所）、植物学研究所、动物学研究所，由经利彬代理生物学研究所主任，刘慎谔和陆鼎恒分别担任植物学研究所和动物学研究所的主任。各所的规模都比较小，到 1935 年，每个所的职员都不足 10 人，但科研人员还是进行了卓有成效的工作。由于日本侵略华北和中国内地的野心十分明显，为保存科技实力，1936 年，植物研究所把全部的图书仪器、标本和研究人员都迁到陕西武功，与当时的西北农林专科学校合作，组建了中国西北植物调查所。动物研究所为了走在日本研究机构的前面，也与青岛市政府合组胶州湾动物采集团。七七事变以后，北平研究院各单位开始内迁。1938 年，生理所和动物所迁到昆明，在武功的植物所也于 1944 年迁到昆明，另组一植物所，原来的西北植物调查所仍坚持工作。动物研究所在昆明又同云南建设厅合组云南水产研究所。抗战胜利后，生理所、动物所和植物所都先后迁回北平。迁回后人事有所变动，生理所由朱洗任所长，动物所由张玺任所长，植物所的所长仍为刘慎谔。中国西北植物调查所由王振华代理所长。

　　北平研究院的生理所研究重点主要在实验生物学、细胞学、生理学和药理方面，如经利彬、张玺等对于脊椎动物脑之比重及水分之含量的研究；经利彬等对于茵陈、黄连、柴胡、秦艽利胆作用的研究；以及他们对中国北方食物与血中磷钙质含量关系的研究等。朱洗主事后，着重进行细胞生理、生殖生理和发育生理的研究。动物研究所主要对我国各类动物进行调查分类，研究范围包括鸟类、两栖爬行类、鱼类、软体动物、棘皮动物等。抗战前主要对海洋动物作调查研究，如张玺对胶州湾软体动物的研究，陆鼎衡对同一地区节肢动物的研究，及张玺和陆鼎衡等对山东胶州湾等地文昌鱼的研究，沈嘉瑞等对甲壳类的研究等。该所的一些成员对我国北方的鸟类作过一些调查研究。迁到云南后，对当地的畜养动物和滇池的鱼类等作了一些研究。迁回北平后，朱弘复作了一些昆虫分类研究。他们编有《烟台鱼类志》等书籍，收藏动物标本 12 000 余号。

　　北平研究院的植物所和动物所一样，成立于 1929 年。设有高等植物研究室、低等植物研究室和药物研究室三个室，还设有植物园和标本室。该所研究方向也主要在植物的调查分类，每年都派人外出考察采集。除刘慎谔外，林镕、钟观光、孔宪武、汪发缵、郝景盛等参加了调查采集。抗战前以华北和西北地区为主，亦稍及东北和东南。抗战期间，该所人员对西南云、贵、川三省和福建的植物采集很多。该所共得各类植物标本计 15 万号左右[①]，其中以华北和秦岭地区的植物为多，而采自内蒙古、新疆和青藏高原的标本尤为珍贵。除分类学研究外，在植物地理学方面也进行了大量研究工作，钟观光还以科学的方法，整理研究我国古代本草中记载的植物。1931 年创刊的《国立北平研究院植物研究所丛刊》（Contributions from the Institute of Botany, National Academy of Peiping），出到第 6 卷第 1 期，发表了

---

①　林文照，北平研究院历史概述，中国科技史料，1989，10（1）：12～25。

不少文章，抗日战争开始后停刊，1949 年解放后又刊出一期，并出版了《中国北部植物图志》5 册等。

1930 年，在四川成立了中国西部科学院，1932 年成立植物部，俞德浚和曲钟湘先后任主任。西部科学院主要是为开发四川自然资源和为民生实业公司服务成立的。他们先后在云南、四川、湖北等地收集了大量的标本。

除上述研究机构外，当时各大学也做了大量的生物学研究工作。清华大学的吴韫珍，北京师范大学的李顺卿，协和医学院的刘汝强，金陵大学的陈嵘、戴芳澜、俞大绂，东吴大学的李惠林，岭南大学的陈秀英，厦门大学的钟心煊，华西大学的胡秀英在植物分类方面都做了大量的工作。清华大学的李继侗，中山大学的罗宗洛，武汉大学的汤佩松，西南联大的殷宏章等在植物生理和生态学研究方面都做了不少工作。中央大学的张景钺、严楚江等在植物形态方面做了开创性的工作。

在动物学方面，东吴大学的胡经甫在昆虫学方面做了我国解放前最出色的工作。他花了12 年，走访了世界许多博物馆，收集了大量文献资料编写了《中国昆虫名录》（Catalogus Insectorum Sinensium），全书 6 卷，包括我国当时有报道的昆虫 392 个科，4968 属，计 20 069 种，堪称里程碑式的著作。在昆虫研究方面做了大量工作的还有东南大学的邹钟琳、吴福桢，浙江大学的蔡邦华等。此外，震旦大学的朱元鼎等在鱼类学方面也有出色的工作，他著的《中国鱼类索引》，列有国产鱼类 1497 种，是当时研究中国鱼类分类必备的参考文献[①]。

在生理学方面，协和医学院的林可胜、冯德培、吴宪等在胃液分泌机制、循环生理、肌肉神经，以及蛋白质变性、免疫化学、血液化学和营养学等方面都做出了不少成就。而上海医学院的蔡翘、东南大学的孙宗彭在内分泌、循环生理方面也取得了一些成果[②]。在遗传学方面，南通大学的冯肇传以玉米为研究材料，进行了一些遗传育种研究，清华大学生物系的陈桢用现代遗传学理论，对我国观赏动物金鱼的培育形成规律作了系统的研究探讨，受到学术界的瞩目。燕京大学的李汝淇、厦门大学的陈子英也都做了一些实验性的研究工作。

三　学术团体

我国最早的有影响的科学团体是上面提到的科学社，但这不是专门的生物学学术团体。1924 年，留学法国学生物的周太玄、刘慎谔、汪德耀、张玺、林镕、刘厚等 40 余人在里昂成立中国生物科学学会，1928 年移回国内，并出版有关的生物学期刊。

1926 年，生理学家林可胜和生化学家吴宪等在北平发起成立中国生理学会，并出版中国生理学杂志（The Chinese Journal of Physiology），1927 年出版了创刊号。这是一本高质量的生理学期刊，在 1949 年解放前夕发行到第 17 卷第 2 期，在国际上有一定的影响。该学会对会员资格限制很严格，有论文才允许参加，后来有会员百余人。

1928 年，由张巨伯、吴福桢、柳支英、程金藩、李凤荪等人发起在南京成立"六足学会"（初亦称中国昆虫学会），并开展了一系列的学术活动，后因经费拮据，四年后即停止活动。后于 1944 年，张巨伯、邹树文、吴福桢、邹钟琳、刘崇乐、陈世骧等 30 余人在重庆发

①　伍献文，三十年来之中国鱼类学，科学，1944，30（9）：261～266。
②　王志均等，中国近代生理学六十年，湖南教育出版社，1986 年，第 10～13、113、160～162 页。

起成立了中华昆虫学会。

1933年，胡先骕、钱崇澍、陈嵘、李继侗、张景钺、裴鉴、秦仁昌、钟心煊、刘慎谔、吴韫珍、张珽等在四川重庆中国西部科学院发起成立中国植物学会。当时即有会员百余人。第二年，学会会刊《中国植物学杂志》创刊。1935年增出《中国植物学汇报》（Bulletin of the Chinese Botanical Society）。

1934年，秉志、薛德焴、胡经甫、王家楫、朱洗、任国荣、伍献文、蔡堡、陈心陶、陈桢等在庐山发起成立了动物学会。是时有会员300多人，并出版《中国动物学报》（Chinese Journal of Zoology）。

上述生物科学团体的建立，对加强我国生物科学工作者的团结，以便更好地协作研究、切磋学术，促进生物学各分支的发展起了良好的作用。

总之，在近代发展科学十分艰难的情况下，我国的生物科学工作者和其他爱国仁人志士一样，充满高昂的创业精神，为发展祖国的科学事业进而为国家的富强贡献一份力量，进行了不懈的努力，勤勤恳恳地做了大量的工作，取得了光辉的成就，为我国后来生物学的发展奠定了基础。

第三节　近代中国生物学教育的建立

中国古代历朝都有较系统、完善的教育制度，但这些教育中所传授的主要是四书五经的内容，其中少有系统的生物学知识，就是读《诗》，也不过是"多识于草木鸟兽虫鱼之名"而已。中国古代所取得的生物学成就，绝大多数是源于个人的志向、兴趣和爱好，这些成果也多是直接来源于亲身实践，很少有一代一代的师传关系。如清末的《植物名实图考》可以说达到了中国古代生物学之顶峰，但其作者吴其濬并没有受过什么植物学教育，他是凭借自己丰富的阅历、顽强的毅力和聪明才智才完成此宏篇巨著的。虽然历代都有不少有关生物知识的作品出现，包括本草、动植物谱录等，但它们主要局限于实际应用的生物学知识，还称不上现代意义上的生物学。也许正是由于缺乏系统的生物学教育，才使得中国古代的生物学一直停留在简单的描述水平上，难以产生质的飞跃。近代西方生物科学知识随着传教士来华而逐渐输入中国，近代系统的生物学教育也随着教会学校在中国的设立而逐渐显露端倪。

一　教会学校与近代生物学教育

1.教会学校与生物学教育

最早在中国开办的教会学校是马礼逊学校，这所学校于1839年11月4日在澳门成立，由马礼逊教育协会主办，1842年迁到香港。该校是近代在中国传播西学的第一所洋学校，学校规模不大，学生人数多时几十人，少时仅6人，开设的课程中有生理学[1]，1850年该校停办。

1842年以后，因《南京条约》的签订，香港割让，五口通商，教会学校在香港、广州、

① 王志均、陈孟勤，中国生理学史，北京医科大学、中国协和医科大学联合出版社，1993年，第67页。

厦门、福州、宁波和上海竞相设立。早期的教会学校，其程度多相当于小学。1877 年以后，有一定数量的中学出现，并有个别大学出现。各校普遍开设西学课程，其中有动物学、植物学、人体解剖知识等。如 1884 年美以美开设的镇江女塾，其课程为十二年一贯制，大概相当于从小学到中学。在所设课程中有关生物学知识的有：第二年，全体入门问答；第三年，植物、动物浅说；第四年，植物口传、动物浅说；第五年，植物图说、动物新编；第六年，植物图说、动物新编；第七年，植物学、动物（百兽图说）；第八年，植物学、动物①，可见生物学教育在教会学校的课程中还是占有一定比例的。

教会学校的生物教学方法也较为灵活多样，除讲授书本的内容外，还较注重生物观察与生物实验。在课堂上"常用模型标本，指示一切，有时亲至田园间，实地观察"②。又如简又文在"记岭南大学之创始时期"中记载，每到星期日，上午做礼拜，"下午则分若干组，各由教员分别率领，前往各公园、海滨或幽美的风景区游览，教师随时指物讲解，其对于英语及动植物理科学知识之进步补助之功至大"③。

此外，对于生物学实验，教会学校也颇为注重，很多教会学校在课程中都安排有生物学实验。如 1904 年创办的福建泉州培元学校"规定每星期一、三、五下午为化学、物理、生物的实验课……"④ 又如岭南大学迁回广州后，于 1907 年建成永久校舍，其中"马丁堂"的二层设有生物实验室，该校"自中学一年级以上……有生理卫生、植物、生物……凡各自然科学，于课本外，皆有实验，极为注重。"⑤ 另外还有一些教会学校也设有专门的生物教室或生物实验室。

生物实验常常需要生物标本作为研究对象，对此，早期教会学校中有些学校已建有初具规模的生物标本馆。如 1887 年，英国教士怀恩光于山东青州府创立部罗培真书院，附设博物堂一所……1904 年迁于趵突泉之南，更名曰广智院，其中包括许多动、植物标本。后来，1917 年该院并入齐鲁大学，更名为齐鲁大学社会教育科⑥。又如福建协和大学于 1924 年设置植物标本室，收存标本 15 000 种，60 000 张，其中以福建植物为最完备。1925 年又建成"庄氏科学馆"，动物标本以昆虫、鸟类收集为主并颇具规模⑦。其他如岭南大学亦有小规模之博物馆，其中有："实塞鸟类标本约一百件，鸟类皮二百五十件。树木标本五百件。……尚有蜂、蝶、蛇、虫等标本甚多，不及备述。另外复有植物馆一，专为研究生物与农事之用，此馆受美国农业部与菲律宾科学局之帮助，现有植物标本四千，代表植物一千二百种。"⑧ 东吴大学也设有生物材料所，主要负责制造生物标本，并提供给国内及东南亚一带的学校使用⑨。

① 熊月之，西学东渐与晚清社会，上海人民出版社，1994 年，第 298 页。
② 朱有瓛、高时良，中国近代学制史料，第四辑，华东师范大学出版社。
③ 朱有瓛、高时良，中国近代学制史料，第四辑，华东师范大学出版社，第 527 页。
④ 朱有瓛、高时良，中国近代学制史料，第四辑，华东师范大学出版社，第 348 页。
⑤ 朱有瓛、高时良，中国近代学制史料，第四辑，华东师范大学出版社，第 540 页。
⑥ 朱有瓛、高时良，中国近代学制史料，第四辑，华东师范大学出版社，第 463 页。
⑦ 高时良，中国教会学校史，湖南教育出版社，1994 年，第 169 页。
⑧ 朱有瓛、高时良，中国近代学制史料，第四辑，华东师范大学出版社，第 520 页。
⑨ 高时良，中国教会学校史，湖南教育出版社，1994 年，第 143 页。

2．益智书会与生物学教科书

教会学校向学生传授生物学知识最初所用的教科书都是传教士直接引进的西方教科书，教师也都是外国人，随着教会学校的不断增多，教科书缺乏的问题日益突出。至 1877 年，教会学校已有 350 所，收容学生达 5 900 人[①]。为了解决教会学校西学课程教学材料不足等问题，1877 年 5 月，基督教传教士在上海召开大会，决议成立学校教科书委员会（School and Textbook Series Committee)，中文名称为"益智书会"。经过几次讨论，委员会决定编写初级和高级两套教科书，"两套教材须包括科目……植物学、动物学、解剖学、生理学……一套学校地图和一套植物与动物图表，用于教室张贴"。对于编写的教科书，委员会要求，"不是译作而是原作，包括特定作品。请你比较本科目某些外国最好的著作，选择一本最适合的做基础，然后把你对中国的文字、民族格言以及风俗习惯的了解与手头的工作结合起来，以便编写出将对中华民族产生强大影响的书籍。"[②] 而且要求教科书能让学生、教习皆可使用，教内、教外学校能够通用，科学、宗教两者结合。

至 1890 年，他们共出版和审定合乎学校用的书籍 98 种，有些是完全新编的，根据 1894 年的益智书会书目，其出版或采用的书中，与动、植物、生理卫生等有关的书有以下几种（表 6-1)。

表 6-1 益智书会出版或采用的与动、植物、生理卫生等有关的书

书　　名	编　译　者	备　　注
全体须知	傅兰雅（J.Fryer）	
活物学	豪尔布鲁克（Dr.Holbrook）	主要用于登州文馆
百鸟图说	（Mrs.Williamson）韦廉臣妻	
植物学	李善兰、韦廉臣（A.Williamson）	
植物学中西名目表		
植物图说	傅兰雅	对中学及学院尤为适用
植物学启蒙	艾约瑟（J.Edkins）	适合于学生及有知识者
孩童卫生编	傅兰雅	若干教会学校均用此书
延年益寿论	Dr.De Lacy Evans	尤其适用于医学校
卫生旨要	Dr.J.G.Kerr	
幼童卫生编	傅兰雅	学校用书
百虫图说		学校挂图说明
百兽图说	Mrs.Williamson	
格物入门	丁韪良（W.A.P.Martin.）	
全体通考	德贞（J.Dudgeon）	医学校
省身指掌	博恒理（H.Porter）	
身理启蒙	艾约瑟	
保身卫生部	Roger S.Tracey	
百鱼图说		
动物学新编	Mrs.A.P.Parker 潘慎文妻	学校教科书
动物理学图说		
动物类编	Mrs.Williamson	学校教科书
动物学启蒙	艾约瑟	
西经实物图说*		

*　该表据 John Fryer, Catalogue of Books, Wall Charts, Maps, Published or Adopted by the Educational Association of China 绘制。

---

① 王扬宗，清末益智书会统一科技术语工作述评，中国科技史料，1991 年第二期，第 9 页。
② 陈学恂，《中国近代教育史参考资料》下，人民教育出版社，1988 年，第 88 页。

　　另外还有格物大图部，包括几十种教学挂图和图说。其中有全体图（两张）、百鸟图（一张）、植物图（四张）、百虫图（一张）、百兽图（一张）、百鱼图（一张）、动物理图（四张）等，《格物图说》是这些教学挂图的配套读物。

　　在益智书会推荐、编译的有关生物学的书中，有些书对我国生物学的发展起到了重要作用。如《植物学》一书是 1858 年英国传教士韦廉臣（A.Williamson）和我国的李善兰（1811～1882）合作编译的，于清朝咸丰八年（1858）由上海墨海书馆出版。这是我国第一本介绍西方近代植物学基础知识的著作。全书共八卷，约 35 000 字，插图 102 幅，内容是根据英国著名植物学家约翰·林德赖（J. Lindley）的《植物学初步原理纲要》（The outline of the First Principles of Botany）第四版中的重要篇章编译而成[①]。主要内容包括植物的地理分布、植物分类法、植物体内部组织构造、植物体各器官的形态构造和功能等。书中还创造了许多植物学名词和术语，如花瓣、萼、子房、心皮、胎座、胚、胚乳和细胞，分类等级的"科"，以及若干科的名称，如伞形科、石榴科、菊科、唇形科、蔷薇科、豆科等，"植物学"一词也是李善兰创译的。自《植物学》传入日本后，"植物学"一词也被日本科学界所采纳，并沿用至今[②]。该书虽未能作为教会学校之教科书，但它对中国生物学教育的发展起到相当大的作用。如我国著名植物分类学家钟观光正是因通读了这本《植物学》，进而掌握了动植物的地理分布、植物分类方法，以及植物体内细胞形态的组织结构的分析方法，从此与植物学结下了不解之缘[③]。

　　另外，《植物图说》等一系列图说教材，开创了以图说形式进行生物学教育的方法。如在《植物图说》的"序"中记述，"是植物学图 4 幅，并其图说，本为学堂教习生徒而设，凡植物学大概意义，皆经解明，甚便于初学之用，近来课馆童者，率以万物各学，为肄业要务，是植物学居其一也，故应特设便法，为之教授，不但在学堂外或乡村间，须有实在植物，足供各徒观察，尤须于学堂内，张挂大图，以便多生并览，图印画工必精准，形必真实，说亦必格形详细，如此则植物学初基妥立，不难实事求是，此外另备详书，以资检察，是所造当益深矣，近来所出此类书，正复不少"。这种生物学教授方法一直到现在仍在沿用，可见影响之大。梁启超在其《中西学门径书》中评价这两本书，"动、植物学推其本原，可以考种类蕃变之迹，究其效用，可以为农学畜牧之资，乃格致中最切有用者也。《植物学》、《植物图说》皆甚精"。

　　不可否认，益智书会出版的各种教科书，对中国近代尤其是晚清教育界影响相当广泛。1902 年，清政府颁行新的学制，各地学校纷纷采用新式教科书，有相当一部分课程，特别是自然科学，是直接采用益智书会所编的教科书。其他国人自编的教科书，也从教会学校的教科书中汲取了一些有益成分。

　　此外学校教科书委员会还决定要进行统一科学术语的工作，并对其成员分头收集编制哪类技术术语做了初步分工，生理学、植物学、动物学等方面的术语统一工作由潘慎文（A.P.Parker）博士负责[④]。

---

　　① 陈德懋，中国植物分类学史，华中师范大学出版社，1983 年，第 180 页。原认为是译自《植物学初阶》（Elements of Botany），但据潘吉星考证否定了此观点。
　　② 汪子春，中国早期传播植物学知识的著作《植物学》，中国科技史料，1981 年，第 1 期。
　　③ 中国现代科学家传记，第四辑，科学出版社，1992 年，第 444 页。
　　④ 朱有瓛、高时良，中国近代学制史料，第四辑，华东师范出版社，第 41 页。

二　清末学制前的学堂与生物学教育

鸦片战争后，国人开始觉悟到学习西方科学技术知识的必要。在各地创设新式学堂，聘请外国教习，教授各种外国语言及技术知识。如1862年清政府开设的京师同文馆，1863年及1864年分别设立的上海方言馆，广东同文馆，福州的船政学堂（1866），上海江南制造局内设立的上海机器学堂（1867），天津电报学堂（1879），天津水师学堂（1880），天津武备学堂（1885），广东水陆师学堂（1887），湖北矿业学堂、工程学堂（1892），天津军医学堂（1893）等。但这些学堂及稍后成立的一些学堂主要教授外语、工业技术、军事，除京师同文馆于1862年添设了自然科学课程，其中包括生理学外，所授内容基本与生物学无关。

1889年，广东设立西艺学堂，分设矿学、电学、化学、植物学、公法学等五种专业，额设150名。张之洞认为，这五种专业，"皆足以资自强而裨交涉"。他还电请出使英国大臣刘瑞芬分别募请上述五种教习，聘请到葛路模（P. Groom）为植物学教师[①]。

光绪十九年（1893），张之洞于湖北武昌设立自强学堂，内分方言（外国语）、算学、格致、商务四科。格致科内有物理、化学、动物、植物等课程。这是我国在学校内开设动、植物课，讲授生物科学知识的开端。自强学堂开办后第一年，虽有一些成效，但所学"多空谈而少实际"。张之洞认为，不学习泰西方言，要探格致与商务之精微便不可能。他说："若非精晓洋文，即不能自读西书，不广阅西书，必无从会通博采。"于是更定章程，把算学一门改归两湖书院另行讲习，格致、商务两门停课。自强学堂变成一个主要学习泰西方言的学堂[②]。

清末学制前设立的学堂中与生物学教育有密切联系的，当属农务学堂。1897年5月成立的浙江杭州蚕学馆（后定名为蚕学馆），于次年开学，设正科、别科两种。正科修业2年，每年分前后两期，第一年前期有动物、植物、蚕体生理等9门课程，后期有物理、化学等11门课程。第二年前期有栽桑、养蚕、制种、制丝等12门，后期有气象学等8门。另科修业4个月，分讲授与实习两段[③]。随后各地纷纷设立农务学堂，如湖北农务学堂（1898），江宁农务工艺学堂（1898），江南蚕桑学堂（1901），南通师范学校农科，直隶农务学堂，山西农林学堂（1902），直隶农务学堂（1902），山西农林学堂（1902）等。按现在的标准看，这些农务学堂均属于中等农业学校性质。

光绪二十七年（1901），诏谕全国各大小书院一律改为兼习中学西学的学校，"各省所有书院，于省城均改设大学堂，各府及直隶州均改设中学堂，各州、县均改设小学堂，并多设蒙养学堂。"[④] "所有中小学应读书籍，由官设书局编译颁行。"[⑤] 这个时期出现的许多教科书仍以编译的为主。如1901年藤井健次郎编的《近世博物教科书》，松井任三、齐田功太郎合著的《中等植物教科书》，五岛清太郎所著《普通动物学》，这三本书均为樊炳清所译。又有1902年《中等博物学教科书》，由饭冢启植编，益智学社译。这期间所译教科书有不少被20

---

① 夏东元，洋务运动史，华东师范大学出版社，1992年，第428页。
② 朱有瓛，中国近代学制史料，第一辑，华东师范大学出版社，第313页。
③ 周邦任、费旭，中国近代高等农业教育史，中国农业出版社，1994年，第13页。
④ 璩鑫圭、唐良炎，中国近代教育史资料汇编—学制演变，上海教育出版社，1991年，第6页。
⑤ 周予同，中国学校制度，民国丛书，第三编45，第122页。

世纪初的学校采用为教科书。

三　清末学制中的生物学教育

　　光绪二十八年（1902）七月，管学大臣张百熙奏拟学堂章程，即"钦定学堂章程"，后又称为"壬寅学制"。在北京设京师大学堂，各省设高等学校及高等实业学堂，各府设中学堂及中学实业学堂，各州县设高等小学堂及寻常小学堂。这是第一次制定的、成系统的学制。但"壬寅学制"只实行了一年，即光绪二十九年（1903）的"癸卯学制"取代。该学制一直实行到清末。

　　"癸卯学制"规定初等小学五年毕业，升高等小学，四年毕业，升中学，五年毕业，升高等学堂，三年毕业，升大学本科，三或四年毕业。最高为通儒院，五年毕业。

　　在课程设置方面规定：高初等小学均有格致一课，要求"其要义在使知动物、植物、矿物等类之形象质性，并使知物与物之关系，及物与人相对之关系，可适于日用生计及各项实业之用；尤当于农业、工业所关重要动、植、矿等物详为解说，以精察其观物察理之念。"[1]

　　中学课程中设博物一课，要求"其植物当讲形体构造，生理分类功用；其动物当讲形体构造，生理习性特质，分类功用；其人身生理当讲身体内外之部位，知觉运动之机关及卫生之重要事宜；其矿物……"并规定中学学堂当设博物专用讲堂和标本室。"凡教博物者，在据实物标本得真确之知识，使适于日用生计及各项实业之用，尤当细审植物、动物相互之关系，及植物、动物与人生之关系。"[2]

　　高等学堂即为大学预备科，课程分为三类：第一类为文科课程，为准备升学文科者；第二类为理科课程，但缺动植物，"其有志入格致科大学之动物学门、植物学门、地质学门，并农科大学之各学门者，可加课动物及植物……"[3] 第三类为准备升学医科者，学科除有算学、物理、化学等外，还有动物、植物课程。

　　通儒院不设课程，专事研究。

　　另外还设有初级师范学堂和优级师范学堂，以培养师资。初级师范相当于中学，四年毕业，可任高等小学教师，其博物课所授内容与中学所授一致，只是增加了"为师范者教博物之次序法则"等教育课程。

　　优级师范与高等学堂相当，五年毕业，可任中学教师。所学课程第一年为公共科，第二至四年为分类科，共分四类，其中第四类系以植物、动物、矿物及生理学为主。第五年为加习科，学习教育等重要科目。

　　从章程规定来看，从 1903 年，从初等小学以至大学本科，一直都有动物与植物方面的课程。但实际上新制学堂与传统的科举并行，重科举而轻学堂，各级学堂设立不多。直到光绪三十一年（1905）废除科举，各级学堂才渐渐增多，学生人数也急剧增加，例如，1902年，全国学生数有 6912 人，1903 年有 31 428 人，1904 年有 99 475 人，1905 年有 258 876人。假如，以 1902 年的学生数为基数一，1905 年的学生数为 1902 年的 37.4 倍，平均每年

---

① 璩鑫圭、唐良炎，中国近代教育史资料汇编，学制演变，上海教育出版社，1991 年，第 310 页。
② 璩鑫圭、唐良炎，中国近代教育史资料汇编，学制演变，上海教育出版社，1991 年，第 322 页。
③ 璩鑫圭、唐良炎，中国近代教育史资料汇编，学制演变，上海教育出版社，1991 年，第 329 页。

增加 12 倍多①。学生人数的猛增又引发师资与教材的急剧短缺。

为缓解教科书的不足，光绪二十九年十一月二十六日（1904 年 1 月 13 日）的"奏定学务纲要"中"令京外官局、私家合力编辑"教科书。当时京师设有编译局，专司编辑教科书。在"官编教科书未经出版以前，各省中小学堂亟须应用，应准各学堂各学科教员，按照教授详细节目，自编讲义。每一学级终，即将所编讲义汇订成册"经学务大臣审定合于教授者，即准作为暂时通行之本。另需借用一些外国人所编、华人所译、颇合中国教法者，及外国成书以资讲习②。

光绪三十一年（1905）学部成立，次年"学部设立图书局发行学校教科书"，其所编之教科书，"通令各省采用后，各省即设法翻印，转饬各学堂购读。同年又立教科书审定制，规定民间所编之教科书，经审定后，始准学堂采用。"③

虽然在此之前，中国人就已开始自编教科书，如 1897 年南洋公学师范学院师生所编的《蒙学课本》，其体裁仿照外国课本，共分三编，第一编第一课："燕、雀、鸡、鹅之属曰禽。牛、羊、犬、豕之属曰兽。禽善飞，兽善走。禽有两翼，故善飞。兽有四足，故善走。"包括一些浅显的生物知识。中国人自编的有关生物学教科书的大量出现，则始于此时。如 1904 年，孙海环编的《（初等小学）动物教科书》、《（初等小学）植物教科书》，分别由商务印书馆、新学会社出版。

1905 年，黄明藻编写了一本《应用徙薪植物冀（学）》（或称《植物学讲义》），该书由峨嵋教育部石印，四川爱梨堂发行。共 88 页，219 图（附有八幅彩图，表示各植物群落带，亦称"八带群落图"，该图是我国植物群落学之先声），约 3 万字。书中包罗了植物分类、形态、解剖、生理、生态、群落及应用诸方面的内容，并于书末"尾附"中，讲述了"腊叶采制法"。该书可能是由中国人独自撰写的最早的植物学著作④。

1906 年，山西大学译学院也翻译出版了一本《植物学教科书》。1908 年，叶基桢撰写了一本《植物学》。书中第一页印有"译学馆博物讲义植物学"和"叶基桢讲述"字样，说明此书是叶在译学馆博物科讲授植物学的讲义。全书分总论及结论两部分。总论下设四篇：第一篇为"植物各部形态学"，包括 12 章，计有植物体、花、雄蕊及雌蕊、花托及蜜槽、花序、果实、种子、种子之散布、根、干、芽及枝、叶各 1 章，占 58 页，另图 52 页；第二篇为"植物内部形态学即解剖学"，包括 8 章，即细胞、细胞膜及原形质、原形质含有物、细胞之形质及繁殖、组织及组织系各 1 章，及根、茎、叶之构造各 1 章，占 27 页，另图 24 页；第三篇为植物生理学，包括 7 章，即植物及外界之关系、养分、同化作用、呼吸作用、蒸腾作用、生长、运动各 1 章，占 29 页，另图 16 页；第四篇为植物分类学，包括 25 章，计有植物分类法 1 章，被子植物 16 个较大的科占 19 章，松柏科 1 章，羊齿、藓苔、菌藻 3 门各 1 章，原微植物 1 章，共占 112 页，另图 85 页⑤。

虽然新式教育中已包含理化、博物等各种学科，但是具体地谈到清末学堂中的生物学教学情况又是什么情形呢？胡先骕曾在《植物教学法》一文中回忆，"学校中自校长、教员以

---

①　贾平安，商务印书馆与得天独厚科学在中国的传播，中国科技史料，1982 年第四期，第 57 页。
②　璩鑫圭、唐良炎，中国近代教育史资料汇编，学制演变，上海教育出版社，1991 年，第 502 页。
③　郭秉文，中国教育制度沿革史，民国丛书，第三编，上海书店，第 85 页。
④　陈德懋，中国植物分类学史，华中师范大学出版社，1993 年，第 191 页。
⑤　汪振儒，中国植物学史，科学出版社，1994 年，第 126 页。

至学生心目中所重视之学科，厥惟国文英数学三种。……而于各种主要之科学，如物理、化学、植物、动物乃漠然视之……尝忆十三、四在中学肄业时，物理、化学、植物、动物皆由一教师讲授，于物理则认永动为可能，于植物则谓有食人之树，于动物则教学生以人首兽身之海和尚，以耳为目，恬不知耻。至于今日，办理稍佳之中等学校，稍知注重物理化学矣，然动物学、植物学仍不知其重要，教师但知就一种书局发行之教本，逐句逐字讲一过。试验之设备固已不周——每学校最多有一架显微镜，且教师往往不用，或竟不能用，最价廉之扩大镜亦未必每学生能有一具，其他简单之植物生理实习器具，亦全未购置，而教员亦不知制造。学校课程之排列亦无实习钟点，教师与学生亦正利其无实习，而办事人员亦视为具文，以为英文国文数学，再进则物理化学须有良好教师，完善设备，则已满意，至植物动物学则设备不妨较少，人才不妨较次，结果则中等学校博物教育，成绩几等于零。"①

当时，高等学堂及其同级的优级师范与高等实业学堂内，有关西学的课程，都只好聘请欧美及日本教习，尤以日本人为较多。中学则请早期回国的留学生，亦以留学日本的为最多②。如光绪二十八年（1902）创立的京师大学堂师范馆，其中的第四类由日本教习桑野久任和矢部吉桢讲授。1904 年师范馆改为优级师范科，1907 年原师范馆学生 104 人毕业，其中学习第四类的 24 人。这也可以说是国内第一批学习过生物学的高校毕业生③。

四　民国时期的生物学教育

1. 民国改制及生物学教科书使用情况

民国元年至二年，学制改制，称为壬子癸丑学制。规定从前学堂均改称为学校，初等小学四年，高等小学三年，中学四年（师范学校同）。高等师范学校与各科专门学校预科一年，本科三年。大学预科二年，本科四年或五年。高等小学之格致课改称为理科，包括动物、植物、矿物、生理卫生及理化。中学设植物学及动物学④。前清的优师均改为高等师范学校，原优师的第四类改为博物部，博物部的主课有植物学、动物学、生理及卫生学、矿物及地质学。大学设生物门（系）。

关于教科书，1912 年 1 月，南京临时政府教育部颁发的《普通教育暂行办法》中规定"凡各种教科书，务合乎共和民国宗旨，清学部颁行之教科书，一律禁用。"为了解决民国学校对新式教科书的急需，当时新开办的中华书局就发行了一套"新中华教科书"。不久商务印书馆和中华书局为适应当时需求，又各自出版了内容比较精简、文字比较浅显的教科书，如"共和国新教科书"、"新制教科书"、"实用教科书"、"新式教科书"等一系列教科书⑤。如有 1913 年的中学教科书《植物学》（杜亚泉），《（民国新教科书）植物学》（王兼善），《（民国新教科书）动物学》（丁文江）等。这一时期的中小学教科书，其内容都是取材于日

① 胡先骕，植物学教学法，科学，1922 年第 11 期，第 1181 页。
② 李亮恭，中国生物学发展史，中华文化复兴与发展委员会主编，1983 年，第 166 页。
③ 薛攀皋，北京大学生物学系是何时建立的，中国科技史料，1989 年第二期，第 77 页。
④ 李亮恭，中国生物学发展史，中华文化复兴与发展委员会主编，1983 年，第 169 页。
⑤ 陈景磐，中国近代教育史，人民教育出版社，1981 年，第 302 页。

本的教科书，教学所用的挂图、标本、模型等类，也都是购自日本①。

　　1918年，商务印书馆出版了马君武编译的《实用主义植物学教科书》，全书421页，有图356幅，内彩色版47幅，附学名拉德汉对照表18页。全书分为总论和各论两部分。总论两章，分别讲述细胞学（包括细胞概论，细胞之内容，细胞膜，细胞团体）和植物形态学及生理学（包括叶、根、茎、花、果实及种子的形态及生理）。第三章为各论，即植物分类学（包括隐花植物和显花植物）。该书内容大部分取材于施迈尔博士（Dr.Schmeil）的《植物学》（Lehrebuch der Botanik）②。

　　但这些寥寥可数的中文译本，也不见得为学界所重视。一直到20世纪30年代的高中至大学均愿用外文教本，程度较高者更用外国语讲课。在这期间，随着大批留学生纷纷回国，投身教育事业，他们感到旧的教科书多是外国人所编，不适合中国的教育需要，于是开始自己编写教科书。这一批高质量的教科书，对我国生物学教育、生物学发展产生了重要的影响。如1916年，邹秉文、谢家声在金陵大学农林科讲授植物病理学，并编出我国第一本国人编写的植物病理学教材《植物病理概要》。

　　1917年，邹秉文、胡先骕、钱崇澍三人编写的《高等植物学》一书，由商务印书馆于1923年出版，全书分十五章，二十余万字，这是我国第一本大学植物学教科书。也是我国植物学界早期的权威著作。该书作者们深感"我国昔日之植物教科书，皆因日本之编制，颇有陈旧之讥。对于通论，则形态学、组织学、生理学三者分立，致学者觉其理不能贯通；对于分类，则大悖植物天演之程序，先论天演最高组织、最复杂之种子植物，逆流而上溯孢子植物，本末倒置莫此为甚。"因此，他们在编写时"于通论，以形态组织生理融合为一片，庶学者既明植物之构造，亦明其构造组织之作用，而无破碎支离之病。于各论即自最简单之粘菌植物论起，渐及最高最复杂之种子植物，庶学者对于植物之天演及其器官构造之蜕变，了然如指掌而无惶惑之苦。"③ 书中还改正了许多当时"因袭日本而不合学理"的名称，如将隐花植物改为孢子植物；显花植物改为种子植物；藓苔植物改为苔藓植物；羊齿植物改为蕨类植物。这些修改后的名称一直沿用至今。

　　1923年，商务印书馆又出版有薛德焴的《近世动物学》上下二册，这是第一部具大学程度的中文动物学。1924年，商务印书馆出版了陈桢编著的大学教材《普通生物学》。

　　1929年，蔡翘首倡用祖国语言教学，同时编著了我国第一本大学生理学教科书《生理学》，由商务印书馆出版。1935年该书经重写和扩充改称《人类生理学》重新出版，这些教科书在解放前曾多次修订再版，一直为国内各大学院校所采用。

　　到1933年，任鸿隽针对当时"大学一年级和高中二三年级（等于从前的大学预科）理科中，究竟有若干科目用中国课本讲授"的问题进行调查，他调查的方法是对全国公私立大学办理已具规模之理学院30处，以及全国立案高中200处发出问卷。根据收回的资料进行统计。结果表明，当时大学一年级理科普通生物学所采用的教科书中，英文教本数占84%，中文教本数占16%；高中生物学中所用英文教本数占21%，中文教本数占79%④。这些数

---

　　① 胡先骕，植物学教学法，科学，1922年第11期，第171页。
　　② 汪振儒，中国植物学史，科学出版社，1994年，第126页。
　　③ 中国现代科学家传记，第四辑，科学出版社，1992年，第417页。
　　④ 杨翠华，中基会与民国的科学教育，近代中国科技史论集，台湾中央研究院近代史研究所、国立清华大学历史研究所，1991年，第331～332页。

字分别在同一统计表中高于其他学科（如算学、物理、化学）的百分比数，这说明当时的生物学教本，比其他学科都多，而且从上述数字可以看出，在高中里之生物教本甚至以中文为主。这一情况的发生与当时中国生物学者的努力分不开。

2. 我国生物学高等教育

民国以前，我国没有独立的培养生物学人才的高等教育机构，生物学教育是同地质学、矿物学一起在师范学校分类科第四类（博物类）中进行的。民国改制后，生物学高等教育主要在高等师范的博物部或农业专修科，以及教会大学理科内进行。当时全国有国立高师 7 所，省立高师 6 所。这些高师多数设有博物部，其中影响较大的有北京高等师范学校、武昌高等师范学校、南京高等师范学校。民国元年（1912）成立的北京高等师范学校（即现在北京师范大学的前身），将原第四类改为理科第三部，后又改为博物部，聘请归国的留学生任教。其博物部动物学教授兼主任是陈映璜，植物学教授是彭世芳，又有蒋维乔、吴续祖、张永朴等先后到校任教。学校的毕业生多数在中学和师范任教，有的后来成为著名的生物学家，如雍克昌、孔宪武、张作人、陈兼善等。

民国 2 年（1913）武昌高等师范学校成立时，只设英语部和数学物理学部。1914 年，留学日本的植物学家张廷到校任教后，才增设博物部。在这里执教的生物学教师还有王其澍、王海铸、薛德焴等。生物学家何定杰、辛树帜分别是该部第一届和第三届的学生。

民国 4 年（1915）南京高等师范学校成立，于 1917 年开始设有农业专修科，由留学美国的农学家邹秉文任主任并讲授植物学。后来陆续聘请留学归国的学者到校任教，其中有胡先骕（1919 年起）、秉志（1920 年起）、钱崇澍（1920 年起）等。该校早期的毕业生中，很多人后来成为著名的农学家和生物学家，如金善宝、冯泽芳、王家楫、伍献文、寿振黄、严楚江等①。此外还有广东、成都及沈阳三地的高等师范学校先后成立。以沈阳高师博物部成立最晚，于民国 7 年（1918）才开始招生。

教会学校多数设有理科，并讲授生物学课程，随后发展成独立的生物学科，培养专门的生物学人才。在教会大学中，最早设立独立生物学科的，可能是东吴大学。著名生物学家胡经甫、朱元鼎、潘铭紫、王志稼等，就是该校生物学科的毕业生。又如福建协和学院、金陵大学、金陵女子大学也都是较早开设生物学课程的学校。

1921 年，南京高等师范农业专修科改为东南大学农科，分为六个系：生物学系、农艺系、园艺系、畜牧系、病虫害系和农业化学系。生物学系主任为秉志，设动物、植物两组。这是我国学者自办的第一个生物学系，在当时是最有影响的。胡先骕、秉志、钱崇澍、陈焕镛、陈桢、胡经甫、戴芳澜、张景钺等都在这里执教过，培养了很多生物学人才。如生物学家王家楫、寿振黄、张春霖、张孟闻、方炳文、喻兆琦、沈嘉瑞、耿以礼、方文培、张肇骞、陈封怀、汪发缵、唐燿、李鸣岗、张宗汉、崔之兰、欧阳翥、刘咸、郑集等 20 多人，都是 1928 年东南大学改组为中央大学前，先后从该系毕业的②。

1925 年，北京大学成立生物系，但由于是建立之初，只设有一年级课程，所设专业课及其授课教师为：生物学通论（李煜瀛，即李石曾）、植物学（谭熙鸿，即谭仲逵）、植物学

①　薛攀皋，我国生物系的早期发展概况，中国科技史料，1990，11（2）：61。
②　薛攀皋，我国生物系的早期发展概况，中国科技史料，1990，11（2）：65。

实习（钟观光）、动物学（经利彬）和生物化学（王祖榘）等①。

1922 年 12 月，教育部公布了《学校系统改革案》，规定高等师范应在一定时间内提高程度，改为师范大学。结果 1923 年以后，各高等师范纷纷升格，多数改成普通大学，如上文提到的这几所分别改为北京师范大学（1923）、武汉大学（1928）、中山大学（1926）、四川大学（1931）、东北大学（1923）。各高等师范的博物部在改大学以后均改为生物学系。又由于该改革案相对放宽了对兴办大学的限制，全国公私立大学数量骤然增加，很多大学都设立了生物学系，到 1930 年，经教育部核准立案的普通大学中，已有 32 所建立了生物学系。这样，我国培养生物学人才的主要基地也随之从高等师范学校转到大学生物学系。

第四节　中国科学社生物研究所的建立及其贡献

一　中国科学社生物研究所的创立

1914 年，正值第一次世界大战将要爆发之时，世界形势风云变幻。一些在美国的中国留学生抱着"科学救国"的热情，发行《科学》月刊，向中国介绍科学。《科学》杂志发行后不久，他们便感到要谋求中国科学的发达，仅靠发行一种杂志是不够的，因此提出改组《科学》杂志为中国科学社。1915 年 10 月 25 日，中国科学社正式成立。作为一个民间学术团体，中国科学社以"联络同志，研究学术，以共图科学之发达"为宗旨，同时提出九项拟办的事业：

（1）发行杂志，传播科学，提倡研究。

（2）著译科学书籍。

（3）编订科学名词，以期划一而便学者。

（4）设立图书馆以供学者参考。

（5）设立各科学研究所，施行实验，以求学术、工业及公益的进步。

（6）设立博物馆，搜集学术上、工业上、历史上以及自然界各种标本陈列之，以供展览及参考。

（7）举行学术讲演，以普及科学知识。

（8）组织科学旅行团，为实地之科学调查研究。

（9）受公私机关委托，研究及解决科学上一切问题②。

中国科学社在海外成立，三年后迁回中国。1919 年，北洋政府拨南京成贤街文德里官房一所为中国科学社社所。1922 年夏，正在东南大学执教的秉志和胡先骕已进行了大量的动植物采集工作，如秉志"间尝循海采集动物，而胡步曾博士又尝遣人远旅青藏，以汇求奇花异卉"③，采集的动植物标本等已颇有成绩。为继续进行生物研究工作，秉、胡等人向中国科学社提出了建立生物研究所的建议，他们认为："海通以还，外人竞遣远征队深入国土以采集生物，虽曰致志于学术，而借以探察形势，图有所不利于吾国者，亦颇有其人。传

---

①　薛攀皋，北京大学生物系是何时建立的，中国科技史料，1989，10（2）：78。

②　任鸿隽，中国科学社社史简述，中国科技史料，1983 年第 1 期，第 3 页。

③　中国科学社生物研究所概况——第一次十年报告，中国科学公司，1933 年，第 1 页。

曰，货恶其弃于地也，而况慢藏海盗，启强暴觊觎之心。则生物学之研究，不容或缓焉。且生物之研治，直探造化之奥秘，不拘于功利，而人群之福利实攸系之。进化说兴，举世震耀，而推属之生物学。盖致用始于力学，譬若江河，发于源泉，本源不远，虽流不长。向使以是而启厉学之风，惟悴志于学术是尚，则造福家国，宁有涯际。至于资学致用，进而治菌虫药物，明康强卫生之理，免瘟皇疫疠之灾，犹其余事焉。"[1] 随后中国科学社委托秉志、胡先骕、杨铨筹办生物研究所之事。1922 年 8 月 18 日，中国科学社生物研究所（The Biological Laboratory of the Science Society of China）在南京市正式成立。中国科学社原计划设立生物研究所、理化研究所和工业研究所[2]，但限于经费、设备等原因，只办了生物研究所[3]。据"本社生物研究所开幕记"一文中介绍："所以有生物研究所者原因有二：其一，中国地大物博，研究新材料极多，可以供于世界。吾国科学程度与欧美先进各国相较，已觉瞠乎其后，故应即起研究，俾有所得以为涓滴之助。其二，本社社员于生物研究，采集动、植物标本等已有成绩，当便继续进行，且有社员表示极热心赞助，故遂决定。"[4] 中国科学社生物研究所是我国第一个生物学研究机构，对我国现代生物学发展产生了重要影响。

（1）所址。生物研究所成立时，即将中国科学社在南京市成贤街文德里的总社南楼楼上各室略为修葺，作为研究室。1923 年又将南楼楼下辟为陈列室。1930 年由中国科学社和中华教育文化基金董事会各出资 2 万元，于 1930 年 4 月在南京社所的西侧空地建筑生物研究所新馆。该馆为钢筋水泥建筑，上下两层，"计凡 36 室，又半月屋 2 间，3 层阁顶 1 大室，动物部研究室占 3 小间，植物部研究室 5 小间，动物部生理实验室 2 大间，会客室 1 大间，养殖室一半月屋，以上为 2 楼；楼下南向东侧 7 室俱为动物标本展览室，北向东 4 室为植物标本储藏室，西 2 室为图书馆储书室，大门正中圆室为阅书室，其西半月屋亦为藏书之所，3 楼阁顶则为藏储书报杂志之室……"[5]。1930 年 10 月，上海明复图书馆建立，中国科学社总社及其图书馆迁往上海，南京社所的全部房舍归生物研究所使用。1931 年 3 月新楼落成，"乃迁书籍标本仪器于其内"。"而研究之须有精微设备，若组织学、生理学、试验胚胎学等，以新厦光线充足，温度适宜，亦俱能如所指度，惬心以从事"[6]，这时该所有三幢各为两层的研究实验楼，研究工作条件更臻完善。

抗日战争爆发后，研究所迁往重庆北碚，借用中国西部科学院的部分房舍，继续开展工作。1940 年春自建了几间实验室。在这期间，秉志因夫人有病不能随行，在上海中国科学社明复图书馆建立临时研究室，坚持工作五年，直至 1941 年日本占领上海租界时才停止一切活动。1938 年日军占领南京，抢走了生物研究所未及转移的标本资料，并把三幢楼房焚毁。抗战胜利后，生物研究所无法迁回南京，只好寄寓在中国科学社明复图书馆（现上海市陕西南路）顶层，恢复部分研究工作，直到新中国诞生[7]。

---

① 中国科学社生物研究所概况——第一次十年报告，中国科学公司，1933 年，第 1 页。
② 一说是"他们想构建几个研究所，即生物研究所、卫生研究所、理化研究所、矿冶研究所、特别研究所等。"参见陈胜崑，中国科学社的科学观（1914~1922），新编中国科技史（下），银禾文化事业公司，1990 年，第 144 页。
③ 薛攀皋，中国科学社生物研究所，中国科技史料，1992 年，第 2 期，第 47 页。
④ 本社生物研究所开幕记，科学，1922 年，第 8 期，第 846 页。
⑤ 中国科学社生物研究所新屋落成，科学，第 15 卷，第 6 期。
⑥ 中国科学社生物研究所概况——第一次十年报告，中国科学公司，1933 年，第 7 页。
⑦ 薛攀皋，中国科学社生物研究所，中国科技史料，1992 年第 2 期，第 49 页。

（2）经费。中国科学社是由爱国科学家自愿联合组织的民间学术团体，其经费来源主要是社员入社时交纳的社费（10元），社员常年会费（5元），社员及赞助该社的个人和团体的捐款，销售刊物的收入及某些业务的盈余，以及基金的收入[①]。由于自身经费的紧张，中国科学社对新建立的生物研究所并没有给予多少经费支持，仅"勉拨240元藉资常年经费"，另外加上生物研究所筹办时募得的经费："计分（开办费）张季直先生捐一万元……胡石青、王博沙二先生约捐二千元，任叔永社长代募四川方面款约五六千元，惟尚无详细报告寄来。（经常费）王博沙先生允每年捐约三千元"[②]，当时筹到这些经费已实属不易，"但距本所计划，尚不敷甚巨……"在资金严重短缺的情况下，生物研究所的创建者们以艰苦创业的精神，终于把研究所办了起来，开展生物研究工作。后来，该所的工作渐渐得到社会上的重视，各方面对研究所的经费亦时有增加。

1923年农历正月，中国科学社董事会呈准国务会议，由江苏国库月拨2000元为科学社补助费，其中月拨300元为生物研究所之用。

1926年农历二月，中华教育文化基金委员会议决定补助科学社常年费15 000元，以三年为期，又一次补助费5000元以购置所需设备，此项补助费指明为生物研究之用。

1929年农历七月起，中华教育文化基金董事会通过决议，继续补助生物研究所经费三年，每年40 000元，并另助生物研究所建筑费20 000元。同年，中国科学社也补助建筑费20 000元。

（3）组织机构及研究人员。生物研究所从1922年成立到抗战开始一直由秉志任所长，抗战开始后，研究所内迁重庆，秉志因故未能随行，留在上海，遂推荐当时任植物学部主任的钱崇澍继任。1942年钱受聘于复旦大学，离开生物研究所。抗战胜利后，该所迁回上海，秉志仍任该所所长[③]。

生物研究所分动物、植物两部，动物部和植物部的主任，初期分别由秉志和胡先骕担任。1923年秋胡赴美国深造，秉志约东南大学陈桢和陈焕镛"两教授来所分主动植物学两部事"。1926年秋，胡先骕归国，与秉志再度分主植物部和动物部事。

1929年胡先骕离开生物研究所北上到静生生物调查所工作后，植物部主任由钱崇澍担任。1934年在动物部下增设生理研究室和生物化学研究室，分别由生理学家张宗汉和生物化学家、营养学家郑集负责。

生物研究所的研究技术人员包括"正式职工"和"研究客员"两种。"正式职工"是指专在所里工作的研究人员和技术人员。研究人员分高、中、初三级，高级研究人员称为技师或教授，中级研究人员称为研究员，初级研究人员为研究助理或助理。技术人员则有标本采集员、标本室助理、绘图员等。"研究客员"指外单位研究、教学人员到研究所工作的客座研究人员，不限于高级人员，也包括讲师、助教、大学生物系高年级学生，甚至中学生物教师[④]。但在生物研究所初创阶段，由于经费困难，除助理员略受津贴外，所内研究人员皆为大学教授，于课余时间来此从事研究工作，如"常（继先）君日赴东南大学习制标本之法，

---

①　任鸿隽，中国科学社社史简述，中国科技史料，1983年第1期，第4页。
②　本社生物研究所开幕记，科学，第七卷，第8期，第846页。
③　薛攀皋，中国科学社生物研究所，中国科技史料，1992年第2期，第50页。
④　薛攀皋，中国科学社生物研究所，中国科技史料，1992年第2期，第49页。

夜则宿所中治理杂事。秉、胡及东南大学生物系其他教授，常来所就南楼小室，研治所学，皆不计薪"。[1] 秉、胡二人均为兼职，自 1926 年得中华教育文化基金董事会的补助费后，才改为专职。到 1933 年，随着经费渐裕，"于是增聘执事，添购书物；所中职员，即骤增至十八人"。由于其他购物、采集、印刷等项均需支出，不得不力为节制。"故职员薪给，率皆微薄，而研究者又大抵兼理事务"[2]，如当时张孟闻即任研究员兼书记，王钦福任研究员兼标本管理员。生物研究所全盛时期，有"正式职员"30 人左右，"研究客员"近 20 人。

二　生物研究所的研究工作及其对我国生物学发展的影响

生物研究所自创立以后，即展开一系列生物研究工作，是为我国生物科学研究之先导；在研究工作中培养造就了一大批生物学人才，为我国生物科学研究工作的持续发展奠定了基础；同时扶助其他生物学研究机构开展工作；通过各种形式在民众中普及现代生物科学知识，为我国现代生物学的发展做出了不可磨灭的贡献。

1. 研究工作

生物研究所在筹建时曾设想其"研究课题，动物学从形体入手以达分类、生态、生理、遗传等要门；植物学以采集国内高等植物标本，研究植物生理学、细胞学、胚胎学入手，渐及于菌学、细菌学、植物育种学等。"[3] 但这个设想并没有完全实现，像植物生理学、植物细胞学、植物育种学和细菌学的研究基本上没有进行。1923 年，即该所成立第二年，当时中国科学社社长任鸿隽在"中国科学社之过去及将来"一文中指出，生物研究所的主要工作内容"约分两部：一方面搜集国内动植物标本，分类陈列，以备众人观览；一方面选择生物学中重要问题，开始研究，以期于此中有所贡献"。[4] 从 1927 年开始，生物研究所因"感于本国生物品种调查之不容或缓，略侧重于分类学"。[5] 更为重要的是，此时该所已得中华文化基金会之补助，经费较裕，才有能力开展较大规模的采集活动。

动物部常年注意南京及其附近动物的调查与收集，还经常派人至长江上下游及浙江、福建各处，从事水产及海产动物的搜罗。1930 年为了与日本科学远征队竞争，加紧了长江上游，尤其是鱼类的调查研究。他们又几度到山东、浙江、福建、广东沿海，调查海产和陆生动物，所得标本颇为丰富。"据 1931 年的报告，共有标本 18 000 个，共 1300 种，内鸟兽、爬虫、两栖、鱼类高等动物 7000 余个，凡 650 种。其他为无脊椎动物、海绵、珊瑚、棘皮、介壳、节足、寄生虫等，大抵皆备，足供研究所需。"[6] 1934 年同静生生物调查所、中央研究院自然历史博物馆、山东大学、北京大学、清华大学等单位合组"海南生物采集团"，在海南岛进行较大规模的调查，采到了大量珍贵的热带和亚热带的动物。1935 年，他们应江

---

① 中国科学社生物研究所概况——第一次十年报告，中国科学公司，1933 年，第 2 页。
② 中国科学社生物研究所概况——第一次十年报告，中国科学公司，1933 年，第 9 页。
③ 本社最近之状况，科学，1922 年，第 4 期，第 404~405 页。
④ 任鸿隽，中国科学社之过去及将来，科学，1923 年，第 1 期，第 7 页。
⑤ 中国科学社生物研究所概况——第一次十年报告，中国科学公司，1933 年，第 15 页。
⑥ 任鸿隽，中国科学社社史简述，中国科技史料，1983 年第 1 期，第 9 页。

西省经济委员会和实业厅之请，前往调查鄱阳湖鱼类，顺便采集了其他动物①。

植物部除了在南京及其附近进行常年调查外，"以调查中国中部之植物种类及生态为主。故对于标本之搜集极为注意。历年由本所派人出外采集标本之地方：十五年（1926）为浙江温、处、台各属，及四川、南川、江津一带。十七年（1928）为浙东天目山及岩、衢、金华各属，及四川、川东、川南各地。十八年（1929）又赴浙江天目山作植物种类及生态之调查。十九年（1930）复派采集员二人至四川、西康、及马边一带，详细采集。……历年采集之结果：标本室现（1931年）有已定名的标本一万余纸，内包有200科1300余属及8000种"②。所有这些标本都经过详细鉴定、叙述，并加以系统分类，然后写成论文向外发表或与国内外学术机关交换刊物。1934年，植物部与中央大学农学院合组远征队去云南，调查与缅甸接壤的我国边疆的植物。同年，受国防委员会委托，该所派人去青海、甘肃、新疆进行了为期约一年的植物调查。1935年派人参加实业部浙赣闽林垦调查团，到该三省调查采集植物③。

通过采集，植物所得到了大量动、植物标本，所有"标本都理为两份，以其一份存诸沪社，其又一份则陈列于本所新楼标本室。此外重复之件，则为研究者所资取，又为各学社交换互证之用"④。这些标本为充实标本室、博物馆，以及进一步开展分类学研究工作，创造了更好的条件。

在丰富的动、植物标本的基础上，研究人员开展了一系列分类学的研究。

在动物分类学的研究方面，无脊椎动物的分类相对集中在原生动物，包括淡水、海洋和寄生的原生动物，如纤毛虫、鞭毛虫、根足虫等（王家楫、倪达书）；也做了一些对水母（徐锡藩）、蝎类（伍献文）、蜘蛛（何锡瑞）、蚯蚓（陈义）和蚌类（秉志）等的分类研究。脊椎动物的分类研究，涉及鱼类、两栖类、爬行类、鸟类和哺乳类，如：南京、镇江、厦门、福州、浙江、山东、四川等地的鱼类（张春霖、伍献文、方炳文、王以康、苗久、秉志等）；南京及浙江、四川、江西等地的两栖类和爬行类（孙宗彭、张宗汉、伍献文、徐锡藩、方炳文、张孟闻等）；南京附近、陕西和四川的哺乳类（何锡瑞）；四川之鸣禽（王希成）和长江下游鸟类（常麟定）等。

在植物分类学的研究方面，除地区性资料整理外，还开展了专科专属的研究，如兰科、荨麻科（钱崇澍），椴属、安息香科（胡先骕），樟科（陈焕镛），裸子植物（郑万钧），马鞭草科（裴鉴），唇形科（孙雄才），槭树科（方文培），禾本科（耿以礼），真菌（邓叔群）以及长江流域淡水藻类（王志稼）等⑤。

在对动、植物进行调查和分类研究之外，生物研究所另一项较为重要的工作是对动物形态学、解剖学和组织学的研究。以鲸鱼、老虎、小白鼠、蜥蜴、蛙、鱼类、水母、蚂蟥等为材料进行某一系或某一器官的解剖学、形态学、组织学和胚胎学的研究。此外，生物研究所还进行了生态学、生理学、遗传学、生物化学等各方面的研究工作。

植物生态学方面的研究有：钱崇澍对安徽黄山植物、南京钟山森林、南京钟山山顶岩石

① 薛攀皋，中国科学社生物研究所，中国科技史料，1992年，第2期，第51页。
② 中国科学社概况，1931年，第23页。
③ 同①。
④ 中国科学社生物研究所概况——第一次报告，中国科学公司，1933年，第15页。
⑤ 中国科学社概况，1931年，第51~52页。

的观察；裴鉴对南京植物及其群落的研究；汪振儒对南京玄武湖植物群落的研究等。生理学研究主要集中在神经系统生理学，如中枢神经系统组织之呼吸代谢，神经系统对于水代谢之作用，磷脂类、盐类对脑脊髓呼吸之影响（张宗汉），兔子大脑运动区及白鼠大脑皮层损伤对呼吸之影响（秉志）等。生物化学的研究则着重于营养方面，如南京人的膳食、米麦营养价值、中国盐干制蔬菜内维生素 C 的测定、黄豆蛋白质与牛乳蛋白质等的比较研究（郑集）等。

　　生物研究所除进行上述基础生物学研究外，还努力进行一些实际应用方面的研究，如生物研究所开展了大规模的生物资源调查，通过这些调查工作便可知有经济价值的生物种类的分布情况及数量，以便加以利用。所以该所成立后，曾为浙江省政府调查该省之鱼类，为四川省实业厅调查可供做铁路枕木之用的林木，又曾为实业部调查湖南某处森林状况及浙江省南部之造纸木材。抗战西迁后又曾为某县调查竹林的病害，又为贸易委员会研究油桐害虫，及研究茶树害虫。民国 32 年以后，受教育部资助，调查儿童身心健康，这些都是生物研究直接有益于实用者[①]。

　　生物研究所的研究论文和调查报告发表于《中国科学社生物研究所丛刊》（Contributions from the Biological Laboratory, Science Society of China）上，该刊为一本英文刊物，1925 年创刊，是我国最早的生物学学术丛刊。1925～1929 年，共刊动植物论文 5 卷，每卷 5 号，一般以一篇报告为一号。自 1930 年第 6 卷起，分动物（zoological series）和植物（botanical series）两组，每组每卷也不限于 5 号。至 1942 年刊出 12 卷 3 期后停刊，先后发表了研究论文数百篇（参见表 6-2）。其中有许多论文在我国生物学研究发展过程中具有重要的历史意义。例如，该丛刊第 1 卷第 1 号（1925）上刊登的陈桢的"金鱼之变异"是我国学者最早的动物遗传学研究论文；1926 年张景钺的"蕨类组织之研究"一文，是我国学者独立发表的第一篇植物形态学研究论文；1927 年钱崇澍的"安徽黄山植物之初步观察"，是我国学者发表的首篇植物生态学研究论文。

表 6-2　1925～1933 年《中国科学社生物研究所丛刊》目录

年代	作者	论文题目
1925	陈　桢	金鱼之变异
	胡先骕	中国植物之新种
	王家楫	南京原生动物之研究
	秉　志	鲸鱼骨骼之研究
	陈焕镛	樟科研究
1926	秉　志	虎骨之研究
	孙宗彭	南京蜥蜴之调查
	魏　寿	一种由蔗糖滓中提取精蔗糖之生物学方法
	张景钺	蕨茎组织之研究
	胡先骕	中国东南诸省森林植物初步之观察

　　① 陈胜崑，中国科学社生物研究所的评价，新编中国科技史，银禾文化事业公司，1990 年，第 530 页。

续表

年代	作者	论文题目
1927	钱崇澍	安徽黄山植物之初步观察
	伍献文	鲨鱼胃中之新圆虫
	秉 志	白鲸舌之观察
	伍献文	幼水母之感觉器
	胡先骕	中国柜属之研究（附秦仁昌，分布及产地之纪述）
1928	胡先骕	捷木，中国南部安息香科之新属
	谢泜成	蚂蟥之解剖
	徐锡藩	水母之新种
	张春霖	南京鱼类之调查
	方炳文	鳙鲢鳃棘之解剖
1929	张宗汉	福州之新龟
	伍献文	新种且新属之蛙
	严楚江	梧桐花之解剖及其两性分化之研究
	伍献文	厦门鱼类之调查（第一卷）
	胡先骕	中国植物长编
动物组（zoological series）		
1930	徐锡藩	夹板龟之新变种
	王家楫	腹毛虫新种之记载
	徐锡藩	厦门巨蛙
	方炳文	中国平鳍类之新种属
	伍献文	长江上游数种类鱼类之研究
	伍献文	福州海鱼之一新种
	张春霖	白鼠之生活史
	徐锡藩	三身鸡胎之研究
	方炳文	四川爬岩鱼之一新种
	王家楫	两种新纤毛虫
1931	伍献文	福州鱼类之调查
	方炳文、张孟闻	南京双栖类志
	陈 义	四川陆地寡毛类及数新种之记述
	秉 志	南京动物志略
	戴立生	透明金鱼及杂斑金鱼发生期中反光质之变化
	伍献文、王以康	长江上游鱼类小志
	崔芝兰	蛙肾脏四季之变迁
	张宗汉、方炳文	南京蛇类及龟类之调查

年代	作者	论文题目
1931	方炳文、王以康	石虎属鱼类全志
	郑集	鲫鱼胃部之变迁
1931~1932	伍献文、王以康	烟台四新种鱼
	张孟闻	四川爬虫类略述
	秉志	半指蜥蝎舌部之解剖
	王家楫	南京之变形虫
	张孟闻、徐锡藩	四川两栖类略记
	倪达书	南京湖蛙肠内之纤毛虫
	张孟闻	浙江两种蝾螈记
	方炳文、王以康	山东鲨鱼志
	王家楫、倪达书	厦门海产原生动物之调查
	伍献文、王以康	平胸扁鱼唇部之观察
植物组（botanical series）		
1930~1931	戴芳澜	三角枫上白粉病菌之一新种
	郑万钧	中国松属之研究
	钱崇澍	浙江兰科之三新种
	郑万钧	西康云杉之一新种
	裴鉴	中国马荙草科之地理分布
	汪燕杰	南京玄武湖植物群落之观察
	钱崇澍、郑万钧	中国植物数新种
	钱崇澍	中国兰科植物之研究一
	邓叔群	稻之黑穗病菌孢子发芽之观察
		棉病之初步研究
1932	郑万钧	贵州铁杉之一新种
	孙雄才	南京唇形科植物
	邓叔群	中国西南部真菌之记载
		南京真菌之记载一
	沈其益	中国二属半知菌之研究一
	方文培	中国槭树科之初步研究
	钱崇澍	南京钟山之森林
	裴鉴	中国马鞭草科之补述
	钱崇澍	南京钟山山顶岩石植物之观察
	孙雄才	贵州唇形科植物之记载

续表

年代		作者	论文题目
1932~1933	No1.	邓叔群	中国西南部真菌之增志
			南京真菌之记载　二
			浙江真菌之记载　一
		郑万钧	浙江木本植物之二新种
	No2.	裴 鉴	南京植物记载　一
		钱崇澍	豆科三新种
		邓叔群、凌 立	真菌类数新种
		邓叔群	浙江真菌记载　二
			广东真菌类
		郑万钧	浙江新植物
		沈其益	南京真菌记载　三
		方文培	中国槭树科二志
		凌 立	北京大学植物标本室真菌之记载
		王家楫、倪达书	厦门海产原生动物之调查
		伍献文、王以康	平胸扁鱼唇部之观察

　　丛刊的出版发行，对国内外学术交流起了很好的作用，与国内外学术机构建立刊物交换关系的，达800余处。从此，"世界各国已无不知道有这样一个研究所"。

　　有人对生物研究所自成立以来发表的论文数量进行统计得出，从1922年至1942年，20年间动物学部共刊行论文112篇（交国内外其他刊物发表者不计），其分配为：分类学66篇、解剖组织学22篇、生理学15篇、营养学9篇；植物学部共刊行论文百余篇，几乎都为分类学著作①。从这些统计数字可以看出生物研究所的研究重点是在动、植物分类学方面。这种重视分类学的传统，随着生物研究所的逐步发展、影响力的增大，逐渐传遍全国，使得分类学的研究在近代中国生物学研究中特别突出。

　　2．培养造就了一大批生物学人才

　　民国初年，我国教育体制中没有专门培养生物研究人员的机构，学生想要在生物学方面深入研究，只有出国留学，而一些家境微寒的子弟可说是投师无门。生物研究所的成立，为我国培养生物学专门人才提供了条件，如任叔永在"赴川考察团在成都大学演说录"中讲："近来有许多人认为学科学的没有用处，或在中国学科学没有深造的机会，这却不然。近来中国的科学渐渐发达了，如学地质的可以在北平地质研究所去深造，学生物的可以在南京中国科学社的生物研究所或北平静生生物调查所去研究，学物理化学的可以到清华研究院……"② 这段话反映了生物研究所对当时的生物学人才培养所起的重要作用。

　　当时中国有名的生物教授大多集中于东南大学，如秉志、陈桢、胡先骕、陈焕镛等，吸

①　陈胜崑，中国科学社生物研究所的评价，新编中国科技史，银禾文化事业公司，1990年，第529页。
②　任叔永，赴川考察团在成都大学演说录，科学，第十五卷，第七期，第1169页。

引了一大批学生学习生物学，生物学几乎为全校各学系所必修。而中国科学社生物研究所即设于南京成贤街，与东南大学相邻，成为该校师生钻研生物科学的园地。生物研究所同样也吸引了其他省区的学生来此进行学习和研究，如河南中山大学生物系毕业生何锡瑞，由该校郝象吾先生介绍来所研究。此外，生物研究所经常与其他研究单位共同进行标本采集活动，在这一过程中，同时对随行人员进行生物研究训练，如1930年生物研究所入川采集团在川进行采集活动，"经历合川、成都、灌县、嘉定、峨嵋、峨边诸郡邑，西部科学院并派遣学子，随从学习采猎、剥制等技术……"他们接受生物研究工作的训练，其中许多人后来成为我国著名的生物学家[①]。

如植物学方面的有：耿以礼、方文培、郑万钧（林学家）、吴仲伦（林学家）、汪振儒、杨衔晋、裴鉴（植物分类学家）、孙雄才（植物分类学家）、曲仲湘（植物生态学家）、严楚江（植物形态学家）、沈其益（植物病理学家）、秦仁昌（蕨类学家）、陈邦杰（苔藓学家）、王志稼（藻类学家）等。

动物学方面的有：王家楫（原生动物学家）、倪达书（原生动物学家）、张春霖（鱼类学家）、何锡瑞（兽类学家）、张孟闻（两栖爬行动物学家）、伍献文（鱼类学家）、方炳文（鱼类学家）、王以康（鱼类学家）、徐锡藩（寄生虫学家）、常麟定（鸟类学家）、曾省（昆虫学家）、苗久朋（昆虫学家）、戴力生（原生动物学家）、喻兆琦（甲壳动物学家）、陈义（无脊椎动物学家）、傅桐生（鸟类学家）、朱树屏（浮游生物学家）等。

生理、生化等方面的有：崔之兰（组织学胚胎学家）、张宗汉（生理学家）、郑集（生物化学家）、孙宗彭（生理学家）、吴功贤（生理学家）、吴襄（生理学家）、欧阳翥（神经组织学家）、徐凤早（细胞学家）、李赋京（解剖学家）、王希成（胚胎学家、鸟类学家）等。

蔡元培曾经说过："在中国当代的著名生物学家中，十有九个以这样或那样的方式与这个研究所发生联系。"[②]

3．扶助其他生物学研究机构，进行学术合作

生物研究所从1922年成立到1928年是国内惟一的生物学研究机构，1928年以后才有其他生物学研究机构相继成立。这些晚成立的生物学研究机构，都直接或间接地源于它，并或多或少得到过生物研究所的帮助。

1928年，尚志学会和中华教育文化基金会为纪念范源濂（静生）而共同捐资，于北平创办静生生物调查所，邀请生物研究所所长秉志筹办此事，"凡所擘画，一循旧规"[③]，部门设置也仿效生物研究所，下设动物部和植物部，并由秉志、胡先骕分别主管。静生生物调查所的许多研究人员亦是生物所输送去的，正如秉志所说的："静生生物调查所之倡立，此间实为其筹措规划，执事人多为前时本所之职员，不啻为此间的新枝。最近以两者关系密切，缔约相结，已为骈盟之集团矣。"

1929年在南京筹建的国立中央研究院自然历史博物馆，其主要任务是陈列从全国各地送来的动、植物标本，同时也作些动植物的分类研究。该馆也是按生物研究所的模式建立

① 科学，第十五卷，第三期，第473页。
② 转引自薛攀皋，中国科学社生物研究所，第53页。
③ 中国科学社生物研究所概况，中国科学公司，1933年，第6页。

起来的，并由生物所输送去一些研究技术人员。两个单位"相与之功尤逾寻常，书物标本互为交惠，采集研治常相合作。今日该馆技术专家尽是前时本所之研究人员也"。1934 年，该馆改组为中央研究院动植物研究所，由王家楫出任所长兼动物部主任，裴鉴任植物部主任。

中国西部科学院是由实业家卢作孚于 1930 年创办的。1931 年该院生物研究所成立，中国科学社生物研究所在该所的规划、研究组织设置、研究技术人员培养等方面做了大量工作，"所奉献者，当犹昔日于静生生物调查所与自然历史博物馆也"①。

民国 32 年（1943），生物研究所创立 20 周年，胡先骕为文说："尝忆当年追随秉先生之后，以在东南大学授课之余暇，共创斯所，既无经费，复少设备，缔造艰难，匪言可喻。然奋斗数载，卒见光明。由是而孳乳者，先后有静生生物调查所、国立中央研究院动植物研究所、国立中山大学农林植物研究所及庐山森林植物园，云南农林植物研究所则又燃再传之薪者。"②

生物研究所协助其他学术机构成立，并与他们进行密切的联系合作，具体情况正如秉志在"第二十次年会生物研究所报告"中所说："国立中央研究院动植物研究所与本所联络至为密切，研治则彼此分工避免重复，采集则互相合作共获便利，标本互为参考，书籍有无相通……国立中央大学农学院赴云南一带调查亦邀此间共往；中央卫生署北平研究院化学研究所研究中国药用植物，皆委本所为之鉴定学名；河南省立博物馆关于生物学之工作程序由本所为之策划，现除与本所交换标本外，并派遣人员来所研究；国立山东大学亦派员来此研究鱼类，所中概予以种种之便利；中国西部科学院关于生物部分因亦由本所为之计划，该院现派员长期来所研究；国立编译馆委托此间审定所编译之书籍名词等，本所亦无不略效微劳……"

4. 普及现代生物科学知识

20 世纪初，西方生物学知识大量涌入中国，学校课程中虽开设有关生物学的科目，但受教师水平、教学设备等条件的影响，教学质量并不理想，而且学校所传授的知识不能赶上生物科学日新月异的发展。生物研究所作为一个科研单位，又与国外许多科学机构有交流，往往能得风气之先，把生物科学的最新进展介绍到国内。因此，生物研究所是中国人了解世界生物学发展的窗口，担负着将国外先进的生物学知识输送到国内，并加以传播、普及的重任。

（1）提高学校生物教学的质量。向社会普及现代生物科学知识，最重要的是学校教育。生物研究所为提高当时生物教学的质量，向中学生物学教师提供了进修、研习的机会，为中学教学提供帮助。当时，"南京市各中学生物学教员辄于规定时间来所，此间为之罗列标本、图表以供其教学上应用，遇有疑难随时与此间研究员互相讨论剖析，以减少其教学上之困难。"③"此外本京（南京）及附近诸省之中学校生物学教员，假期中亦时时有来所与研究人员朝夕切磋，以增求新知者。本所每周或隔周，辄有生物研究讨论会……金陵大学、金陵女

---

① 中国科学社生物研究所概况，中国科学公司，1933 年，第 8 页。
② 胡先骕，中国生物学研究回顾与前瞻，科学，第 26 卷，第 1 期，第 5 页。
③ 薛攀皋，我国大学生物学系的早期发展概况，中国科技史料，1990 年，第 2 期，第 61 页。

子大学、中央大学各校师生，亦常来参与此会，共为研讨。"①

"为便于各大中学实验材料之供给"，生物研究所还设立了实验材料供给部，"无论剥制、浸制，以及胚胎学组织学之实物切片，俱以供各校之需求"②，其目的纯粹是为增进各学校教授上之效率与便利，不图谋利，故发售时只收取消耗之成本。

同时鉴于国内中学动物教材的缺乏，该所研究人员多方搜集适合于我国初中生用的材料，辑为动物学教本，"此书所搜教材因能一扫从来剿窃西书之弊，所论事物悉能就地取材，现身说法，并加入一部分研究心得，故书出无几时而风行已遍各省。"③

（2）向社会各界人士普及生物学知识。生物研究所自建立后即把南楼下层辟为陈列馆，将标本布陈其中，"虽所展列，都属寻常，而以国内向无公开之博物馆，倡立新异，观者盈途。于时东南大学以讲学驰名大江南北，言教育者多来南都观摩，过南都者几莫不过生物研究所之标本室，皆诧异叹服而去"④。这个陈列馆经不断充实后扩建成博物馆。有一年生物研究所举办生物展览会，展出一共分四场：第一场是动物标本室，设于新楼会客室。展出标本从寄生在人体内的原生动物起，到节肢动物臭虫之类止；第二场为动物分类陈列室，位于新楼下南面，共有三间：第一间为哺乳类、爬虫类、两栖类三纲动物，第二间是鱼类标本陈列室，第三间是无脊椎动物室；第三场是位于新楼楼上的植物标本陈列室；第四场为中学动物学教材陈列室，在南楼（旧楼）下，其中陈列许多动物的剥制标本，并有标本制作程序说明和实例，还陈列有切片的制作过程。此次展览原定展出10天，但由于参观者络绎不绝，不得不两次延长展览时间，一共开了16天。展出期间，"前后参观人数在一万以上。……几个中学校的生物教员，他们有从本京来的，也有从远道来的，且是今天来，明天来，连续着来几天的，每次来时又是非凡热心地仔细看，问这样，问那样。"⑤ 其他参观者也无不对这些生物陈列品表现出极大的兴趣。这次展览会对生物知识在社会的普及起到了良好的推动作用。

为向社会一般人士灌输生物科学之常识，生物研究所还特邀研究人员作有系统的通俗演讲，每月一次。在上海和南京均"按月行之，其演讲词概有记录，除陆续刊布于《科学》外，将来更将汇辑成册，以次推行。此外，复特约所中研究员以通俗文字介绍生物学上新颖而富有兴味之事物，按时刊布于《科学画报》及《科学的中国》，俾增进社会人士对于生物学之知识"⑥。

总之，生物研究所的工作者在极其困难的条件下，为我国近代生物研究做了大量开拓性的工作。

① 中国科学社生物研究所概况——第一次十年报告，1933年，第23页。
② 秉志，第二十次年会生物研究所报告，中国科学社第二十次年会记事，第19页。
③ 同②。
④ 中国科学社生物研究所概况——第一次十年报告，1933年，第2页。
⑤ 张孟闻，中国科学社生物研究所展览会记，科学，第十八卷，第十期，第550～570页。
⑥ 秉志，第二十次年会生物研究所报告，中国科学社第二十次年会记事，第19页。

参 考 文 献

著作

安用朴［法］. 1993. 明清入华耶稣会士和中西文化交流. 耿昇译. 成都：巴蜀书社

白晋［法］. 1980. 康熙帝传. 马绪祥译. 见：清史资料第一辑，北京：中华书局

贝尔纳［英］. 1983. 历史上的科学. 伍况甫等译. 北京：科学出版社

贝勒［俄］. 1957. 中国植物学文献评述. 石声汉译. 北京：商务印书馆

蔡嘉德，吕维新. 1984. 茶经语释. 北京：农业出版社

蔡襄（宋）. 1935. 荔枝谱，丛书集成本. 上海：商务印书馆

曹元宇辑注. 1987. 本草经. 上海：上海科技出版社

陈壁琉等. 1963. 灵枢经白话解. 北京：人民卫生出版社

陈德懋. 1993. 中国植物分类学史. 武汉：华中师范大学出版社

陈恩凤. 1951. 中国土壤地理. 北京：商务印书馆

陈旉（宋）. 1965. 陈旉农书校注. 万国鼎校注. 北京：农业出版社

陈国符. 1980. 道藏源流考，下册. 北京：中华书局

陈淏子（清）. 花镜. 善成堂本

陈景沂（宋）. 1982. 全芳备祖（全两册）. 北京：农业出版社影印

陈景磐. 1979. 中国近代教育史. 北京：人民教育出版社

陈奇猷. 1984. 吕氏春秋校释. 北京：学林出版社

陈胜崑. 1990. 中国科学社的科学观（1914～1922），新编中国科技史（下）. 银禾文化事业公司

陈文华. 1991. 中国农业科技史图谱. 北京：农业出版社

陈文华. 1997. 中国农业考古图集. 南昌：江西科学技术出版社

陈学恂. 1988. 中国近代教育史参考资料（下）. 北京：人民教育出版社

陈嵘. 1983. 中国森林史料. 北京：中国林业出版社

陈椽. 1984. 茶叶通史. 北京：农业出版社

陈翥（宋）. 1983. 桐谱选译. 潘法连选译. 北京：农业出版社

陈祖槼，朱自振. 1981. 中国茶叶历史资料选辑. 北京：农业出版社

程大昌（宋）. 演繁露，卷四. 四库全书，子部158册

程兆熊. 1985. 中华园艺史. 台北：台湾商务印书馆

达尔文［英］. 1973. 动物和植物在家养条件下的变异. 方宗熙等译. 北京：科学出版社

达尔文［英］. 1982. 达尔文回忆录. 毕黎译注. 北京：商务印书馆

达尔文［英］. 1995. 物种起源（修订版）. 周建人等译. 北京：商务印书馆

大司农司（元）. 1988. 元刻农桑辑要校释. 缪启愉校释. 北京：农业出版社

大司农司（元）. 1982. 农桑辑要校注. 石声汉校注. 北京：农业出版社

戴埴（宋）. 1935. 鼠璞. 丛书集成. 北京：商务印书馆

丹波元胤［日］. 1983. 中国医籍考. 北京：人民卫生出版社

德空多尔［法］. 1940. 农艺植物考源. 俞德浚等译. 北京：商务印书馆

邓魁英等. 1981. 汉魏南北朝诗选注. 北京：北京出版社

邓拓. 1997. 燕山夜话. 北京：中国社会科学出版社

邓云特. 1937. 中国救荒史. 北京：商务印书馆

丁启阵. 1991. 秦汉方言. 北京：东方出版社

丁惟汾. 1985. 方言音释. 济南：齐鲁出版社

董英哲. 1990. 中国科学思想史. 西安：陕西人民出版社

杜石然. 1990. 第三届国际中国科学史讨论论文集. 北京：科学出版社

杜石然等. 1982. 中国科学技术史稿. 北京：科学出版社

杜石然. 1992. 中国古代科学家传. 北京：科学出版社

段成式（唐）. 1981. 酉阳杂俎. 方南生点校. 北京：中华书局

段公路（唐）. 1936. 北户录. 上海：商务印书馆

樊绰（唐）. 1962. 蛮书. 向达校注. 北京：中华书局

《尔雅》今注. 1994. 天津：南开大学出版社

范成大（宋）. 1986. 桂海虞衡志校注. 严沛校注. 南宁：广西人民出版社

范楚玉. 1994. 中国科学技术典籍通汇·农学卷（1～5册）. 郑州：河南教育出版社

范行准. 1989. 中国病名新义. 伊广廉等整理. 北京：中医古籍出版社

方豪. 1987. 中西交通史. 长沙：岳麓书社

方勺（宋）. 泊宅编. 稗海丛书本

费赖之. 1995. 在华耶稣会士列传及书目. 冯承钧译. 北京：中华书局

封演（唐）. 1983. 封氏闻见记. 台北：台湾商务印书馆

冯天瑜. 1986. 明清文化史散论. 武汉：华中师范大学出版社

冯友兰. 1996. 中国哲学简史. 北京：北京大学出版社

冈元凤〔日〕. 毛诗名物图考. 北京：中国书店

干铎. 1964. 中国林业技术史料初步研究. 北京：农业出版社

高恩广等注释. 1991. 马首农言注释. 北京：农业出版社

高士奇（清）. 1985. 北墅抱瓮录. 丛书集成初编. 北京：中华书局

高时良. 1994. 中国教会学校史. 长沙：湖南教育出版社

高斯得（宋）. 1986. 耻堂存稿. 文渊阁四库全书本. 台北：台湾商务印书馆

格拉斯〔美〕等. 1925. 欧美农业史. 万国鼎译. 上海：商务印书馆

苟萃华，汪子春，许维枢等. 1989. 中国古代生物学史. 北京：科学出版社

苟萃华等. 1980. 科学史文集（第4集）. 上海：上海科学技术出版社

顾重光重辑（清）. 1955. 神农本草经. 北京：人民卫生出版社

顾炎武（清）. 1984. 历代宅京记，卷十六. 北京：中华书局

郭秉文. 中国教育制度沿革史.《民国丛书》第三编. 上海：上海书店

郭柏苍（清）. 闽产录异. 光绪丙戌（1886）刊本

郭郛等. 1995. 中国古代动物学史. 北京：科学出版社

郭沫若. 1956. 管子集校. 北京：科学出版社

郭沫若. 1956. 中国史稿，第一册. 北京：中华书局

郭橐驼度（唐）. 1985. 种树书. 丛书集成初编. 北京：中华书局

郭璞（东晋）. 尔雅音图.（明）嘉庆六年（一五二七）影宋绘图本重摹刊本

国学整理社辑. 1954. 诸子集成. 北京：中华书局

国语. 1935. 四部备要本. 上海：商务印书馆

韩鄂（五代）. 1981. 四时纂要校释. 缪启愉校释. 北京：农业出版社

韩国磐. 1977. 隋唐五代史纲. 北京：人民出版社

韩国磐. 1979. 隋唐五代史论集. 北京：三联书店

韩彦直（宋）. 1935. 橘录. 丛书集成. 上海：商务印书馆

郝懿行（清）. 1994. 记海错. 中国科学技术典籍通汇·生物学卷（第2册）. 郑州：河南教育出版社

郝懿行（清）. 1989. 山海经笺疏. 四部备要本. 北京：中华书局

何炳棣. 1969. 黄土与中国农业的起源. 香港：香港中文大学出版社

河南省科学技术协会主编. 1991. 吴其濬研究. 郑州：中州古籍出版社

洪迈（宋）. 1981. 夷坚志. 何卓点校. 北京：中华书局

洪世年. 1983. 中国气象史. 北京：农业出版社

洪兴祖（宋）. 1983. 楚辞补注. 北京：中华书局

沈括（宋）. 1957. 梦溪笔谈校证. 胡道静校注. 北京：古典文学出版社

胡道静. 1985. 农书·农史论集. 北京：农业出版社

胡道静等. 1989. 道藏要籍选刊（1~10）. 上海：上海古籍出版社

胡道静，金良年. 1988. 《梦溪笔谈》导读. 成都：巴蜀书社

胡寄窗. 1963. 中国经济思想史. 上海：上海人民出版社

胡锡文. 1981. 粟、黍、稷古名物的探讨. 北京：农业出版社

湖南农学院，中国科学院植物研究所. 1978. 长沙马王堆一号汉墓出土动植物标本的研究. 北京：文物出
　　版社

华德公. 1990. 中国蚕桑书录. 北京：农业出版社

华南农业大学农业历史遗产研究室编. 1990. 《南方草木状》国际学术讨论会论文集. 北京：农业出版社

黄怀信，张懋镕，田旭东. 1995. 逸周书汇校集注（上、下）. 上海：上海古籍出版社

黄时监. 1994. 中西关系史年表. 杭州：浙江人民出版社

黄震（宋）. 1986. 黄氏日抄. 文渊阁四库全书本. 台北：台湾商务印书馆

慧琳（唐），庄炘（清）. 1935. 一切经音义. 丛书集成. 上海：商务印书馆

嵇含（晋）. 1955. 南方本草状. 北京：商务印书馆

翦伯赞. 1964. 中国史纲要. 北京：人民出版社

蒋猷龙注释. 1987. 湖蚕述注释. 北京：农业出版社

金景芳，吕绍纲. 1996. 《尚书·虞夏书》新解. 沈阳：辽宁古籍出版社

璩鑫圭，唐良炎. 1991. 中国近代教育史资料汇编·学制演变. 上海：上海教育出版社

康成懿. 1960. 农政全书征引文献探源. 北京：农业出版社

康骈（唐）. 1983. 剧谈录. 台北：台湾商务印书馆

寇宗奭（宋）. 宣统二年（1910）. 本草衍义. 武昌：医馆重刊元本附校记

邝璠（明）. 1959. 便民图纂. 石声汉校注. 北京：农业出版社

魁奈［法］. 1981. 魁奈经济著作选集. 吴斐丹译. 北京：商务印书馆

魁奈［法］等. 1992. 中华帝国的专制制度. 谈敏译. 北京：商务印书馆

劳费尔［美］. 1964. 中国伊朗编. 林筠因译. 北京：商务印书馆

李翱（唐）. 1937. 李文公集. 四部丛刊初编. 上海：商务印书馆

李长年校注. 1982. 农桑经校注. 北京：农业出版社

李冬生点注. 1983. 牡丹史. 合肥：安徽人民出版社

李昉（宋）等. 1961. 太平广记. 北京：中华书局

李根蟠，卢勋. 1987. 中国南方少数民族原始农业形态. 北京：农业出版社

李化楠（清）. 1984. 醒园录. 侯汉初，熊四智注释. 北京：中国商业出版社

李吉甫（唐）. 1983. 元和郡县图志. 孙星衍校. 北京：中华书局

李经纬，李志东. 1990. 中国古代医学史略. 石家庄：河北科学技术出版社

李亮恭. 1983. 中国生物学发展史. 台北：中央文物供应社

李明珠［美］. 1996. 中国近代蚕丝业及外销. 徐秀丽译. 上海：上海社会科学院出版社

李申. 1993. 中国古代科学和自然科学. 北京：中国社会科学出版社

李石（唐）等. 1957. 司牧安骥集. 谢成侠勘. 北京：中华书局

李时珍. 1977. 本草纲目（校点本）. 刘衡如校. 北京：人民卫生出版社

李文治等. 1983. 明清时期资本主义萌芽问题. 北京：中国社会科学出版社

李心传（宋）. 建炎以来朝野杂记. 适园丛书本

李心传（宋）. 1956. 建炎以来系年要录. 北京：中华书局

李约瑟［英］. 1975. 中国科学技术史，第一卷，第一分册. 北京：科学出版社

李约瑟［英］. 1990. 中国科学技术史，第二卷·科学思想. 何兆武等译. 北京：科学出版社

李约瑟［英］. 1990. 中国科学技术史第一卷·导论. 袁翰青等译. 北京：科学出版社

李约瑟. 1990. 中国科学技术史，第二册. 北京：科学出版社

利玛窦［意］. 1983. 利玛窦中国札记. 何高济等译. 北京：中华书局

利奇温［德］. 1991. 十八世纪中国与欧洲文化的接触. 朱杰勤译. 北京：商务印书馆

礼记. 乐记卷三十七. 十三经注疏本（阮刻本）

梁方仲. 1980. 中国历代户口、田地、田赋统计. 上海：上海人民出版社

梁家勉. 1989. 中国农业科学技术史稿. 北京：农业出版社

梁平波. 1994. 浙江七千年. 杭州：浙江人民美术出版社

梁启超. 1985. 清代学术概论. 朱维铮校注. 上海：复旦大学出版社

梁启超. 1985. 中国近三百年学术史. 朱维铮校注. 上海：复旦大学出版社

廖育群, 1992. 岐黄医道. 沈阳：辽宁教育出版社

刘长林. 1990. 中国系统思维. 北京：中国社会科学出版社

刘肃（唐）. 1974. 大唐新语. 许德楠点校. 北京：中华书局

刘文泰等（明）. 1964. 本草品汇精要. 北京：人民卫生出版社

刘恂（唐）. 1983. 岭表录异. 鲁迅校. 广州：广东人民出版社

刘禹锡（唐）. 1936. 刘梦得集. 四部丛刊初编. 上海：商务印书馆

龙巴尔［法］. 1996. 法国汉学，第一辑. 北京：清华大学出版社

龙伯坚. 1957. 现存本草书录. 北京：人民卫生出版社

鲁明善（元）. 1962. 农桑衣食撮要. 王毓瑚校注. 北京：农业出版社

陆佃（宋）. 1935. 埤雅. 丛书集成. 北京：商务印书馆

陆机（吴）. 毛诗草木鸟兽虫鱼疏. 罗振玉辑本

陆游（宋）. 1936. 渭南文集. 四部丛刊初编. 上海：商务印书馆

罗桂环等. 1995. 中国环境保护史稿. 北京：中国环境科学出版社

罗愿（宋）. 1935. 尔雅翼. 丛书集成. 上海：商务印书馆

马国翰（清）. 玉函山房辑佚书（全四册）

马骕. 1986. 绎史. 四库全书本（第365册）. 台北：台湾商务印书馆

马宗申校注. 姜义安参校. 1991～1995. 授时通考校注（1～4册）. 北京：农业出版社

闵宗殿. 1989. 中国农史系年要录. 北京：农业出版社

闵宗殿. 1994. 自然科学史发展大事记·农学卷. 沈阳：辽宁教育出版社

缪经良等. 1996. 生命系统学的理论与实践. 北京：知识出版社

缪启愉. 1982. 齐民要术校释. 北京：农业出版社

缪启愉. 邱泽奇辑释. 1990. 汉魏六朝岭南植物志录辑释. 北京：农业出版社

缪启愉. 1981. 四民月令辑释. 北京：农业出版社

申时行. 1989. 明会典. 北京：中华书局

农业出版社编辑部. 1982. 金薯传习录、种薯谱合刊. 北京：农业出版社

欧阳修（宋）. 归田录. 学津讨源本

欧阳修（宋）. 1935. 洛阳牡丹记. 丛书集成本. 上海：商务印书馆

欧阳修（宋）. 1983. 欧阳文忠公集，卷124.《崇文总目》叙释·小学类. 王尧臣等，崇文总目，台北：台
　湾商务印书馆

潘吉星. 1981. 明代科学家宋应星. 北京：科学出版社

潘吉星. 1990. 宋应星评传. 南京：南京大学出版社

潘吉星. 1992. 天工开物译注. 上海：上海古籍出版社

潘吉星. 1986. 李约瑟文集. 沈阳：辽宁科学技术出版社

庞元英（宋）. 1935. 文昌杂录. 丛书集成. 上海：商务印书馆

彭邦炯. 1997. 甲骨文农业资料考辨与研究. 长春：吉林文史出版社

彭定求（清）. 1960. 全唐诗. 北京：中华书局

齐思和. 1981. 中国史探研. 北京：中华书局

钱穆. 1997. 中国近三百年学术史. 北京：商务印书馆

钱穆. 1994. 中国文化史导论（修订本）. 北京：商务印书馆

钱钟书. 1998. 谈艺录. 北京：中华书局

秦观（宋）. 1986. 蚕书. 四库全书本. 台北：台湾商务印书馆

轻工业部科学研究设计院. 北京轻工业学院. 1960. 黄酒酿造. 北京：轻工业出版社

屈大均（清）. 1985. 广东新语. 北京：中华书局

佚名（六朝）. 1958. 校正三辅黄图. 张宗祥校录. 上海：古典文学出版社

任达［美］，1997，李仲贤译. 新政改革与日本，南京：江苏人民出版社

荣振华［法］. 1995. 在华耶稣会士列传及书目补编. 耿昇译. 北京：中华书局

阮元（清）校刻. 1980. 十三经注疏. 北京：中华书局

上海古籍出版社. 1993. 生活与博物丛书（上、下）. 上海：上海古籍出版社

沈括（宋）. 1975. 元刊梦溪笔谈. 北京：文物出版社

盛和林. 1992. 中国鹿类动物. 上海：华东师范大学出版社

慎懋官（明）. 1994. 华夷花木鸟兽珍玩考. 郑州：河南教育出版社

石声汉. 1956. 氾胜之书今释. 北京：科学出版社

石声汉. 1957～1958. 齐民要术今释. 北京：科学出版社

石声汉. 1965. 四民月令校注. 北京：中华书局

石声汉. 1980. 中国古代农书评介. 北京：农业出版社

石声汉. 1981. 中国农业遗产要略. 北京：农业出版社

石声汉校注. 1962. 便民图纂. 北京：农业出版社

石声汉校注. 1979. 农政全书校注. 上海：上海古籍出版社

石声汉. 1990. 辑徐衷南方草物状. 北京：农业出版社

时逸人. 1952. 中国传染病学. 上海：上海千顷堂书局

寿振黄等. 1962. 中国的经济动物（兽类）. 北京：科学出版社

舒迎澜. 1993. 中国古代花卉. 北京：农业出版社

睡虎地秦墓竹简. 1978. 北京：文物出版社

司马迁（汉）. 1963. 史记. 北京：中华书局

宋慈（宋）. 1981. 洗冤集录，卷之三，卷之四. 贾静涛点校. 上海：上海科学技术出版社

宋应星（明）. 1933. 天工开物. 上海：商务印书馆

宋祁（宋）．1936．益部方物略记．丛书集成初编．上海：商务印书馆

苏秉琦．1999．中国文明起源新探．北京：三联书店

苏鹗（唐）．1986．杜阳杂编，卷上．四库全书本．台北：台湾商务印书馆

苏敬等（唐）．1959．新修本草．上海：上海科学技术出版社

苏敬（唐）等．1981．新修本草．尚志钧校．合肥：安徽科技出版社

苏轼（宋）．1935．东坡志林．丛书集成．上海：商务印书馆

孙思邈（唐）．1935．备急千金要方．丛书集成本．上海：商务印书馆

孙希旦．1989．礼记集解（上、中、下）．北京：中华书局

孙云蔚．1983．中国果树史与果树资源．上海：上海科学技术出版社

谭埻（明）．1994．谭子雕虫．中国科学技术典籍通汇，生物卷．郑州：河南教育出版社

唐明邦．1992．李时珍评传．南京：南京大学出版社

唐启宇．1985．中国农史稿．北京：农业出版社

唐启宇．1986．中国作物栽培史稿．北京：农业出版社

唐慎微（宋）．1982．重修政和经史证类备用本草．北京：人民卫生出版社

檀萃（清）．1985．滇海虞衡志．丛书集成初编．北京：中华书局

唐玄宗（唐）．唐六典．李林甫注．扫叶山房

陶穀（宋）．清异录．唐宋丛书本宝颜堂秘笈石印本

陶宗仪（元）．1959．南村辍耕录．北京：中华书局

天野元之助［日］．1992．中国古农书考．彭世奖，林广信译．北京：农业出版社

佟屏亚．1983．果树史话．北京：农业出版社

汪子春，程宝绰．1997．中国古代生物学．北京：商务印书馆

汪子春，范楚玉．1998．农学与生物学志．中华文化通志科学技术典．上海：上海人民出版社

脱脱等（元）．1977．宋史·儒林传．北京：中华书局

万国鼎．1957．氾胜之书辑释．北京：中华书局

万良适，吴伦熙．1957．汾酒制造．北京：轻工业出版社

汪灏（清）．1985．广群芳谱．上海：上海书店

汪宁生．1980．云南考古．昆明：云南人民出版社

王存（宋）．1985．元丰九域志．王文楚点校．北京：中华书局

王谠（宋）．1978．唐语林．上海：上海古籍出版社

王观（宋）．1935．扬州芍药谱．丛书集成本．上海：商务印书馆

王溥（宋）．1955．唐会要．北京：中华书局

王筠默等．1988．神农本草经校正．长春：吉林科技出版社

王钦若（宋）等．1960．册府元龟．北京：中华书局

王栻．1990．严复集（第一、二册，诗文集）．北京：中华书局

王象晋（明）．二如堂群芳谱．书业古讲堂本

王应麟（宋）．困学纪闻．浙江书局本

王毓瑚．1979．中国古农学书录．北京：农业出版社

王云森．1980．中国古代土壤科学．北京：科学出版社

王祯（元）．1994．东鲁王氏农书译注．缪启愉译注．上海：上海古籍出版社

王重民辑校．1984．徐光启集．上海：上海古籍出版社

王灼（宋）．1935．糖霜谱．丛书集成本．上海：商务印书馆

王志均等．1986．中国近代生理学六十年．长沙：湖南教育出版社

王志均，陈孟勤．1993．中国生理学史．北京：北京医科大学、中国协和医科大学联合出版社

温革（宋）．琐碎录．上海图书馆抄本

温少峰，袁庭栋．1983．殷墟卜辞研究——科学技术篇．成都：四川社会科学院出版社

巫宝三．1991．管子经济思想研究．北京：中国社会科学出版社

吴德铎．1991．科技史文集．上海：三联书店

吴兢（唐）．1978．贞观政要．上海：上海古籍出版

吴普（魏）．1987．吴普本草．尚志钧等辑校．北京：人民卫生出版社

吴其濬（清）．1957．植物名实图考．北京：商务印书馆

吴其濬（清）．1959．植物名实图考长篇．北京：商务印书馆

吴汝康等．1989．中国远古人类．北京：科学出版社

吴怿（宋）．1962．种艺必用．胡道静校录．北京：农业出版社

吴泳（宋）．1986．鹤林集．文渊阁四库全书本．台北：台湾商务印书馆

夏东元．1992．洋务运动史．上海：华东师范大学出版社

夏亨廉，林正同．1996．汉代农业画像砖石．北京：中国农业出版社

夏经林．1996．中国古代科学技术史纲——生物卷．沈阳：辽宁教育出版社

夏纬英．1981．管子地员篇校释．北京：农业出版社

夏纬英．1990．植物名释札记．北京：农业出版社

夏纬瑛．1979．《周礼》书中有关农业条文的解释．北京：农业出版社

夏纬瑛．1956．吕氏春秋上农等四篇校释．北京：农业出版社

夏纬瑛．1981．诗经中有关农事章句的解释．北京：农业出版社

夏纬瑛．1981．夏小正经文校释．北京：农业出版社

向达．1987 唐代长安与西域文明．北京：三联书店

谢弗［美］．1995．唐代的外来文明．吴玉贵译．北京：中国社会科学出版社

辛树帜．1980．禹贡新解．北京：农业出版社

辛树帜．1983．中国果树史研究．北京：农业出版社

新中国预防医学历史经验编委会．1991．新中国预防医学历史经验，第一卷．北京：人民卫生出版社

熊月之．1994．西学东渐与晚清社会．上海：上海人民出版社

徐坚（唐）．1962．初学记．北京：中华书局

徐松（清）．1957．宋会要辑稿．北京：中华书局

许慎（东汉）．1963．说文解字．北京：中华书局

许维遹．1955．吕氏春秋集释．北京：文学古籍刊行社

严可均（清）．1958．全上古三代秦汉六朝文．中华书局

严文明．2000．农业发生与文明起源．北京：科学出版社

颜真卿（唐）．1983．颜鲁公集．四库全书本．台北：台湾商务印书馆

阎万英，尹英华．1992．中国农业发展史．天津：天津科学技术出版社

耶律楚材（元）．1986．湛然居士文集．谢方点校．北京：中华书局

伊钦恒诠释．1985．群芳谱诠释．北京：农业出版社

伊钦恒校注．1962．花镜．北京：农业出版社

永瑢（清）．1965．四库全书总目．北京：中华书局

于省吾．1996．甲骨文字诂林．北京：文物出版社

贾维茨等［美］．1983．医学微生物学．北京：人民卫生出版社

余上华．光绪铜仁府志

俞慎初．1983．中国医学简史．福州：福建科学技术出版社

俞慎初．1987．中国药学史纲．昆明：云南科技出版社

宇妥·元丹贡布等. 1983. 四部医典. 李永年译. 北京：人民卫生出版社

元稹（唐）. 1936. 长庆集. 四部丛刊初编. 上海：商务印书馆

袁褧、袁颐（宋）. 1983. 枫窗小牍. 台北：台湾商务印书馆

袁翰青. 1956. 中国化学史论文集. 北京：三联书店

云峰. 1989. 中国酒文化与中国名酒. 北京：中国食品出版社

张崇根. 1981. 临海水土异物志辑校. 北京：农业出版社

张岱年. 1972. 中国哲学史史料学. 北京：三联书店

张福春等. 1987. 中国农业物候图集. 北京：科学出版社

张钧成. 1992. 中国林业传统引论. 北京：中国林业出版社

张双棣. 1997. 淮南子校释. 北京：北京大学出版社

张万钟（明）. 1994. 鸽经. 见：中国科技史典籍通汇·生物卷二. 郑州：河南教育出版社

张维华注释. 1982. 明史欧洲四国传注释. 上海：上海古籍出版社

张仲葛，朱先煌. 1986. 中国畜牧史料集. 北京：科学出版社

张子高. 1964. 中国化学史稿·古代之部. 北京：科学出版社

张宗子. 1992. 嵇含文辑注. 北京：中国农业出版社

赵璞珊. 1983. 中国古代医学史. 北京：中华书局

赵汝砺（宋）. 1935. 北苑别录. 丛书集成. 上海：商务印书馆

赵学敏（清）. 1983. 本草纲目拾遗. 北京：人民卫生出版社

浙江农业大学. 1961. 蚕体解剖生理. 北京：农业出版社

浙江省中医研究所评注. 1977. 《温疫论》评注. 北京：人民卫生出版社

郑板桥（清）. 1979. 郑板桥集. 上海：上海古籍出版社

郑辟疆校注. 1962. 豳风广义. 北京：农业出版社

郑辟疆校注. 1963. 野蚕录. 北京：农业出版社

郑樵（宋）. 1987. 通志·昆虫草木略. 北京：中华书局

郑作新等. 1985. 中国的鸟类图册. 北京：科学出版社

支伟成. 1988. 庄子校释. 北京：中国书店

中国古代农业科技编写组. 1980. 中国古代农业科技. 北京：农业出版社

中国科学院昆明植物研究所. 1991. 南方草木状考补. 北京：云南民族出版社

中国科学院自然科学史研究所. 1963. 徐光启纪念论文集. 北京：中华书局

中国科学院自然科学研究所. 1984. 中国古代地理学史. 北京：科学出版社

中国农业博物馆. 1995. 中国近代农业科技史稿. 北京：中国农业科技出版社

中国农业遗产研究室. 1959，1984. 中国农学史，上册、下册. 北京：科学出版社

中国社会科学院考古研究所. 1984. 新中国的考古发现和收获. 北京：文物出版社

江西省博物馆等. 1997. 新干商代大墓. 北京：文物出版社

中国社会科学院考古所. 1980. 殷墟妇好墓. 北京：文物出版社

中国社会科学院历史研究所清史研究室. 1988. 清史资料第七辑——有关玉米、番薯在我国传播史料. 北京：中华书局

编写组. 1993. 中国现代科学家传记，第四辑. 北京：科学出版社

中国天文学史整研小组. 1981. 中国天文学史. 北京：科学出版社

中国植物学会. 1994. 中国植物学史. 北京：科学出版社

周邦任，费旭. 1994. 中国近代高等农业教育史. 北京：中国农业出版社

周国兴. 1992. 人之由来. 郑州：海燕出版社

周密（宋）. 1935. 齐东野语. 丛书集成初编本. 上海：商务印书馆

周密（宋）．1991．癸辛杂识．前后续初集．北京：中华书局

周尧．1957．中国早期昆虫学研究．北京：科学出版社

周尧．1980．中国昆虫学史．西安：昆虫分类学报社

周一谋，萧佐桃．1988．马王堆医书考注．天津：天津科技出版社

周予同．中国学校制度．民国丛书．第三编 45

朱长文（宋）．1935．吴郡图经续记．丛书集成．上海：商务印书馆

朱朝亨（清）．德化县志．乾隆版

朱凤瀚．1995．古代中国青铜器．天津：南开大学出版社

朱有献．1983．中国近代学制史料．第一辑．上海：华东师范大学出版社

朱有瓛，高时良．1993．中国近代学制史料．第四辑．上海：华东师范大学出版社

朱熹（宋）．1936．晦庵先生宋文公集．四部丛刊初编．上海：商务印书馆

朱熹（宋）．1986．朱子语类．四库全书本．台北：台湾商务印书馆

朱自振．1996．茶史初探．北京：中国农业出版社

庄季裕（宋）．1935．鸡肋编．丛书集成．上海：商务印书馆

邹树文．1982．中国昆虫学史．北京：科学出版社

论文

安志敏．1981．大河村炭化粮食的鉴定和问题——兼论高粱的起源及在我国的栽培．文物，（11）

安志敏．1987．我国史前农业概况．农业考古，（2）

白馥兰［英］．1982．中国对欧洲农业革命的贡献．梁英明译．见：中国科技史探索．上海：上海古籍出版社

毕宪明．1988．围场县的动物地名与野生动物资源．承德林业科技，（4）

卜正民［美］．1982．明清两代河北地区推广种稻和种稻技术的情况．邓易园译．见：中国科技史探索．上海：上海古籍出版社

陈家瑞．1978．我国古代植物分类学及其思想探讨．植物学报，（3）

陈平．1980．玉米和番薯在中国传播的情况．中国社会科学，（1）

陈仁玉（宋）．1990．菌谱．聂凤乔注释．中国食用菌，9（1）：46，9（2）：42，9（3）：43，9（4）：45

陈耀王，王峰．1984．鹌鹑发展的历史．见：农史研究，第四辑．北京：农业出版社

丁颖．1985．从中国古籍中所见的稻作．见：农史研究．第六辑．北京：农业出版社

丁颖．1957．中国栽培稻的起源及其演变．农业学报，（3）

渡部武［日］．1985．日本对中国古农书研究的概况．董恺忱译．农业考古，（2）

渡部忠世［日］．1986．亚洲稻的起源和稻作圈的形式．熊海堂译．农业考古，（2）

傅斯年．1932．明成祖生母记疑．国立中央研究院历史语言研究所集刊，第二本第一分册

范楚玉．1982．西周农事诗中反映的粮食作物选种及其发展．自然科学史研究，（3）

冯风．1990．明清陕西农书及其农学成就．中国农史，（4）

冈崎敬［日］．1988．关于中国稻作的考古学调查．李梁译．农业考古，（2）

公侠．1907．植物研究会缘起．理学杂志，（5）

苟萃华．1991．戴凯之《竹谱》探析．自然科学史研究，10（4）

何炳棣．1978．美洲作物的引进传播及其对中国粮食生产的影响．大公报在港复刊 30 周年纪念文集，（下）

何炳棣．1990．中国历史上的早熟稻．农业考古，（1）

何兆武．1989．本土和域外——读李约瑟第二卷（中国科学思想史）．读书，（11）

何兆武．1979．论宋应星的思想．中国哲学，（3）

何兆武．1987．论徐光启的哲学思想．清华大学学报（哲学社会科学版），（2）

胡道静．1985．释菽篇．见：农书·农史论集．北京：农业出版社

胡平生．1989．"马踏飞鸟"是相马法式．文物，（6）

胡锡文．1981．古之粱秫即今之高粱．中国农史，（1）

湖南省文物考古所孢粉实验室．1990．湖南省澧县彭头山遗址孢粉分析与古环境探讨．文物，（8）

胡先骕．1922．植物学教学法．科学，（11）

胡先骕．1941．中国生物学研究回顾与前瞻．科学，26（1）

华德公．1987．人工教养柞蚕以鲁中南山区为早．蚕业科学，（3）

黄世瑞．1985．秦观《蚕书》小考．见：农史研究，第5辑．北京：农业出版社

贾平安．1982．商务印书馆与得天独厚科学在中国的传播．中国科技史料，（4）

蒋英．1980．从历史文献看植物分类学的发展．农史研究，第1辑．北京：农业出版社

金秋．1988．我国本世纪初的一本生物学教科书——《动物学讲义》．中国科技史料，9（1）

金重冶．1988．元亨疗马集出版的时代背景．农业考古，（1）

京师大学堂附属博物品实习科规则．1908．东方杂志，5（1）

科学社．1930．本社生物研究所开幕记．科学，15（6）

科学社．1922．本社最近之状况．科学，（4）

李长年．1958．中国文献上的大豆栽培和利用．见：农业遗产研究集刊．北京：中华书局

李德彬．1982．番薯的引进和早期推广．见：经济史与经济理论论文集．北京：北京大学出版社

李惠林〔美〕．1988，1990．中国植物的驯化．林枫林译．农史研究，第7辑、第9辑．北京：农业出版社

李家文．白菜起源和进化的问题探讨．1962．园艺学报，（3）、（4）

李杰泉．1989．留日学生与中日科技交流．日本的中国移民．北京：三联书店

李涛．1955．明代本草的成就．新建设，（2）

李晋华．1936．明成祖生母问题．国立中央研究院历史语言研究所集刊．第六本，第一分册

李约瑟〔英〕1986．历史与对人的估计——中国人的世界科学技术观．见：潘吉星主编．李约瑟文集．沈阳：辽宁科学技术出版社

李约瑟．鲁桂珍．1984．中国古代的地植物学．董恺忱，郑瑞戈译．农业考古，（1）

梁家勉．1980．我国动植物志的出现及其发展．见：科技史文集，第4辑，上海：上海科技出版社

梁家勉．1989．对南方草木状著者及若干问题探索．自然科学史研究，（1）

梁启超．1933．阴阳五行说之来历．东方杂志，20（20）

林铮，林更生．1983．关于莆田古荔"宋家香"几个问题．农业考古，（1）

林文照．1988．中央研究院的筹备经过．中国科技史料，9（2）

林文照．1989．北平研究院历史概述．中国科技史料，10（1）

刘敦愿．1982．古代艺术品所见"食物链"描写．农业考古，（2）

刘昌芝．1986．《本草图经》中的生学物学知识．自然科学史研究，5（2）

刘昌芝．1993．《本草图经》中的贝类和鱼类研究．自然科学史研究，54～55

刘锡琎．1978．中国古代的免疫思想和人痘苗的发展．微生物学报，18（1）

娄隆后．1979．我国香菇的老法栽培．微生物学报，6（4）

陆子豪．1990．中国蔬菜的历史演变．中国蔬菜，（1）

罗桂环．1984．《救荒本草》在日本的传播．中国史研究动态，（8）

罗桂环．1987．我国早期的两本植物学译著．《植物学》、《植物图说》及其术语．自然科学史研究，（4）

罗桂环．1985．朱橚和他的《救荒本草》．自然科学史研究，（2）

罗桂环．1985．《全芳备祖》之我见．植物分类学报，23（6）

马王堆汉墓帛书整理小组．1977．马王堆汉墓帛书《相马经》释文．文物，（8）

马宗申. 1989. 先秦农史资料的整理和注释问题. 农史研究. 第8辑. 北京：农业出版社

马宗申. 1989. 中国古代农业百科全书. 授时通考. 中国农史，（4）

门大鹏. 1977. 《齐民要术》中的乳酸发酵. 微生物学报，17（2）

门大鹏. 1977. 《齐民要术》中的豆豉. 微生物学报，17（1）

孟方平. 1983. 说荞麦. 农业考古，（2）

孟乃昌. 1987. 古抄本《看曲论》初探. 中国酿造，（4）

潘吉星. 1991. 达尔文涉猎中国古代科学著作. 自然科学研究，（1）

潘吉星. 1984. 康熙与西洋科学. 自然科学史研究，（2）

潘吉星. 1980. 宋应星的思想. 中国哲学，（2）

潘之恒（明）. 1990. 广菌谱. 聂凤乔注释. 中国食用菌，9（6）

裴安平. 1989. 彭头山文化的稻作遗存与中国史前稻作农业. 农业考古，（2）

秦廷栋. 1985. 江苏古典园林的艺术成就. 中国园林，（3）

庆尚远. 1982. 泸州老窖的起源与发展. 中国酿造，（2）

丘树森. 1981. 王祯农学思想初探. 南京大学学报，（4）

丘宜文. 1999. 从《九歌》之草木试论香草与巫术. 社会科学战线，（5）

任鸿隽. 1923. 中国科学社之过去及将来. 科学，（1）

任鸿隽. 1983. 中国科学社社史简述. 中国科技史料，（1）

任叔永. 1930. 赴川考察团在成都大学演说录. 科学，15（7）

屈宝坤. 1991. 晚清社会对科学技术几点认识的演变. 自然科学史研究，（1）

沈汉铺. 1989. 日本书籍中有关中国古代科技东传日本史实. 中国科技史料，（1）

盛诚桂. 1965. 我国古代药用植物引种栽培的记载. 科学史集刊，（8）

石声汉. 1957. 从《齐民要术》看中国古代的农业科学知识. 北京：科学出版社

石声汉. 1963. 试论我国古代从西域引进的植物与张骞的关系. 科学史集刊，（5）

史念海. 1990. 隋唐时期自然环境的变迁与人为作用的关系. 历史研究，（1）

舒迎澜. 1990. 我国古代花卉栽培. 自然科学史研究，（4）

宋源. 1987. 我国古代水土资源管理思想述略. 中国农史，（3）

宋之琪等. 1980. 《救荒本草》与我国古代分离法的应用. 药学通报，15（9）

苏秉琦. 1991. 重建中国古史的远古时代. 史学史研究，（3）

谈敏. 1990. 重农学派经济学说的中国渊源. 经济研究，（6）

谭彼岸. 1956. 我国古代接木技术. 农业学报，（4）

谭其骧. 1982. 论《五藏山经》的地域范围. 见：中国科技史探索. 上海：上海古籍出版社

佟屏亚. 1989. 试论玉米传入我国的途径及其发展. 古今农业，（1）

佟屏亚. 1990. 我国马铃薯栽培史. 中国科技史料，（1）

佟伟青. 1984. 磁山遗址的原始农业遗存及其相关问题. 农业考古，（1）

万国鼎. 1957. 《氾胜之书》的整理和分析兼与石声汉先生商榷. 南京农学院学报，（2）

万国鼎. 1958. 茶书总目提要. 见：农业遗产研究集刊，第二册. 北京：中华书局

万国鼎. 1965. 陈旉农书评价. 见：陈旉农书校注. 北京：农业出版社

万国鼎. 1956. 论《齐民要术》——我国现存最早的完整农书. 历史研究，（1）

万国鼎. 1956. 论齐民要术——我国现存最早的完整农书. 历史研究，（1）

汪宁生. 1976. 八卦起源. 考古，（4）

汪子春. 1965. 我国古代对蚕病防治的认识. 科学史集刊，（8）

汪子春. 1979. 我国古代养蚕技术上的一项重大发明——人工低温制生种. 昆虫学报，（1）

汪子春. 1980. 我国明代劳动人民关于家蚕杂种优势的发现和利用. 见：中国古代农业科技. 北京：农业

出版社

汪子春. 1981. 中国早期传播植物学知识的著作——《植物学》. 中国科技史料, (1)

汪子春. 1984. 我国古代早期文献中有关人群体质形态的描述. 见: 中国人类学会. 人类学研究. 北京: 中国社会科学出版社

汪子春. 1985. 稀世抄本《鸡谱》初步研究. 科学通报, (15)

汪子春. 1985. 家蚕蝇蛆病害发现考. 自然科学史研究, 4 (2)

汪子春. 1989. 《梦溪笔谈》中所载"鳄鱼""白雁"考. 农史研究, 第 8 辑. 北京: 农业出版社

汪子春. 1989. 中国古代对生物遗传性和变异性的认识. 自然科学史研究, 8 (3)

汪子春, 张秉伦. 1983. 达尔文学说在中国的传播和影响. 见: 《进化论选集》编辑委员会. 进化论选集. 北京: 科学出版社

王潮生. 1983. 古代茶树栽培技术初探. 农业考古, (2)

王大方, 张松柏. 1996. 西域瓜果香飘草原——从内蒙古发现我国古代最早的西瓜图谈契丹人的贡献. 农业考古, (1)

王贵民. 1985. 商代农业概述. 农业考古, (2)

王镭. 1981. 古代藏医学史略. 中华医史杂志, 11 (1)

王扬宗. 1991. 清末益智书会统一科技术语工作述评. 中国科技史料, (2)

王毓瑚. 1981. 1982. 我国自古以来重要农作物. 农业考古, (1), (2), (1)

吴德铎. 1983. 试论徐光启史学思想之特色. 农业考古, (2)

吴德邻. 1958. 诠释论我国最早的植物志 ——南方草木状. 植物学报, (11)

吴家睿. 1989. 静生生物调查所纪事. 中国科技史料, 10 (1)

吴小航. 1985. 我国接木的最早记载. 农史研究, 第 5 辑. 北京: 农业出版社

伍献文. 1944. 三十年来之中国鱼类学. 科学, 30 (9)

夏纬瑛. 1982. 《毛诗草木鸟兽虫鱼疏》的作者——陆机. 自然科学史研究, 1 (2)

夏纬瑛, 范楚玉. 1989. 《夏小正》及其在农业史上的意义. 中国史研究, (3)

夏纬瑛, 苟萃华. 1980. 评胡适所谓庄子书中的生物进化论. 见: 科学史文集, 第 4 集 (生物史专辑). 上海: 上海科技出版社

咸金山. 1998. 玉米传入中国和亚洲的时间、途径及其起源问题. 古今农业, (1)

谢振声. 1989. 上海科学仪器馆与《科学世界》. 中国科技史料, 10 (2)

辛树帜. 1957. 禹贡著作时代的推测. 西北农学院学报, (3)

薛攀皋. 1989. 北京大学生物学系是何时建立的. 中国科技史料, (2) 77

薛攀皋. 1990. 我国生物系的早期发展概况. 中国科技史料, 11 (2)

薛攀皋. 1992. 中国科学社生物研究所. 中国科技史料, (2)

杨翠华. 1991. 中基会与民国的科学教育. 见: 近代中国科技史论集. 中央研究院近代史研究所, 国立清华大学历史研究所

杨文衡. 1985. 试述《云林石谱》的科学价值. 科学史文集, 第 14 辑

姚德昌. 1982. 从中国古代科技史料看观赏牡丹的起源和变异. 自然科学史研究, 1 (3)

姚德昌. 1984. 犁牛之子骍且角辨析. 自然科学史研究, 3 (4)

以益. 1907. 植物园构设法. 理学杂志, (3)

叶静渊. 1990. 从杭州历史上名产黄芽菜看我国白菜的起源、演化与发展. 农史研究第 9 辑. 北京: 农业出版社

伊钦恒. 1980. 从《荔枝谱》与《橘录》中看各该果树栽培的科技成就. 见: 农史研究, 第 1 辑. 北京: 农业出版社

尹赞勋. 1947. 中国古生物之根菌. 地质论评, 12 (1) (2)

印嘉祐. 1989.《尔雅·释木》训诂. 林史文集,(1)

游修龄. 1990. 中国古代对食物链的认识及其在农业上应用的评述. 见：第三届国际科学史讨论会论文集.
　　北京：科学出版社

友于. 1959. 管子地员篇研究. 见：农史研究集刊,第一册. 北京：科学出版社

于景让. 1972. 栽培植物考"第二辑". 台北：台湾大学农学院

于景让. 1958. 栽培植物考"第一辑". 台北：台湾大学农学院

俞德浚. 1962. 中国植物对世界园艺的贡献. 园艺学报,(1)

翟乾祥. 1987. 我国引种马铃薯简史. 农业考古,(2)

张孟闻. 中国科学社生物研究所展览会记. 科学,18(10)

章楷. 1982. 番薯的引进与传播. 见：农史研究,第 2 辑. 北京：农业出版社

浙江文管会. 1976. 河姆渡发现原始社会重要遗址. 文物,(8)

郑作新. 1993. 中国古代鸟类学发展的探讨. 自然科学史研究,12(2)

周肇基. 1990. 中国古典园艺名著花镜新探. 古今农业,(2)

朱光立. 1986. 罗振玉与农学报. 中国科技史料,(2)

朱弘复. 1950.《本草纲目》昆虫注. 中国昆虫学报,(2)

朱士光. 1984. 历史上陕西高原农牧业发展概况及其对自然环境的影响. 见：农史研究. 第 4 辑. 北京：
　　农业出版社

朱自振. 1977. 我国古代茶树栽培技术的发展. 中国茶叶,(1)

朱自振. 1986. 我国古代茶树栽培史略. 茶叶通报,(3)

诸星静次郎［日］. 1963. 家蚕眠性与化性的生理遗传学研究. 蒋犹龙译. 上海：上海科技出版社

竺可桢. 1972. 中国近五千年来气候变迁的初步研究. 考古学报,(1)

祝亚平. 1992. 中国最早的人体解剖图——烟萝子《内境图》. 中国科技史料,13(2)

祝亚平. 1995. 道教文化与科学. 合肥：中国科学技术大学出版社

邹树文. 1958. 虫白蜡利用的起源. 农史研究集刊,(1)

日文参考文献

北村四郎. 1950. 中国栽培植物の起源. 东方学报,(19)

布目潮风译注. 1976. 中国の茶书. 平凡社

渡部武译注. 1982. 四时纂要译注——中国古岁时记の研究. 安田学园

渡部武译注. 1987. 四民月令——汉代の时岁と农事. 平凡社

冈西为人. 1977. 本草概说. 大阪：创元社

冈西为人. 中国医书本草考. 大阪：前田书店

冈西为人. 1970. 明清の本草. 见：明清时代的科学技术史. 京都大学人文研究所

木下浅吉. 1925. 实用酱油酿造法. 东京：明文堂出版

木原均等. 1973. 黎明时期日本生物史. 养贤堂

牧野富太郎. 1943. 植物记. 东京：樱井书店

上野益三. 1973. 日本博物学史. 东京：平凡社

上野益三,天部一郎解说. 1982. 植物起源. 植物学. 东京：恒和出版

守屋美都雄. 1961 四时纂要解题——中国古岁时纪の新资料. 山田书店

山田庆儿. 1976. 耶稣会士の科学. 明清时代的科学技术史. 京都大学人文研究所

薮内清. 1970. 中国の科学と文明. 岩波书店

盛文俊太郎. 1970. 中国の稲. 农业及び园艺,(12)

篠田统. 1960. 中国食物史. 柴田书店

天野元之助. 1979. 中国农业史研究增补版. 御茶の水书店

天野元之助. 1967. 元の王祯の农书の研究. 宋元科学技术史. 京都大学人文研究所

西山武一. 1969. ァジァの农法と农业社会. 东京大学出版会

原宗子. 1994. 古代中国の开发と环境——管子地员篇研究. 研文社

岩片矶雄. 1987. 西欧古典农学の研究. 养贤堂

中尾佐助. 1966. 栽培植物と农耕の起源. 岩波书店

英文参考文献

Andrew M Watson. 1983. Agricultural innovation in the early Islamic world: The diffusion of crops and farming techniques. Cambridge University Press

Bray F. 1981. Millel Cultivation in China: A History survey Journ. d' Agric. Tred et de Bota Appl, 28

Forke A. 1925. The world conception of the Chinese, probsthain' s Orieintal Series, Vol.14

Ho Ping-Ti. 1955. The introduction of American food plants into China. American Anthropologist, 57 (2)

Hsuan Keng. 1974. Economic plants of ancient north China: as mentioned in the Shih Ching. Economic Botany, 28 (4)

King F H. 1926. Farmers of forty centuries, or permanent agriculture in China, Korea and Japan. London: Jonathan capo. Repe Pennsylvania: Rodale Press

Li Hui-Lin. 1969. The vegetable of ancient China. Economic Botany, 23

Li Hui-Lin . 1970. The origin of cultivated plants in Southeast Asia. Economic Botany, 24

Li Hui-Lin . 1979. Nan Fang Tsao Mu Chang a forty century flora of Southeast Asia. Hong Kong: The Chinese University Press

Needham J et al. 1986. Science and civilisation in China. Biology and Biological Technology, part 1 Botany. Cambridge: Cambridge University Press

Parish H J. 1965. A history of immunization. Edinburgh & London: E & S livington Ltd

Reed H S.1942. A short history of the plant sciences. New York: The Ronald Press Company

Sarton G. 1948. Introduction to the history of Science. Vol. Ⅲ

Shih Sbeng han . 1958. A preliminary survey of the book Ch' i Min Yao Shu: An agricultural encyclopaedia of the 6th century. Peking Science Press

索　引

后　记

　　本书各章大体是按照朝代的先后顺序编写的，这样的写作方式可以充分展现各个时期我国古代生物学的特点、主要成就和发展状况。本书的作者有中国科学院自然科学史研究所的汪子春、刘昌芝、罗桂环、赵云鲜和微生物研究所的门大鹏，以及北京林业大学的董源。其中罗桂环撰写了第一章，第二章（不包括第十一节），第四章的第七节，第五章（不包括第二节、第九节、第十一节、第十二节）和第六章的第一、二节（不包括第一节的第四、五小节）。汪子春撰写了第三章（不包括第八节），第四章的第六节第三小节、第五章的第十一节、第六章第一节中的第四、五小节。刘昌芝撰写了第四章（不包括第三、四、七节和第六节的第三小节）。门大鹏撰写了第二章的第十一节、第三章的第八节、第四章的第四节、第五章的第八节和第十二节。董源撰写了第四章的第三节和第五章的第二节。赵云鲜撰写了第六章的第三节和第四节。全书的框架、统稿和参考文献的整理由罗桂环和汪子春完成。

　　各位作者都为本书的撰写工作付出了艰辛的劳动，倾注了大量心血，在此我们表示衷心的感谢。当然各位作者在行文方式、表现重点乃至学术观点上存在不尽相同之处，这也是不可避免的，本着"百花齐放"、"文责自负"的原则，我们没有试图去弥合这些差异，希读者鉴之。

　　在本书的编写过程中，我们参考和吸收了众多专家学者的研究成果，得到自然科学史研究所陈美东先生和科学出版社孔国平先生的指点和支持，在此一并致以谢意。

罗桂环　汪子春
于 2004 年春

总　　跋

　　凡是听到编著《中国科学技术史》计划的人士，都称道这是一个宏大的学术工程和文化工程。确实，要完成一部 30 卷本、2000 余万字的学术专著，不论是在科学史界，还是在科学界都是一件大事。经过同仁们 10 年的艰辛努力，现在这一宏大的工程终于完成，本书得以与大家见面了。此时此刻，我们在兴奋、激动之余，脑海中思绪万千，感到有很多话要说，又不知从何说起。

　　可以说，这一宏大的工程凝聚着几代人的关切和期望，经历过曲折的历程。早在 1956 年，中国自然科学史研究委员会曾专门召开会议，讨论有关的编写问题，但由于三年困难、"四清"、"文革"，这个计划尚未实施就夭折了。1975 年，邓小平同志主持国务院工作时，中国自然科学史研究室演变为自然科学史研究所，并恢复工作，这个打算又被提到议事日程，专门为此开会讨论。而年底的"反右倾翻案风"，又使设想落空。打倒"四人帮"后，自然科学史研究所再次提出编著《中国科学技术史丛书》的计划，被列入中国科学院哲学社会科学部的重点项目，作了一些安排和分工，也编写和出版了几部著作，如《中国科学技术史稿》、《中国天文学史》、《中国古代地理学史》、《中国古代生物学史》、《中国古代建筑技术史》、《中国古桥技术史》、《中国纺织科学技术史（古代部分）》等，但因没有统一的组织协调，《丛书》计划半途而废。1978 年，中国社会科学院成立，自然科学史研究所划归中国科学院，仍一如既往为实现这一工程而努力。80 年代初期，在《中国科学技术史稿》完成之后，自然科学史研究所科学技术通史研究室就曾制订编著断代体多卷本《中国科学技术史》的计划，并被列入中国科学院重点课题，但由于种种原因而未能实施。1987 年，科学技术通史研究室又一次提出了编著系列性《中国科学技术史丛书》（现定名《中国科学技术史》）的设想和计划。经广泛征询，反复论证，多方协商，周详筹备，1991 年终于在中国科学院、院基础局、院计划局、院出版委领导的支持下，列为中国科学院重点项目，落实了经费，使这一工程得以全面实施。我们的老院长、副委员长卢嘉锡慨然出任本书总主编，自始至终关心这一工程的实施。

　　我们不会忘记，这一工程在筹备和实施过程中，一直得到科学界和科学史界前辈们的鼓励和支持。他们在百忙之中，或致书，或出席论证会，或出任顾问，提出了许多宝贵的意见和建议。特别是他们关心科学事业，热爱科学事业的精神，更是一种无形的力量，激励着我们克服重重困难，为完成肩负的重任而奋斗。

　　我们不会忘记，作为这一工程的发起和组织单位的自然科学史研究所，历届领导都予以高度重视和大力支持。他们把这一工程作为研究所的第一大事，在人力、物力、时间等方面都给予必要的保证，对实施过程进行督促，帮助解决所遇到的问题。所图书馆、办公室、科研处、行政处以及全所的同仁，也都给予热情的支持和帮助。

　　这样一个宏大的工程，单靠一个单位的力量是不可能完成的。在实施过程中，我们得到了北京大学、中国人民解放军军事科学院、中国科学院上海硅酸盐研究所、中国水利水电科学研究院、铁道部大桥管理局、北京科技大学、复旦大学、东南大学、大连海事大学、武汉交通科技大学、中国社会科学院考古研究所、温州大学等单位的大力支持，他们为本单位参加编撰人员提供了种种方便,保证了编著任务的完成。

为了保证这一宏大工程得以顺利进行,中国科学院基础局还指派了李满园、刘佩华二位同志,与自然科学史研究所领导(陈美东、王渝生先后参加)及科研处负责人(周嘉华参加)组成协调小组,负责协调、监督工作。他们花了大量心血,提出了很多建议和意见,协助解决了不少困难,为本工程的完成做出了重要贡献。

在本工程进行的关键时刻,我们遇到经费方面的严重困难。对此,国家自然科学基金委员会给予了大力资助,促成了本工程的顺利完成。

要完成这样一个宏大的工程,离不开出版社的通力合作。科学出版社在克服经费困难的同时,组织精干的专门编辑班子,以最好的纸张,最好的质量出版本书。编辑们不辞辛劳,对书稿进行认真地编辑加工,并提出了很多很好的修改意见。因此,本书能够以高水平的编辑,高质量的印刷,精美的装帧,奉献给读者。

我们还要提到的是,这一宏大工程,从设想的提出,意见的征询,可行性的论证,规划的制订,组织分工,到规划的实施,中国科学院自然科学史研究所科技通史研究室的全体同仁,特别是杜石然先生,做了大量的工作,作出了巨大的贡献。参加本书编撰和组织工作的全体人员,在长达 10 年的时间内,同心协力,兢兢业业,无私奉献,付出了大量的心血和精力。他们的敬业精神和道德学风,是值得赞扬和敬佩的。

在此,我们谨对关心、支持、参与本书编撰的人士表示衷心的感谢,对已离我们而去的顾问和编写人员表达我们深切的哀思。

要将本书编写成一部高水平的学术著作,是参与编撰人员的共识,为此还形成了共同的质量要求:

1. 学术性。要求有史有论,史论结合,同时把本学科的内史和外史结合起来。通过史论结合,内外史结合,尽可能地总结中国科学技术发展的经验和教训,尽可能把中国有关的科技成就和科技事件,放在世界范围内进行考察,通过中外对比,阐明中国历史上科学技术在世界上的地位和作用。整部著作都要求言之有据,言之成理,经得起时间的考验。

2. 可读性。要求尽量地做到深入浅出,力争文字生动流畅。

3. 总结性。要求容纳古今中外的研究成果,特别是吸收国内外最新的研究成果,以及最新的考古文物发现,使本书充分地反映国内外现有的研究水平,对近百年来有关中国科学技术史的研究作一次总结。

4. 准确性。要求所征引的史料和史实准确有据,所得的结论真实可信。

5. 系统性。要求每卷既有自己的系统,整部著作又形成一个统一的系统。

在编写过程中,大家都是朝着这一方向努力的。当然,要圆满地完成这些要求,难度很大,在目前的条件下也难以完全做到。至于做得如何,那只有请广大读者来评定了。编写这样一部大型著作,缺陷和错讹在所难免,我们殷切地期待着各界人士能够给予批评指正,并提出宝贵意见。

《中国科学技术史》编委会

1997 年 7 月